單元操作

質傳與粉粒體技術

Unit Operations of Chemical Engineering, 7e

Warren L. McCabe
Julian C. Smith
Peter Harriott
著

黃孟榛
譯

Mc Graw Hill Education

東華書局

國家圖書館出版品預行編目(CIP)資料

單元操作：質傳與粉粒體技術 / Warren L. McCabe, Julian C. Smith, Peter Harriott 著；黃孟棟譯. -- 三版. -- 臺北市：麥格羅希爾, 臺灣東華, 2018.8

面；　公分

譯自：Unit operations of chemical engineering, 7th ed.

ISBN 978-986-341-396-7(平裝)

1. 單元操作

460.22　　107011895

單元操作：質傳與粉粒體技術

作　　者　Warren L. McCabe, Julian C. Smith, Peter Harriott

譯　　者　黃孟棟

合作出版　美商麥格羅希爾國際股份有限公司台灣分公司

暨發行所　台北市 10044 中正區博愛路 53 號 7 樓
TEL: (02) 2383-6000　FAX: (02) 2388-8822

臺灣東華書局股份有限公司
10045 台北市重慶南路一段 147 號 3 樓
TEL: (02) 2311-4027　FAX: (02) 2311-6615
郵撥帳號：00064813
門市：10045 台北市重慶南路一段 147 號 1 樓
TEL: (02) 2371-9320

總 經 銷　臺灣東華書局股份有限公司

出版日期　西元 2018 年 8 月 三版一刷

ISBN：978-986-341-396-7

譯者序

PREFACE

本書於 1956 年首次出版，是歷史最悠久的化學工程學教科書，至今仍在世界各地的大學或學院中被廣泛地使用著。最新一版為第七版，於 2005 年出版，一如以往，依然是許多化學工程學系大學部所青睞的教學用書。

原文書共計 29 章，為配合教學，將本書分為 2 冊：第 1 章至 16 章為第 1 冊，內容包含「流力與熱傳分析」；第 17 章至 29 章為第 2 冊，內容包含「質傳與粉粒體技術」。

化工流體力學、熱傳遞與質量傳遞是化工類各專業的重要基礎課程，它們擔負著由理論到應用、由基礎到專業的橋樑。同學們！請以你們的智慧和勤奮去耕耘這一片新的知識領域。

本書如有詞意難以理解或文字誤植之處，尚祈讀者諸君指正。編譯期間承蒙王滿生博士撥冗指教，特此致謝。

譯者簡介

黃孟棟

學歷：國立臺灣科技大學化學工程所博士

經歷：國立臺北科技大學化學工程與生物科技系副教授

研究專長：電子材料、電子構裝

序
PREFACE

新版的化學工程單元操作 (第七版) 增添了許多新的學習材料和習題，但編排的基本結構、通識的處理以及全書的總內容量大致上維持不變。本書屬於基本教科書，專為修完基礎物理、化學、數學課程和化學工程概論的大三或大四學生而編寫。此外，學生們還需具有質能均衡的基本知識。

由於本書的內容涵蓋熱傳遞和質量傳遞與儀器設備設計相關的知識，所以它對化學家和業界的一般工程師亦適用。

本書的章節分別討論每個單元操作的原理，但就整體而言，可歸類成四大主題：流體力學、熱傳遞、質量傳遞，以及相關的分離操作，包括粉粒體。一個學期的課程足夠討論任何一個主題或更多。生物工程沒當做單一課題論述，但相關的例子，如食品加工、生物分離，以及生物系統內的擴散現象，分別在相關的章節中討論。

本書所有的方程式大都採用 SI 單位，但早期流行的 cgs 和 fps 系統也會偶爾出現，身為化學工程師必須熟悉這三個單位系統。絕大部分的方程式是無因次，所以採用任一單位系統，其一致性是相同的。

新版增添的資料

(1) 每章的習題份量約增加三成，它們幾乎都可用一般工程用的計算器求解，少數題目若使用電腦，效果會更好。
(2) 第 3 章關於流體黏度部分，包括氣體與液體的簡單理論。在後續的章節中，導熱係數與擴散係數的相似理論亦列入討論並加以比較。
(3) 關於動量傳遞、擴散和熱傳導之間的類比關係有更多的論述，在暫態擴散的章節中，加入藥物控制與釋放的內容。
(4) 第 25 章新增的材料討論如何利用碳粉處理槽內廢水的問題，以及利用擴張床的吸附技術純化發酵液。
(5) 第 29 章加入新的章節討論二重過濾。它是一個常用的純化蛋白質的程序，也應用在蛋白質和高分子溶液的超過濾和微過濾的延伸處理。
(6) 關於清洗過濾餅的技術，做了徹底的改正，其中包含一些新的數據。
(7) 熱管和盤狀交換器的討論，列在熱交換器裝置的章節中。
(8) 在蒸餾那一章，關於急驟蒸餾、溢流限制和板效率都做了修訂。

(9) 關於乾燥速率與乾燥器熱效率處理之關係，已加入新版的材料中。

網路資訊

這個網址：http://www.mhhe.com/mccabe7e. 提供有關教學的資源，包括每章習題的解答、教科書上各個圖示的 PowerPoint 圖片以及其他有關教科書的資料。

感謝

我們感謝默克公司的科學家 Ann Lee、Russel Lander、Michael Midler 和 Kurt Goklen 提供有關生物分離技術的資料。我們也感謝 Klickitat 能源服務公司的 Joseph Gonyeau 所提供的自然通風 (natural-draft) 冷卻塔的照片。我們也要向下列提供評議與意見的諸位先進表示感謝：

B. V. Babu
Birla Institute of Technology and Science

James R. Beckman
Arizona State University

Stacy G. Bike
University of Michigan, Ann Arbor

Man Ken Cheung
The Hong Kong Polytechnic University

K. S. Chou
National Tsing Hua University

Tze-Wen Chung
Yun-Lin University of Science and Technology

James Duffy
Montana State University

Raja Ghosh
McMaster University

Vinay K. Gupta
University of Illinois–Urbana Champaign

Keith Johnston
University of Texas

Huan-Jang Keh
National Taiwan University

Kumar Mallikarjunan
Virginia Polytechnic Institute and State University

Parimal A. Parikh
S. V. National Institute of Technology

Timothy D. Placek
Auburn University

A. Eduardo Sáez
University of Arizona

Baoguo Wang
Tianjin University

G. D. Yadav
University Institute of Chemical Technology, India

I-Kuan Yang
Tung Hai University

Shang-Tian Yang
Ohio State University

Gregory L. Young
San Jose State University

Julian C. Smith
Peter Harriott

目錄

CONTENTS

譯者序 iii

序 v

第 4 篇 質量傳遞及其應用 1

CHAPTER 17 擴散原理與相之間的質量傳遞 7

擴散的理論 8
擴散係數的預測 16
暫態擴散 22
質傳理論 24
質傳係數 31

CHAPTER 18 氣體吸收 49

填料與充填塔的設計 49
吸收原理 59
由富氣中吸收 79
質量傳遞關聯式 85
有化學反應的吸收 93

CHAPTER 19 增濕操作 103

定義 103
濕度圖 108
濕球溫度 111
冷卻塔 116
逆向流冷卻塔的理論 118

CHAPTER 20 平衡段操作 131

階段接觸的裝置 131
階段程序的原理 134
多成分系統的平衡段計算 148

CHAPTER 21 蒸餾 153

驟餾 153
具有回流的連續蒸餾 156
焓均衡 184
篩板塔的設計 194
板效率 204
充填塔中的蒸餾 214
分批蒸餾 216

CHAPTER 22 多成分蒸餾簡介 229

多成分蒸餾的相平衡 229
多成分混合物的驟餾 233
多成分混合物的分餾 234
共沸與萃取蒸餾 252

CHAPTER 23 瀝濾與萃取 257

瀝濾 257
液體萃取 266
特殊萃取技術 282

CHAPTER 24 固體的乾燥 289

乾燥原理 291
交叉循環乾燥 297
直通 - 循環乾燥 305
冷凍乾燥 309
乾燥設備 310

CHAPTER 25 吸附和固定床分離 331

吸附 331
吸附設備 332

離子交換 359
色層分析 366

CHAPTER 26 **薄膜分離程序** **379**
氣體的分離 379
液體的分離 401

CHAPTER 27 **結晶** **427**
晶體幾何 428
平衡和產率 429
成核 436
晶體成長 444
結晶設備 447
結晶器設計：晶體大小分布 453
從熔融溶液中結晶 457

第 5 篇 粉粒體的操作 **465**

CHAPTER 28 **粉粒體的性質與處理** **467**
固體顆粒的特性 467
顆粒物質的性質 474
固體的混合 477
減小尺寸 484
超細研磨機 494

CHAPTER 29 **機械分離** **503**
篩選 503
過濾；一般考慮 508
濾餅式過濾器 509
澄清過濾器 536
交叉流過濾；薄膜過濾器 539
重力沈降過程 558
離心沈降過程 567

附錄 **587**

索引 **613**

第4篇

質量傳遞及其應用

用於分離混合物成分的一組操作是基於物質由一均勻相至另一相的轉移。不同於純機械分離，這些方法是利用蒸汽壓、溶解度或擴散率的不同，而非利用密度或粒子大小的差異。質量傳遞的驅動力為濃度差或活性差，如同熱傳遞的驅動力為溫度差或溫度梯度。涵蓋在**質量傳遞操作** (mass-transfer operations) 中的方法包括蒸餾、氣體吸收、除濕、吸附、液體萃取、瀝濾 (leaching)、結晶、薄膜分離等，以及本書中未討論的其它許多方法。

蒸餾 (distillation) 的功能是利用蒸發，將可溶性與揮發性物質的液體混合物分離成個別的成分，或在某些情況，分離成群組成分。蒸餾的例子包括：將乙醇與水的混合物分離成為其個別的成分；將液態空氣分離成氮、氧與氬；將原油分成汽油、煤油、燃料油以及潤滑材料等。

氣體吸收 (gas absorption) 為液體自惰性氣體吸收溶質氣體，而此溶質氣體幾乎可溶於此液體中。以液態水自氨與空氣的混合物中洗滌氨即為一典型的例子，隨後以蒸餾法自液體回收溶質，而該吸收液體可廢棄或再利用。當一溶質自溶劑液體轉移至氣相時，此種操作稱為**脫除** (desorption) 或**汽提** (stripping)。在**除濕** (dehumidification) 中，以冷凝由一惰性或載體氣體 (carrier gas) 將純液體部分移除，通常載體氣體並不溶於液體中。在冷卻表面上以冷凝將水蒸氣自空氣移除，以及使有機蒸汽如四氯化碳自氮氣流中冷凝出來的過程就是除濕的例子。在增濕的操作中，傳遞的方向是由液相至氣相。在固體的**乾燥** (drying)，我們利用熱的

乾燥氣體 (通常為空氣) 將液體 (通常為水) 分離，因此固體的乾燥與氣相的增濕是相連的。

在**薄膜分離** (membrane separation)，包括氣體分離、逆滲透和超過濾，是指液體或氣體混合物中的某一成分比另一成分容易通過選擇性薄膜。基本驅動力為熱力學活性的差異，但在很多情況下，驅動力是以濃度差或分壓差表示。**吸附** (adsorption) 為經由與固體吸附劑的接觸自液體或氣體中移除溶質，而吸附劑的表面對溶質有特殊親和力。

液體萃取 (liquid extraction) 有時也稱為**溶劑萃取** (solvent extraction)，是以一種溶劑處理兩成分的混合物，而該溶劑較易溶解混合物中的一種或更多種成分。如此處理過的混合物稱為**萃剩液** (raffinate)，而高溶劑 (solvent-rich) 相則稱為**萃取液** (extract)。自萃剩液轉移至萃取液的成分稱為**溶質** (solute)，而遺留在萃剩液的成分則稱為**稀釋劑** (diluent)。離開萃取器之萃取液中的溶劑通常是回收或再利用。在固體的萃取，亦即**瀝濾** (leaching)，是藉液體溶劑將可溶性物質自其與惰性固體所成的混合物中溶解出來，然後以結晶或蒸發將該溶解的物質或溶質回收。**結晶** (crystallization) 可用來獲得高純度的有吸引力和均勻晶體的材料，從熔體或溶液中分離溶質，並留下雜質。

質量傳遞的定量處理是基於質能均衡、平衡以及熱量與質量傳遞的速率。在此我們討論某些概念的應用，而個別的操作則於下列各章中討論。

專門用語與符號

為了方便起見，我們通常在任一操作均提及兩股流，亦即 L 相和 V 相。習慣上選擇具有較高密度的股流為 L 相，較低密度的股流為 V 相。但在液體萃取中則屬例外，即使萃剩液比萃取液輕，我們也是取萃剩液為 L 相，萃取液為 V 相。在乾燥中，L 相為固體與保留在固體內或固體上的液體所組成的股流。表 A 顯示在各種操作中所指定的股流。

濃度

嚴格來講，濃度是指每單位體積的質量。質量可以用仟克或磅為單位，而體積則以立方米或立方呎為單位。仟克莫耳或磅莫耳常用來量測溶質存在的數量。在本書中，上下文將清楚表示使用什麼數量——莫耳或質量。有時為了方便起見，將濃度以莫耳分率或質量分率表示。莫耳分率為成分的莫耳數與混合物的總莫耳數之比。而質量分率也有一個與莫耳分率相對應的定義。由定義

▼ 表 A　質量傳遞操作中各股流的專門用語

操作	V 相	L 相
蒸餾	蒸汽	液體
氣體吸收，除濕	氣體	液體
薄膜分離	氣體或液體	氣體或液體
吸附	氣體或液體	固體
液體萃取	萃取液	萃剩液
瀝濾	液體	固體
結晶	母液	晶體
乾燥	氣體 (通常為空氣)	濕固體

可知，在一混合物中所有莫耳或質量分率的總和為 1。若有 r 個成分，則可選取獨立的 $r-1$ 個莫耳分率；其餘成分的莫耳分率就已固定且等於 1 減去其它莫耳分率的總和。

成分 i 的濃度與莫耳分率或質量分率間的關係為

$$c_i = \rho x_i$$

其中　x_i = 成分 i 的莫耳分率或質量分率

ρ = 混合物的莫耳密度或質量密度

c_i = 成分 i 的對應濃度

對於流率與濃度，需要有一般的符號。對於所有的操作，使用 V 和 L 分別表示 V 相和 L 相的流率。使用 A, B, C 等符號表示個別成分。若僅有一個成分在相與相之間傳遞，則以成分 A 表示該成分。使用 x 表示某一成分在 L 相中的濃度，而 y 表示該成分在 V 相中的濃度。因此，y_A 為成分 A 在 V 相中的濃度，而 x_B 為成分 B 在 L 相中的濃度。當一相中僅有二成分存在時，則成分 A 的濃度為 x 或 y，而成分 B 的濃度為 $1-x$ 或 $1-y$，而不需要使用下標 A 和 B。

端點量

由於在穩態流動質量傳遞操作中有兩股流，而每股流必須進入然後離開，因此共有四個端點量 (terminal quantities)。為了有所區別，我們使用下標 a 表示 L 相進入的程序的端點，而 b 表示 L 相離開的端點。對於**逆向流** (countercurrent flow)，各端點量顯示於表 B。若在一股流中僅有兩種成分，則下標 A 可由濃度項中略去。

▼表 B　逆向流的端點量

股流	流率	成分 A 的濃度
L 相，進入	L_a	x_{Aa}
L 相，離開	L_b	x_{Ab}
V 相，進入	V_b	y_{Ab}
V 相，離開	V_a	y_{Aa}

擴散程序與平衡階段

質量傳遞程序可用兩種顯著不同的方式予以模式化，一種是基於擴散率程序，另一則是利用平衡階段 (equilibrium stage) 的概念。方法的選擇與執行操作的設備種類有關。當氣體吸收、液 - 液萃取以及吸附等操作是在充填塔和類似的裝置中進行，則涉及它們的計算被模式化成為擴散程序。氣體或液體分離的薄膜程序總是被模式化成為擴散程序。當蒸餾、瀝濾和萃取等操作是在如板塔 (plate tower)、擴散組 (diffusion battery) 以及混合器 - 沈降器串列 (mixer-settler train) 的裝置中完成時，而這些裝置有不同段，則它們通常以平衡段計算求解。然而，所有質量傳遞的計算均涉及相與相之間的平衡關係式的知識。

相平衡

若兩相達到平衡，則質量傳遞到達一極限，且物質的淨傳遞停止。對於必須具有合理傳遞速率的實際程序，相之間從未完全處於平衡，因為平衡時的速率將為零。質量傳遞的速率與驅動力成正比，驅動力是指該點對平衡的偏離。為了計算驅動力，相之間的平衡知識基本上是很重要的。在質量傳遞中有幾種重要的平衡，在幾乎所有情況下，涉及的都是兩相，並且發現除了兩個固相外的所有組合。在整體相中，控制變數為溫度、壓力和濃度等內含性質 (intensive properties)。平衡數據可以用表、方程式或圖形顯示。本書中所考慮的大多數操作，其相關的平衡關係均可以圖形表示。

平衡的分類

對平衡進行分類並建立在特定情況下的獨立變數或自由度的個數，相律 (phase rule) 是有用的。相律可表示為

$$\mathscr{F} = \mathscr{C} - \mathscr{P} + 2$$

其中　$\mathscr{F}$ = 自由度的數目

$\mathscr{C}$ = 成分的數目

$\mathscr{P}$ = 相的數目

在下面的段落，根據相律來分析質量傳遞中所使用的平衡。

自由度或可變度 (variance) $\mathscr{F}$ 的數目為獨立內含變數——溫度、壓力與濃度——的數目，必須予以固定以定義系統的平衡狀態。如果被固定的變數少於 $\mathscr{F}$ 個變數，則無限多個狀態適合假設；但若任意選擇太多變數時，系統將被過度固定。當僅有兩相，如在通常的情況，$\mathscr{F} = \mathscr{C}$；在含有兩成分的系統，則 $\mathscr{F} = 2$。若壓力固定，則只有一變數——例如，液相濃度——能獨立地改變；溫度與氣相組成 (若兩相為液相與氣相) 也可獨立改變。對於這樣的系統，平衡數據可用恆壓下的溫度 - 組成圖表示，或以 V 相濃度 y_e 對 L 相濃度 x_e 作圖表示。這種圖形稱為**平衡曲線** (equilibrium curves)。如果有兩個以上的成分，則平衡關係不能由單一曲線表示。

應用相律於下列三種典型操作。

氣體吸收

假設在各相之間僅有一種成分傳遞。有三個成分，而 $\mathscr{F} = 3$。有四個變數：壓力、溫度以及成分 A 在液體和氣體中的濃度。溫度和壓力可固定。可以選擇一濃度作為剩餘的獨立變數，則其它的濃度即可決定，且可繪出 y_e 對 x_e 的平衡曲線。曲線上所有的點屬於相同的溫度與壓力。各種溫度的平衡數據也可用溶解度圖的形式呈現，圖中的縱座標為溶質在氣相中的分壓。

蒸餾

假設有兩個成分，因此 $\mathscr{C} = 2$，$\mathscr{P} = 2$，且 $\mathscr{F} = 2$。兩個成分都在兩相之中。有四個變數：壓力、溫度以及液相和氣相中成分 A 的莫耳分率 (成分 B 的莫耳分率為 1 減去成分 A 的莫耳分率)。如果壓力是固定的，則只有一個變數，例如，液相莫耳分率可獨立改變，而溫度和氣相莫耳分率同樣也可獨立改變。

若有三成分，$\mathscr{F} = 3$，則固定溫度和液體濃度 x_A 和 x_B 定義了系統。壓力 P、液體濃度 x_C 及蒸汽濃度 y_A, y_B, y_C 接著都被確定。

液體萃取

成分的最小數目為 3，因此 $\mathscr{F}=3$。所有三個成分皆可出現在兩相中，變數為溫度、壓力與四個濃度。溫度或壓力可視為常數，選擇兩個或多個濃度作為獨立變數。壓力通常假定為恆定，而溫度稍有變化。這些變數之間的關係可由各種圖形方法求出，其中的實例顯示於圖 23.7 至 23.10 中。

CHAPTER 17

擴散原理與相之間的質量傳遞

擴散是某一個別成分在物理刺激的影響下，通過一混合物的運動。造成擴散最常見的原因是擴散成分的濃度梯度。濃度梯度趨向於使成分往均衡濃度和破壞梯度的方向移動。將擴散成分恆定地供應到梯度的高濃度端並在低濃度端去除它以維持梯度時，則擴散成分就具有穩態通量。這是許多質量傳遞操作的特性。例如，在填充塔內氨氣被水吸收，自氣體中移除，在填充塔中的每一點，氣相的濃度梯度導致氨氣擴散到氣-液界面，並在界面處溶解，而液相內的梯度使得氨氣擴散至整體液體中。在汽提 (stripping) 的操作，溶質來自液體，其梯度與氣體吸收相反；此時溶質由整體液體擴散至界面，再由界面進入氣相。在一些其它的質傳操作，如瀝濾 (leaching) 和吸附，會產生非穩態擴散，且當趨近於平衡時，梯度和通量會隨時間遞減。

雖然造成擴散的原因是濃度梯度，但擴散亦可由活性梯度形成，如逆滲透可由壓力梯度、溫度梯度或外力場的應用，如離心機所造成。[1] 由溫度導致的分子擴散稱為**熱擴散** (thermal diffusion)，而由外力場所導致者為**強制擴散** (forced diffusion)。此兩者在化學工程均不常見。本章僅考慮濃度梯度下的擴散。

擴散不限於經由固體或流體的靜止層的分子傳遞，它可以發生在不同成分的流體相互混合。混合的第一步驟通常是質傳由亂流的渦流運動特性引起，此稱為**渦流擴散** (eddy diffusion)。第二步驟是在很小的渦流之間以及渦流內的分子擴散。有時擴散程序伴隨著混合物的整體以平行於擴散的方向流動。

擴散在質量傳遞中的角色

在所有質量傳遞操作中，擴散在至少一相中發生而且通常發生在兩相中。在蒸餾中，低沸物 (low boiler) 通過液相擴散至界面，然後離開界面進入蒸汽，而高沸物 (high boiler) 以相反的方向擴散，通過蒸汽進入液體。在瀝濾中，溶質經由擴散通過固相後再擴散進入液體。在液體萃取中，溶質通過萃剩相 (raffinate phase) 擴散到界面，然後進入萃取相 (extract phase)。在結晶中，溶質通過母液 (mother liquor) 擴散至晶體並沈積在固體表面。在增濕或除濕中，因為是純液相，所以無通過液相的擴散且無濃度梯度存在；但蒸汽擴散至液 - 氣界面進入氣相或離開氣相進入界面。在薄膜分離中，擴散發生在所有的相；亦即在薄膜兩側的流體與薄膜本身。

擴散的理論

擴散的定量關係式將在本節中討論，焦點集中於擴散方向與相之間的界面**垂直** (perpendicular) 以及在裝置內某一個確定位置的擴散。第一個考慮的主題是穩態擴散，其在任何點的濃度不隨時間改變。暫態 (transient) 擴散的方程式將於稍後提出。這些討論侷限於二元或擬 - 二元 (pseudo-binary) 混合物。

費克第一擴散定律

在下列一維擴散的方程式中，莫耳通量 J 與 (10.1) 式的熱通量 q/A 類似，而濃度梯度 dc/db 類似於溫度梯度 dT/dx。因此

$$J_A = -D_v \frac{dc_A}{db} \tag{17.1}$$

其中 J_A = 成分 A 的莫耳通量，kg mol/m^2 · h 或 lb mol/ft^2 · h
D_v = 體積擴散係數，m^2/h 或 ft^2/h
c_A = 濃度，kg mol/m^3 或 lb mol/ft^3
b = 在擴散方向上的距離，m 或 ft

方程式 (17.1) 是費克第一擴散定律 (Fick's first law of diffusion) 的一種陳述，它可以寫成幾種不同的形式。如下面的討論可知，相對於固定平面，不論總混合物是否固定或運動，此定律皆適用。

對於三維的擴散，(17.1) 式變成

$$J_A = D_v \nabla c_A = \rho_M D_v \nabla x_A \tag{17.2}$$

其中 ρ_M = 混合物的莫耳密度，kg mol/m^3 或 lb mol/ft^3
x_A = A 在 L 相的莫耳分率

動量與熱傳遞的類比

由下列方程式可知，擴散、熱傳遞和動量傳遞方程式之間的相似性是很明顯的。體積擴散係數 D_v 的因次為面積除以時間，此因次與熱擴散率 (thermal diffusivity) α 以及動黏度 ν 的因次相同。對於一維系統，由 (17.1) 式，(10.1) 式其中以 α 取代 k 以及 (3.3) 式其中使用 ν 代替 μ，†

對於質量：

$$J_A = -D_v \frac{dc_A}{db}$$

對於熱能：

$$\frac{dq}{dA} = -\alpha \frac{d(\rho c_p T)}{dx}$$

對於動量：

$$\tau_v = \nu \frac{d(u\rho)}{dy}$$

其中 b, x 與 y 為在流動方向上所量測的距離，這些方程式說明由於質量濃度梯度而發生質量輸送，由於能量濃度梯度而發生能量輸送，以及由於動量濃度梯度而有動量輸送。這些類比不可應用於二維和三維系統，因為 τ_v 是具有九個分量的張量，而 J_A 和 dq/dA 為具有三個分量的向量。

擴散與熱流之間的相似性使得解熱傳導方程式的方法同樣可以適用於解固體或流體的擴散問題。這對於非穩態擴散問題特別有用，因為已有許多已發表的非穩態熱傳遞的解 (參閱第 10 章) 可以利用。

熱傳與質傳間的差異在於熱量不是物質而是運輸中的能量，而擴散為物質的自然流動。此外，混合物中的所有分子在空間中的一個已知點具有相同的溫度，因此在一已知方向的熱傳是基於溫度梯度與平均導熱係數。對於質傳而言，每一成分有不同的濃度梯度與不同的擴散係數，分別以 C 和 D_v 表示。

擴散的物質本性以及所形成的流動，導致下列四種情況：

1. 混合物中僅有一成分 A 傳遞至界面或由界面傳出，而總流動與 A 的流動相同。由氣體將單一成分吸收進入液體即為此例。
2. 混合物中成分 A 的擴散與成分 B 的相等但反向的莫耳流動互相平衡，因此無淨莫耳流動。此為蒸餾的一般情況，它表示在氣相並無淨體積流動。因為莫耳密度差，所以在液相中通常有淨體積或淨質量流動，但此流動很小可忽略不計。

† 注意，對於動量傳遞，按照慣例經常省略負號。

3. A 與 B 是以相反方向擴散，但莫耳通量不相等。此情況通常發生於化學反應物種與觸媒表面之間的相互擴散，但相關的方程式不在本書的範圍內。
4. 在某些薄膜分離和吸附程序，兩種或多種成分會以不同速率做同向擴散。

擴散量

五種相關的概念用於擴散理論：

1. 速度 u，通常以長度 / 時間定義。
2. 通過一平面的通量 N，莫耳 / 面積 · 時間。
3. 相對於零速度之平面的通量 J，莫耳 / 面積 · 時間。
4. 濃度 c 與莫耳密度 ρ_M，莫耳 / 體積 (亦可使用莫耳分率)。
5. 濃度梯度 dc/db，其中 b 為垂直於擴散面之路徑的長度。

必要時，可加註適當的下標，方程式對 SI, cgs 和 fps 單位均適用。在某些應用上採用質量流率與質量濃度而不採用莫耳單位。

擴散速度

需要用到數種速度來描述個別物質的運動與整個相的運動。因為絕對運動是不具意義的，所以任何速度必須基於一任意的靜止狀態。在本討論中，沒有限定的**速度** (velocity) 是指相對於相之間的界面的速度，並且對相對於界面為靜止的觀察者而言是顯然的。

在混合物中任何一成分的個別分子均處於隨機運動。若將成分的瞬時速度相加，然後在垂直於界面的方向上分解，並除以物質的分子數，結果是該成分的巨觀速度。例如，對成分 A 而言，此速度以 u_A 表示。

莫耳流率、速度與通量

垂直於靜止平面的方向上的總莫耳通量 N 為體積平均速度 u_0 與莫耳密度 ρ_M 的乘積。對於穿過靜止平面的成分 A 與 B，通量為

$$N_A = c_A u_A \tag{17.3a}$$

$$N_B = c_B u_B \tag{17.3b}$$

擴散係數不是相對於靜止平面而是相對於以體積平均速度 u_0 移動的平面來定義。[†] 儘管在一些情況下有淨莫耳流動或淨質量流動，但根據定義，在該參考平面上沒有淨體積流動。成分 A 通過此參考平面的莫耳通量為擴散通量，以 J_A 表示，等於 A 對靜止平面的通量 [(17.3a) 式] 減去由於在速度 u_0 和濃度 c_A 下的總流量的通量：

$$J_A = c_A u_A - c_A u_0 = c_A(u_A - u_0) \tag{17.4}$$

$$J_B = c_B u_B - c_B u_0 = c_B(u_B - u_0) \tag{17.5}$$

(17.1) 式，用成分 A 在其與成分 B 的混合物中的擴散係數 D_{AB} 表示如下

$$J_A = -D_{AB}\frac{dc_A}{db} \tag{17.6}$$

對於成分 B 則為

$$J_B = -D_{BA}\frac{dc_B}{db} \tag{17.7}$$

(17.6) 式與 (17.7) 式為二元混合物的費克第一擴散定律 (Fick's first law of diffusion) 的陳述。注意此定律是基於下列三個決定：

1. 通量以莫耳 / 面積 - 時間表示。
2. 擴散速度是相對於體積平均速度。
3. 驅動勢 (driving potential) 以莫耳濃度 (在每單位體積下，成分 A 的莫耳數) 表示。

擴散係數間的關係

因為莫耳密度與組成無關，所以對於理想氣體而言，D_{AB} 與 D_{BA} 之間的關係很容易決定：

$$c_A + c_B = \rho_M = \frac{P}{RT} \tag{17.8}$$

在一定的溫度與壓力下，一氣體中 A 與 B 的擴散，

$$dc_A + dc_B = d\rho_M = 0 \tag{17.9}$$

† 線性速度等於單位面積的體積流率，某些學者使用莫耳平均速度定義擴散係數，但是體積平均速度更適合氣體與液體。

選取體積流率為零的參考平面，因為莫耳體積相同，所以我們可以設定 A 與 B 的莫耳擴散通量之和為零：

$$-D_{AB}\frac{dc_A}{db} - D_{BA}\frac{dc_B}{db} = 0 \tag{17.10}$$

因為 $dc_A = -dc_B$，擴散係數必須相等；亦即

$$D_{AB} = D_{BA} \tag{17.11}$$

當我們處理液體時，若 A 與 B 的所有混合物具有相同的質量密度，則可得相同的結果，

$$c_A M_A + c_B M_B = \rho = \text{常數} \tag{17.12}$$

$$M_A\,dc_A + M_B\,dc_B = 0 \tag{17.13}$$

因無體積流動穿過參考平面，擴散的體積流動之和為零。體積流動為莫耳流率乘以莫耳體積 M/ρ 並且

$$-D_{AB}\frac{dc_A}{db}\frac{M_A}{\rho} - D_{BA}\frac{dc_B}{db}\frac{M_B}{\rho} = 0 \tag{17.14}$$

將 (17.13) 式代入 (17.14) 式可得

$$D_{AB} = D_{BA} \tag{17.15}$$

對於液體密度有變化的擴散，亦可推導出其它的方程式，但在大多數的實際應用上，當我們處理二元混合物時均假設擴散係數相等。在下列方程式中，採用容積擴散係數 (volumetric diffusivity) D_v，其中下標 v 用作提醒擴散的驅動力是基於以每單位體積的莫耳數表示的濃度差。由擴散方程式之一種常見的形式可得相對於固定平面的總通量：

$$N_A = c_A u_0 - D_v\frac{dc_A}{db} \tag{17.16}$$

對於氣體，通常使用莫耳分率較為方便，而不是使用莫耳濃度，又因為 $c_A = \rho_M\,y_A$ 且 $u_0 = N/\rho_M$，所以 (17.16) 式變為

$$N_A = y_A N - D_v \rho_M \frac{dy_A}{db} \tag{17.17}$$

(17.17) 式有時應用於液體，如果莫耳濃度不是常數，則它只是近似方程式。

擴散方程式的解釋

(17.16) 式為非亂流流體相中，質量傳遞的基本方程式。它考慮了流體的對流主體流攜帶的成分 A 的量和以分子擴散傳遞的 A 的量。必須瞭解通量和濃度梯度的向量本質，因為這些量是以方向和大小來描述。在推導過程中，向量的正向是指增加 b 的方向，它可以朝向或遠離界面。由 (17.6) 式可知，梯度的符號與擴散通量的方向相反，因為擴散是朝較低濃度的方向，亦即「下坡」，就像熱流是朝溫度梯度減少的方向。

(17.16) 式包括幾種類型的情況。最簡單的情況是零對流流動以及 A 與 B 的等莫耳反向擴散，如發生在兩種氣體的擴散混合。在具有恆定莫耳溢流的蒸餾中，蒸汽相內 A 與 B 的擴散也是這種情況。第二種常見的情況為混合物中僅有一種成分擴散，其中對流流動是由該成分的擴散所引起。例子包括液體的蒸發，蒸汽從界面擴散到氣流中，以及蒸汽在不凝結氣體的存在下進行冷凝。許多氣體吸收的例子亦僅涉及單成分的擴散，它產生一個朝向界面的對流。在氣體中，質量傳遞的兩種類型，將在下面的章節中討論，作為通過具有已知厚度的停滯氣體層或膜的穩態質量傳遞的簡單情況。暫態擴散和層流或亂流的效應，將在以後討論。

等莫耳擴散

氣體的等莫耳擴散 (equimolal diffusion) 其淨體積流率與莫耳流率為零，(17.16) 式與 (17.17) 式可用於將其對流項設定為零，此時這兩式就等同於 (17.6) 式。假設通量 N_A 為定值且總通量為零，將 (17.17) 式對膜厚度 B_T 積分：

$$-D_v \rho_M \int_{y_{Ai}}^{y_A} dy_A = N_A \int_0^{B_T} db \tag{17.18}$$

其中 y_A = A 在膜外緣的莫耳分率

y_{Ai} = A 在界面或膜內緣的莫耳分率

將 (17.18) 式積分並重新整理，可得

$$N_A = J_A = \frac{D_v \rho_M}{B_T}(y_{Ai} - y_A) \tag{17.19}$$

或

$$N_A = J_A = \frac{D_v}{B_T}(c_{Ai} - c_A) \tag{17.20}$$

在膜內，A 的濃度梯度為線性，B 的濃度梯度與 A 大小相同但符號相反，如圖 17.1a 所示。注意，對於等莫耳擴散而言，$N_A = J_A$。

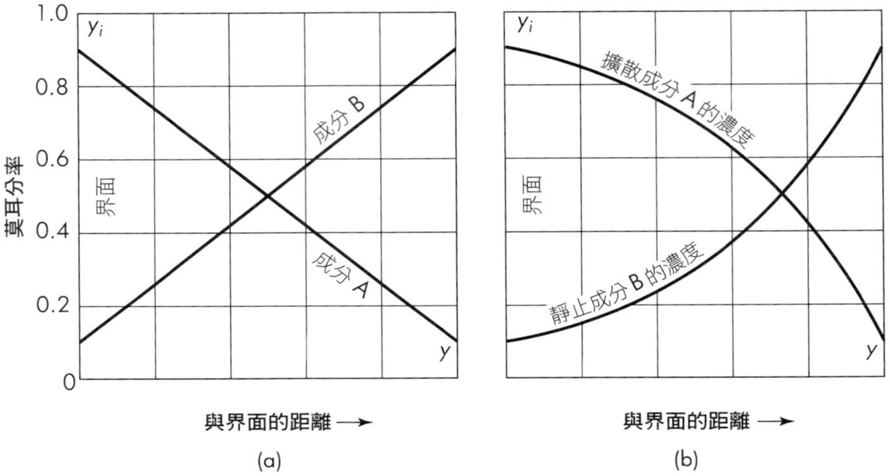

▲ 圖 17.1 等莫耳擴散與單成分擴散的濃度梯度：(a) 成分 A 與 B 以相同莫耳流率反向擴散；(b) 成分 A 擴散，而成分 B 對界面而言為靜止

單成分質量傳遞 (單向擴散)

當只有成分 A 傳遞時，傳遞至界面或離開界面的總莫耳通量 N 與 N_A 相同，因此 (17.17) 式變成

$$N_A = y_A N_A - D_v \rho_M \frac{dy_A}{db} \tag{17.21}$$

將上式整理並且積分，可得

$$N_A(1 - y_A) = -D_v \rho_M \frac{dy_A}{db} \tag{17.22}$$

$$\frac{N_A B_T}{D_v \rho_M} = -\int_{y_{Ai}}^{y_A} \frac{dy_A}{1 - y_A} = \ln \frac{1 - y_A}{1 - y_{Ai}} \tag{17.23}$$

或

$$N_A = \frac{D_v \rho_M}{B_T} \ln \frac{1 - y_A}{1 - y_{Ai}} \tag{17.24}$$

利用 $1 - y_A$ 的對數平均可將 (17.24) 式重新整理，這樣做是為了更容易與等莫耳擴散的 (17.19) 式作比較。因為驅動力 $y_{Ai} - y_A$ 可寫成 $(1 - y_A) - (1 - y_{Ai})$，所以對數平均變成

$$\overline{(1 - y_A)}_L = \frac{y_{Ai} - y_A}{\ln[(1 - y_A)/(1 - y_{Ai})]} \tag{17.25}$$

結合 (17.24) 式與 (17.25) 式可得

$$N_A = \frac{D_v \rho_M}{B_T} \frac{y_{Ai} - y_A}{\overline{(1 - y_A)}_L} \tag{17.26}$$

對於一已知的濃度差，成分 A 的通量在單向擴散比在等莫耳擴散大，因為 $\overline{(1 - y_A)}_L$ 的值小於 1.0。

單向擴散的濃度梯度不是線性，但在 y_A 的低值處較陡，如圖 17.1b 所示。因為 $y_A + y_B = 1.0$ 或 $c_A + c_B = \rho_M$，所以成分 B 的梯度可直接由成分 A 的梯度求得。儘管如圖 17.1b 所示，有很大的濃度梯度，但是並沒有成分 B 朝向界面傳遞。這可解釋為 B 趨向於朝向較低濃度的區域擴散，但擴散通量恰好與在相反方向上攜帶 B 的對流量相等。

例題 17.1

(a) 溶質 A 通過氣體層擴散至吸收液體，其中 $y_A = 0.20$，$y_{Ai} = 0.10$，試求單向擴散的傳遞速率，並與等莫耳擴散比較。

(b) 當通過單向擴散層的中點時，y_A 的值為何？

解

(a) 對於等莫耳擴散，由 (17.19) 式，

$$N_A = J_A = \frac{D_v \rho_M}{B_T}(0.20 - 0.10)$$

對於單向擴散，由 (17.24) 式，

$$N_A = \frac{D_v \rho_M}{B_T} \ln \frac{0.9}{0.8} = \frac{D_v \rho_M}{B_T}(0.1178)$$

(兩個方程式中的濃度項相反以使朝向界面的通量為正。) 通量的比為 0.1178/0.10 = 1.18。在此情況下，單向擴散的傳遞速率比等莫耳擴散的傳遞速率約大 18%。

(b) 當 $b = B_T/2$，

$$\ln \frac{1 - y_A}{0.8} = \frac{B_T}{2} \frac{N_A}{D_v \rho_M} = \frac{0.1178}{2} = 0.0589$$

$$1 - y_A = 0.8485 \qquad y_A = 0.1515$$

在中點的濃度僅略大於梯度為線性時的濃度 ($y_A = 0.150$)。

擴散係數的預測

擴散係數 (diffusivity) 最好是由實驗量測來估計，並且當這樣的資訊可用於感興趣的系統時，就應當直接使用。通常並沒有提供我們想要的值，但是它們可由發表的關聯式來估計。有時，對於一組溫度和壓力的條件下，只有一個值可用，此時就可以利用關聯式由已知值預測其它條件下的所需值。

氣體的擴散係數

附錄 18 列出於 0°C 及 1 atm 下，在空氣中擴散的一些常見氣體的 D_v 值。一個簡單的氣體理論證明了 D_v 與平均分子速度 $\bar{u}$ 以及平均自由徑 λ 的乘積成正比。亦即

$$D_v \cong \tfrac{1}{3}\bar{u}\lambda \tag{17.27}$$

因為理想氣體的平均自由徑與壓力成反比，因此 D_v 亦與壓力成反比，而 $D_v P$ 的乘積在壓力高至約 10 atm，均可視為常數。平均分子速度取決於 $T^{0.5}$，又因為平均自由徑隨 $T^{1.0}$ 增加而增加，所以簡單的理論預測 D_v 隨 $T^{1.5}$ 改變，此項出現於某些擴散係數的經驗式中。基於現代動力學理論，一種更嚴格的方法是允許分子具有不同的大小與速度以及當它們彼此接近時有交互作用。對於雙

成分擴散使用具有參數 ϵ 和 σ 的 **Lennard-Jones (6-12) 勢能** (Lennard-Jones (6-12) potential)，[21a] 可導出下列方程式。

$$D_{AB} = \frac{0.001858T^{3/2}[(M_A + M_B)/M_A M_B]^{1/2}}{P\sigma_{AB}^2 \Omega_D} \tag{17.28}$$

其中 D_{AB} = 擴散係數，cm^2/s

T = 溫度，K

M_A, M_B = 成分 A 與 B 的分子量

P = 壓力，atm

$\sigma_{AB} = (\sigma_A + \sigma_B)/2$ = 有效碰撞直徑，Å

Ω_D = 碰撞積分 $= f(\mathbf{k}T/\epsilon_{AB})$

$\mathbf{k}$ = 波茲曼常數

ϵ = 一般氣體的 Lennard-Jones 力常數

$\epsilon_{AB} = \sqrt{\epsilon_A \epsilon_B}$

附錄 19 列出一般氣體的 σ, ϵ 和 Ω_D。(17.28) 式稱為 **Chapman-Enskog 方程式** (Chapman-Enskog equation)。[20]

碰撞積分 Ω_D 隨著溫度的增加而降低，這使得 D_{AB} 隨著超過絕對溫度的 1.5 次方而增加。Ω_D 隨溫度的變化不是很大，在 300 K 至 1,000 K 的溫度下，空氣的擴散其 D_v 大約隨 $T^{1.7-1.8}$ 變化，而室溫數據的外插則採用 $T^{1.75}$。

注意，(17.28) 式與氣體黏度的 (3.5) 式以及理想氣體導熱係數的 (10.6) 式之相似性。

在小孔中擴散　當氣體在固體的非常小的孔隙中擴散時，如同發生在吸附，多孔性固體的乾燥或某些薄膜分離程序，由於氣體分子與小孔壁的碰撞使得擴散係數低於正常值。當孔的大小遠小於正常平均自由徑時，這種擴散程序稱為 **Knudsen 擴散** (Knudsen diffusion)，而對於圓柱孔的擴散係數為

$$D_K = 9{,}700r\sqrt{\frac{T}{M}} \tag{17.29}$$

其中 D_K = Knudsen 擴散係數，cm^2/s

T = 溫度，K

M = 分子量

r = 小孔半徑，cm

對於中等尺寸的孔，氣體分子與孔壁以及與其它分子的碰撞都很重要，結合整體擴散係數的倒數以及 Knudsen 擴散係數的倒數可估算小孔內的擴散係數。

$$\frac{1}{D_{\text{pore}}} = \frac{1}{D_{AB}} + \frac{1}{D_K} \tag{17.30}$$

例題 17.2

使用精確方程式並從 0°C 和 1 atm 的發表值外插，預測在 100°C 和 2 atm 下，苯在空氣中的體積擴散係數。

解

由附錄 19，可得力常數如下：

	ϵ/k	σ	M
苯	412.3	5.349	78.1
空氣	78.6	3.711	29

因此

$$\sigma_{AB} = \frac{5.349 + 3.711}{2} = 4.53$$

$$\epsilon_{AB/K} = (412.3 \times 78.6)^{0.5} = 180$$

$$\frac{kT}{\epsilon} = \frac{373}{180} = 2.072$$

由附錄 19，可得 $\Omega_D = 1.062$。由 (17.28) 式，

$$D_{AB} = \frac{0.001858 \times 373^{1.5}[(78.1 + 29)/78.1 \times 29]^{0.5}}{2 \times 4.53^2 \times 1.062} = 0.0668 \text{ cm}^2/\text{s}$$

由附錄 18，在標準溫度及壓力下，

$$D_{AB} = 0.299 \text{ ft}^2/\text{h} = 0.0772 \text{ cm}^2/\text{s}$$

在 373 K 和 2 atm 下，

$$D_{AB} \cong 0.0772\left(\frac{1}{2}\right)\left(\frac{373}{273}\right)^{1.75} = 0.0666 \text{ cm}^2/\text{s}$$

此值與由 (17.28) 式計算的值一致。

液體的擴散

液體的擴散理論不如氣體擴散那麼先進，實驗數據也不如氣體擴散那麼豐富。在大氣壓力下，液體的擴散係數通常比氣體小 4 至 5 個數量級。液體擴散是由分子的隨機運動而產生的，但在碰撞之間行進的平均距離小於分子直徑，此與氣體相反，氣體的平均自由徑大於分子大小的數量級。結果是，在大氣壓下，液體的擴散係數通常比氣體的擴散係數小 4 至 5 個數量級。然而，由於液體密度比氣體密度大很多，對於已知莫耳分率的液體或氣體其通量幾乎相同。

稀釋溶液中，大球形分子的擴散係數可以從 **Stokes-Einstein 方程式** (Stokes-Einstein equation) 中預測，該方程式是經由考慮在連續流體中移動的球體上其拖曳力而導出的。

$$D_v = \frac{\mathbf{k}T}{6\pi r_o \mu} \tag{17.31}$$

其中 **k** 為波茲曼常數，其值為 1.380×10^{-23} J/K。

方程式的簡便形式為

$$D_v = \frac{7.32 \times 10^{-16} T}{r_o \mu}$$

其中 $D_v =$ 擴散係數，$\mathrm{cm^2/s}$

$T =$ 絕對溫度，K

$r_o =$ 分子半徑，cm

$\mu =$ 黏度，cP

對於小分子量到中等分子量 ($M < 400$) 的溶質，液體的擴散係數大於由 (17.31) 式計算的擴散係數，因為拖曳力小於連續流體的預測拖曳力。擴散係數隨莫耳體積的 –0.6 次方改變而不是隨著 Stokes-Einstein 方程式所導出的 $-\frac{1}{3}$ 次方改變。對於小分子的液體擴散係數，一個廣泛採用的關聯式為實驗 **Wilke-Chang 方程式** (Wilke-Chang equation) [26]

$$D_v = 7.4 \times 10^{-8} \frac{(\psi_B M_B)^{1/2} T}{\mu V_A^{0.6}} \tag{17.32}$$

其中 $D_v =$ 擴散係數，$\mathrm{cm^2/s}$

$T =$ 絕對溫度，K

$\mu =$ 溶液的黏度，cP

V_A = 當液體在其正常沸點時，溶質的莫耳體積，cm^3/g mol
ψ_B = 溶劑的**結合參數** (association parameter)
M_B = 溶劑的分子量

ψ_B 的推薦值如下：水為 2.6，甲醇為 1.9，乙醇為 1.5，而以氫鏈結合的其它極性分子可能大於 1.0。苯、庚烷和其它非結合溶劑為 1.0。當水是溶質時，擴散係數比從 (17.32) 式求出的值低約 2.3 倍，表示水在有機液體中的結合參數為 4.0。[18] (17.32) 式僅在低溶質濃度下成立，但不適用於加入高分子量聚合物而增稠的溶液。少量的聚合物可以提高溶液黏度超過 100 倍或甚至將溶液變成凝膠，但小溶質的擴散係數僅略微降低，因為聚合物鏈分隔太遠使得無法阻礙溶質分子的移動。[4]

對於非電解質的稀釋水溶液，可以使用下列較簡單的方程式 [15]

$$D_v = \frac{13.26 \times 10^{-5}}{\mu_B^{1.14} V_A^{0.589}} \tag{17.33}$$

其中 μ_B = 水的黏度，cP。

完全離子化的單價電解質之稀薄溶液，其擴散係數可由**能斯特方程式** (Nernst equation) 求出

$$D_v = \frac{2RT}{(1/\lambda_+^0 + 1/\lambda_-^0)F_a^2} \tag{17.34}$$

其中 λ_+^0, λ_-^0 = 有限 (零濃度) 離子導電度，$A/cm^2 \cdot (V/cm) \cdot$ (克當量 $/cm^3$)
R = 氣體常數，8.314 J/K · g mol
F_a = 法拉第常數，96,500 庫侖 / 克當量

表 17.1 列出 25°C 的 λ^0 值。對於較高溫的值可由 T/μ 的改變估算而得。

注意，此處不同於二元氣體混合物的情況，A 在 B 中的稀釋溶液的擴散係數與 B 在 A 中的稀釋溶液的擴散係數不同，因為當溶質與溶劑互換時，μ, M_B 和 V_A 並不相同。對於中間濃度，有時可在稀釋溶液數值之間採用內插法而得到 D_v 的近似值，但這種方法對於非理想溶液會產生較大的誤差。

施密特數

動黏度與分子擴散係數的比值即為**施密特數** (Schmidt number)，以 Sc 表示。

$$\mathrm{Sc} = \frac{\nu}{D_v} = \frac{\mu}{\rho D_v}$$

▼ 表 17.1　在 25°C，水中有限離子導電度[21b]

陽離子	λ_+^0	陰離子	λ_-^0
H^+	349.8	OH^-	197.6
Li^+	38.7	Cl^-	76.3
Na^+	50.1	Br^-	78.3
K^+	73.5	I^-	76.8
NH_4^+	73.4	NO_3^-	71.4

施密特數類比於普蘭特數 (Prandtl number)，而普蘭特數為動黏度與熱擴散係數的比值 (參閱第 12 章)。

$$\text{Pr} = \frac{\nu}{\alpha} = \frac{\mu}{\rho\alpha} = \frac{\mu}{\rho[k/(\rho c_p)]} = \frac{c_p\mu}{k}$$

在 0°C 和 1 atm 下，氣體在空氣中的施密特數可參考附錄 18。大多數的值介於 0.5 與 2.0 之間。當應用理想氣體定律時，施密特數與壓力無關，因為黏度與壓力無關且壓力對 ρ 與 D_v 的影響可忽略。因為 μ 與 ρD_v 約隨 $T^{0.7-0.8}$ 而改變，所以溫度對氣體的施密特數僅有少許的影響。

對典型的混合物而言，液體的施密特數範圍約為 10^2 至 10^5。在 20°C，溶有少量溶質的水其 $D_v \cong 10^{-5}$ cm²/s, Sc $\cong 10^3$。因為溫度增加會使得黏度降低以及擴散係數增加，所以施密特數隨溫度的增加而顯著的降低。

例題 17.3

試估計苯在甲苯中以及甲苯在苯中於 110°C 的擴散係數。物理性質如下表所示：

	M	沸點，°C	在沸點的 V_A cm³/mol	在 110°C 的 μ cP
苯	78.11	80.1	96.5	0.24
甲苯	92.13	110.6	118.3	0.26

解

利用 (17.32) 式，對於苯在甲苯中，

$$D_v = \frac{7.4 \times 10^{-8}(92.13)^{1/2}(383)}{0.26(96.5)^{0.6}} = 6.74 \times 10^{-5}\ \text{cm}^2/\text{s}$$

對於甲苯在苯中，

$$D_v = \frac{7.4 \times 10^{-8}(78.11)^{1/2}(383)}{0.24(118.3)^{0.6}} = 5.95 \times 10^{-5}\ \text{cm}^2/\text{s}$$

亂流擴散

在亂流中，移動的渦流將物質由一點輸送至另一點，如同輸送動量與熱能。類似於 (3.20) 式與 (12.46) 式，亦即類似於亂流的動量傳遞與熱傳遞，質量傳遞的方程式為

$$J_{A,t} = -\varepsilon_N \frac{dc}{db} \tag{17.35}$$

其中 $J_{A,t}$ = 相對於整個相 (relative to phase as a whole)，由亂流作用引起的 A 的莫耳通量

ε_N = 渦流擴散係數

相對於整個相的總莫耳通量變成

$$J_A = -(D_v + \varepsilon_N) \frac{dc}{db} \tag{17.36}$$

渦流擴散係數與流體的性質有關，亦與流動流體的速度與位置有關。因此，不可將 (17.36) 式直接積分以求出一已知濃度差的通量。在質量傳遞的基礎研究中，此式與 ε_N 的理論或實驗的關係式一起使用，並且在發展傳遞程序間的類比時，類似的方程式可應用於熱量或動量傳遞。這樣的研究超出了本書的範圍，但 (17.36) 式在幫助理解質量傳遞的一些經驗關聯式的形式是有用的。

暫態擴散

當固體或靜止流體發生單向非穩態擴散時，其控制微分方程式，亦即費克第二擴散定律 (Fick's second law of diffusion)，類似於非穩態傳導的 (10.18) 式。

$$\frac{\partial c_A}{\partial t} = D_{AB} \frac{\partial^2 c_A}{\partial x^2} \tag{17.37}$$

因此簡單形狀之熱傳導方程式的通解可用於暫態擴散 (transient diffusion) 問題。擴散到具有恆定表面濃度和恆定擴散係數的平板或由平板擴散出來，對於平均濃度而言，其解與 (10.20) 式類似。

$$\frac{c_s - \bar{c}}{c_s - c_o} = \frac{8}{\pi^2}\left[e^{-a_1 \mathrm{Fo}_m} + \frac{1}{9}e^{-9a_1 \mathrm{Fo}_m} + \frac{1}{25}e^{-25a_1 \mathrm{Fo}_m} + \cdots\right] \tag{17.38}$$

其中 c_s = 擴散成分的表面

c_o = 平板的初濃度

$a_1 = (\pi/2)^2$

Fo_m = 質傳的傅立葉數，$D_v t/s^2$

s = 平板厚度的一半

若將 (10.19) 式中的 Fo 以 Fo_m 取代，則利用 (10.19) 式可求得板內已知位置的未完成的濃度變化。假設沒有淨流動，若溶質濃度很低，局部與平均濃度的解可用於液體的單向擴散。

對於進入或離開長圓柱體或球體的暫態擴散，可採用 (10.21) 式或 (10.22) 式，而當 Fo_m 大於 0.1 時，可用 (10.24) 式或 (10.25) 式求出平均濃度。但是當表面濃度為恆定時，則可應用 (10.21) 式至 (10.26) 式。在許多情況，必須考慮質量傳遞的外部阻力，而且濃度變化為畢特數 (Biot number) 與傅立葉數的函數。因為相之間的界面處之濃度不連續，所以畢特數包含分配係數 (partition coefficient) m 以及外部質量傳遞係數 k_c。圖 10.7 可用於平板的質傳，其中 $\mathrm{Bi}_m = mk_c s/D_v$，而圖 10.8 適用於球體，其中 $\mathrm{Bi}_m = mk_c r_m/D_v$。

例題 17.4

將具有中等分子量的藥物之水溶液，包封在聚合物塗層的膠囊中，並植入體內以控制藥物的釋放。藥物儲庫的直徑為 1.5 cm，厚度為 2.4 mm；聚合物塗層為 200 μm 厚。在 37°C 下，藥物的擴散係數在溶液中為 4.2×10^{-6} cm²/s 而在聚合物相中為 6×10^{-7} cm²/s。藥物在聚合物相中的平衡濃度是溶液中濃度的 1.9 倍。組織迅速吸收藥物，因此表面濃度 c_s 為零。聚合物塗層約 10 天溶解。試估計藥物釋放 50% 和 90% 的時間。

解

將膠囊視為具有表面積 $2\pi \times 1.5^2/4 = 3.53$ cm² 的平板，忽略邊緣面積 $\pi \times 1.5 \times 0.2 = 0.094$ cm²。假設聚合物的厚度為恆定。

外部係數：$k_c = D_{v,p}/B_T = 6 \times 10^{-7}/0.02 = 3 \times 10^{-5}$

$$\text{畢特數 } \mathrm{Bi}_m = \frac{mk_c s}{D_v} = \frac{1.9(3 \times 10^{-5})(0.12)}{4.2 \times 10^{-6}} = 1.63$$

因為在 (17.38) 式中 $c_s = 0$，未完成的濃度變化等於 $\bar{c}/c_o$，亦即圖 10.7 中的縱座標 Y。

當 $Y = 0.5$ 且 $\mathrm{Bi}_m = 1.63$，$\mathrm{Fo}_m \cong 0.7 = D_v t/s^2$。

$$t = \frac{0.7 \times 0.24^2}{4.2 \times 10^{-6} \times 3{,}600} = 2.7\ \mathrm{h}$$

當 $Y = 0.1$，用內插法可得 $\mathrm{Fo}_m \cong 2.4$。

$$t = \frac{2.4 \times 0.24^2}{4.2 \times 10^{-6} \times 3{,}600} = 9.1\ \mathrm{h}$$

大多數藥物在聚合物塗層的厚度發生顯著變化之前釋放。藥物釋放速率隨著時間的增加而減少，如同一級反應一樣。

質傳理論

對於通過一靜止流體層的穩態質量傳遞，如果 B_T 為已知，則 (17.19) 式或 (17.24) 式可用來預測質量傳遞速率。但是，這不是常見的情況，因為在大多數的質量傳遞操作中，期望產生亂流，來增加每單位面積的傳遞速率，或有助於使一流體散布至另一流體以產生更多的界面積。此外，到達一流體界面的質量傳遞通常屬於非穩態形式，且濃度梯度與質量傳遞速率改變。儘管有這些差異，在大多數的情況下，質量傳遞均採用相同類型的方程式來處理，該方程式以**質量傳遞係數** (mass-transfer coefficient) k 為特徵。此係數定義為每單位面積每單位濃度差的質量傳遞速率，且通常是基於等莫耳流動。濃度以莫耳 / 體積或莫耳分率表示，而以下標 c 表示濃度，y 或 x 表示在蒸汽或液相中的莫耳分率：

$$k_c = \frac{J_A}{c_{Ai} - c_A} \tag{17.39}$$

或

$$k_y = \frac{J_A}{y_{Ai} - y_A} \tag{17.40}$$

由於 k_c 為莫耳通量除以濃度差，因此其單位與速度相同，如 cm/s 或 m/s：

$$k_c = \frac{\mathrm{mol}}{\mathrm{s \cdot cm^2 \cdot mol/cm^3}} = \mathrm{cm/s}$$

因為莫耳分率驅動力為無因次，所以 k_y 或 k_x 的單位與 J_A 相同，即莫耳 / 面積 · 時間。顯然，k_c 及 k_y 與莫耳密度的關係如下：

$$k_y = k_c \rho_M = \frac{k_c P}{RT} \tag{17.41}$$

$$k_x = k_c \rho_M = \frac{k_c \rho_x}{\bar{M}} \tag{17.42}$$

氣相質傳係數有時是基於分壓驅動力，亦即以下列的 k_g 來表示。

$$k_g = \frac{J_A}{P_{Ai} - P_A} \tag{17.43}$$

因此

$$k_g = \frac{k_y}{P} = \frac{k_c}{RT} \tag{17.44}$$

對於在靜止膜中的穩態等莫耳擴散，k_c 的意義可由 (17.39) 式與 (17.20) 式合併後得知，亦即

$$\begin{aligned} k_c &= \frac{J_A}{c_{Ai} - c_A} = \frac{D_v(c_{Ai} - c_A)}{B_T} \frac{1}{c_{Ai} - c_A} \\ &= \frac{D_v}{B_T} \end{aligned} \tag{17.45}$$

由此可知，係數 k_c 等於分子擴散係數除以靜止層的厚度。當我們處理非穩態擴散或流動流體的擴散時，若已知 k_c 與 D_v 的值，則可利用 (17.45) 式求出有效膜厚度。

薄膜理論

薄膜理論 (film theory) 的基本概念為擴散的阻力可視為相當於具有一定厚度的靜止膜。這表示係數 k_c 隨 D_v 的一次方改變，這項事實，很少為真，但並不減低薄膜理論在許多應用方面的價值。薄膜理論通常可作為多成分擴散或含有化學反應的擴散等複雜問題的基礎。

例如，考慮由一亂流氣流至管壁的質量傳遞，其濃度梯度如圖 17.2 所示。在接近管壁處有一層為層流，其中質量傳遞主要是以分子擴散，且濃度梯度幾乎是線性。隨著與管壁的距離增加，亂流變得較強，且渦流擴散率增加，這意味著對於相同的通量需要較低的梯度 [參閱 (17.36) 式]。在管的中心，c_A 有極大值，但此值不用於質量傳遞的計算。我們以 $c_A - c_{Ai}$ 作為驅動力，其中 c_A 是流體充分混合時達到的濃度。此與流動加權平均濃度相同，也是在質量均衡計算

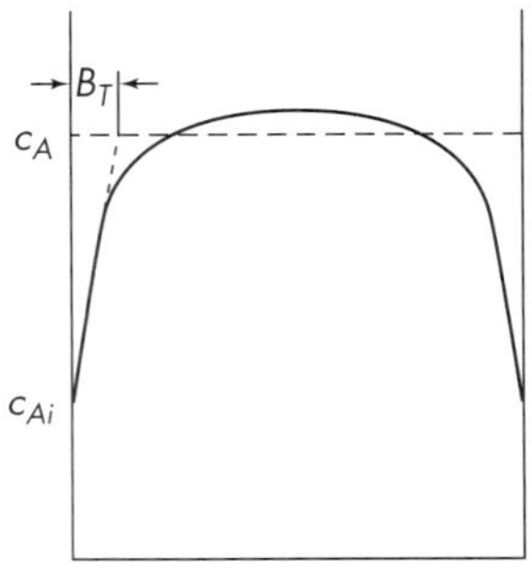

▲ 圖 17.2　氣體亂流在管內之質量傳遞的濃度梯度

中採用的濃度 (這類似於熱傳遞中的用法，其中我們以流體的平均溫度來定義 h)。

若靠近壁的梯度為線性，則可外插至 c_A，且在這一點上與壁的距離為有效膜厚度 B_T。一般而言，質量傳遞的阻力主要是在非常接近壁的層流邊界層內，而 B_T 僅略大於層流層的厚度。然而，如稍後將提出的，B_T 的值與擴散係數 D_v 有關，而不是僅與流動參數有關，例如雷諾數。有效膜厚的觀念非常有用，但不可將 B_T 的值與層流層的實際厚度混淆。

單向擴散的效應

如前所示，在已知濃度差之情況下，當只有成分 A 通過靜止膜擴散時，其質量傳遞速率大於如果成分 B 在相反方向擴散。由 (17.19) 式和 (17.26) 式，通量的比為：

$$\frac{N_A}{J_A} = \frac{1}{\overline{(1-y_A)}_L} = \frac{1}{\overline{(y_B)}_L} \tag{17.46}$$

此關係式是由靜止膜中的分子擴散導出的，假設此式對於非穩態擴散或分子與渦流擴散的組合也能成立。有時，單向傳遞的質量傳遞係數以 k_c' 或 k_y' 表示，則此係數遵循與 (17.46) 式中之通量相同的關係式：

$$\frac{k_c'}{k_c} = \frac{k_y'}{k_y} = \frac{1}{\overline{(1-y_A)}_L} \tag{17.47}$$

單向質量傳遞的速率可以使用任一類型的係數來表示：

$$N_A = k_y'(y_{Ai} - y_A) \tag{17.48}$$

$$N_A = \frac{k_y(y_{Ai} - y_A)}{\overline{(1 - y_A)}_L} \tag{17.49}$$

當 y_A 的值為 0.10 或更小時，k_y 和 k'_y 之間的差值很小，並且在設計的計算中經常被忽略。對於在液相中的質量傳遞，單向擴散的對應修正項 $\overline{(1 - x_A)}_L$ 通常被省略，因為修正項與擴散係數以及質量傳遞係數之不確定性相比其值甚小。

邊界層理論

儘管幾乎沒有通過靜止流體膜的擴散之實例，但是質量傳遞通常發生在表面附近的薄邊界層，而在該表面流體為層流。若在邊界層的速度梯度為線性，且在表面的速度為零，則由流動與擴散方程式可解得濃度梯度與平均質量傳遞係數。質傳係數隨擴散係數的 $\frac{2}{3}$ 次方變化，且在流動方向沿著表面距離的增加而減少，因為距離或 D_v 的增加使得濃度梯度從表面延伸得更遠，這減少了表面上的梯度 dc_A/db。

對於在平板上或在圓柱體或球體周圍的流動，速度分布在表面附近是線性的，但是梯度隨著速度接近邊界層外緣的主流速度而減少。精確計算顯示，若 D_v 低或 Schmidt 數 $\mu/\rho D_v$ 為 10 以上，質量傳遞係數仍隨 $D_v^{2/3}$ 變化。對於 Schmidt 數大約為 1，氣體的典型值，預測係數隨著 D_v 的略低次方而變化。對於邊界層流動，無論速度分布的形狀或物理性質的值如何，傳遞速率不能隨著擴散係數的 1.0 次方增加，亦即不能如薄膜理論所意指的那樣。邊界層理論 (boundary layer theory) 可用來估算某些情況下的 k_c 值，但當邊界層變成有亂流或分離發生時，則無法進行 k_c 的精確預測，而該理論主要用作發展經驗關聯式的導引。在邊界層中，熱和質量傳遞之間的類比，允許由熱傳遞所開發的關聯式用於質傳。例如，通過平板上的層流邊界層的質傳平均係數，可在 (12.10) 式中用 Sh 取代 Nu，用 Sc 取代 Pr 從 (12.10) 式獲得。

$$\text{Sh} = \frac{k_c D}{D_v} = 0.664(\text{Sc})^{1/3}(\text{Re}_b)^{1/2} \tag{17.50}$$

其中 b 為平板的總長度。

對於管內的層流，(12.17) 式和 (12.18) 式可用於質傳，其中 $\text{Gz}' = \dot{m}/\rho D_v L$ 或 $(\pi/4)$ ReSc (D/L)。

滲透理論

滲透理論 (penetration theory) 是擴散到表面濃度為恆定的較稠流體的暫態率，濃度隨距離和時間的變化由費克第二定律 (Fick's second law)，亦即，(17.37) 式決定：

$$\frac{\partial c_A}{\partial t} = D_v \frac{\partial^2 c_A}{\partial b^2} \tag{17.51}$$

邊界條件為

$$c_A = \begin{cases} c_{A0} & t = 0 \\ c_{Ai} & b = 0, t > 0 \end{cases}$$

(17.51) 式的特解與半無限固體的暫態熱傳導的解 (10.36) 式相同。

在時間 t 的瞬間通量與 (10.39) 式的形式類似：

$$J_A = \sqrt{\frac{D_v}{\pi t}}(c_{Ai} - c_A) \tag{17.52}$$

在 0 到 t_T 的時間間隔內的平均通量為

$$\begin{aligned} \bar{J}_A &= \frac{1}{t_T}\int_0^{t_T} J_A\, dt = \frac{c_{Ai} - c_A}{t_T}\sqrt{\frac{D_v}{\pi}}\int_0^{t_T}\frac{dt}{t^{1/2}} \\ &= 2\sqrt{\frac{D_v}{\pi t_T}}(c_{Ai} - c_A) \end{aligned} \tag{17.53}$$

將 (17.39) 式與 (17.53) 式合併，可得時間 t_T 的平均質傳係數

$$\bar{k}_c = 2\sqrt{\frac{D_v}{\pi t_T}} = 1.13\sqrt{\frac{D_v}{t_T}} \tag{17.54}$$

Higbie[16] 是第一個將此方程式應用於液體中的氣體吸收，結果顯示如果接觸時間短，則擴散分子將不會到達薄層的另一側。滲透的深度定義是濃度變化為最終值的 1% 的距離，滲透深度為 $3.6\sqrt{D_v t_T}$。當 $D_v = 10^{-5}$ cm²/s 且 $t_T = 10$ s，滲透深度僅 0.036 cm。在氣體吸收裝置中，液滴和氣泡由於聚結而具有非常短的生命期，因此滲透理論可能適用。

滲透理論的另一種形式由 Danckwerts 發展，[5] 他認為在傳遞表面上的流體單元被來自主流的新鮮流體隨機替換。結果產生壽命或接觸時間的一種指數分布，而平均傳遞係數為

$$\bar{k}_c = \sqrt{D_v s} \tag{17.55}$$

其中 s 為表面更新 (surface renewal) 的分數速率，單位為 s^{-1}。

(17.54) 式與 (17.55) 式預測質傳係數隨擴散係數的 $\frac{1}{2}$ 次方變化且對於一已知的平均接觸時間可得幾乎相同的值。滲透理論的修改版本 [12] 是假設來自亂流主流體的渦流進入表面的隨機距離內，得到的擴散係數的指數較高，表示此理論可能適用於管壁或平坦表面，例如液體池的質量傳遞。

滲透理論的各種形式可以分類為表面更新模式，意味著在頻繁的時間間隔內，有新的表面形成或來自主流體的新鮮流體替換表面的流體單元。時間 t_T 及其倒數，即更新的平均速率為流體速度、流體性質及系統的幾何之函數且只在少數特殊情況下才可準確預測。然而，即使 t_T 必須由實驗決定，表面更新模式在許多情況下，尤其是對於液滴和氣泡的傳遞，提供質量傳遞數據的相關性一個良好的基礎。(17.54) 式與 (15.23) 式之間的相似性是熱與質量傳遞之間一個類比的例子。我們通常合理假設此兩程序的 t_T 相同，因此可由量測質量傳遞速率估算熱傳遞速率，反之亦然。

雙膜理論

在許多分離程序中，物質必須由一相擴散至另一相，且在兩相中的擴散速率影響質量傳遞的總速率。Whitman[25] 於 1923 年提出雙膜理論 (two-film theory)，假設在界面達到均衡，且在兩相中的質傳阻力可相加而得總阻力，此與熱傳遞的做法一樣。總阻力的倒數為總係數，在設計的計算上使用總係數比個別係數容易。

相之間的質傳比熱傳複雜其原因是在界面的不連續性，這是因為擴散溶質的濃度或莫耳分率在界面的相對側幾乎不相同。例如，在二元混合物的蒸餾，y_A^* 大於 x_A，且氣泡表面附近的梯度如圖 17.3a 所示。對於極溶氣體的吸收，液體在界面之莫耳分率大於氣體，如圖 17.3b 所示。

在雙膜理論中，設定傳送至界面的速率等於由界面傳出的速率：

$$r = k_x(x_A - x_{Ai}) \tag{17.56}$$

$$r = k_y(y_{Ai} - y_A) \tag{17.57}$$

此速率亦設定等於總係數 K_y 乘以總驅動力 $y_A^* - y_A$，其中 y_A^* 為與組成 x_A 的主液體達平衡的蒸汽組成：

$$r = K_y\,(y_A^* - y_A) \tag{17.58}$$

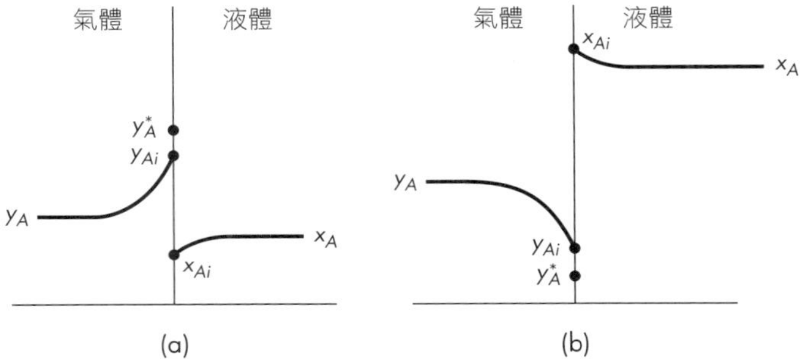

▲ 圖 17.3　氣 - 液界面附近的濃度梯度：(a) 蒸餾；(b) 易溶性氣體的吸收

欲以 k_y 和 k_x 來表示 K_y，可將 (17.58) 式整理且以 $(y_A^* - y_{Ai}) + (y_{Ai} - y_A)$ 取代 $y_A^* - y_A$：

$$\frac{1}{K_y} = \frac{y_A^* - y_A}{r} = \frac{y_A^* - y_{Ai}}{r} + \frac{y_{Ai} - y_A}{r} \tag{17.59}$$

將 (17.56) 式和 (17.57) 式代入 (17.59) 式的最後兩項：

$$\frac{1}{K_y} = \frac{y_A^* - y_{Ai}}{k_x(x_A - x_{Ai})} + \frac{y_{Ai} - y_A}{k_y(y_{Ai} - y_A)} \tag{17.60}$$

圖 17.4 顯示在界面處的組成的典型值，顯然 $(y_A^* - y_{Ai})/(x_A - x_{Ai})$ 為平衡曲線的局部斜率。此斜率以 m 表示。(17.60) 式可寫成

$$\frac{1}{K_y} = \frac{m}{k_x} + \frac{1}{k_y} \tag{17.61}$$

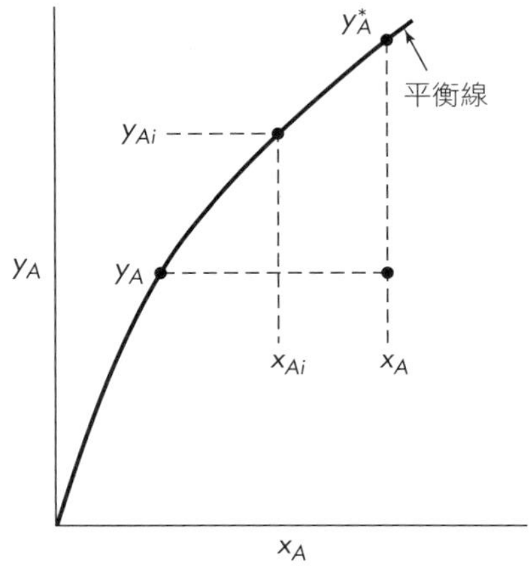

▲ 圖 17.4　蒸餾的典型的主流體與界面濃度

$1/K_y$ 項可視為質量傳遞的總阻力，而 m/k_x 與 $1/k_y$ 分別為液體與氣體膜的阻力。這些膜不必是具有一定厚度的靜止層以便應用雙膜理論。在任一膜中的質量傳遞可為通過一層流邊界層的擴散，或如滲透理論的非穩態擴散，而總係數仍是由 (17.61) 式求得。對於某些問題，例如通過一靜止膜傳送至可應用滲透理論的相，但因為在界面處的濃度變化，使得滲透理論係數略有變化，但這種效應只是學術上的探究。

雙膜理論的主要部分在於這種方法允許在界面處的相之間的溶質分配，同時組合個別係數以獲得總係數。這種方法可用於實驗數據的分析以及許多種型式的質傳操作的裝置設計，包括吸收、吸附、萃取和蒸餾。使用相同原理再加上具適當的分布因數阻力，即可應用於薄膜分離，其中包括三個串聯的阻力。

質傳係數

觀察實際設備中質量傳遞的複雜性，可知在實際設備中的質量傳遞，很少有基本方程式可供利用，需藉因次分析與半理論類比的導引，依賴實驗方法得到操作方程式，解決問題的方法可依下列幾個步驟進行。

實驗量測

1. 係數 k 是在實驗裝置中測定，其中相之間的接觸面積為已知且無邊界層分離發生。如圖 17.5 所示的濕壁塔是實際上使用的此種型式的裝置之一，其對於在亂流流動中，流體質量傳遞的進出提供有價值的資訊。濕壁塔基本上是直立管，液體自塔項進入，且在重力的影響下沿著管的內壁向下流，並且有氣體流入管的內部。其中氣體通過塔流動而與液體接觸。一般而言，氣體由塔底進入，與液體成反向流動，但也可採用平行流動。在濕壁塔內，除了形成漣漪所產生的一些複雜情況之外，界面的面積為已知，且無形態拖曳 (form drag)。
2. 在亂流流動的管中，將質量傳遞至液體已有學者研究過，亦即利用一種稍可溶解的固體製成的管做研究，在各種液體流率下，量測固體的溶解速率。另一種技術是將管壁的一部分做成電極進行電化學還原，此時電流受限於反應離子傳至壁的質量傳遞速率。
3. 因為在部分表面有邊界層流動，且普遍存在邊界層分離，所以外部質傳，例如擴散至粒子或管或圓柱體之外部所需的關聯式與內部質傳不同。質量傳遞係數可由研究多孔濕固體的液體蒸發求得。然而，要確保無內部質傳阻力的效應並不容易。若固體由稍可溶解的物質製成，此物質溶入液體中或昇華至

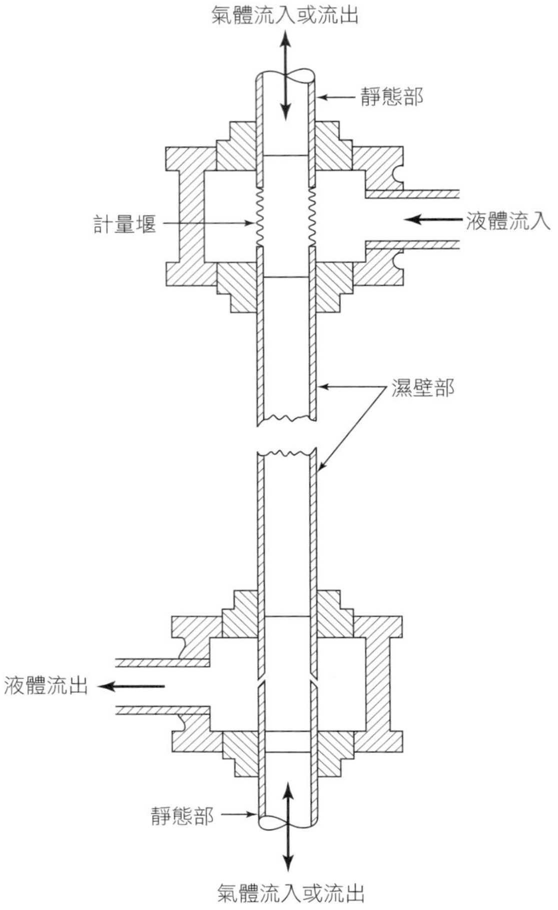

▲ 圖 17.5　濕壁塔

氣體，則可消除由固體內的擴散產生的複雜性。此法亦能量測固體粒子或圓柱體上不同點的局部質量傳遞係數。

4. 最後是以如充填塔、篩板塔與氣泡塔的實際質量傳遞裝置進行實驗，其中質量傳遞面積隨操作條件改變。首先將質量傳遞速率轉換成容積質量傳遞係數 ka，其中 a 為每單位裝置體積的傳遞面積。有時 a 由照片決定，使得對 a 與 k 可發展成個別的關聯式。雖然在大部分的情況有兩流體相存在，但通常可忽略其中一相的阻力以求得另一相的 ka。例如，在充填塔中的氣體膜係數，可由蒸發純液體至流動氣體來決定，而液體中無擴散阻力。同樣地，將純氣體溶入水中的吸收可消除氣體膜阻力，以便進行液體膜係數的研究。

為了求得 k 或 ka 的數值所進行的實驗，包括對於 N_A, A, y_i 與 y 等量的實驗量測以及利用 (17.40) 式或 (17.49) 式或用第 18 章中這些方程式的積分形式來計算 k。若 A 或 a 為未知，則採用裝置的總體積並求出 ka。利用因次分析計畫實驗，並以無因次群與方程式的形式解釋結果。摩擦、熱傳與質傳間的類比為有用的導引。

通過已知面積的質傳係數

本節研討當面積為已知時，流體之間或流體與固體之間質量傳遞的關聯式。而介於相之間的面積為未知的裝置之係數將在以後的章節中討論。

因次分析

由質量傳遞的機構，我們可以預期係數 k 與擴散係數 D_v 有關以及與控制流體流動特性的變數，亦即速度 u、黏度 μ、密度 ρ 和一些線性因次 D 有關。由於界面的形狀預期會影響程序，因此對每一種形狀有一不同的關係式。對於任何傳遞表面的形狀為已知時

$$k = \psi(D_v, D, u, \mu, \rho)$$

由因次分析可得

$$\frac{k_c D}{D_v} = \psi_1\left(\frac{DG}{\mu}, \frac{\mu}{\rho D_v}\right) \tag{17.62}$$

其中 $G = u\rho$。

無因次群 $k_c D/D_v$ 稱為**許伍德數** (Sherwood number)，以 Sh 表示。當然，其它的無因次群為雷諾數 $\text{Re} = DG/\mu$ 與史密特數 $\text{Sc} = \mu/(\rho D_v)$。

當質傳係數與擴散係數的 $\frac{2}{3}$ 次方有關時，如同某些邊界層流動的狀況，質傳係數常以 j_M 因子的形式來表示，此與 (12.53) 式的 j_H 因子類似，亦即：

$$j_M \equiv \frac{k_c}{u}\left(\frac{\mu}{\rho D_v}\right)^{2/3} \tag{17.63}$$

管中流動的質量傳遞

因為擴散的基本方程式與傳導類似，所以傳送至管內壁的質量傳遞關聯式與熱傳遞有相同的形式。對於層流，Sh 數顯示與 Nu 數有相同的趨勢，對於恆定的壁面濃度，其極限值為 3.66，且與短管流率的 $\frac{1}{3}$ 次方有關。當壁面濃度為軸

向位置的函數時，如同在一逆向流的薄膜分離器，Sh 數的極限值略高於恆定的壁面濃度 (見圖 12.2)。但是它可能與具有高 Graetz 數 (Gz) 有少許差。對於中度 Graetz 數而言，所推薦的方程式為下列的理論方程式

$$\text{Sh} = 1.76\ \text{Gz}'^{1/3} \tag{17.64}$$

其中

$$\text{Gz}' = \frac{\dot{m}}{D_v L \rho} = \frac{\pi}{4}\ \text{Re Sc}\ \frac{D}{L} \tag{17.65}$$

(17.64) 式已用於預測使用中空纖維膜的分離程序的內部質傳阻力。熱傳遞的推薦方程式為 (12.25) 式，其實驗係數為 2.0，此值較高的原因可能是由於自然對流的關係。對於層流的質傳，並無足夠的數據以求得一實驗方程式。

對於亂流的情況下，傳送至管壁的質傳方程式是 (12.33) 式的修正，亦即將 (12.33) 式中的 Nusselt 與 Prandtl 數以 Sherwood 及 Schmidt 數取代而得。

$$\text{Sh} = 0.023\ \text{Re}^{0.8}\ \text{Sc}^{1/3} \left(\frac{\mu}{\mu_w}\right)^{0.14} \tag{17.66}$$

這是最簡單的方程式，它對於在廣大範圍的雷諾數與 Schmidt 數之下所發表的數據有良好的吻合。此關聯式的另一形式為將 (17.66) 式除以 Re × Sc$^{1/3}$ 而得 j_M 因數，Chilton 與 Colburn [3] 證明 j_M 與 j_H 相同且等於 $f/2$。對於質量傳遞而言，$\mu/\mu_w^{0.14}$ 的值通常約為 1.0，因此將其省略：

$$j_M = j_H = \tfrac{1}{2} f = 0.023\ \text{Re}^{-0.2} \tag{17.67}$$

在相同的裝置內，此式所顯示的類比，對於熱傳與質傳而言，極為廣泛。

因為所有損失來自表皮摩擦，所以只有對管子才有可能將此類比擴大至包括摩擦損失。由於流動的分離造成有形態拖曳，如發生在環繞物體的流動時，則此類比不能應用於總摩擦損失。

一般而言，j_M 為 Re 的函數。對於氣相質量傳遞，可採用其他形式的 j_M：

$$j_M = \frac{k_y RT}{Pu}\ \text{Sc}^{2/3} = \frac{k_y \bar{M}}{G}\ \text{Sc}^{2/3} \tag{17.68}$$

$$j_M = \frac{k_g \bar{M} P}{G}\ \text{Sc}^{2/3} \tag{17.69}$$

係數 k_g 將於第 18 章中討論。

在不同範圍的 Schmidt 數，對於管中的流動，已有學者提出稍微更精確的關聯式。在濕壁塔中 (圖 17.5)，各種液體的蒸發數據。以稍微更高指數的雷諾數與 Schmidt 數作為關聯式 [8]，亦即

$$Sh = 0.023\ Re^{0.81}\ Sc^{0.44} \tag{17.70}$$

Schmidt 數由 0.60 改變至 2.5，且在此狹小範圍內，其指數在 (17.70) 式中的 0.44，與 (17.66) 式中的 0.33 之間的差別，對係數的影響很小。指數的差別可能有其基本意義，因為傳遞至有微波或漣漪的液體表面與傳遞至平滑剛性表面稍有不同。

量測苯甲酸的管在水和黏稠液體中的溶解速率，獲得了高 Schmidt 數 (430 至 100,000) 下，質量傳遞的關聯式 [13]

$$Sh = 0.0096\ Re^{0.913}\ Sc^{0.346} \tag{17.71}$$

Schmidt 數的指數與通常指數為 $\frac{1}{3}$ 的值之間的差異並不顯著，但雷諾數的指數顯然大於 0.80。其它研究具有大 Prandtl 數 [7] 的熱傳亦顯示雷諾數的指數約為 0.9。有涵蓋 Sc 或 Pr 整個範圍且具有高準確度的各種實驗方程式可供使用。[23a]

例題 17.5

(a) 雷諾數為 10,000 且溫度為 40°C 的情況下，水在直徑為 2 in. 的濕壁塔內蒸發至空氣中，求氣膜的有效厚度。(b) 在相同的情況下，對於乙醇的蒸發，重複此計算。在 1 atm 下，水在空氣的擴散係數為 0.288 cm²/s，而乙醇在空氣中為 0.145 cm²/s。

解

對於 40°C 的空氣，

$$\rho = \frac{29}{22{,}410} \times \frac{273.16}{313.16} = 1.129 \times 10^{-3}\ \text{g/cm}^3$$

$$\mu = 0.0186\ \text{cP} \qquad (\text{附錄 } 8)$$

$$\frac{\mu}{\rho} = \frac{1.86 \times 10^{-4}}{1.129 \times 10^{-3}} = 0.165\ \text{cm}^2/\text{s}$$

(a) 對於空氣 - 水的系統，

$$Sc = \frac{0.165}{0.288} = 0.573$$

由 (17.70) 式，

$$\mathrm{Sh} = 0.023(10{,}000)^{0.81}(0.573)^{0.44} = 31.3$$

在薄膜理論中，$k_c = D_v/B_T$，由於 $\mathrm{Sh} = k_c D/D_v$，

$$\mathrm{Sh} = \frac{D}{B_T} \qquad \text{或} \qquad B_T = \frac{2.0}{31.3} = 0.064 \text{ in.}$$

(b) 對於空氣 - 乙醇的系統，$\mathrm{Sc} = 0.165/0.145 = 1.14$：

$$\mathrm{Sh} = 0.023(10{,}000)^{0.81}(1.14)^{0.44} = 42.3$$

$$B_T = \frac{2.0}{42.3} = 0.047 \text{ in.}$$

厚度 B_T 隨擴散係數的減少而變小，因為 k_c 僅隨擴散係數的 0.56 次方變化而非薄膜理論所意指的 1.0 次方變化。若採用 (17.66) 式，則對應的 B_T 值為 0.066 in. 及 0.053 in.。因為使用 $D_v^{2/3}$ 而非 $D_v^{0.56}$，所以所得的 B_T 值彼此較為接近。

平行於管軸的管外流動

有些薄膜分離器具有成束的中空纖維管而且以殼與管的排列方式使液體或氣體沿著平行於管軸的方向在管外流動。因為纖維管不像熱交換器中的管，保持在一定的位置，所以外部流動的形狀不規則且不均勻。如同 (17.66) 式，用於外部質量傳遞係數的實驗關聯式已被提出，利用相當直徑來計算雷諾數。對於具有直徑 d 的纖維束充 0 填在具有 ϵ 空隙率的殼中，則其相當直徑為

$$d_e = 4 \times \frac{\text{流動面積}}{\text{沾濕周長}} = \frac{4\epsilon}{(4/d)(1-\epsilon)} = d\frac{\epsilon}{1-\epsilon} \qquad (17.72)$$

垂直於圓柱體的流動

垂直於單一圓柱體的空氣流其 j_M 對 Re 的關係，如圖 17.6 所示。[23] j_H 的虛線是由 (12.63) 式求得，其值是基於液體的數據。取自圖 17.6 的熱傳至空氣的數據略低於虛線而與質傳數據非常接近。良好的配合顯示，質傳與熱傳之間的類比，對於外部流動以及管內流動均能成立。

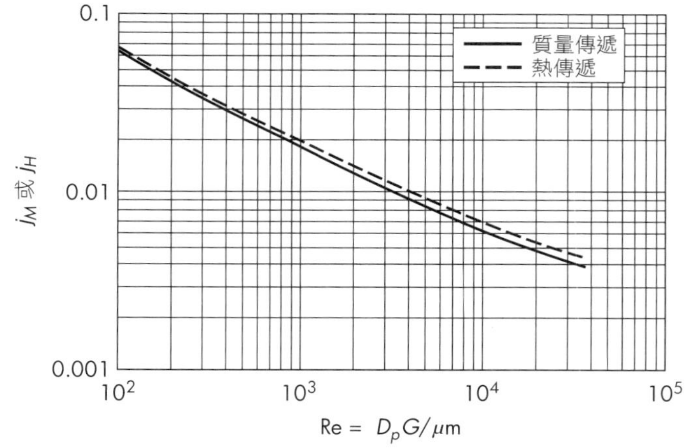

▲ 圖 17.6 流經單一圓柱體的熱傳與質傳

若 Re 的值介於 10 至 10^4 之間，則對於傳至單一圓柱的質傳，有一近似方程式可供利用：

$$Sh = 0.61\ Re^{1/2}\ Sc^{1/3} \tag{17.73}$$

垂直於管束的流動

對於垂直於管束 (bundle of tubes) 的流動，平均質量傳遞係數高於在相同表面速度下的單一管，但是增加的因數與管間隔和雷諾數有關。基於傳到管束的熱傳遞，其增加的量可以是 20% 至 40%，但是對於低雷諾數時，幾乎沒有質量傳遞數據，這卻是中空纖維膜裝置感興趣的區域。

具有 2,100 根纖維管和 $\epsilon = 0.6$ 的模組 (module) 的測試可得 Sh = 0.24，其與流率無關。[27] 這樣低的 Sherwood 數表示流動分布非常不均勻，因為理想流動的 Sh 的最小值是在 2 至 4 的範圍內。

使用具有緊密充填中空纖維的徑向流模組，從水中除氧的數據，開發了下列外部質量傳遞的經驗方程式。[14]

$$Sh = 1.28\ Re^{0.4}\ Sc^{0.33} \tag{17.74}$$

流經單一球體

對於傳遞到孤立球體的質傳，當雷諾數趨近於零時，Sherwood 數趨近於 2.0 的下限。對於雷諾數高達 1,000 尚且相當精確的簡單方程式是 Frössling 方程式的修改式[22] [與 Nu 的 (12.64) 式比較]：

$$\text{Sh} = 2.0 + 0.6\,\text{Re}^{1/2}\,\text{Sc}^{1/3} \tag{17.75}$$

高雷諾數的數據顯示，在 Sh 對 Re 的圖中，斜率逐漸增加，如圖 17.7 所示。$\frac{1}{2}$ 的指數與適用於球體前部的邊界層理論一致，其中大部分的傳遞發生在中等雷諾數。在高雷諾數下，亂流區域中的質量傳遞變得更加重要，並且流率的效果增加。

對蠕流 (creeping flow) 而言，由圖 17.7 的相關性所提供的數值太低。在蠕流時，雷諾數低而 Peclet 數高 ($\text{Pe} = \text{Re} \times \text{Sc} = D_p u_0/D_v$)。對於這種情況，推薦的方程式為 [2]

$$\text{Sh} = (4.0 + 1.21\,\text{Pe}^{2/3})^{1/2} \tag{17.76}$$

如果將質量傳遞面積作為球體的外部面積，則極限 Sherwood 數 2.0 對應於有效膜厚度 $D_p/2$。在此情況下，濃度梯度實際上延伸到無窮大，但質量傳遞面積亦隨著與表面的距離而增加，因此有效膜厚度遠小於根據濃度分布的形狀估計的厚度。

充填床中的質量傳遞

已經進行了許多關於從氣體或液體傳送到充填床中的顆粒的質傳和熱傳之研究。質量傳遞係數隨質量速度的平方根以及擴散係數的 $\frac{2}{3}$ 次方增加，但由不同

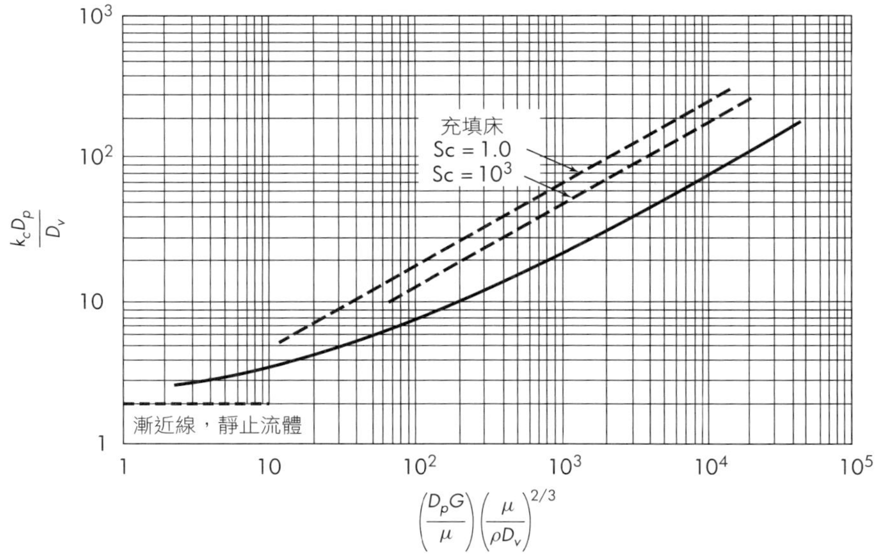

▲ 圖 17.7　流經單一球體 (實線) 以及充填床 (虛線) 的熱傳與質傳

學者提出的關聯式明顯不同，此與單一球體的研究中發現具有緊密一致性的結果相反。下列的式子能完好地表示大多數數據 [23b]

$$j_M = \frac{k_c}{u_0}\,\mathrm{Sc}^{2/3} = 1.17\left(\frac{D_p G}{\mu}\right)^{-0.415} \tag{17.77}$$

此式相當於下式

$$\mathrm{Sh} = 1.17\,\mathrm{Re}^{0.585}\,\mathrm{Sc}^{1/3} \tag{17.78}$$

(17.77) 式與 (17.78) 式適用於可形成大約 40 至 45% 空隙床的球體或大致為球形的固體粒子。對於圓柱形粒子，這些方程式中的 Re 和 Sh 可使用該圓柱體的直徑。對於具有較高空隙率的床或對於空心粒子，例如環，則有其它關聯式可供利用。[9]

為比較充填床中的質傳與單一顆粒的質傳，將由 (17.78) 式計算得到的 Sherwood 數與孤立球體的關聯式繪於圖 17.7。在相同的雷諾數下，充填床的係數為單一球體的 2 至 3 倍。這種差異大部分是由於在充填床中較高的實際質量速度所致。為了方便起見，雷諾數是基於表面速度，但平均質量速度為 G/ϵ，且在床中的一些點的局部速度甚至更高。注意圖 17.7 中的虛線不能延伸至低的 Re 值，因為充填床的係數不會比單一顆粒低。因此 (17.77) 式與 (17.78) 式不能用於雷諾數低於 10 的情況。

傳送至懸浮粒子的質傳

當固體粒子懸浮於攪拌液體，如在一攪拌槽中，使用粒子在靜止液體中的終端速度來計算 (17.75) 式的 Re，可得傳遞係數的最小估計值。粒子大小及密度差對此最小係數 k_{cT} 的效應顯示於圖 17.8。在各種粒徑範圍內，係數幾乎沒有變化，因為終端速度與雷諾數的增加使得 Sherwood 數幾乎與粒子直徑成正比。

因為粒子時常加速與減速提高了平均滑動速度，並且因為在亂流液體的小渦流穿透接近粒子表面使得局部質傳速率增加，所以實際的係數大於 k_{cT}。但是，對於很廣的粒子範圍及攪拌情況，[10] 假如粒子完全懸浮，則其 k_c/k_{cT} 的比值位於 1.5 至 5 的狹小範圍內。粒子大小、擴散係數與黏度有影響預測 k_{cT} 的傾向，但密度差則幾乎無影響，直到其值超過 0.3 g/cm^3。對於懸浮粒子，k_c 僅隨每單位體積功率消耗的 0.1 至 0.15 次方而改變，對於大的粒子，其指數較高。對於 k_c 的預測，可使用基於功率消耗的實驗關聯式，[17] 但在相同的功率消耗下，較大的攪拌器直徑與槽直徑的比 D_a/D_t 具有較高的係數。

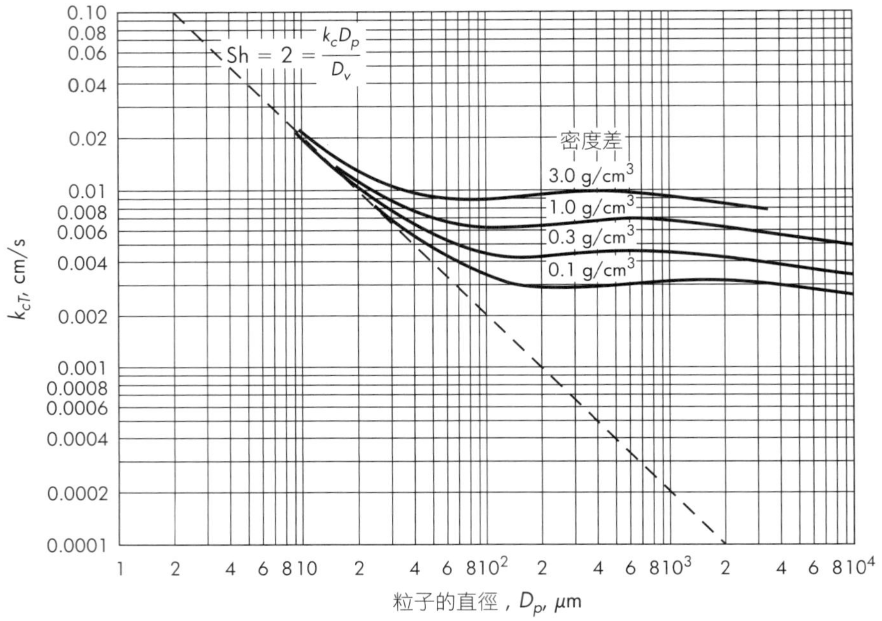

▲ 圖 17.8 在水中沈降的粒子的質量傳遞係數[10] (黏度 $\mu = 1$ cP，擴散係數 $D_v = 10^{-5}$ cm^2/s)

當我們處理懸浮粒子時，單位體積的功率是滿足規模放大的基礎，只要保持幾何相似性即可。

傳送至液滴及氣泡的質傳

當小液滴通過氣體降落時，表面張力趨向於使液滴接近球形，並且傳遞到液滴表面的質量傳遞係數通常十分接近於固態球的係數。然而，由流體移動通過液滴表面引起的剪力，在液滴中建立環形循環流，這降低了液滴內部和外部的質量傳遞阻力。改變的程度取決於內部和外部流體的黏度比以及有無物質如界面活性劑集中在界面。[11]

對於通過沒有表面活性物質的黏性液體而落下的低黏度液滴，其外部流體的速度邊界層幾乎消失。流體單元短暫暴露於液滴，並且質量傳遞由滲透理論控制。我們可以證明有效接觸時間是指液滴下降的距離等於其自身直徑的距離所需的時間，並且應用滲透理論可導出外部係數的方程式

$$\bar{k}_c = 2\sqrt{\frac{D_v u_0}{\pi D_p}} \tag{17.79}$$

乘以 D_p/D_v 得到

$$\begin{aligned}\mathrm{Sh} &= \frac{2}{\sqrt{\pi}}\left(\frac{D_p u_0 \rho}{\mu}\frac{\mu}{\rho D_v}\right)^{1/2} \\ &= 1.13\ \mathrm{Re}^{1/2}\ \mathrm{Sc}^{1/2}\end{aligned} \tag{17.80}$$

將 (17.80) 式與剛性球體比較，顯示內循環可使 k_c 增加約 1.88 $\mathrm{Sc}^{1/6}$ 的因數，當 $\mathrm{Sc} = 10^3$ 時，此因數為 5.9。

對於自由沈降的一些液滴，已求得符合 (17.79) 式的係數，但在許多情況，在液滴的高液滴黏度或雜質會降低循環流，導致係數的值僅稍大於剛性球體。對於懸浮於攪拌液體的液滴，如同在攪拌槽萃取器，此係數通常位於固體球與完全循環的液滴之間。液滴的係數隨攪拌速率的 1.0 至 1.2 次方增加，而固體粒子的係數則為 0.4 至 0.5 次方的關係，因為與固體粒子比較，懸浮液體中的渦流較易穿透而更接近具有可變形表面的液滴。[6]

在實際應用上，難以預測 k_c，且質傳計算通常是基於體積質傳係數 $k_c a$，此係數是由實驗室或試驗工廠的測試來估算。

當我們處理氣泡通過液體而上升的質傳時，產生相同的不確定性。氣泡中的氣體由於氣體黏度低而會快速循環，但是雜質通常會干擾，使得係數介於剛性球體與自由循環氣泡之間。直徑為 1 mm 或更小的氣泡通常表現為剛性球體，而那些 2 mm 或更大的氣泡則與自由循環氣泡相似。然而，直徑大於幾毫米的氣泡在形狀上為扁平，並且當它們上升時可能會振盪，使得質量傳遞的預測更困難。與傳遞至液滴一樣，氣泡系統的設計關聯式通常是基於體積係數。

就液滴與氣泡而言，兩相中的質傳阻力可能是顯著的。在一靜止 (不循環) 液滴內部的擴散為一非穩態程序，可應用 (17.38) 式。然而，因為液滴或氣泡在設備內移動，其表面濃度通常會有變化。為了方便內部和外部阻力的整合，可以使用一有效的內部係數，如同對球體的熱傳遞所做的那樣

$$k_{ci} = \frac{10 D_v}{D_p} \tag{17.81}$$

其中 k_{ci} = 有效內部質傳係數

D_v = 液滴內部的擴散係數

D_p = 液滴的直徑

如果液滴的生命期短暫，則其內部的係數將大於由 (17.81) 式計算而得的係數，因為濃度梯度不會延伸到液滴中很遠處。若已知液滴的生命期，則可使用滲透

理論 [(17.54) 式]，但在攪拌系統中液滴的分解和聚結使得難以預測液滴的生命期。在攪拌萃取器中，有機液滴的內部質傳係數 k_{ci} 的量測與滲透理論一致，而液滴的生命期只是批次處理時間的 $\frac{1}{3}$ 至 $\frac{1}{10}$。[24]

符號

A ：垂直於質傳方向的面積，m^2 或 ft^2

a ：設備的單位體積中，介於相之間的界面面積，m^{-1} 或 ft^{-1}；或 $(\pi/2)^2$

B_T ：通過薄層發生擴散的厚度，m 或 ft

Bi_m ：質傳的畢特數，$mk_c s/D_v$ 或 $mk_c r_m/D_v$

b ：在擴散方向上與相邊界的距離，m 或 ft

c ：濃度，kg mol/m^3 或 lb mol/ft^3；c_A，成分 A 的濃度；c_{Ai}，成分 A 在界面的濃度；c_{A0}，在時間為零，成分 A 的濃度；c_B，成分 B 的濃度；c_o，初濃度；c_s，擴散成分的表面濃度；$\bar{c}$，平均濃度

c_p ：恆壓比熱，J/g · °C 或 Btu/lb · °F

D ：線性因次或直徑，m 或 ft；D_a，攪拌器的直徑；D_p，氣泡、液滴或粒子的直徑；D_t，槽的直徑

D_{AB} ：成分 A 在成分 B 中的擴散係數；D_{BA}，B 在 A 中的擴散係數

D_v ：容積擴散係數，m^2/h, cm^2/s 或 ft^2/h；D_K，奈德生擴散係數；D_{pore}，在孔洞中的擴散係數

d ：中空纖維的直徑，m 或 ft；d_e，相當直徑

F_a ：法拉第常數，96,500 庫侖 / 克當量

Fo ：熱傳導的傅立葉數，$\alpha t_T/s^2$；Fo_m，質傳擴散的傅立葉數，$D_v t/s^2$

f ：范寧摩擦係數，無因次

G ：質量速度，kg/m^2 · s 或 lb/ft^2 · h

Gz′ ：質傳的 Graetz 數，$\dot{m}/\rho D_v L$ 或 $(\pi/4)$ ReSc (D/L)

h ：個別的熱傳係數，W/m^2 · °C 或 Btu/ft^2 · h · °F

J ：相對於平面為零速度的質量通量，kg mol/m^2 · s 或 lb mol/ft^2 · h；J_A, J_B，分別為成分 A 和 B 的質量通量；$\bar{J}_A$，平均值；$J_{A,t}$，由亂流作用所引起的成分 A 的質量通量

j_H ：熱傳的柯本 j 因數，$(h/c_pG)(c_p\mu/k)^{2/3}$，無因次

j_M ：質傳的柯本 j 因數，$(k_y\bar{M}/G)(\mu/\rho D_v)^{2/3}$，無因次

K_y ：氣相中的總質傳係數，kg mol/m^2 · s · 單位莫耳分率或 lb mol/ft^2 · h · 單位莫耳分率

k ：波茲曼常數，1.380×10^{-23} J/K

k ：個別質傳係數；k_c，cm/s 或 ft/s；k_{cT}，懸浮粒子的最小係數 (圖 17.8)；k_{ci}，有效內部係數 [(17.78) 式]；$\bar{k}_c$，時間 t_T 的平均值；k_g，在氣相中基於分壓驅動力的質傳係數；k_x, k_y，分別為液相與氣相中基於莫耳分率差的質傳係數，kg mol/m² · s · 單位莫耳分率或 lb mol/ft² · h · 單位莫耳分率；也是導熱係數，W/m · °C 或 Btu/ft · h · °F

k' ：單向擴散的有效質傳係數；k'_c，cm/s 或 ft/s；k'_y，在氣相，kg mol/m² · s · 單位莫耳分率或 lb mol/ft² · h · 單位莫耳分率

L ：厚管或薄管的長度，m 或 ft

M ：分子量；M_A, M_B，分別為成分 A 與 B 的分子量；$\bar{M}$，平均分子量

m ：分配係數或平衡曲線的局部斜率

$\dot{m}$ ：質量流率，kg/s 或 lb/s

N ：穿過平面或邊界的質量通量，kg mol/m² · s 或 lb mol/ft² · h；N_A, N_B，分別為成分 A 與 B 的質量通量

Nu ：奈塞數，hD_p/k

n ：H_2O 水合分子的數目

P ：壓力，atm 或 lb_f/ft^2；P_A，成分 A 的分壓；P_{Ai}，在界面處成分 A 的分壓

Pe ：Peclet 數，$D_p u_0/D_v$

Pr ：普蘭特數，$c_p \mu/k$

q ：熱流率，W 或 Btu/h

R ：氣體常數，8,314 J/g mol · K 或 1,545 ft · lb_f/lb mol · °R

Re ：雷諾數，DG/μ；Re_b，在平板上的雷諾數

r ：孔洞半徑，cm；r_m，球半徑，m 或 ft；r_o，分子的半徑，cm；也是質傳速率，kg mol/m² · s 或 lb mol/ft² · h

Sc ：Schmidt 數，$\mu/(\rho D_v)$

Sh ：Sherwood 數，$k_c D/D_v$

s ：板厚度的一半，m 或 ft；表面更新的分率，s^{-1}

T ：溫度，°C, K, °F 或 °R

t ：時間，s 或 h；t_T，傳遞表面上的滯留時間

u ：速度，m/s 或 ft/s；u_A, u_B，分別為成分 A 與 B 的速度；u_0，相的體積平均速率；經過懸浮氣泡、液滴或粒子的速度；充填床內的表面速度

$\bar{u}$ ：平均分子速度

V_A ：液體在其正常沸點時，溶質的莫耳體積，cm³/g mol

x ：液體或 L 相的莫耳分率；x_A，成分 A 的莫耳分率；x_{Ai}，成分 A 在界面處的莫耳分率；與流動方向平行所量測的距離，m 或 ft

Y ：未完成的濃度變，$(c_s - \bar{c})/(c_s - c_o)$

y ：氣體或 V 相的莫耳分率；y_A，成分 A 的莫耳分率；y_{Ai}，成分 A 在界面處的莫耳分率；y_A^*，與液體組成 x_A 達成平衡的蒸汽分率；y_B，成分 B 的莫耳分率；y_i，在界面處的莫耳分率，距離，m 或 ft

z ：垂直方向的距離，m 或 ft

希臘字母

α ：熱擴散係數，$k/\rho c_p$，m^2/s 或 ft^2/h

ϵ ：孔隙率，無因次；Lennard–Jones 力常數；ϵ_A, ϵ_B 為成分 A 與 B 的力常數；$\epsilon_{AB} = \sqrt{\epsilon_A \epsilon_B}$

ε_N ：質量的渦流擴散係數，m^2/h, cm^2/s 或 ft^2/h

λ ：分子的平均自由徑

λ^0 ：極限離子電導度，$A/cm^2 \cdot (V/cm) \cdot$ (克當量 $/cm^3$)；λ_+^0，陽離子的電導度；λ_-^0，陰離子的電導度

μ ：黏度，$Pa \cdot s$, cP 或 $lb/ft \cdot s$；μ_B，水的黏度 [(17.33) 式]；μ_w，壁面處的黏度

ν ：動黏度，μ/ρ，m^2/h 或 ft^2/h

ρ ：密度，kg/m^3 或 lb/ft^3

ρ_M ：莫耳密度，g mol/m^3 或 lb mol/ft^3；ρ_{Mx}，液體的莫耳密度；ρ_{My}，氣體的莫耳密度

τ_v ：層流剪應力，N/m^2 或 lb_f/ft^2

ψ ：函數；ψ_1，(17.62) 式中的函數

ψ_B ：溶劑的結合參數 [(17.32) 式]

Ω_D ：碰撞積分，$f(\mathbf{k}T/\epsilon_{AB})$

習題

17.1. 二氧化碳在大氣壓及 0°C 下單向通過氮氣擴散。CO_2 在 A 點的莫耳分率為 0.2，在離擴散方向 3 m 遠的 B 點為 0.02。擴散係數 D_v 為 0.144 cm^2/s。整體而言，氣相是靜止的，亦即氮氣以與 CO_2 相同的速率擴散，但方向相反。(a) CO_2 的莫耳通量為何？以 kg $mol/m^2 \cdot h$ 表示。(b) 淨質量通量為何？以 $kg/m^2 \cdot h$ 表示。(c) 觀察者從一點移動至另一點的速度為何？以 m/s 為單位，使得**相對於觀察者**的淨質量通量為零。(d) 觀察者移動的速度為何？使得相對於觀察者，**氮氣**為靜止？(e) 在 (d) 的情況下，CO_2 相對於觀察者的莫耳通量為何？

17.2. 直徑為 8 m 的開口圓柱形槽裝有 25°C 暴露於大氣的正丙醇，使得液體被估計為 5 mm 厚的靜止空氣膜覆蓋。在靜止膜外，正丙醇的濃度可忽略。正丙醇在 25°C 的蒸汽壓為 20 mm Hg。若正丙醇的價值為每升 \$1.20 美元，則由此槽正丙醇的損失值是多少？以每日的美元數表示。正丙醇的比重為 0.80。

17.3. 將乙醇蒸汽由乙醇蒸汽與水蒸氣的混合物中吸收，其法是利用一種乙醇可溶但是水不可溶的非揮發性溶劑。溫度為 97°C，總壓為 760 mm Hg。乙醇蒸汽可視為是通過 0.1 mm 厚的乙醇 - 水蒸氣混合物的薄膜擴散。乙醇在薄膜外側的蒸汽之莫耳分率為 80%，而在內側，鄰近溶劑，為 10%。在 25°C 及 1 atm 下，乙醇 - 水蒸氣混合物的容積擴散係數為 0.15 cm^2/s。若薄膜的面積為 10 m^2，試計算乙醇蒸汽的擴散速率，以 kg/h 表示。

17.4. 乙醇 - 水蒸氣混合物與乙醇 - 水液體溶液接觸而被精餾。乙醇由氣體傳至液體，而水由液體傳至氣體。乙醇與水的莫耳流率相等但方向相反。溫度為 95°C，壓力為 1 atm。兩種成分都通過 0.1 mm 厚的氣體膜進行擴散。乙醇在膜的外部的莫耳百分比為 80% 而在內部為 10%。試計算乙醇與水的擴散速率，以通過 10 m^2 膜面積之每小時磅數表示。

17.5. 濕壁塔在 518 mm Hg 的總壓下操作，對此塔供應水和空氣，空氣的流率為 120 g/min。在空氣流中水蒸氣的分壓為 76 mm Hg，而在塔壁上液體 - 水膜的蒸汽壓為 138 mm Hg。水蒸發至空氣中的觀測速率為 13.1 g/min。現在對在 820 mm Hg 總壓下的相同設備供應空氣，亦即與之前相同的溫度下以 100 g/min 的速率供應空氣。蒸發的液體為正丁醇，該醇類的分壓為 30.5 mm Hg，而液體醇類的蒸汽壓為 54.5 mm Hg。試問在用正丁醇的實驗中，可預期的蒸發速率為多少？以 g/min 表示。

17.6. 基於床體的空截面，在 40°C 和 2.0 atm 下，空氣以 2 m/s 的速率，通過直徑 12 mm 的萘球所成的淺床。萘的蒸汽壓為 0.35 mm Hg。假設床體的孔隙為 40%，試問每小時有多少仟克的萘會從 1 m^3 的床體中蒸發出來？

17.7. 透過量測垂直玻璃管的液體其蒸發速率來確定蒸汽在空氣中的擴散係數。對於直徑為 0.2 cm 充有 21°C 的正庚烷的管，當彎液面距離頂部 1 cm 時，基於已發表的擴散係數 0.071 cm^2/s，試計算液位的預期降低速率。在 21°C，正庚烷的蒸汽壓及密度分別為 0.050 atm 與 0.66 g/cm^3。若使用較大直徑的管，是否有任何優點？

17.8. O_2 由通過 20°C 的水上升的空氣泡中擴散，試估算 O_2 的液膜質傳係數。選擇氣泡大小為 4.0 mm，假設氣泡為球形，並假設氣泡內的氣體快速循環。忽略氣泡大小隨行進距離的變化，如果水中不含溶解的氧，試計算在 1 m 行程中從空氣中吸收的氧的分率。

17.9. 將固態苯甲酸的小球溶解於攪拌槽中的水中。若 Sherwood 數幾乎恆定在 4 的值，試說明完全溶解的時間如何隨著粒子的初始大小而變化。將 100 μm 的粒子完全溶解於 25°C 的純水中需要多少時間？溶解度：0.43 g/100 g H_2O。$D_v = 1.21 \times 10^{-5}$ cm^2/s。

17.10. 估計在 50°C 和 20 mm Hg 絕對壓力下，水蒸氣在空氣中的擴散係數和 Schmidt 數。

17.11. 預估在 5 atm，20°C 或 250°C 下，氦氣在天然氣中的擴散係數。在此溫度區間的指數為何？

17.12. 當水溫從 0°C 升高至 100°C 時，是什麼因數會使蔗糖在水中的擴散係數增加？使用兩種不同的方程式並比較其結果。

17.13. 預測 HCl 和 NaCl 在水中的稀薄溶液於 50°C 的擴散係數。

17.14. 預測 1 mm 大小的硝基苯液滴在水中的終端速度，並且估算循環液滴或靜止液滴的外部質傳係數。

17.15. 在 20°C，含飽和空氣的水以 50 cm/s 的速度通過疏水性中空纖維管，此纖維管的長度為 1 m，內徑為 500 μm。管外抽真空以移除擴散至纖維管壁的氧氣。估算氧氣的質傳係數。

17.16. 在 20°C，從水中的空氣吸收氨，平衡線的斜率約為 1.0。假設滲透理論適用於兩相，試估算總阻力在氣相的分率。

17.17. 對於氣體吸收程序，如果液相薄膜阻力為氣相薄膜的 5 倍，在不改變其它參數的情況下，若液相薄膜係數加倍，則吸收速率將改變多少？氣相薄膜係數加倍的效果是什麼？

17.18. 解釋為什麼氣體中二元擴散的方程式 [(17.28) 式] 包括 $T^{3/2}/P$ 項，而導熱係數的簡單方程式 [(10.6) 式] 具有 $T^{1/2}$ 而與 P 無關。D_v 與 k 均與平均自由徑以及平均分子速度有關。

17.19. 水中 Li^+ 的極限離子電導度小於 Na^+，而 Na^+ 的極限離子電導度小於 K^+，認為這種趨勢是由離子的水合度的變化所引起。假設在 (17.33) 式 $\lambda_+^0 = \lambda_-^0$，計算 $Li^+ \cdot nH_2O$ 與 $Na^+ \cdot nH_2O$ 的 D_v 和 V_A，並估計 n 的值。Li^+ 的半徑 0.6 Å；Na^+ 的半徑為 0.95 Å。

17.20. 在 33°C 的活性碳圓筒中，將硝基苯從飽和空氣中吸附，此圓筒的直徑為 4 mm，長度為 10 mm。[19] 將圓筒嵌入聚四氟乙烯中，頂部圓形面暴露於空氣，使得僅發生軸向擴散。使用核磁共振在幾個時間量測硝基苯的濃度分布。在 64 小時取得的數據如下：

距離，mm	2	4	6	8	10
c/c_s	0.78	0.48	0.11	0.01	0

(a) 使用 8 mm 作為滲透距離，計算有效擴散係數 D_e 的平均值。(b) 利用 D_e 的值，繪製預測的濃度分布並將其與量測的分布進行比較。

17.21. 用於藥物遞送的透皮貼劑 (transdermal patch) 含有 0.06 M 的藥物溶液，其在 2 mm 厚和直徑為 3.0 cm 的膠囊中。在使用之前，將 250 μm 的聚合物膜置於膠囊和皮膚之間。溶液中的藥物擴散係數為 5.4×10^{-6} cm^2/s；在聚合物中為 1.8×10^{-7} cm^2/s。在聚合物相中的平衡濃度是溶液中的 0.6 倍。由於藥物被皮膚快速吸收，因此假定聚合物 - 皮膚界面處的濃度為零。(a) 在前 2 小時內，膠囊中的藥物被吸收的分率為何？(b) 在什麼時候藥物遞送的速率只是初始速率的一半？此時將遞送多少莫耳？(c) 你是否可以建議一種獲得更接近恆定的藥物傳遞速率的方法？

17.22. 建立並且解質傳的微分方程式，此質傳是指一純微溶固體懸浮在大量靜止水中。

17.23. (a) 計算來自 3 cm 平滑管壁的擴散的穩態質傳係數，其中平均流體速度 $u = 1.8$ m/s，$\rho = 1050$ kg/m^3，$\mu = 5$ cP，$D_v = 2.0 \times 10^{-6}$ cm^2/s。(b) 計算有效膜厚度並與層流副層的厚度 [參閱 (5.36) 式以及圖 5.7] 進行比較。此差異的意義為何？

參考文獻

1. Bird, R. B. *Advances in Chemical Engineering*, vol. 1. New York: Academic, 1956, pp. 156-239.
2. Brian, P. L. T., and H. B. Hales. *AIChE J.* **15:**419 (1969).
3. Chilton, T. H., and A. P. Colburn. *Ind. Eng. Chem.* **26:**1183 (1934).
4. Clough, S. B., H. E. Read, A. B. Metzner, and V. C. Behn. *AIChE J.* **8:**346 (1962).
5. Danckwerts, P. V. *Ind. Eng. Chem.* **43:**1460 (1951).
6. Davies, J. T. *Turbulence Phenomena*. New York: Academic, 1972, p. 240.
7. Friend, W. L., and A. B. Metzner. *AIChE J.* **4:**393 (1958).
8. Gilliland, E. R., and T. K. Sherwood. *Ind. Eng. Chem.* **26:**516 (1935).
9. Gupta, A. S., and G. Thodos. *Chem. Eng. Prog.* **58**(7):58 (1962).
10. Harriott, P. *AIChE J.* **8:**93 (1962).
11. Harriott, P. *Can. J Chem. Eng.* **40:**60 (1962).
12. Harriott, P. *Chem. Eng. Sci.* **17:**149 (1962).
13. Harriott, P., and R. M. Hamilton. *Chem. Eng. Sci.* **20:**1073 (1965).
14. Harriott, P., and S. V. Ho. *J. Membr. Sci.* **135:**55 (1997).
15. Hayduk, W., and H. Laudie. *AIChE J.* **20:**611 (1974).
16. Higbie, R. *Trans. AIChE* **31:**365 (1935).
17. Levins, D. J., and J. R. Glastonbury. *Trans. Inst. Chem. Eng. Lond.* **50:**132 (1972).
18. Olander, D. R. *AIChE J.* **7:**175 (1961).
19. Pei, L., R. M. E. Valckenborg, K. Kopinga, F. B. Aarden, and P. J. A. M. Kerkhof. *AIChE J.* **49:**232 (2003).
20. Perry, R. H., and D. W. Green (eds.). *Perry's Chemical Engineers' Handbook*, 7th ed. New York: McGraw-Hill, 1997, p. **5**-48.
21. Reid, R. C., J. M. Prausnitz, and B. E. Poling. *The Properties of Gases and Liquids*, 4th ed. New York: McGraw-Hill, 1987; (*a*) p. 582; (*b*) p. 620.

22. Schlichting, H. *Boundary Laver Theory*, 7th ed. NewYork: McGraw-Hill, 1979, pp. 303-4.
23. Sherwood, T. K., R. L. Pigford, and C. R. Wilke. *Mass Transfer*. New York: McGraw-Hill, 1975; (*a*) p. 169; (*b*) p. 242.
24. Skelland, A. H. P., and H. Xien. *Ind. Eng. Chem. Res.* **29:**415 (1990).
25. Whitman, W. G. *Chem. Met. Eng.* **29:**146 (1923).
26. Wilke, C. R., and P. Chang. *AIChE J.* **1:**264 (1955).
27. Yang, M. C., and E. L. Cussler. *AIChE J.* **32:**1910 (1986).

CHAPTER 18

氣體吸收

本章涉及**氣體吸收** (gas absorption) 與**汽提** (stripping) 或**脫除** (desorption) 的質量傳遞操作。在氣體吸收中，利用液體從可溶性蒸汽與惰性氣體的混合物中，將可溶性蒸汽吸收，其中此液體或多或少可溶解溶質氣體。吸收技術的主要應用是將天然氣或合成氣中的 CO_2 與 H_2S 藉由胺或鹼性鹽的溶液予以吸收而除去。另一個例子是藉由液態水從氨和空氣的混合物中洗滌氨。隨後以蒸餾從液體中回收溶質，並且將此吸收液丟棄或再利用。有時使液體與惰性氣體接觸而從液體中除去溶質；這種操作與氣體吸收相反，是脫除或汽提。

填料與充填塔的設計

用於氣體吸收和某些其它操作的常用裝置是充填塔 (packed tower)，其實例如圖 18.1 所示。此裝置由圓柱體或塔構成，其裝備在底部有氣體入口和分配空間；在頂部有液體入口和分配器；氣體和液體出口分別在頂部和底部；受支撐的大量惰性固狀物，稱為**塔填料** (tower packing)。支撐填料的板面通常是篩網，波紋狀以賦予其強度，具有大的開放面積，使支撐板上不會發生溢流。入口液體可以是純溶劑或溶質在溶劑中的稀薄溶液，稱為**弱液** (weak liquor)，將弱液由分配器分配在填料的頂部，並且在理想操作中均勻地潤濕填料的表面。圖 18.1 所示的分配器是一組穿孔管。在大的塔中，噴灑噴嘴或有溢流堰的分配板比較普遍。對於非常大的充填塔，直徑達 9 m (30 ft)，Nutter 工程公司宣稱一具有個別滴管的板式分配器可供使用。

含有溶質的氣體或富氣 (rich gas) 進入填料下方的分配空間，並向上流過填料中的空隙與液體成逆向流動。填料在液體和氣體之間提供很大的接觸面積並且促進相之間的緊密接觸。富氣中的溶質被進入塔的新鮮液體吸收，成為稀

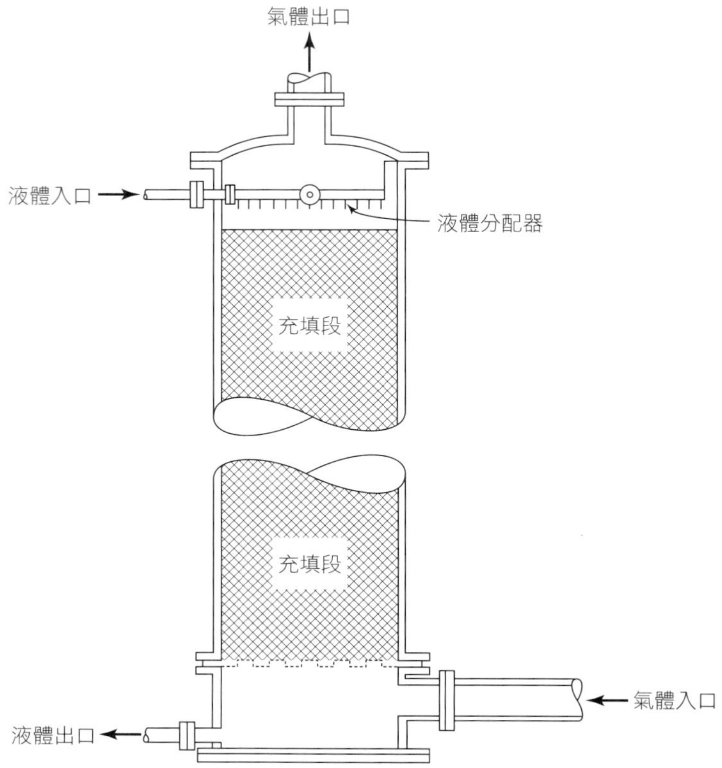

▲ 圖 18.1　充填塔

釋或貧氣 (lean gas) 離開塔頂。因沿塔向下流動的液體所含溶質之量增多，而成濃液，稱為**強液** (strong liquor)，經由液體出口離開塔底。

塔填料分為三種主要類型：有隨意傾卸到塔中的填料，有必須使用手堆疊的填料以及稱為結構化或有序的填料。傾卸填料由主尺寸為 6 至 75 mm ($\frac{1}{4}$ 至 3 in.) 的單元組成，小於 25 mm 的填料主要用於實驗室或試驗工廠的充填塔。在手工堆疊的填料中，單元的尺寸為 50 至 200 mm (2 至 8 in.)。它們與傾卸填料相較之下不太常用，因此在此不討論。

傾卸的塔填料由便宜的惰性材料製成，例如黏土、瓷器或各種塑膠材料。有時使用鋼或鋁的薄壁金屬環。使流體流經高的空隙空間和大的通道，可由不規則或中空的充填單元填入塔中來實現，這些充填物相互連接而形成具有孔隙率 (porosity) 或空隙率 (void fraction) 為 60% 至 90% 的開放結構。

普通傾卸填料顯示於圖 18.2，而其物理特性則列於表 18.1。陶瓷貝爾鞍 (ceramic Berl saddle) 和拉西環 (Raschig ring) 是較古老的填料，現在不太使用，雖然當它們首度引進時，對陶瓷球或碎石而言是一個很大的改進。Intalox 鞍有點像貝爾鞍，但其形狀能防止碎片形成緊密的巢狀聚集，這增加了床的孔隙率。超級 Intalox 鞍是在 Intalox 鞍的扇形邊緣作輕微的變化；它們可以是塑膠或陶瓷

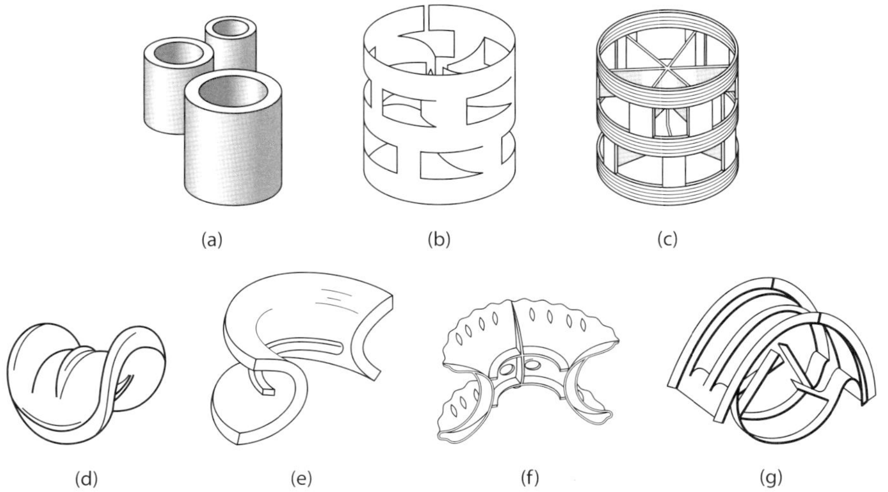

▲ 圖 18.2　普通塔的填料：(a) 拉西環；(b) 金屬 Pall 環；(c) 塑膠 Pall 環；(d) 貝爾鞍；(e) 陶瓷 Intalox 鞍；(f) 塑膠超級 Intalox 鞍；(g) 金屬 Intalox 鞍

▼ 表 18.1　傾卸塔填料的特性 [12, 15b, 27]

類型	材質	公稱尺寸 in.	整體密度† lb/ft³	總面積† ft²/ft³	孔隙度 ε	填料因數‡ F_p	填料因數‡ f_p
拉西環	陶瓷	$\frac{1}{2}$	55	112	0.64	580	1.52§
		1	42	58	0.74	155	1.36§
		$1\frac{1}{2}$	43	37	0.73	95	1.0
		2	41	28	0.74	65	0.92§
Pall 環	金屬	1	30	63	0.94	56	1.54
		$1\frac{1}{2}$	24	39	0.95	40	1.36
		2	22	31	0.96	27	1.09
	塑膠	1	5.5	63	0.90	55	1.36
		$1\frac{1}{2}$	4.8	39	0.91	40	1.18
貝爾鞍	陶瓷	$\frac{1}{2}$	54	142	0.62	240	1.58§
		1	45	76	0.68	110	1.36§
		$1\frac{1}{2}$	40	46	0.71	65	1.07§
Intalox 鞍	陶瓷	$\frac{1}{2}$	46	190	0.71	200	2.27
		1	42	78	0.73	92	1.54
		$1\frac{1}{2}$	39	59	0.76	52	1.18
		2	38	36	0.76	40	1.0
超級		3	36	28	0.79	22	0.64
Intalox 鞍	陶瓷	1	—	—	—	60	1.54
		2	—	—	—	30	1.0
IMTP	金屬	1	—	—	0.97	41	1.74
		$1\frac{1}{2}$	—	—	0.98	24	1.37
		2	—	—	0.98	18	1.19
Hy-Pak	金屬	1	19	54	0.96	45	1.54
		$1\frac{1}{2}$	—	—	—	29	1.36
		2	14	29	0.97	26	1.09
Tri-Pac	塑膠	1	6.2	85	0.90	28	—
		2	4.2	48	0.93	16	—

† 整體密度及總面積，均採用塔的每單位體積。

‡ 因數 F_p 為壓力降因數，而 f_p 為相對質傳係數。因數 f_p 在第 89 頁的「其它填料的性能」中討論，其用法於例題 18.7 有說明。

§ 基於 NH_3–H_2O 的數據；其它因數是基於 CO_2–NaOH 的數據。

形式。Pall 環是由薄金屬製成，其中壁的部分向內彎曲或由塑膠製成，壁具有槽且內部具有堅硬的骨架。Hy-pak 金屬填料以及 Flexiring (此兩種填料未顯示於圖中) 在形狀和性能上類似於金屬 Pall 環。與大多數同樣公稱尺寸 (nominal size) 的填料相比，Pall 環床具有超過 90% 的空隙率和較低的壓力降。Norton 的新型 IMTP (Intalox Metal Tower Packing) 具有非常開放的結構，甚至具有比 Pall 環更低的壓力降。對許多商用填充物而言，其附加的壓力降填料因數可由 Robbins[18] 以及以 SI 單位表示的 Perry 手冊中獲得。[16]

具有有序幾何形狀的結構性填料是從 1930 年代晚期的 Stedman 填料進化而來，[26] 但是它們很少有工業用途，直到大約 1965 年 Sulzer 填料被開發前。[24] 早期的結構性填料是由鋼絲網製成，最新的填料由穿孔的波紋金屬片製成，將相鄰的金屬片排列，使液體在其表面擴散，同時蒸汽流過由波紋形成的通道。此通道與水平成 45° 角；而此角度逐層替換方向，如圖 18.3 所示。每一層為數吋厚。各種專用填料在波紋的尺寸和佈置以及填料表面的處理均不相同。[4] 典型的三角波浪紋在底部為 25 至 40 mm，在側邊為 17 至 25 mm，高則為 10 至 15 mm。孔隙度的範圍為 0.93 至 0.97。比表面積為 60 至 76 ft^2/ft^3 (200 至 250 m^2/m^3)。Sulzer BX 填料是由金屬網製成，比表面積為 152 ft^2/ft^3 (500 m^2/m^3)，孔隙度為 0.90。

液體與氣體之間的接觸

要求液體與氣體之間有良好的接觸是很難滿足的，特別是在大型的塔中。理想地，一旦液體分布在填料的頂部，液體則以薄膜的形式流經整個填料的表

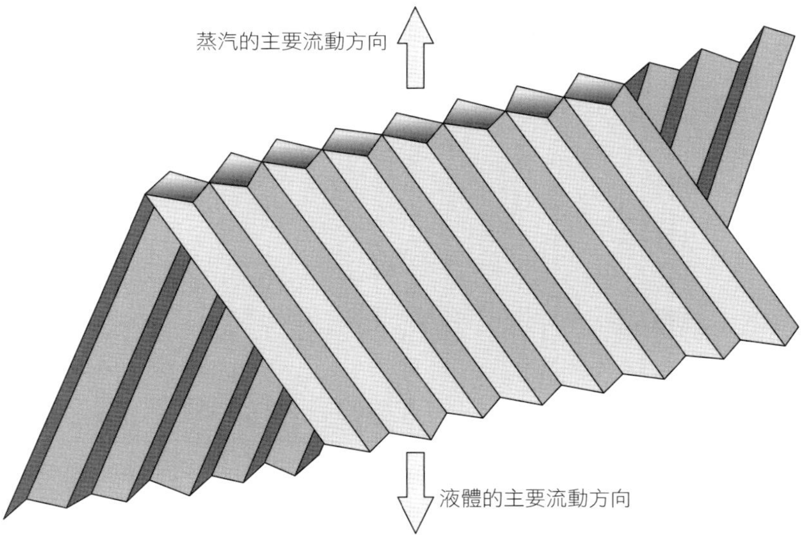

▲ 圖 18.3 結構化填料的示意圖

面並一直沿著塔向下流動。實際上，液膜傾向於在某些地方變得較厚，而在其它地方則變得較薄，使得液體匯集成小的溪流，並沿著局部路徑流經填料。特別是在低液體流率，大多數填料表面可能是乾的，或者最多是被液體的靜止薄膜所覆蓋。這種效應稱為**溝流** (channeling)；它是大型充填塔性能差的主要原因。

以手工所堆疊的填料床，其溝流較嚴重，這是它不常被使用的主要原因。傾卸式填料較不嚴重。在中等大小的塔中，其塔的直徑至少是填料直徑的 8 倍，才可以使溝流最小化。如果塔直徑與填料直徑的比例小於 8 比 1，則液體傾向於流出填料並沿著塔壁流下。然而，即使在有填料的小塔中，而此填料滿足上述的要求，液體分布和溝流對塔的性能亦具有主要影響。[7] 在大的塔中，初始分布特別重要，[14] 但是即使具有良好的初始分布，也必須在塔中每 5 至 10 m 裝配用於液體的再分布器，緊接在每一個充填段，改進的液體分布使得直徑達至 9 m (30 ft) 的充填塔可以被有效地使用。

壓力降和受限流率

圖 18.4 顯示出充填塔中壓力降的典型數據。每單位填料深度的壓力降來自流體摩擦，它被繪製在對數座標上對氣體流率 G_y 作圖，其中氣體流率基於空塔以每小時每單位截面積的氣體質量來表示。因此，G_y 與氣體表面速度的關係為 $G_y = u_0\,\rho_y$，其中 ρ_y 為氣體密度。當填料是乾燥的，此時得到的是斜率約為 1.8

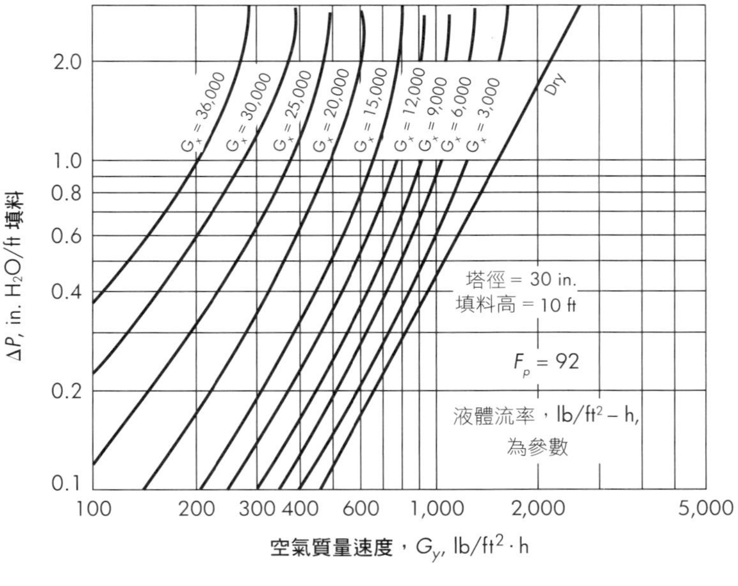

▲ 圖 18.4　空氣 - 水系統在充填塔內的壓力降，其中以 1 吋 Intalox 鞍為填料 (1,000 lb/ft^2 · h = 1.356 kg/m^2 · s; 1 in. H_2O/ft = 817 Pa/m)

的直線。因此壓力降隨速度的 1.8 次方增加。如果填料用恆定的液體流沖洗，則壓力降和氣體流速之間的關係最初遵循平行於乾燥填料的直線。因為塔中的液體減少了氣體流動的空間，使得其壓力降大於乾填料中的壓力降。但是，空隙率不隨氣體流動而變化，在適度的氣體流速下，澆灌式填料的線逐漸變得更陡，因為氣體阻礙了向下流動的液體，並且液體滯留量隨氣體流率而增加。根據壓力降線的斜率變化來判斷，液體滯留量開始增加的點稱為負荷點 (loading point)。然而，從圖 18.4 中顯而易見，欲獲得負荷點的精確值是不容易的。

隨著氣體速度的進一步增加，壓力降甚至更快地上升，並且當壓力降為 2 至 3 吋水柱／每呎填料 (150 至 250 mm H_2O/m) 時，線幾乎是垂直。在塔的局部區域中，液體變成連續相，並且已經達到溢流點。可以暫時使用較高的氣流，但是隨後液體迅速累積，而使整個塔充滿液體。

在操作充填塔時，氣體速度顯然必須低於溢流速度。然而，當接近溢流時，大部分或全部填料表面都被潤濕，使氣體和液體之間的接觸面積達到最大。設計者必須選擇遠離溢流速度的速度以確保安全操作，但速度也不能太低以至於需要較大的塔。降低設計速度將使塔的直徑增加，而所需的高度並沒有太大的改變，因為較低的氣體和液體速度導致質傳速率幾乎成比例地降低。低的壓力降有利於低的氣體速度，但是功率消耗的成本通常不是最適化設計的主要因素。氣體速度有時選擇為廣義關聯式 (generalized correlations) 所預估的溢流速度的一半。這種選擇似乎太保守，這是由於已發表的文獻中溢流速度的數據相當分散，並且廣義關聯式不是非常準確。如果所選用的填料具有詳細的性能數據，此時氣體速度就可以使用更接近溢流速度的值。填料塔也可以基於每單位填料高度的確定壓力降來設計。

溢流速度與填料的類型和大小以及液體的質量速度有關。圖 18.5 所顯示的是從圖 18.4 獲取的 Intalox 鞍數據和其它不同大小填料的類似曲線。溢流假定是在 2.0 in. H_2O/ft 填料的壓力降之下發生，因為壓力降曲線在該點是垂直或接近垂直。對於低液體流率，溢流速度約隨液體流率的 −0.2 至 −0.3 次方以及與填料大小的 0.6 至 0.7 次方變化。液體流率和填料大小的影響在高液體質量速度下變得更顯著。

關於充填塔中的壓力降和溢流速度，已提出了幾種廣義關聯式。這些圖大多數採用全對數圖，以 $(G_x/G_y)(\rho_y/\rho_x)^{0.5}$ 為橫座標，而以包含 G_y^2 的函數為縱座標。通常從平衡和經濟的考量來設定流量比 G_x/G_y，如本章後面所述，而 G_y 可直接求出，但如果 G_y 與 G_x 在不同的軸上，如圖 18.5，則需用試誤法求解。填料的特性可由填料因數 F_p 來說明，填料因數 F_p 隨填料大小增加或空隙率增加而減小。由於形狀複雜，使用 Ergun 方程式 [(7.22) 式] 的理論不能預測填料因

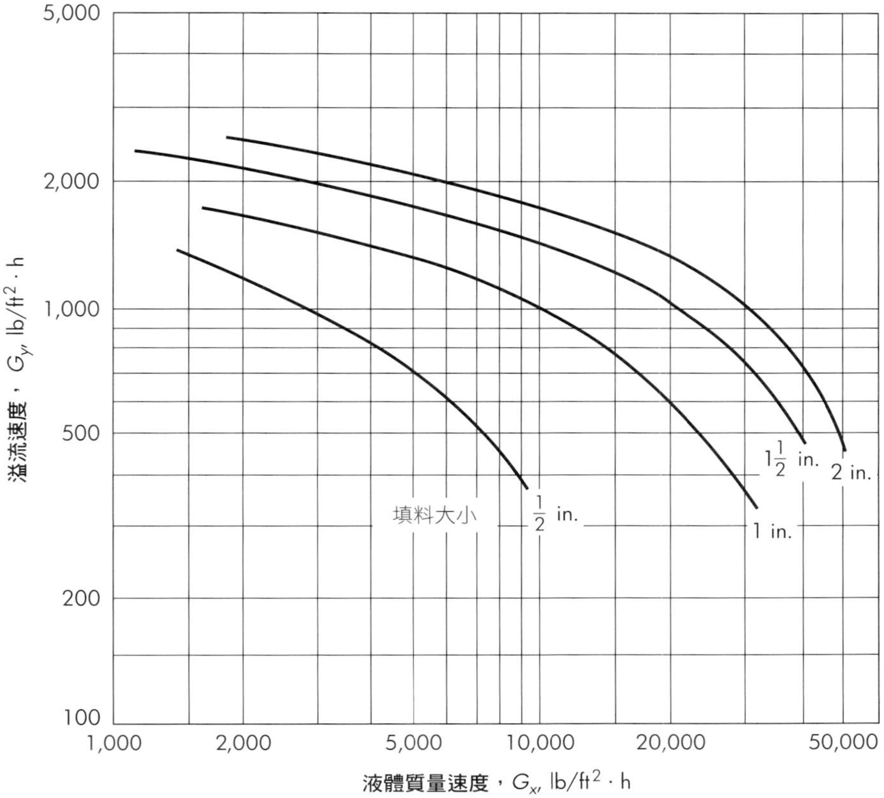

▲ 圖 18.5　空氣 - 水系統，以陶瓷 Intalox 鞍為填料的溢流速度 (1,000 lb/ft^2 · h = 1.356 kg/m^2 · s)

數，但它們可憑實驗求得。不幸的是，沒有壓力降的單一關聯式適合所有的填料，並且基於滿足低壓力降數據的 F_p 值與滿足高壓力降數據或滿足溢流數據所求得的 F_p 值顯著不同。

對於傾卸填料的充填塔的壓力降估算，圖 18.6 顯示廣為使用的關聯結果，其中 G_x 與 G_y 的單位為 lb/ft^2 · s，μ_x 為 cP，ρ_x 與 ρ_y 為 lb/ft^3，g_c 為 32.174 lb · ft/lb$_f$ · s^2。此相關結果的早期版本包括高於 $\Delta P = 1.5$ in. H_2O/ft 填料的線的溢流線，但最近研究證實，對於 2 in. 或 3 in. 的填料，其壓力降為 0.7 至 1.5 in. H_2O/ft 填料，就會有溢流發生。極限壓力降的經驗方程式為 [9]

$$\Delta P_{\text{flood}} = 0.115 F_p^{0.7} \tag{18.1}$$

其中　ΔP_{flood} = 在溢流時的壓力降，in. H_2O/ft 填料

F_p = 填料因數，無因次

方程式 (18.1) 可用於 10 至 60 的填料因數，對於較高的 F_p 值，在溢流時的壓力降可以取為 2.0 in. H_2O/ft。

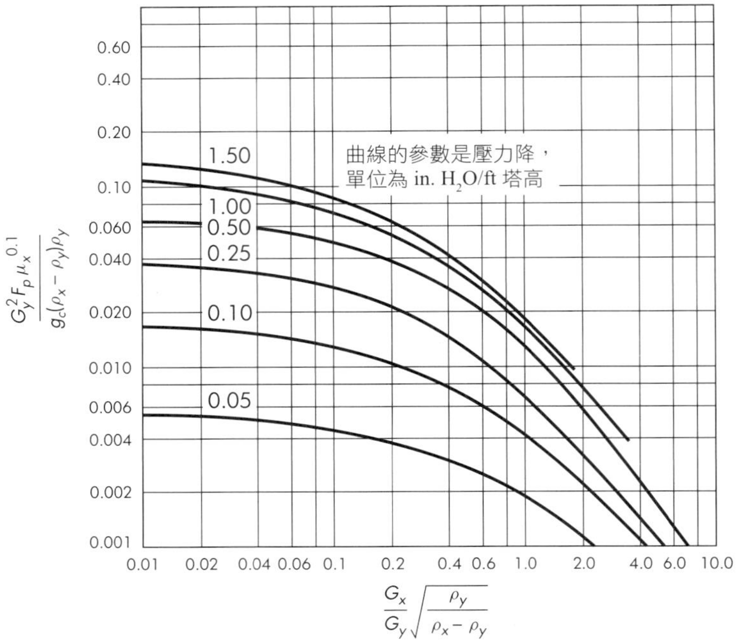

▲ 圖 18.6　充填塔內壓力降的廣義關聯圖 (1 in. H_2O/ft = 817 Pa/m) (取自 *Eckert*.[3])

Strigle [27] 提出了計算充填塔壓力降的另一個關聯式，如圖 18.7 所示，其橫座標基本上與圖 18.6 相同，但縱座標則包含容量因數 $C_s = u_0\sqrt{\rho_y/(\rho_x - \rho_y)}$，其中 u_0 為表面速度，單位為 ft/s。液體的動黏度 ν 的單位為 centistokes。半對數圖比全對數圖更容易使用內插法，儘管這兩個相關結果都是基於相同的數據集。

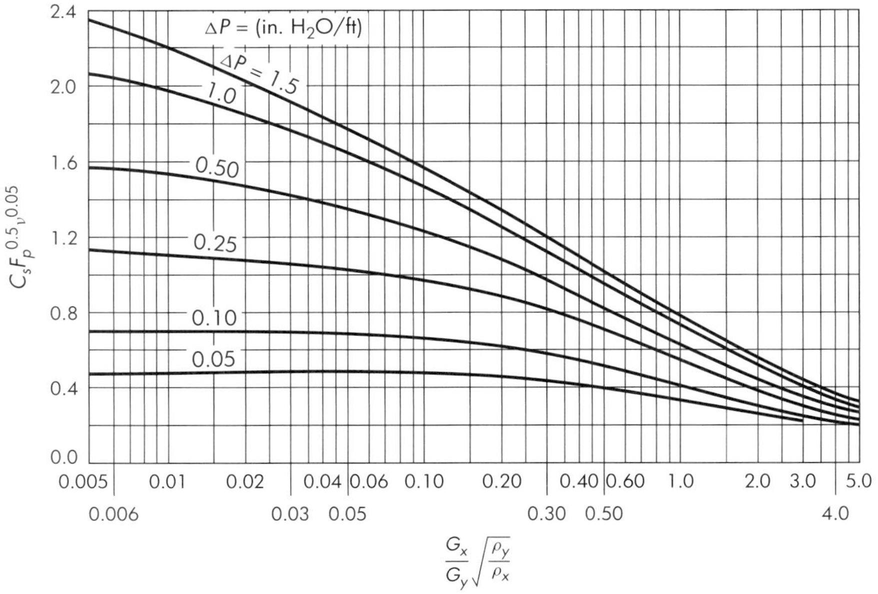

▲ 圖 18.7　廣義壓力降關聯的替代圖 (1 in. H_2O/ft = 817 Pa/m)

例題 18.1

一充填塔以 1 in. (25.4 mm) 陶瓷 Intalox 鞍為填料，而此塔每小時處理 25,000 ft^3 (708 m^3) 的進入氣體，此進入的氣體其氨含量為 2% (體積百分率)，使用無氨水作為吸收劑，進入的氣體和水的溫度為 68°F (20°C)；壓力為 1 atm。液體對氣體的流率比為 1.25 lb 的液體對 1 lb 的氣體。(a) 如果設計壓力降為 0.5 in. H_2O/ft 填料，那麼氣體的質量速度和塔的直徑應該是多少？(b) 使用廣義關聯 (generalized correlation) 並且使用 Intalox 鞍的特定數據來估計氣體速度與溢流速度的比。

解

進入的氣體之平均分子量為 $(29 \times 0.98) + (17 \times 0.02) = 28.76$，則

$$\rho_y = \frac{28.76}{359} \times \frac{492}{460 + 68} = 0.07465 \text{ lb/ft}^3$$

$$\rho_x = 62.3 \text{ lb/ft}^3$$

(a) 使用圖 18.7 中的壓力降關聯，

$$\frac{G_x}{G_y}\left(\frac{\rho_y}{\rho_x}\right)^{0.5} = 1.25\left(\frac{0.07465}{62.3}\right)^{0.5} = 0.0433$$

對於 $\Delta P = 0.5$，$C_s F_p^{0.5} \nu^{0.05} = 1.38$

由表 18.1，$F_p = 92$

當 20°C，$\nu = 1.0$ cSt

$$C_s = \frac{1.38}{92^{0.5}(1.0)^{0.05}} = 0.144$$

$$u_o = C_s\left(\frac{\rho_x - \rho_y}{\rho_y}\right)^{0.5} = 0.144\left(\frac{62.3 - 0.07}{0.07465}\right)^{0.5} = 4.16 \text{ ft/s}$$

$$G_y = 4.16 \times 0.07465 \times 3{,}600 = 1{,}120 \text{ lb/ft}^2 \cdot \text{h}$$

$$G_x = 1.25\, G_y = 1{,}400 \text{ lb/ft}^2 \cdot \text{h}$$

在此情況下，可以使用圖 18.4 中的 1 in. Intalox 鞍的數據來驗證 G_y 的值。介於乾填料與 $G_x = 3{,}000$ lb/ft^2 · h 之曲線，使用內插法可得 $G_y \cong 1{,}000$ lb/ft^2 · h。此值可用於設計。

總氣體流率：$25{,}000 \times 0.0746 = 1{,}865$ lb/h

塔的截面積：

$$S = \frac{1,865}{1,000} = 1.865\ \text{ft}^2$$

$$D = \left(\frac{4 \times 1.865}{\pi}\right)^{0.5} = 1.54\ \text{ft (470 mm)}$$

(b) 圖 18.7 的廣義關聯不包含溢流線，但在溢流的壓力降約為 2.0 in. H_2O/ft，此外插值指出縱座標為 1.95，將此值與設計值 1.38 比較。可知

$$\frac{G_{y,\text{design}}}{G_{y,\text{flooding}}} \cong \frac{1.38}{1.95} = 0.71$$

這個比率適用於當 G_x/G_y 保持恆定時，該比率隨著 G_x 的降低而降低。若 G_x 保持在 1,400 lb/ft^2 · h，則由圖 18.5 可知在 $G_y = 1,650$ lb/ft^2 · h 產生溢流。因此

$$\frac{G_{y,\text{design}}}{G_{y,\text{flooding}}} = \frac{1,000}{1,650} = 0.61$$

結構化填料

幾種商業用結構化填料的溢流速度顯示於圖 18.8。可以從 Fair 和 Bravo[4] 所提出的一些相當複雜的方程式來預估結構化填料中的壓力降，但是很少有可供利用的實驗資訊。含有結構化填料的塔最好與填料製造商合作共同設計。Spiegel 與 Meier[25] 聲稱大多數結構化填料在壓力降大約為 1,000 (N/m^2)/m (1.22 in. H_2O per ft)，而蒸汽速度為溢流速度的 90% 至 95% 時達到其最大容量。

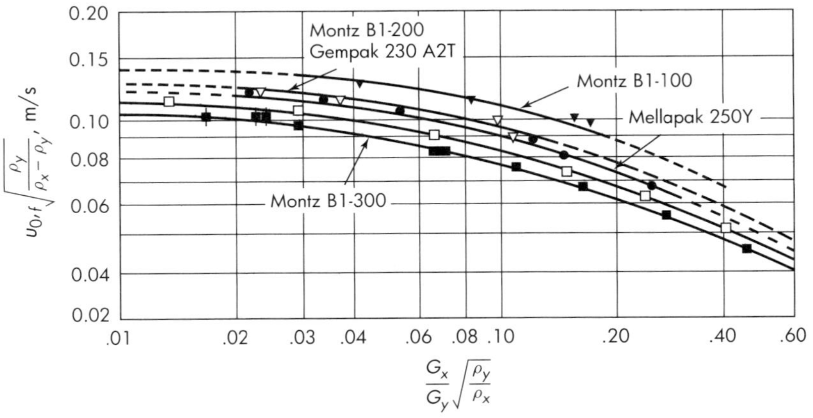

▲ 圖 18.8　結構化填料的溢流速度[4]

例題 18.2

將例題 18.1 的塔中之 1 in. Intalox 鞍，以 Glitsch 製造的 Gempak 230 A2T 填料取代。預期氣體質量速度增加多少？

解

利用圖 18.8，由例題 18.1 可知，$G_x/G_y = 1$，且

$$\frac{G_x}{G_y}\left(\frac{\rho_y}{\rho_x}\right)^{0.5} = 1.25\left(\frac{0.07465}{62.3}\right)^{0.5} = 0.0433$$

由圖 18.8，$u_{0,f}\sqrt{(\rho_y/(\rho_x - \rho_y)} = 0.11$。在溢流時的表面蒸汽速度為

$$u_{0,f} = 0.11\sqrt{\frac{62.3 - 0.07}{0.07465}} = 3.175 \text{ m/s}$$

在 60% 的溢流，蒸汽速度為

$$u_0 = 3.175 \times 0.6 = 1.905 \text{ m/s 或 } 6.25 \text{ ft/s}$$

對應的質量速度為

$$G = 6.25 \times 0.7465 \times 3{,}600 = 1{,}680 \text{ lb/ft}^2 \cdot \text{h}$$

氣體質量速度增加 (1,680/1,000) −1 = 0.68 或 68%。

吸收原理

如前節所述，充填吸收塔的直徑與所處理的氣體和液體的量、流體的性質以及一股流與另一股流的流量比有關。塔高及填料的總體積取決於濃度變化的大小和每單位充填塔體積的質量傳遞速率。因此，塔高的計算，基於質量均衡、焓均衡，以及驅動力與質量傳遞係數的估計。

質量均衡

在一差動接觸裝置 (differential-contact plant)，如圖 18.9 的充填吸收塔，組成的變化從設備的一端到另一端是連續的。如圖 18.9 中的虛線所示，在塔的任意段上方部分的質量均衡如下：

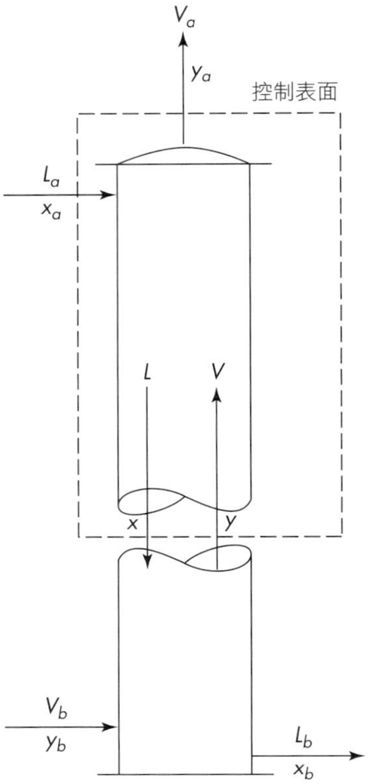

▲ 圖 18.9　充填塔的質量均衡圖

總質量：
$$L_a + V = L + V_a \tag{18.2}$$

成分 A：
$$L_a x_a + V y = L x + V_a y_a \tag{18.3}$$

其中 V 為氣相的莫耳流率， 而 L 為塔中在同一點的液相莫耳流率。L 相和 V 相的濃度 x 和 y 適用於該相同位置。

基於終端股流，總質量均衡式為

總質量：
$$L_a + V_b = L_b + V_a \tag{18.4}$$

成分 A：
$$L_a x_a + V_b y_b = L_b x_b + V_a y_a \tag{18.5}$$

在塔中任意點 x 與 y 之間的關係，可由 (18.3) 式重新整理而得，此關係式稱為操作線方程式

$$y = \frac{L}{V}x + \frac{V_a y_a - L_a x_a}{V} \tag{18.6}$$

可以將操作線與平衡曲線一起繪製在算術座標圖上，如圖 18.10 所示。為了產生吸收，操作線必須位於平衡線上方，這樣才可得到正的驅動力 $y - y^*$。

在 (18.6) 式中，x 與 y 分別為液體與氣體的整體組成，液體與氣體在吸收塔中的任意截面處彼此接觸。假定在給定高度處的組成與填料中的位置無關。液體從氣體混合物中吸收可溶性成分，使得總氣體流率 V 隨著氣體通過吸收塔而降低，而液體流率 L 增加。這些變化使得操作線稍微彎曲，如圖 18.10 所示。對於含有少於 10% 可溶性氣體的稀薄混合物，通常忽略總流率變化的影響；該設計是基於平均流率，並且將操作線繪製成直線。

氣 - 液比的限制

方程式 (18.6) 顯示操作線的平均斜率為 L/V，此為液體和氣體的莫耳流率比。因此，對於給定的氣體流率，降低液體流率會使得操作線的斜率減小。考慮圖 18.10 中的操作線 ab，假設氣體流率與端點濃度 x_a, y_a, y_b 均保持定值，若降低液體流率 L，則操作線的上端移向平衡線，使得強液的濃度 x_b 增加。當操作線恰與平衡線接觸時，可得最大可能的液體濃度和最小可能的液體流率，如圖

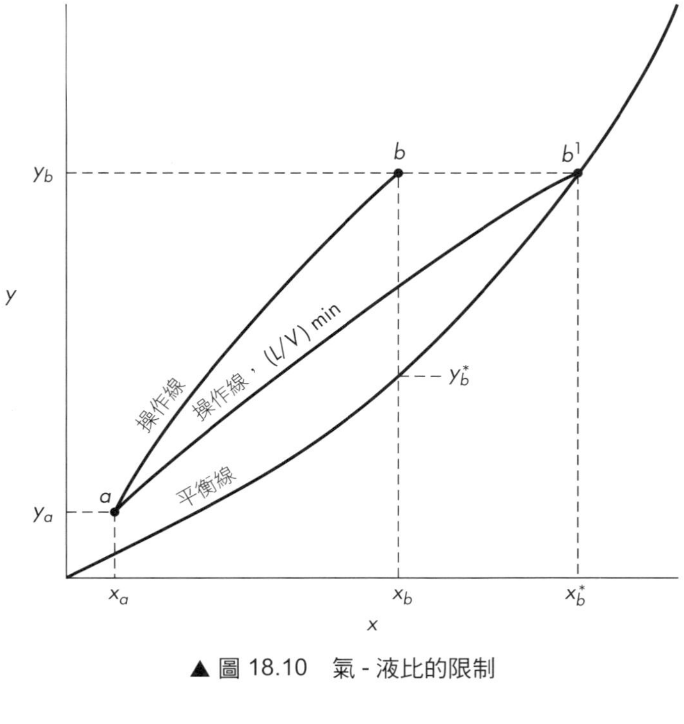

▲ 圖 18.10 氣 - 液比的限制

18.10 中的 ab' 線所示。在此情況下，因為在塔底的質傳濃度差變為零，因此需要無限長的充填段。在任何實際的吸收塔中，液體流率必須大於此最小值，才能實現氣體組成的指定變化。

以經濟考量，L/V 比在逆向流動的吸收塔中是重要的，因為質傳的驅動力為 $y - y^*$，此與圖 18.10 中的操作線與平衡線之間的垂直方向的距離成正比。除了塔頂外，增加 L/V 會使得塔中任何位置上的驅動力增加，此時吸收塔不需要很高。然而，若使用大量的液體，則得到更稀薄的液體產物，使得更難用脫除或汽提回收溶質。用於汽提的能量成本通常是吸收 - 汽提操作的總成本的主要部分。吸收操作的最佳液體速率可由平衡兩個單元的操作成本與設備的固定成本而得到。除非液體被丟棄並且不做再生利用，通常吸收塔的液體流率應該在液體最小流率的 1.1 和 1.5 倍之間。

考慮到設備和操作成本之間的平衡，吸收塔頂部的條件通常也必須當做設計變數。例如，如果暫定的規格要求從氣流中回收 98% 的產物，設計人員應該算出該塔需要多高才能得到 99% 的回收率。如果回收的額外產物的價值超過額外成本，則最佳回收率至少為 99%，並且應該重複計算以獲得更高的回收率。若未去除的溶質為污染物，則其在排氣中的濃度應設定排放標準，並且基於產物價值和操作成本，所需的回收率可以超過最佳值。

圖 18.10 顯示了進入塔中的液體，含有顯著的溶質濃度，在此情況下，從氣體中去除 99% 溶質是不可能的。但是，將吸收液作更好的汽提或更完全的再生，可以獲得較低的 x_a 值。考慮用於使再生器更完全的額外設備和操作成本以及來自改善吸收塔操作的獲利，可將 x_a 的值最佳化。

吸收速率

吸收速率可以使用基於氣相或液相的個別係數或總係數以四種不同的方式來表示。因為以單位面積的係數難以確定，並且因為設計計算的目的通常是求出吸收塔的總體積，因此在大多數計算均採容積係數。在下面的處理中，為了簡單起見，省略了單向擴散的修正因素，且忽略氣體和液體流率的改變。在這些方程式中，嚴格來說，僅對貧氣 (lean gas) 成立，但可用於含 10% 溶質的混合物，只是有少許誤差。對於富氣 (rich gas) 的吸收，將於稍後以特例處理。

充填塔每單位體積的吸收速率，可由下列的任一方程式來表示，其中 y 與 x 是吸收成分的莫耳分率：

$$r = k_y a(y - y_i) \tag{18.7}$$

$$r = k_x a(x_i - x) \tag{18.8}$$

$$r = K_y a(y - y^*) \tag{18.9}$$

$$r = K_x a(x^* - x) \tag{18.10}$$

分壓差 $(p - p_i)$ 可用做氣相的驅動力，因為它與 $(y - y_i)$ 成正比。基於莫耳比 Y 與 X 的圖形有時也會使用，因為操作線成了直線，但不建議使用這種方法，因為 ΔY 與 ΔX 並非可做為驅動力的量測。

個別係數 $k_y a$ 與 $k_x a$ 是以單位體積為基準，如同總係數 $K_y a$ 與 $K_x a$ 一樣。在所有這些係數中的 a 為單位體積的充填塔或其它裝置的界面面積。a 的值難以量測或預估，但是在大多數情況下，不必知道其實際值，因為設計計算是基於容積係數。

界面組成 (y_i, x_i) 可利用 (18.7) 式與 (18.8) 式由操作線圖形求得：

$$\frac{y - y_i}{x_i - x} = \frac{k_x a}{k_y a} \tag{18.11}$$

即由操作線上任一點 (x, y) 繪一斜率為 $-k_x a/k_y a$ 的直線與平衡線交於 (y_i, x_i)，如圖 18.11 所示。通常並不需要知道界面組成，但這些值可用於涉及富氣的計算或當平衡線極端彎曲時。

總驅動力很容易在 y、x 圖形上，利用垂直或水平線決定，而總係數可利用如第 17 章 [(17.57) 式] 所示的平衡曲線的局部斜率 m，由 $k_y a$ 與 $k_x a$ 求得：

$$\frac{1}{K_y a} = \frac{1}{k_y a} + \frac{m}{k_x a} \tag{18.12}$$

$$\frac{1}{K_x a} = \frac{1}{k_x a} + \frac{1}{m k_y a} \tag{18.13}$$

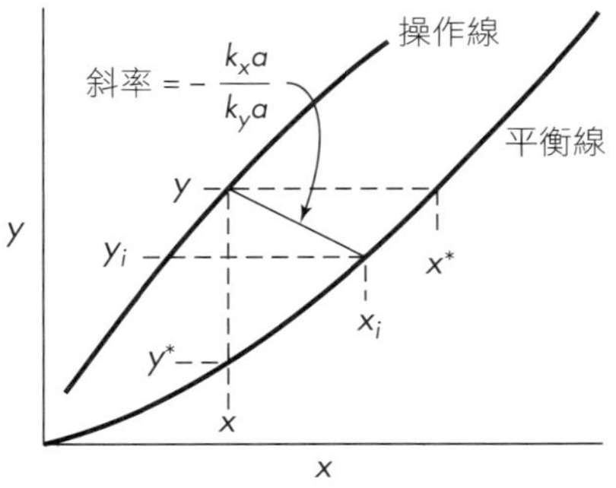

▲ 圖 18.11　界面組成的位置

在 (18.12) 式中，$1/(k_y a)$ 與 $m/(k_x a)$ 分別為氣相薄膜與液相薄膜的質傳阻力。當係數 $k_y a$ 與 $k_x a$ 有相同的數量級，† 且 m 遠大於 1.0，則液膜阻力為控制阻力，這表示 $k_x a$ 的任何改變對 $K_y a$ 與 $K_x a$ 以及對吸收速率具有幾乎成比例的影響，而 $k_y a$ 的改變則影響性很小。例如，在 20°C 時，CO_2 溶於水的亨利定律常數為 1,430 atm/ 莫耳分率，這對應於在 1 atm 下吸收的 $m = 1{,}430$，和在 10 atm 下吸收的 $m = 143$。在此狀況下，CO_2 被水吸收的速率顯然是由液相薄膜所控制。增加氣體速度會使 $k_y a$ 增加，但對 $K_y a$ 的影響很小。增加液體流速會增加界面面積 a 且可能使 k_x 增加，兩者均導致 $k_x a$ 與 $K_y a$ 增加。

當氣體的溶解度很高時，如 HCl 溶於水，其 m 值很小，且氣相薄膜阻力控制吸收率。對於中度溶解度的氣體，兩種阻力都很重要。但**控制阻力** (controlling resistance) 有時是指較大阻力者。通常將 NH_3 被水吸收作為氣相薄膜控制的實例，因為氣相薄膜阻力約為總阻力的 80% 至 90%。

塔高的計算

吸收塔可用四個基本速率方程式中的任何一個來設計，但通常是使用氣體薄膜係數，這裡將強調 $K_y a$ 的使用。選擇氣體薄膜係數不需要任何有關控制阻力的假設，即使是液體薄膜控制，基於 $K_y a$ 所做的設計與基於 $K_x a$ 或 $k_x a$ 同樣簡單而且正確。

考慮圖 18.12 的充填塔。塔的截面積為 S，高度為 dZ 的微量體積為 $S\,dZ$。若稀薄氣體莫耳流率的變化可忽略，則在 dZ 段的吸收量為 $-V\,dy$，此值等於吸收速率乘以微量體積：

$$-V\,dy = K_y a(y - y^*)S\,dZ \tag{18.14}$$

為了積分，可將此方程式重新整理，合併常數項 V, S 與 $K_y a$，並將積分的上下限互換以消去負號：

$$\frac{K_y a S}{V}\int dZ = \frac{K_y a S Z_T}{V} = \int_a^b \frac{dy}{y - y^*} \tag{18.15}$$

對於某些情況，(18.15) 式的右邊可直接積分，或以數值積分求得。我們將研究其中的一些例子。

---

† 在充填塔中，$k_x a$ 的值通常為 $k_y a$ 的 3 至 20 倍。

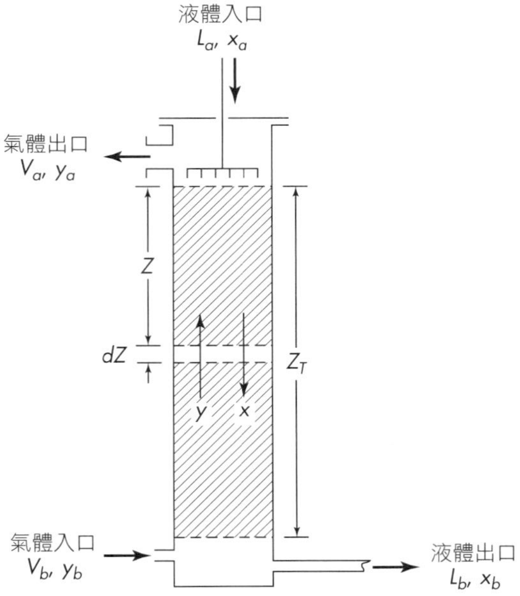

▲ 圖 18.12　充填吸收塔的圖形

傳遞單位數

塔高的方程式可寫成如下的形式：

$$Z_T = \frac{V/S}{K_y a} \int_a^b \frac{dy}{y - y^*} \tag{18.16}$$

(18.16) 式中的積分表示蒸汽濃度變化除以平均驅動力，稱為**傳遞單位數** (number of transfer units, NTU) N_{Oy}，此類似於 (15.9) 式所定義的熱傳單位數 N_H。而下標表示 N_{Oy} 是基於氣相的總驅動力。(18.16) 式中以長度為單位的其它部分，稱為**傳遞單位的高度** (height of a transfer unit, HTU) H_{Oy}。因此得到一簡單的設計方法，由 y-x 圖形求出 N_{Oy} 並由文獻或由質傳關聯式的計算得到 H_{Oy}，將兩者相乘：

$$Z_T = H_{Oy} N_{Oy} \tag{18.17}$$

傳遞單位數有點像第 20 章所討論的理想板數，但這兩個值只有當操作線與平衡線均為直線且平行時才相等，如圖 18.13a 所示。對此情況，

$$N_{Oy} = \frac{y_b - y_a}{y - y^*} \tag{18.18}$$

在圖 18.13a 中約有五個理想板數和五個傳遞單位數。

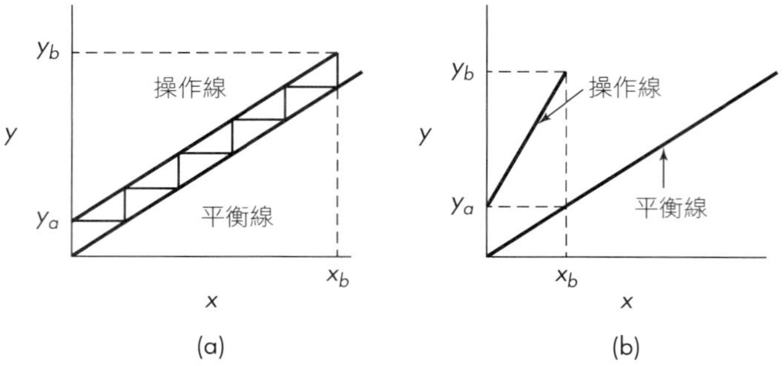

▲ 圖 18.13 傳遞單位數 (NTU) 與理想板數 (NTP) 之間的關係：(a) NTU = NTP；(b) NTU > NTP

當操作線為直線但比平衡線陡時，如圖 18.13b 所示，則傳遞單位數大於理想板數。注意，對於所示的例子，在塔底的驅動力為 $y_b - y_a$，與整個塔的蒸汽濃度的變化相同，此時塔有一理想板，然而，在塔頂的驅動力為 y_a，其較塔底的驅動力小數倍，因此平均驅動力遠小於 $y_b - y_a$。當操作線與平衡線都是直線時，塔的平均驅動力可以表示為塔兩端的驅動力之對數平均值。

若操作線與平衡線均為直線，則傳遞單位數為濃度變化除以對數平均驅動力：

$$N_{Oy} = \frac{y_b - y_a}{\overline{\Delta y_L}} \tag{18.19}$$

其中 $\overline{\Delta y_L}$ 為 $y_b - y_b^*$ 與 $y_a - y_a^*$ 的對數平均。(18.19) 式是基於氣相。而基於液相的對應方程式為

$$N_{Ox} = \frac{x_b - x_a}{\overline{\Delta x_L}} \tag{18.20}$$

除非操作線與平衡線為平行直線，液相傳遞單位數 N_{Ox} 與氣相傳遞單位數 N_{Oy} 並不相同。對吸收操作而言，操作線通常比平衡線陡，使得 N_{Oy} 大於 N_{Ox}，但是該差值會被 H_{Oy} 與 H_{Ox} 之間的差抵消，並且充填塔的高度可以使用任一方法確定。

傳遞單位的總高度可定義為實現濃度變化所需的充填段的高度，該濃度變化等於該段中的平均驅動力。有時可以從文獻或試驗工廠測試直接獲得特定系統的 H_{Oy} 值，但通常必須根據個別係數或個別傳遞單位的高度之經驗關聯性來估計。正如有四種基本類型的質傳係數，存在四種類型的傳遞單位，其基於氣相或液相的個別或總驅動力。這些傳遞單位如下：

氣體薄膜： $$H_y = \frac{V/S}{k_y a} \qquad N_y = \int \frac{dy}{y - y_i} \tag{18.21}$$

液體薄膜： $$H_x = \frac{L/S}{k_x a} \qquad N_x = \int \frac{dx}{x_i - x} \tag{18.22}$$

總氣體： $$H_{Oy} = \frac{V/S}{K_y a} \qquad N_{Oy} = \int \frac{dy}{y - y^*} \tag{18.23}$$

總液體： $$H_{Ox} = \frac{L/S}{K_x a} \qquad N_{Ox} = \int \frac{dx}{x^* - x} \tag{18.24}$$

傳遞係數的變換形式

在文獻中所敘述的氣體薄膜係數，通常是基於分壓驅動力而不是莫耳分率差，並且以 $k_g a$ 或 $K_g a$ 表示。它們與以前使用的係數的關係僅為 $k_g a = k_y a/P$ 及 $K_g a = K_y a/P$。而 $k_g a$ 與 $K_g a$ 的單位為 mol/ft^3 · h · atm。同理，液體薄膜係數可寫成 $k_L a$ 或 $K_L a$，其中驅動力為體積濃度差；k_L 因此與由 (17.36) 式所定義的 k_C 相同。因此 $k_L a$ 與 $K_L a$ 分別等於 $k_x a/\rho_M$ 和 $K_x a/\rho_M$，其中 ρ_M 為液體的莫耳密度。$k_L a$ 與 $K_L a$ 的單位通常為 mol/ft^3 · h · (mol/ft^3) 或 h^{-1}。

若以 G_y/M 或 G_M 取代 (18.21) 和 (18.23) 式中的 V/S，而以 G_x/M 取代 (18.22) 和 (18.24) 式中的 L/S，則傳遞單位高度的方程式可寫成 (因液體的密度 $M\rho_M = \rho_x$)。

$$H_y = \frac{G_M}{k_g a P} \qquad 與 \qquad H_{Oy} = \frac{G_M}{K_g a P} \tag{18.25}$$

$$H_x = \frac{G_x/\rho_x}{k_L a} \qquad 與 \qquad H_{Ox} = \frac{G_x/\rho_x}{K_L a} \tag{18.26}$$

文獻中通常是以 H_G, H_L, N_G 與 N_L 出現，而不是 H_y, H_x, N_y 與 N_x，以及總體值的對應項，但是這裡不同的下標不表示單位或大小有任何差異。

若設計是基於 N_{Oy}，則 H_{Oy} 的值可由 $K_y a$ 或由 H_y 及 H_x 的值來計算，如下所示。從總阻力 (18.12) 式開始，各項均乘以 G_M，而最後一項乘以 L_M/L_M，其中 $L_M = L/S = G_x/M$，則液體的莫耳質量速度為：

$$\frac{G_M}{K_y a} = \frac{G_M}{k_y a} + \frac{mG_M}{k_x a}\frac{L_M}{L_M} \tag{18.27}$$

由 (18.21) 式至 (18.23) 式中的 HTU 之定義，

$$H_{Oy} = H_y + m\frac{G_M}{L_M}H_x \tag{18.28}$$

$$H_{Ox} = H_x + \frac{L_M}{mG_M}H_y \tag{18.29}$$

例題 18.3

一含有 3% A 的氣流，流經一充填塔，藉由水的吸收而除去 99% 的 A。吸收塔在 25°C、1 atm 下操作，氣體與液體流率分別為 20 mol/h · ft^2 與 100 mol/h · ft^2，質傳係數與平衡數據如下所示：

$$y^* = 3.1x \qquad \text{在 } 25°\text{C}$$
$$k_x a = 60 \text{ mol/h}\cdot\text{ft}^3\cdot\text{單位莫耳分率}$$
$$k_y a = 15 \text{ mol/h}\cdot\text{ft}^3\cdot\text{單位莫耳分率}$$

(a) 假設為等溫操作且忽略氣體與液體流率的變化，求 N_{Oy}, H_{Oy} 與 Z_T。氣相阻力占總阻力的百分比是多少？

(b) 利用 N_{Ox} 與 H_{Ox} 計算 Z_T。

解

(a) 假設 $x_a = 0$。因為 $G_M\,\Delta y = L_M\,\Delta x$，

$$x_b = \frac{20 \times 0.03 \times 0.99}{100} = 0.00594$$
$$y_b^* = 3.1 \times 0.0054 = 0.01841$$

在塔底， $y_b - y_b^* = 0.03 - 0.01841 = 0.01159$

在塔頂， $y_a - y_a^* = y_a = 0.0003$

則 $\overline{\Delta y_L} = \dfrac{0.01159 - 0.0003}{\ln(0.01159/0.0003)} = 0.00309$

$$N_{Oy} = \frac{\Delta y}{\overline{\Delta y_L}} = \frac{0.03 \times 0.99}{0.00309} = 9.61$$

$$\frac{1}{K_y a} = \frac{1}{15} + \frac{3.1}{60} = 0.11833 \qquad K_y a = 8.45$$

$$H_{Oy} = \frac{20}{8.45} = 2.37 \text{ ft.}$$

$$Z_T = 2.37 \times 9.61 = 22.7 \text{ ft}$$

相對氣相薄膜阻力為 $\frac{1}{15}/(1/8.45) = 0.56$ 或 56%。

(b) 在塔底，
$$x^* = \frac{0.03}{3.1} = 0.009677$$

$$\Delta x = 0.009677 - 0.00594 = 0.003737$$

在塔頂，
$$x^* = \frac{0.0003}{3.1} = 9.677 \times 10^{-5} \qquad x = 0$$

$$\overline{\Delta x_L} = \frac{0.00374 - 0.000097}{\ln[0.00374/(9.677 \times 10^{-5})]} = 9.96 \times 10^{-4}$$

$$N_{Ox} = \frac{0.00594}{9.96 \times 10^{-4}} = 5.96$$

$$\frac{1}{K_x a} = \frac{1}{60} + \frac{1}{3.1 \times 15} = 0.03817 \qquad K_x a = 26.2$$

$$H_{Ox} = \frac{100}{26.2} = 3.817 \text{ ft}$$

$$Z_T = 5.96 \times 3.817 = 22.7 \text{ ft}$$

注意，雖然 N_{Oy} 和 N_{Ox} 完全不同，但 H_{Oy} 和 H_{Ox} 的值也不同，由兩種計算方法所得的 Z_T 值卻相同。

壓力的影響

吸收塔通常在壓力下操作以增加容量和得到更高的質傳速率。溶質的平衡分壓僅取決於液體組成和溫度，因此氣體中的平衡莫耳分率與總壓成反比

$$y_A = \frac{p_A}{P} \tag{18.30}$$

如果氣體和液體流率保持恆定，則操作線不變，達到更高的壓力會增加莫耳分率驅動力，如圖 18.14 所示，並且減少傳遞單位數。在高壓下，最小液體流率較小，因此可以改變操作線以獲得較濃的產物，如圖 18.14 中的虛線所示，而所得到的傳遞單位數與之前較低壓力狀況下相同。

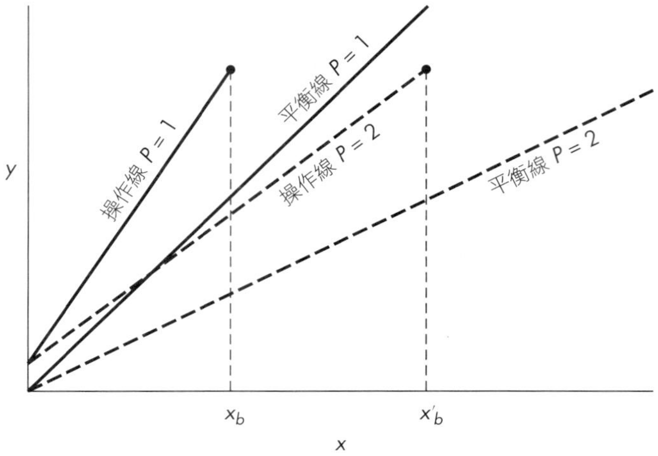

▲ 圖 18.14　壓力對吸收的影響

總質傳係數 $K_y a$ 隨著壓力增加，因為液體薄膜阻力 $m/k_x a$ 減小 [見 (18.12) 式]，氣體薄膜係數 $k_y a$ 不會隨壓力的改變而有大的變化；擴散係數與壓力成反比，但是對於已知的 Δy，濃度驅動力與壓力成正比。因此如果液體阻力顯著，則 H_{Oy} 將會降低，但如果是氣體薄膜阻力控制，則 H_{Oy} 不變。

充填塔中的溫度變化

當富氣進入吸收塔時，塔中的溫度從底部到頂部有明顯的變化。溶質的吸收熱提高了溶液溫度，但是溶劑的蒸發傾向於降低溫度。通常總效應是使液體的溫度升高，但是有時溫度在塔底部附近達到最大值。溫度分布的形狀與溶質的吸收率、溶劑的蒸發或冷凝速率以及相之間的熱傳遞有關。要獲得液體和氣體的精確溫度分布，就需要冗長的計算，[20, 28] 但在本書中僅提供簡單的實例。當氣體的入口溫度接近於液體的出口溫度，並且進入的氣體是飽和時，則幾乎沒有溶劑蒸發，且液體溫度的上升與吸收溶質的量大致成正比。平衡線然後逐漸向上彎曲，如圖 18.15a 所示，其中 x 值的增加對應於較高的溫度。

當氣體以低於出口液體溫度 10 至 20°C 的溫度進入塔中，並且溶劑是揮發性時，則蒸發會將塔底部的液體冷卻，而且溫度分布有一最大值，如圖 18.15b 所示。當進料氣體飽和時，溫度的峰值不是非常明顯。對於近似的設計，出口溫度或估計的最高溫度，可用於計算塔的下半部的平衡值。

平衡線的彎曲使欲求得最小液體流率變得複雜化，因為降低液體流率使液體的溫度上升增加，並移動平衡線的位置。對於大多數情況，令人滿意的是假定在塔的底部發生夾點 (pinch) 以計算 $L_{\min}$。

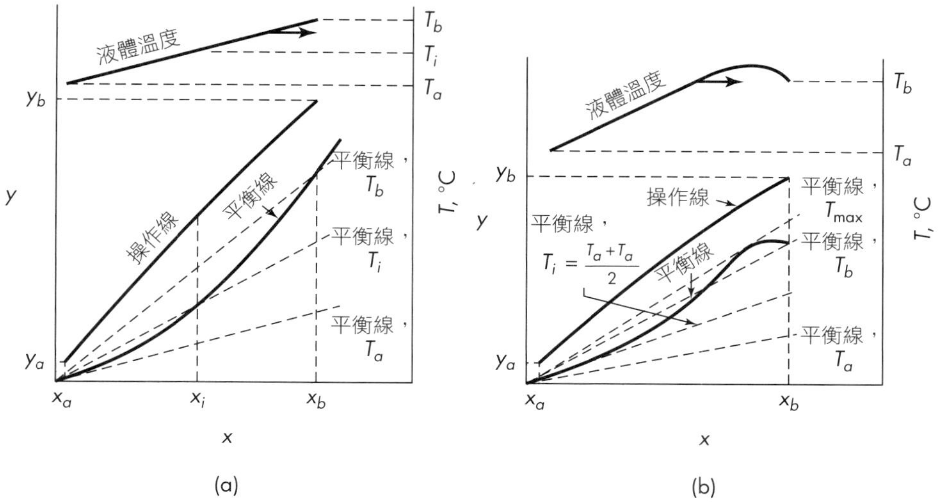

▲ 圖 18.15　絕熱吸收的溫度分布與平衡線：(a) 無溶劑蒸發；(b) 顯著的溶劑蒸發或冷氣體進料

例題 18.4

具有 6.0% NH_3 (乾基) 且流率為 4,500 SCFM (ft^3/min，在 0°C, 1 atm) 的氣流，用水吸收使 NH_3 濃度降低至 0.02%。吸收塔在大氣壓力下操作，而氣體與液體的入口溫度分別為 20 和 25°C。氣體在入口溫度下與水蒸氣呈飽和狀態，並且假設在 25°C 以飽和氣體離開，若液體流速為最小值的 1.25 倍，試求 N_{Oy} 的值。

解

以下溶解度數據來自 Perry 手冊。[15a]

x	$y_{20°C}$	$y_{30°C}$	$y_{40°C}$
0.0308	0.0239	0.0389	0.0592
0.0406	0.0328	0.0528	0.080
0.0503	0.0417	0.0671	0.1007
0.0735	0.0658	0.1049	0.1579

當 $NH_3 \rightarrow NH_3(aq)$,
$\Delta H = -8.31$ kcal/g mol

必須計算塔底的溫度以確定最小液體流率。

基量　進入的 100 g mol 乾燥氣體含 94 mol 的空氣和 6 mol 的 NH_3，出口氣體含 94 mol 的空氣。

因為 $y_a = 0.0002$，出口氣體中氨的莫耳數為

$$94\left(\frac{0.0002}{0.9998}\right) = 0.0188 \text{ mol NH}_3$$

被吸收的氨量為 $6 - 0.0188 = 5.98$ mol。

熱效應　吸收熱為 $5.98 \times 8{,}310 = 49{,}690$ cal，以 Q_a 表示，則

$$Q_a = Q_{sy} + Q_v + Q_{sx} \qquad (18.31)$$

其中　Q_{sy} = 氣體中的顯熱變化

Q_v = 蒸發熱

Q_{sx} = 液體中的顯熱變化

氣體中的顯熱變化為

$$Q_{\text{air}} = 94 \text{ mol} \times 7.0 \text{ cal/mol} \cdot {}^\circ\text{C} \times 5^\circ\text{C} = 3{,}290 \text{ cal}$$
$$Q_{\text{H}_2\text{O}} = 2.4 \times 8.0 \times 5 = 96 \text{ cal}$$
$$Q_{sy} = 3{,}290 + 96 = 3{,}390 \text{ cal}$$

水從液體中蒸發的量其求法如下。在 20°C，$p_{\text{H}_2\text{O}} = 17.5$ mm Hg；在 25°C，$p_{\text{H}_2\text{O}} =$ 23.7 mm Hg。入口氣體中的水含量為

$$100 \times \frac{17.5}{742.5} = 2.36 \text{ mol}$$

出口氣體中的水含量為

$$94.02 \times \frac{23.7}{736.3} = 3.03 \text{ mol}$$

因此蒸發的水量為 $3.03 - 2.36 = 0.67$ mol。因蒸發熱 $\Delta H_v = 583$ cal/g，

$$Q_v = 0.67 \times 583 \times 18.02 = 7{,}040 \text{ cal}$$

解出 (18.31) 式中的 Q_{sx}，則在液體中的顯熱變化為

$$Q_{sx} = 49{,}690 - 3{,}390 - 7{,}040 = 39{,}260 \text{ cal}$$

液體出口溫度 T_b 可由試誤法求得，假設溶液的 $C_p = 18$ cal/g mol · °C；由圖 18.16 的平衡溶解度線估計，猜測 $T_b = 40$°C 且 $x_{\max} = 0.031$。出口液體 L_b 的總莫耳數為

$$L_b = \frac{5.98}{0.031} = 192.9 \text{ mol}$$

因為 $T_a = 25°C$，

$$192.9 \times 18(T_b - 25) = 39{,}260$$
$$T_b = 36.3°C$$

重新估計，設 $T_b = 37°C$，$x_{max} = 0.033$，

$$L_b = \frac{5.98}{0.033} = 181 \text{ mol}$$
$$T_b - 25 = \frac{39{,}260}{181 \times 18} = 12.1$$
$$T_b = 37°C$$

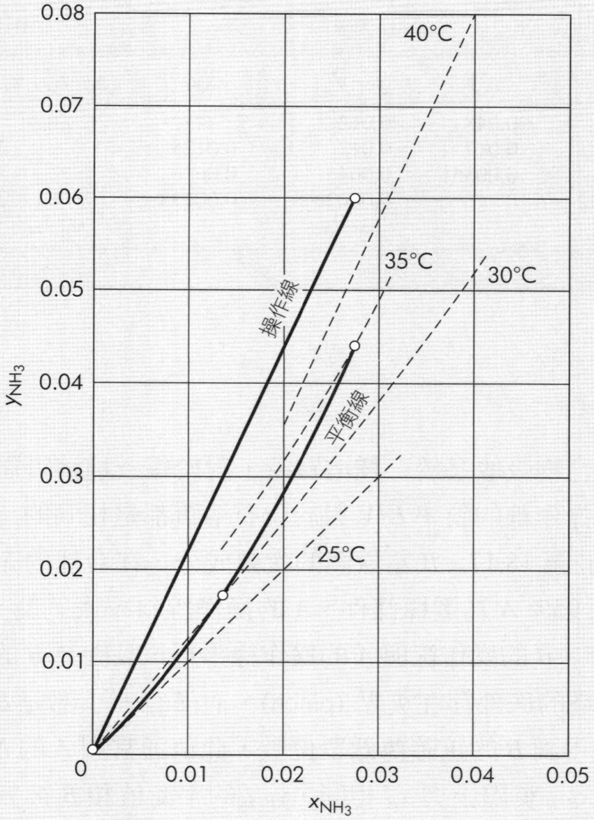

▲ 圖 18.16 用於例題 18.4 的 *y* - *x* 圖

由此結果可得最小液體流率；所需的最少水量為

$$L_{\min} = 181 - 6 = 175 \text{ mol } H_2O$$

因水的流率為最低流率的 1.25 倍，所以 $L_a = 1.25 \times 175 = 219$ mol，且 $L_b = 219 + 6 = 225$ mol。液體的溫度上升為

$$T_b - 25 = \frac{39,260}{225 \times 18} = 9.7°C$$

因此液體在 35°C 離開，其中 $x_b = 5.98/225 = 0.0266$ 且 $y^* \cong 0.044$。

為了化簡分析，假設溫度為 x 的線性函數，因此 $x = 0.0137$ 時 $T \cong 30°C$。利用 30°C 的數據，以內插法得到 25°C 的最初斜率以及 35°C 的 y^* 的最終值，平衡線繪於圖 18.16 中。忽略液體和氣體流率的輕微變化，將操作線繪為直線。因為平衡線是彎曲的，N_{Oy} 可用數值積分求得或將 (18.19) 式應用於充填塔段以求出 N_{Oy}，此處採用的方法是利用 (18.19) 式，亦即

y	$^*y$	$y - y^*$	$\overline{\Delta y_L}$	$\Delta y/\overline{\Delta y_L} = \Delta N_{Oy}$
0.06	0.048	0.012	—	—
0.03	0.017	0.013	0.0125	2.4
0.01	0.0055	0.0045	0.0080	2.5
0.0002	0	0.0002	0.00138	7.1
				$N_{Oy} = 12.0$

多成分吸收

當從氣體混合物吸收多於一種溶質時，對於每一種溶質需要個別的平衡線和操作線，但是操作線的斜率 L/V 對於所有溶質都是相同的。兩種溶質吸收的典型 y-x 圖顯示於圖 18.17。B 為氣體的次要成分，在合理的充填高度下，液體流率以能夠去除 95% A 為選擇條件。A 的操作線斜率大約為平衡線斜率的 1.5 倍，且 $N_{Oy} \cong 5.5$。B 的操作線與 A 的操作線平行，且因為 B 的平衡線具有大於 L/V 的斜率，在塔的底部存在夾點 (pinch)，而僅有一小部分 B 可被吸收。將 B 的操作線作圖以得到 B 的正確傳遞單位數，此值通常與 A 的 N_{Oy} 大約相同。然而，在此例中，$x_{B,b}$ 實際上與 x_B^* 相同，$y_{B,b}$ 的平衡值和 B 被去除的分率可以直接由質量均衡求得：

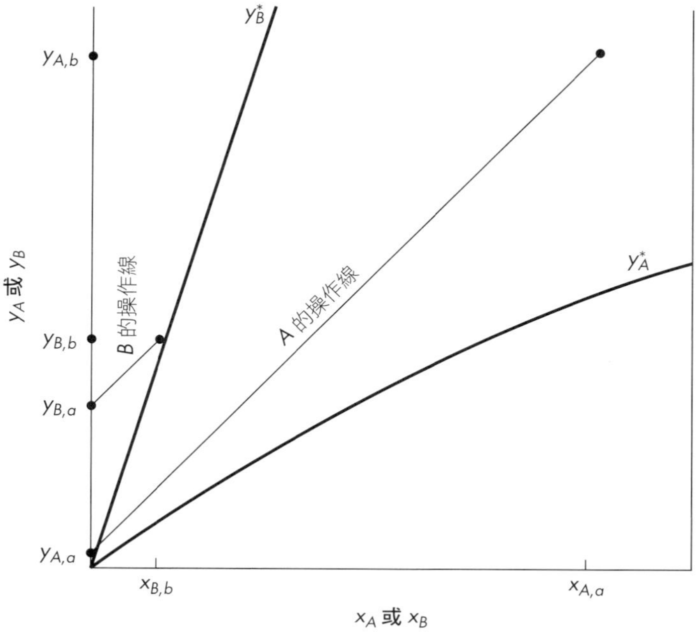

▲ 圖 18.17　多成分吸收的平衡線和操作線

$$V(y_{B,b} - y_{B,a}) = L(x^*_{B,b} - x_{B,a}) \tag{18.32}$$

如果需要幾乎完全吸收 B，則 B 的操作線必須比平衡線更陡。A 的操作線將比平衡線陡峭得多，並且氣體中 A 的濃度將降低到非常低的值。多成分吸收的實例是在重油中以吸收操作回收輕質碳氫化合物，由天然氣中去除 CO_2 和 H_2S 或在甲醇或鹼性溶液中吸收煤氣化後的產品，利用水洗滌以回收由部分氧化產生的有機產物。在一些情況下，此處所提出的稀薄溶液方法可能必須對莫耳流率的變化或一種溶質對其他氣體的平衡之影響進行修正，如天然汽油吸收塔的分析中所示。[20]

脫除或汽提

在許多情況下，從氣體混合物吸收的溶質，可從液體中予以脫除來回收更濃縮形式的溶質，並使吸收液再生。欲形成更有利於脫除的條件，可以提高溫度或降低總壓力，或者可以同時進行這兩種改變。如果吸收是在高壓下進行，則有時只要驟沸至大氣壓，即可回收大部分溶質。然而，為了幾乎完全除去溶質，通常需要幾個板數，並且在具有液體和氣體逆向流的塔中進行脫除或汽提 (desorption or stripping)。惰性氣體或水蒸氣可以用作汽提介質，但是如果使用水蒸氣，則溶質回收較容易，因為水蒸氣可以冷凝。

用蒸汽汽提的典型操作線和平衡線顯示於圖 18.18 中。在指定的 x_a 和 x_b，當操作線剛好與平衡線接觸時，此時即為蒸汽與液體的最小流率比。如果平衡線向上彎曲，如圖 18.18 所示，夾點 (pinch) 可能發生在操作線的中間，或可能發生在塔的頂部 (y_a, x_a)。為了簡單起見，雖因蒸汽和液體流率的變化通常使得操作線略為彎曲，但操作線仍以直線來表示。

在吸收和汽提的整個過程中，水蒸氣的成本通常是主要的費用，因此在程序設計時，盡可能使用少量的水蒸氣。汽提塔在接近最小蒸汽速率下操作，使得一些溶質留在汽提的溶液中，而不是試圖完全回收。當平衡線向上彎曲時，如圖 18.18 所示，且當 x_b 趨近於零時，最小水蒸氣流率變得更高。

可以使用與吸收操作相同的方程式，從傳遞單位數和傳遞單位高度計算汽提塔的高度。通常注意力集中在液相濃度，並且使用 N_{Ox} 和 H_{Ox}：

$$Z_T = H_{Ox}N_{Ox} = H_{Ox}\int \frac{dx}{x^* - x} \tag{18.33}$$

其中 H_{Ox} 為 (18.29) 式所定義。

在某些情況下，使用空氣汽提從水中除去少量氣體，例如除去氨或有機溶劑。如果不需要回收濃縮形式的溶質，因為使用更多的空氣所需的花費不會很多，所以使用的最佳空氣量可以遠大於最小量，並且塔高顯著降低。下面的例子顯示了在汽提操作中空氣流率的影響。

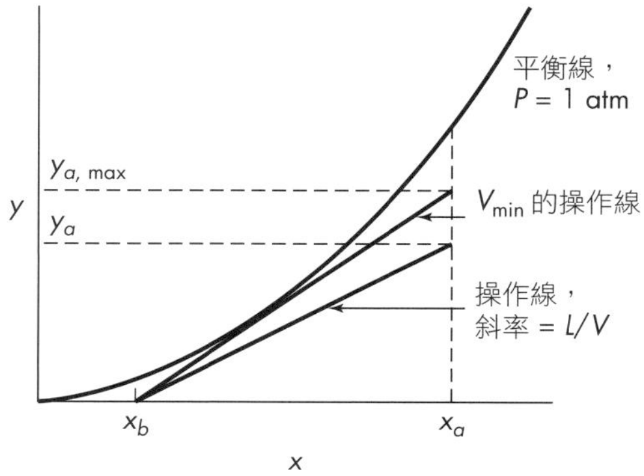

▲ 圖 18.18　汽提塔的操作線

例題 18.5

含有 6 ppm 三氯乙稀 (TCE) 的水，在 20°C 下，用空氣汽提來純化。產物中 TCE 的含量必須小於 4.5 ppb 以滿足排放標準。求最低空氣流率，以標準立方米空氣 / 立方米水表示，若空氣流率為最低值的 1.5 到 5 倍，求傳遞單位數。

解

20°C 時，水中 TCE 的亨利定律係數為 0.0075 $m^3 \cdot atm/mol$。這可以用莫耳分率為單位，轉換為如下的平衡線的斜率，因為 $P = 1$ atm 且 1 m^3 的液體重 10^6 g：

$$m = 0.0075\ \frac{\text{atm}\cdot\text{m}^3}{\text{mol}} \times \frac{1}{1\ \text{atm}} \times \frac{10^6}{18}\frac{\text{mol H}_2\text{O}}{\text{m}^3} = 417$$

由於 m 值很大，所以脫除為液相控制。在最低空氣流率下，出口氣體與進入的溶液平衡。TCE 的分子量為 131.4，且

$$x_a = \frac{6\times10^{-6}}{131.4}\frac{\text{mol TCE}}{\text{g H}_2\text{O}} \times \frac{18\ \text{g}}{\text{mol H}_2\text{O}} = 8.22\times10^{-7}$$

$$y_a = 417(8.22\times10^{-7}) = 3.43\times10^{-4}$$

每立方米的溶液進料，去除的 TCE 為

$$V_{\text{TCE}} = \frac{10^6(6\times10^{-6} - 4.5\times10^{-9})}{131.4} = 4.56\times10^{-2}\ \text{mol}$$

離開的氣體總量為

$$V = \frac{4.56\times10^{-2}}{3.43\times10^{-4}} = 132.9\ \text{mol}$$

因 1 g mol = 0.0224 std m^3，且因氣體流率變化很小，

$$F_{\min} = 132.9\times0.0224 = 2.98\ \text{std m}^3$$

標準狀況下，空氣的密度為 1.295 kg/m^3，因此以質量為基準的最低流率為

$$\left(\frac{G_y}{G_x}\right)_{\min} = \frac{2.98\times1.295}{1{,}000} = 3.86\times10^{-3}\ \text{kg air/kg water}$$

若空氣流率為最低流率的 1.5 倍，則

$$y_a = \frac{3.43 \times 10^{-4}}{1.5} = 2.29 \times 10^{-4}$$

$$x_a^* = \frac{2.29 \times 10^{-4}}{417} = 5.49 \times 10^{-7}$$

$$C_a^* = 5.49 \times 10^{-7} \times \frac{131.4}{18} = 4.01 \times 10^{-6}\ \text{g/g} = 4.01\ \text{ppm}$$

$$C_a - C_a^* = \Delta C_a = 6.0 - 4.01 = 1.99$$

於塔底，

$$C_b = 0.0045\ \text{ppm} \qquad C_b^* = 0 \qquad \Delta C_b = 0.0045\ \text{ppm}$$

$$\overline{(C - C^*)_L} = \frac{1.99 - 0.0045}{\ln(1.99/0.0045)} = 0.3259\ \text{ppm}$$

使用 ppm 濃度來計算 N_{Ox}，

$$N_{Ox} = \int \frac{dC}{C - C^*} = \frac{C_a - C_b}{\overline{(C - C^*)_L}}$$

$$= \frac{6 - 0.0045}{0.3259} = 18.4$$

對於最低流率的其它倍數的類似計算，可得下列之值。充填高度是基於估計值 $H_{Ox} = 3$ ft；此值稍微大於以 1 in. 塑膠 Pall 環所提出之值。

空氣流率	N_{Ox}	Z, ft
$1.5V_{min}$	18.4	55.2
$2V_{min}$	13.0	39
$3V_{min}$	10.2	30.6
$5V_{min}$	8.7	26.1

由 1.5 至 $2V_{min}$ 或由 2 到 $3V_{min}$，塔的高度顯著降低，並且水的泵送功的減少大於迫使空氣通過塔所需的額外能量。進一步增加 V，對 Z 不會有很大的改變，並且最佳空氣流率可能在 3 至 $5V_{min}$ 的範圍內。在 $V = 3V_{min}$ 的典型流率，可能是 $G_x = 10{,}000$ lb/ft$^2 \cdot$ h (49,000 kg/m$^2 \cdot$ h) 和 $G_y = 116$ lb/ft$^2 \cdot$ h (566 kg/m$^2 \cdot$ h)。

由富氣中吸收

當被吸收的溶質以中等濃度或高濃度存在於氣體中時，在設計計算中需要考慮幾個附加因素。在質量均衡時，必須考慮總氣體流率的減少和液體流率的增加，並且應包括單向擴散的修正因素。此外，由於流率的改變，所以質傳係數並非恆定，且塔中可能存在明顯的溫度梯度，它會改變平衡線。

在微量高度 dZ 處，吸收的溶質的量為 $d(Vy)$，因 V 與 y 隨著氣體流經塔而減小

$$dN_A = d(Vy) = V\,dy + y\,dV \tag{18.34}$$

若只有 A 傳遞，則 dN_A 與 dV 相同，因此 (18.34) 式變成

$$dN_A = V\,dy + y\,dN_A \tag{18.35}$$

或

$$dN_A = \frac{V\,dy}{1-y} \tag{18.36}$$

單向擴散在氣體薄膜中的影響是將氣體薄膜中的質傳速率增加因數 $1/\overline{(1-y)_L}$，如 (17.46) 式所示，因此有效總係數 $K_y'a$ 略大於 $K_y a$ 的正常值：

$$\frac{1}{K_y'a} = \frac{\overline{(1-y)_L}}{k_y a} + \frac{m}{k_x a} \tag{18.37}$$

在此處理中，忽略了液體膜中單向擴散的影響。基本質傳方程式為

$$dN_A = \frac{V\,dy}{1-y} = K_y'aS\,dZ\,(y-y^*) \tag{18.38}$$

塔高可由圖形積分求得，其中 V, $(1-y)$, $(y-y^*)$ 與 K'_ya 可以改變：

$$Z_T = \frac{1}{S}\int_a^b \frac{V\,dy}{(1-y)(y-y^*)(K_y'a)} \tag{18.39}$$

若程序是由流經氣體薄膜的質傳速率所控制，則可得一簡化的方程式。因為是氣體薄膜控制，所以將 (18.37) 式中僅適用於氣體薄膜的項 $\overline{(1-x)_L}$ 用於總係數。將 (18.39) 式中的係數 K'_ya 以$K_y a/\overline{(1-y)_L}$ 取代，可得

$$Z_T = \frac{1}{S}\int_a^b \frac{V\overline{(1-y)_L}\,dy}{K_y a(1-y)(y-y^*)} \tag{18.40}$$

因為 $k_y a$ 約隨 $V^{0.7}$ 變化，並且當氣體薄膜控制時，$K_y a$ 將顯示幾乎相同的變化，因此 $V/K_y a$ 幾乎沒有改變。此項可置於積分之外，並以平均流率進行計值，或者可以對塔的頂部和底部的值進行平均。$\overline{(1-y)_L}$ 為 $1-y$ 與 $1-y_i$ 的對數平均，通常其值僅略大於 $1-y$。因此假設 $\overline{(1-y)_L}$ 與 $1-y$ 相互抵消，而 (18.40) 式變成

$$Z_T = \overline{\left(\frac{V/S}{K_y a}\right)}\int_b^a \frac{dy}{y-y^*} \tag{18.41a}$$

$$Z_T = H_{Oy}N_{Oy} \tag{18.41b}$$

除了首項 H_{Oy} 是以塔的平均值計算而不是以常數計算外，上式與稀薄氣體的 (18.16) 式相同。注意，這裡使用 (18.12) 式的 $K_y a$，而不是 $K'_y a$，因為 $\overline{(1-y)_L}$ 項已包含在推導過程中。

若液體薄膜具有對質傳的控制阻力，則其設計計算仍可使用氣體薄膜係數的 (18.39) 式。若使用液體薄膜係數，且對液相中的單向擴散引入 $\overline{(1-x)_L}$ 因數，則可導出類似於 (18.41a) 式的方程式：

$$Z_T = \overline{\left(\frac{L/S}{K_x a}\right)}\int_b^a \frac{dx}{x^*-x} \tag{18.42}$$

或

$$Z_T = H_{Ox}N_{Ox} \tag{18.43}$$

當氣體薄膜和液體薄膜阻力在大小上相當時，則沒有簡單的方法來處理富氣 (rich gas) 的吸收。建議的方法是將設計以氣相為基準，並使用 (18.39) 式。選擇幾個 y_a 和 y_b 之間的 y 值，並且計算 V, $K'_y a$ 與 $y-y^*$ 的值。若要作為檢驗，可將由積分得到的 Z_T 值與基於 (18.41) 式的簡單公式求出的 Z_T 值進行比較，二者的差異應該不會很大。

例題 18.6

以 1 in. (25.4 mm) 環充填的塔，將其設計成用水洗滌氣體而從空氣中吸收二氧化硫。進入的氣體含 20% (體積分率) 的 SO_2，而離開的氣體含有不大於 0.5% (體積分率) 的 SO_2。進入的 H_2O 不含 SO_2。溫度為 80°F，總壓為 2 atm。若水的流率為最

低流率的兩倍，空氣流率 (以不含 SO_2 為基量) 為 200 $lb/ft^2 \cdot h$ (976 $kg/m^2 \cdot h$)，則所需的充填塔高度為何？

下列方程式可用於 [29] 以 1 in. 環為填料的充填塔，在 80°F 下，吸收 SO_2 的質傳係數：

$$k_L a = 0.038 G_x^{0.82}$$
$$k_g a = 0.028 G_y^{0.7} G_x^{0.25}$$

其中 $k_L a$ 的單位為 h^{-1}，$k_g a$ 的單位為 $mol/ft^3 \cdot h \cdot atm$，$G_x$ 與 G_y 的單位為 $lb/ft^2 \cdot h$。

SO_2 在水中的溶解度與壓力不完全成正比，因為形成的 H_2SO_3 部分解離為 H^+ 和 HSO_3^-，並且解離分率隨著濃度的增加而降低。亨利定律適用於未解離的 H_2SO_3，溶解的總 SO_2 是 H_2SO_3 和 HSO_3^- 的總和。(水中形成的 SO_3^{2-} 可忽略。) 在 80°F 下溶解的總 SO_2 的幾個點其數據如下：

p_{SO_2}, atm	0.04	0.08	0.12	0.16	0.20
C_{SO_2}, mol/ft^3	0.0044	0.0082	0.0117	0.0152	0.0186
x_{SO_2}, 莫耳分率	0.00127	0.00237	0.00338	0.00439	0.00538

解

首先將係數轉換為以莫耳分率為單位。在 80°F，水的 ρ_M 為 $62.2/18.02 = 3.45$ mol/ft^3，因此

$$k_x a = 0.038 G_x^{0.82} \times 3.45 = 0.131 G_x^{0.82} \ mol/ft^3 \cdot h$$

因係數是在大氣壓下量測，且 $k_y a = k_g a P$，所以 $k_g a$ 的值等於 $k_y a$。但是所量測的係數未對單向擴散進行修正，因此表示為 $k_y a / \overline{(1-y)_L}$。所發表的測試的 SO_2 濃度範圍為 3% 至 17%，$\overline{(1-y)_L}$ 的平均值約為 0.9。因此將所發表的關聯式乘以 0.9 可得

$$k_y a = 0.025 G_y^{0.7} G_x^{0.25}$$

下一步驟是畫出平衡曲線，因為壓力為 2 atm，所以 $y = p_{SO_2}/2$。曲線如圖 18.19 所示。直線部分的斜率為 20.1，而最初的斜率為 15.6。操作線的下端位於 $y = 0.005$，$x = 0$，並且在最低的液體流率時，操作線的上端將於 $y = 0.20$，$x = 10.36 \times 10^{-3}$ 處與平衡線接觸。於兩倍的最低液體流率，液體中水對 SO_2 的比將是兩倍，進料中含 SO_2 1 莫耳，則水的莫耳數為

$$2 \times \frac{0.98964}{0.01036} = 191.1$$

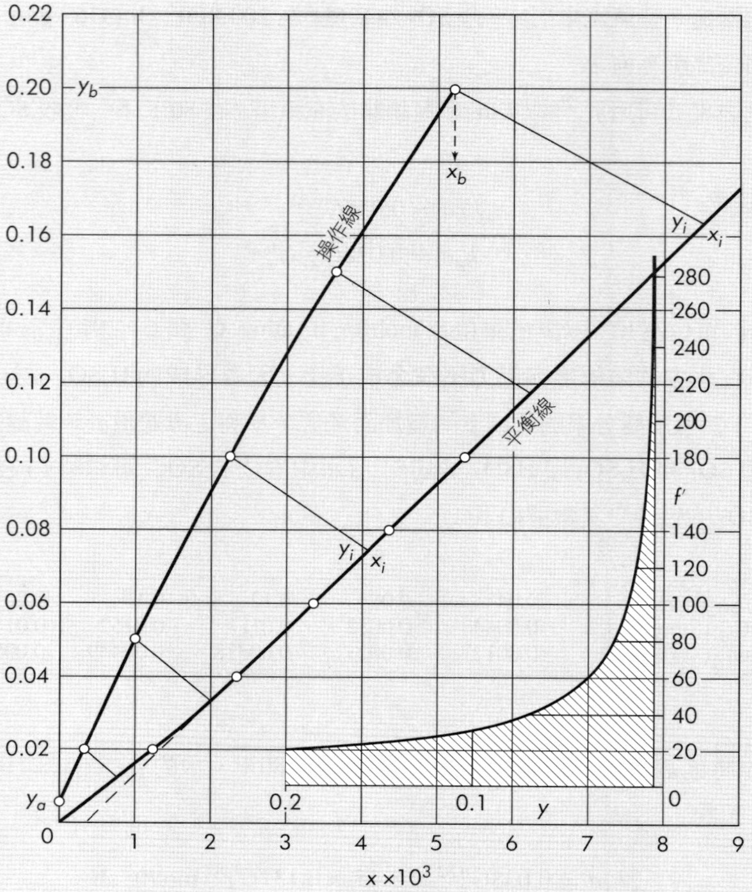

▲ 圖 18.19　例題 18.6 的圖形

且

$$x_b = \frac{1}{191.1 + 1} = 0.00521$$

進料氣體的莫耳質量速度 G_M 為

$$\frac{200}{29} \times \frac{1}{0.8} = 8.62 \text{ mol/ft}^2 \cdot \text{h}$$

SO_2 進料為

$$8.62 \times 0.2 = 1.724 \text{ mol/ft}^2 \cdot \text{h}$$

空氣進料為

$$8.62 \times 0.8 = 6.896 \text{ mol/ft}^2 \cdot \text{h}$$

出口氣體含有 0.5% SO_2；因此 SO_2 離開的量為

$$6.896 \times \frac{0.005}{0.995} = 0.035 \text{ mol/ft}^2 \cdot \text{h}$$

被吸收的 SO_2 則為 $1.724 - 0.035 = 1.689 \text{ mol/ft}^2 \cdot \text{h}$。$SO_2$ 有 98% 被吸收。進料水為

$$191.1 \times 1.689 = 322.8 \text{ mol/ft}^2 \cdot \text{h}$$

在操作線上的中間點，可用莫耳比以質量均衡求得。這導致

$$322.8\left(\frac{x}{1-x}\right) = 6.896\left(\frac{y}{1-y} - \frac{0.005}{0.995}\right)$$

將 y 的值代入上式，可得下列操作線上的座標點：

y	0.2	0.15	0.1	0.05	0.02	0.005
$x \times 10^3$	5.21	3.65	2.26	1.02	0.33	0

操作線繪於圖 18.19。此線稍微凹向 x 軸。

質傳係數與質量速度有關，質量速度不是常數。因液體流率的變化非常小，所以液體薄膜係數可基於平均流率來計算。SO_2 的分子量為 64.1，平均質量速度為

$$\overline{G_x} = 322.8 \times 18.02 + \frac{1.689 \times 64.1}{2}$$
$$= 5{,}871 \text{ lb/ft}^2 \cdot \text{h}$$

假設塔中液相質傳係數為常數，亦即

$$k_x a = 0.131 \times 5{,}871^{0.82} = 161 \text{ mol/ft}^3 \cdot \text{h}$$

計算塔的底部和頂部的氣體薄膜係數：

於塔底：

$$G_y = 6.9 \times 29 + 1.724 \times 64.1$$
$$= 310.6 \text{ lb/ft}^2 \cdot \text{h}$$
$$k_y a = 0.025 \times 310.6^{0.7} \times 5{,}871^{0.25}$$
$$= 12.15 \text{ mol/ft}^3 \cdot \text{h}$$

於塔頂：

$$G_y = 6.9 \times 29 + 0.035 \times 64.1$$
$$= 202.3 \text{ lb/ft}^2 \cdot \text{h}$$
$$k_y a = 0.025 \times 202.3^{0.7} \times 5{,}871^{0.25}$$
$$= 9.0 \text{ mol/ft}^3 \cdot \text{h}$$

氣體薄膜係數僅為液體薄膜係數的 6% 至 8%，但由平衡線的斜率使得兩個阻力的大小相當。由操作線上繪斜率為 $-k_x a\overline{(1-y)_L}/k_y a$ 的直線與平衡線的交點可得 y_i 的值。因此需要預先估計 $\overline{(1-y)_L}$，但線之間幾乎是平行，所以通常試誤法使用一次即可得準確的結果，如果假定 $\overline{(1-y)_L}$ 在塔底的值約為 0.82，

$$\frac{k_x a\overline{(1-y)_L}}{k_y a} = \frac{161 \times 0.82}{12.15} = 10.87$$

由點 (y_b, x_b) 繪出斜率為 -10.9 的直線，可得 $y_i = 0.164$，而 $1 - y_i = 0.836$。0.80 與 0.836 的對數平均為 0.818，與估算值非常接近。由 (18.37) 式，

$$\frac{1}{K'_y a} = \frac{0.818}{12.15} + \frac{20.1}{161} = 0.192$$

$$K'_y a = \frac{1}{0.192} = 5.21 \text{ mol/ft}^3 \cdot \text{h}$$

在總阻力中，液體所占的分率為 $(20.1/161)/0.192 = 0.65$，或 65%。

對於 y 的中間值可用類似的方法計算，結果列於表 18.2。V/S 的值可由 $V/S = 6.896/(1-y)$ 求出，而 $k_y a$ 可由質量速度來計算。注意，$V/S = G_M$。當 $y > 0.05$ 時，斜率 m 的值取 20.1；當 $y < 0.05$，$m = 15.6$。

塔高的求法如下，由 (18.39) 式，

$$dZ = \frac{(V/S)\,dy}{(1-y)(y-y^*)K'_y a} = f'\,dy$$

對於各種 y 值，可計算出 f' 的值，而將結果列於表 18.2。將 y 對 f' 作圖，以圖形積分求出總高度，如圖 18.19 的插圖所示，總高度 $Z_T = 8.9$ ft。

由於主要阻力在液體薄膜中，因此 (18.43) 式可用於粗略核對塔的高度。類似於 (18.37) 式的方程式為

▼ **表 18.2　例題 18.6 的積分**

y	$y - y^*$	y_i	$\overline{(1-y)_L}$	$K'_y a$	$\frac{V}{S}$	$f' = \frac{V/S}{(1-y)(y-y^*)K'_y a}$	ΔZ
0.20	0.103	0.164	0.818	5.21	8.62	20.1	
0.15	0.084	0.118	0.866	4.95	8.12	23.0	1.08
0.10	0.062	0.074	0.913	4.71	7.67	29.2	1.31
0.05	0.034	0.034	0.958	4.46	7.26	50.4	1.99
0.02	0.015	0.012	0.984	4.87	7.04	98.3	2.06
0.005	0.005	0.002	0.996	4.82	6.93	289.0	2.41
							$Z_T = 8.85$

$$\frac{1}{K'_x a} = \frac{1}{k_x a} + \frac{\overline{(1-y)_L}}{m k_y a}$$

因此

$$\frac{1}{K'_x a} = \frac{1}{161} + \frac{0.91}{20.1 \times 11} = 1.04 \times 10^{-2}$$

$$K'_x a = 96.2\ \text{mol/ft}^3 \cdot \text{h} \cdot \text{單位莫耳分率差}$$

由 (18.24) 式，

$$H_{Ox} = \frac{322.8}{96.2} = 3.36\ \text{ft}$$

忽略平衡線和操作線的曲率，

$$N_{Ox} = \frac{x_b - x_a}{\overline{(x^* - x)_L}}$$

$$= \frac{0.00522}{0.00174} = 3.0$$

由 (18.43) 式，

$$Z_T = 3.36 \times 3.0 = 10.1\ \text{ft}$$

質量傳遞關聯式

為了預測總質傳係數或傳遞單位的高度，對於氣相與液相需要個別的關聯式。這種關聯式通常基於系統中具有控制阻力的相的實驗數據，因為當兩相阻力大小相當時，則難以正確地分開兩阻力。可以由氧或二氧化碳從水中脫除的速率來決定液相阻力。這些氣體的低溶解度使得氣體薄膜可忽略，並且 H_{Ox} 的值基本上與 H_x 相同。

由脫除量測所得的 H_x 值比吸收測試更為準確，因為在典型的氣體和液體流率下，操作線的斜率遠小於平衡線的斜率。對於 20°C 水中的氧，每莫耳分率的平衡分壓為 4.01×10^4 atm，而 L/V 可以在 1 至 100 的範圍內。以純水從空氣中吸收氧，在充填塔的底部將形成夾點區 (pinch)，如圖 18.20 所示。需要非常精確的 x_b 和溫度 (以決定 x_b^*) 的量測來決定 $x_b - x_b^*$。為了將氧從飽和溶液中脫除到氮中，雖然濃度 x_b 小，但是 x_b^* 為零，所以 N_{Ox} 可用合理的精確度來確定。

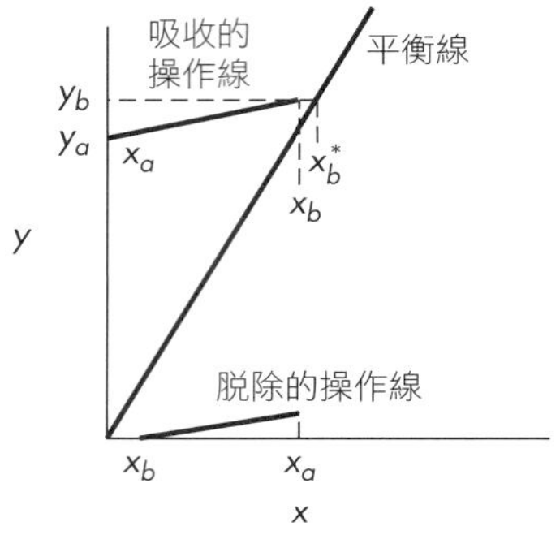

▲ 圖 18.20　微溶氣體的吸收或脫除之典型操作線

液體 - 薄膜係數

以陶瓷拉西環為填料的 O_2-H_2O 系統之 H_x 值 [19] 顯示於圖 18.21。液體質量速度在中間範圍，介於 500 至 10,000 lb/ft^2 · h 時，對 $\frac{1}{2}$ in. 的環而言，H_x 隨 $G_x^{0.4}$ 而增加，但對較大的環則隨 $G_x^{0.2}$ 而增加。因此對於 1 in.、1$\frac{1}{2}$ in. 及 2 in. 的環，k_La 隨 $G_x^{0.8}$ 而增加。k_La 的增加，大部分是由於表面積 a 的增加，其餘則來自 k_L 的增加。在高質量速度下，填料幾乎完全被潤濕，k_La 僅略隨 G_x 增加而增加，這使得 H_x 幾乎與 G_x 成正比。注意，就質傳而言，在中間流動的範圍，即使總面積

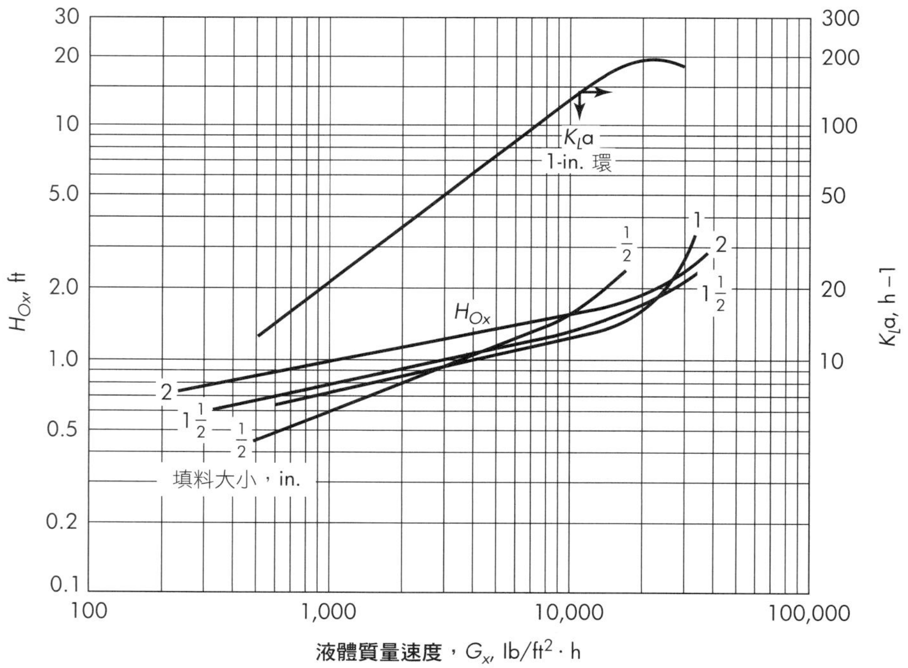

▲ 圖 18.21　以拉西環為填料，由 25°C 的水中脫除氧的傳遞單位高度 (注意：在此系統中 H_{Ox} ≅ H_x。)

與填料尺寸成反比，小填料只比大填料略好。較大的填料有較高的容量 (較高的溢流速度)，因此通常優先選用於商業操作。

圖 18.21 的數據是在 100 至 230 lb/ft^2 · h 的氣體流率下取得的，在該範圍內沒有 G_y 的影響。對於在負載和溢流之間的氣體流速，由於液體的滯留量增加，因此 H_x 略低。然而，若塔的設計是在一半的溢流速度下操作，則 G_y 對 H_x 的影響可以忽略。

對於其它系統的液體薄膜阻力，可以用修正擴散率和黏度的差異，而由 O_2-H_2O 的數據預測 (例如，在 25°C 時，氧在水中的 D_v 值為 2.41×10^{-5} cm^2/s 而 Sc 為 381)：

$$H_x = \frac{1}{\alpha}\left(\frac{G_x}{\mu}\right)^n \left(\frac{\mu}{\rho D_v}\right)^{0.5} \tag{18.44}$$

其中 α 與 n 為實驗常數，文獻中列出了一些舊式填料的實驗常數。在史密特數 (Schmidt number) 上的指數 0.5 與滲透理論一致，這將被預期應用於流經填料上短距離的液體。指數 n 隨填料的大小和類型而變，但 0.3 可以用作典型值。對於除水以外的液體，應謹慎使用 (18.44) 式，因為密度、表面張力和黏度是不確定的。

當蒸汽在高分子量的溶劑中被吸收時，液體的莫耳流率將遠小於使用相同質量速度的水。然而，基於莫耳分率驅動力的係數 $k_x a$，亦隨液體的平均分子量成反比，因此分子量 M 對 H_x 並無影響。

$$k_x a = k_L a \frac{\rho_x}{\overline{M}} \tag{18.45}$$

$$H_x = \frac{G_x/\overline{M}}{k_x a} = \frac{G_x/\rho_x}{k_L a} \tag{18.46}$$

係數 $k_L a$ 主要與體積流率、擴散係數以及黏度有關，而與分子量無關，因此在這方面 $k_L a$ 或 H_x 的一般相關性比 $k_x a$ 的一般相關性更簡單。

氣體薄膜係數

利用水吸收氨來得到 $k_g a$ 或 H_y 的數據，因為液體薄膜阻力僅約為總阻力的 10%，因此易於使用此數據。對於 $1\frac{1}{2}$ in. 拉西環，H_{Oy} 與 H_y 的修正值數據顯示於圖 18.22。當質量速度高達 600 lb/ft^2 · h 時，H_y 約隨 G_y 的 0.3 至 0.4 次方而變，

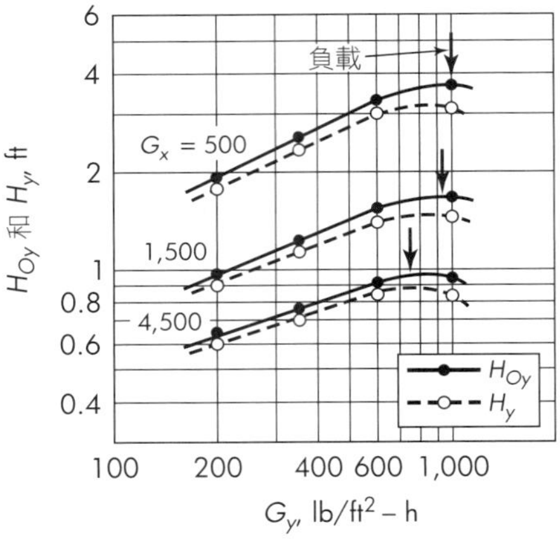

▲ 圖 18.22 以 $1\frac{1}{2}$ in. 陶瓷拉西環為填料，用水吸收氨的傳遞單位高度

這表示 $k_g a$ 隨 $G_y^{0.6-0.7}$ 增加，此與質量傳遞至充填床中的粒子的數據具有一致性。因為界面面積增加，所以在負載區，H_y 曲線的斜率減小，H_y 的值隨液體流率的 –0.7 至 –0.4 次方而變，反映出液體流率對界面面積有很大影響。

對於以水吸收其它氣體時，下列方程式被推薦用來估算 H_y。[20] 對於氨 - 空氣 - 水的系統，在 25°C 的史密特數 (Schmidt number) 為 0.66：

$$H_y = H_{y,\mathrm{NH_3}}\left(\frac{\mathrm{Sc}}{0.66}\right)^{1/2} \tag{18.47}$$

很少數據支持擴散係數或史密特數的指數為 $\frac{1}{2}$，並且基於邊界層理論和充填床的數據，建議指數應為 $\frac{2}{3}$。然而，氣體的史密特數沒有很大差異，因此修正項通常較小，如果使用除水以外的液體作為溶劑，則液體性質對 H_y 的影響的不確定性更大。

為了將純液體蒸發成氣流，在液相中無質量傳遞阻力，所以蒸發試驗似乎是形成氣體、薄膜阻力相關性的良好方法。然而，用水和其它液體作試驗，在相同質量速度下，所得 H_y 值約為氨的一半。該差異歸因於幾乎停滯的液體的蒸發袋，其穩定地促進蒸發，但在氣體吸收試驗中很快飽和。[22] 滯留袋對應於**靜態滯留** (static holdup)，當流動阻塞後，液體長時間保留在塔中。剩餘的液體構成**動態滯留** (dynamic holdup)，其隨著液體流率的增加而增加。對於已經開發了用於靜態和動態滯留和對應的界面面積的相關性 [21]，並且可以用於蒸發和氣體吸收結果之間建立關聯性。

其它填料的性能

已經開發了幾種填料，這些填料具有比拉西環和貝爾鞍高的容量和更好的質傳特性，但是關於氣體和液體阻力的綜合數據則未能加以利用。有許多這些填料已用來做 NaOH 溶液吸收 CO_2 的測試，此為液體薄膜具有控制阻力的系統，但是氣體薄膜阻力不可忽略。$K_g a$ 值是用水吸收 CO_2 的正常值的 20 至 40 倍，因為 CO_2 和 NaOH 之間的化學反應發生在非常接近界面處，使得 CO_2 的濃度梯度更陡。

雖然 CO_2-NaOH 系統的 $K_g a$ 值，無法直接用來預測其它系統的性能，但可用於填料之間的比較，以 Intalox 鞍和 Pall 環為填料，其各種大小的數據顯示於圖 18.23，圖中亦顯示使用拉西環的一些結果。對已知填料的 $K_g a$ 與 $1\frac{1}{2}$ in. 拉西環的 $K_g a$ 之比值，可當做性能 f_p 的量度且列於表 18.1 中，而此比值是在 $G_x = 1{,}000\ \text{lb/ft}^2 \cdot \text{h}$ 與 $G_y = 500\ \text{lb/ft}^2 \cdot \text{h}$ 下計算的。f_p 的值為總界面面積的相對量度，因為 NaOH 溶液吸收 CO_2 為發生在靜態和動態滯留區的不可逆反應。具有相對高的總界面面積的填料可能具有大的動態滯留，以及用於正常物理吸收的大面

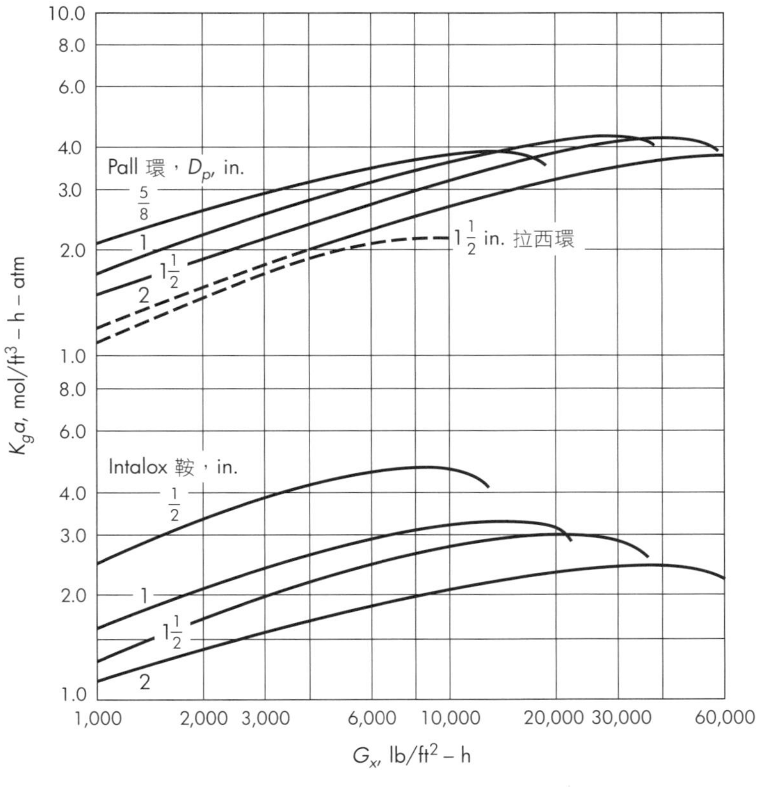

▲ 圖 18.23 以金屬 Pall 環或陶瓷 Intalox 鞍為填料，用 4% NaOH 溶液吸收 CO_2 的質傳係數 ($G_y = 500\ \text{lb/ft}^2 \cdot \text{h}$)

積。對於用於物理吸收的新填料的性能的粗略估算，f_p 的值可以應用於 H_{Oy} 或填料為 1.5 in. 拉西環的總係數之計算。總係數將基於 NH_3 和 O_2 的數據，並且以擴散係數、黏度和流率的變化進行修正。

大塔有時具有比使用相同填料的小塔更高的 H_{Oy} 的表面值，並且已經提出了對於塔直徑和塔高的影響的各種經驗相關性。[15c] 這些影響可能是由不均勻的液體分布引起的，這傾向於使氣體流動不均勻，並導致操作線的局部值遠離平均值相當遠。當操作線僅略比平衡線陡時，並且當需要大量傳遞單位數時，則液體分布不均最為嚴重。對於這些情況，提供非常好的液體分布是特別重要的，並且對於高塔，如前所述，建議在每 5 至 10 m 充填段間安裝設備使液體重新分布。

例題 18.7

來自反應器的氣體，有 3% 環氧乙烷 (EO) 和 10% 的 CO_2，其餘大部分是氮氣，而 98% 的 EO 是以水沖洗加以回收。吸收塔在 20 atm 下操作，使用的水，溫度為 30°C，且含有 0.04 mol% 的 EO，而進入的氣體溫度為 30°C，氣體中含水量達飽和。若每莫耳的乾燥氣體使用 1.4 mol 的水，則需要多少傳遞單位？若用 $1\frac{1}{2}$ in. Pall 環且總氣體進料速率為 10,000 mol/h，試估算塔徑和塔高。

解

30° 和 40°C 的平衡數據 [6] 顯示於圖 18.24。由類似於例題 18.4 的熱平衡，估算出液體的溫度上升為 12.5°C，這使得塔的平衡線向上彎曲，而操作線的終點可由質量均衡來決定。

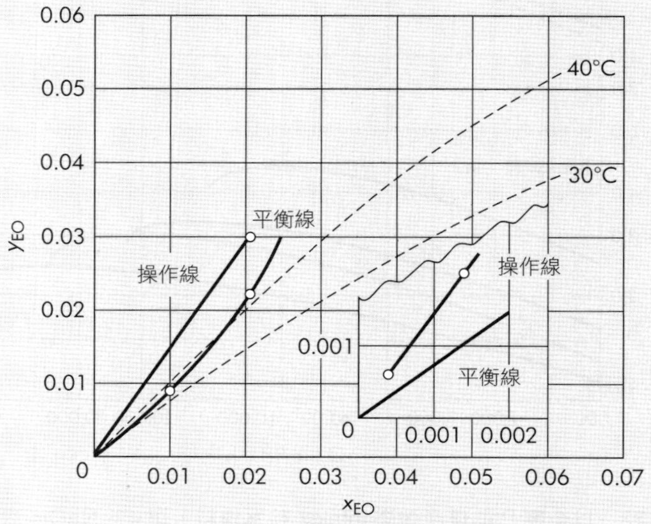

▲ 圖 18.24　例題 18.7 的 $y-x$ 圖

基量：100 mol 乾燥氣體輸入；140 mol 的溶液輸入。

輸入	輸出
87 N_2	87 N_2
10 CO_2	10 CO_2
3 EO	0.06 EO ($=3 \times 0.02$)
100	97.06

假設不計 CO_2 的吸收以及不計 H_2O 對氣體組成的影響。

在塔頂： $x = 0.0004 \qquad y = \dfrac{0.06}{97.06} = 0.00062$

吸收 EO 的莫耳數： $3 \times 0.98 = 2.94$

水中 EO 的莫耳數： $140 \times 0.0004 = 0.056$

在塔底： $x = \dfrac{2.94 + 0.056}{140 + 2.94} = 0.0210$

$$y = 0.030$$

$$N_{Oy} = \int \frac{dy}{y - y^*} = \sum \frac{\Delta y}{(y - y^*)_L}$$

y	$y - y^*$	ΔN_{Oy}
0.03	0.008	—
0.015	0.006	2.14
0.005	0.0024	2.55
0.0006	0.0003	4.36
		$N_{Oy} =$ 9.05 = 9.0 傳遞單位

塔的直徑：欲求塔的直徑，可使用圖 18.6 的廣義壓力降關聯式。基於入口氣體，

$$\bar{M} = 0.87(28) + 0.1(44) + 0.03(44) = 30.1$$

在 40°C， $\rho_y = \dfrac{30.1}{359} \times 20 \times \dfrac{273}{313} = 1.46 \text{ lb/ft}^3 \ (0.0234 \text{ g/cm}^3)$

$$\frac{G_x}{G_y}\sqrt{\frac{\rho_y}{\rho_x - \rho_y}} = \frac{1.4 \times 18}{1 \times 30.1}\sqrt{\frac{1.46}{62.2 - 1.46}} = 0.130$$

由圖 18.6，假設 $\Delta P = 0.5$ in. H_2O/ft，

$$\frac{G_y^2 F_p \mu_x^{0.1}}{\rho_y(\rho_x - \rho_y)g_c} = 0.045$$

由表 18.1，$F_p = 40$。在 40°C，$\mu = 0.656$ cP。因此，

$$G_y^2 = \frac{0.045(1.46)(62.2 - 1.46)(32.2)}{40(0.656)^{0.1}} = 3.35$$

$$G_y = 1.83 \text{ lb/ft}^2 \cdot \text{s} = 6{,}590 \text{ lb/ft}^2 \cdot \text{h}$$

$$G_x = \frac{1.4 \times 18}{1 \times 30.1} \times 6{,}590 = 5{,}520 \text{ lb/ft}^2 \cdot \text{h}$$

進料速率為 10,000 mol/h × 30.1 = 3.01 × 10^5 lb/h，

$$S = \frac{3.01 \times 10^5}{6{,}590} = 45.7 \text{ ft}^2 \qquad D = 7.6 \text{ ft}$$

需使用直徑為 8.0 ft 的塔。

塔高：以 $1\frac{1}{2}$ in. 拉西環為填料，由氨 - 水及氧 - 水的數據求 H_y 和 H_x。由圖 18.22，在 $G_y = 500$ 且 $G_x = 1{,}500$，

$$H_{y,\text{NH}_3} = 1.4 \text{ ft}$$

假設氣體黏度為 N_2 在 40°C 和 1 atm 下的值，亦即 0.0181 cP (附錄 8)。在 40°C 及 20 atm 下，EO 在氣體中的擴散係數可由 (17.28) 式計算而得，

$$D_v = 7.0 \times 10^{-3} \text{ cm}^2/\text{s}$$

$$\text{Sc} = \frac{\mu}{\rho D_v} = \frac{1.81 \times 10^{-4}}{(7.0 \times 10^{-3})(2.34 \times 10^{-2})} = 1.10$$

由表 18.1，對於 1.5 in. 的 Pall 環，$f_p = 1.36$，故 H_y 以這個因數降低。若假設 H_y 隨 $G_y^{0.3}$ 和 $G_x^{-0.4}$ 而變，則

$$H_{y,\text{EO}} = 1.4\left(\frac{1.10}{0.66}\right)^{1/2} \frac{1}{1.36}\left(\frac{6{,}590}{500}\right)^{0.3}\left(\frac{1{,}500}{5{,}520}\right)^{0.4} = 1.71 \text{ ft}$$

由圖 18.21，當 $G_x = 1{,}500$ 時，$H_{x,\text{O}_2} = 0.9$ ft。利用 (17.32) 式可求出 40°C 水中 EO 的擴散係數 $D_v = 2.15 \times 10^{-5}$，

$$\text{Sc} = \frac{0.00656}{1.0 \times 2.15 \times 10^{-5}} = 305$$

對於在 25°C 的水中的 O_2，使用 (18.44) 式與修正因數 f_p 及 Sc = 381，

$$H_{x,\text{EO}} = 0.9\left(\frac{5{,}520/0.656}{1{,}500/0.894}\right)^{0.3}\left(\frac{305}{381}\right)^{0.5} \frac{1}{1.36} = 0.96 \text{ ft}$$

由圖 18.24，得知 m 的平均值約為 1.0，而由 (18.28) 式可得，

$$H_{Oy} = H_y + \frac{mG_M}{L_M} H_x = 1.71 + \frac{1.0 \times 0.96}{1.4} = 2.40 \text{ ft}$$

對於 9 個傳遞單位，則需要高度為 22 ft 的吸收塔。我們可用高度為 24 ft 的吸收塔，將塔分為兩個 12 ft 段，其中含有液體再分布裝置。

平板塔的吸收

氣體吸收可以在配備有篩板或其它類型的平板的塔中進行，而此類平板通常用於蒸餾。有時選擇具有篩板的塔來替代充填塔，以避免大直徑塔中的液體分配問題，並且降低規模放大 (scaleup) 中的不確定性。確定理論板數量和估算平均板效率的方法將在第 21 章討論。

有化學反應的吸收

在液相中有化學反應的吸收常用於將氣體混合物中的溶質更完全地去除。例如，稀酸溶液可用於沖洗氣流中的 NH_3，並且鹼性溶液可用於除去 CO_2 和其它酸性氣體。液相中的反應，可降低溶質對溶液的平衡分壓，這大大增加了質傳的驅動力。如果在吸收條件下反應是不可逆，則溶質的平衡分壓為零，並且可以僅從氣體組成的變化來計算 N_{Oy}。對於 $y^* = 0$，

$$N_{Oy} = \int_a^b \frac{dy}{y} = \ln \frac{y_b}{y_a} \tag{18.48}$$

為了說明化學反應對吸收的影響，考慮以稀薄溶液 HCl 吸收 NH_3，其中氣體濃度降低 300 倍 (6 至 0.02%)。由 (18.48) 式可知，$N_{Oy} = \ln 300 = 5.7$，此值可與例題 18.4 中所得到的 $N_{Oy} = 12$ 相比，在該例題中，使用水來吸收且濃度變化相同。

有化學反應的吸收其另一個優點是質傳係數的增加。這種增加有些是來自更大的有效界面面積，因為吸收可以發生在幾乎停滯的區域 (靜態滯留) 以及動態液體滯留。以 H_2SO_4 來吸收 NH_3，其 K_ga 為用水吸收所得值的 1.5 至 2 倍。[22] 由於氣體薄膜阻力為控制阻力，因此這種效果主要是由於有效面積的增加。以酸液吸收 NH_3 的 K_ga 值與用於水蒸發的值大致相同，其中所有的界面面積也預期是有效的。K_ga_{vap}/K_ga_{abs} 與 K_ga_{react}/K_ga_{abs} 的值隨著液體流率的增加而減小，且當總滯留量遠大於靜態滯留量時，其值接近於 1。

$K_g a_{\text{react}}/K_g a_{\text{abs}}$ 亦與反應物的濃度有關，並且當進入塔內的溶液中僅含稍微過量的反應物時，此值更小。對於拉西環和貝爾鞍有關液體滯留量和有效面積的數據已有發表，[21] 但是尚未得到較新填料的類似結果。

當液體薄膜為主導時，如以水溶液吸收 CO_2 或 H_2S 時，液體中的快速化學反應可導致質傳係數大量增加。對於 CO_2-H_2O-NaOH 的系統，由圖 18.23 可知係數 $K_g a$ 的範圍在 1 至 4 mol/ft^3 ·atm·h，用水吸收 CO_2 所得的 $K_g a$ 值在 0.05 至 0.2 mol/ft^3 ·atm·h 範圍。快速反應消耗了非常接近氣 - 液界面的大部分 CO_2。這使得 CO_2 的濃度梯度更陡，並且增強了液體中的質傳。k_L 的表面值與物理吸收的表面值的比定義為增強因數 (enhancement factor)，其範圍為 1.0 至 1,000 或更大。在其他文獻中 [2, 8, 20] 提供了從動力學和質傳數據預測 ϕ 的方法，當 ϕ 的值非常大時，氣體薄膜可以變為控制阻力。

雖然以 NaOH 溶液吸收 CO_2 產生高質傳速率，但是試劑成本和問題的處理使得該方法對於在規模放大的使用上並不實際，而是，使用胺或碳酸鉀的水溶液除去 CO_2，其中化學反應是可逆的。胺溶液中的吸收可以在 20 至 50°C 下進行，並且廢溶液在 100 至 130°C 下用蒸汽再生。[10] 完全再生是不必要的，因為 CO_2 的平衡壓力非常低，直到約 20% 的胺已經反應。圖 18.25 顯示最近研究的一種情況，來自於以單乙醇胺 (monoethanolamine) 溶液吸收 CO_2 的平衡線和操作線。[5]Aspen Plus 的 Rate Frac 模組與熱力學和動力學數據結合以模擬充填吸收塔和汽提器，並幫助確定最佳操作條件。只有 85% 的去除率顯示於圖 18.25，但是在較高塔的情況下，可以用相同的 L/G 比獲得超過 95% 的去除率。

當吸收伴隨非常緩慢的反應時，$K_g a$ 的表面值可能低於單獨吸收。一個例子是用水吸收 Cl_2，隨後溶解的氯產生水解，緩慢的水解反應基本上控制總吸收速率。

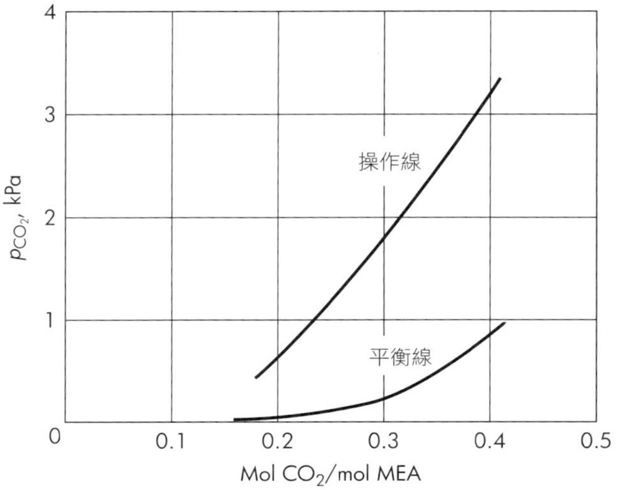

▲ 圖 18.25　以單乙醇胺 (MEA) 溶液吸收 CO_2 (摘自 *Freguia and Rochelle.*[5])

同向流操作

當化學反應本質上是不可逆並且溶質的平衡分壓為零時，對於已知的分離系統，無論液體和氣體採用逆向流 (countercurrent flow) 或同向流 (cocurrent flow)，其傳遞單位數相等。圖 18.26 顯示兩種情況的典型操作線，在該圖中，x 是被吸收和反應的總溶質，而不是以原始形式存在的溶質的量。對於由塔頂進料的同向流操作，離開塔底的氣體暴露於富液 (rich liquid) 中，此液體已經吸收了大量溶質，但是如果 $y^* = 0$，則驅動力即為 y，且由 (18.48) 式計算 N_{Oy}，如同逆向流一樣。

同向流操作的優點是沒有溢流的限制，並且可以使用比正常大得多的氣體流率。這減少了所需的塔直徑，並且使液體和氣體的質量速度增加而得高質傳係數。可以使用高達 50,000 至 100,000 lb/ft$^2 \cdot$ h (70 至 140 kg/m$^2 \cdot$ s) 的液體流率，可將相同系統的逆向流數據外插到更高的質量速度來近似估計 $K_g a$ 或 H_{Oy} 的值。

槽內的吸收

伴隨有化學反應的氣體吸收之程序，通常在氣泡分散於液相中的槽中進行。液體以攪拌器或以氣泡本身混合，並且也存在氣體明顯的反混合 (backmixing)。這傾向於降低轉化率。然而，當未反應的氣體可以再循環或幾乎無成本 (例如空氣) 時，則不需要高的氣體轉化率。一個重要的例子是使用空氣將廢水或污水污泥中的有機物質氧化。

一種通風的方法是使用放置在槽底部附近的噴霧器或擴散器。具有多孔的管道歧管 (pipe manifold) 稱為粗擴散器，可產生 1 至 5 mm 氣泡。多孔陶瓷或聚合物管製造較細的氣泡，但聚結 (coalescence) 可增加氣泡尺寸。大型槽可能含

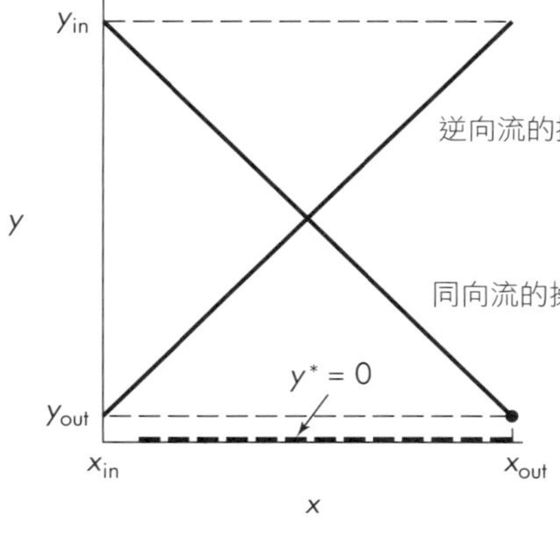

▲ 圖 18.26　在不可逆化學反應的吸收中，逆向流與同向流的操作線

有 100 多個擴散器，每個擴散器散布 5 至 20 SCFM 的空氣，並將大部分氣體排放到大氣中。其它用於氣體分散的裝置包括靠近槽底部的渦輪機，其下方具有噴霧器，以及安裝在表面附近以夾帶 (entrain) 來自蒸汽空間的氣體或將液體噴射到空氣中的軸流式葉輪。[23]

在曝氣設備中，由於低的氧溶解度，質傳速率由液體薄膜阻力控制。在具有粗擴散器的 15 ft 深的槽中，僅吸收空氣中的 5% 至 10% 的氧。[17] 使用微氣泡擴散器 10 至 25% 的氧氣利用是有可能的。[12] 然而，即使具有細小氣泡，K_La 值僅為 5 至 20 h^{-1}，遠小於典型充填塔的 K_La 值 (見圖 18.21)。由於許多類型的曝氣器，對於 K_La 沒有一般相關性，並且單元通常基於供應商提供的性能數據來設計或選擇。在標準狀況下，給予氧氣流率或氧氣利用百分比；它針對液體深度、氣體流率、溫度、溶解氧的程度和溶液性質的差異進行修正。[12]

高純度的氧在廢水處理和其它液相氧化中愈來愈多地被利用。在相同的總壓力下，氧氣溶解度比空氣大 5 倍，並且隨著氧氣被消耗，氧氣的莫耳分率幾乎恆定，這與空氣的情況不同。此外，隨著氧氣泡收縮，氧氣泡上升得更慢，增加了氣體的滯留時間。表面安裝的葉輪從蒸汽空間抽吸氣體並產生高達 90% 氧利用率的細小氣泡。[1] 與使用空氣的系統相比，排放氣體的流量減少約 100 倍，並且幾乎消除了揮發性有機化合物的釋放。

符號

- a ：每單位充填體積的界面面積，m^2/m^3 或 ft^2/ft^3；a_{abs}，在吸收操作；a_{react}，在化學反應；a_{vap}，在蒸發操作
- C ：在液相中的質量濃度，g/g, kg mol/m^3, ppm 或 lb mol/ft^3；C_a，在液體入口處；C_b，在液體出口處；C^*，與組成為 y 的氣體達成平衡的液相濃度；C_a^*，在液體入口處；C_b^*，在液體出口處
- C_p ：莫耳熱容量，cal/g mol · °C
- C_s ：容量因數，$u_0\sqrt{\rho_y/(\rho_x-\rho_y)}$
- D ：塔直徑，m 或 ft
- D_p ：充填單位的直徑，mm 或 in.
- D_v ：擴散係數，m^2/s, cm^2/s 或 ft^2/h；D_{vx}，在液體中；D_{vy}，在氣體中
- F ：進入塔內的氣體體積，m^3；F_{min}，最小值
- F_p ：壓力降的填料因數
- f_p ：相對質傳係數 (表 18.1)
- f' ：在例題 18.6 中的因數 $(V/S)/(1-y)(y-y^*)(K'_ya)$

G ：基於總塔截面的質量速度，kg/m^2 · h 或 lb/ft^2 · h；G_x，液體股流的質量速度；$\bar{G}_x$，平均值；G_y，氣體股流的質量速度

G_M ：莫耳質量速度，kg mol/m^2 · h 或 lb mol/ft^2 · h

g_c ：牛頓定律比例因數，32.174 ft · lb/lb$_f$ · s^2

H ：傳遞單位的高度，m 或 ft；H_G, H_y 的另一形式；H_L, H_x 的另一形式；H_{Ox}，基於液相的總值；H_{Oy}，基於氣相的總值；H_x，基於液相的個別值；H_y，基於氣相的個別值

Ka ：總體積質傳係數，kg mol/m^3 · h · 單位莫耳分率或 lb mol/ft^3 · h · 單位莫耳分率；K_xa，基於液相；K_ya，基於氣相；K'_xa，K'_ya，分別為液相與氣相中含有單向擴散因素的係數

K_La ：液相的總容積質傳係數，基於濃度差，h^{-1}

K_ga ：氣相的總容積質傳係數，基於分壓驅動力，kg mol/m^3 · h · atm 或 lb mol/ft^3 · h · atm

k_L ：液相的個別質傳係數，基於濃度差，m/h 或 ft/h

k_a ：個別體積質傳係數，kg mol/m^3 · h · 單位莫耳率或 lb mol/ft^3 · h · 單位莫耳分率；k_xa，用於液相；k_ya，用於氣相

k_La ：液相的個別體積質傳係數，基於濃度差，h^{-1}

k_ga ：氣相的個別體積質傳係數，基於分壓驅動力，kg mol/m^3 · h · atm 或 lb mol/ft^3 · h · atm

L ：液體的莫耳流率，mol/h；L_a，在液體入口處；L_b，在液體出口處；L_{min}，最小值

L_M ：液體的莫耳質量速度，kg mol/m^2 · h 或 lb mol/ft^2 · h

M ：分子量；$\bar{M}$，平均值

m ：平衡線的斜率

N ：傳遞單位數；N_G，N_y 的另一形式；N_L，N_x 的另一形式；N_{Ox}，液相的總值；N_{Oy}，氣相的總值；N_x，液相的個別值；N_y，氣相的個別值

N_A ：成分 A 的質傳通量，kg mol/m^2 · s 或 lb mol/ft^2 · h

N_H ：熱傳遞單位數

NTP ：理論板數

NTU ：傳遞單位數

n ：(18.44) 式中的指數

P ：總壓，atm；P'_A，成分 A 的蒸汽壓

p_A ：成分 A 的分壓

Q ：熱量，cal；Q_a，吸收熱；Q_{sx}, Q_{sy}，分別為液相與氣相中的顯熱變化；Q_v，蒸發熱

r ：每單位體積的吸收率，kg mol/m^3 · h 或 lb mol/ft^3 · h

S ：塔的截面積，m^2 或 ft^2

Sc ：Schmidt 數，$\mu/\rho D_v$

T ：溫度，°C 或 °F；T_a，在液體入口處的溫度；T_b，在液體出口處的溫度；T_i，中間點的溫度；$T_{\max}$，最高溫度

u_0 ：表面氣體速度，基於空塔，m/s 或 ft/s；$u_{0,f}$，在溢流點處

V ：氣體的莫耳流率，mol/h；V_a，在出口處；V_b，在入口處；$V_{\min}$，最小值

X ：莫耳比，每莫耳不含溶質的液體中所含溶質的莫耳數

x ：溶質 (成分 A) 在液體中的莫耳分率；x_a，在液體入口；x_b，在液體出口；x_i，在氣 - 液界面處；$x_{\max}$，最大值；x^*，對應於氣相組成 y 的平衡濃度；x^*_b，與 y_b 平衡的值

x_B ：成分 B 在液相中的莫耳分率；x_{Ba}，在液體入口處；x_{Bb}，在液體出口處

$\overline{(1-x)_L}$ ：液相中單向擴散因數

Y ：莫耳比，每莫耳不含溶質的氣體中所含溶質的莫耳數

y ：在氣相中溶質 (成分 A) 的莫耳分率；y_a，在氣體出口處；$y_{a,\max}$，最大值；y_b，在氣體入口處；y_i，在氣 - 液界面處；y^*，對應於液相組成 x 的平衡濃度；y^*_a，與 x_a 平衡的值；y^*_b，與 x_b 平衡的值

y_B ：成分 B 在氣相中的莫耳分率；y_{Ba}，在氣體出口處；y_{Bb}，在氣體入口處；y^*_B，與 x_B 平衡的值

$\overline{(1-y)_L}$ ：氣相中單向擴散因數

Z ：填料頂端以下的垂直高度，m 或 ft；Z_T，充填段的總高度

希臘字母

α ：(18.44) 式中的常數

γ_A ：成分 A 的活性係數

ΔC ：濃度驅動力，g/g 或 ppm；ΔC_a，在液體入口處；ΔC_b，在液體出口處

ΔH ：溶解熱，kcal/g mol；ΔH_v，蒸發熱

ΔP ：壓力降，in. H_2O/ft 填料高；ΔP_{flood}，溢流時的壓力降

$\overline{\Delta x_L}$ ：$x^*_b - x_b$ 與 $x^*_a - x_a$ 的對數平均

$\overline{\Delta y_L}$ ：$y_b - y^*_b$ 與 $y_a - y^*_a$ 的對數平均

ε ：充填段內的空隙率

μ ：黏度，cP 或 lb/ft · h；μ_x，液體黏度

ν ：動黏度，μ/ρ, m^2s 或 ft^2/s

ρ ：密度，kg/m^3 或 lb/ft^3；ρ_x，液體密度；ρ_y，氣體密度

ρ_M ：莫耳密度，kg mol/m^3 或 lb mol/ft^3；ρ_{Mx}，液體的莫耳密度；ρ_{My}，氣體的莫耳密度

ϕ ：有化學反應的吸收操作中的增強因數，無因次

■ 習題 ■

18.1. 某工廠欲設計一吸收塔，使用水作為吸收液體以回收空氣流中 95% 的丙酮。進入的空氣中含有 14 mol % 丙酮。吸收塔具有冷卻功能並在 80°C 和 1 atm 下操作，且用於生產含有 5.0 mol % 丙酮的產物。進料到塔中的水含有 0.02 mol % 的丙酮，塔設計成以 50% 的溢流速度下操作。(a) 若在 1 atm 及 32°F 下，氣體流率為 500 ft^2/min，則每小時需輸入多少磅的水至塔中？(b) 基於總氣相驅動力，需要多少傳遞單位數？(c) 若塔以 1 in. 的拉西環為填料，則所需的塔高為何？

平衡時　假設 $p_A = P'_A \gamma_A x$，其中 $\ln \gamma_A = 1.95(1 - x)^2$。丙酮在 80°F 的蒸汽壓為 0.33 atm。

18.2. 一個吸收塔，使用水作為吸收液體，自塔內的空氣 - 氨中，回收 99% 的氨。空氣的氨含量為 20 mol %，以冷卻螺旋管將吸收塔的溫度保持在 30°C，壓力為 1 atm。求 (a) 水的最低流率為何？(b) 若水的流率比最小值大 40%，則需要多少總氣相傳遞單位？

18.3. 使用充填塔，用水吸收可溶性氣體，平衡關係式為 $y_e = 0.06x_e$，端點條件如下：

	塔頂	塔底
x	0	0.08
y	0.001	0.009

若 $H_x = 0.24$ m 且 $H_y = 0.36$ m，則充填段的高度為何？

18.4. 含 5% 苯和 95% 空氣的氣體，由吸收塔的底部進入塔內，非揮發性的吸收油由塔頂進入，此油含 0.2 wt % 的苯，其它數據如下：

進料，2,000 kg 吸收油 /hr
總壓，1 atm
溫度，26°C
吸收油的分子量，230
吸收油的黏度，4.0 cP
在 26°C 苯的蒸汽壓，100 mm Hg
進入氣體的體積流率，0.3 m^3/s
塔填料，Intalox 鞍，1 in. 公稱尺寸
苯在進入氣體中被吸收的分率，0.90
進入氣體的質量速率，1.1 kg/$m^2 \cdot$ s

計算此塔的充填段高度與直徑。假設拉午耳定律 (Raoult's law) 適用。

18.5. 將含有 3.0 mol % 苯的蒸汽流，在充填吸收塔中用洗滌油洗滌，使得氣體中的苯濃度降低至 0.02%。油的平均分子量約為 250，密度為 54.6 lb/ft^3，且油中含有 0.015% 的苯。在 25°C 和 1 atm 下，氣體流率為 1,500 ft^3/min。求 (a) 若洗滌器在 25°C 以液體流率 14,000 lb/h 恆溫操作，則需要多少傳遞單位？(b) 若洗滌器絕熱操作，則

需要多少傳遞單位？(c) 若用較低分子量的油 (例如，M = 200) 操作，則主要的影響是什麼？

18.6. 含有 1.0 wt % 的 NH_3 的廢液流，在充填塔中用空氣汽提以除去 99% 的 NH_3。若塔在 20°C 下操作，則最小空氣流率為何？以 kg - 空氣 /kg - 水表示，若為最小空氣流率的兩倍時，則需要多少傳遞單位？

18.7. 一直徑為 8 ft 的塔，其中 20 ft 是以 1 in. 的貝爾鞍充填，空氣在 1.5 atm 和 40°C 下流經此塔。因為 $\Delta p = 24$ in. H_2O，使得塔的操作顯然接近於溢流。液體的質量速度為氣體的 8.5 倍。(a) 若塔用 $1\frac{1}{2}$ in. Intalox 鞍重新充填，則塔的壓力降為何？(b) 若壓力降與用貝爾鞍的壓力降相同，則所需的流率為何？

18.8. 一吸收器從含有 4 mol %A 的氣流中除去 99% 的溶質 A。於溶劑中 A 的溶液遵循亨利定律，而液體的溫度上升可忽略不計。(a) 在 1 atm 下操作，使用無溶質液體，以 1.5 倍最小值的流率，計算 N_{Oy} 的值。(b) 對於相同的液體流率，計算在 2 atm 和 4 atm 下操作的 N_{Oy}。(c) 是否壓力對 N_{Oy} 的影響，因 H_{Oy} 的變化而有部分抵消？

18.9. 含有 2% A 與 1% B 的氣體用溶劑洗滌，溶劑中 A 的溶解度是 B 的 5 倍。證明使兩個串聯的塔，與來自各塔中分離再生的液體，會使 A 與 B 以相對的純成分回收。使用 y-x 圖表示出用於同時吸收 A 和 B 的平衡線和操作線，並且估計來自第一吸收塔，在液體中的 A 和 B 的比例。

18.10. 充填 1 in. Intalox 鞍的吸收塔在 50°C 和 10 atm 下操作，液體的質量速度為氣體質量速度的 5 倍。假設氣體和液體類似於空氣和水，若壓力降為 0.5 in. H_2O/ft 填料，則氣體質量流率為多少？使用廣義關聯式來獲得改變的物性的影響，並且對圖 18.4 的數據加以修正。

18.11. 充填 Mellapak 250Y 的塔，操作在 1 atm 下，用空氣和滿足 $G_x = 8G_y$ 以及流速為 60% 的溢流速度的水溶液 (參閱圖 18.8)。(a) 表面氣體速度和質量速度各為何？(b) 若壓力改變為 2 atm，則表面速度和質量速度又是多少？

18.12. 使用充填塔以空氣汽提從水中除去甲苯。水中含有 60 ppm 甲苯 (重量基準)，必須使濃度降至 2 ppm。充填塔在 20°C 及平均壓力為 1.1 atm 下操作。平衡關係為

$$P_{\text{tol}} = 256x$$

其中 P_{tol} = 氣相中甲苯的分壓，atm，且 x = 液相中甲苯的莫耳分率。(a) 在水流率為 100 L/min 下，求最小空氣流率為多少 g mol/ min ？(b) 若空氣流率為最小流率的兩倍，求 N_{Ox}。(c) 若 $H_y = 0.7$ m 且 $H_x = 0.6$ m，求所需的充填塔高。

18.13. 如果充填 1 in. 貝爾鞍的塔，改用 1 in. 金屬 Pall 環重新充填，那麼操作特性的主要變化是什麼？

18.14. 計算在 20°C 下，於純水中上升 15 ft 的 2 mm 氣泡的氧吸收分率。假設氣泡以其終端速度上升並且具有與剛性球體相同的外部質傳係數。氧的溶解度為 9 mg/L 且擴散係數為 2×10^{-5} cm²/s。

18.15. 一個苯 - 甲苯蒸餾塔將充填 $1\frac{1}{2}$ in. IMTP 填料，對於在塔的下部之條件，其中 $L/V = 1.3$，對應於一半的溢流率的蒸汽速率是多少？在這個速率下的壓力降為何？

18.16. 一個充填塔氣體吸收器被設計成以最小流率的 1.2 倍的液體流率，從空氣中除去 98% 的 A。(a) 需要多少傳遞單位？(b) 如果空氣含有少量氣體 B，其可溶性僅是氣體 A 的一半，則在 (a) 部分的條件下，求 B 被吸收的分率？

18.17. 估計從 20°C 的純水中上升的 1 mm 氧氣泡中，吸收 90% 的氧所需的時間。

參考文獻

1. Cheng, A. T. Y., and G. E. Storms. Paper presented at *Purdue Industrial Waste Conference*, 1996.
2. Danckwerts, P. V. *Gas-Liquid Reactions*. New York: McGraw-Hill, 1970.
3. Eckert, J. S. *Chem. Eng. Prog*. **66**(3):39 (1970).
4. Fair, J. F., and J. L. Bravo. *Chem. Eng. Prog*. **86**(1):19 (1990).
5. Freguia, S., and G. T. Rochelle. *AIChE J*. **49:**1676 (2003).
6. Gmehling, J., U. Onken, and W. Arlt. *Vapor-Liquid Equilibria Data Collection*, vol. 1. Dechema, Frankfurt/Main, 1979.
7. Harriott, P. *Environ. Sci. Tech*. **23:**309 (1989).
8. Harriott, P. *Chemical Reactor Design*. New York: Marcel Dekker, 2003.
9. Kister, H. Z., and D. R. Gill. *Chem. Eng. Prog*. **87**(2):32 (1991).
10. Kohl, A., and F. Riesenfeld. *Gas Purification*, 2nd ed. Houston: Gulf Publishing, 1974.
11. Lincoff, A. H., and J. M. Gossett. *International Symposium on Gas Transfer at Water Surfaces*, Ithaca, NY: Cornell University, June 1983.
12. Metcalf and Eddy, Inc. *Wastewater Engineering*, 4th ed. Wakefield, MA: Metcalf and Eddy, 2003, pp. 437-54.
13. Norton Chemical Process Products Corp., Akron, Ohio, 1987.
14. Perry, D., D. E. Nutter, and A. Hale. *Chem. Eng. Prog*. **86**(1):30 (1990).
15. Perry, J. H. *Chemical Engineers' Handbook*, 6th ed. New York: McGraw-Hill, 1984; (a) p. **3**-101; (b) p. **18-**23; (c) p. **18-**39.
16. Perry, R. H., and D. W. Green (eds.). *Perry's Chemical Engineers' Handbook*, 7th ed. New York: McGraw-Hill, 1997, p. **14**-43.
17. Reynolds, T. D., and P. A. Richards. *Unit Operations and Processes in Environmental Engineering*, 2nd ed. Boston: PWS, 1996, p. 500.

18. Robbins, L. A. *Chem. Eng. Prog*. **87**(5):87 (1991).
19. Sherwood, T. K., and F. A. L. Holloway. *Trans. AIChE* **36:**21, 39 (1940).
20. Sherwood, T. K., R. L. Pigford, and C. R.Wilke. *Mass Transfer*, NewYork: McGraw-Hill, 1975, p. 442.
21. Shulman, H. L., C. F. Ullrich, A. Z. Proulx, and J. O. Zimmerman. *AIChE J*. **1:**253 (1955).
22. Shulman, H. L., C. F. Ullrich, and N. Wells. *AIChE J*. **1:**247 (1955).
23. Sincero, A. P., and G. A. Sincero. *Environmental Engineering; A Design Approach*. Englewood Cliffs, NJ: Prentice-Hall, 1996, p. 331.
24. Sperandio, A., M. Richard, and M. Huber. *Chem. Ing. Tech*. **37:**322 (1965).
25. Spiegel, L., and W. Meier. *I. Chem. E. Symp. Ser*. **104:**A203 (1987).
26. Stedman, D. F. *Trans. AIChE* **33:**153 (1937).
27. Strigle, R. F., Jr. *Random Packings and Packed Towers*. Houston, TX: Gulf Publishing, 1987.
28. VonStockar, U., and C. R. Wilke. *Ind. Eng. Chem. Fund*. **16:**88, 94 (1977).
29. Whitney, R. P., and J. E. Vivian. *Chem. Eng. Prog*. **45:**323 (1949).

CHAPTER 19

增濕操作

增濕與除濕 (humidification and dehumidification) 涉及物質在純液體和幾乎不溶於液體的固定氣體之間的傳遞。這些操作比吸收和汽提稍微簡單。因為當液體僅含有一種成分時，在液相中沒有濃度梯度和質傳阻力。另一方面，熱傳和氣相質傳都很重要，它們彼此影響。在前面的章節中，熱傳和質傳被單獨處理；這裡和固體的乾燥 (在第 24 章中討論)，熱、質傳一起發生，並且濃度和溫度同時變化。

定義

在增濕操作中，尤其是當應用於空氣 - 水的系統時，通常使用許多相當特殊的定義。在工程計算上通常是以單位質量的無蒸汽氣體為基礎，其中**蒸汽** (vapor) 是指具有氣態形式且能以液體形式存在的成分，而**氣體** (gas) 則是指僅以氣態形式存在的成分。本章所討論的是使用單位質量的無蒸汽氣體為準。在氣相中，我們以成分 A 表示蒸汽，而成分 B 表示固定氣體。因為氣體 - 蒸汽混合物的性質隨總壓改變，因此壓力必須固定。除非另有規定，假定總壓力為 1 atm，此外，並假定氣體和蒸汽的混合物遵循理想氣體定律。

濕度 (humidity) $\mathscr{H}$ 是指單位質量的無蒸汽氣體所攜帶的蒸汽質量。因此，當總壓力固定時，濕度僅與混合物中蒸汽的分壓有關。若蒸汽的分壓為 p_A atm，則在 1 atm 下，蒸汽對氣體的莫耳比為 $p_A/(P - p_A)$，因此濕度定義為

$$\mathscr{H} = \frac{M_A p_A}{M_B(P - p_A)} \tag{19.1}$$

其中 M_A 與 M_B 分別為成分 A 和 B 的分子量。

濕度與氣相中的莫耳分率的關係式為

$$y = \frac{\mathscr{H}/M_A}{1/M_B + \mathscr{H}/M_A} \tag{19.2}$$

因為 $\mathscr{H}/M_A$ 通常比 $1/M_B$ 小，所以通常 y 可視為與 $\mathscr{H}$ 成正比。

飽和氣體 (saturated gas) 是指在氣體溫度下，氣體中的蒸汽與液體達到平衡的氣體。飽和氣體中的蒸汽分壓等於在氣體溫度下液體的蒸汽壓。若 $\mathscr{H}_s$ 為飽和濕度且 P'_A 為液體的蒸汽壓，則

$$\mathscr{H}_s = \frac{M_A P'_A}{M_B(P - P'_A)} \tag{19.3}$$

相對濕度 (relative humidity) $\mathscr{H}_R$ 定義為在氣體溫度下，蒸汽的分壓與液體的蒸汽壓的比。它通常以百分比為基量表示，因此 100% 濕度表示飽和氣體而 0% 濕度則表示無蒸汽的氣體。依定義

$$\mathscr{H}_R = 100\frac{p_A}{P'_A} \tag{19.4}$$

百分比濕度 (percentage humidity) $\mathscr{H}_A$ 為在氣體溫度下，實際濕度與飽和濕度 $\mathscr{H}_s$ 的比，以百分比表示，或

$$\mathscr{H}_A = 100\,\frac{\mathscr{H}}{\mathscr{H}_s} = 100\,\frac{p_A/(P - p_A)}{P'_A/(P - P'_A)} = \mathscr{H}_R\,\frac{P - P'_A}{P - p_A} \tag{19.5}$$

除了 0 或 100% 以外的所有濕度，百分比濕度小於相對濕度。

濕氣比熱 (humid heat) c_s 是指 1 g 或 1 lb 氣體與其可能含有的任何蒸汽，溫度增加 1°C 或 1°F 所需的熱量。因此

$$c_s = c_{pB} + c_{pA}\mathscr{H} \tag{19.6}$$

其中 c_{pB} 與 c_{pA} 分別為氣體和蒸汽的比熱。

濕氣比容 (humid volume) v_H 為 1 atm 和氣體溫度下，單位質量的無蒸汽氣體與其可能含有的任何蒸汽的總體積。從氣體定律和標準莫耳體積的值，v_H 以 SI 為單位，則其與濕度和溫度的關係式為

$$v_H = \frac{0.0224T}{273}\left(\frac{1}{M_B} + \frac{\mathscr{H}}{M_A}\right) \tag{19.7a}$$

其中 v_H 的單位為 m^3/g，T 的單位為 K。以 fps 單位，則此方程式為

$$v_H = \frac{359T}{492}\left(\frac{1}{M_B} + \frac{\mathcal{H}}{M_A}\right) \tag{19.7b}$$

其中 v_H 的單位為 ft^3/lb，T 的單位為 °R。對於無蒸汽的氣體，因 $\mathcal{H} = 0$，則 v_H 為固定氣體的比容。若為飽和氣體，因 $\mathcal{H} = \mathcal{H}_s$，則 v_H 為**飽和比容** (saturated volume)。

露點 (dew point) 為蒸汽 - 氣體混合物在恆定溫度下冷卻至飽和狀態的溫度。飽和氣體的露點等於氣體溫度。

總焓 (total enthalpy) H_y 為單位質量的氣體與其可能含有的任何蒸汽的焓。為了計算 H_y，必須選擇兩個參考狀態，一個用於氣體，一個用於蒸汽，令 T_0 為兩個成分選擇的基準溫度，並以成分 A 在液相及 T_0 時的焓為基準 (對於大多數空氣 - 水的問題，溫度 $T_0 = 32°F$)。令氣體的溫度為 T 且濕度為 $\mathcal{H}$，則總焓為三項之和：蒸汽的顯熱，液體在 T_0 的潛熱以及無蒸汽氣體的顯熱，因此

$$H_y = c_{pB}(T - T_0) + \mathcal{H}\lambda_0 + c_{pA}\mathcal{H}(T - T_0) \tag{19.8}$$

其中 λ_0 為液體在 T_0 的潛熱。由 (19.6) 式，上式可寫成

$$H_y = c_s(T - T_0) + \mathcal{H}\lambda_0 \tag{19.9}$$

相平衡

在增濕和除濕操作中，液相為單一純成分。當系統的總壓保持恆定時，溶質在氣相中的平衡分壓僅為溫度的函數。此外，在中等壓力下，溶質的平衡分壓幾乎與總壓無關，並且實際上等於液體的蒸汽壓。由道爾頓 (Dalton) 定律可知，平衡分壓可以轉換為氣相中的平衡莫耳分率 y_e。由於是純液體，因此 x_e 為 1。平衡數據通常表示為在所予總壓下 y_e 對溫度的圖，如圖 19.1 為 1 atm 時空氣 - 水系統的平衡曲線。由 (19.2) 式可知平衡莫耳分率 y_e 與飽和濕度的關係；亦即

$$y_e = \frac{\mathcal{H}_s/M_A}{1/M_B + \mathcal{H}_s/M_A} \tag{19.10}$$

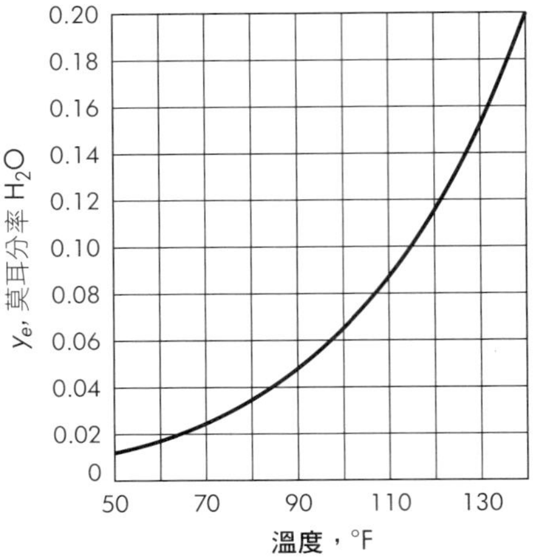

▲ 圖 19.1　空氣 - 水的系統在 1 atm 下的平衡

絕熱飽和器

通常將水噴灑在管路或噴霧室中的氣體流以使氣體飽和。管或室被絕熱，使得該過程是絕熱的。具有初始濕度 $\mathcal{H}$ 和溫度 T 的氣體被冷卻和增濕。如果不是所有的水都蒸發並且有足夠的時間使氣體與水達到平衡，則氣體的出口溫度稱為**絕熱飽和溫度** (adiabatic saturation temperature) T_s。剩餘的液體其溫度亦為 T_s，並且可以再循環到噴嘴。T_s 的值取決於空氣的溫度和初始濕度，並且在很小程度上取決於初始水溫。為了簡化分析，通常假定水在 T_s 進入。

可以在這種程序上寫出焓均衡，若不計泵功，並且焓均衡是以溫度 T_s 為基準，則補充液體的焓為零，並且進入氣體的總焓等於出口氣體的焓。由於後者在基準溫度，其焓值為 $\mathcal{H}_s\lambda_s$，其中 $\mathcal{H}_s$ 為飽和濕度而 λ_s 為潛熱，兩者都在 T_s。由 (19.9) 式可知，進入氣體的總焓為 $c_s\,(T - T_s) + \mathcal{H}\lambda_s$,，焓均衡為

$$c_s(T - T_s) + \mathcal{H}\lambda_s = \mathcal{H}_s\lambda_s$$

或

$$\frac{\mathcal{H}_s - \mathcal{H}}{T - T_s} = \frac{c_s}{\lambda_s} = \frac{c_{pB} + c_{pA}\mathcal{H}}{\lambda_s} \tag{19.11}$$

為了找到除了空氣之外的氣體的絕熱飽和溫度，可使用類似於 (19.11) 式的熱均衡。但是，使用莫耳熱容量可能更方便，如下面的例子。

(19.11) 式不能直接求解絕熱飽和溫度 T_s，因為 $\mathcal{H}_s$, c_s 和 λ_s 皆為 T_s 的函數，因此 T_s 需使用試誤法計算求得，或對於空氣 - 水系統則以濕度圖來獲得。

例題 19.1

320°F 和 1 atm 的煙道氣將以水噴灑冷卻。此氣體含有 14% CO_2，7% H_2O，3% O_2 和 76% N_2。(a) 如果進入噴灑的水溫為 80°F，求絕熱飽和溫度。(b) 若水的入口溫度為 T_s，重複 (a) 的計算。

解

(a) 基量：100 mol 的氣體。猜測 T_s 為 120°F 且對每一種氣體使用 (320 +120)/2 = 220°F 的溫度來計算其莫耳熱容量 C_p。

氣體	莫耳數 n	莫耳比熱 C_p	nC_p
CO_2	14	9.72	136.08
H_2O	7	8.11	56.77
O_2	3	7.14	21.42
N_2	76	6.98	530.48
	$\sum n = 100$		$\sum nC_p = 744.75$

對蒸發的 z 莫耳水進行熱均衡：

$$\sum nC_p(T - T_s) = z\lambda_s + 18z(120 - 80)$$
$$= z(\lambda_s + 720)$$

由附錄 7，在 120°F，

$$\lambda_s = 1{,}025.5 \times 18 = 18{,}459 \text{ Btu/lb mol}$$

則 $744.75(320 - 120) = z\,(18{,}459 + 720) = 19{,}179z$

$$z = 7.77$$

出口氣體中，水的總莫耳數：$7 + 7.77 = 14.77$

出口氣體中，水的莫耳分率：

$$y = \frac{14.77}{107.77} = 0.137$$

由圖 19.1 可知，在 120°F 的飽和值 $y_s = 0.115$。因為對 T_s 高估將使 y 減小和 y_s 增加，因此飽和溫度必須大於 120°F。

利用圖 19.1，對新估計的 T_s，當 $y_e = 0.137$，$T_s = 126$°F，則 $\lambda_s = 1{,}022.1 \times 18 = 18{,}398$ Btu/lb mol。忽略 $\sum nC_p$ 的改變，可得

$$744.75(320 - 126) = z[18{,}398 + 18(126 - 80)] = 19{,}226z$$

$$z = 7.51$$

水的總莫耳數為： $7 + 7.51 = 14.51$

$$y = \frac{14.51}{107.51} = 0.135$$

此值很接近 0.137，因此 $T_s \cong 126°F$。

(b) 若 $T_{in} = T_s$，則可去掉熱均衡的最後一項。對於 $T_s = 126°F$，

$$744.75(320 - 126) = z(18{,}398)$$

$$z = 7.85$$

$$y = \frac{7.85 + 7}{107.51} = 0.138$$

飽和溫度應略高於 126°F，但差值可以忽略不計。欲使飽和溫度的誤差在 0.1°F 以內，則需要更準確的蒸汽壓數據。

濕度圖

濕度圖 (humidity chart) 是一方便圖，它可以表示永久性氣體和可冷凝蒸汽的混合物之性質。圖 19.2 顯示在 1 atm 下空氣和水的混合物的濕度圖。已經有許多形式的這種圖被提出，而圖 19.2 是基於 Grosvenor[2] 圖而得。

在圖 19.2 中，將橫座標繪製為溫度，縱座標繪製為濕度。圖上的任一點代表空氣和水的確定混合物。標記為 100% 的曲線表示飽和空氣的濕度，它是空氣溫度的函數。使用水的蒸汽壓數據，從 (19.3) 式求出該直線上的點座標。飽和線上方和左側的任何點表示飽和空氣和液態水的混合物。此區域僅在檢查霧的形成才顯得重要。飽和線以下的任何點表示未飽和空氣，溫度軸上的點表示乾空氣。在飽和線和溫度軸之間的曲線均以偶數百分比標記，表示具有確定**百分比濕度** (percentage humidity) 的空氣和水的混合物。如 (19.5) 式所示，飽和線和溫度軸之間的線性內插，可以用於定位恆定百分比濕度的線。

在飽和線右側而向下延伸的傾斜線，稱為**絕熱冷卻線** (adiabatic cooling line)。每一條線均在一定的絕熱飽和溫度下，依據 (19.11) 式繪出的，對於所予的 T_s 值，其 H_s 和 λ_s 都是固定的，可將值指定給 $\mathcal{H}$ 並計算對應的 T 值來繪製 $\mathcal{H}$ 對 T 的線。如果在直角座標上繪圖，由 (19.11) 式可知，絕熱冷卻線的斜率為

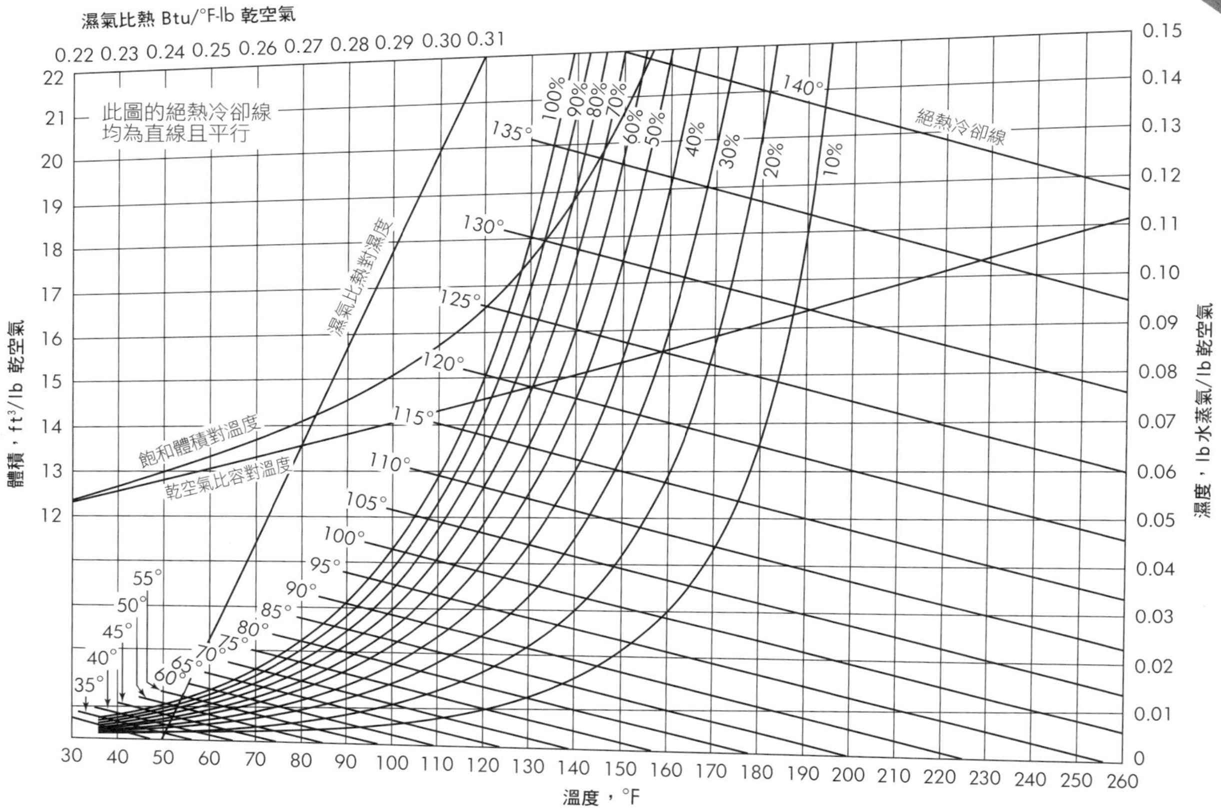

▲ 圖 19.2　濕度圖，空氣 - 水在 1 atm

$-c_s/\lambda_s$，並且由 (19.6) 式知，該斜率與濕度有關。在直角座標上，絕熱冷卻線既非直線也不平行，在圖 19.2 中，縱座標被充分扭曲，而使絕熱冷卻線變直並使它們平行，如此易於在直線間內插。絕熱冷卻線的端點所標識的是對應的絕熱飽和溫度。

圖 19.2 顯示乾空氣的比容以及飽和比容的線，兩者都是體積對溫度作圖，體積的值在左側的刻度上讀取，使用 (19.7b) 式可計算這些線上的點的座標。在不同百分比濕度的兩條線之間作線性插值，可得未飽和空氣的濕氣比容。此外，濕氣比熱 c_s 和濕度之間的關係亦以直線顯示於圖 19.2。這條線是 (19.6) 式的圖。c_s 的座標刻度位於圖的頂端。

濕度圖的使用

濕度圖可作為空氣 - 水混合物的數據來源，它的使用法可參考圖 19.3，此圖為圖 19.2 的一部分。假定，例如，已知一未飽和空氣流，其溫度為 T_1，百分比濕度為 $\mathscr{H}_{A1}$，在圖上以點 a 表示此空氣，此點為定溫線 T_1 和定百分比濕度 $\mathscr{H}_{A1}$

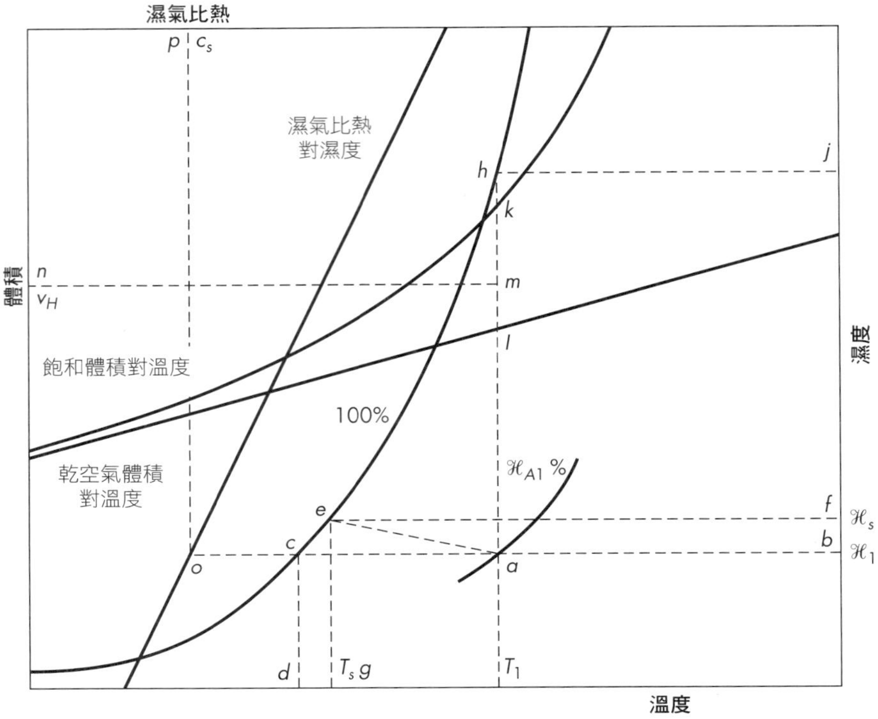

▲ 圖 19.3 濕度圖的使用

的交點，空氣的濕度 $\mathcal{H}_1$ 由點 b 讀出，此即點 a 的濕度座標。露點可沿著定濕度線通過 a 向左與 100% 的線交於點 c 而得。然後在溫度軸上的點 d 讀取露點。絕熱飽和溫度是經過 a 點施加到絕熱冷卻線的溫度。欲求絕熱飽和的濕度，可沿著經過點 a 的絕熱線向左延伸，與 100% 濕度線交於點 e，在 e 點右側讀取濕度刻度上點 f 的濕度 $\mathcal{H}_s$，即為絕熱飽和濕度。絕熱飽和溫度 T_s 可由點 g 求得。若原空氣隨後在定溫下達到飽和，則欲求飽和後的濕度，可將經過點 a 的恆溫線 T_1 延長而與 100% 線交於點 h，讀取點 j 的濕度，即為飽和後的濕度。

欲求原空氣的濕氣比容可由延長恆溫線 T_1，而與飽和與乾燥體積的曲線分別交於點 k 與 l，然後以沿著線 lk 從點 l 移動距離 $(\mathcal{H}_A/100)\ \overline{kl}$ 至點 m，其中 $\overline{kl}$ 為點 l 與 k 間的線段。濕氣比容 v_H 即為體積刻度上的點 n。空氣的濕氣比熱可由點 o 求得，此為經過點 a 的定濕度線與濕氣比熱線的交點，讀取位於點 o 頂部上的點 p 的刻度，即為濕氣比熱 c_s。

例題 19.2

進入某一乾燥器的空氣其溫度與露點分別為 150 和 60°F (65.6 和 15.6°C)。試由濕度圖讀取此空氣的附加數據。

解

露點是對應於空氣濕度在飽和線上的溫度座標。溫度 60°F 的飽和濕度為 0.011 lb 水/lb 乾空氣 (0.011 g/g)，此為空氣的濕度。由空氣的溫度與濕度可定出此空氣在濕度圖上的點，即 $\mathscr{H} = 0.011$ 與 $T = 150°F$，百分比濕度 $\mathscr{H}_A$ 可由內插法得知為 5.2%。通過此點的絕熱冷卻線與 100% 的線交於 85°F (29.4°C)，此為絕熱飽和溫度，在此溫度下的飽和空氣的濕度為 0.026 lb 水 /lb 乾空氣 (0.026 g/g)。空氣的濕氣比熱為 0.245 Btu/lb 乾空氣 · °F (1.03 J/g · °C)，於 150°F 的飽和體積為 20.7 ft^3/lb 乾空氣 (1.29 m^3/kg)，而於 150°F 乾空氣的比容為 15.35 ft^3/lb (0.958 m^3/kg)。因此濕氣比容為

$$v_H = 15.35 + \frac{0.011 \times 359}{18}\left(\frac{610}{492}\right) = 15.62 \text{ ft}^3\text{/lb 乾空氣} (0.978 \text{ m}^3\text{/kg})$$

空氣 - 水以外的系統之濕度圖

可以在任何期望的總壓力下，為任何系統建構濕度圖。所需的數據是作為溫度函數的可凝結成分的蒸汽壓和蒸發潛熱，以及純氣體與蒸汽的比熱和兩種成分的分子量。如果需要基於莫耳的圖，則所有方程式可以容易地改為使用莫耳單位。若要除 1 atm 以外的壓力的圖，則可以對上述方程式進行修改。除了空氣 - 水之外的幾種常見系統的圖已經發表。[5]

濕球溫度

上述討論的性質和濕度圖上顯示的性質，均是靜態或平衡量。同樣重要的是質量和熱量在不平衡的氣相和液相之間傳遞的速率。質傳和熱傳的驅動力分別是濃度差和溫度差，其可以使用稱為**濕球溫度** (wet-bulb temperature) 的量來預測。

濕球溫度是指將少量的液體，在絕熱條件下，暴露於連續氣流中，而達到的穩態非平衡溫度。因為氣流是連續的，氣體的性質為恆定，並且通常以入口狀態進行估算。如果氣體不飽和，則一些液體會蒸發，而剩餘的液體會冷卻，直到傳遞到液體的熱量恰與蒸發所需的熱量達到平衡。此時達到穩定狀態時的液體溫度為濕球溫度。

量測濕球溫度的方法如圖 19.4a 所示。溫度計或其它量測溫度的裝置，例如熱電偶，被芯 (wick) 覆蓋，該芯與純液體達飽和，並浸入具有一定溫度 T 和濕度 $\mathcal{H}$ 的氣流中。假設液體的最初溫度是氣體溫度，由於氣體未飽和，因此必須有液體蒸發，又因是絕熱程序，所以首先以冷卻液體來供應蒸發潛熱，當液體的溫度降低到低於氣體的溫度時，則顯熱由氣體傳遞至液體。最後會在這樣的液體溫度達到穩定狀態，此時液體蒸發和將蒸汽加熱至氣體溫度所需的熱量，恰與由氣體流到液體的顯熱平衡，此時的穩態溫度以 T_w 表示，稱為濕球溫度。它是 T 與 $\mathcal{H}$ 的函數，在穩定狀態下的溫度與濃度梯度顯示於圖 19.4b。

為了精確地量測濕球溫度，需要三個預防措施：(1) 溫度計的芯必須完全潤濕，因此芯的乾燥區域不與氣體接觸；(2) 氣體的速度應該足夠大 (至少 5 m/s)，以確保由較熱的周圍環境傳遞至球體的輻射熱流率與氣體以傳導和對流傳遞至球體的顯熱流率相比是可以忽略的；(3) 供應到球體的補充液溫度必須是濕球溫度。當採取這些預防措施時，濕球溫度在很廣的流率範圍內與氣體流速無關。

濕球溫度表面上類似於絕熱飽和溫度 T_s。事實上，對於空氣 - 水混合物，兩個溫度幾乎相等。但是，這是偶然的，除了空氣和水以外的混合物，濕球溫度與絕熱飽和溫度並不相同。在達到絕熱飽和期間，氣體的溫度與濕度都在變化，而最後是真實的平衡而非動態的穩態。

通常，未覆蓋的溫度計與濕球一起使用以量測實際氣體的溫度 T，此氣體溫度通常稱為**乾球溫度** (dry-bulb temperature)。

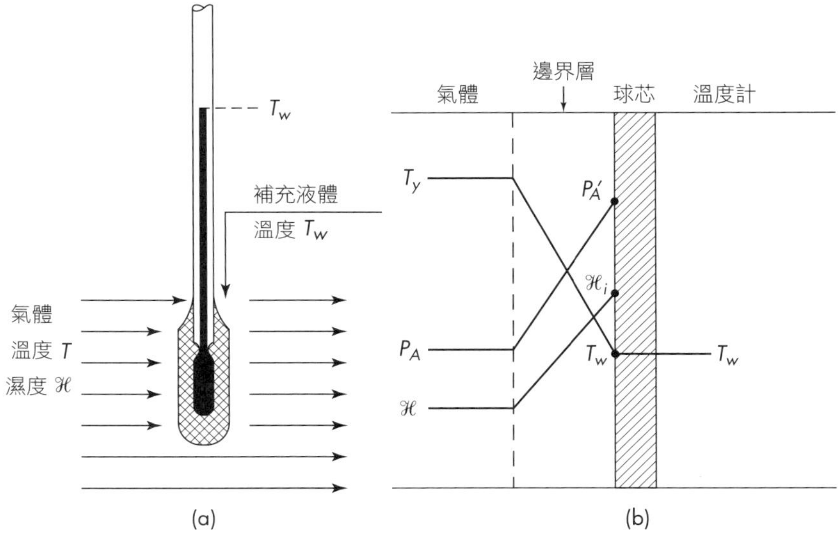

▲ 圖 19.4 (a) 濕球溫度計；(b) 在氣體邊界層的梯度

濕球溫度的理論

在濕球溫度下，從氣體到液體的熱傳遞速率，等於蒸發速率與在溫度 T_w 下的蒸發潛熱和蒸汽的顯熱之和的乘積。因為將輻射忽略不計，所以此平衡可寫為

$$q = M_A N_A[\lambda_w + c_{pA}(T - T_w)] \tag{19.12}$$

其中 q = 傳遞至液體的顯熱速率
N_A = 莫耳蒸發速率
λ_w = 在濕球溫度 T_w 下的液體的潛熱

熱傳速率可用面積、溫度降與有效熱傳係數來表示，亦即

$$q = h_y(T - T_i)A \tag{19.13}$$

其中 h_y = 氣體與液體表面間的熱傳係數
T_i = 界面溫度
A = 液體的表面積

質傳速率可用質傳係數、面積與蒸汽莫耳分率的驅動力來表示，亦即

$$N_A = \frac{k_y}{\overline{(1 - y)_L}}(y_i - y)A \tag{19.14}$$

其中 N_A = 蒸汽的莫耳傳遞速率
y_i = 在界面處蒸汽的莫耳分率
y = 在空氣流中蒸汽的莫耳分率
k_y = 質傳係數，莫耳 /(面積) (莫耳分率)
$\overline{(1 - y)_L}$ = 單向擴散因數

如果芯完全潤濕並且沒有乾斑點，則芯的整個面積均可用於熱傳和質傳，而 (19.13) 式與 (19.14) 式中的面積相等。由於液體的溫度是恆定的，所以液體中不需要溫度梯度作為用於液體內熱傳的驅動力，液體的表面溫度與內部溫度相同，因此液體的表面溫度 T_i 等於 T_w。由於是純液體，所以不存在濃度梯度，並且允許表面平衡，y_i 是溫度 T_w 下飽和氣體中的蒸汽莫耳分率。為了方便，以 (19.2) 式的濕度取代 (19.14) 式中的莫耳分率，需注意，y_i 對應於濕球溫度下的飽和濕度 $\mathcal{H}_w$ [參閱 (19.10) 式]。將 (19.13) 式的 q 與 (19.14) 式的 N_A 代入 (19.12) 式，可得

$$h_y(T - T_w) = \frac{k_y}{\overline{(1-y)_L}}\left(\frac{\mathcal{H}_w}{1/M_B + \mathcal{H}_w/M_A} - \frac{\mathcal{H}}{1/M_B + \mathcal{H}/M_A}\right) \times [\lambda_w + c_{pA}(T - T_w)] \tag{19.15}$$

可以在溫度和濕度的通常範圍內，簡化 (19.15) 式，而不致產生嚴重的誤差，亦即：(1) 因數 $\overline{(1-y)_L}$ 接近 1，可以省略；(2) 顯熱項 $c_{pA}(T - T_w)$ 與 λ_w 相比其值較小，可以忽略；(3) 與 $1/M_B$ 相比，$\mathcal{H}_w/M_A$ 與 $\mathcal{H}/M_A$ 較小，可以從濕度項的分母中去除。利用這些簡化，(19.15) 式變為

$$h_y(T - T_w) = M_B k_y \lambda_w(\mathcal{H}_w - \mathcal{H})$$

或

$$\frac{\mathcal{H} - \mathcal{H}_w}{T - T_w} = -\frac{h_y}{M_B k_y \lambda_w} \tag{19.16}$$

對於所予的濕球溫度，λ_w 和 $\mathcal{H}_w$ 都是固定的，則 $\mathcal{H}$ 與 T 之間的關係與 h_y/k_y 的比值有關，而質傳和熱傳間的密切類比，提供了關於該比值的大小和影響比值的因素的大量資訊。

在第 12 章中已經顯示，流體和固體或液體邊界之間的傳導和對流的熱傳遞，與雷諾數 DG/μ 和普蘭特數 (Prandtl number) $c_p\mu/k$ 有關。此外，於第 17 章亦顯示，質傳係數與雷諾數和史密特數 (Schmidt number) $\mu/\rho D_v$ 有關。如第 17 章所討論的，當這些程序在同一邊界層的控制下時，熱傳和質傳的速率方程式具有相同的形式。對於亂流的氣流而言，這些方程式為

$$\frac{h_y}{c_p G} = b\,\mathrm{Re}^n\,\mathrm{Pr}^m \tag{19.17}$$

且

$$\frac{\bar{M} k_y}{G} = b\,\mathrm{Re}^n\,\mathrm{Sc}^m \tag{19.18}$$

其中　$b, n, m =$ 常數

$\bar{M} =$ 氣流的平均分子量

將 (19.17) 式的 h_y 和 (19.18) 式的 k_y 代入 (19.16) 式，且假設 $\bar{M} = M_B$，可得

$$\frac{\mathcal{H} - \mathcal{H}_w}{T - T_w} = -\frac{h_y}{M_B k_y \lambda_w} = -\frac{c_p}{\lambda_w}\left(\frac{\mathrm{Sc}}{\mathrm{Pr}}\right)^m \tag{19.19}$$

且

$$\frac{h_y}{M_B k_y} = c_p \left(\frac{\text{Sc}}{\text{Pr}}\right)^m \tag{19.20}$$

若 m 取 $\frac{2}{3}$，則水中的空氣其 $h_y/M_B k_y$ 的預測值為 $0.24(0.62/0.71)^{2/3}$ 或 0.22 Btu/lb · °F (0.92 J/g · °C)，實驗值[6]為 0.26 Btu/lb · °F (1.09 J/g · °C)，比預測值稍大，這是因為輻射熱傳所致。對於空氣中的有機液體，此值更大，在 0.4 至 0.5 Btu/lb · °F (1.6 至 2.0 J/g · °C) 的範圍。如 (19.20) 式所示，此差異是因水和有機蒸汽有不同的普蘭特數和史密特數之比。

濕度線和路易士關係

對於所予的濕球溫度，可以在濕度圖上將 (19.19) 式繪製為具有斜率 $-h_y/M_B k_y \lambda_w$ 的直線，並相交 100% 的線於 T_w，此線稱為**濕度線** (psychrometric line)。將來自 (19.19) 式的濕度線和來自 (19.11) 式的絕熱飽和線繪於圖上時，與 100% 曲線有相同交點，線之間的關係與 c_s 和 $h_y/M_B k_y$ 的相對大小有關。

在一般條件下，空氣 - 水系統的濕氣比熱 c_s 幾乎等於比熱 c_p，並且下面的方程式幾乎是正確的：

$$\frac{h_y}{M_B k_y} \cong c_s \tag{19.21}$$

(19.21) 式稱為**路易士關係** (Lewis relation)。[4] 當此關係成立時，濕度線與絕熱飽和線變成相同。因此，在圖 19.2 中的空氣 - 水系統，相同的線可以用於兩者。對於其它系統，必須使用個別的濕度線。幾乎所有空氣和有機蒸汽的混合物，其濕度線比絕熱飽和線更陡，並且除了飽和之外的任何混合物，其濕球溫度均高於絕熱飽和溫度。

濕度的量測

可以用量測露點或濕球溫度或用直接吸收的方法來找到氣流或氣體質量的濕度。

露點法　若將冷的拋光盤置於未知濕度的氣體中，而盤的溫度逐漸降低，直至在拋光盤表面有露滴凝結的溫度為止。剛形成露滴的溫度是氣相中蒸汽與液相之間的平衡溫度，此溫度即為露點。溫度讀數的查驗，可經由緩慢地增加盤的溫度並注意以露滴剛消失的溫度作為查驗。從露滴的形成和消失的溫度其平均值，可以從濕度圖讀取濕度。

濕度測定法　同時確定濕球溫度和乾球溫度是一種很常用的量測濕度法。從這些讀數中可求得濕度，亦即找出濕度線與飽和線相交於濕球溫度處的位置，然後沿濕度線相交於乾球溫度的縱座標，由交點讀取濕度。

直接法　氣體的蒸汽含量可用直接分析來確定，亦即取出已知體積的氣體通過適當的分析裝置予以分析。

冷卻塔

當溫液體與未飽和氣體接觸時，部分液體被蒸發，且液體的溫度下降。此原理的最重要應用是在冷卻塔的使用中，降低用於化工廠、發電廠和空調單元中的冷凝器和熱交換器的再循環水的溫度。冷卻塔是具有特殊類型填料的大直徑塔，其設計是用於提供良好的氣 - 液接觸和低壓力降。溫水以噴嘴或凹槽或管路的網格分布在填料上，以強制通風或誘導通風的風扇使空氣通過填料，或在一些設計中，以自然對流的方式將空氣吸入。在主要與核電廠結合使用的巨大混凝土自然通風塔中，填料僅占據底部；塔的其餘部分用作煙囪以產生空氣流。參閱圖 19.5。

▲ 圖 19.5　自然通風冷卻塔 (*Courtesy of Joseph Gonyeau, P.E., www.nuclear-tourist.com.*)

兩種主要類型的強制通風冷卻塔顯示於圖 19.6。外殼的優選材料是波紋玻璃增強聚酯。[8] 在橫截面為矩形的交叉流冷卻塔中，空氣水平通過傾斜的填料床或充填床，而水向下流動。傾斜式的空氣調節孔，可防止水滴散落到外，並且稱為漂浮物去除器的成角度檔板，可捕獲夾帶在出口空氣中的大部分水滴。通過塔的空氣被具有多個葉片的螺旋槳式風扇抽吸。在大的冷卻塔，風扇葉片的槳距可以調整以改變空氣的流量。風扇通常位於文氏形 (venturi-shaped) 圓柱管的喉部處，該管可促進空氣平穩流入風扇，並在膨脹部分中獲得一些壓力恢復。圓柱管還可將濕空氣排放到地平面以上，以降低其再循環到空氣入口的機會。[3] 這種類型的壓力恢復圓柱管主要用於大型冷卻塔。

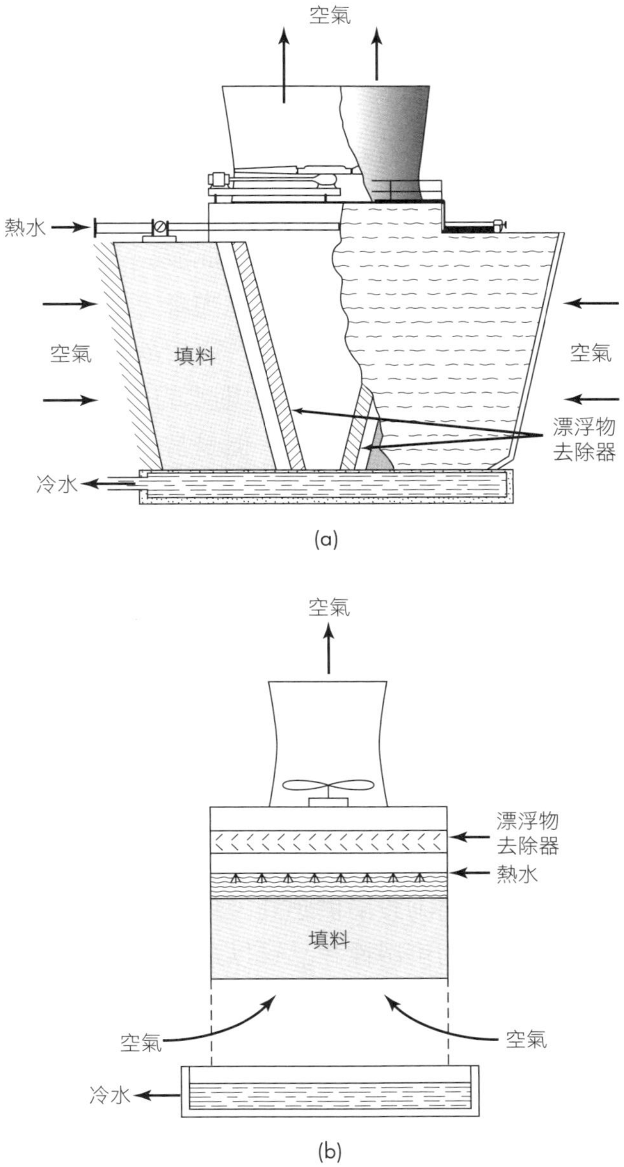

▲ 圖 19.6　典型冷卻塔：(a) 交叉流冷卻塔；(b) 逆向流冷卻塔

在逆向流的塔中，空氣由填料層下方進入，並與下降的水流逆向，以逆流向上流動。這是一種更有效的熱傳遞設計，它允許端點溫差更為接近，如在第 15 章中所顯示的逆向流與交叉流熱交換器的比較。逆向流冷卻塔可以在塔的底部使用強制通風風扇，但是為了有良好的空氣分布，必須將風扇裝設在填料下方的大的空間。

在較古老的冷卻塔中，填料由水平紅木或柏樹板條組成，其間隔排列可使落在板條上的水飛濺，並且液滴被下一層填料攔截。在一些交叉流塔中仍然使用飛濺型填料，但是使用聚氯乙烯的 V 形桿代替木板條。[8] 因為氣流平行於條或板條，所以壓力降較低，並且開放性的結構使得檢查和清潔相對容易。飛濺型填料不建議用於逆向流冷卻塔。

用於新安裝的冷卻塔，最常見類型的填料是多孔填料或膜型填料，其由類似於板式熱交換器中所使用的塑膠波紋板構成。水流過填料表面，可得比飛濺型填料更大的單位體積的傳遞面積。塑膠板的間隔為 $\frac{3}{4}$ 至 1.0 in. (18 至 25 mm)，允許高流率的空氣和水通過，且僅有中等的壓力降。填料深度可能只有幾呎，占單位總高度的一小部分。使用蜂窩狀填料，對於欲在塔頂部獲得良好的水分配是特別重要的，若當此填料為隨機傾倒時，則水的重新分配就不會自然發生。

冷卻塔中的水溫降低主要來自於蒸發，但是當空氣溫度低時，也有一些顯熱傳遞到空氣。然而，即使當空氣溫度比水溫高時，如果濕球溫度低於水的溫度，仍可由蒸發來冷卻水。在實際應用上，水的排放溫度比濕球溫度高 5 至 15°F (3 至 8°C)，而此差值稱為**溫距** (approach)。從入口到出口的水溫變化稱為**溫度範圍** (range)，而範圍通常為 10 至 30°F (6 至 17°C)。[7]

在冷卻期間水因蒸發而損失的量很小，因為需要約 1,000 Btu 的熱量來蒸發 1 lb 的水，而 50 lb 的水必須降溫 20°F 才可提供 1,000 Btu 的熱量，20°F 的溫度範圍表示蒸發損失的水量為 2%。此外還有被稱為漂移式或風阻的噴霧液滴的損失，但是在精心設計的塔中，這些損失僅約占 0.2%。所提供的總補充水必須等於蒸發和漂移損失加上限制溶解鹽的累積所需的沖流 (purge) 或排污量。

冷卻塔的選用通常都會諮詢設備供應商，且會考慮如平均熱負荷和最大熱負、所需溫度範圍、補充水的可用性和品質以及當地天氣條件等因數。冷卻塔的尺寸通常設計成滿足除了最極端條件之外的所有條件，而此極端條件是指每年有一些日子其空氣濕球溫度超過某一極限。為了設計所需的美國所有地區的詳細天氣數據，可從 Marley 冷卻塔公司 [3] 或從政府機構獲得。

逆向流冷卻塔的理論

當量測濕球溫度後，在穩態下發生的熱傳與質傳梯度，顯示於圖 19.4b。傳到界面的熱流恰等於水蒸發所需的熱量，而水蒸發擴散到本體氣體中。液體保持在恆定溫度，它沒有顯著的梯度。對照在冷卻塔中，水溫隨著液滴通過塔而改變，並且需要考慮液相中的熱流以及氣體中的熱傳與質傳。

在圖 19.7 中顯示冷卻塔的底部和頂部的典型梯度。在塔底，空氣溫度可以大於水溫 (圖 19.7a)，但是因為界面溫度 T_i 低於主體水溫 T_x，所以水被冷卻。界面處的濕度大於主體氣體的濕度，這提供了水蒸氣的質傳驅動力。如果入口空氣溫度小於出口水流溫度，其梯度形狀類似於圖 19.7b，但是通過氣體薄膜的顯熱傳遞較少。在所有情況下，界面溫度必須高於濕球溫度，因為如果 $T_x = T_w$，則用於蒸發的所有熱量將來自於氣體，並且在水中將沒有溫度梯度和冷卻作用。

當空氣向上通過塔時，空氣的溫度可能在短距離內下降，但當其與較溫暖的水接觸後，溫度最終將增加。在塔頂的梯度可以如圖 19.7c 所示。雖然水的冷卻是由於蒸發遠大於從顯熱傳遞到空氣，但從水傳遞到界面的熱量會使空氣溫度升高及提供蒸發熱。出口氣體的溫度與入口水的溫度通常相差在幾個 °F 之內。

冷卻塔分析的方程式

考慮如圖 19.8 所示的逆向流冷卻塔。濕度為 $\mathcal{H}_b$，溫度為 T_{yb} 的氣體由塔底進入，而離開塔頂時的濕度為 $\mathcal{H}_a$，溫度為 T_{ya}。水進入塔頂的溫度為 T_{xa}，離開塔底的溫度為 T_{xb}。空氣的質量速度為 G_y'，以每小時塔的單位截面積的無蒸汽空氣的質量表示。水在入口及出口的質量速度分別為 G_{xa} 與 G_{xb}。與接觸區的底部距離 Z 處，空氣與水的溫度分別為 T_y 和 T_x，而空氣濕度為 $\mathcal{H}$。在氣 - 液界面的溫度為 T_i 且濕度為 $\mathcal{H}_i$。為方便起見，假設界面溫度高於氣體溫度，如圖 19.7c 所示。(若 $T_i < T_y$，下面的推導仍然成立。)

對於塔的一小段 dZ 而言，其焓均衡為

$$G_y' \, dH_y = d(G_x H_x) \tag{19.22}$$

因為冷卻塔中液體流率的變化僅為 1% 至 2%，所以 G_x 可以假設為定值

$$G_y' \, dH_y = G_x c_L \, dT_x \tag{19.23}$$

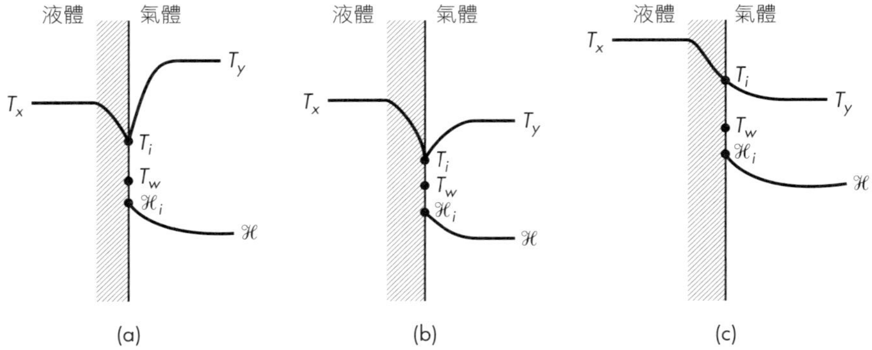

▲ 圖 19.7　冷卻塔的狀況：(a)、(b) 在冷卻塔的底部；(c) 在冷卻塔的頂部

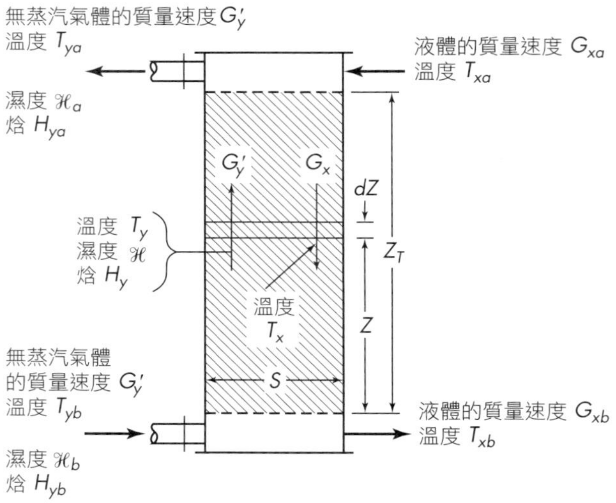

▲ 圖 19.8　氣 - 液接觸器中，逆向流的流動圖

氣體焓的變化為顯熱的變化加上濕度變化量乘以蒸發熱

$$dH_y = c_s\, dT_y + \lambda_0\, d\mathcal{H} \tag{19.24}$$

其中 $\lambda_0 =$ 在 32°F 時的蒸發熱。

飽和空氣的焓為

$$H_{y,\text{sat}} = c_s(T_y - 32) + \lambda_0 \mathcal{H}_s \tag{19.25}$$

塔的總能量均衡為

$$G_y'(H_a - H_b) = G_x c_L (T_{xa} - T_{xb}) \tag{19.26}$$

在冷卻塔的中間點，焓均衡為

$$G_y'(H_a - H_y) = G_x c_L (T_{xa} - T_x) \tag{19.27}$$

(19.27) 式為塔的操作線方程式，其在圖 19.9 所示的空氣焓值對水溫的關係圖上是斜率為 $G_x c_L / G_y'$ 的直線。由平衡線可得具飽和水蒸氣的空氣的焓 [(19.25) 式]，此焓為溫度的函數。冷卻塔的焓 - 溫度圖類似於汽提塔的焓 - 溫度圖，但是由水傳遞到空氣的是能量而不是溶質。對於所予的水溫和入口空氣條件，有一最小空氣流率的操作線剛好接觸到平衡線，如圖 19.9 所示。由於平衡線是彎曲的，最小空氣流率有時是由曲線的切線來決定。空氣流率通常選擇為最小流率的 1.2 至 2.0 倍。

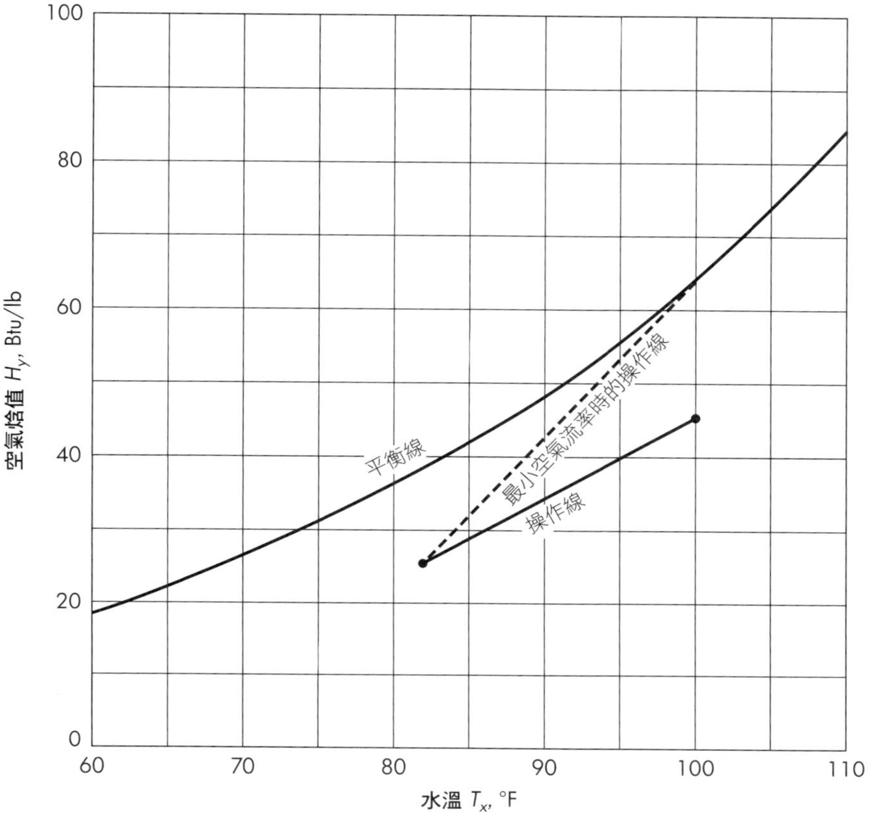

▲ 圖 19.9 冷卻塔的操作圖；空氣焓值對水溫的圖

冷卻塔所需填料高度可利用操作線與平衡線的圖形以及基於焓值驅動力的總係數來決定。為了說明為什麼這是真的，可驗證空氣 - 水系統的速率方程式。

由水至界面的顯熱傳遞速率為

$$G_x c_L \, dT_x = h_x a(T_x - T_i) \, dZ \tag{19.28}$$

其中 $h_x a =$ 液體的體積熱傳係數。由界面至氣體的熱傳速率為

$$G'_y c_s \, dT_y = h_y a(T_i - T_y) \, dZ \tag{19.29}$$

其中 $h_y a =$ 氣體的體積熱傳係數。

首先，以正規的方法將水蒸氣經由氣體薄膜的質傳速率寫成莫耳流率和莫耳分率驅動力的形式。假設為稀釋氣體，因此 $\overline{(1-y)_L} \cong 1.0$。

$$G_M \, dy = k_y a(y_i - y) \, dZ \tag{19.30}$$

因為對於濕度低的空氣，$G_M \cong G_y'/M_B$，其中 M_B 為惰性氣體 (空氣) 的分子量，y 約與 $\mathcal{H}$ 成正比且 $\mathcal{H}/M_A \ll 1/M_B$，所以 (19.30) 式可改為

$$G_y'\, d\mathcal{H} = k_y a M_B (\mathcal{H}_i - \mathcal{H})\, dZ \tag{19.31}$$

假設在 $h_x a$、$h_y a$ 和 $k_y a$ 中的 a 是相同的值。

(19.31) 式乘以 λ_0 後可轉換成一能量基準式。

$$G_y' \lambda_0\, d\mathcal{H} = k_y a M_B \lambda_0 (\mathcal{H}_i - \mathcal{H})\, dZ \tag{19.32}$$

將 (19.32) 式與 (19.29) 式合併可得

$$G_y'(\lambda_0\, d\mathcal{H} + c_s\, dT_y) = [k_y a M_B \lambda_0 (\mathcal{H}_i - \mathcal{H}) + h_y a (T_i - T_y)]\, dZ \tag{19.33}$$

將路易士關係式 $h_y = c_s M_B k_y$ 取代 (19.33) 式的中括號內的 h_y。

$$G_y'(\lambda_0\, d\mathcal{H} + c_s\, dT_y) = k_y a M_B [\lambda_0 (\mathcal{H}_i - \mathcal{H}) + c_s (T_i - T_y)]\, dZ \tag{19.34}$$

因為左邊括號內的項為焓值的微分變化，而中括號內的項為焓值差，所以可將 (19.34) 式寫成

$$G_y'\, dH_y = k_y a M_B (H_i - H_y)\, dZ \tag{19.35}$$

因此氣體焓值的變化率正比於界面的焓值與整體氣體的焓值之差，且傳遞係數為正常氣體薄膜傳遞係數乘以 M_B，因為 G_y' 和 H 是基於質量，而不是莫耳。

欲求在界面的情況，則可由液體薄膜的熱傳速率與氣體焓值的改變量相等得知。

$$h_x a (T_x - T_i)\, dZ = k_y a M_B (H_i - H_y)\, dZ \tag{19.36}$$

或

$$\frac{H_i - H_y}{T_i - T_x} = -\frac{h_x a}{k_y a M_B} \tag{19.37}$$

因此有一由平衡線上的點 (H_i, T_i) 至操作線上的點 (H_y, T_x) 的結線 (tie line) 其斜率為 $-h_x a/k_y a\ M_B$。對不同的 H_i 值，建構出具有此斜率的結線，將 (19.35) 式積分可得冷卻塔的總高度。

$$\int \frac{dH_y}{H_i - H_y} = \frac{k_y a M_B Z_T}{G_y'} \tag{19.38}$$

然而，對於大多數的填料，並沒有已發表的 $h_x a$ 與 $k_y a$ 的關聯式，但可以使用基於總係數和總焓驅動力的更簡單的方法。

$$G_y'\,dH_y = K_y a(H_y^* - H_y)\,dZ \tag{19.39}$$

其中 $\dfrac{1}{K_y a} = \dfrac{1}{k_y a M_B} + \dfrac{m}{h_x a}$

$m = \dfrac{dH^*}{dT}$ = 平衡線的斜率

H_y^* = 在溫度 T_x，與液體平衡的氣體之焓值

傳遞單位數與傳遞單位的高度可以用與氣體吸收相同的方式定義。

$$\int \frac{dH_y}{H_y^* - H_y} = N_{Oy} = \frac{Z_T}{H_{Oy}} \tag{19.40}$$

其中 $H_{Oy} = G_y'/(K_y a)$。

因為平衡線的斜率會隨溫度而變，所以使用總氣相係數可能會在冷卻塔功能的設計或分析上產生一些誤差。如圖 19.10 所示，若溫度改變 10°F，則斜率增加 30% 到 40%。然而，氣體薄膜具有最大阻力，所以 $K_y a$ 隨溫度的變化相對較小，在正常流率下使用蜂窩狀填料，其 H_{Oy} 的典型值為 2 至 3 ft (0.6 至 1 m)，對於使用木板條的古老冷卻塔，H_{Oy} 值可能為 10 至 20 ft (3 至 6 m)。[1]

雖然冷卻塔的詳細設計通常留給專家，但是我們可以很容易預測天氣條件的變化對現有塔的性能的影響。從正常條件的數據中，進行能量均衡作為驗證，並且使用焓圖計算總傳遞單位數。然後以試誤法定位出新的操作線以得到相同數量的傳遞單位。這在例題 19.3 中予以說明。

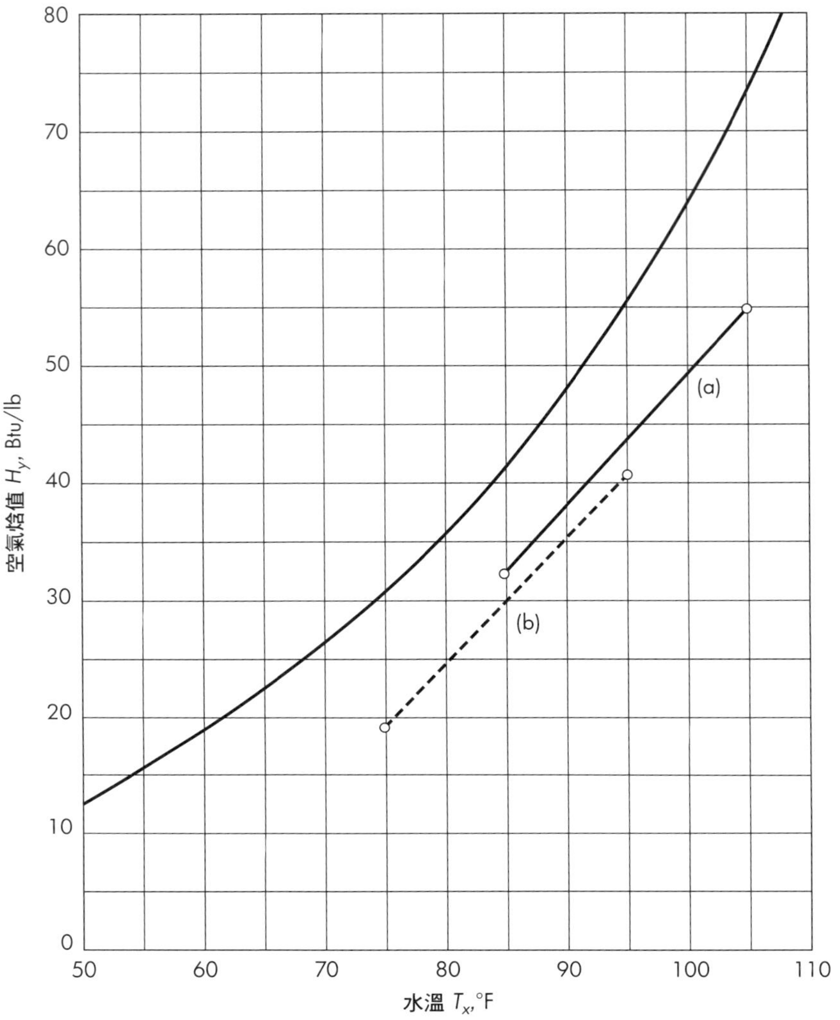

▲ 圖 19.10　例題 19.3 的操作圖

例題 19.3

一逆向流誘導通風式冷卻塔操作時，其入口與出口水溫為 105 與 85°F，空氣的乾球與濕球溫度分別為 90 與 76°F。塔中堆積有 4 ft 的塑膠填料，而流率為 $G_y = 2,000$ lb/h · ft^2 和 $G_x = 2,200$ lb/h · ft^2。(a) 求傳遞單位數，並求基於總氣相驅動力的傳遞單位高度和溫距。(b) 假設冷卻負載維持不變，但空氣溫度降為 70°F 而濕球溫度為 60°F，試估算水溫和溫距。

解

(a) 由濕度圖 (圖 19.2) 可求得入口空氣濕度與濕氣比熱。

$$\mathscr{H}_b = 0.017 \text{ lb water/lb air} \qquad \mathscr{H}_R = \frac{0.017}{0.031} \times 100 = 55\%$$

$$c_s = 0.248 \text{ Btu/lb}\cdot{}^\circ\text{F}$$

$$H_b = 0.248(90 - 32) + 1{,}075(.017) = 32.7 \text{ Btu/lb}$$

$$2{,}200(1.0)(105 - 85) = 2{,}000(H_a - 32.7)$$

$$H_a = 54.7 \text{ Btu/lb}$$

將點 $T_{xa} = 105$，$H_a = 54.7$ 與點 $T_{xb} = 85$，$H_b = 32.7$ 繪於圖 19.10，作為操作線的端點。藉由確定塔中間的驅動力來獲得傳遞單位數，並使用對數平均 ΔH 以得到每一段的傳遞單位數。

T_x	H^*	H	$H^* - H$	$\overline{(H^* - H)_L}$	ΔN
85	41.5	32.7	8.8		
95	55.5	43.7	11.8	10.2	1.08
105	73	54.7	18.3	14.8	0.74
					$N_{Oy} = 1.82$

$$H_{Oy} = \frac{4}{1.82} = 2.2 \text{ ft}$$

此溫距為 85 − 76 = 9°F。

(b) 對於 $T_y = 70$°F 與 $T_w = 60$°F，

$$\mathscr{H}_b = 0.009 \qquad c_s = 0.244$$

$$H_b = 0.244(70 - 32) + 1{,}075(0.009) = 18.9 \text{ Btu/lb}$$

對於相同冷卻負載以及恆定的水和空氣流率

$$2{,}200(1.0)(20) = 2{,}000(H_a - 18.9)$$

$$H_a = 18.9 + 22 = 40.9$$

以試誤法確定操作線的位置以得到相同數量的傳遞單位。對於 $T_{xa} = 95$°F，$T_{xb} = 75$°F，$N_{Oy} = 1.78$，此值極接近 1.82。在圖 19.9 中，操作線以虛線表示。接近濕球溫度的溫距為

$$T_{xb} - T_w = 75 - 60 = 15^\circ\text{F}$$

操作線的位置與入口空氣的濕球溫度有極大的關連，因其會決定空氣的焓，而乾球溫度的變化幾乎沒有影響。如果空氣是 100% 飽和，只要水溫高於濕球溫度，冷卻仍然會發生。在實際應用上，冷卻塔的設計其溫距不小於 5°F (2.8°C)，而溫距為 10 到 15°F (5.6 到 8.3°C) 較為典型。如例題 19.3 所示，降低濕球溫度會降低出口水溫，但是由於平衡線為彎曲的，所以會使溫距增加。

如果氣體流率或液體流率改變，則預期傳遞單位數會有一些變化。氣體薄膜係數約隨氣體流率的 0.8 次方增加。因此若為氣體薄膜控制，H_{Oy} 隨 G_y' 的 0.2 次方上升。因為填料的不完全潤濕，使得降低液體流率可能導致 H_{Oy} 的增加。

符號

A ：液體的表面積，m^2 或 ft^2

a ：傳遞面積，m^2/m^3 或 ft^2/ft^3

b ：(19.17) 式與 (19.18) 式中的常數

C_p ：莫耳比熱，J/g mol·°C 或 Btu/lb mol·°F

c_L ：液體的比熱，J/g·°C 或 Btu/lb·°F

c_p ：比熱，J/g·°C 或 Btu/lb·°F；c_{pA}, c_{pB}，分別為成分 A 與 B 的比熱

c_s ：濕氣比熱，J/g·°C 或 Btu/lb·°F

D ：直徑，m 或 ft

D_v ：擴散係數，m^2/h，cm^2/s 或 ft^2/h

G ：質量速度，$kg/m^2 \cdot h$ 或 $lb/ft^2 \cdot h$；G_x，液體在任意點的質量速度；G_{xa}，液體在入口處的質量速度；G_{xb}，液體在出口處的質量速度；G_y'，每小時每單位塔截面積無蒸汽氣體的質量

G_M ：莫耳質量速度，$kg\ mol/m^2 \cdot h$ 或 $lb\ mol/ft^2 \cdot h$

H ：焓，J/g 或 Btu/lb；H_x，液體的焓；H_y，氣體的焓；H_{ya}, H_{yb}，分別為氣體在入口和出口處的焓；H^*，平衡值；H_y^*，氣體與液體平衡的焓

H_{Oy} ：傳遞單位的高度，m 或 ft，基於氣相的總傳遞單位高度

$\mathcal{H}$ ：濕度，每單位質量的無蒸汽氣體所含的蒸汽質量；$\mathcal{H}_a$，在接觸器的頂端；$\mathcal{H}_b$，在接觸器的底部；$\mathcal{H}_i$，在氣 - 液界面；$\mathcal{H}_s$，飽和濕度；$\mathcal{H}_w$，濕球溫度的飽和濕度

$\mathcal{H}_A$ ：百分比濕度，$100\mathcal{H}/\mathcal{H}_s$

$\mathcal{H}_R$ ：相對濕度，$100p_A/P_A'$

h ：熱傳係數，$W/m^2 \cdot °C$ 或 $Btu/ft^2 \cdot h \cdot °F$；$h_x$，液體側；$h_y$，氣體側

K_ya ：基於氣相的總體積質傳係數

k ：導熱係數，W/m·°C 或 Btu/lb·h·°F

k_y ：質傳係數，g mol/m^2·h·單位莫耳分率或 lb mol/ft^2·h·單位莫耳分率

M ：分子量；M_A, M_B，分別為成分 A 和 B 的分子量；$\bar{M}$，氣流的平均分子量

m ：(19.17) 式和 (19.18) 式中的指數；也是平衡線的斜率

N ：傳遞單位數；N_{Oy}，基於氣相的總傳遞單位數

N_A ：液體的傳遞或蒸發速率，mol/h

n ：(19.17) 式和 (19.18) 式中的指數；也是莫耳數 (例題 19.1)

P ：壓力，atm；P_A'，液體的蒸汽壓

Pr ：Prandtl 數，$c_p\mu/k$

p_A ：蒸汽的分壓，atm

q ：顯熱傳至液體的速率，W 或 Btu/h

Re ：雷諾數，DG/μ

Sc ：Schmidt 數，$\mu/(\rho D_v)$

T ：溫度，K、°C、°R 或 °F；T_i，在氣 - 液界面；T_s，絕熱飽和溫度；T_w，濕球溫度；T_x，液體的整體溫度；T_{xa}，液體在接觸器頂端的溫度；T_{xb}，液體在接觸器底部的溫度；T_y，氣體的整體溫度；T_{ya}，氣體在接觸器頂端的溫度；T_{yb}，氣體在接觸器底部的溫度；T_0，計算焓的基準

v_H ：濕度體積，m^3/kg 或 ft^3/lb

x ：在液體流中氣體成分的莫耳分率；x_e，平衡值

y ：在氣體流中液體成分的莫耳分率；y_e，平衡值；y_i，在氣 - 液界面；y_s，飽和值

$\overline{(1-y)_L}$ ：單向擴散因數

Z ：與接觸區底部的距離，m 或 ft；Z_T，接觸段的總高

z ：水蒸發的莫耳數 (例題 19.1)

希臘字母

λ ：蒸發的潛熱，J/g 或 Btu/lb；λ_s，在 T_s；λ_w，在 T_w；λ_0，在 T_0

μ ：黏度，cP 或 lb/ft·h

ρ ：氣體的密度，kg/m^3 或 lb/ft^3

習題

19.1. 從乙酸纖維素中除去丙酮的一種方法是在乙酸纖維素的纖維上吹送氣流。欲知空氣 - 丙酮混合物的性質，程序控制部門需要一空氣 - 丙酮的濕度圖。經研究發現，絕對濕度範圍為 0 至 6，溫度範圍為 5 至 55°C 即可滿足所需。在總壓為 760 mmHg 下，就以下部分，建構空氣 - 丙酮的濕度圖：(a) 50 及 100% 的百分比濕度線，(b) 飽和比容對溫度，(c) 丙酮的潛熱對溫度；(d) 濕氣比熱對濕度；(e)

▼ 表 19.1 丙酮的性質

溫度 °C	蒸氣壓 mm Hg	潛熱 J/g	溫度 °C	蒸氣壓 mm Hg	潛熱 J/g
0		564	50	620.9	
10	115.6		56.1	760.0	521
20	179.6	552	60	860.5	517
30	281.0		70	1,189.4	
40	420.1	536	80	1,611.0	495

絕對飽和溫度 20°C 和 40°C 的絕對冷卻線，(f) 濕球溫度 20°C 和 40°C 的濕球溫度 (濕度) 線。所需數據見表 19.1。對丙酮蒸汽，$c_p = 1.47$ J/g·°C 且 $h/(M_B k_y) = 1.7$ J/g·°C。

19.2. 空氣和苯蒸汽的混合物在管狀冷凝器中，從 70°C 冷卻至 15°C。入口處的濕度為 0.7 kg 苯蒸汽 /kg 空氣。計算 (a) 進入氣體的濕球溫度，(b) 出口處的濕度，及 (c) 每 kg 的空氣中被傳遞的總熱量。

19.3. 具有 30 in. 的多孔填料的逆向流冷卻塔，被設計用於溫距為 10°F 和冷卻範圍為 17°F 的操作，而濕球溫度為 75°F。塔的截面積為 36 × 36 ft，且空氣流率與水流率分別為 523,000 cfm (在 90°F) 及 6,000 gpm。(a) 求入口空氣的焓以及通過塔的焓變化量。(b) 計算此情況下的 N_{Oy} 和 H_{Oy}。(c) 如果濕球溫度為 78°F 且期望的溫距為 7°F，則需要多少填料？

19.4. 對於如例題 19.3 所描述的冷卻塔，預測在相同液體流率且濕球溫度為 75°F 時，將空氣流率增加 20% 所產生的影響。

19.5. (a) 證明對於在熱空氣中蒸發的小水滴，蒸發時間與水滴大小的平方成正方。(b) 計算直徑為 50 μm 的水滴，在 140°F 空氣中的蒸發時間。(c) 估算含有體積分率 1% 水滴的 50 μm 水滴其噴灑時的體積熱傳係數。

19.6. 27°C，相對濕度為 60% 的空氣，循環流經一外徑為 1.5 cm 的管，15°C 的水以 60 cm/s 流動通過該管。接近管的空氣速度為 1.5 m/s。(a) 是否有水冷凝在管內？(b) 如果發生冷凝，則管壁溫度和界面溫度是多少？

19.7. 使用滲透理論，對於具有相同接觸時間的氣體和液體，求 $k_y a$ 與 $h_x a$ 的近似值，並求氣體阻力占總阻力的分率。

19.8. 160°F 的空氣具有濕球溫度 102°F。求相對濕度、百分比濕度及露點。

19.9. 空氣在 150°F 以 20 ft/s 在大方形管道中流動，管的每邊為 4 ft，求輻射至直徑為 0.5 in. 的濕球溫度計之熱傳係數。試將輻射熱傳係數與對流熱傳係數做一比較。

19.10. 對於例題 19.3 中所描述的冷卻塔，如果乾球和濕球溫度分別為 100 和 68°F，試預測入口和出口水溫。

■參考文獻■

1. Burger, R. *Hydrocarbon Proc.*, **70**(3):59 (1991).
2. Grosvenor, W. M. *Trans. AIChE* **1:**184 (1908).
3. Hensley, J. C. (ed.). *Cooling Tower Fundamentals*, 2nd ed. Overland Park, KS: Marley Cooling Tower Co., 1998.
4. Lewis, W. K. *Trans. AIME* **44:**325 (1922).
5. Perry, R. H., and D. W. Green (eds.). *Perry's Chemical Engineers' Handbook*, 7th ed. New York: McGraw-Hill, 1997, pp. **12**-29, **12**-30.
6. Sherwood, T. K., and R. L. Pigford. *Absorption and Extraction*, 2nd ed. New York: McGraw-Hill, 1952, pp. 97-101.
7. Strigle, R. F., Jr. *Random Packing and Packed Towers*. Houston, TX: Gulf Publication Co., 1987.
8. Willa, J. L. *Chem. Eng.* **104**(11):92 (1997).

CHAPTER

平衡段操作 20

有一類質量傳遞裝置由彼此連接的個別單元或段 (stage) 的組件組成，使得被處理的材料依次通過每一段。兩股流以逆向流通過組件；在每一段中，它們彼此接觸、混合，然後分離。這種多段系統稱為串級 (cascade)。為了進行質量傳遞，進入各段的股流必須彼此不平衡，因與平衡條件偏離才能提供傳遞的驅動力。離開的股流通常並不互相平衡，但比進入的股流更接近於平衡。達到接近於平衡與混合的效率和相之間的質量傳遞有關。為了簡化串級的設計，離開各段的股流通常假定處於平衡，依此定義，此時各段可視為理想 (ideal) 段。隨後應用修正因數或效率說明實際上與平衡的偏離程度。

為了說明平衡段串級的原理，在此描述兩個典型的逆向流多段裝置，一個用於蒸餾或氣體吸收，其中各段在垂直塔中一個接一個向上排列，而另一個用於固 - 液接觸，就如同瀝濾，其各段是在同一水平面上的一系列攪拌槽。其它類型的質傳設備，將在後面的章節中討論。

階段接觸的裝置

典型的蒸餾裝置

連續蒸餾的裝置顯示於圖 20.1 中。蒸餾塔 *C* 為待蒸餾的液體混合物連續進料之處，由加熱元件 *B* 傳遞的熱量，將再沸器 *A* 中的液體，部分轉化為蒸汽。來自蒸餾塔的蒸汽流與塔 *C* 中下降的沸騰液體進行緊密接觸，此液體必須在低沸物 (low boiler) 中足夠充分，使得低沸物在塔的每個階段進行由液體至蒸汽的質量傳遞。這種液體只是將塔頂蒸汽冷凝而得，並將一些液體返回塔頂。這種返回的液體稱為**回流** (reflux)。使用回流可提高塔頂產物的純度，但是要一些成本，因為在再沸器中產生的蒸汽必須提供回流和塔頂產物，而此能量成本占蒸餾分離總成本的大部分。

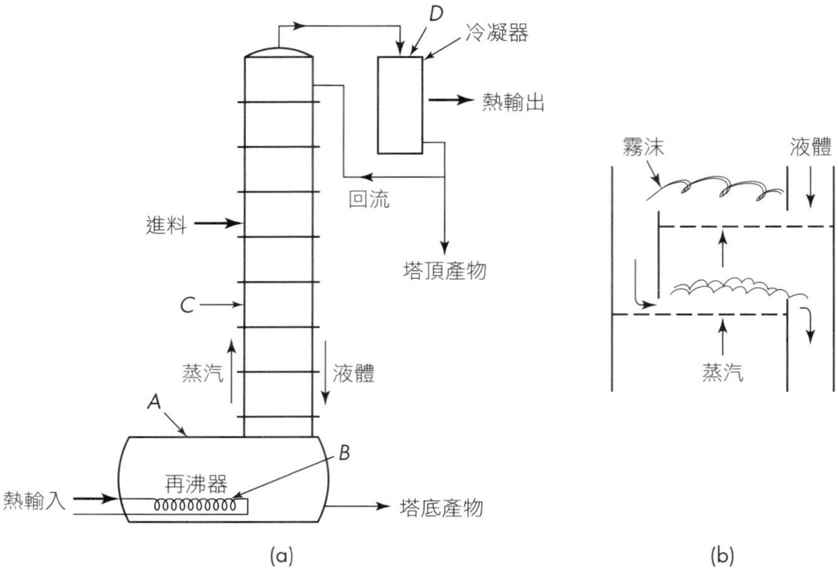

▲ 圖 20.1 (a) 具有分餾塔的再沸器：A，再沸器；B，加熱元件；C，塔；D，冷凝器。(b) 篩板的細部

進入塔頂的回流通常是在沸點；但如果較冷時，則幾乎立即被蒸汽加熱至其沸點。在塔的其餘部分中，任何階段的蒸汽與液體處於相同的溫度，而此溫度為液體的沸點。由於壓力的增加和高沸點成分的濃度增加，溫度會沿塔往下增加。

因為進入一階段的蒸汽所含的低沸物，若比與輸入該段的液體成平衡的蒸汽低時，則在各段會發生蒸汽的增濃 (enrichment)。如果通常，塔頂蒸汽完全冷凝，則其具有與產物和回流相同的組成。然而，回流具有比到達頂部階段的蒸汽更濃的平衡蒸汽組成。因此，頂段蒸汽的低沸物增加而以回流液為代價，亦即部分消耗低沸物的回流，但是如果流速已經正確設置，則流經第二段的液體仍然能夠使到達第二段的低品質蒸汽增濃，在塔的所有段中，一些低沸物從液體擴散到蒸汽中，並且相對應量的高沸物 (high boiler) 從蒸汽擴散到液體，低沸物的蒸發熱由高沸物的冷凝熱提供，並且塔中上升蒸汽的總莫耳流率幾乎恆定。

在進料板上方的塔的上部稱為**精餾段** (rectifying section)。此處蒸汽流中的低沸物增加，因為它與回流接觸。如果回流在低沸物中的濃度足夠高以產生所需的產物，那麼回流起源於何處是無關緊要的。通常的回流來源是離開冷凝器 *D* 的冷凝液。部分冷凝液被取出作為產物，其餘則返回到塔的頂部。有時是以塔頂蒸汽的部分冷凝來提供回流；於是回流在組成上不同於作為塔頂產物而離開的蒸汽。如果沒有形成共沸物 (azeotrope)，則到達冷凝器的蒸汽可以利用高塔和大回流而達到接近於所需的完全純度。

在進料板下面的塔的部分是**汽提** (stripping) 或**增濃** (enriching) 段，其中液體逐漸汽提低沸物而使高沸點成分的濃度增加。如通常的情況，如果進料是液體，則其加入到蒸餾塔的較低部分的液體流中，如果進料是冷的，則必須由再沸器提供額外的蒸汽將進料的溫度升高至沸點。為了實現這一點，所加入的蒸汽在與進料接觸時會被冷凝，增加了經由汽提段向下流動的液體。塔功能的細節和進料狀況的影響將在第 21 章討論。

從再沸器中取出的液體，含有大部分高沸點成分和通常只有少量的低沸物，這種液體稱為**底部產物** (bottom product) 或**底部** (bottoms)。

圖 20.1a 所示的蒸餾塔包含多個彼此疊置的板或盤。通常這些板是穿孔的並且稱為篩板，其詳細部分顯示於圖 20.1b。它們包括具有多孔的水平盤和用作降流管 (downcomer) 和分段堰的垂直板。有時，如第 21 章所述，孔包含閥或栓塞，當蒸汽通過它們時會向上掀起。來自已知板的降流管幾乎到達下方的塔盤。液體流過堰沿塔往下由一板流到另一板，通過塔板後，於塔板處，上升的蒸汽產生泡沫。泡沫上方的蒸汽空間含有由塌陷的氣泡形成的細小液滴的霧，大多數液滴落回液體中，但是一些液滴被蒸汽夾帶並被攜至上方的板上。參閱第 21 章有關夾帶 (entrainment) 對蒸餾塔功能的影響之討論。

典型瀝濾裝置

在瀝濾 (leaching) 中，可溶性物質藉液體溶劑從其與惰性固體的混合物中溶解。圖 20.2 為典型的逆向流瀝濾設備的流程圖。它由一系列單元組成，其中來自前一單元的固體與來自後一單元的液體混合，並使混合物沈降。然後將固體輸送到下一個後繼單元，並將液體輸送到前一單元。隨著液體由一單元流到另一單元，其溶質變得豐富，而當固體在相反方向上從一單元流到另一單元時，其溶質變得貧乏。從系統的一端排出的固體係經充分萃取，而在另一端離開的溶液中的溶質則增加。萃取的徹底性取決於溶劑的量和單元的數量。原則上，如果使用足夠的溶劑和足夠數量的單元，未萃取的溶質可以減少到任何所需的程度。

多段瀝濾也可以在單件設備中進行，其中固相是以機械式移動以實現逆向流流動。兩個瀝濾的例子顯示於圖 23.1。

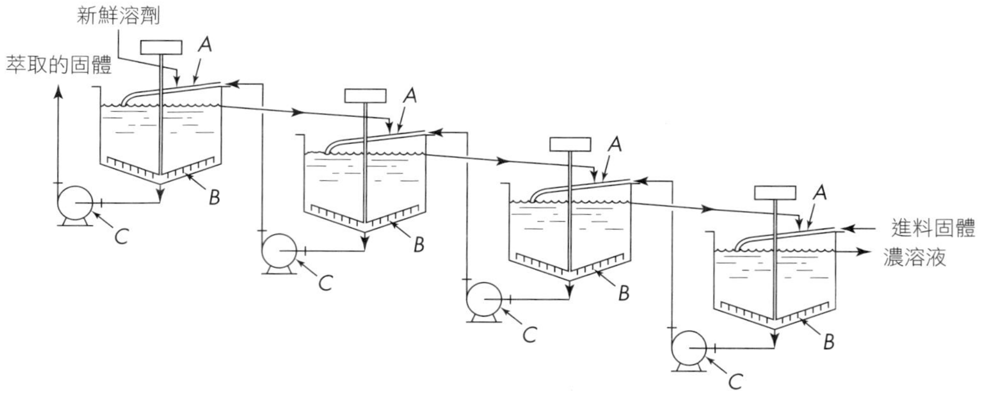

▲ 圖 20.2　逆向流瀝濾裝置：A，洗滌器；B，耙；C，漿泵

階段程序的原理

在圖 20.1 和圖 20.2 所示的篩板塔和逆向流瀝濾裝置中，串級由一系列互連的單元或段組成。作為整體組合的研究，最好注意力集中在通過各個段之間的股流。串級中的一個別單元從與其相鄰的兩個單元接收兩股流，一個 V 相和一個 L 相，使它們緊密接觸，並且分別將 L 相和 V 相遞送到相同的相鄰單元。接觸單元可以如在篩板塔一樣，布置成一個在另一個上方，或者如在一段瀝濾設備一樣並排布置，此事實在機械上是重要的，並且會影響個別段操作的一些細節。然而，相同的質量均衡方程式可以用於任一種布置。

階段接觸裝置的術語

串級中的各個接觸單元從一端開始依序編號。在本書中，各段係以在 L 相的流動方向上編號，而最後一段是排放出 L 相。系統中的一般段是第 n 段，它是從 L 相的入口算起的第 n 個段。在序列中緊接在 n 段之前的是 $n-1$ 段，並且緊隨其後的段是 $n+1$ 段。使用板塔作為例子，圖 20.3 顯示出串級中的單元如何編號。段的總數為 N，因此裝置中的最後段是第 N 段。

為指明與任何一段有關的股流和濃度，源自該段的所有股流，皆以下標註明該單元的號碼。因此，對兩成分系統而言，y_{n+1} 為離開第 $n+1$ 段之 V 相中成分 A 的莫耳分率，而 L_n 為離開第 n 段之 L 相的莫耳流率。圖 20.3 顯示進入與離開串級的股流以及進入與離開一板塔中第 n 段的股流。該圖可以代表吸收器，汽提器或蒸餾塔的精餾段。第 4 篇表 B 中的 V_a, L_b, y_a 與 x_b 等量分別等於 V_1, L_N, y_1 與 x_N。這可以參考圖 20.3 看出。

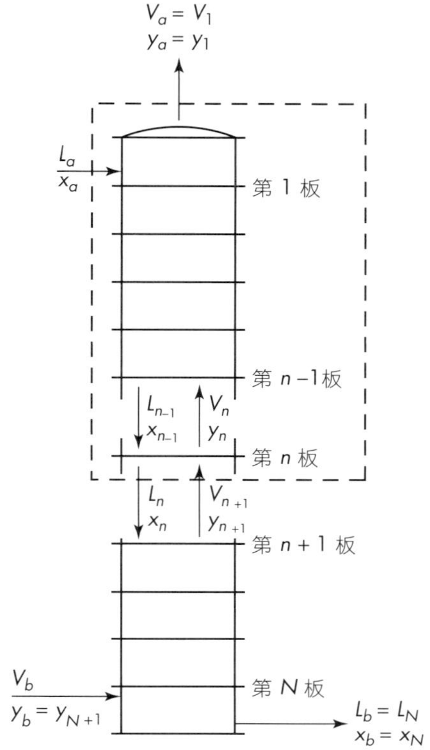

▲ 圖 20.3 板塔的質量均衡圖

質量平衡

以下的推導使用莫耳分率，但是基於質量分率的類似方程式則常用於萃取問題。考慮串級中包括第 1 段至第 n 段的部分，如圖 20.3 中由虛線包圍的部分。這個部分的物料總輸入為 $L_a + V_{n+1}$ mol/h，而總輸出為 $L_n + V_a$ mol/h。因為在穩定流動下，既沒有累積也沒有損耗，所以輸入和輸出相等，即

$$L_a + V_{n+1} = L_n + V_a \tag{20.1}$$

(20.1) 式為一總質量均衡式，可以將成分 A 的輸入等於輸出來寫出另一個均衡式。因為在一股流中，成分 A 的莫耳數是股流中 A 的流率和莫耳分率的乘積，所以對於二成分系統，所研究的成分 A 輸入至段的量為 $L_a x_a + V_{n+1} y_{n+1}$ mol/h，而輸出的量為 $L_n x_n + V_a y_a$ mol/h，因此

$$L_a x_a + V_{n+1} y_{n+1} = L_n x_n + V_a y_a \tag{20.2}$$

對於成分 B 亦可寫出一質量均衡式，但此式與 (20.1) 式和 (20.2) 式並非獨立，因為若將 (20.1) 式減 (20.2) 式，結果為成分 B 的質量均衡式。在所選擇的段上，(20.1) 式與 (20.2) 式產生了僅由質量均衡得到的資訊。

以相同的方式求得涵蓋整個串級的總均衡：

總質量均衡：

$$L_a + V_b = L_b + V_a \tag{20.3}$$

成分 A 均衡：

$$L_a x_a + V_b y_b = L_b x_b + V_a y_a \tag{20.4}$$

焓均衡

在許多平衡階段的程序中，忽略機械勢能和動能可以簡化一般能量均衡。此外如果該程序並未作功且為絕熱，則可應用簡單的焓均衡。那麼對於兩成分系統，對於前 n 段

$$L_a H_{L,a} + V_{n+1} H_{V,n+1} = L_n H_{L,n} + V_a H_{V,a} \tag{20.5}$$

其中 H_L 與 H_V 分別為 L 相與 V 相中每莫耳的焓。對於整個串級而言，

$$L_a H_{L,a} + V_b H_{V,b} = L_b H_{L,b} + V_a H_{V,a} \tag{20.6}$$

兩成分系統的圖解法

對於僅包含兩成分的系統，可以用圖形解決許多質量傳遞的問題。此方法基於質量均衡與平衡關係；一些更複雜的方法也需要用到焓均衡。這些更複雜的方法將在第 21 章中討論。在以下的各節中，我們將討論簡單圖解法所依據的原理，其具體操作的詳細應用將在後續章節中介紹。

操作線圖

對於兩成分系統，串級中兩相的組成可以在算術圖上表示，其中 x 是橫座標，y 是縱座標。如 (20.2) 式所示，塔中間點的質量均衡涉及 x_n 與 y_n，其中 x_n 為離開第 n 段的 L 相的濃度，y_n 為進入該段的 V 相的濃度。(20.2) 式可以寫得更清楚以顯示其中的關係，亦即

$$y_{n+1} = \frac{L_n}{V_{n+1}} x_n + \frac{V_a y_a - L_a x_a}{V_{n+1}} \tag{20.7}$$

(20.7) 式為塔的操作線方程式；若將所有段的 x_n 與 y_{n+1} 繪出，則通過這些點的線稱為**操作線** (operating line)。注意，若 L_n 與 V_{n+1} 在整個塔中皆為恆定，則方程式為一直線，其斜率為 L/V，截距為 $y_a - (L/V)x_a$，此線很容易求出。對於這種情況，操作線也可以畫成連接端點組成 (x_a, y_a) 與 (x_b, y_b) 的直線。欲了解為什麼這是真的，將圖 20.3 的虛線矩形擴展為包括第 N 板，並且考慮進入底段的股流 V_b 與來自假設段 (hypothetical stage) $N + 1$ 的股流相當，使得 y_b 對應於 y_{N+1}，而 x_b 對應於 x_N。同理，在塔頂之股流 L_a 可視為來自編號為 0 的假設段，使得點 (x_0, y_1) 或 (x_a, y_a) 位於操作線的真實上端。

在充填塔或其它非階段接觸裝置中，例如在第 18 章描述的用於氣體吸收的裝置，x 和 y 是高度 Z 的連續函數，而在分段塔中，x 和 y 僅具有離散值。平衡線當然是連續的，但是操作線被繪製成連接有關 y_{n+1} 與 x_n 的一系列組成。然而，通常，我們不確定 y_n 和 x_n 的值，因此我們將操作線畫成直線。

當塔內的流率不恆定時，則簡單算術座標圖上的操作線不是直線。終點組成仍可用於定出線的端點，且可對塔內各段進行質量均衡計算以建立幾個中間點。因為通常操作線僅稍微彎曲，所以只需要一個或兩個其它點。

操作線相對於平衡線的位置決定了質量傳遞的方向，以及所予分離需要的段數。以實驗、熱力學計算或從公開的來源 [2] 找到平衡數據，而平衡線僅是 x_e 和 y_e 的平衡值的圖。對於蒸餾塔中的精餾，操作線必須位於平衡線下方，如圖 20.4a 所示。那麼進入任何塔板的蒸汽所含的低沸物量，將小於與離開該板的液體達平衡的蒸汽所含的低沸物量，使得通過液體的蒸汽將增濃低沸點成分，只要線不接觸，則線的相對斜率就不重要；操作線可以不如平衡線陡峭，且蒸汽的逐漸增濃仍會發生。質傳的驅動力為 $y_e - y_{n+1}$ 之差，如圖 20.4a 所示。

當一成分從 V 相傳遞至 L 相時，如同從惰性氣體中吸收可溶性物質，操作線必須位於平衡之上方，如圖 20.4b 所示。質傳的驅動力現在是 $y_{n+1} - y_e$，即實際蒸汽組成與塔中該位置的液體達平衡的蒸汽組成之間的差異。在氣體吸收塔的設計中，通常選擇液體流率以使操作線比平衡線稍陡，如此可在塔底產生適度大的驅動力，並允許以相對少的段數進行所需的分離。

將氣體的一種成分吸收到非揮發性溶劑中，當兩相通過塔時，總氣體流率降低，而總液體流率增加。雖然以斜率的變化百分率而言，L/V 不如 L 或 V 中的變化那麼大，由於 L 和 V 在塔底為最大而在塔頂為最小，因此操作線通常是彎曲的。稍後在例題 20.1 中將顯示計算操作線上的中間點求法。

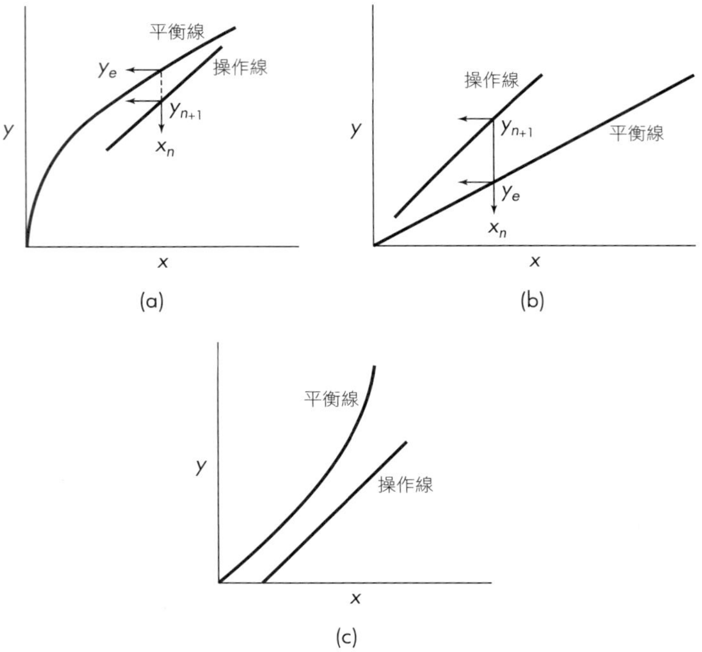

▲ 圖 20.4 操作線與平衡線：(a) 精餾，(b) 氣體吸收，(c) 脫除

氣體吸收的反向操作稱為脫除 (desorption) 或汽提 (stripping)，進行從吸收溶液中回收有價值的溶質並將溶液再生的操作。操作線必須位於平衡線下方，如圖 20.4c 所示。通常需改變溫度或壓力以使平衡線比吸收程序更陡。

理想接觸段

理想段可作為實際段比較的標準。在理想段中，離開該段的 V 相與離開同一段的 L 相成平衡。例如，若圖 20.3 中的第 n 板為一理想段，則濃度 x_n 和 y_n 為 x_e 對 y_e 的曲線上點的座標，表示相之間的平衡。在一塔板中，理想段亦稱為**完美板** (perfect plate)。

為了在設計中使用理想段，我們需採用稱為**段效率** (stage efficiency) 或**板效率** (plate efficiency) 的修正因數，其將理想段與實際段相關聯。板的效率在第 21 章討論，目前的討論限於理想段。

確定理想段的數量

一般重要性的問題是在實際串級中找到所需的理想段數，並涵蓋期望的濃度範圍 x_a 至 x_b 或 y_a 至 y_b。如果可以確定該數量，並且有關於段效率的資訊可用，則可以計算實際的段數。這是設計串級的常用方法。

當在每個相中只有兩成分時，確定理想段數目的簡單方法是使用操作線圖的圖形構造。圖 20.5 顯示一典型氣體吸收塔的操作線與平衡線。操作線的端點為點 a 與點 b，點 a 的座標為 (x_a, y_a)，而點 b 的座標為 (x_b, y_b)。確定完成氣相濃度變化 y_b 至 y_a 和液相濃度變化 x_a 至 x_b 所需的理想段之數目的問題，可如下求解。

離開作為第 1 段的頂段其氣體濃度為 y_a 或 y_1。如果該段是理想段，則離開的液體與離開的蒸汽達成平衡，因此點 (x_1, y_1) 必須位於平衡線上。這個事實產生了固定點 m，此點是從點 a 水平移動到平衡線而求得。點 m 的橫座標為 x_1，現在使用操作線，它通過座標形式為 (x_n, y_{n+1}) 的所有點，因 x_1 為已知，我們可從點 m 垂直移動交操作線於點 n 而得 y_2，點 n 的座標為 (x_1, y_2)。由點 a、m 和 n 點定義的階段 (step) 或三角形表示一個理想段，即該塔中的第一個理想段。以重複相同的作圖法可在圖上構成第二段，即自點 n 水平移動，交平衡線於點 o，其座標為 (x_2, y_2)，且再垂直向操作線移動，交操作線於點 p，其座標為 (x_2, y_3)。再重複此作圖法可得第三段，得到三角形 pqb。對於圖 20.5 所示的情況，第三段為最後一段，因為進入該段的氣體濃度為 y_b，而離開該段的液體濃度為 x_b，此兩者皆為期望的端點濃度，此分離需要三個理想段。

相同的作圖法可用於確定任何串級中所需的理想段數目，無論其是用於氣體吸收、汽提、蒸餾、瀝濾或液體萃取。這種交替地利用操作線與平衡線逐步作圖以求得理想段數目的方法，首先應用於蒸餾塔的設計，稱為 McCabe-Thiele 法。[4] 圖的建構可以在塔的任一端開始，並且一般來說，最後階段不會如圖 20.5 的情況，精確地滿足端點濃度。此時可使用分數段 (fractional step)，或者可以將理想段數目進位至最接近的整數。

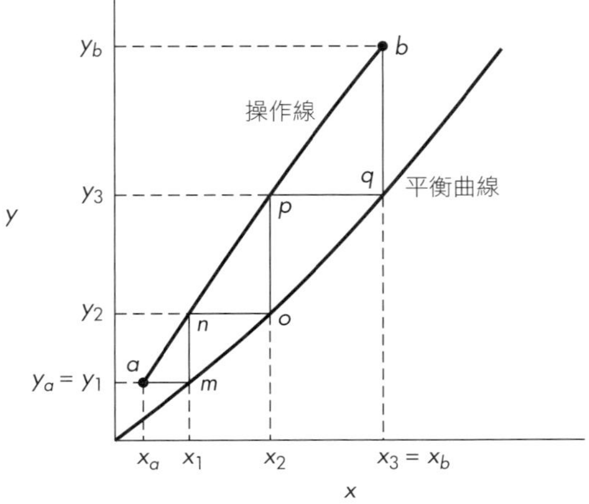

▲ 圖 20.5　氣體吸收塔的操作線圖

例題 20.1

利用一板式塔，將丙酮自其與空氣之混合物中吸入至非揮發性吸收油中。進入氣體含有 30 mol % 的丙酮，而進入的油不含丙酮。空氣中的丙酮有 97% 被吸收，塔底的濃縮液含有 10 mol% 丙酮。平衡關係為 $y_e = 1.9x_e$。試繪出操作線並求出理想段的數目。

解

選擇 100 mol 的進入氣體作為基量，並令其等於 V_b，則丙酮進入的量為 $0.3 \times 100 = 30$ mol；空氣進入的量為 $100 - 30 = 70$ mol。因有 97% 的丙酮被吸收，所以離開的丙酮量為 $0.03 \times 30 = 0.9$ mol，且 $y_a = 0.9/70.9 = 0.0127$；丙酮被吸收的量為 $30 - 0.9 = 29.1$ mol。因離開的溶液中含 10% 丙酮，且在進入的油中不含丙酮，所以 $0.1L_b = 29.1$，$L_b = 291$ mol，因此 $L_a = 291 - 29.1 = 261.9$ mol。

欲求操作線上的中間點，可對塔頂部的丙酮作均衡，並對留在氣體中的丙酮的莫耳數 yV 設定一特別數值。例如設有 10 莫耳留在氣體中，則

$$y = \frac{10}{10 + 70} = 0.125$$

在此部分氣體損失的丙酮莫耳數為 $10 - 0.9$，或 9.1，必須等於液體所獲得的莫耳數。故當 $y = 0.125$ 時，

$$x = \frac{9.1}{261.9 + 9.1} = 0.0336$$

對於 $yV = 20$ 作類似的計算，可得 $y = 20/90 = 0.222$ 而 $x = 19.1/(261.9 + 19.1) = 0.068$。

操作線繪於圖 20.6 中。雖然它看起來只是稍微彎曲，但是頂部斜率是底部斜率的 1.57 倍。局部斜率不等於局部 L/V 比，因為當 y 大時，y 的變化不與傳遞的量成比例，這是由於總流量有變化。L/V 的比從底部到頂部僅改變 1.26 倍。對於增濃氣體，使用平均斜率或平均 L/V 和在下一節中呈現的吸收因數法並不能獲得正確的設計。

理想段的數目是 4 和一個分數。基於所需的 x 變化相對於一完整階段產生的變化，其分數為 l_1/l_2，亦即 0.27。基於 y 的變化的類似計算得到分數為 0.33；兩者不同，因為操作線與平衡線不平行。因此答案是 4.3 段。

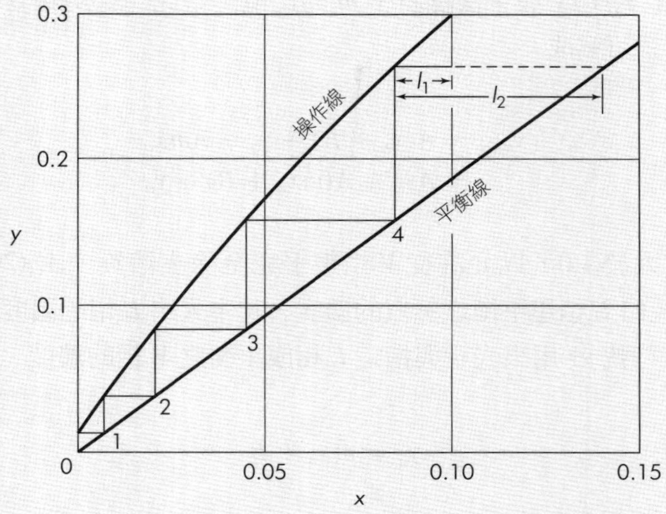

▲ 圖 20.6 例題 20.1 的圖

計算理想段數目的吸收因數法

當操作線與平衡線在 x_a 至 x_b 的已知濃度範圍內均為直線時，理想段的數目可直接利用公式求得而不需用圖解法。所需的公式其推導如下：

令平衡線的方程式為

$$y_e = mx_e + B \tag{20.8}$$

其中 m 與 B 均為常數。若 n 段為理想段，則

$$y_n = mx_n + B \tag{20.9}$$

在理想段與恆定的 L/V 下，將 x_n 代入 (20.7) 式可得

$$y_{n+1} = \frac{L(y_n - B)}{mV} + y_a - \frac{Lx_a}{V} \tag{20.10}$$

為了方便起見，定義一吸收因數 A 如下：

$$A \equiv \frac{L}{mV} \tag{20.11}$$

吸收因數為操作線 L/V 與平衡線斜率 m 的比值，當此二線均為直線時，其為一常數。(20.10) 式可寫成

$$\begin{aligned} y_{n+1} &= A(y_n - B) + y_a - Amx_a \\ &= Ay_n - A(mx_a + B) + y_a \end{aligned} \tag{20.12}$$

通常使 A 大於 1.0，以允許從 V 相幾乎完全除去溶質，由 (20.8) 式可知，$mx_a + B$ 為與入口 L 相達平衡之蒸汽的濃度，其中入口 L 相的濃度為 x_a。此可由圖 20.7 得知。符號 y^* 用來表示與指定 L 相成平衡之 V 相的濃度，則

$$y_a^* = mx_a + B \tag{20.13}$$

而 (20.12) 式變為

$$y_{n+1} = Ay_n - Ay_a^* + y_a \tag{20.14}$$

(20.14) 式可以用於逐步計算從第 1 段開始的每段的 y_{n+1} 值。該方法可以在圖 20.7 的幫助下進行。

對於第 1 段，將 $n = 1$ 代入 (20.14) 式，並且注意 $y_1 = y_a$ 可得

$$y_2 = Ay_a - Ay_a^* + y_a = y_a(1 + A) - Ay_a^*$$

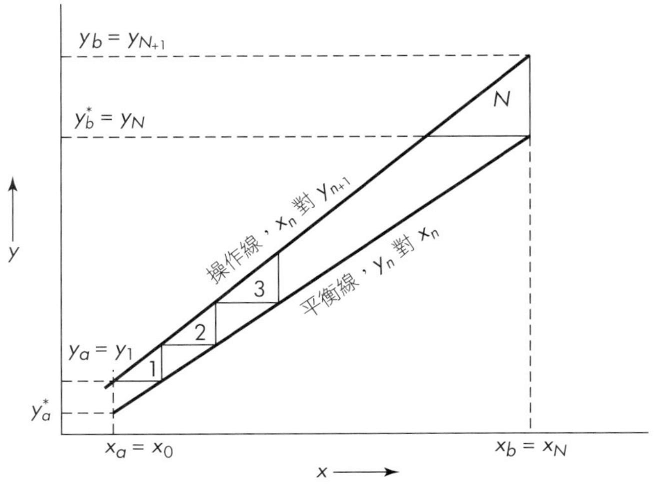

▲ 圖 20.7 吸收因數方程式的推導

對於第 2 段，以 $n = 2$ 代入 (20.14) 式，並消去 y_2 得

$$\begin{aligned} y_3 &= Ay_2 - Ay_a^* + y_a = A[y_a(1 + A) - Ay_a^*] - Ay_a^* + y_a \\ &= y_a(1 + A + A^2) - y_a^*(A + A^2) \end{aligned}$$

這些方程式可推廣至第 n 段，得

$$y_{n+1} = y_a(1 + A + A^2 + \cdots + A^n) - y_a^*(A + A^2 + \cdots + A^n) \tag{20.15}$$

對於整個串級，總段數為 $n = N$，且

$$y_{n+1} = y_{N+1} = y_b$$

則
$$y_b = y_a(1 + A + A^2 + \cdots + A^N) - y_a^*(A + A^2 + \cdots + A^N) \tag{20.16}$$

(20.16) 式的括號內的和均為幾何級數的和。這種級數的和為

$$s_n = \frac{a_1(1 - r^n)}{1 - r}$$

其中 s_n = 級數的首 n 項之和

a_1 = 首項

r = 公比

則 (20.16) 式可寫成

$$y_b = y_a \frac{1 - A^{N+1}}{1 - A} - y_a^* A \frac{1 - A^N}{1 - A} \tag{20.17}$$

(20.17) 式為 **Kremser 方程式** (Kremser equation) 的一種形式。[3] 它可以原樣使用或以關於 N, A 和端點濃度的圖表的形式使用。[1,5] 它也可以用下列的方法變成更簡單的形式。

對於第 N 段，(20.14) 式為

$$y_b = Ay_N - Ay_a^* + y_a \tag{20.18}$$

由圖 20.7 可知 $y_N = y_b^*$，而 (20.18) 式可寫成

$$y_a = y_b - A(y_b^* - y_a^*) \tag{20.19}$$

合併 (20.17) 式中含 A^{N+1} 的項，可得

$$A^{N+1}(y_a - y_a^*) = A(y_b - y_a^*) + y_a - y_b \tag{20.20}$$

將 (20.19) 式中的 $y_a - y_b$ 代入 (20.20) 式得

$$A^N(y_a - y_a^*) = y_b - y_a^* - y_b^* + y_a^* = y_b - y_b^* \tag{20.21}$$

(20.21) 式取對數並解出 N 得

$$N = \frac{\ln[(y_b - y_b^*)/(y_a - y_a^*)]}{\ln A} \tag{20.22}$$

又由 (20.19) 式

$$\frac{y_b - y_a}{y_b^* - y_a^*} = A \tag{20.23}$$

(20.22) 式可寫成

$$N = \frac{\ln[(y_b - y_b^*)/(y_a - y_a^*)]}{\ln[(y_b - y_a)/(y_b^* - y_a^*)]} \tag{20.24}$$

(20.24) 式中各濃度差顯示於圖 20.8。

當操作線與平衡線平行時，A 等於 1 且 (20.22) 式與 (20.24) 式為不定型 (indeterminate)。此時，段數恰等於濃度的總變化除以驅動力，此為一常數。因此

$$N = \frac{y_b - y_a}{y_a - y_a^*} = \frac{y_b - y_a}{y_b - y_b^*} \tag{20.25}$$

若操作線的斜率低於平衡線，則 A 小於 1.0，但是 (20.22) 式和 (20.24) 式仍然可以經由反轉兩個項來使用，亦即

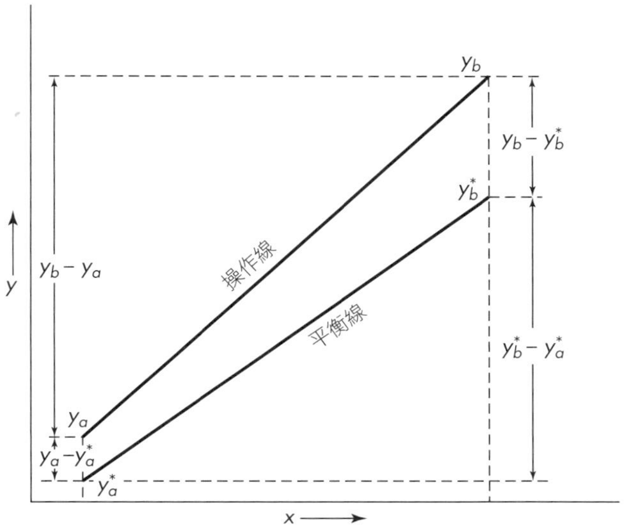

▲ 圖 20.8 (20.24) 式中的濃度差

$$N = \frac{\ln[(y_a - y_a^*)/(y_b - y_b^*)]}{\ln(1/A)} \tag{20.26}$$

或

$$N = \frac{\ln[(y_a - y_a^*)/(y_b - y_b^*)]}{\ln[(y_b^* - y_a^*)/(y_b - y_a)]} \tag{20.27}$$

在吸收塔的設計中，如前所述，通常選擇液體速率以使操作線比平衡線更陡，或者使 A 大於 1。當我們處理兩種或更多種可吸收成分時，則可能出現 A 小於 1.0 的值。如果主溶質的 A 值略大於 1.0，則具有很低溶解度 (較高的 m 值) 的第二成分將具有明顯小於 1.0 的 A 值。如果氣流和溶液皆是稀薄的，則前述方程式皆可獨立地應用於每一成分。

(20.24) 式的 L 相形式

選擇 y 而不選擇 x 作為濃度座標是任意的。它是氣體吸收計算中的常用變數。它也可以用於汽提，但在實用上，以 x 表示的方程式較為常見。它們是

$$N = \frac{\ln[(x_a - x_a^*)/(x_b - x_b^*)]}{\ln[(x_a - x_b)/(x_a^* - x_b^*)]}$$

$$= \frac{\ln[(x_a - x_a^*)/(x_b - x_b^*)]}{\ln S} \tag{20.28}$$

其中　x^* = 對應 y 的平衡濃度

　　　S = 汽提因數

汽提因數 S 定義為

$$S \equiv \frac{1}{A} = \frac{mV}{L} \tag{20.29}$$

汽提因數是平衡線的斜率與操作線的斜率的比值，並且通常選擇的條件是使 S 大於 1。(20.28) 式的濃度差顯示於圖 20.9。

如推導所示，不假定平衡線的線性延伸通過原點，只需要在範圍內的直線為線性，而在此範圍內表示段 (stage) 的階段 (step) 與線接觸，此線如圖 20.9 中的線 AB 所示。因此，平衡線在原點附近幾乎是線性，但在較高濃度下則為曲線，有時在其部分範圍可當作一直線，以便能使用 Kremser 方程式。

Kremser 方程式的各種形式是以莫耳分率的濃度導出的，蒸餾或吸收通常選擇莫耳分率濃度。對於一些操作，包括萃取和瀝濾，濃度可用莫耳比或質量比表示，其定義為擴散成分的量除以惰性不擴散成分的量。如果選擇的單位能得到平衡線和操作線均為直線，則可以使用 Kremser 方程式來求出段的數目。

在設計設備時，從所提出的端點濃度和 A 或 S 的選定值來計算 N。(20.22) 式或 (20.24) 式用於吸收，而 (20.22) 式用於汽提。在估計現有設備的操作條件中變化的影響時，(20.21) 式用於吸收或其類比，(20.30) 式用於汽提。

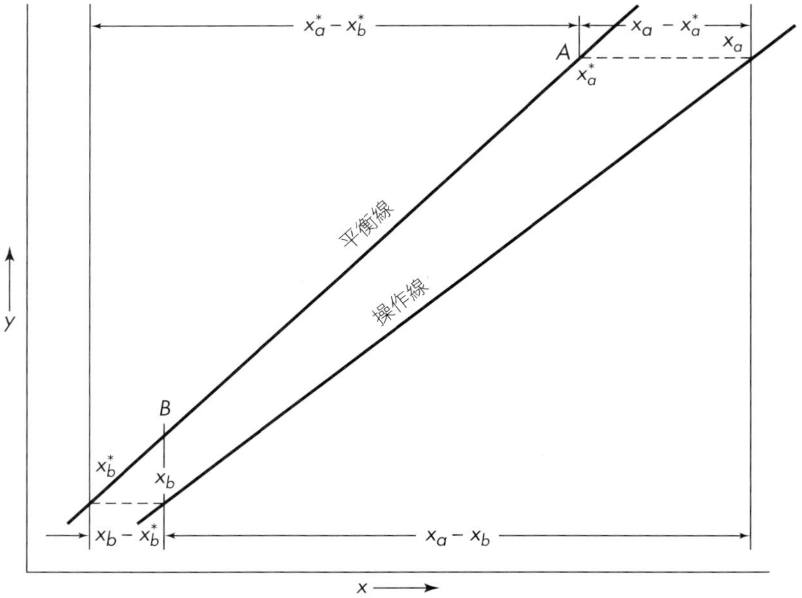

▲ 圖 20.9　(20.28) 式中的濃度差

$$S^N = \frac{x_a - x_a^*}{x_b - x_b^*} \tag{20.30}$$

例題 20.2

氨在含有 7 個篩板的塔中與空氣逆向流接觸，從一稀水溶液中汽提出來。平衡關係為 $y_e = 0.8x_e$，當空氣的莫耳流率為溶液的 1.5 倍時，90% 的氨被去除。(a) 試問該塔有多少理想段？且段效率是多少？ (b) 若空氣流率增加到溶液流率的 2.0 倍，則去除百分率為多少？

解

(a) 對於稀薄溶液與稀薄氣體，假設 L 與 V 為常數，汽提因數為

$$S = \frac{mV}{L} = 0.8 \times 1.5 = 1.2$$

所有濃度都可用 x_a 表示，進入的溶液中，NH_3 的莫耳分率為：

$$x_b = 0.1x_a \qquad x_b^* = 0 \qquad \text{因 } y_b = 0$$

由氨均衡，$V\Delta y = Vy_a = L\,\Delta x + L(0.9x_a)$。因此

$$y_a = \frac{L}{V}(0.9x_a) = \frac{0.9}{1.5}x_a = 0.6x_a$$

又，

$$x_a^* = \frac{y_a}{m} = \frac{0.6x_a}{0.8} = 0.75x_a$$

由 (20.28) 式，

$$N = \frac{\ln[(x_a - 0.75x_a)/(0.1x_a - 0)]}{\ln S} = \frac{\ln(0.25x_a/0.1x_a)}{\ln 1.2} = 5.02$$

分離需要 5.02 個理想段，因此段效率為 5.02/7 = 72%。

(b) 若 V/L 增至 2.0 且理想段的數目 N 不變 (相同的段效率)，$S = 0.8 \times 2.0 = 1.6$，則由 (20.30) 式可知

$$\ln\frac{x_a - x_a^*}{x_b} = 5.02 \ln 1.6 = 2.36$$

$$\frac{x_a - x_a^*}{x_b} = 10.59$$

設 f 為 NH_3 去除的分率，則 $x_b = (1 - f)x_a$。由質量均衡，

$$y_a = \frac{L}{V}(x_a - x_b)$$

$$= \tfrac{1}{2}[x_a - (1 - f)x_a] = \tfrac{1}{2} f x_a$$

$$x_a^* = \frac{y_a}{m} = \frac{0.5 f x_a}{0.8} = 0.625 f x_a$$

因此 $\quad x_a - x_a^* = (1 - 0.625 f)x_a$

又， $\quad x_a - x_a^* = 10.59 x_b = 10.59(1 - f)x_a$

由此得 $f = 0.962$，即 96.2% 被去除。

圖 20.10 中繪出了原始情況和新情況的條件。

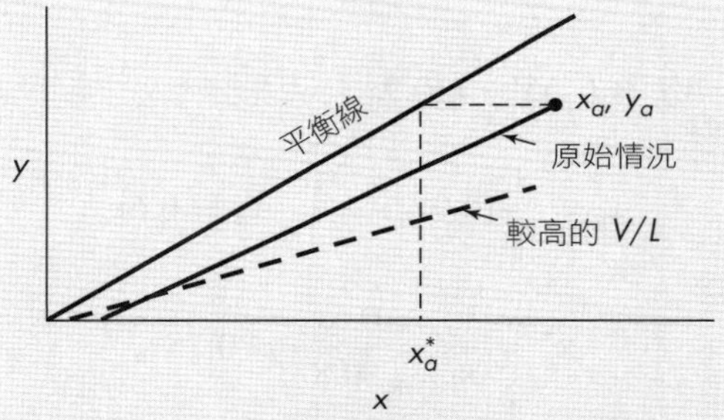

▲ 圖 20.10　例題 20.2 的圖

多成分系統的平衡段計算

對於包含超過兩個或三個成分的系統，圖解法通常沒有價值，並且已知問題中所需的理想段數目必須以代數計算求得。這些涉及平衡關係；質量均衡 [(20.1) 式和 (20.2) 式]；以及 (有時) 焓均衡 [(20.5) 式和 (20.6) 式] 的知識和應用。計算在條件已知的串級中的某一點開始。在某些假設的基礎上，滿足平衡要求和質能均衡的後續段的條件，可用數學方法求得，而通常以疊代法 (iteration) 求

解。繼續逐段計算，直到達到期望的端點條件，或者如經常發生的情況，亦即，它們顯然無法達到我們所要的條件。如果發生這種情況，則修改基本假設，並重複整個計算直到問題解決為止。對於多成分系統的初步計算，可以使用某些近似方法，這大大減少了所涉及的勞力，但是多成分串級的嚴格計算現在由計算機執行。(參閱第 22 章。)

符號

A ： 吸收因數，L/mV，無因次

a_1 ： 幾何級數的首項

B ： (20.8) 式中的常數

f ： 氨被吸收的分率 (例題 20.2)

H ： 比焓，J/g 或 Btu/lb；H_L，L 相的比焓；$H_{L,a}$，在入口處的比焓；$H_{L,b}$，在出口處的比焓；$H_{L,n}$，離開第 n 段 L 相的比焓；H_V，V 相的比焓；$H_{V,a}$，在出口處的比焓；$H_{V,b}$，在入口處的比焓；$H_{V,n+1}$，離開第 $n+1$ 段 V 相的比焓

L ： L 相的流率，kg mol/h 或 lb mol/h；L_N，由串級最終段流出；L_a，在入口處；L_b，在出口處；L_n，由第 n 段流出

l_1, l_2 ： 圖 20.6 中線段的長度

m ： 平衡線的斜率，dy_e/dx_e

N ： 理想段的總數

n ： 理想段的序號，由 L 相的入口算起

r ： 幾何級數中連續項的比

S ： 汽提因數，mV/L，無因次

s_n ： 幾何級數中首 n 項的和

V ： V 相的流率，kg mol/h 或 lb mol/h；V_a，在出口處；V_b，在入口處；V_{n+1}，由第 $n+1$ 段流出；V_1，離開串級的首段之 V 相流率

x ： L 相中的莫耳分率；當只有兩個成分存在時用於成分 A；x_N，由串級最終段出來的 L 相中之莫耳分率；x_a，在入口處；x_b，在出口處；x_e，平衡時的 L 相之莫耳分率；x_n，由第 n 段流出來的；x^*，與 V 相的指定股流成平衡的 L 相之莫耳分率；x_a^*，與 y_a 成平衡；x_b^*，與 y_b 成平衡；x_0，進入串級首段；x_1, x_2，分別表示離開第一和第二段的 L 相之莫耳分率

y ： 在 V 相中的莫耳分率；當只有兩成分存在時用於成分 A；y_{N+1}，進入串級的第 N 段；y_a，在出口處；y_b，在入口處；y_e，達平衡時；y_n，由第 n 段流出；y^*，與 L 相的指定股流成平衡的 V 相中的莫耳分率；y_a^*，與 x_a 成平衡；y_b^*，與 x_b 成平衡；y_1, y_2，分別表示離開第一和第二段的 V 相中之莫耳分率

習題

20.1. 計算例題 20.1 中所描述的系統的理想段數目，若將條件作如下的改變：

丙酮在進入氣體中的分率：25 mol %
丙酮在進入油中的分率：1.5 mol %
丙酮在塔底溶液中的分率：8 mol %
丙酮被吸收的分率：90%

20.2. 若將例題 20.2 的塔的操作條件作以下的改變，則對出口氣體和液體股流的濃度有何影響？(a) 操作溫度下降，使平衡關係變為 $y_e = 0.6\,x_e$，與原設計保持不變的是：N, L/V, y_b 和 x_a。(b) L/V 比值從 1.5 減少到 1.25，與原設計保持不變的是：N, y_b 和 x_a。(c) 理想段的數目從 5.02 增加到 8，與原設計保持不變的是：溫度，L/V, y_b 和 x_a。

20.3. 使用具有八個塔板而塔效率估計為 75% 的塔，藉由水中的吸收從稀釋氣體中除去成分 A。欲去除 95% 的成分 A，則 L/V 比值超過平衡線斜率的因數為多少？

20.4. 若一氨吸收塔的入口氣體中含有 2% 的氨，並且在進入的水中不含氨，若吸收因數為 0.9 且 $N = 5$ 或 $N = 10$，則氨被吸收的分率是多少？

20.5. 在具有八個理想板的塔中，將毒性碳氫化合物自含有空氣的水中汽提出來。(a) 欲達到 98% 去除，則所需的汽提因數為何？(b) 若汽提因數為 2.0，則所能達到的去除百分比為何？

20.6. 對於如同例題 20.1 的情況，若進料油中含有 0.005 莫耳分率的丙酮，則吸收 97% 丙酮需要多少理想段？

20.7. 將 5% 丁烷和 95% 空氣的混合物，進料到含有八個理想板的篩板吸收塔中。吸收液體為重的、非揮發性的油，其分子量為 250，比重為 0.90。吸收發生在 1 atm 和 15°C。丁烷的回收率為 95%。丁烷在 15°C 的蒸汽壓為 1.92 atm，液態丁烷在 15°C 的密度為 580 kg/m^3。(a) 計算每立方米回收丁烷中含有新鮮吸收油多少立方米。(b) 假設總壓力為 3 atm 且所有其它因素保持不變，並假設拉午耳定律 (Raoult's law) 和道爾頓定律 (Dalton's law) 適用，重複計算此題。

20.8. 顯示如何將物質平衡與平衡關係用於例題 20.1 的數值解。計算第 1 段和第 2 段的蒸汽和液體組成，並將結果與圖形解進行比較。

20.9. 具有 25 ppm 揮發性有機化合物 (VOC) 的水溶液，在 $S = 0.80$ 時，用氮氣汽提。若使用 5 個或 10 個理想段，則可去除多少分率的 VOC？

20.10. 考慮以水中的吸收來除去 SO_2 的板塔。SO_2 的濃度為 500 ppm，在 1 atm 和 80°F 下，空氣的流率為 560 ft^3/min。稀薄溶液在 80°F 的平衡關係式為 $y = 31.5x$。(a) 若去除率為 90%，則最小液體流率是多少？以 gal/min 為單位。(b) 若液體流率是最小值的 1.5 倍，則需要多少理想段？

20.11. 使用空氣汽提塔從水中除去 99% 的揮發性碳氫化合物 *A*。(a) 若汽提因數為 1.8，則需要多少理想段？(b) 水中亦含有追蹤劑 (trace) 化合物 *B* 和化合物 *C*，化合物 *B* 的揮發性是 *A* 的兩倍，化合物 *C* 的揮發性只有 *A* 的一半。試問 *B* 和 *C* 的去除百分比為何？

參考文獻

1. Brown, G. G., M. Souders, Jr., and H. V. Nyland. *Int. Eng. Chem.* **24:**522 (1932).
2. Gmehling, J., U. Onken, et al. *Vapor Liquid Equilibria Data Collection*. Frankfurt: DECHEMA, 1977.
3. Kremser, A. *Natl. Petr. News* **22**(21):42 (May 21, 1930).
4. McCabe, W. L., and E. W. Thiele. *Ind. Eng. Chem.* **17:**605 (1925).
5. Perry, R. H., and D. W. Green (eds.). *Perry's Chemical Engineers' Handbook*, 7th ed. New York: McGraw-Hill, 1997, p. **13**-38.

CHAPTER 21

蒸餾

在實際應用上，蒸餾 (distillation) 可以用兩種主要方法中的任一種進行。第一種方法是將欲分離的液體混合物加熱沸騰而產生蒸汽，並將蒸汽冷凝，而不允許任何液體返回到蒸餾器，因此沒有回流。第二種方法是將部分冷凝液返回至蒸餾器，在此條件下，該返回液體在它們到達冷凝器的途中，與蒸汽緊密接觸。這些方法中的任一點可以作為連續程序或作為分批程序進行。本章的第一部分涉及連續穩態蒸餾方法，包括僅含兩種成分的系統的單階段無回流的部分蒸發 (驟餾，flash distillation) 和有回流的連續蒸餾 (精餾，rectification)。(多成分蒸餾將在第 22 章中討論)。後面的章節涉及蒸餾設備如篩板塔 (sieve tray column) 和含有分批蒸餾的設計和性能。

驟餾

驟餾包括蒸發一定量的液體，使得放出的蒸汽與殘餘液體成平衡，將蒸汽與液體分離，並使蒸汽冷凝。圖 21.1 顯示了驟餾設備的元件。在 *a* 點的泵將進料泵入，通過加熱器 *b*，且壓力經閥 *c* 而減小。蒸汽和液體的緊密混合物進入蒸汽分離器 *d*，其中允許蒸汽和液體有足夠的時間分離。由於在分離之前液體和蒸汽的接觸相當密切，所以分離的股流處於平衡狀態。蒸汽通過管線 *e* 而液體通過管線 *g* 離開。

二元混合物的驟餾

驟餾廣泛用於石油精煉，其中石油餾分在管式蒸餾器中加熱，加熱的流體驟沸成蒸汽和殘餘液體流，每個都含有許多成分。來自吸收器的液體經常驟沸以回收一些溶質；來自高壓反應器的液體可以驟沸至較低的壓力，導致一些蒸汽逸出。

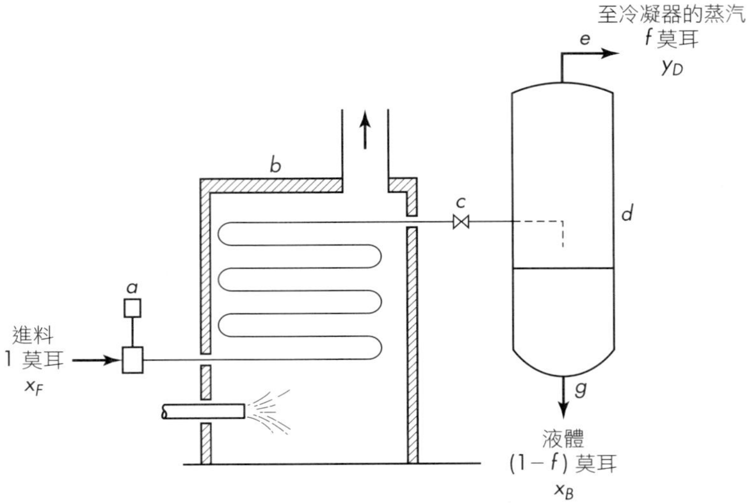

▲ 圖 21.1　驟餾的設備

考慮 1 mol 的兩成分混合物，將其供給到圖 21.1 所示的設備中。設進料的濃度為 x_F，以較易揮發的成分的莫耳分率來表示。令 f 是進料被蒸發和連續以蒸汽被抽取的莫耳分率，則 $1-f$ 是進料連續以液體離開的莫耳分率。令 y_D 與 x_B 分別為蒸汽與液體的濃度。對較易揮發的成分作質量均衡，基於 1 mol 進料，則進料中的所有該成分必須在兩個排出流中離開，亦即

$$x_F = f y_D + (1 - f) x_B \tag{21.1}$$

(21.1) 式有兩個未知數：x_B 與 y_D。為了使用該方程式，必須獲得未知數之間的第二個關係。這種關係由平衡曲線或基於**相對揮發度** (relative volatility) α 的方程式提供。對於混合物中的成分 A 和 B 而言，α 定義為

$$\alpha_{AB} = \frac{y_{Ae}/x_{Ae}}{y_{Be}/x_{Be}} \tag{21.2}$$

對於理想混合物，相對揮發度等於蒸汽壓的比，因為拉午耳定律 (Raoult's law) 成立，並且 α 在典型蒸餾中遇到的溫度範圍內幾乎恆定。

$$p_A = P'_A x_A \qquad y_A = p_A/P$$

$$p_B = P'_B x_B \qquad y_B = p_B/P$$

$$\alpha_{AB} = \frac{y_A/x_A}{y_B/x_B} = \frac{P'_A/P}{P'_B/P} = \frac{P'_A}{P'_B} \tag{21.3}$$

對於二元混合物，通常省略下標，因為 $x_B = 1 - x_A$，且 $y_B = 1 - y_A$。(21.2) 式可以轉換為直接關聯 y 和 x (亦即 y_{Ae} 和 x_{Ae}) 的更有用的形式。

$$y = \frac{\alpha x}{1 + (\alpha - 1)x} \tag{21.4}$$

(21.1) 式的分率 f 不是直接固定的，而是與進入的熱液體的焓和離開驟沸室 (flash chamber) 的蒸汽和液體的焓有關。

$$H_F = f H_y + (1 - f) H_x \tag{21.5}$$

其中 H_F、H_y 和 H_x 分別為進料液體、蒸汽和液體產物的焓。

例題 21.1

將 50 mol % 苯和 50 mol % 甲苯的混合物在 1 大氣壓的分離器壓力下進行驟餾。進入的液體被加熱到導致 40% 的進料驟餾的溫度。(a) 求離開驟餾室的蒸汽和液體的組成。(b) 所需的進料溫度為何？

解

苯 - 甲苯的沸點圖如圖 21.2 所示。進料的沸點為 92°C，分離器中的溫度假定約為 95°C。基於苯和甲苯的蒸汽壓，在 95°C，$\alpha = 2.45$。

(a) 從 (21.1) 式和 (21.4) 式，其中 $f = 0.4$ 且 $x_F = 0.5$，

$$0.5 = 0.4\left(\frac{2.45x}{1 + 1.45x}\right) + 0.6x$$

$$(0.5 - 0.6x)(1 + 1.45x) = 0.98x$$

$$0.87x^2 + 0.855x - 0.5 = 0$$

$$x = 0.412$$

$$y = \frac{2.45 \times 0.412}{1 + (1.45 \times 0.412)} = 0.632$$

由圖 21.2 可以看出，$x = 0.412, T = 95°C$

(b) 液體的蒸發熱和比熱為

苯：$\lambda = 7{,}360$ cal/g mol, $C_p = 33$ cal/mol·°C

甲苯：$\lambda = 7{,}960$ cal/g mol, $C_p = 40$ cal/mol·°C

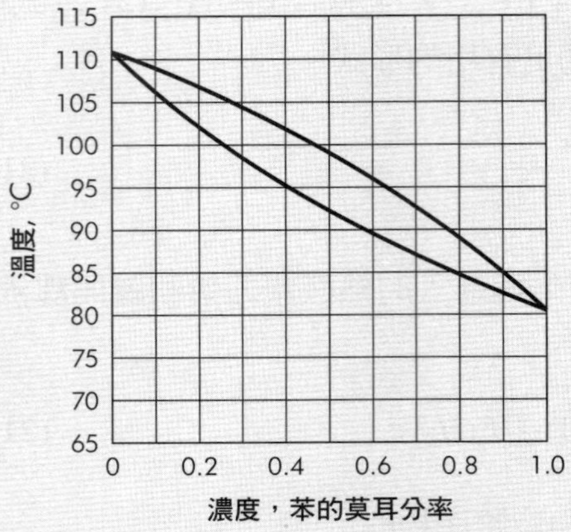

▲ 圖 21.2 沸點圖 (1 atm 下的苯 - 甲苯系統)

選擇 95°C 時的液體作為焓的基量。

液體的平均 C_p 為 $(0.5 \times 33) + (0.5 \times 40) = 36.5$ cal/mol · °C。

λ 的平均值為 $(0.632 \times 7{,}360) + (0.368 \times 7{,}960) = 7{,}581$ cal/g mol。由 (21.5) 式，可得

$$H_F = (T_F - 95)(36.5) = 0.4(7{,}581)$$

$$T_F = 178°\text{C}$$

具有回流的連續蒸餾

驟餾主要用於分離在廣泛不同溫度下沸騰的成分。它不能有效地分離同等揮發性的成分，這需要使用具有回流的蒸餾。對於大規模生產，如本節所述的連續蒸餾，比在本章稍後討論的批式蒸餾更為常見。

在理想板上的動作

在理想板上，根據定義，離開板的液體和蒸汽達到平衡。考慮理想串級中的單一板，如圖 21.3 中的第 n 板。假定板從塔頂向下依序編號，並且所考慮的板是從塔頂開始算的第 n 個板，則緊接在第 n 板上方的板為第 $n-1$ 板，而緊接在第 n 板下方的板為第 $n+1$ 板。所有量都使用下標表示該量的原點。

兩股流進入第 n 板，並且有兩股流離開。來自第 $n-1$ 板的液體流 L_{n-1} mol/h 和來自第 $n+1$ 板的蒸汽流 V_{n+1} mol/h 緊密接觸。蒸汽流 V_n mol/h 上升到第 $n-1$ 板，而液體流 L_n mol/h 下降到第 $n+1$ 板。因蒸汽流為 V 相，它們

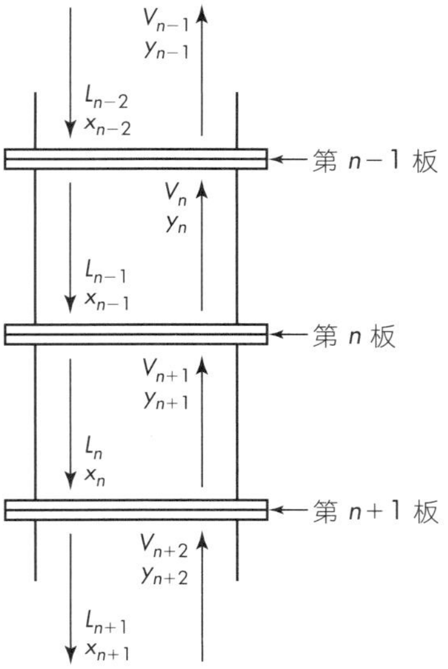

▲ 圖 21.3　第 n 板的質量均衡圖

的濃度用 y 表示。液體流為 L 相，它們的濃度用 x 表示。則進入和離開第 n 板的股流的濃度如下：

離開板的蒸汽，y_n
離開板的液體，x_n
進入板的蒸汽，y_{n+1}
進入板的液體，x_{n-1}

圖 21.4 顯示了正在處理的混合物的沸點圖，上面所列出的四種濃度亦顯示於圖中。依據理想板的定義，離開第 n 板的蒸汽和液體處於平衡，故 x_n 與 y_n 代表平衡濃度。這在圖 21.4 中顯示出來。蒸汽沿塔向上行進時，其所含較易揮發的成分 A 增加，並且當液體向下流動時，其所含的成分 A 減少。因此兩相中 A 的濃度隨著塔高增加而增加；x_{n-1} 大於 x_n，而 y_n 大於 y_{n+1}。雖然離開板的股流處於平衡，但進入板的股流並不是平衡的。這可以從圖 21.4 中看出。當來自第 $n+1$ 板的蒸汽和來自第 $n-1$ 板的液體緊密接觸時，它們的濃度傾向於朝向平衡狀態移動，如圖 21.4 中的箭號所示。一些較易揮發的成分 A 從液體中蒸發，從而將液體濃度由 x_{n-1} 降低到 x_n；一些較不易揮發的成分 B 從蒸汽中冷凝，從而將蒸汽濃度由 y_{n+1} 增加到 y_n。由於板上的流體處於其沸點，並且板之間僅有輕微的溫度變化，因此蒸發成分 A 所需的熱量，主要來自成分 B 的冷凝中釋放的熱量。串級中的每一個板可用作交換裝置，其中成分 A 被轉移到蒸汽流中，成分 B 被轉移到液體流中。此外，由於液體和蒸汽中 A 的濃度隨塔高而增加，因此溫度下降，且第 n 板的溫度大於第 $n-1$ 板的溫度，而小於第 $n+1$ 板的溫度。

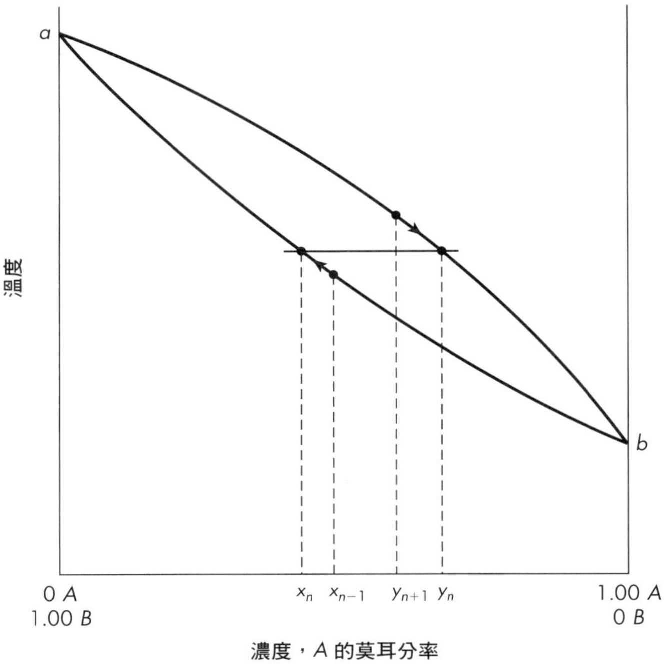

▲ 圖 21.4　顯示於理想板上的精餾之沸點圖

組合精餾和汽提

欲在連續蒸餾塔的頂部和底部產生幾乎純的產物，進料被安排從塔的中間板進入。如果進料是液體，則其沿塔向下流到再沸器，並從再沸器上升的蒸汽汽提出成分 *A*。以這種方式，可以產生接近純 *B* 的底部產物。

裝有必要的輔助設備並含有精餾段 (rectifying section) 和汽提段 (stripping section) 的典型連續蒸餾塔如圖 21.5 所示。塔 *A* 在其中央附近以穩態流動輸入一定濃度的進料。假設進料是在其沸點的液體。塔的作用與此假設無關，其它進料的條件將在以後討論。進料進入的板稱為**進料板** (feed plate)。在進料板上方的所有板構成精餾段，而進料下方的所有板，**包括進料板本身**，構成汽提段。進料沿汽提段向下流到塔的底部，其中塔底的液位保持一定。液體藉重力流到再沸器，這是蒸汽加熱蒸發器 (steam-heated vaporizer)，其產生蒸汽並將蒸汽返回塔的底部。蒸汽向上通過整個塔。在再沸器的一端設有一堰，塔底產物從堰下游側的液體池中排出，並流過冷卻器 *G*，此冷卻器亦藉由與熱的塔底產物作熱交換而將進料預熱。

通過精餾段上升的蒸汽在冷凝器 *C* 中完全冷凝，且冷凝液收集在蓄液器 (accumulator) *D* 中，其中蓄液器的液位保持一定。回流泵 *F* 從蓄液器取液體並

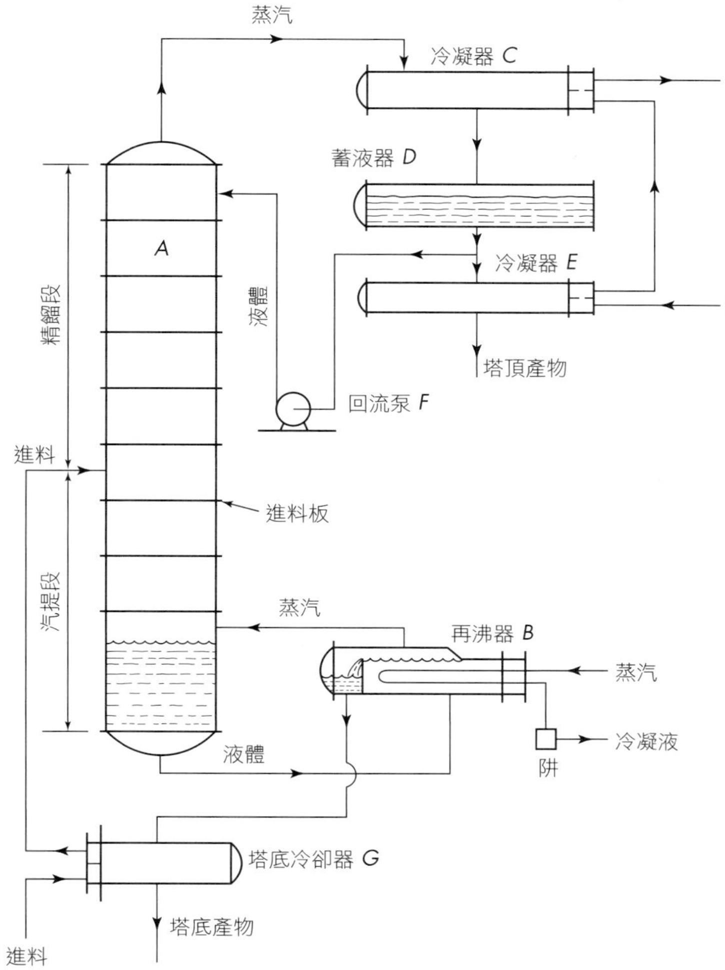

▲ 圖 21.5　具有精餾段與汽提段的連續分餾塔

將其輸送到塔的頂塔。該液體流稱為**回流** (reflux)，它在精餾段中提供向下流動的液體，而向上流動的蒸汽需要與此液體與其作用。若無回流，則在精餾段中不會發生精餾，且塔頂產物的濃度不大於從進料板上升的蒸汽的濃度。未被回流泵抽取的冷凝液在稱為**產物冷卻器** (product cooler) 的熱交換器 E 中冷卻，取出後作為塔頂產物。如果沒有遇到共沸物 (azeotrope)，若能提供足夠的板數和適當的回流，則可獲得任何所需純度的塔頂和塔底產物。

圖 21.5 所示的設備通常可簡化為小型裝置。若要取代再沸器，可將加熱線圈放置在塔底，並由該處的液體池產生蒸汽。冷凝器有時放置在塔頂上方，並且省略回流泵和蓄液器。此時回流藉重力返回到頂板。可以使用稱為**回流分流器** (reflux splitter) 的特殊閥來控制回流返回速率。剩餘的冷凝液形成塔頂產物。

板塔中的質量均衡

兩成分系統的總質量均衡

圖 21.6 是典型連續蒸餾裝置的質量均衡圖。以 F mol/h 的流率將濃度為 x_F 的進料輸入塔中，產生流率為 D mol/h，濃度為 x_D 的塔頂產物以及流率為 B mol/h，濃度為 x_B 的塔底產物。可寫出兩個獨立的總質量均衡。

總質量均衡

$$F = D + B \tag{21.6}$$

成分 A 均衡

$$Fx_F = Dx_D + Bx_B \tag{21.7}$$

由這些方程式消去 B 得

$$\frac{D}{F} = \frac{x_F - x_B}{x_D - x_B} \tag{21.8}$$

消去 D 可得

$$\frac{B}{F} = \frac{x_D - x_F}{x_D - x_B} \tag{21.9}$$

(21.8) 式和 (21.9) 式對於塔內的蒸汽和液體的所有值都成立。

淨流率

量 D 是進入塔頂和離開塔頂之股流的流率差。對於圖 21.6 中的冷凝器和蓄液器取質量均衡得

$$D = V_a - L_a \tag{21.10}$$

在塔的上半部任何地方的蒸汽和液體的流率之間的差也等於 D，這可由考慮在圖 21.6 中，由控制面 I 包圍的設備的部分得知，這部分包括冷凝器和第 $n+1$ 板上方的所有板。由圍繞此控制表面的總質量均衡可得

$$D = V_{n+1} - L_n \tag{21.11}$$

因此 D 是塔的上半部中，物質向上的**淨流率** (net flow rate)，不管 V 和 L 的變化，它們的差是常數並等於 D。

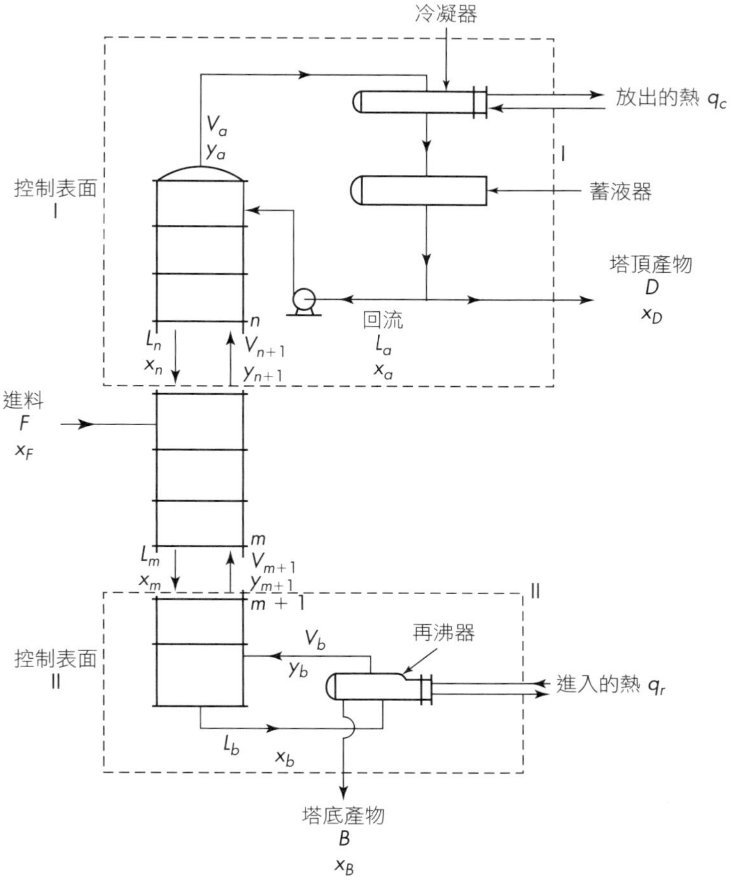

▲ 圖 21.6　連續分餾塔的質量均衡圖

對成分 A 而言，由類似的質量均衡可得下式

$$Dx_D = V_a y_a - L_a x_a = V_{n+1} y_{n+1} - L_n x_n \tag{21.12}$$

量 Dx_D 是塔的上半部中，成分 A 向上的淨流率，它在設備的這個部分中也是恆定的。

在塔的下半部，淨流率也是恆定的，但是方向為向下。總質量的淨流率等於 B；成分 B 的淨流率為 Bx_B。以下方程式適用：

$$B = L_b - V_b = L_m - V_{m+1} \tag{21.13}$$

$$Bx_B = L_b x_b - V_b y_b = L_m x_m - V_{m+1} y_{m+1} \tag{21.14}$$

使用下標 m 代替 n，以表示汽提段中的一般板。

操作線

因為在塔中有兩個部分，因此有兩條操作線，一個用於精餾段，另一個用於汽提段。首先考慮精餾段。如第 20 章所示 [(20.7) 式]，此部分的操作線為

$$y_{n+1} = \frac{L_n}{V_{n+1}} x_n + \frac{V_a y_a - L_a x_a}{V_{n+1}} \tag{21.15}$$

將 (21.9) 式的 $V_a\, y_a - L_a\, x_a$ 代入上式，可得

$$y_{n+1} = \frac{L_n}{V_{n+1}} x_n + \frac{D x_D}{V_{n+1}} \tag{21.16}$$

由 (21.16) 式定義的直線斜率通常是液體流的流率與蒸汽流的流率比。為了進一步分析，可利用 (21.11) 式將 (21.16) 式中的 V_{n+1} 消去，得

$$y_{n+1} = \frac{L_n}{L_n + D} x_n + \frac{D x_D}{L_n + D} \tag{21.17}$$

對於進料板下方的塔的部分，可對圖 21.6 中的控制表面 II 取質量均衡，得到

$$V_{m+1} y_{m+1} = L_m x_m - B x_B \tag{21.18}$$

以不同的形式表示，此式變為

$$y_{m+1} = \frac{L_m}{V_{m+1}} x_m - \frac{B x_B}{V_{m+1}} \tag{21.19}$$

此為汽提段的操作線方程式，其斜率為液體流與蒸汽流的比。利用 (21.13) 式將 (21.19) 式中的 V_{m+1} 消去，得

$$y_{m+1} = \frac{L_m}{L_m - B} x_m - \frac{B x_B}{L_m - B} \tag{21.20}$$

(21.17) 式顯示在精餾段的操作線斜率總是小於 1.0；而在汽提段中，如 (21.20) 式所示，操作線的斜率總是大於 1.0。

理想板數；McCabe-Thiele 法

對於特定蒸餾問題所需的塔板數可由如 ASPEN 的計算機設計程式求得，此程式通常使用包括質量和焓均衡的板 - 板計算。在這種程序中，首先指定板的數

量；然後，對於所予的塔頂組成和回流比，計算塔底產物的組成。如果這不令人滿意，則改變回流比或板的數量，直到找出所需的組成。

用於計算板的數量的簡化圖形程序是 McCabe-Thiele 法。此方法也可以適用於計算機計算。

若將 (21.17) 式和 (21.20) 式表示的操作線與平衡線一起繪於 xy 圖上時，則可使用 McCabe-Thiele 逐步圖解法來計算在精餾段或汽提段中達成一定濃度差所需的**理想** (ideal) 板數。[15] 然而，由 (21.17) 式和 (21.20) 式可知，除非 L_n 和 L_m 是常數，否則操作線是彎曲的，並且只有當這些內部股流隨濃度的變化為已知時才能繪圖。在一般情況下，需要焓均衡來確定彎曲操作線的位置，而這種方法將在本章後面描述。

恆定莫耳溢流

對於大多數蒸餾，蒸汽和液體的莫耳流率在塔的每個部分中幾乎恆定，並且操作線幾乎是直線。這是由於幾乎相等的莫耳汽化熱產生的結果，當蒸汽沿塔向上移動時，每莫耳冷凝的高沸物提供能量以蒸發約 1 mol 的低沸物。例如，甲苯與苯的莫耳汽化熱分別為 7,960 和 7,360 cal/mol，因此 0.92 mol 的甲苯相當於 1.0 mol 的苯。[†] 液體流和蒸汽流的焓變化以及來自塔的熱損失，需要在底部形成稍微更多的蒸汽，因此在塔底與塔頂的蒸汽流其莫耳比甚至更接近於 1。在設計蒸餾塔或解釋設備的性能時，常使用**恆定莫耳溢流** (constant molal overflow) 的概念，這意味著在 (21.11) 式至 (21.20) 式中 L 與 V 的下標 n, $n+1$, m 及 $m+1$ 皆可省略，並且 L 和 V 現在是指在塔的上半部的流量，而 $\bar{L}$ 和 $\bar{V}$ 是指在塔的下半部的流量。在這個簡化的模式中，質量均衡方程式為線性且操作線均為直線。如果已知操作線上的兩點座標，則可繪出操作線。因此可使用 McCabe-Thiele 法而不需要焓均衡。但是該方法可以修改為包括焓均衡，如例題 21.5 中所示。

回流比

使用稱為**回流比** (reflux ratio) 的量來增進分餾塔的分析，可使用兩種這樣的量。一個是回流量與塔頂產物的比值，另一個是回流量與蒸汽量的比值，兩者均指精餾段中的量。這些比值的方程式是

† 對於苯-甲苯和許多其它類似的烴類，低沸物每單位質量的蒸發熱較高，但是比率仍接近 1.0，並且基於質量分率，操作線幾乎是直線。然而，對於如乙醇-水的系統，每莫耳的汽化熱大約相同，但每單位質量的汽化熱卻大不相同，因此在蒸餾計算上宜採用莫耳量。

$$R_D = \frac{L}{D} = \frac{V - D}{D} \quad 且 \quad R_V = \frac{L}{V} = \frac{L}{L + D} \tag{21.21}$$

在本書中只會使用 R_D。

如果 (21.17) 式右邊項的分子和分母都除以 D，對於恆定的莫耳溢流，結果為

$$y_{n+1} = \frac{R_D}{R_D + 1} x_n + \frac{x_D}{R_D + 1} \tag{21.22}$$

(21.22) 式為精餾段的操作線方程式，其斜率為 $R_D/(R_D + 1)$；由 (21.21) 式以 $L = V - D$ 取代可知斜率亦等於 L/V，此線的 y 軸截距為 $x_D/(R_D + 1)$。x_D 的值由設計的條件設定，而 R_D 是回流比，它是藉調節回流和塔頂產物之間的分流而可以任意控制的操作變數，或對於所予塔頂產物的流率，改變再沸器中形成的蒸汽量。可以令 (21.22) 式中的 x_n 等於 x_D，得到操作線上端的一點：

$$y_{n+1} = \frac{R_D}{R_D + 1} x_D + \frac{x_D}{R_D + 1} = \frac{x_D(R_D + 1)}{R_D + 1} = x_D \tag{21.23}$$

精餾段的操作線與對角線在 (x_D, x_D) 相交。這對於部分冷凝器或全冷凝器都是如此。(部分冷凝器將在下節中討論。)

冷凝器與頂板

頂板的 McCabe-Thiele 圖解法與冷凝器的作用有關。圖 21.7 顯示頂板與冷凝器的質量均衡圖。自頂板流出的蒸汽濃度為 y_1，返回到頂板的回流濃度為 x_c。根據操作線的一般性質，線的上端點 (upper terminus) 為點 (x_c, y_1)。

用於獲得回流和液體產物以及經常使用的最簡單的裝置是圖 21.7b 中所示的單一全冷凝器，其冷凝來自塔的所有蒸汽並供應回流和產物。當使用這樣的單一全冷凝器時，來自頂板的蒸汽濃度、返回至頂板的回流濃度和塔頂產物的濃度均相等，並且均以 x_D 表示。操作線的操作端點變成點 (x_D, x_D)，其為操作線與對角線的交點。圖 21.8a 的三角形 abc 代表塔的頂板。

當使用部分冷凝器時，液體回流不具有與塔頂產物相同的組成；即 $x_c \neq x_D$。有時兩個冷凝器串聯使用，首先用部分冷凝器以提供回流，然後用最終冷凝器供應液體產物。圖 21.7c 表示這樣的排列。離開部分冷凝器的蒸汽具有與 x_D 相同的組成 y'。在此情況下，圖 21.8b 適用。操作線通過對角線上的點 (x_D, x_D)，但是就該塔而言，操作線的末端為點 a'，其座標當然為 (x_c, y_1)。圖 21.8b

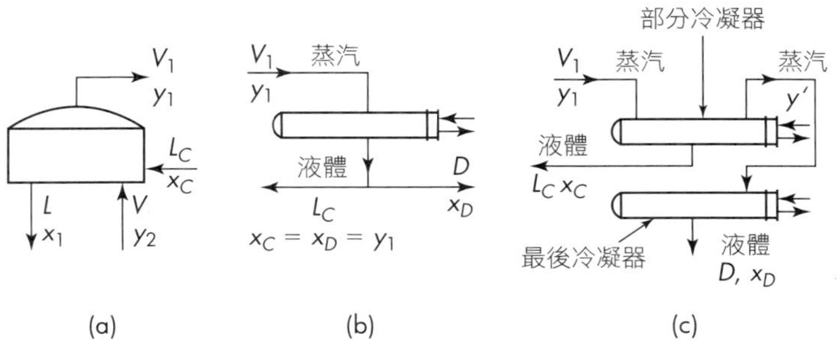

▲ 圖 21.7 頂板與冷凝器的質量均衡圖：(a) 頂板；(b) 全冷凝器；(c) 部分與最後冷凝器

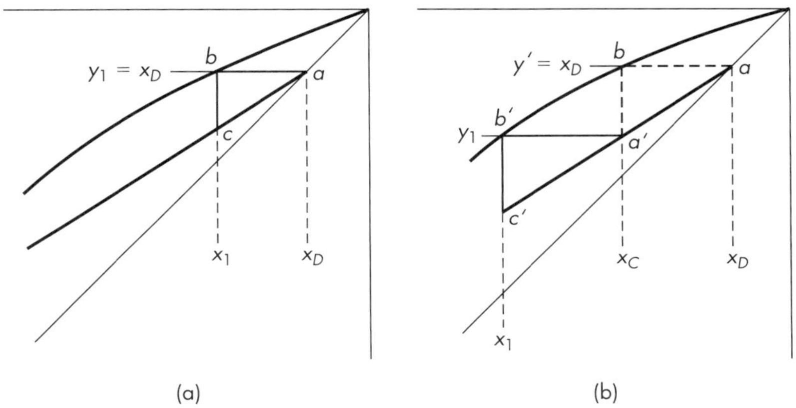

▲ 圖 21.8 頂板的圖解法：(a) 使用全冷凝器；(b) 使用部分及最後冷凝器

中的三角形 $a'b'c'$ 代表塔的頂板。因為離開部分冷凝器的蒸汽通常與液體冷凝液平衡，所以蒸汽組成 y' 是平衡曲線的縱座標值，其中橫座標為 x_c，如圖 21.8b 所示。因此，圖 21.8b 中的虛線三角形 aba' 表示的部分冷凝器，相當於蒸餾裝置中的附加理想段。

在前述處理中，假設冷凝器僅去除潛熱，並且冷凝液為在泡點的液體。於是回流 L 等於來自冷凝器的回流 L_c，且 $V = V_1$。若回流冷卻到泡點以下，則到達第 1 板的一部分蒸汽必須冷凝以加熱回流；故 $V_1 < V$ 且 $L > L_c$。塔內增加的冷凝量 ΔL，可從下列方程式求得

$$\Delta L = \frac{L_c c_{pc}(T_1 - T_c)}{\lambda_c} \tag{21.24}$$

其中 c_{pc} = 冷凝液的比熱

T_1 = 頂板上液體的溫度

T_c = 回流冷凝液的溫度

λ_c = 冷凝液的蒸發熱

因此塔的實際回流比為

$$\frac{L}{D} = \frac{L_c + \Delta L}{D} = \frac{L_c[1 + c_{pc}(T_1 - T_c)/\lambda_c]}{D} \tag{21.25}$$

溫度 T_1 通常是未知的，但通常幾乎等於冷凝液的泡點溫度 T_{bc}，因此 T_{bc} 通常用於替代 (21.24) 式和 (21.25) 式中的 T_1。過冷回流使塔頂蒸汽股流 V_1 小於 V_n。如果再沸器的熱負載不變，並且 D 保持恆定，則返回塔內的液體比以前更少，且回流比 R_D 降低。然而，由於冷凝的額外蒸汽將回流加熱至其起泡點，此額外蒸汽增加了沿塔下行的液體量，使得操作線的斜率 $(L/V)_n$ 保持不變。當使用空氣冷卻冷凝器時，可能會發生嚴重的缺點，因為空氣溫度的變化可能導致 T_c 的波動，而使塔的操作難以控制。

底板與再沸器

塔底的作用類似於塔頂，因此，對於恆定莫耳溢流，若用 $\bar{L}$ 和稍後的 $\bar{V}$ 來表示此部分的流率，則 (21.20) 式可寫為

$$y_{m+1} = \frac{\bar{L}}{\bar{L} - B} x_m - \frac{B x_B}{\bar{L} - B} \tag{21.26}$$

若令 (21.26) 式中的 x_m 等於 x_B，則 y_{m+1} 也等於 x_B，所以用於汽提段的操作線與對角線交於點 (x_B, x_B)。只要只有一塔底產物時，無論使用何種類型的再沸器，此恆為真。於是使用點 (x_B, x_B) 和斜率 $\bar{L}/(\bar{L} - B)$ 即可建構下半段的操作線，但是在下一節關於進料板的討論中描述了更簡便的方法。

底板與再沸器的質量均衡如圖 21.9 所示。對於塔本身操作線上的最低點是底板 (x_b, y_r) 的點，其中 x_b 和 y_r 分別為離開底板的液體之濃度和來自再沸器蒸汽的濃度。然而，如前所述，操作線可延伸而與對角線交於點 (x_B, x_B)。

在圖 21.5 和圖 21.9 中所示的常見類型的再沸器，離開再沸器的蒸汽與作為塔底產物離開的液體處於平衡，則 x_B 與 y_r 為平衡曲線上一點的座標，且再沸器作為一理想板。圖 21.10 顯示再沸器 (三角形 *cde*) 與底板 (三角形 *abc*) 的圖形構造。這種再沸器稱為**部分再沸器** (partial reboiler)，其結構詳見圖 13.8。

進料的狀況

在進料板上，液體流率或蒸汽流率或兩者可以改變，這取決於進料的冷熱條件。圖 21.11 顯示在各種進料條件下，液體流與蒸汽流進入與離開進料板的示

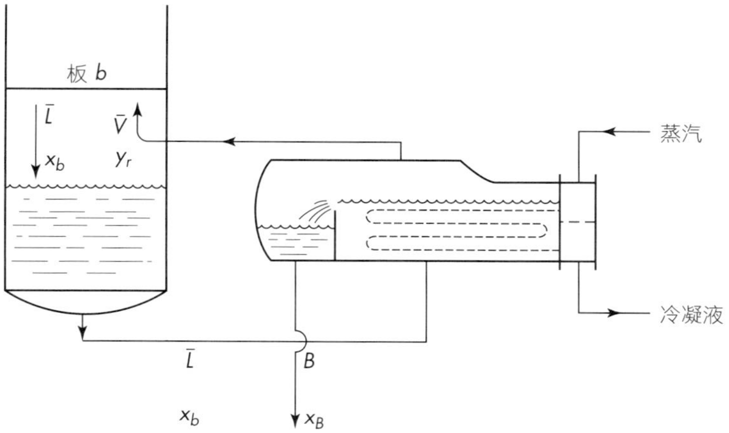

▲ 圖 21.9　底板與再沸器的質量均衡圖

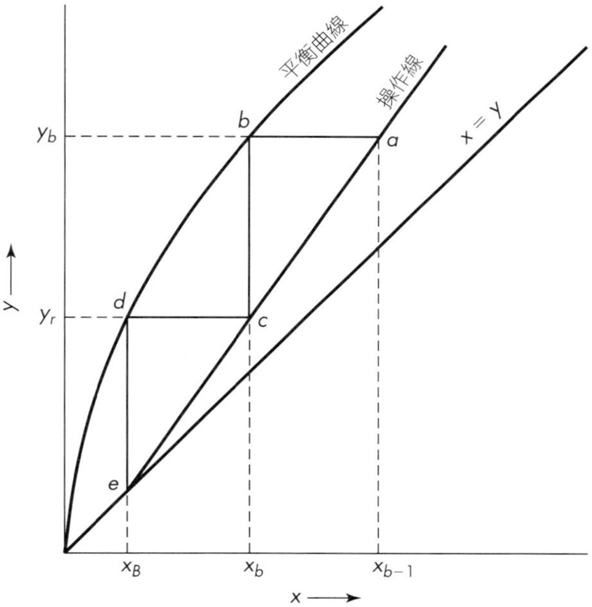

▲ 圖 21.10　底板與再沸器的圖形構造：三角形 cde，再沸器；三角形 abc，底板

意圖。在圖 21.11a 中，假設為冷進料，並且整個進料流加到沿塔向下流動的液體。此外，一些蒸汽冷凝以加熱進料至泡點，這使得汽提段中的液體流率更大，而減少了到精餾段的蒸汽流。

在圖 21.11b 中，假定進料在其泡點。不需將蒸汽冷凝來加熱進料，因此 $V = \bar{V}$ 且 $\bar{L} = F + L$。若進料為部分蒸汽，如圖 21.11c 所示，則進料的液體部分變成 $\bar{L}$ 的一部分，而蒸汽部分變成 V 的一部分。若進料為飽和蒸汽，如圖 21.11d 所示，則全部進料變成 V 的一部分，因此 $L = \bar{L}$ 且 $V = F + \bar{V}$。最後，若

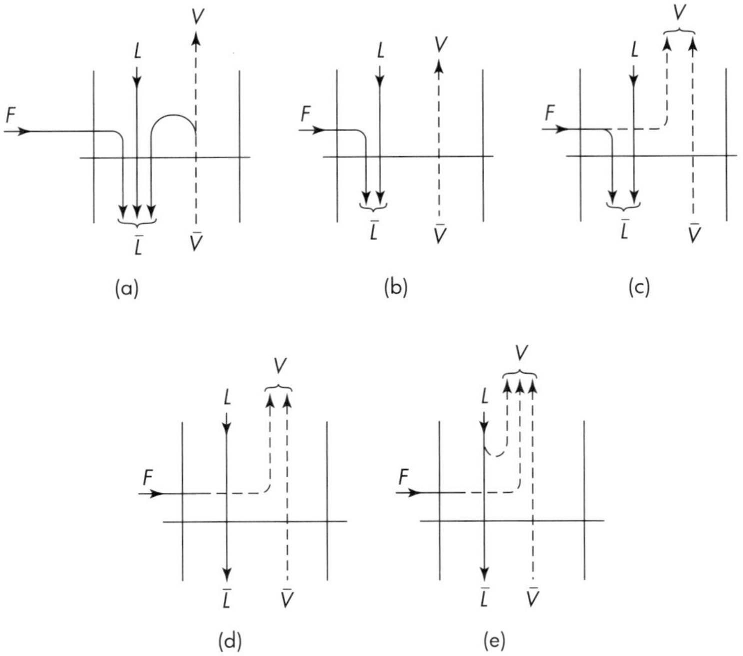

▲ 圖 21.11　各種進料狀況下，經過進料板的流動：(a) 冷液體進料；(b) 飽和液體進料；(c) 部分蒸發進料；(d) 飽和蒸汽進料；(e) 過熱蒸汽進料

進料為過熱蒸汽，如圖 21.11e 所示，則來自精餾塔的部分液體被蒸發而進料被冷卻至飽和蒸汽狀態。於是在精餾段中的蒸汽包括 (1) 來自汽提段的蒸汽，(2) 進料及 (3) 在冷卻進料時額外產生的蒸汽量。到汽提段的液體流率比在精餾段中的液體流率小，其差即為額外產生的蒸汽量。

所有五種進料類型的特徵均可使用單一因數 q，其定義為輸入每莫耳進料所產生的汽提段中液體流的莫耳數。那麼 q 對於各種狀況，具有以下數值限制：

冷進料，$q > 1$
在泡點的進料 (飽和液體)，$q = 1$
部分蒸汽的進料，$0 < q < 1$
在露點的進料 (飽和蒸汽)，$q = 0$
過熱蒸汽進料，$q < 0$

若進料為液體與蒸汽的混合物，則 q 是液體的分率。這樣的進料可藉平衡驟餾操作產生，因此 $q = 1 - f$，其中 f 是蒸餾中蒸發的原始股流的分率。

冷液體進料的 q 值，可由下式求得

$$q = 1 + \frac{c_{pL}(T_b - T_F)}{\lambda} \tag{21.27}$$

對於過熱蒸汽的方程式為

$$q = -\frac{c_{pV}(T_F - T_d)}{\lambda} \tag{21.28}$$

其中 $c_{pL}, c_{pV} =$ 分別為液體與蒸汽的比熱
$T_F =$ 進料的溫度
$T_b, T_d =$ 分別為進料的泡點與露點
$\lambda =$ 蒸發熱

進料線

大多數塔在液體的沸點或其沸點附近以液體進料進行操作。通常使用與底部產物或其它熱液體的熱交換，或使用蒸汽來預熱進料。這在塔的兩個部分中產生幾乎相同的蒸汽速率。

由 (21.27) 式或 (21.28) 式求得的 q 值，可以與質量均衡一起使用以求出操作線的所有交點的軌跡。可以如下找到這條交線的方程式。

進料流對液體內部流動的貢獻為 qF，因此在汽提段中的回流的總流率為

$$\bar{L} = L + qF \qquad 且 \qquad \bar{L} - L = qF \tag{21.29}$$

同理，進料流對蒸汽內部流動的貢獻為 $F(1-q)$，因此在精餾段中蒸汽的總流率為

$$V = \bar{V} + (1-q)F \qquad 且 \qquad V - \bar{V} = (1-q)F \tag{21.30}$$

對於恆定莫耳溢流，兩段的質量均衡方程式為

$$Vy_n = Lx_{n+1} + Dx_D \tag{21.31}$$

$$\bar{V}y_m = \bar{L}x_{m+1} - Bx_B \tag{21.32}$$

為決定操作線相交的點，令 $y_n = y_m$，$x_{n+1} = x_{m+1}$，且將 (21.31) 式減 (21.32) 式：

$$y(V - \bar{V}) = (L - \bar{L})x + Dx_D + Bx_B \tag{21.33}$$

由 (21.7) 式可知，(21.33) 式中最後兩項可用 Fx_F 替代。此外，將 (21.29) 式的 $L - \bar{L}$ 和 (21.30) 式的 $V - \bar{V}$ 代入 (21.33) 式，化簡後可得下面的結果

$$y = -\frac{q}{1-q}x + \frac{x_F}{1-q} \tag{21.34}$$

(21.34) 式為一直線，稱為**進料線** (feed line) 的直線，其中操作線的所有交點必落在此線上。此線的位置僅與 x_F 和 q 有關。進料線的斜率為 $-q/(1-q)$，若以 x 取代 (21.34) 式中的 y，經化簡後，可知進料線與對角線相交於 $x = x_F$ 處。

操作線的作圖

繪操作線的最簡單的方法為 (1) 定出進料線；(2) 計算精餾線的 y 軸截距 $x_D/(R_D+1)$，並且通過截距和點 (x_D, x_D) 繪出精餾線；(3) 通過 (x_B, x_B) 以及精餾線與進料線之交點繪出汽提線，圖 21.12 中的操作線顯示出此繪圖過程的結果。

在圖 21.12 中顯示出各種類型的進料的操作線，其中假設 x_F, x_B, x_D, L 和 D 都是常數。對應的進料線也顯示於圖上。若進料是冷的液體，則進料線向上且向右傾斜；若進料是飽和液體，則進料線是垂直的；若進料為液體與蒸汽的混合物，則進料線向上且向左傾斜，並且斜率是液體與蒸汽的比的負值；若進料為飽和蒸汽，則進料線是水平的；若進料為過熱蒸汽，則進料線向下且向左傾斜。

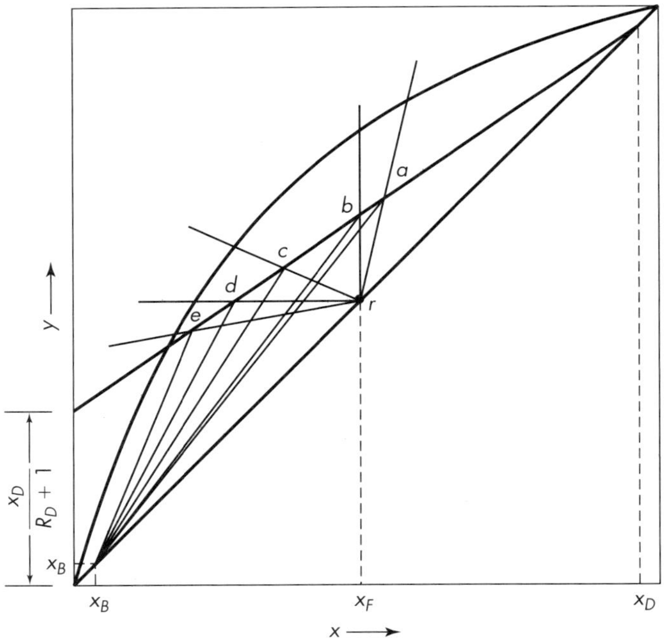

▲圖 21.12　進料條件對進料線的影響：ra，冷液體進料；rb，飽和液體進料；rc，部分蒸發進料；rd，飽和蒸汽進料；re，過熱蒸汽進料

進料板位置

在繪出操作線後，以通常的逐步作圖法求出理想板的數目，如圖 21.13 所示。作圖可以由汽提線的底部或由精餾線的頂部開始。以下的作圖是假設從頂部開始並且使用全冷凝器。當接近操作線的交點時，必須確定那一個階段應從精餾線轉移到汽提線。應該以這種方式進行改變，即獲得每板的最大濃化 (enrichment)，使得板的數目盡可能少。由圖 21.13 可知，如果 x 值達到小於兩操作線的交點的 x 座標後，立即進行轉移，則滿足此原則。進料板是以三角形表示，其一角在精餾線上，而另一角在汽提線上。在最佳位置處，表示進料板的三角形橫跨兩操作線的交點。

當一操作線轉移到另一操作線時，進料板位置可以落在圖 21.13 中的點 a 與 b 之間的任何位置；但是如果進料板置於最佳點以外的任何位置，則需要大量不必要的板數。例如，若圖 21.13 中的進料板位於第 7 板，則虛線所示的較小階段使得所需理想板數約為 8，加一再沸器，當進料板位於第 5 板時，板數僅需 7，加一再沸器。注意，除了巧合之外，即使當進料板位置是最佳時，進料板上的液體不具有與進料相同的組成。

當我們分析真實塔的性能時，必須在實際進料板上進行從一操作線到另一操作線的切換。由於進料組成的變化和塔板效率的不確定性，大塔的操作通常是將進料輸入高於或低於最佳位置的幾個板上。如果預期進料組成會發生大的變化，則可提供替代的進料位置。

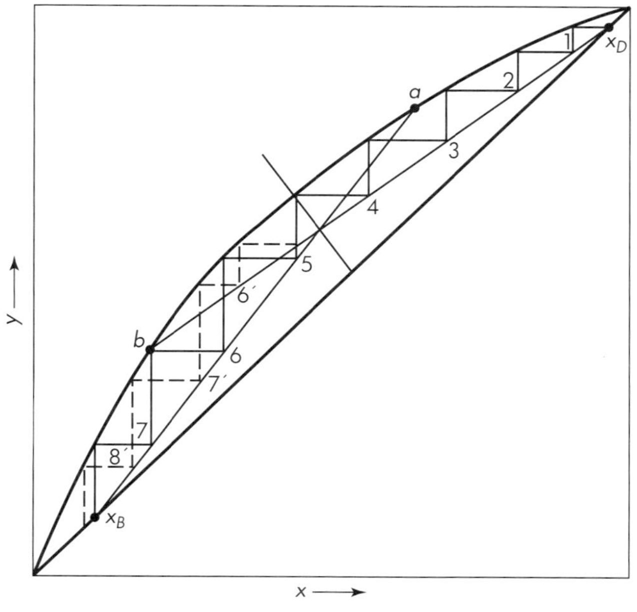

▲圖 21.13　最適進料板位置：——，進料在第 5 板 (最佳位置)；----，進料在第 7 板

在實際的蒸餾中都具有固定數量的塔板，在錯誤的塔板上進料可能會嚴重影響塔的性能。在太低的板上進料，例如靠近圖 21.13 中的點 b，將會增加精餾段的板數；但是蒸餾板之中有許多目前是在驅動力很小的緊縮區域中操作，這些蒸餾板只能做很少的分離。因此，該圖必須改變，降低塔頂和塔底產物的品質以反映蒸餾板的較差性能。若塔中進料板過高會導致類似的結果。

加熱與冷卻的需求

由於來自大絕熱塔的熱損失相對較小，並且塔本身基本上是絕熱的，因此整個單元的熱效應限於冷凝器和再沸器。若平均莫耳潛熱為 λ，並且液體流中的總顯熱變化很小，因此添加於再沸器的熱 q_r 為 $\bar{V}\lambda$，單位為瓦特或 Btu/hr。當進料是在泡點的液體時 $(q = 1)$，供應再沸器的熱量大致等於冷凝器中除去的熱量；但對於其他的 q 值，這並不正確。(請參閱第 186 頁的焓均衡。)

若使用飽和蒸汽作為熱媒，則再沸器所需的蒸汽為

$$\dot{m}_s = \frac{\bar{V}\lambda}{\lambda_s} \tag{21.35}$$

其中 $\dot{m}_s$ = 蒸汽消耗量

$\bar{V}$ = 由再沸器流出的蒸汽流率

λ_s = 蒸汽的潛熱

λ = 混合物的莫耳潛熱

若在冷凝器中使用水作為冷媒，並且冷凝液沒有過冷，則冷卻水的需求量為

$$\dot{m}_w = \frac{V\lambda}{(T_2 - T_1)\, c_{pw}} \tag{21.36}$$

其中 $\dot{m}_w$ = 冷卻水的流率

$(T_2 - T_1)$ = 冷卻水的上升溫度

c_{pw} = 冷卻水的比熱

例題 21.2

設計一連續分餾塔，將 30,000 kg/h 的 40% 苯和 60% 甲苯的混合物，分離成含有 97% 苯的塔頂產物和含有 98% 甲苯的塔底產物。這些百分比以重量計。使用 3.5 mol 對 1 mol 產物的回流比。苯與甲苯的莫耳潛熱分別為 7,360 cal/g mol 和 7,960 cal/g mol。苯與甲苯形成一相對揮發度約為 2.5 的幾乎理想的系統；平衡曲線如圖 21.14 所示。進料在 1 atm 的壓力下具有 95°C 的沸點。(a) 計算每小時的塔頂產物和塔底產物的莫耳數。(b) 決定理想板的數目和進料板的位置 (i) 若進料是液體並且在其沸點；(ii) 若進料是液體且在 20°C (比熱 = 0.44 cal/g · °C)；(iii) 若進料是 2/3 蒸汽和 1/3 液體的混合物。(c) 若使用 20 $lb_f/in.^2$ (1.36 atm) gauge 的蒸汽加熱，上述三種情況下，每小時需要多少蒸汽？忽略熱損失且假設回流是飽和液體。(d) 若冷卻水在 25°C 進入冷凝器並在 40°C 離開，則需要多少冷卻水？以每小時立方米表示。

解

(a) 苯的分子量為 78，甲苯的分子量為 92。進料、塔頂產物和塔底產物的濃度以苯的莫耳分率表示時分別為

$$x_F = \frac{\frac{40}{78}}{\frac{40}{78}+\frac{60}{92}} = 0.440 \qquad x_D = \frac{\frac{97}{78}}{\frac{97}{78}+\frac{3}{92}} = 0.974$$

$$x_B = \frac{\frac{2}{78}}{\frac{2}{78}+\frac{98}{92}} = 0.0235$$

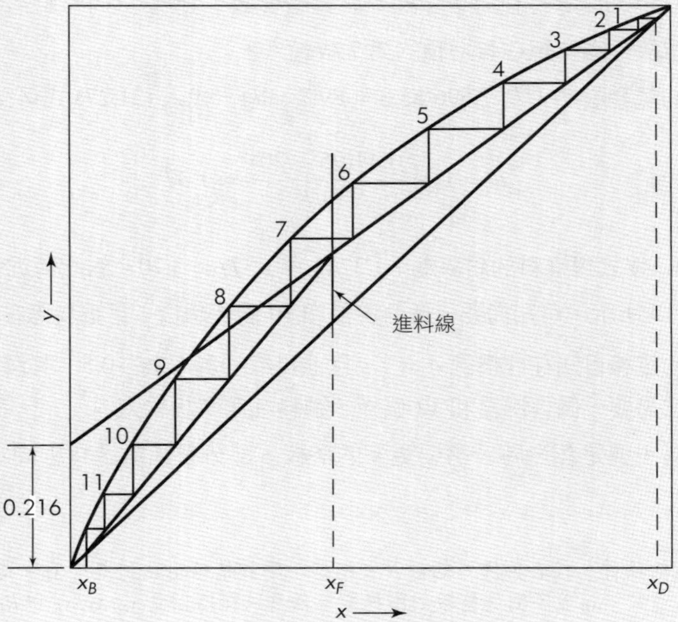

▲ 圖 21.14　例題 21.2，(b) (i) 的部分

進料的平均分子量為

$$\frac{100}{\frac{40}{78}+\frac{60}{92}}=85.8$$

進料的平均蒸發熱為

$$\lambda=0.44(7{,}360)+0.56(7{,}960)=7{,}696\ \text{cal/g mol}$$

進料 F 為 30,000/85.8 = 350 kg mol/h。由苯的總均衡，利用 (21.8) 式，得

$$D=350\left(\frac{0.440-0.0235}{0.974-0.0235}\right)=153.4\ \text{kg mol/h}$$

$$B=350-153.4=196.6\ \text{kg mol/h}$$

(b) 接下來我們決定理想板數和進料板的位置。

(i) 第一步是繪出平衡圖，並在 X_D, X_F 和 X_B 上作垂直線。這些垂直線應延伸到圖的對角線。請參考圖 21.14。第二步為繪進料線。此處 $f=0$，進料線為垂直且為線 $x=x_F$ 的延長線。第三步為繪操作線。由 (21.22) 式可得精餾線的 y 軸截距為 0.974/(3.5 + 1) = 0.216。此點與 yx 參考線上的點 x_D 連接，由操作線與進料線的交點，作汽提線。

第四步為在二操作線與平衡線之間繪三角形階梯。在繪階梯時，可知從精餾線轉移至汽提線是在第 7 階梯。計算階梯數，發現除了再沸器之外，需要 11 個理想板且進料應在離塔頂的第 7 板輸入。†

(ii) 進料的蒸發潛熱 λ 為 7,696/85.8 = 89.7 cal/g，代入 (21.27) 式可得

$$q=1+\frac{0.44(95-20)}{89.7}=1.37$$

由 (21.34) 式得進料的斜率為 −1.37/(1 − 1.37) = 3.70。對此情況繪出階梯，如圖 21.15 所示，可知需要一個再沸器和 10 個理想板，且進料應在第 6 板輸入。

(iii) 由 q 的定義可知在此情況 $q=\frac{1}{3}$，且進料線的斜率為 −0.5。其解如圖 21.16 所示，它需要一個再沸器和 12 個板，進料在第 7 板輸入。

當進料主要是蒸汽時，需要更多的塔板，部分是因為進料線向左傾斜並且在

---

† 為了滿足問題的條件，代表再沸器的最後一階梯，應該精確地達到濃度 x_B。這在圖 21.14 中幾乎是正確的。通常，x_B 並不對應整數的階梯數。任意選擇四個量 x_D, x_F, x_B 和 R_D，並不符合整數個階梯數。可以對四個量中的一個進行輕微調整來獲得整數的階梯數，但考慮到在實際板數建立之前還必須應用板效率來修正，因此幾乎不需要進行調整。

精餾段中需要更多的塔板。然而，主要原因是對汽提段而言，部分蒸發的進料比全部為液體的進料貢獻較少的液體，且汽提段的回流比降低。

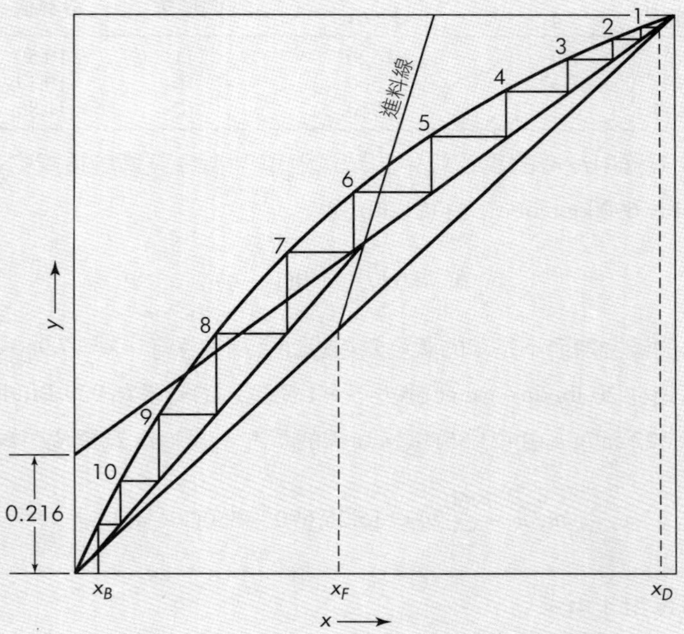

▲圖 21.15　例題 21.2，(b) (ii) 的部分

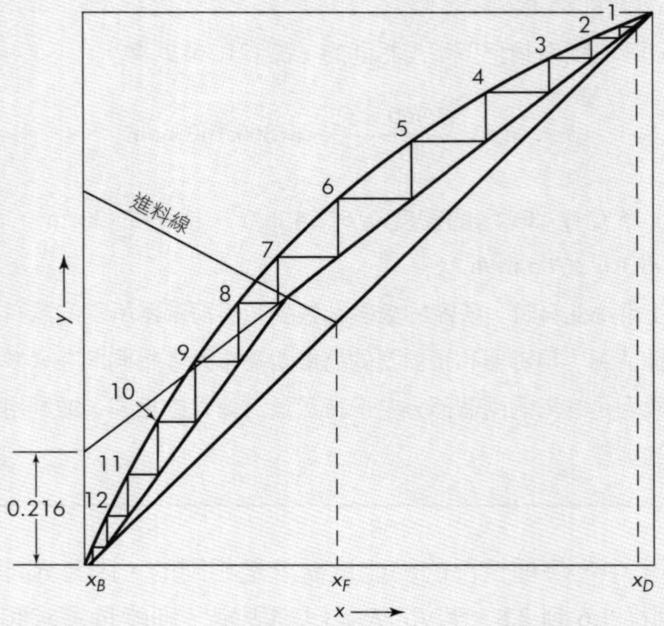

▲圖 21.16　例題 21.2，(b) (iii) 的部分

▼ 表 21.1 例題 21.2，(c) 部分的解

情況	q	再沸器水蒸氣 $\dot{m}_s$ kg /h	理想板數	
			圖形解	計算值
(i)	1.0	10,520	11	10.59
(ii)	1.37	12,500	10	10.17
(iii)	0.333	6,960	12	11.85

(c) 必須在冷凝器中冷凝的精餾段中的蒸汽流率 V 為每莫耳塔頂產物 4.5 莫耳，即 $4.5 \times 153.4 = 690$ kg mol/h。由 (21.30) 式

$$\bar{V} = 690 - 350(1 - q)$$

使用甲苯的蒸發熱而不是苯的蒸發熱在設計上稍微保守，$\lambda = 7{,}960$ cal/g mol。由附錄 7 可知在 20 $lb_f/in.^2$ gauge 壓力下，1 磅蒸汽的熱量為 939 Btu/lb；因此 $\lambda_S = 939/1.8 = 522$ cal/g。由 (21.35) 式，所需的蒸汽，以 kg/h 為單位，為

$$\dot{m}_s = \frac{7960}{522}\bar{V} = 15.25[690 - 350(1 - q)]$$

結果列於表 21.1 中。

注意：使用方程式 $\alpha = 2.34 + 0.27x$ 作為計算苯 - 甲苯混合物的相對揮發度，基於恆定莫耳溢流的計算機程式指出，情況 (i) 需 10.59 板，情況 (ii) 需 10.17 板，而情況 (iii) 需 11.85 板。

(d) 所需的冷卻水在所有情況下都是相同的，由 (21.36) 式得，

$$\dot{m}_w = \frac{7{,}960 \times 690}{40 - 25} = 366{,}160 \text{ kg/h}$$

由附錄 6，25°C (77°F) 水的密度為 62.24 lb/ft^3，或 996.3 kg/m^3。需要的水量為 $366{,}160/996.3 = 367.5\ m^3/h$。

情況 (ii) 使用冷進料時，所需的板數為最少，但再沸器所需的蒸汽量為最大。對於所有三種情況，再沸器和預熱器的總能量需求大致相同。在大多數情況下，預熱進料的原因是在塔的兩個部分中保持蒸汽流率大約相同，並利用如塔底產物的熱液體流的能量。

在這個例子中，每種情況的總能量需求是相同的，因為 R_D 固定在 3.5，而 R_D/R_{Dm} 的範圍從 1.6 到 2.8。若 R_D/R_{Dm} 已經固定，則能量需求和板數將不同。例如，考慮在苯 - 甲苯蒸餾中的液體或蒸汽進料，其中 $x_F = 0.50$，$x_D = 0.98$，

$x_B = 0.02$，$D/F = 0.5$ 且 $R_D/R_{Dm} = 1.20$。使用液體進料 ($q = 1.0$) 將需要 $R_D = 1.52$，$V/F = 0.5 \times (1 + 1.52) = 1.26$，和 18 個理想板。若使用蒸汽進料 ($q = 0$)，則 $R_D = 2.8$，且 $V/F = 1.90$。儘管再沸器熱負荷降低，在冷凝器中使用的總能量和除去的熱量比用於液體進料的總能量大 50%，因為 $V_m/F = 0.90$，並且僅需要 15 個理想板。

最小板數

由於精餾線的斜率為 $R_D/(R_D+1)$，所以斜率隨著回流比增加而增加，直到當 R_D 為無窮大時，$V = L$，斜率為 1。此時兩操作線均與對角線重合。這種情況稱為**全回流** (total reflux)。在全回流下，塔的板數為最小，但是進料以及塔頂和塔底產物的流率均為零。全回流代表在分餾塔操作中的一種極限情況。對於已知分離所需的最小板數，可在組成 x_D 和 x_B 之間的 xy 圖上建構階梯來求得，此時使用 45° 線作為塔的兩段的操作線，因為在全回流下操作，塔中沒有進料，所以在上半段和下半段之間沒有不連續。

對於理想混合物的特殊情況，可用一種簡單的方法從端點濃度 x_B 和 x_D 計算 $N_{\min}$ 的值。這是基於兩成分的相對揮發度 α_{AB}，它是以平衡濃度定義

$$\alpha_{AB} = \frac{y_{Ae}/x_{Ae}}{y_{Be}/x_{Be}} \tag{21.37}$$

下式是 (21.37) 式的一個有用的形式，它可由 x_e 求得 y_e

$$y_e = \frac{\alpha_{AB} x_e}{1 + (\alpha_{AB} - 1)x_e} \tag{21.38}$$

理想混合物遵循拉午耳定律 (Raoult's law)，且相對揮發度為蒸汽壓的比值。因此

$$p_A = P'_A x_A \qquad y_A = \frac{p_A}{P}$$

$$p_B = P'_B x_B \qquad y_B = \frac{p_B}{P}$$

$$\alpha_{AB} = \frac{y_A/x_A}{y_B/x_B} = \frac{P'_A/P}{P'_B/P} = \frac{P'_A}{P'_B} \tag{21.39}$$

比值 P'_A/P'_B 在典型塔中遇到的溫度範圍內變化不大，因此在以下推導中相對揮發度可視為恆定。

對於二元系統 y_A/y_B 和 x_A/x_B 可分別以 $y_A/(1-y_A)$ 和 $x_A/(1-x_A)$ 替代，因此對於第 $n+1$ 板，(21.37) 式可寫成

$$\frac{y_{n+1}}{1-y_{n+1}} = \alpha_{AB}\frac{x_{n+1}}{1-x_{n+1}} \tag{21.40}$$

因為在全回流，$D=0$ 且 $L/V=1$，$y_{n+1}=x_n$。請看 (21.16) 式，並注意操作線為 45° 線；由此導致

$$\frac{x_n}{1-x_n} = \alpha_{AB}\frac{x_{n+1}}{1-x_{n+1}} \tag{21.41}$$

在塔頂，若使用全冷凝器，$y_1=x_D$，則 (21.40) 式變成

$$\frac{x_D}{1-x_D} = \alpha_{AB}\frac{x_1}{1-x_1} \tag{21.42}$$

對於連續的 n 個板，由 (21.41) 式可得

$$\begin{gathered}\frac{x_1}{1-x_1} = \alpha_{AB}\frac{x_2}{1-x_2}\\ \cdots\cdots\cdots\cdots\cdots\cdots\\ \frac{x_{n-1}}{1-x_{n-1}} = \alpha_{AB}\frac{x_n}{1-x_n}\end{gathered} \tag{21.43}$$

若將 (21.42) 式和 (21.43) 式的集合中的所有方程式相乘，則所有中間項互相抵消，得到

$$\frac{x_D}{1-x_D} = (\alpha_{AB})^n\frac{x_n}{1-x_n} \tag{21.44}$$

為達成由塔的底部出料，需要 $N_{\min}$ 板和一個再沸器，且由 (21.44) 式可得

$$\frac{x_D}{1-x_D} = (\alpha_{AB})^{N_{\min}+1}\frac{x_B}{1-x_B}$$

用對數解出 $N_{\min}$，得到

$$N_{\min} = \frac{\ln\left[x_D(1-x_B)/x_B(1-x_D)\right]}{\ln\alpha_{AB}} - 1 \tag{21.45}$$

(21.45) 式稱為 **Fenske 方程式** (Fenske equation)，其適用於當 α_{AB} 為常數時。若 α_{AB} 的值從塔的底部到頂部的變化不大，則建議對 α_{AB} 可使用塔頂及塔底的 α 的幾何平均。

最小回流

在小於全回流的任何回流，對於所予分離所需的板數大於全回流，並且隨著回流比的降低而連續增加。當回流比變得更小時，板數變得非常大，並且在具有確定最小值的**最小回流比** (minimum reflux ratio) 處，板數變為無限大。用於生產有限量頂部和底部產物的所有實際塔，當操作時其回流比必須介於最小的回流比 (板數為無窮大) 和無窮大的回流比 (板數為最小) 之間。若 L_a/D 為操作回流比，而 $(L_a/D)_{\min}$ 為最小回流比，則

$$\left(\frac{L_a}{D}\right)_{\min} < \frac{L_a}{D} < \infty \tag{21.46}$$

當回流減小時，最小回流比可藉如下的操作線移動法求得。在全回流下，圖 21.17 中的兩操作線與對角線 *afb* 重合。對於實際的操作，*ae* 和 *eb* 為典型的操作線。隨著回流進一步減小，操作線的交點沿著進料線朝向平衡線移動，圖上用於求取階梯數的面積縮小，並且階梯數增加。當操作線中的交點落在平衡線上時，則跨過交點所需的階梯數變成無窮大。根據定義，對應於這種情況的回流比是最小回流比。

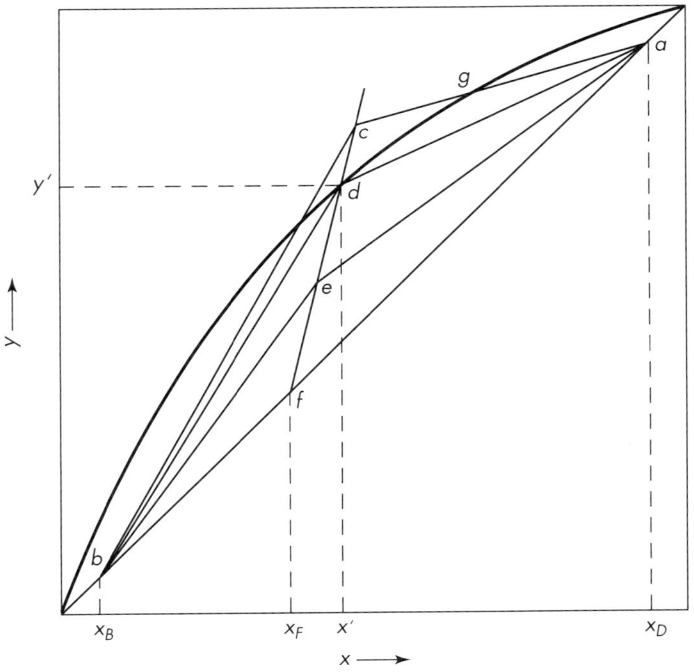

▲ 圖 21.17　最小回流比

對於正常類型的平衡曲線，其整個長度為凹向下，操作線與平衡線的最小回流接觸點在進料線與平衡線的交點處，如圖 21.17 中的線 *ad* 和 *db* 所示。回流的進一步減少會使得操作線的交點落在平衡線之外，如圖中的線 *agc* 和 *cb* 所示。此時即使無限多的板數也無法通過點 *g*，此情況的回流比小於最小回流比。

圖 21.17 中操作線 *ad* 的斜率使得線 *ad* 通過點 (x', y') 和 (x_D, x_D)，其中 x' 和 y' 為進料線與平衡線的交點座標。令 R_{Dm} 為最小回流比。

則
$$\frac{R_{Dm}}{R_{Dm}+1} = \frac{x_D - y'}{x_D - x'}$$

或
$$R_{Dm} = \frac{x_D - y'}{y' - x'} \tag{21.47}$$

(21.47) 式不能應用於所有系統。因此，若平衡線有一部分凹向上，例如圖 21.18 所示的乙醇和水的曲線，顯然精餾線先與介於橫座標為 x_F 和 x_D 之間的平衡線相交，而線 *ac* 對應於最小回流。操作線 *ab* 是在回流低於最小回流的情況下繪成，其與進料線交於點 (x', y') 的下方。在此情況下，必須從與平衡線相切的操作線 *ac* 的斜率計算最小回流比。

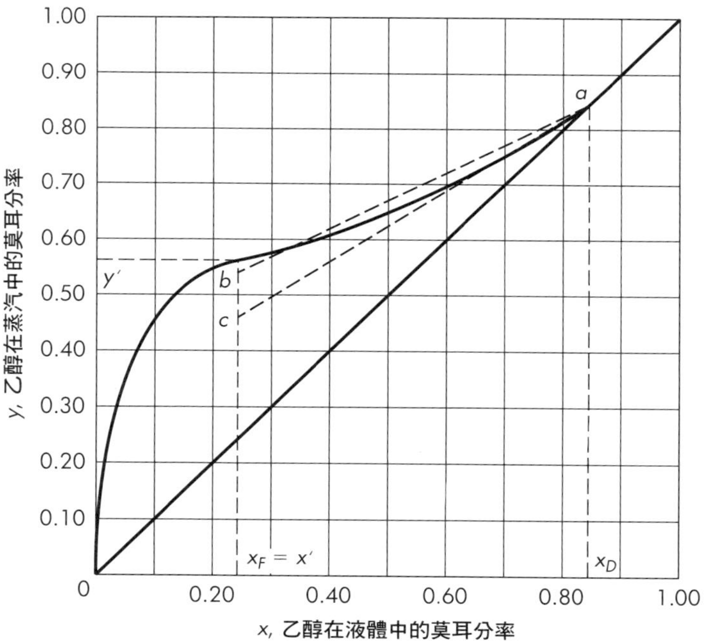

▲ 圖 21.18　平衡圖 (乙醇 - 水系統)

不變區

在最小回流比下，於操作線與平衡線的交點處形成一銳角，如圖 21.17 中的點 d 或在圖 21.18 中的切點所示。在每一個角中，需無限多個階梯數，即需要無限多的理想板數，在所有這種情況下，從板到板的液體或蒸汽濃度沒有變化。因此 $x_{n-1} = x_n$ 且 $y_{n+1} = y_n$。術語**不變區** (invariant zone) 用於描述這些無限組板，也可使用更具描述性的術語，亦即**夾點** (pinch point)。

若使用一正常的平衡曲線，從圖 21.17 可以看出，在最小回流比下，由 q 線與平衡線的交點可得進料板 (及在該板兩側的無限多個板) 處液體和蒸汽的濃度。因此在精餾段的底部及汽提段頂部的第二板上各形成一不變區。兩區的不同僅在於液 - 氣比，其一為 L/V，另一為 $\bar{L}/\bar{V}$。

最適回流比

隨著回流比從最小值增加，板數首先快速減少，然後愈來愈緩慢，直到全回流時，板數達到最少。稍後將證明塔的截面積通常大致與蒸汽的流率成正比。隨著回流比增加，對於已知的產量，V 和 L 都增加，並且達到一個點，其中塔直徑的增加比板數的減少更快。單元的成本大致與總板面積成正比，亦即與板數乘以塔的截面積的乘積成正比；因此塔的固定費用首先減少，然後隨回流比的增加而增加。熱交換裝置，亦即再沸器和冷凝器的固定費用隨回流比的增加而穩定增加。圖 21.19 的曲線 (1) + (2) 顯示出總固定費用，首先急劇下降，然後通過一個非常淺的最小值。

加熱和冷卻的費用也是重要的，如曲線 1 所示，其隨回流比線性地上升。在最適回流比時，水蒸氣費用通常約為每年總費用的 $\frac{2}{3}$，總費用是指固定費用和加熱與冷卻費用的總和。[21] 總費用顯示於圖中最上面的曲線。在不比最小回流大很多的確定回流比下的最小值是最經濟的操作點，而這個比率稱為**最適回流比** (optimum reflux ratio)。圖 21.19 是基於苯 - 甲苯蒸餾的研究，其中產物組成為 92% 的苯和 95% 的甲苯，並且最適回流比為 1.1 倍的 R_{Dm}。[21] 在類似的最適化研究中，其中產物是非常純的，亦即 99.97% 的苯和 99.83% 的甲苯，最適回流比為 1.25 R_{Dm}。[6] 最適回流比與能源的成本有關，當能源成本相對較高時，它會更接近 R_{Dm}，而當蒸餾設備由昂貴的合金製成時，將遠離 R_{Dm}。實際上，大多數工廠都在略高於最適回流比下操作，因為總成本在這個範圍內對回流比不是很有意義，並且如果使用大於最適值的回流比，則可獲得更好的操作靈活性。†

† 由於塔中的恆定莫耳溢流的偏差，真實的最小回流比可能大於從 McCabe-Thiele 圖所預測的。(見191頁。)

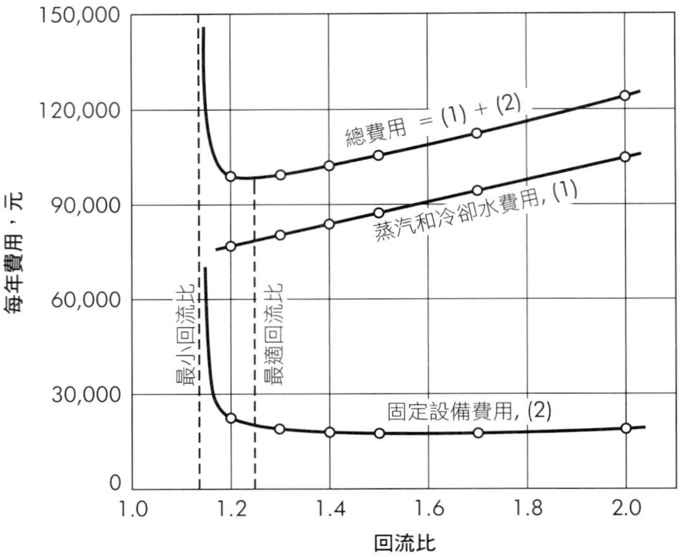

▲ 圖 21.19 最適回流比 (經許可，摘自 *M. S. Peters and K. D. Timmerhaus, Plant Design and Economics for Chemical Engineers, 3rd ed., 1980, McGraw-Hill.)*

▼ 表 21.2

情況	x'	y'	R_{Dm}
$(b)(i)$	0.440	0.658	1.45
$(b)(ii)$	0.521	0.730	1.17
$(b)(iii)$	0.300	0.513	2.16

例題 21.3

對於例題21.2中的 (b)(i)、(b)(ii) 及 (b)(iii) 情況，求 (a) 最小回流比；(b) 最小板數。

解

(a) 利用 (21.47) 式求最小回流比。此處 $x_D = 0.974$，結果列於表 21.2。

(b) 對於最小板數，回流比為無窮大，操作線與對角線重合，並且在三種情況之間沒有差異。利用 Fenske 方程式 [(21.45) 式]。

因為 $\alpha = 2.34 + 0.27x$ (參考例題 21.2)，

$$\text{當 } x = 0.024 \text{ 時，} \alpha = 2.35 \qquad \text{當 } x = 0.974 \text{ 時，} \alpha = 2.60$$

$$\bar{\alpha} = \sqrt{2.35 \times 2.60} = 2.47$$

由 (21.45) 式，

$$N_{\min} = \frac{\ln\left(\dfrac{0.974 \times 0.976}{0.024 \times 0.026}\right)}{\ln\ 2.47} - 1 = 8.105 - 1 = 7.1$$

最小理想板數為 7 加上一個再沸器。

幾乎純淨的產物

當塔底或塔頂的產物幾乎是純的時候，因為在 $x = 0$ 和 $x = 1$ 附近的階梯變小，因此包括整個濃度範圍的單一圖形是不切實際的。可以製備用於端點濃度範圍的大尺度輔助圖，使得各階梯足夠大以便被繪製。然而，實際上，這種計算通常可由計算機完成，並且這種尺度可以容易地擴展以包括期望的區間。(利用計算機計算，當然沒有必要使用 McCabe-Thiele 圖求出所需的板數，但是這樣做通常有助於將問題的答案清楚的顯現出來。)

另一種處理幾乎純淨產物的方法是基於如下原理：在平衡線兩端，拉午耳定律 (Raoult's law) 適用於主要成分，而亨利定律 (Henry's law) 適用於次要成分。在這些區域中，平衡線和操作線都是直線，因此可以使用 (20.27) 式，而不需採用作圖法。相同的方程式可以在操作線與平衡線都是直線或幾乎直線的任何濃度範圍內使用。

例題 21.4

將 2 mol % 乙醇和 98 mol % 水的混合物在板式塔中汽提至含量不超過 0.01 mol % 乙醇的塔底產物。通過底板上液體中的開放線圈進入的蒸汽，將用作蒸汽源。進料處於其沸點。蒸汽流量為每莫耳進料 0.2 莫耳蒸汽。對於稀釋的乙醇水溶液，平衡線是直線而以 $y_e = 9.0x_e$ 表示。試問需要多少個理想板？

解

由於平衡線和操作線均為直線，因此可以使用 (20.27) 式而不是圖解法。圖 21.20 為質量均衡圖。因為水蒸氣作為蒸汽進入，因此不需要再沸器。此外，塔中的液體流等於進入塔的進料。由本題的條件可知

$$F = \bar{L} = 1 \qquad \bar{V} = 0.2 \qquad y_b = 0 \qquad x_a = 0.02$$

$$x_b = 0.0001 \qquad m = 9.0 \qquad y_a^* = 9.0 \times 0.02 = 0.18$$

$$y_b^* = 9.0 \times 0.0001 = 0.0009$$

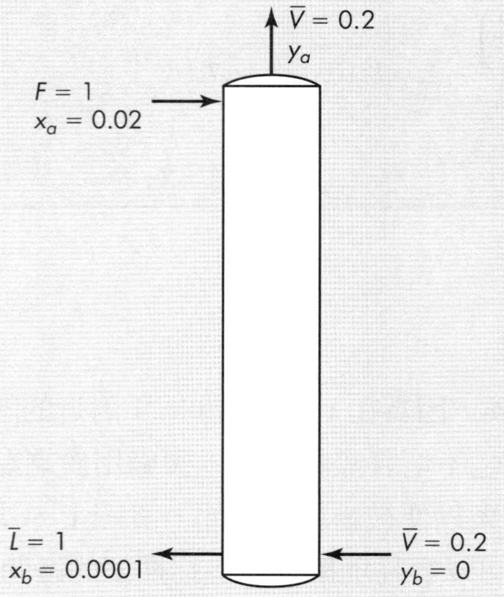

▲圖 21.20　例題 21.4 的質量均衡圖

欲使用 (20.27) 式，需要離開塔的蒸汽的濃度 y_a。這可由總乙醇均衡求得

$$\bar{V}(y_a - y_b) = \bar{L}(x_a - x_b) \qquad 0.2(y_a - 0) = 1(0.02 - 0.0001)$$

由此可得 $y_a = 0.0995$。將此值代入 (20.27) 式，得

$$N = \frac{\ln[(0.0995 - 0.18)/(0 - 0.0009)]}{\ln[(0.0009 - 0.18)/(0 - 0.0995)]}$$

$$= \frac{\ln 89.4}{\ln 1.8} = 7.6 \text{ 個理想板數}$$

焓均衡

蒸餾塔中 V 和 L 股流的實際變化取決於蒸汽和液體混合物的焓。假定恆定莫耳溢流造成的限制，可用與質量均衡和相平衡一起使用的焓均衡來消除。焓的數據可以從如圖 21.21 的焓 - 濃度圖，或作為在計算機程序中使用的熱力學性質的數據庫獲得。雖然大多數蒸餾塔是使用計算機設計的，但是這裡提供了基本焓均衡方程式，並且包括例題 21.5 以說明在典型理想系統的 McCabe-Thiele 圖中產生的小差異。

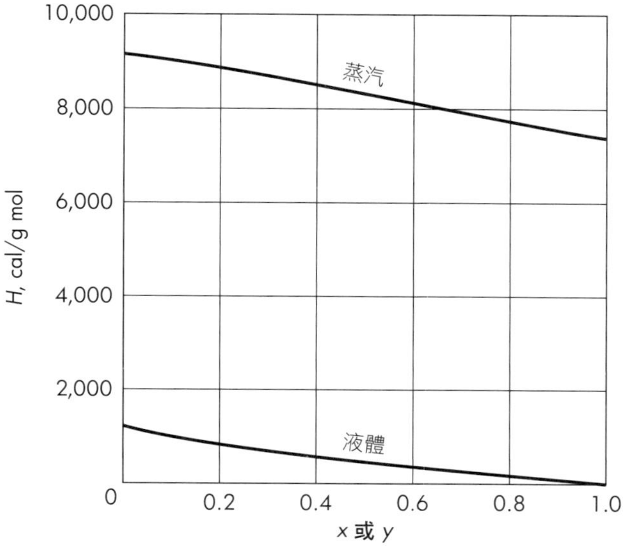

▲ 圖 21.21　在 1 atm 下，苯 - 甲苯的焓 - 濃度圖

由於苯 - 甲苯溶液是理想溶液，圖 21.21 是使用莫耳平均熱容量和蒸發熱繪成。參考溫度取苯的沸點 80°C，以簡化計算。

圖 21.21 中的焓值用於泡點處的液體混合物以及處於露點的蒸汽混合物，兩者均在 1 atm。因此線上的每個點是對介於 110.6°C 與 80°C 之間的不同溫度而言，但是對於 $x = 0.5$ 的溫度與對於 $y = 0.5$ 的溫度不同，如圖 21.2 中的泡點和露點之間的差所示。焓 - 濃度圖中的輕微彎曲是由於泡點與露點隨苯的莫耳分率的變化為非線性所致。

考慮圖 21.6 所示的系統的總焓均衡。除了圖中所示的量之外，設 H_F、H_D 和 H_B 分別代表進料、塔頂產物及塔底產物的比焓，皆以每莫耳的能量表示。整個系統的焓均衡為

$$FH_F + q_r = DH_D + BH_B + q_c \tag{21.48}$$

當進料為在沸點的液體時，H_F 介於 H_D 與 H_B 之間，且 FH_F 和 $DH_D + BH_B$ 兩項幾乎抵消，使得再沸器供應的熱 q_r 大約等於冷凝器除去的熱 q_c。

對於所予進料和產物流，僅一種熱效應 q_r 或 q_c 是獨立的，並且由設計者或操作者選擇。在設計塔時，通常選擇 q_c 以對應於期望的回流比和塔頂蒸汽的莫耳數。那麼 q_r 可以從 (21.48) 式求出。然而，在操作塔中，q_r 經常變化以改變蒸汽流率和回流比，然後 q_c 也隨之改變。

精餾段與汽提段的焓均衡

再次參考圖 21.6，假設 $H_{y,\,n+1}$ 是從第 $n+1$ 板上升的蒸汽的比焓，$H_{x,\,n}$ 是離開第 n 板的液體的比焓。對於控制面 I 內的部分取焓均衡，

$$V_{n+1}H_{y,n+1} = L_n H_{x,n} + DH_D + q_c \tag{21.49}$$

利用下面之關係式

$$q_c = V_a H_{y,a} - RH_D - DH_D \tag{21.50}$$

消去 q_c，得到另一形式

$$V_{n+1}H_{y,n+1} = L_n H_{x,n} + V_a H_{y,a} - RH_D \tag{21.51}$$

(21.51) 式也可以對不含冷凝器的塔頂部分進行焓均衡而導出。注意，假定回流與餾出物產物處於相同的溫度，因此 $H_R = H_D$。

在使用 (21.51) 式時，$V_aH_{y,\,a}$ 和 RH_D 是已知，V_{n+1} 和 L_n 為未知。若選定 x_n 的值，則從焓 - 濃度圖，或從平均比熱和泡點可得 $H_{x,\,n}$。$H_{y,\,n+1}$ 的值與 y_{n+1} 有關，此 y_{n+1} 的值為未知，除非操作線已繪於 McCabe-Thiele 圖上或操作線方程式已指定 V_{n+1} 和 L_n 的值。

V_{n+1} 的精確值需使用 (21.51) 式、焓 - 濃度圖以及下列的個別和總質量均衡式，以試誤法求解：

$$y_{n+1} = \frac{L_n x_n}{V_{n+1}} + \frac{Dx_D}{V_{n+1}} \tag{21.52}$$

$$V_{n+1} = L_n + D \tag{21.53}$$

然而，通常可以在第一次試驗中使用塔頂的 L_a 和 V_a 流率。由 (21.52) 式中的 x_n 計算 y_{n+1}，來獲得滿意的 V_{n+1} (這對應於使用基於恆定莫耳溢流的直線操作線)。然後由 y_{n+1} 求 $H_{y,\,n+1}$，並且以 $V_{n+1} - D$ 替代 L_n 後，由 (21.51) 式求解 V_{n+1}。

僅需要幾個 V_{n+1} 與 L_n 的值即可建立稍微彎曲的操作線。對於逐板計算，由 (21.52) 式計算 y_{n+1} 時，V_{n+1} 與 L_n 的值可利用先前板的對應值 V_n 與 L_{n-1} 獲得。

在塔的汽提段中，使用圖 21.6 中的控制面 II 的焓均衡，可計算中間第 m 板的流率：

$$V_{m+1}H_{y,m+1} = L_m H_{x,m} + q_r - BH_B \tag{21.54}$$

$$y_{m+1} = \frac{L_m}{V_{m+1}} x_m - \frac{Bx_B}{V_{m+1}} \tag{21.55}$$

$$L_m = V_{m+1} + B \tag{21.56}$$

遵循與之前相同的方法，選擇 x_m 的值，使用 L_b 與 V_b 為 L_m 與 V_{m+1} 的近似值，由 (21.55) 式計算 y_{m+1}。然後利用比焓 $H_{x,\,m}$ 和 $H_{y,\,m+1}$，並且以 $V_{m+1} + B$ 替代 L_m，由 (21.51) 式計算 V_{m+1}。

例題 21.5

在大氣壓下，利用蒸餾將 50 mol % 苯和 50 mol % 甲苯的混合物分離成 98% 純度的產物，使用的回流比為最小回流比的 1.2 倍。進料為沸點的液體。使用焓均衡 (表 21.3)，計算在塔的頂部、中央以及底部的液體與蒸汽的流率，並將這些值與基於恆定莫耳溢流的值進行比較。估計使用這二種方法所得理論板數的差異。

▼ 表 21.3　例題 21.5 的數據

成分	蒸發熱，cal /g mol	定壓下的比熱 cal/g mol · °C		沸點 °C
		液體	蒸氣	
苯	7,360	33	23	80.1
甲苯	7,960	40	33	110.6

解

$$x_F = 0.50 \qquad x_D = 0.98 \qquad x_B = 0.02$$

由 (21.8) 式，

$$\frac{D}{F} = \frac{x_F - x_B}{x_D - x_B} = \frac{0.5 - 0.02}{0.98 - 0.02} = 0.50$$

基量：　$F = 100$ mol　$D = 50$ mol　$B = 50$ mol

由 (21.47) 式，

$$R_{Dm} = \frac{x_D - y'}{y' - x'} \qquad \text{基於 } \frac{L}{V} = \text{常數}$$

對於此進料，$q = 1.0$ 且 $x' = x_F = 0.50$。由平衡線，$y' = 0.72$，且

$$R_{Dm} = \frac{0.98 - 0.72}{0.72 - 0.50} = 1.18$$

$$R_D = 1.2(1.18) = 1.42$$

$$R = 1.42(50) = 71 \text{ mol}$$

在塔的頂部，

$$V_1 = R + D = 71 + 50 = 121 \text{ mol}$$

焓均衡：選取 80°C 為參考溫度，使得在 80°C 的回流與蒸餾產物的焓值為零。對於苯蒸汽，焓為 80°C 的蒸發熱加上蒸汽的顯熱：

$$H_y = 7{,}360 + 23(T - 80) \text{ cal/mol}$$

對於甲苯蒸汽，在 80°C 的蒸發熱是由沸點時的值計算：

$$\Delta H_v = \Delta H_{v,b} + (C_{p,l} - C_{p,v})(T_b - T)$$

對於甲苯，在 $T = 80$°C，$\Delta H_v = 7{,}960 + (40 - 33)(30.6) = 8{,}174$ cal/mol。對於在 T°C 的甲苯，$H_y = 8{,}174 + 33(T - 80)$。

由 (21.51) 式，其中 $H_D = 0$，$V_a = V_1$

$$V_{n+1} H_{y,n+1} = L_n H_{x,n} + V_1 H_{y,1}$$

假設以頂板溫度約為 80°C 來計算 $H_{y,1}$。因為 $y_1 = x_D = 0.98$，

$$H_y = 0.98(7{,}360) + 0.02(8{,}174) = 7{,}376 \text{ cal/mol}$$

挑選 $x_n = 0.5$，且由圖 21.3 可得 $T_b = 92$°C，則

$$H_{x,n} = (0.5 \times 33 + 0.5 \times 40)(92 - 80) = 438 \text{ cal/mol}$$

利用恆定莫耳溢流的操作線 (圖 21.22 中的虛線) 估計 y_{n+1}：

$$y_{n+1} \approx 0.70 \qquad T_d \approx 93^\circ\text{C} \qquad \text{由圖 21.2}$$

$$H_{y,n+1} = 0.7(7{,}360 + 23 \times 13) + 0.3(8{,}174 + 33 \times 13) = 7{,}942 \text{ cal/mol}$$

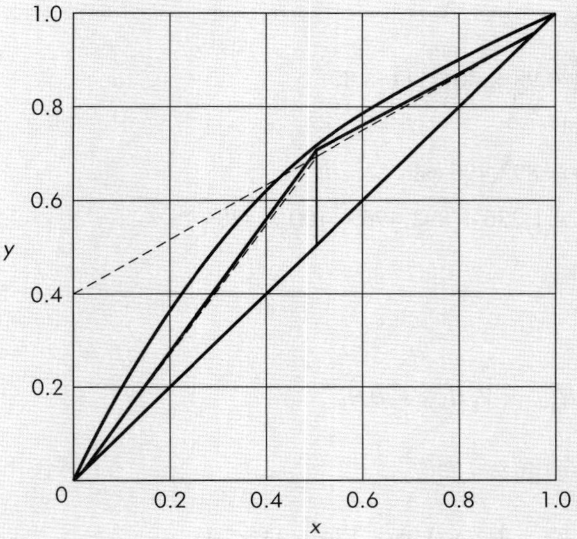

▲圖 21.22 例題 21.5 中，苯 - 甲苯蒸餾的 McCabe-Thiele 圖：----，基於恆定莫耳溢流；——，基於焓均衡

因為 $L_n = V_{n+1} - D$，由 (21.48) 式，

$$V_{n+1}(7{,}942) = (V_{n+1} - 50)(438) + 121(7{,}376)$$

$$V_{n+1} = \frac{870{,}596}{7{,}504} = 116.0 \text{ mol} \qquad L_n = 66.0 \text{ mol}$$

由 (21.52) 式，

$$y_{n+1} = \frac{66}{116}(0.50) + \frac{50(0.98)}{116} = 0.707$$

此值足夠接近 0.70。

對於 $x_n = 0.7$ 的類似計算，可得

$$V_{n+1} = 118 \qquad L_n = 68 \qquad y_{n+1} = 0.818$$

如圖 21.22 實線所示的操作線幾乎是直線，但是位於基於恆定莫耳溢流的操作線 (虛線) 之上。

為了獲得再沸器的蒸汽流率，取總均衡以得到 q_r：

$$FH_F + q_r = DH_D + BH_B + q_c$$

對於 92°C 的進料，

$$\begin{aligned} H_F &= (0.5 \times 33 + 0.5 \times 40)(92 - 80) \\ &= 438 \text{ cal/mol} \end{aligned}$$

對於 111°C 的底部產物，

$$
\begin{aligned}
H_B &= (0.02 \times 33 + 0.98 \times 40)(111 - 80) \\
&= 1{,}236 \text{ cal/mol} \\
q_c &= 121 \times 7{,}376 = 892{,}496 \text{ cal} \\
q_r &= 50 \times 0 + 50 \times 1{,}236 + 892{,}496 - 100 \times 438 \\
&= 910{,}496 \text{ cal}
\end{aligned}
$$

然後對再沸器取焓均衡：

$$q_r + L_b H_{x,b} = V_b H_{y,b} + B H_b$$

在 111°C 由再沸器流出的蒸汽約有 5% 的苯，且

$$
\begin{aligned}
H_{y,b} &= 0.05(7{,}360 + 23 \times 31) + 0.95(8{,}174 + 33 \times 31) \\
&= 9{,}141 \text{ cal/mol}
\end{aligned}
$$

在 110°C 進入再沸器的液體約有 4% 的苯，且

$$H_{x,b} = 0.04(33 \times 30) + 0.96(40 \times 30) = 1{,}192 \text{ cal/mol}$$

因為 $L_b = V_b + 50$，且 $H_{y,b} - H_{x,b} = 9{,}141 - 1{,}192 = 7{,}949$ cal/mol，

$$
\begin{aligned}
V_b &= \frac{910{,}496 + 50(1{,}192) - 50(1{,}236)}{7{,}949} = 114.3 \\
L_b &= 114.3 + 50 = 164.3
\end{aligned}
$$

可以從 q_r 和甲苯的蒸發熱獲得大致相同的 V_b 值：

$$V_b \approx \frac{q_r}{\Delta H_v} = \frac{910{,}496}{7{,}960} = 114.4$$

利用 (21.54) 式可求 V_{m+1} 的中間值：

$$V_{m+1} H_{y,m+1} = L_m H_{x,m} + q_r - B H_B$$

對於 $x_m = 0.4$，$y_{m+1} = 0.55$ (由圖 21.22 中的操作線)；此外

$$T_m = 95°\text{C} \qquad T_{m+1} = 97°\text{C}$$

$$
\begin{aligned}
H_{y,m+1} &= 0.55[7{,}360 + 23(97 - 80)] + 0.45[8{,}174 + 33(17)] = 8{,}194 \text{ cal/mol} \\
H_{x,m} &= (0.4 \times 33 + 0.6 \times 40)(95 - 80) \\
&= 558 \text{ cal/mol} \\
L_m &= V_{m+1} + 50
\end{aligned}
$$

由 (21.54) 式，

$$8{,}194V_{m+1} = 558(V_{m+1} + 50) + 910{,}496 - 1{,}236 \times 50$$
$$V_{m+1} = 114.8 \text{ mol}$$
$$L_m = 164.8 \text{ mol}$$

注意，在此情況下，汽提段中的 L 與 V 幾乎沒有改變，與在精餾段中 L 減少 7% 相反。下操作線可利用上操作線和 q 線的交點而繪成一直線。

計算階梯數，可知這個分離需要大約 27 個理想段，與基於恆定莫耳溢流的假設所需要的 21 個做一比較。如果使用更高的回流比，該差異將更小。所做的計算是基於 r 的公稱值 (nominal value) 的 1.2 倍，但這真正對應於真實最小回流的 1.1 倍，此可由圖 21.22 看出。

在例題 12.5 中，莫耳液體流率從頂板到進料板降低約 7%，主要是因為甲苯的莫耳蒸發熱較高。因為液體比蒸汽具有較高的熱容量但較低的流率，所以液體和蒸汽流的顯熱變化項幾乎抵消。在塔的汽提段中，雖然蒸汽組成的變化甚至比在精餾段多，但是液體流率幾乎沒有改變。在汽提段中的液體流率總是大於蒸汽流率；且在例題 21.5 中，液體的流率和熱容量的乘積是蒸汽的 1.73 倍。將液體從進料板溫度加熱到再沸器溫度所需的能量僅部分可由冷卻蒸汽來提供，其餘來自塔中蒸汽的冷凝。在提供加熱液體所需的額外能量的情況下，甲苯的冷凝熱與苯的蒸發熱之間的能量差幾乎用盡，使得從再沸器到進料板的蒸汽流只有輕微增加。

對於其它的理想混合物，可能觀察到類似的 L 和 V 的變化。† 較易揮發的成分具有較低的莫耳蒸發熱，因為蒸發熱大致與正常沸點成正比 (Trouton's rule)。在塔的上半段中，V 的變化將最大，其中 L 小於 V，而在下半段中可能幾乎為零，其中 $L/V > 1.0$。L/V 的百分比變化將小於 L 或 V 的變化，但是當操作接近最小回流比時，操作線的略微向上移動可能是重要的，如在例題 21.5 中的情況。對於在最小回流比的兩倍或更大的操作，操作線曲率的影響將非常小。

對於塔內該段而言，直線操作線的斜率為 L/V，但是彎曲操作線的局部斜率不等於 L/V 的局部值。由精餾段的方程式，(21.52) 式開始，先以 $V_{n+1} - D$ 取代 L_n，然後以 $L_n + D$ 取代 V_{n+1}：

† 對於水溶液系統，莫耳蒸發熱可能會有很大的不同，導致 L 和 V 有顯著變化。

$$V_{n+1}y_{n+1} = (V_{n+1} - D)x_n + Dx_D$$

或
$$V_{n+1}(y_{n+1} - x_n) = D(x_D - x_n) \tag{21.57}$$

$$(L_n + D)y_{n+1} = L_n x_n + Dx_D$$

或
$$L_n(y_{n+1} - x_n) = D(x_D - y_{n+1}) \tag{21.58}$$

(21.58) 式除以 (21.57) 式，可得

$$\frac{L_n}{V_{n+1}} = \frac{x_D - y_{n+1}}{x_D - x_n} \tag{21.59}$$

因此 L_n/V_{n+1} 是連接 (x_D, x_D) 與 (y_{n+1}, x_n) 兩點之間的斜率。對於汽提段的類似推導，可得

$$\frac{L_m}{V_{m+1}} = \frac{y_{m+1} - x_B}{x_m - x_B} \tag{21.60}$$

多重進料與側流

有時一個塔可以供給兩個 (或甚至更多個) 進料，從不同板進入塔中。具有兩個液體進料 F_1 與 F_2 的塔，其 yx 圖顯示於圖 21.23a。對於塔的每個區段，操作線的斜率是液體流量與蒸汽流量的比。位於上方的操作線，即高於 F_1 進料處，其斜率並不受影響；中間部分的操作線具有比上面的操作線更大的斜率，原因是從 F_1 添加了液體；而液體量最大的最低部分的操作線具有最大的斜率。此圖是從塔的每個部分中的液體和蒸汽的相對量繪製而成 (或所製備的計算機程式)。板數以一般的方法逐步計算。

類似的過程可用於當有股流從低於塔頂的側邊被抽出的情況，其組成為 x_D'。由於被抽出的股流會減少流到下面部分的液體量，因此該區域中的操作線斜率小於最上端部分。此結果顯示於圖 21.23b。如前所述，操作線的斜率在塔的每個部分都等於液體流率對蒸汽流率 L/V 的局部比。

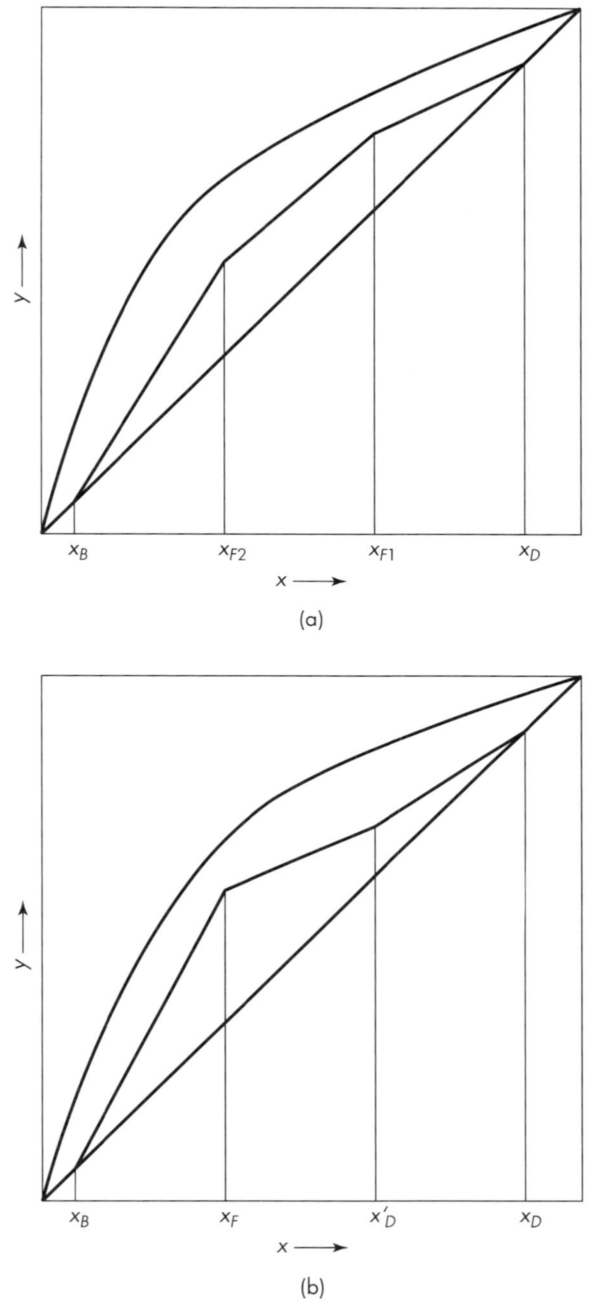

▲ 圖 21.23　複合式蒸餾塔：(a) 有兩個液體進料；(b) 有側邊股流被抽出

篩板塔的設計

為了將理想板數轉化為實際板數，必須對板的效率進行修正。還有其它重要的決定，其中一些至少與固定板數一樣重要，必須在設計完成之前做出。這些包括塔板的類型、塔板孔的尺寸和圖案、下導管尺寸、塔板間距、堰高度、允許的蒸汽速率和每個塔板的壓力降，以及塔的直徑。錯誤的決定將導致不良的分餾、低於期望的容量、差的操作靈活性，並且具有極端的錯誤，使得塔無法操作。在工廠建成之後才修正這些誤差可能花費昂貴。因為影響板效率的許多變數與單一板的設計有關，所以首先討論板設計的基本原理。

精餾塔的範圍和種類及其應用是廣大的。最大的單元通常是在石油工業，但是大且非常複雜的蒸餾工廠多在溶劑的分餾、液化空氣的處理以及一般的化學加工中遇到。塔徑可以從 300 mm (1 ft) 到大於 9 m (30 ft) 的範圍內，並且塔的板數從幾個到大約一百個。板間距可以從 150 mm 到 1 或 2 m 之間變化。以前泡罩板是最常見的；而今天大多數塔都裝有篩板 (sieve tray) 或閥板 (valve tray)。塔可以在高壓或低壓下操作，溫度由液態氣體的溫度到鈉蒸汽和鉀蒸汽的精餾中所能達到的 900°C。被蒸餾的物料其黏度、擴散性、腐蝕性、泡沫趨勢和成分的複雜性可以有很大的變化。塔板在吸收中與在精餾中一樣有用，並且板設計的基本原理適用於兩種操作。

設計分餾塔，特別是大型裝置和用於不尋常應用的裝置，最好由專家完成。雖然在沒有許多先前經驗的情況下，可以非常精確地計算理想板數和熱需要量，但是其它設計因數卻不能精確求出，並且對於相同的問題可以找到多個相同的設計。與大多數工程活動一樣，分餾塔的設計依賴於幾個原理，多個經驗相關性 (處於不斷的修正狀態)，以及許多經驗和判斷。

下面的討論限於裝有篩板的一般類型的塔，在與大氣壓力相距不遠的壓力下操作，以及處理具有普通性質的混合物。

篩板的正常操作

篩板的設計是能使上升的蒸汽流與下降的液體流緊密接觸。液體流過板並通過堰到達通向下方板的降流管。每個板上的流動模式因此是交叉流而不是逆向流流動，但是作為整體的塔仍被認為具有液體和蒸汽的逆向流流動。在分析塔的水力行為 (hydraulic behavior) 和預測塔板效率時，在塔板上有液體的交叉流的事實是很重要的。

圖 21.24 顯示在正常操作下在篩板塔中的板。降流管 (downcomer) 是塔的彎曲壁和直弦堰 (straight chord weir) 間的弓形區域 (segment-shaped region)。每個

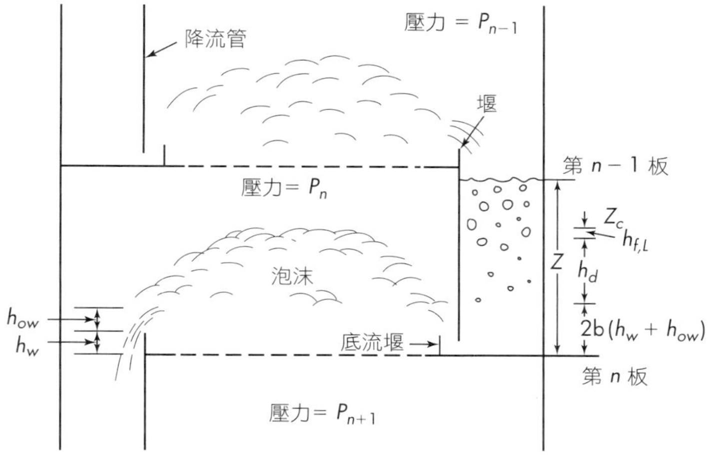

▲ 圖 21.24　篩板的正常操作

降流管通常占據塔截面積的 10% 至 15%，剩下 70% 至 80% 的塔面積用於發泡或接觸。在小塔中，降流管可以是焊接到板並且突出在板上以形成圓形堰的管。對於非常大的塔，可以在板的中間提供另外的降流管以減小液體流動路徑的長度。在一些情況下，如圖 21.24 所示，安裝底流堰或塔盤入口堰 (tray inlet weir) 以改善液體分布並防止蒸汽泡進入降流管。

蒸汽通過板的穿孔區域，其占據降流管之間的大部分空間。孔的尺寸通常為 5 至 12 mm ($\frac{3}{16}$ 至 $\frac{1}{2}$ in.) 並且以三角形方式排列。在溢流堰附近可以省略一排或兩排孔，以允許液體在通過溢流堰之前進行一些脫氧 (degassing)。在液體入口附近也可以省略一些孔，以保持蒸汽泡在降流管之外。在正常條件下，蒸汽速度很高以產生液體和蒸汽的泡沫混合物，其具有用於質傳的大的表面積。泡沫的平均密度可以低至液體密度的 0.2 倍，並且泡沫高度相當於實際在板上液體量的值之數倍。

蒸汽壓力降

通過孔和板上液體的蒸汽流動需要壓力差。單板上的壓力降通常為 50 至 100 mm H_2O，而有 40 板的塔其壓力降約為 2 至 4 m H_2O。所需的壓力由再沸器自動產生，其在足以克服塔和冷凝器中的壓力降的壓力下產生蒸汽。計算總壓力降以確定再沸器中的壓力和溫度，並且必須檢查每個板的壓力降以確保板將正常操作，無滲漏或溢流。

穿過板的壓力降可以分為兩部分，孔中的摩擦損失和由於板上的液體滯留所引起的壓力降。壓力降通常以液體的毫米或吋為單位的相當高差 (equivalent head) 表示：

$$h_t = h_d + h_l \tag{21.61}$$

其中 h_t = 每板的總壓力降，液體的毫米數

h_d = 乾板的摩擦損失，液體的毫米數

h_l = 板上液體的相當高差，液體的毫米數

一些學者[1]在 (21.61) 式中加入 h_σ 項，以允許小氣泡的內部和外部之間的壓力差。當表面張力大且銳孔尺寸為 3 mm 或更小時，該項大小其液體的毫米數可為 10 至 20 mm，但是對於有機液體和具有較大銳孔的標準篩盤，該項通常可忽略不計。

通過孔的壓力降可以從通過銳孔的 (8.28) 式的修正式來預測：

$$h_d = \left(\frac{u_0^2}{C_0^2}\right)\left(\frac{\rho_V}{2g\rho_L}\right) = 51.0\left(\frac{u_0^2}{C_0^2}\right)\left(\frac{\rho_V}{\rho_L}\right) \tag{21.62}$$

其中 u_0 = 流經孔的蒸汽速度，m/s

ρ_V = 蒸汽密度

ρ_L = 液體密度

C_0 = 銳孔係數

(21.62) 式的 h_d 是以液體的毫米數表示，該係數來自於

$$\frac{1{,}000\ \text{mm/m}}{2 \times 9.8\ \text{m/s}^2} = 51.0$$

若 u_0 以 ft/sec 而 h_d 以吋表示，則係數變為

$$\frac{12}{2 \times 32.2} = 0.186$$

銳孔係數 C_0 與開口面積的分率 (孔的總截面積與塔截面積的比率) 以及盤厚度對孔徑的比值有關，如圖 21.25 所示。隨著銳孔直徑對管徑的比值增加，具有開口面積的 C_0 的增加類似於單一銳孔的 C_0 的變化。係數隨著板厚度而變化，但對於大多數的篩板，厚度僅為孔尺寸的 0.1 至 0.3 倍。對於這些厚度和 0.08 至 0.10 的典型開口面積分率，C_0 的值為 0.66 至 0.72。

板上的液體量隨著堰的高度和液體的流率而增加；但是隨著蒸汽流率的增加，其略微減少，因為這降低了泡沫的密度。液體滯留量與液體和蒸汽的物理

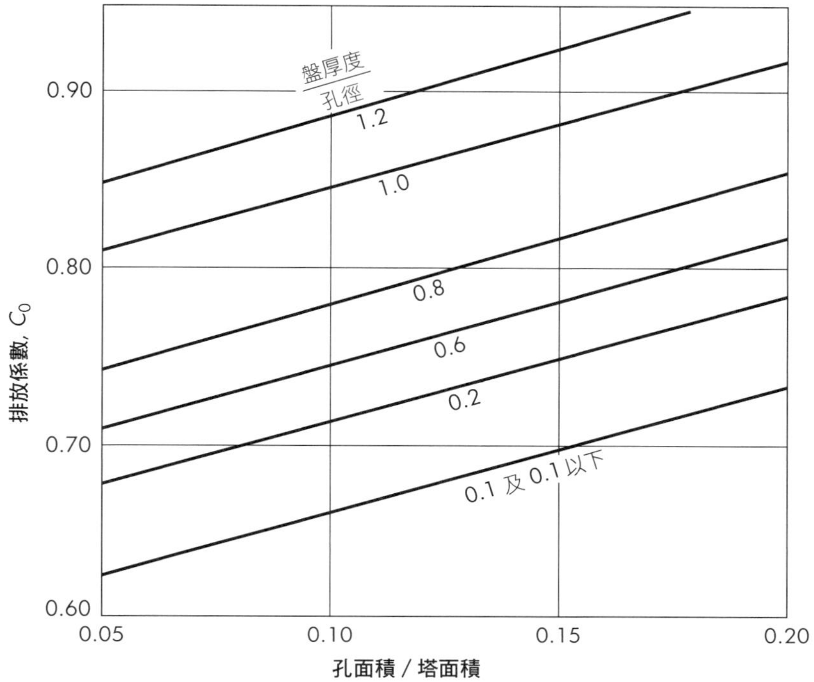

▲ 圖 21.25 篩盤上蒸汽流動的排放係數 [*I. Liebson, R. E. Kelley, and L. A. Bullington, Petrol. Refin.*, **36**(2):127, 1957; **36**(3):288, 1957.]

性質有關，並且只有預測滯留量的近似方法可供採用。估計 h_l 的簡單方法是利用堰高 h_w，澄清液體在堰上的計算高度 h_{ow}，以及經驗相關因子 β：

$$h_l = \beta(h_w + h_{ow}) \tag{21.63}$$

堰上的液高是從 Francis 方程式的一種形式計算而得，對於直弓形堰則為

$$h_{ow} = 43.4\left(\frac{q_L}{L_w}\right)^{2/3} \tag{21.64}$$

其中　h_{ow} = 高，mm

q_L = 澄清液體的流率，m^3/min

L_w = 堰的長度，m

若 q_L/L_w 是以每吋每分鐘的加侖數表示，則 (21.64) 式中的係數為 0.48，而 h_{ow} 的單位為吋。

在堰上的泡沫的實際高度大於 h_{ow}，因為蒸汽僅部分與液體分離，使得堰處泡沫的體積流率大於單獨液體的體積流率。然而，因為泡沫密度的影響已包括

在相關因數 β 內，因此在估計 h_l 時不需要堰上的實際高度。對於 25 至 50 mm (1 至 2 in.) 的典型堰高和蒸汽流速的正常範圍，β 的值為 0.4 至 0.7。β 與蒸汽和液體的流率之變化是複雜的，並且沒有普遍接受的關聯式。為了設計目的，在 (21.63) 式中可以使用 $\beta = 0.6$ 的值，並且因為在高蒸汽流率下的大多數壓力降是由於孔洞所致，所以可以容忍一些誤差。

當 h_{ow} 相對於 h_w 而言很小時，由 (21.63) 式顯示出 h_l 可以小於 h_w，這意味著盤上的液體比對應於堰高的液體更少，這是相當普遍的情況。

降流管高度

由於板上的壓力降，降流管中的液體高度必須遠大於板上的液位。請參閱圖 21.24，注意第 n 板的降流管的頂部與第 $n-1$ 板具有相同的壓力。因此，降流管中的相當液面高度必須超過板上的量，亦即超過 h_t 的量加上液體中的任何摩擦損失 $h_{f,L}$。澄清液體的總高度 Z_c 為

$$Z_c = \beta(h_w + h_{ow}) + h_t + h_{f,L} \tag{21.65}$$

利用 (21.61) 式和 (21.63) 式取代上式中的 h_t 可得

$$Z_c = 2\beta(h_w + h_{ow}) + h_d + h_{f,L} \tag{21.66}$$

對 Z_c 的貢獻如圖 21.24 所示。注意，h_w 或 h_{ow} 的增加出現兩次，因為它增加了板上的液位並且增加了蒸汽流的壓力降。$h_{f,L}$ 的項通常較小，相當於一至兩個速度高差，此乃基於降流管底部下方的液體流速。

由於夾帶氣泡，使得降流管中的充氣液體的實際高度 Z 大於 Z_c。若液體的平均體積分率為 ϕ_d，則液面高度為

$$Z = \frac{Z_c}{\phi_d} \tag{21.67}$$

當充氣液體的高度變成等於或大於板間隔 (plate spacing) 時，越過下一個板上的堰之流動受到阻礙，並且塔內形成溢流。對於保守的設計，假定 $\phi_d = 0.5$ 的值，並且選擇板間隔和操作條件，使得 Z 值小於板間隔。

篩板的操作極限

在低蒸汽速度下，壓力降不足以防止液體穿過一些孔而向下流動。這種狀況被稱為**滲漏** (weeping)，並且如果在板兩端的液體高差中存在輕微的梯度，則

更可能發生。具有這樣的梯度，蒸汽將傾向於流過其中存在較少液體並因此具有較小流動阻力的區域，而液體將流過深度最大的部分。滲漏降低了板效率，因為一些液體在不接觸蒸汽的情況下流至下一個板。可以使用較小的孔或較小部分的開口面積來擴大操作的下限，但是這些變化將增加壓力降並降低最大流率。一篩盤通常可以在滲漏點和溢流點之間的流率的三到四倍範圍內操作。如果需要更大的範圍，可以使用其它類型的板，例如閥盤 (valve tray)。(參閱第 203 頁。)

篩盤塔中蒸汽速度的上限通常由夾帶 (entrainment) 變得過大的速度決定，對於蒸汽速率的微小增加，導致板效率的大幅度下降。這個極限稱為溢流點，或更適當地，稱為**夾帶溢流點** (entrainment flooding point)，因為允許的蒸汽速度有時受到其它因素的限制。當板上的壓力降太高並且降流管中的液體回到上面的板時，則來自該板的流動被抑制。這導致液位的上升和壓力降的進一步增加，這種現象稱為**降流管溢流** (downcomer flooding)；它可以在夾帶變得過量之前發生。對於具有低表面張力的液體，極限可以是使泡沫高度等於板間隔的速度，導致液體大量攜帶到上面的板。

溢流極限的早期關聯式集中在夾帶和液滴的沈降速度。對於大液滴，終端速度隨 $\sqrt{(\rho_L-\rho_V)/\rho_V}$ 變化 [參閱 (7.43) 式]，並且該項包括在關聯式中，即使在大多數情況下，$\rho_L-\rho_V$ 實際上與 ρ_L 相同。圖 21.26 是篩板的經驗關聯性，[5] 其被廣泛引用並且據說也適用於閥盤和泡罩盤。對於所予的 $L/V\ (\rho_V/\rho_L)^{0.5}$ 值和所選的板間隔，由關聯式可得 K_v 值，其用於計算最大允許蒸汽速度。

$$u_c = K_v\sqrt{\frac{\rho_L-\rho_V}{\rho_V}}\left(\frac{\sigma}{20}\right)^{0.2} \tag{21.68}$$

其中　u_c = 基於起泡面積的最大蒸汽速度，ft/s

　　　σ = 液體的表面張力，dyn/cm

注意，板間隔和其它變數的關聯性的影響類似於預測其它類型的溢流的影響。增加板間隔延遲了降流管溢流和泡沫高度溢流的開始，此外降低了夾帶液滴到達下一塊板的機會。蒸汽密度的增加使 (21.68) 式中的 u_c 減少；它也增加了乾板壓力降，這可導致降流管溢流。因為用一些有機液體觀察到較低的溢流速度，所以加入了不是原始關聯式的表面張力項。對於有機液體，σ = 20 dyn/cm 的值是典型的，並且關聯式顯示這種液體的溢流速度比水低約 20%，其中水的 σ 大約為 72 dyn/cm。對於具有非常低的表面張力的液體，關聯式可能不可靠，在這種情況下，速度可能受到泡沫高度的限制。

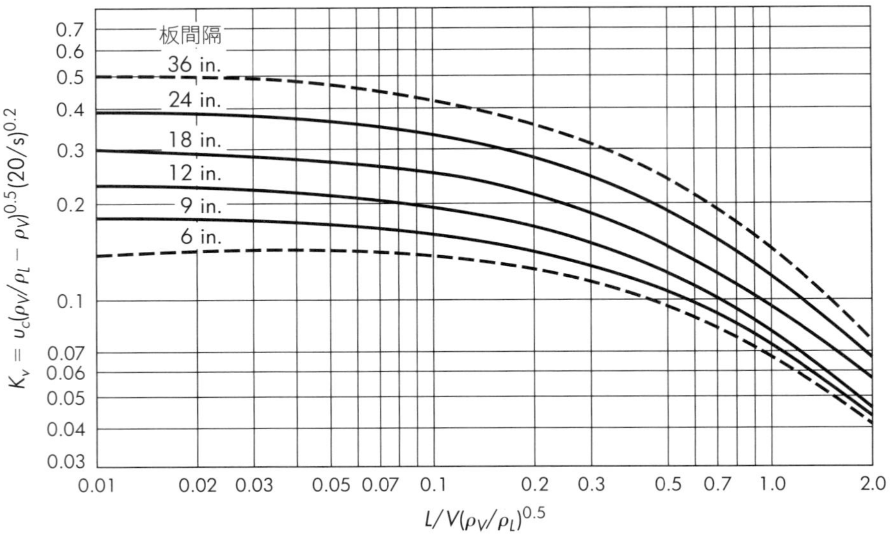

▲ 圖 21.26　篩板在溢流條件下的 K_v 值。L/V = 液體對蒸汽的質量流率的比值，u 以 ft/sec 且 σ 以 dyn/cm 表示 [*J. R. Fair, Petrol. Chem. Eng.*, **33**(10):45, 1961. *Courtesy Petroleum Engineer*.]

壓力的影響反映在 ρ_V 中，其包括在圖 21.26 的橫座標和縱座標中。對於在大氣壓力下的大多數蒸餾，$L/V(\rho_V/\rho_L)^{0.5}$ 非常小，K_v 幾乎為定值，並且 u_c 隨 $\rho_V^{-0.5}$ 變化。對於高壓操作，其中 K_v 隨著 ρ_V 增加而減小，ρ_V 對 u_c 具有較大的影響。在高壓下操作的塔其溢流速度比在大氣壓下的塔低得多。

圖 21.26 中的關聯性不包括堰高度的影響，此高度的範圍可以從 $\frac{1}{2}$ 到 4 in.。增加 h_w 增加了板上液體的深度。這可能減少 u_c，但是很少有數據可供使用。溢流的詳細討論和夾帶溢流的替代關聯性由 Kister 提供。[10]

例題 21.6

在大氣壓下操作的篩板塔從含有 40 mol % 甲醇的水溶液進料中產生幾乎純的甲醇。蒸餾產物的流率為 5,800 kg/h。(a) 若回流比為 3.5，板間隔為 18 in.，計算容許的蒸汽速度和塔徑。(b) 若每個篩板厚度為 $\frac{1}{8}$ in.，且在一個 $\frac{3}{4}$ in. 的三角形空間中具有 $\frac{1}{4}$ in. 孔洞以及一個高度為 2 in. 的堰，計算每個塔板的壓力降。(c) 降流管中的泡沫高度為何？

解

計算塔頂的 u_c，因為在這裡蒸汽密度比其在底部高時，溢流更容易發生。

甲醇的物理性質：分子量為 32，正常沸點 65°C，蒸汽密度為

$$\rho_V = \frac{32 \times 273}{22.4 \times 338} = 1.15\,\text{kg/m}^3$$

由 Perry 的《化工手冊》，第 6 版，第 **3**-188 頁，得知液體甲醇的密度在 0°C 時為 810 kg/m^3，在 20°C 為 792 kg/m^3。在 65°C 時，估計的密度 ρ_L 為 750 kg/m^3。由 Lange 的《化學手冊》，第 9 版，1956，第 1650 頁，查得甲醇在 20 和 100°C 的表面張力，由內插法求得在 65°C 的 σ =19 dyn/cm。

(a) 蒸汽速度和塔徑。在圖 21.26 中，橫座標為

$$\frac{L}{V}\left(\frac{\rho_V}{\rho_L}\right)^{1/2} = \frac{3.5}{4.5}\left(\frac{1.15}{750}\right)^{1/2} = 3.04 \times 10^{-2}$$

板間隔為 18 in. 時，

$$K_v = 0.29 = u_c\left(\frac{\rho_V}{\rho_L - \rho_V}\right)^{1/2}\left(\frac{20}{\sigma}\right)^{0.2}$$

允許的蒸汽速度：

$$u_c = 0.29\left(\frac{750 - 1.15}{1.15}\right)^{1/2}\left(\frac{19}{20}\right)^{0.2}$$
$$= 7.32\text{ ft/s 或 } 2.23\text{ m/s}$$

蒸汽流率：

$$V = D(R+1) = 4.5D$$
$$= \frac{5{,}800 \times 4.5}{3{,}600 \times 1.15} = 6.30\text{ m}^3\text{/s}$$

蒸餾塔的截面積：

$$\text{起泡面積} = \frac{6.30}{2.23} = 2.83\text{ m}^2$$

如果起泡面積為總塔面積的 0.7 倍，

$$\text{塔面積} = \frac{2.83}{0.7} = 4.04\text{ m}^2$$

塔徑：

$$D_c = \left(\frac{4 \times 4.04}{\pi}\right)^{1/2} = 2.27 \text{ m}$$

(b) 壓力降。一個單位的板是指在間距為 $\frac{3}{4}$ in. 的三角形中有三個孔，板面積為 $\frac{1}{2} \times \frac{3}{4}(\frac{3}{4} \times \sqrt{3}/2) = 9\sqrt{3}/64 \text{ in.}^2$。在此部分的孔洞面積 (孔洞的一半) 為 $\frac{1}{2} \times \pi/4 \times (\frac{1}{4})^2 = \pi/128 \text{ in.}^2$。因此孔面積所占的分率為 $\pi/128 \times 64/9\sqrt{3} = 0.1008$，或起泡面積的 10.08%。

穿過孔洞的蒸汽速度為

$$u_0 = \frac{2.23}{0.1008} = 22.1 \text{ m/s}$$

利用 (21.62) 式計算穿過孔洞的壓力降。由圖 21.25 可知 $C_0 = 0.73$。因此

$$h_d = \frac{51.0 \times 22.1^2 \times 1.15}{0.73^2 \times 750} = 71.7 \text{ mm 甲醇}$$

液體在板上的高差：

$$\text{堰高：} h_w = 2 \times 25.4 = 50.8 \text{ mm}$$

超過堰的液體高度：假設降流管面積為塔中每一面之面積的 15 %。從 Perry 的《化工手冊》，第 6 版，第 **1-26** 頁得知，這種弧形降流管的弦長是塔半徑的 1.62 倍，因此

$$L_w = 1.62 \times 2.27/2 = 1.84 \text{ m}$$

液體流率：

$$q_L = \frac{5{,}800 \times 3.5}{750 \times 60} = 0.45 \text{ m}^3/\text{min}$$

由 (21.64) 式，

$$h_{ow} = 43.4\left(\frac{0.45}{1.84}\right)^{2/3} = 17.0 \text{ mm}$$

由 (21.63) 式，其中 $\beta = 0.6$，

$$h_l = 0.6(50.8 + 17.0) = 40.7 \text{ mm}$$

液體的總高差 [由 (21.61) 式]：

$$h_t = 71.7 + 40.7 = 112.4 \text{ mm}$$

(c) 降流管中的泡沫高度：利用 (21.66) 式估計 $h_{f,L} = 10$ mm 甲醇，則

$$Z_c = 2 \times 40.7 + 71.7 + 10 = 163.1 \text{ mm}$$

由 (21.67) 式，

$$Z = \frac{163.1}{0.5} = 326 \text{ mm (12.8 in.)}$$

由於 Z 小於板間隔，因此不會發生降流管溢流。對於保守設計，可以使用 2.5 m 的塔徑，使得蒸汽速度比 u_c 小 20%。

閥盤塔

在閥盤式的塔中 (圖 21.27)，板中的開口相當大，通常直徑為 38 mm ($1\frac{1}{2}$ in.)。此開口被蓋子或閥覆蓋，其隨著蒸汽流率變化而上升和下降，從而為蒸汽流動提供可變面積的通道。降低管和液體的橫向流其使用與通常的篩盤一樣。閥盤比傳統盤更昂貴，但是具有大的**調節比** (turndown ratio) (此為蒸餾塔在滿足操作條件下，最大容許蒸汽速度與最低速度的比) 的優點，此比值可高達 10 或更高，因此塔的操作範圍很大。最近閥盤的發展增加了可用的起泡面積並改善了流過板的蒸汽的分布。有關閥盤塔的設計和限制的資訊可從 Norton 化工程序公司，[18] Koch-Glitsch LP 和其它製造商查詢。

(a)

(b)

▲ 圖 21.27 (a) 閥盤 (Koch-Glitsch)；(b) 單一閥 (開口)

板效率

為了將理想板數轉化為實際板數，必須知道板的效率。以下討論適用於氣體吸收塔與蒸餾塔。

板效率的類型

使用三種板效率：(1) 總效率，其涉及整個塔；(2) Murphree 效率，其與單一板有關；以及 (3) 局部效率，其涉及單一板上的特定位置。

總效率 (overall efficiency) η_o 雖然使用簡單，但也是最基本的，其定義為整個塔中所需的理想板數與實際板數的比。例如，如果需要 6 個理想板，則總效率為 60%，實際板數為 6/0.60 = 10。

Murphree 效率 (Murphree efficiency)[17] η_M 定義為

$$\eta_M = \frac{y_n - y_{n+1}}{y_n^* - y_{n+1}} \tag{21.69}$$

其中 y_n = 離開第 n 板的蒸汽的實際濃度

y_{n+1} = 進入第 n 板的蒸汽的實際濃度

y_n^* = 與離開第 n 板降流管的液體成平衡的蒸汽濃度

因此 Murphree 效率是從一個板到下一個板的蒸汽組成的變化除以離開的蒸汽與**離開的液體** (liquid leaving) 處於平衡時的變化。離開的液體通常與板上的平均液體不同，並且這種區別在比較局部效率和 Murphree 效率方面是重要的。

Murphree 效率習慣上用蒸汽濃度定義，但是因為難以獲得可靠的樣品，所以測量的效率很少是基於對蒸汽相的分析，而是從板上的液體取樣，從 McCabe-Thiele 圖確定蒸汽組成。可以使用液體濃度來定義板效率，但是這僅偶爾用於脫附或汽提計算。

在高速下操作的塔有顯著的夾帶 (entrainment)，而降低了板效率，因為夾帶的液體其液滴比蒸汽含更少的易揮發成分。儘管已經公開了允許夾帶的方法，[2] 但是對於 Murphree 效率的大多數經驗關聯式是基於來自板的液體試樣，其中已包括夾帶效應。

局部效率 (local efficiency) η' 定義為

$$\eta' = \frac{y'_n - y'_{n+1}}{y'_{en} - y'_{n+1}} \tag{21.70}$$

其中 y'_n = 離開第 n 板上特定位置的蒸汽濃度
y'_{n+1} = 在同一位置進入第 n 板的蒸汽濃度
y'_{en} = 在同一位置與液體平衡的蒸汽濃度

由於 y'_n 不能大於 y'_{en}，所以局部效率不能大於 1.00 或 100%。

Murphree 效率與局部效率之間的關係　在小塔中，板上的液體被通過穿孔的蒸汽流充分攪動，因此當液體流過板時，在液體中沒有可量測的濃度梯度。降流管中液體的濃度 x_n 是整個板上的液體濃度。因為離開降流管的液體與第 $n+1$ 板上的液體劇烈混合，所以從濃度 x_n 變化到 x_{n+1} 恰好在降流管的出口處發生。由於板上液體的濃度是相同的，所以來自板的蒸汽濃度也是如此，在蒸汽流中不存在梯度，將 (21.69) 式和 (21.70) 式的量作一比較，可知 $y_n = y'_n$，$y_{n+1} = y'_{n+1}$，且 $y^*_n = y'_{en}$，因此 $\eta_M = \eta'$，且局部效率與 Murphree 效率相等。

在較大的塔中，沿流動方向的液體混合不完全，並且在板上的液體中有濃度梯度。最大可能的變化是從液體入口濃度 x_{n-1} 變至液體出口濃度 x_n。為了顯示這種濃度梯度的影響，考慮 McCabe-Thiele 圖的一部分，如圖 21.28 所示。此圖對應於約 0.9 的 Murphree 效率，其中 y_n 幾乎等於 y^*_n。然而，如果沒有液體的水平混合，則靠近液體入口的蒸汽將與組成為 x_{n-1} 的液體接觸，並且比靠近出口組成為 x_n 的液體接觸的蒸汽更濃。為了與平均蒸汽組成 y_n 一致，局部蒸汽組成必須在液體出口附近的 y_a 到液體入口附近的 y_b 的範圍內。因此，局部效率遠低於 Murphree 效率，並且對於此例，η' 約為 0.6。

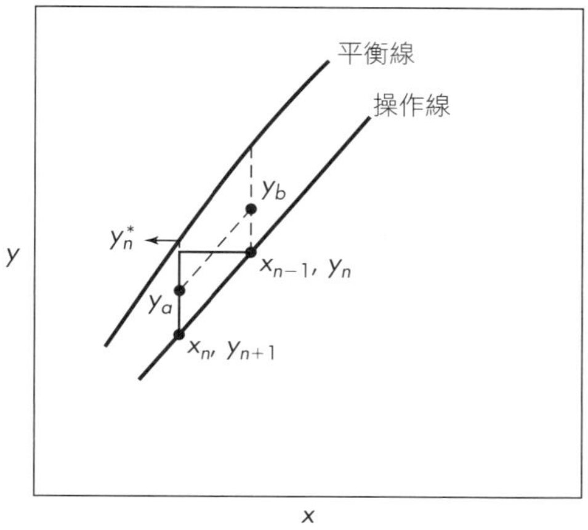

▲ 圖 21.28　未混合板的局部與平均蒸汽組成

當局部效率高，例如 0.8 或 0.9 時，液體中濃度梯度的存在有時會提供大於 y_n^* 的平均蒸汽濃度，並且 Murphree 效率大於 100%。這方面的例子將於稍後的圖 21.33 中說明。

η_M 和 η' 之間的關係取決於液體混合的程度和蒸汽在進入下一板之前是否有混合。計算顯示 [13] 完全混合的蒸汽或未混合的蒸汽其效率僅有微小的差異，但是液體未混合的影響可能相當大。大多數研究均假設蒸汽完全混合，以簡化不同程度的液體混合的計算。基於在液相中具有渦流擴散的柱狀流 (plug flow) 液體於板上的流動其關聯式已由 Delaware [2] 大學的學者發展出來，結果顯示於圖 21.29。橫座標為 $(mV/L)\,\eta'$，圖上的參數為軸向分散 (axial dispersion) 的 Peclet 數：

$$\text{Pe} = \frac{Z_l^2}{D_E t_L} \tag{21.71}$$

其中 $Z_l =$ 液體流動路徑的長度，m

$D_E =$ 渦流擴散率，m^2/s

$t_L =$ 液體在板上的滯留時間，s

一大氣壓下，於直徑為 0.3 m 的塔中蒸餾，根據在泡罩和篩盤上的分散經驗關聯式，[2, 7] Peclet 數約為 10。這是由於在板上的梯度會導致效率顯著增強的範圍內。對於直徑為 1 m 或更大的塔，預期 Peclet 數將大於 20，並且效率應該幾乎與在流動方向上沒有混合時的效率一樣高。然而，在非常大的塔的測試，有時顯示板效率比中等大小的塔更低，可能是因為與柱狀流的假設偏離。如圖

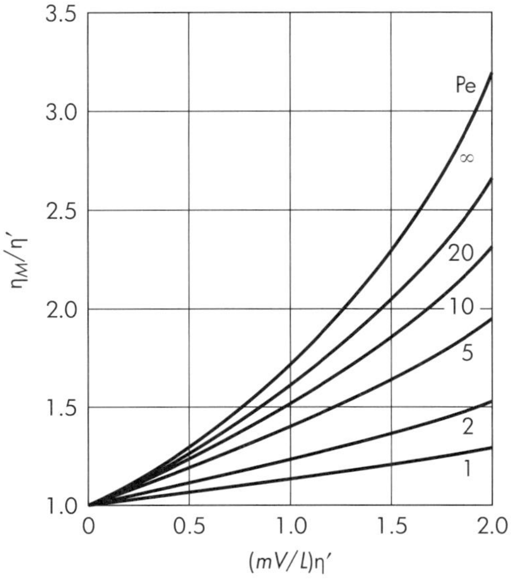

▲ 圖 21.29 Murphree 效率與局部效率間的關係

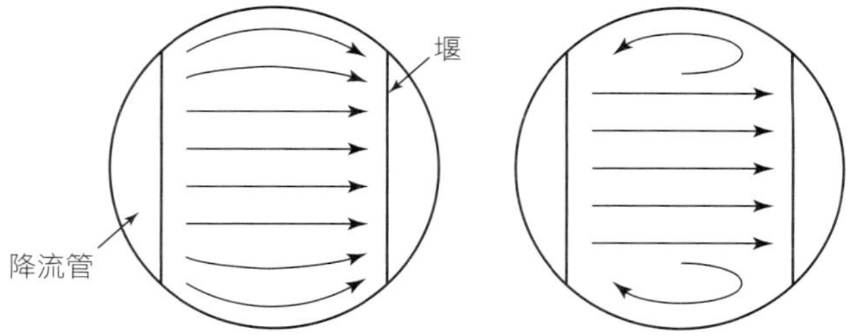

▲ 圖 21.30 大塔中可能的液體流動型式

21.30 所示，使用大的塔和弓形降流管，圍繞起泡區域的邊緣流動的液體具有比穿過中間的液體更長的流動路徑；並且可能導致寬的滯留時間分布或甚至一些液體的逆流。這些效應可利用特殊的板設計來最小化。[10,14]

Murphree 效率的應用

當 Murphree 效率是已知，它可以很容易地用於 McCabe-Thiele 圖。實際板與理想板的比較顯示於圖 21.31。三角形 *acd* 表示理想板，而三角形 *abe* 為實際板。實際的板不是將蒸汽從 y_{n+1} 增濃至 y_n^*，如線段 *ac* 所示，而是實現了較少的增濃量 $y_n - y_{n+1}$，如線段 *ab* 所示。根據 η_M 的定義，Murphree 效率為比值 ab/ac。欲應用一已知的 Murphree 效率到整個塔，只需要以有效平衡曲線 y_e' 對 x_e 替代真實平衡曲線 y_e 對 x_e，其中 y_e' 的座標可由下式求得

$$y_e' = y + \eta_M(y_e - y) \tag{21.72}$$

在圖 21.31 中，顯示出 $\eta_M = 0.60$ 的有效平衡曲線。注意，y_e' 對 x_e 曲線的位置取決於操作線和真實平衡曲線。一旦繪製了有效平衡曲線，就進行通常的逐步建構，並確定實際板的數量。再沸器不受板效率折扣的影響，並且真實的平衡曲線用於汽提段的最後階段。

Murphree 效率與總效率之間的關係　塔的總效率與單獨平板的平均 Murphree 效率不相同。這些效率之間的關係取決於平衡線和操作線的相對斜率。當平衡線比操作線更陡時，這對於汽提塔來說是典型的，如果 η_M 小於 1.0，則總效率大於 Murphree 效率。考慮塔的一部分，其液體組成從 x_{12} 變化到 x_{10}，此變化需要 1.0 理想段，如圖 21.32a 所示。如果這種變化實際上需要兩個塔板，則塔內該部分的總效率為 50%。然而，若假設 $\eta_M = 0.50$，繪出兩個部分階段，如虛線所示，則 x_{10} 的預測值太高，因為第一階段為從 x_{12} 到 x_{10} 的中途，而第二階段有較大的變化。η_M 的正確值約為 0.40，如圖中用實線繪製的階段所示。

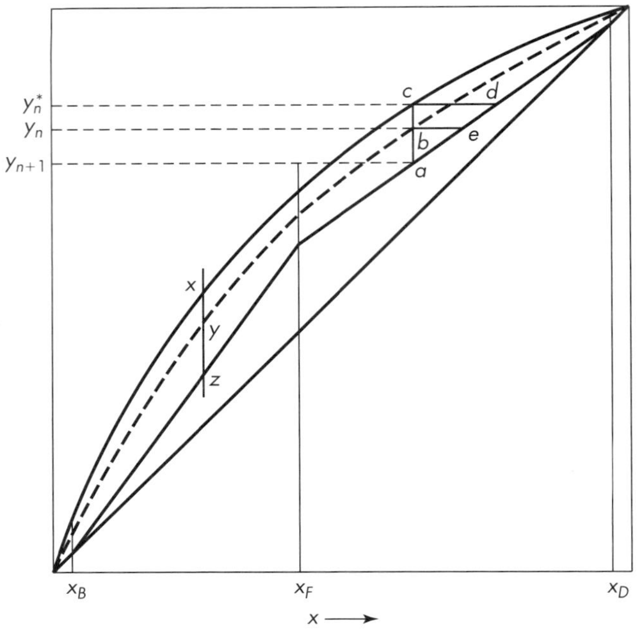

▲ 圖 21.31　*xy* 圖上 Murphree 效率的應用。虛線為有效平衡曲線，y'_e 對 x_e，其中 $\eta_M = 0.60$；$ba/ca = yz/xz = 0.60$

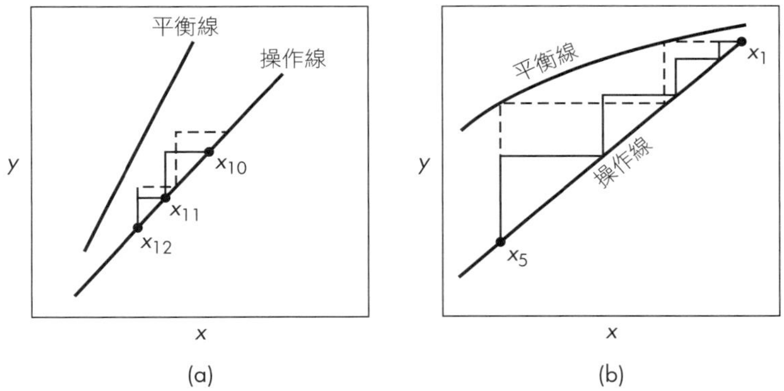

▲ 圖 21.32　Murphree 效率與總效率之間的關係：(a) $\eta_M < \eta_o$；(b) $\eta_M > \eta_o$

當平衡線不如操作線陡峭時，如通常發生在精餾段的頂部附近，總效率小於 Murphree 效率，如圖 21.32b 所示。對於這種情況，從 x_1 到 x_5 需要兩個理想板，如果需要四個實際板，則總效率為 0.50。由試誤法，發現 Murphree 效率為 0.6 時，在四個部分階段之後可求得 x_5 的正確值。

對於具有汽提段和精餾段的塔，η_o 的總值可以相當接近 η_M 的平均值，因為在汽提段中 $(mV/L > 1)$ 較高的 η_o 值，傾向於彌補在精餾段中 $(mV/L < 1)$ 較低的 η_o 值。由於這個原因，在設計一塔時，有時忽略 η_o 與 η_M 之間的差異。然而，

在分析實際塔或塔的一段的性能時，亦即測量多個板上的組成變化，應當由試誤法確定 η_M 的正確值，而非僅確定 η_o 並假設 $\eta_o = \eta_M$。

對於平衡線與操作線均為直線的特殊情況，可以應用下面的方程式：

$$\eta_o = \frac{\ln[1 + \eta_M(mV/L - 1)]}{\ln(mV/L)} \tag{21.73}$$

其中 m 為平衡線的斜率。注意，當 $mV/L = 1.0$ 或當 $\eta_M \approx 1.0$ 時，$\eta_M = \eta_o$。

例題 21.7

對於用於從水中除去殘餘的微溶性有機化合物的汽提塔，平衡線為 $y^* = 120x$，而 L/V 的比為 15。若 Murphree 板效率為 0.40，則總效率為何？

解

$$\frac{mV}{L} = 120/15 = 8$$

由 (21.73) 式，

$$\eta_o = \frac{\ln[1 + 0.4(8 - 1)]}{\ln 8} = 0.64$$

影響板效率的因數

儘管已經進行了板效率的許多研究，[9, 11, 12, 16, 23] 並且提出了一些經驗關聯式，[2, 3, 14, 19] 但是預測效率的最佳方法仍然是有問題的。許多作者已經推薦了 O'Connell 關聯式，[19] 這是一個粗略適合來自具有泡罩盤的 31 個工廠塔的數據圖。板的效率 (範圍從 90% 到 30%) 隨著進料黏度 μ_L 與關鍵成分之相對揮發度的乘積的增加而降低。適合這種圖形關聯性的方程式由 Lockett 提出。[14]

$$\eta_o = 0.492(\mu_L \alpha)^{-0.245} \tag{21.74}$$

其中 μ_L = 液體黏度，cP。

隨著液體黏度增加，效率下降，主要是因為影響液膜阻力的擴散率降低。在大多數蒸餾中，氣膜具有控制阻力，因此液體黏度變化的影響不大。對於二元系統，高的 α 值意味著在低的 x 值和高的液膜阻力下有高的 m 值。然而，當 x 趨近於 1 時，$m \cong 1/\alpha$，因此 m 對總效率的影響應該很小。使用 $\mu_L m$ 的關聯性可能是一種改進，但是 μ_L 和 m 似乎不太可能具有完全相同的效果。

質量傳遞理論已經與測試數據一起使用以產生局部和板效率的複雜關聯式。[1, 3] 這些方法允許液體和蒸汽的物理性質、流率和板尺寸的影響。它們比 (21.74) 式更符合數據，但是仍然不能獲得可靠的效率估計。大多數的塔是使用相同類型的板和類似的系統所量測的效率設計的。但是，這些理論對於預測物理性質變化的影響是有用的。

欲獲得令人滿意的效率，最重要的需求是板必須適當地操作。蒸汽和液體之間的充分和密切接觸是必要的。任何塔的不當操作，例如過多泡沫或夾帶 (entrainment)，不良的蒸汽分布、短路、滲漏或傾倒液體，都會降低板效率。

板效率是液體和蒸汽之間的質量傳遞速率的函數。篩盤中質量傳遞係數的預測及其與板效率的關係將在後面討論。1.2 m 塔的板效率的一些文獻值顯示於圖 21.33。該塔的篩盤具有 12.7 mm 的孔和 8.32% 的開口面積，51 mm 的堰高和 0.61 m 的塔盤間隔。將數據相對於流動參數 F 繪圖，其對於不同的總壓傾向於包含大約相同的範圍，因為對於恆定的 K_v，溢流速度與 $\sqrt{\rho_V}$ 成反比，如 (21.68) 式所示。參數 F，通常稱為 ***F* 因數** (F factor)，定義如下：

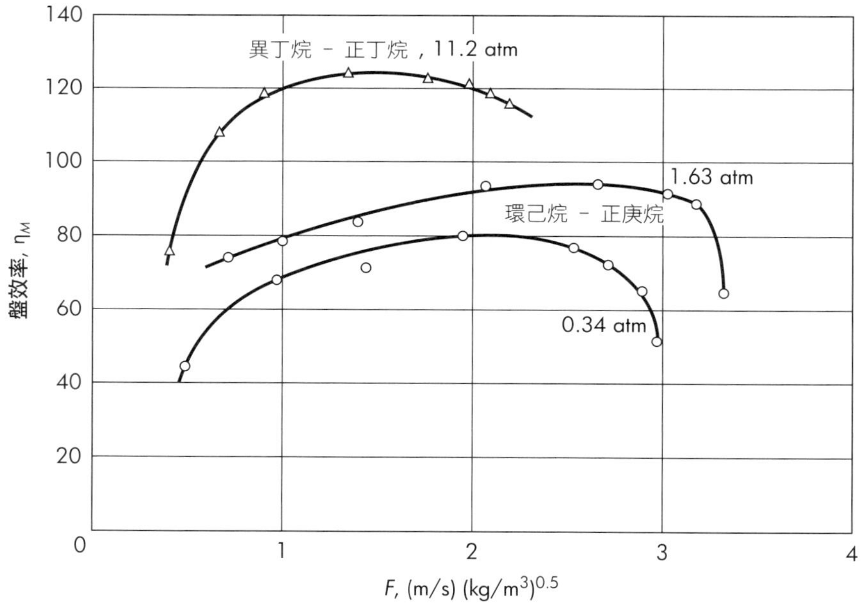

▲ 圖 21.33　1.2 m 塔中篩盤的效率 (摘自 *M. Sakata and T. Yanagi, 3rd Int. Symp. Dist.*, p. 3.2/21, *ICE*, 1979.)

$$F \equiv u\sqrt{\rho_V} \tag{21.75}$$

在相當高的壓力下，K_v 隨著 ρ_V 的增加而減少，F 的容許值稍微降低，如圖 21.33 中丁烷在 11.2 atm 的數據所示。注意，F 因數類似於 K_v，但不包括液體密度或表面張力。

篩盤的 F 的正常範圍為 1 至 3 (m/s) $(kg/m^3)^{0.5}$，或 0.82 至 2.46 (ft/s)$(lb/ft^3)^{0.5}$。

例題 21.8

如果蒸汽速度是最大容許值，則在例題 21.6 中，塔頂的 F 因數是多少？

解

由 (21.75) 式得 F 因數為

$$\begin{aligned} F &= u_c\sqrt{\rho_V} \\ &= 2.23\sqrt{1.15} = 2.39\ \frac{\text{m}}{\text{s}}\left(\frac{\text{kg}}{\text{m}^3}\right)^{0.5} \end{aligned}$$

如圖 21.33 所示，這是在 1 atm 壓力下篩板塔的合理值。

在滲漏點和溢流點之間的範圍內，板效率隨蒸汽速度不會有太大的變化。蒸汽流的增加使泡沫高度上升，產生更多的質量傳遞面積，使得傳遞的總質量上升大約與蒸汽速率一樣快。圖 21.33 的數據是在全回流下獲得，因此液體速率的增加也有助於界面面積的增加。在溢流點附近，效率的急劇下降是由於夾帶泡沫。

由環己烷 - 正庚烷的數據所顯示的結果可知，在較低壓力下操作其效率較低，這已對其它系統進行測試而獲得證實。降低壓力，降低了蒸汽相中的濃度驅動力，但是增加了蒸汽擴散率。降低溫度，增加了液體黏度和表面張力而降低了液體中的擴散率。因此效率的降低是由於這些效應的組合。

對於異丁烷 - 丁烷系統的效率大於 100%，顯示液體濃度梯度的效應；根據圖 21.29 和 Pe $\cong$ 80，這種情況下的局部效率估計為 80%。在 2.9 m 閥盤塔中，對於異丁烷 - 正丁烷分離的另一項研究顯示，Murphree 板效率為 119%，計算的局部效率為 82%。[10]

板效率的理論

雙膜理論可應用於篩板上的質量傳遞以幫助關聯和擴展板效率的數據。假設在孔洞中形成的氣泡通過一液體池上升，此液體垂直混合並具有局部組成 x_A。氣泡在上升時組成會發生變化，並且假定氣相在垂直方向上不混合。對於具有表面速度 $\bar{V}_s$ 的單位板面積，在薄片 (thin slice) dz 中傳遞的莫耳數為

$$\bar{V}_s \rho_M \, dy_A = K_y a (y_A^* - y_A) \, dz \tag{21.76}$$

對充氣液體的高度 Z 積分，得

$$\int_{y_{A1}}^{y_{A2}} \frac{dy_A}{y_A^* - y_A} = \ln \frac{y_A^* - y_{A1}}{y_A^* - y_{A2}} = \frac{K_y a Z}{\bar{V}_s \rho_M} \tag{21.77}$$

或

$$\frac{y_A^* - y_{A2}}{y_A^* - y_{A1}} = \exp\left(-\frac{K_y a Z}{\bar{V}_s \rho_M}\right) \tag{21.78}$$

局部效率 η' 為

$$\eta' = \frac{y_{A2} - y_{A1}}{y_A^* - y_{A1}} \tag{21.79}$$

且

$$1 - \eta' = \frac{y_A^* - y_{A1} - y_{A2} + y_{A1}}{y_A^* - y_{A1}} \tag{21.80}$$

由 (21.78) 式，

$$1 - \eta' = \exp\left(-\frac{K_y a Z}{\bar{V}_s \rho_M}\right) = e^{-N_{Oy}} \tag{21.81}$$

其中 N_{Oy} 為總氣相傳遞單位數。在約 100°C 下，對於低黏度液體，如水、乙醇或苯的蒸餾，N_{Oy} 的值約為 1 至 2，幾乎與塔的正常操作範圍內的氣體速度無關。由此得 63% 至 86% 的局部效率，且 Murphree 效率可以更高或更低，取決於板上橫向混合的程度和夾帶的量。

氣體和液體阻力的相對重要性可藉假定滲透理論適用於兩相並且具有相同的接觸時間來估計。因為由滲透理論 [(17.54) 式] 得知 k_c，且 k_y 與 k_x 分別等於 $k_c\rho_{My}$ 與 $k_c\rho_{Mx}$，所以

$$\frac{k_y}{k_x} = \left(\frac{D_{vy}}{D_{vx}}\right)^{1/2} \frac{\rho_{My}}{\rho_{Mx}} \tag{21.82}$$

例題 21.9

(a) 使用滲透理論來估計在 110°C 及 1 atm 壓力下，苯 - 甲苯混合物的蒸餾中，氣膜阻力占總阻力的分率。液體黏度 μ 為 0.26 cP。對於液體，擴散係數和密度為

$$D_{vx} = 6.74 \times 10^{-5}\ \text{cm}^2/\text{s} \qquad \rho_{Mx} = 8.47\ \text{mol/L}$$

對於蒸汽，

$$D_{vy} = 0.0494\ \text{cm}^2/\text{s} \qquad \rho_{My} = 0.0318\ \text{mol/L}$$

(b) 降低總壓力四倍，則局部效率以及氣膜阻力與液膜阻力的相對重要性將如何改變？

解

(a) 代入 (21.82) 式可得

$$\frac{k_y}{k_x} = \left(\frac{0.0494}{6.74 \times 10^{-5}}\right)^{1/2} \frac{0.0318}{8.47} = 0.102$$

因此預測氣膜係數僅為液膜係數的 10%，且若 $m = 1$，則質傳總阻力約有 90% 將在氣膜中。

(b) 假設塔以相同的 F 因數操作，且由此得到相同的界面面積 a 和泡沫高度 Z。在 0.25 atm 下，甲苯的沸點為 68°C 或 341 K，而在 1 atm 下為 383 K。

氣膜：因 $D_{vy} \propto T^{1.81}/P$，$D_{vy}$ 的新值為

$$D'_{vy} = \left(\frac{341}{383}\right)^{1.81} \frac{D_{vy}}{0.25} = 3.24\ (\text{為舊值的 } 3.24 \text{ 倍})$$

假設滲透理論在相同的 t_T 下成立，k_c 以 $\sqrt{3.24}$ 倍 (即 1.8 倍) 增加，但在 0.25 atm 和 68°C 時，ρ_{My} 為 0.00894 mol/L，因此 k_y 以 $1.8 \times 0.00894/0.0318 = 0.506$ 的倍數變化。

液膜：此時 $D_{vx} \propto T/\mu$，又因在 68°C 下，$\mu = 0.35$ cP，D_{vx} 的新值為

$$D'_{vx} = \frac{341}{383}\left(\frac{0.26 D_{vx}}{0.35}\right) = 0.66\ \text{相同}\ (\text{為舊值的 } 0.66 \text{ 倍})$$

因此 k_c 以 $\sqrt{0.66} = 0.81$ 的倍數減少，又考慮莫耳密度少量改變至 8.92 mol/L，k_x 以 $0.81 \times 8.92/8.47 = 0.86$ 的倍數變化。

若在 1 atm 下的局部效率為 0.78，對應 1.5 傳遞單位，且若 k_x 與 k_y 對應的值為 (a) 部分所估計，K_y' 的新值可如下求得：

$$k_y' = 0.506k_y \qquad k_x' = 0.86k_x$$

在 1 atm 下，$k_y = 0.102k_x$ 且 $K_y = 0.907k_y$。因此

$$k_x' = \frac{0.86}{0.102}k_y = 8.43k_y$$

對於 $m = 1$，

$$\frac{1}{K_y'} = \frac{1}{k_y'} + \frac{1}{k_x'} = \frac{1}{0.506k_y} + \frac{1}{8.43k_y} = \frac{2.10}{k_y}$$
$$K_y' = 0.476k_y$$

傳遞單位數的比為總係數除以莫耳流率的比。若塔以相同的 F 因數操作，$\sqrt{\rho_y}$ 以 $[(383 \times 0.25)/341]^{0.5} = 0.53$ 的倍數改變，$\bar{V}_s$ 以 1/0.53 的倍數改變。若單位體積的面積 a 是相同的，則 N_{Oy}' 的新值為

$$N_{Oy}' = 1.5 \times \frac{0.476}{0.53} = 1.35 \qquad \eta' = 1 - e^{-1.35} = 0.74$$

因此預測局部效率由 78% 下降到 74%，且 94% 的總阻力在氣相中。由於為簡化分析做出的假設，使得上述的結果與實際效率密切一致是不可預期的，但趨勢是正確的，如圖 21.33 所示，並且很清楚，氣膜阻力在低壓下愈來愈重要。對於在高壓下蒸餾，k_y 和 k_x 更接近相等。

充填塔中的蒸餾

當分離相對容易且所需的塔徑不是非常大時，充填塔常用於蒸餾。充填塔通常比板塔便宜且具有較低的壓力降。其主要缺點是難以獲得良好的液體分布，特別是對於大直徑的塔或非常高的塔。即使液體均勻地分布在塔頂的填料上，液體傾向於朝向壁移動並且在良好的通道中流過填料。高液體流動的區域傾向於具有低蒸汽流動，並且 L/V 的局部變化降低了可以實現的分離。[8] 為了將這種影響最小化，高的充填塔通常被分割成幾段，且每隔 3 至 4 m 使用一再分配器。

塔高通常是基於理論板數和相當於理論板的高度 (HETP)。在大多數情況下，上操作線比平衡線稍陡，對於下操作線則相反，這使得平均 HETP 大約與 H_{Oy} 相同。$1\frac{1}{2}$ in. 或 2 in. 尺寸的常用填料具有與篩盤相同的容量 (容許的蒸汽速度)，並且相當於理論板的充填高度通常在 1 至 2 ft (0.3 至 0.6 m) 的範圍內。較小的填料具有較低的 HETP 值，有時小於 1.0 ft，但它們的容量較低，並且不太可能用於大的充填塔中。每個相當理論板的壓力降通常小於篩板塔或泡罩塔板的壓力降，這是真空操作的重要優點。

充填的蒸餾塔通常可以在幾乎恆定的分離效率且在中等範圍的流率下操作。全回流時，異辛烷 - 甲苯的分離數據，如圖 21.34 所示。編號為 25、40 和 50 的三種 Intalox 金屬塔填料分別對應於 1、1.5 和 2 in. 的公稱尺寸 (nominal sizes)。隨著容量因數增加，液體流率和蒸汽流率都增加。這說明了為什麼 HETP 幾乎恆定。氣膜具有對質量傳遞的控制阻力，並且 H_{Oy} 隨著 G_y 的 0.3 到 0.4 次方增加，但 H_{Oy} 隨著 G_x 的增加而減小，兩者抵消，如圖 18.22 所示。產生的淨效應是 HTU 或 HETP 在 2 至 2.5 倍的流率範圍內幾乎恆定。由於液體滯留量和潤濕面積的快速增加，使得 HETP 在負載區降低，然而隨著接近溢流，HETP 急劇增

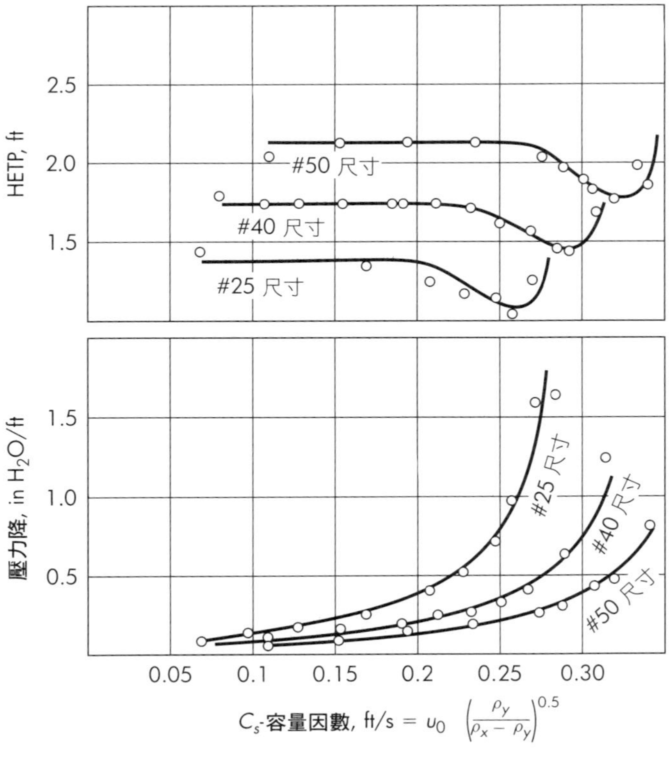

圖 21.34　異辛烷與甲苯在 Intalox 金屬填料塔中蒸餾時的 HETP 與壓力降[22]

加。使用這些高容量填料，HETP 的升高被認為是由於液體的夾帶。這些填料的推薦設計速度比 HETP 開始快速上升的速度小 20%。

結構化的金屬片填料比傾卸的填料稍微具有更好的分離，並且 HETP 值在 3 到 4 倍的流率範圍內幾乎恆定。甚至更有效的金屬網型填料，其中 HETP 值在 4 倍速度範圍內約從 3 增加到 6 in. (0.1 m 到 0.2 m)。金屬網甚至在低流率下也完全潤濕，並且 HETP 可以從用於潤濕通道中的質量傳遞基本方程式預測。[4] 因為難以預測潤濕面積，所以對於其它結構化填料或傾卸填料沒有相對的理論。低表面張力傾向於增加潤濕面積，但太低的值可能導致發泡，而使 HETP 增加。

分批蒸餾

在一些小型工廠中，利用分批蒸餾從液體溶液中回收揮發性產物。將混合物輸入蒸餾器或再沸器中；經由加熱線圈或容器壁提供熱量使液體達到沸點，然後蒸發該批次的一部分。在最簡單的操作法中，蒸汽直接由蒸餾器取出並送至冷凝器，如圖 21.35 所示。在任何時候，離開蒸餾器的蒸汽與蒸餾器中的液體處於平衡，但是由於蒸汽含有較多更易揮發的成分，因此液體和蒸汽的組成並非恆定。

為了顯示組成如何隨時間變化，考慮如果將 n_0 莫耳輸入至分批蒸餾器中會有什麼現象發生。令 n 為在所予時間留在蒸餾器中的液體莫耳數，y 和 x 分別為蒸汽與液體的組成。留在蒸餾器中的成分 A 的總莫耳數 n_A 為

$$n_A = xn \tag{21.83}$$

如果少量的液體 dn 蒸發，則成分 A 的莫耳數的變化為 $y\,dn$ 或 dn_A。將 (21.83) 式微分，可得

$$dn_A = d(xn) = n\,dx + x\,dn$$

因此

$$n\,dx + x\,dn = y\,dn \tag{21.84}$$

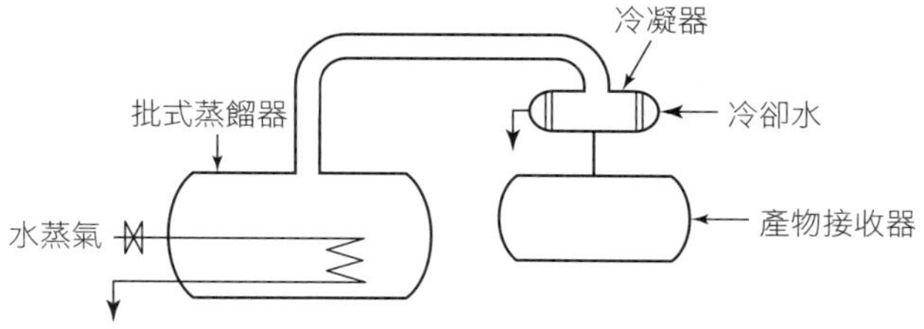

▲ 圖 21.35　批式蒸餾器中的簡單蒸餾

經過整理，

$$\frac{dn}{n} = \frac{dx}{y - x} \tag{21.85}$$

將 (21.85) 式在初濃度 x_0 和終濃度 x_1 的極限間積分，

$$\int_{n_0}^{n_1} \frac{dn}{n} = \int_{x_0}^{x_1} \frac{dx}{y - x} = \ln \frac{n_1}{n_0} \tag{21.86}$$

(21.86) 式稱為 **Rayleigh 方程式** (Rayleigh equation)。函數 $dx/(y - x)$ 可以使用列表的平衡數據或平衡曲線以圖解法或數值法積分。

可以基於相對揮發度導出用於理想混合物的另一種簡單的 Rayleigh 方程式。雖然在分批蒸餾期間，蒸餾器中的溫度升高，但是相對揮發度 (蒸汽壓的比) 沒有太大變化，而可以使用平均值。由 (21.37) 式

$$\frac{y_A}{y_B} = \alpha_{AB} \frac{x_A}{x_B} \tag{21.87}$$

若混合物具有 n_A 莫耳 A 和 n_B 莫耳 B，則 n_A/n_B 等於 x_A/x_B；當 dn 莫耳蒸發時，A 的變化為 $y_A\,dn$ 或 dn_A，B 的變化為 $y_B\,dn$ 或 dn_B。將這些項代入 (21.87) 式，可得

$$\frac{dn_A/dn}{dn_B/dn} = \frac{dn_A}{dn_B} = \alpha_{AB} \frac{n_A}{n_B}$$

或

$$\frac{dn_A}{n_A} = \alpha_{AB} \frac{dn_B}{n_B} \tag{21.88}$$

在極限之間積分

$$\ln \frac{n_A}{n_{0A}} = \alpha_{AB} \ln \frac{n_B}{n_{0B}} \tag{21.89}$$

或

$$\frac{n_B}{n_{0B}} = \left(\frac{n_A}{n_{0A}} \right)^{1/\alpha_{AB}} \tag{21.90}$$

(21.90) 式可以在對數座標上繪製成直線幫助追蹤分批蒸餾的過程，或者如果指定一種成分的回收率，則可以直接使用。

例題 21.10

一批式 (batch) 粗戊烷 (crude pentane) 含有 15 mol % 正丁烷和 85 mol % 正戊烷，如果使用在大氣壓力下的簡單分批蒸餾來除去 90% 的丁烷，則將除去多少戊烷？剩餘液體的組成為何？

解

最終液體為接近純的戊烷，其沸點為 36°C。在此溫度下，丁烷的蒸汽壓為 3.4 atm，相對揮發度為 3.4。對於初期條件，沸點約為 27°C，相對揮發度為 3.6，因此 α_{AB} 的平均值為 3.5。

基量：1 mol 進料

$$n_{0A} = 0.15 \text{ (丁烷)} \qquad n_A = 0.015 \qquad n_{0B} = 0.85 \text{ (戊烷)}$$

由 (21.90) 式，

$$\frac{n_B}{0.85} = 0.1^{1/3.5} = 0.518 \qquad n_B = 0.518(0.85) = 0.440$$

$$n = 0.44 + 0.015 = 0.455 \text{ mol} \qquad x_A = \frac{0.015}{0.455} = 0.033$$

具有回流的分批蒸餾

只有簡單的分批蒸餾不能提供良好的分離，除非相對揮發度非常高。在許多情況下，使用具有回流的精餾塔來改善分批蒸餾器的性能。若塔不是很大，則其可以安裝於再沸器的頂部，如圖 20.1 所示。或者它可以用提供蒸汽流和液體流的連接管獨立地支撐。

可以使用 McCabe-Thiele 圖來分析分批蒸餾器和塔的操作，其中操作線方程式與連續蒸餾的精餾段所用的相同 [(21.22) 式]：

$$y_{n+1} = \frac{R_D}{R_D + 1}x_n + \frac{x_D}{R_D + 1}$$

可以操作系統藉由隨著再沸器中液體的組成改變而增加回流比來保持頂部組成恆定。這種情況下的 McCabe-Thiele 圖將具有不同斜率的操作線，其位置使得在任何時間使用自 x_D 至 x_B 的理想段數皆相同。圖 21.36 為具有包括再沸器的 5 個理想段的蒸餾器典型圖。上操作線用於初始條件，當蒸餾器內低沸物的濃度與進料組成大致相同時 (由於板上液體的滯留，使得濃度 x_B 略低於 x_F)。下操作線及虛線階段表示當約有 1/3 的進料已被移作頂部產物時的情況。

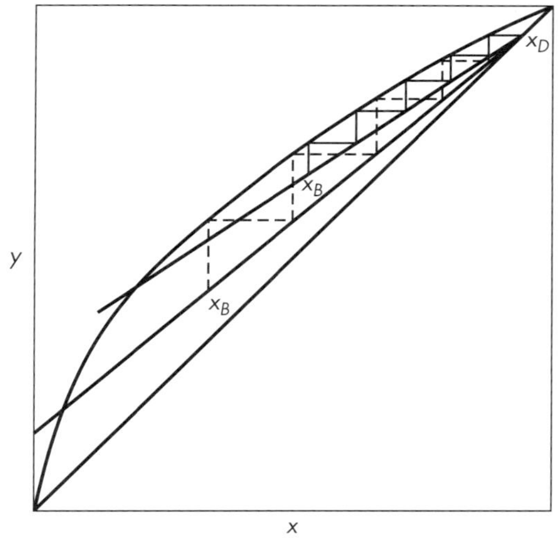

▲ 圖 21.36　批式蒸餾的 McCabe-Thiele 圖。上操作線和實線：初期條件；下操作線和虛線：在 1/3 進料被移除後

欲求恆定 x_D 和所予 x_B 所需的回流比，需採用試誤法計算，因為在所假設的操作線上的最後階段，必須恰好在 x_B 終止。然而，一旦由此法選定初始回流比後，則假設一個 R_D 值，建構操作線，並作正確階段數使其終點位於 x_B，即可得到蒸餾中最後段的 x_B 值。由質量均衡，(21.8) 式和 (21.9) 式，可以計算產物的量和剩餘的進料量。

操作分批蒸餾的另一種方法是固定回流比，並使塔頂產物的純度隨時間變化，當產物的量或總產物的平均濃度達到某一值時即停止蒸餾。為了計算蒸餾器的性能，從不同的 x_D 值開始繪製恆定斜率的操作線，並逐步繪出實際階段數以決定 x_B 值，然後將 (21.86) 式積分，求留在蒸餾器內的總莫耳數，其中 x_D 等於 y 而 x_1 等於 x_B。

■ 符號 ■

a　：每單位體積的填料中，液體與蒸汽間的界面面積

B　：底部產物的流率，mol/h, kg/h 或 lb/h

C_0　：排放係數，通過篩板上小孔的流動

C_p　：定壓莫耳比熱，cal/g mol·°C

C_s　：容量因數，$u_o\sqrt{\rho_y/(\rho_x - \rho_y)}$

c_p　：定壓下的比熱，J/g·°C 或 Btu/lb·°F；c_{pc}，凝結液的比熱；c_{pL}，液體的比熱；c_{pV}，蒸汽的比熱；c_{pw}，水的比熱

D　：頂部產物的流率，mol/h, kg/h 或 lb/h

D_c　：塔的直徑，m 或 ft

D_E　：渦流擴散係數，m^2/s

D_v ：擴散係數，m^2/s, cm^2/s 或 ft^2/h; D_{vx}，液體中的擴散係數；D_{vy}，蒸汽中的擴散係數

F ：進料率，mol/h, kg/h 或 lb/h；F_1, F_2，以多重進料進入塔內；亦為估計塔容量的因數，以 (21.75) 式定義

f ：進料蒸發的分率

G ：基於總塔截面的質量速度；$kg/m^2 \cdot h$ 或 $lb/ft^2 \cdot h$；G_x，液體股流的質量速度；G_y，蒸汽的質量速度

g ：重力加速度，m/s^2 或 ft/s^2

H ：焓，每莫耳或每單位質量的能量；H_B，底部產物的焓；H_D，頂部產物的焓；H_F，進料的焓；H_R，回流的焓；H_x，飽和液體的焓；H_{xm}，液體由汽提塔第 m 板流出的焓；H_{xn}，液體由精餾塔第 n 板流出的焓；H_y，飽和蒸汽的焓；$H_{y,a}$，蒸汽進入塔的焓；$H_{y,m+1}$，蒸汽由氣提塔第 $m+1$ 板流出的焓；$H_{y,n+1}$，蒸汽由精餾塔第 $n+1$ 板流出的焓；$H_{y,1}$，蒸汽由頂板流出的焓

H_{Oy} ：傳遞單位的總高度，基於蒸汽相

HETP ：相當一理論板的充填高度

HTU ：傳遞單位高度

h ：壓力降或高差，液體的毫米數；h_d，乾板的壓力降；$h_{f,L}$，液體中的摩擦損失；h_l，板上液體的相當高差；h_{ow}，澄清液體在堰上的高度；h_t，每板的總高差；h_w，堰的高度

K_v ：(21.68) 式中的係數

K_y ：基於蒸汽相的總質傳係數；K_y'，在例題 21.9 中的新值

k ：個別質傳係數；k_c，基於濃度差的質傳係數，m/h 或 ft/h；k_x, k_y，分別表示基於莫耳分率差液相和氣相的質傳係數，$kg\ mol/m^2 \cdot s \cdot$ 單位莫耳分率或 $lb\ mol/ft^2 \cdot h \cdot$ 單位莫耳分率；k_k', k_y'，在例題 21.9 中的新值

L ：在一般或在精餾塔中液體的流率，mol/h, kg/h 或 lb/h；L_a，進入塔頂的流率；L_b，離開塔底的流率；L_c，由冷凝器流出的回流的流率；L_m，由汽提塔第 m 板流出的流率；L_n，由精餾塔第 n 板流出的流率；$\bar{L}$，在汽提塔中的流率

L_w ：堰的長度，m

m ：汽提塔中板的序號，由進料板算起；亦為，平衡線的斜率，dy_e/dx_e

$\dot{m}$ ：質量流率，kg/h 或 lb/h；$\dot{m}_s$，至再沸器之蒸汽的質量流率；$\dot{m}_w$，至冷凝器之冷卻水的質量流率

N ：理想板的數目；N_{min}，理想板的最小數目

N_{Oy} ：基於蒸汽相的總傳遞單位數；N_{Oy}'，在例題 21.9 中的新值

n ：精餾塔中板的序號，由塔頂算起；亦為，在蒸餾器或混合物中的莫耳數；n_A, n_B，分別為成分 A 與 B 的莫耳數；n_0，輸入蒸餾器的莫耳數；n_{0A}, n_{0B}，分別為成分 A 與 B 的莫耳數；n_1，終值；亦為 (21.44) 式中的指數

P ：壓力，N/m^2 或 lb_f/ft^2；P_{n-1}, P_n, P_{n+1}，分別為第 $n-1, n$ 和 $n+1$ 板上方的蒸汽空間的壓力；P'，蒸汽壓；P'_A, P'_B，分別為成分 A 與 B 的蒸汽壓

Pe ：軸向分散的 Peclet 數，$Z_l^2/D_E t_L$

p_A, p_B ：分別為成分 A 與 B 的分壓，N/m^2 或 lb_f/ft^2

q ：熱流率，W 或 Btu/h；q_c，冷凝器中移除的熱量；q_r，加入再沸器的熱量；亦為，每莫耳進料而言，輸入塔的汽提段的液體莫耳數

q_L ：降流管中液體的體積流率，m^3/s 或 ft^3/s

R ：回流比；$R_D = L/D$；$R_V = L/V$；R_{Dm}，最小回流比

T ：溫度，°C 或 °F；T_F，進料溫度；T_b，泡點；T_{bc}，凝結液的泡點；T_c，凝結液的溫度；T_d，露點；T_1，頂板液體的溫度；亦為，冷卻水的入口溫度；$T_2 - T_1$，冷卻水的溫度上升

t ：時間，s 或 h；t_L，液體在板上的滯留時間；t_T，在滲透理論中物質於傳遞表面的接觸時間

u ：線速度，m/s 或 ft/s；u_c，最大容許的蒸汽速度，基於起泡段的面積；u_0，通過篩板小孔的蒸汽速度或充填塔內的表面速度

V ：蒸汽的流率，在一般或精餾塔，mol/h, kg/h 或 lb/h；V_a，由塔頂流出；V_b，進入塔底；V_{m+1}，由汽提塔的第 m+1 板流出；V_n, V_{n+1}，分別由精餾塔第 n 及第 $n+1$ 板流出；V_1，由塔頂至冷凝器；$\bar{V}$，在汽提塔中

$\bar{V}_s$ ：表面速度，m/s 或 ft/s

x ：在液體中的莫耳分率或質量分率；x_A，成分 A；x_{Ae}，與濃度 y_{Ae} 之蒸汽成平衡；x_B，在塔底產物，亦為，液體中成分 B 的莫耳分率；x_{Be}，與濃度 y_{Be} 之蒸汽成平衡；x_D，在塔頂產物；x'_D，在側流排出；x_F，在進料；x_a，液體進入單一段塔；x_b，液體離開單一段塔；x_c，由冷凝器回流；x_e，與組成 y_e 的蒸汽成平衡；x_m，由汽提塔第 m 板流出；x_{n-1}, x_n，分別由精餾塔第 $n-1$ 及第 n 板流出；x'，在進料線與平衡線交點；x_0, x_1，批式蒸餾塔中的初值和終值

y ：在蒸汽中的莫耳分率或質量分率；y_A, y_B，分別為成分 A 和 B 的莫耳分率或質量分率；y_{Ae}, y_{Be}，分別與液體濃度 x_{Ae}, x_{Be} 成平衡；y_D，在塔頂產物；y_a，離開單一段塔；y_b，進入單一段塔；y_e，與濃度 x_e 的液體成平衡；y_{m+1}，由汽提塔第 $m+1$ 板流出；y_n, y_{n+1}，分別由精餾塔第 n 及第 $n+1$ 板流出；y_r，由再沸器；y^*，與液體的特定股流成平衡；y_a^*，與 x_a 成平衡；y_b^*，與 x_b 成平衡；y_n^*，與 x_n 成平衡；y_1，由塔頂流出；y'，在進料線與平衡線的交點；亦為，離開部分冷凝器；y'_e，擬平衡值 [(21.72) 式]；y'_{en}，與第 n 板上一特定位置之液體成平衡；y'_n，離開第 n 板上一特定位置；y'_{n+1}，進入第 n 板與 y'_n 在相同位置

Z ：降流管中液體的高度，m 或 ft；充氣液體的實際高度；Z_c，澄清液體的高度

Z_l ：液體流動路徑的長度，m

希臘字母

α_{AB} ：成分 *A* 對成分 *B* 的相對揮發度

β ：(21.63) 式的修正因數

ΔH_v ：蒸發焓，cal/mol；$\Delta H_{v,b}$，在沸點的蒸發焓

ΔL ：由冷的冷凝液產生額外的液體在塔中冷凝

η ：效率；η_M，Murphree 板效率；η_o，總板效率；η'，局部板效率

λ ：蒸發潛熱，每單位質量的能量；λ_c，冷凝液的蒸發潛熱；λ_s，蒸汽的蒸發潛熱

μ ：黏度，P·s, cP 或 lb/ft·s；μ_L，液體的黏度 [(21.74) 式]

ρ ：密度，kg/m^3 或 lb/ft^3；ρ_L，液體的密度；ρ_V，蒸汽的密度

ρ_M ：莫耳密度，kg mol/m^3 或 lb mol/ft^3；ρ_{Mx}，液體的莫耳密度；ρ_{My}，蒸汽的莫耳密度

σ ：表面張力，dyn/cm

ϕ_d ：充氣混合物中的液體體積分率

習題

21.1. 將含有 25 mol % 甲苯、40 mol % 乙苯和 35 mol % 水的液體在總壓力為 0.5 atm 下進行連續驟餾。這些物質的蒸汽壓數據列於表 21.4。假設乙苯和甲苯的混合物遵循拉午耳定律，並且烴類在水中完全不互溶，計算下列各情況下液相和蒸汽相的溫度和組成 (a) 在沸點，(b) 在露點，(c) 在 50% 點 (一半的進料以蒸汽離開，另一半為液體)。

21.2. 一裝置將含有 75 mol % 甲醇和 25mol % 水的混合物蒸餾。塔頂產物含 99.99 mol % 甲醇，塔底產物含 0.002 mol %。進料為冷流體，且對每莫耳的進料，有 0.15 mol 的蒸汽在進料板上冷凝。塔頂的回流比為 1.4，且回流是在其沸點。計算 (a) 最小板數；(b) 最小回流比；(c) 假定 72% 的平均 Murphree 板效率，使用全冷凝器及再沸器的板數；(d) 使用再沸器和部分冷凝器的板數，其中是在回流與進入最終冷凝器的蒸汽成平衡之下操作。平衡數據列於表 21.5。

▼ 表 21.4　乙苯、甲苯與水的蒸汽壓

	蒸氣壓，mm Hg		
溫度，°C	乙苯	甲苯	水
50	35.2		92.5
60	55.5	139.5	149.4
70	84.8	202.4	233.7
80	125.8	289.4	355.1
90	181.9	404.6	525.8
100	257.0	557.2	760.0
110	353.3		
110.6		760.0	
120	481.8		

▼ 表 21.5　甲醇 - 水的平衡數據

x	0.1	0.2	0.3	0.4	0.5	0.6	0.7	0.8	0.9	1.0
y	0.417	0.579	0.669	0.729	0.780	0.825	0.871	0.915	0.959	1.0

21.3. 表 21.6 列出 760 mm Hg 下丙酮 - 甲醇系統的沸點 - 平衡數據。設計一塔將 25 mol % 丙酮和 75 mol % 甲醇的進料分離成含 78 mol % 丙酮的頂部產物和含 1.0 mole % 丙酮的底部產物。進料進入時為 30% 液體和 70% 蒸汽的平衡混合物。使用的回流比為最小回流比的兩倍。採用外部再沸器，塔底產物由再沸器移出。冷凝液 (回流和塔頂產物) 在 25°C 下離開冷凝器，且回流在此溫度下進入塔中。兩成分的莫耳潛熱為 7,700 cal/g mol。Murphree 板效率為 70%。試計算 (a) 在進料上方及下方所需的板數；(b) 再沸器所需的熱量，以每磅莫耳塔頂產物的 Btu 表示；(c) 冷凝器中所移除的熱量，以每磅莫耳塔頂產物的 Btu 表示。

21.4. 使用泡板塔在 1 atm 壓力下，以 100 kg mol/h 的流率，將苯和甲苯的等莫耳混合物分離。塔頂產物必須含有至少 98 mol % 的苯。進料為飽和液體。一個含有 24 板的塔可供利用。進料可以從塔頂算起的第 11 板或第 17 板進入。再沸器的最大蒸發容量為 120 kg mol/h。板的效率約為 50%。可以從該塔頂獲得每小時多少莫耳的塔頂產物？

21.5. 將含有 7.94 mol % A 的揮發性成分 A 的水溶液預熱至其沸點，然後輸入到大氣壓下操作的連續汽提塔的頂部。來自塔頂的蒸汽含有 11.25 mol % A。無回流返回，考慮下列兩種方法，兩者都需要相同的熱消耗，即在每種情況下，每莫耳進料 0.562 莫耳的蒸發量。方法 1 是在板塔底部使用蒸餾器，利用在蒸餾器中的密封線圈內部的水蒸氣冷凝產生蒸汽。在方法 2 中，省略了蒸餾和加熱線圈，並且將水蒸氣直接噴射到底板下方。平衡數據列於表 21.7。可以進行通常的簡化假設。每一種方法的優點是什麼？

▼ 表 21.6　丙酮 - 甲醇系統

	丙酮莫耳分率			丙酮莫耳分率	
溫度，°C	液體	蒸氣	溫度，°C	液體	蒸氣
64.5	0.00	0.000	56.7	0.50	0.586
63.6	0.05	0.102	56.0	0.60	0.656
62.5	0.10	0.186	55.3	0.70	0.725
60.2	0.20	0.322	55.05†	0.80	0.80
58.65	0.30	0.428	56.1	1.00	1.00
57.55	0.40	0.513			

†共沸。

▼ **表 21.7　以 *A* 的莫耳分率表示的平衡數據**

x	0.0035	0.0077	0.0125	0.0177	0.0292	0.0429	0.0590	0.0784
y	0.0100	0.0200	0.0300	0.0400	0.0600	0.0800	0.1000	0.1200

21.6. 含有 6 個理想板、一個再沸器和一個完全冷凝器的塔，在 65 $lb_f/in.^2$ gauge 壓力下由空氣中分離部分氧。期望在 2.6 的回流比 (回流對產物) 下操作，並產生含有 51 wt % 氧的塔底產物。空氣在 65 $lb_f/in.^2$ gauge 壓力下進入塔內，其中有 30 wt % 為蒸汽。在此壓力下，氧 - 氮混合物的焓列於表 21.8 中。若蒸汽剛冷凝但未冷卻，試計算塔頂產物的組成。

21.7. 將含有 0.4 mol % 氨和 99.6 mol % 水的進料連續供應至具有三個理想板的精餾塔中。在進入塔之前，進料已完全轉化為飽和蒸汽，且其由塔頂算起的第 2 與第 3 板之間進入。由頂板流出的蒸汽完全冷凝但未冷卻。每莫耳的進料有 1.35 mol 的冷凝液作為回流返回到頂板，剩餘的蒸餾液作為塔頂產物移去。來自底板的液體溢流到再沸器，再沸器由封閉的蒸汽線圈加熱。在再沸器中產生的蒸汽進入底板下面的塔，並且塔底產物從再沸器連續移除。再沸器中的蒸發量為每莫耳進料蒸發 0.7 莫耳。在本題涉及的濃度範圍內，平衡關係可由下式表示

$$y = 12.6x$$

試計算氨的莫耳分率，在 (a) 再沸器的塔底產物，(b) 塔頂產物，(c) 離開進料板的液體回流。

21.8. 欲由含 68 mol % 苯和 32 mol % 甲苯的混合物進料，生產含 80 mol % 苯的塔頂產物。此操作考慮下列方法，均在一大氣壓下進行。對於各種方法，計算每 100 莫耳的進料，產物的莫耳數及每 100 莫耳的進料，蒸發的莫耳數。(a) 連續驟餾，(b) 在裝有部分冷凝器的蒸餾器中的連續蒸餾，其中進入的蒸汽有 55 mol % 冷凝並返回蒸餾器內。部分冷凝器的構造使蒸汽與離開的液體成平衡，且滯留量可忽略不計。

21.9. 分餾塔的操作由兩個極限回流比限定：一個對應於使用無限數量的塔板，另一個對應於完全回流或無限回流比。考慮一精餾塔，在其底部以恆定流率供給具有恆

▼ **表 21.8　在 65 $lb_f/in.^2$ gauge 壓力下氧 - 氮的焓**

溫度，°C	液體		蒸汽	
	N_2, wt %	H_x, cal /g mol	N_2, wt %	H_y, cal /g mol
163	0.0	420	0.0	1,840
165	7.5	418	19.3	1,755
167	17.0	415	35.9	1,685
169	27.5	410	50.0	1,625
171	39.0	398	63.0	1,570
173	52.5	378	75.0	1,515
175	68.5	349	86.0	1,465
177	88.0	300	95.5	1,425
178	100.0	263	100.0	1,405

定組成的二成分蒸汽，並且假設塔具有無限數量的塔板。(a) 這種在完全回流下操作的塔，會發生什麼現象？(b) 假設產物以恆定流率從該塔頂取出，如果每個階段在改變之間達到穩定狀態，則隨著愈來愈多的產物在連續的階段中被取出，會發生什麼事？

21.10. 在實驗室蒸餾器中裝入 10 L 含有 0.70 莫耳分率甲醇的甲醇 - 水混合物，並將其在 1 atm 壓力下分批蒸餾而無回流，直到 5 L 液體殘留在蒸餾器中，即 5 L 已被煮沸 (boiled off)。熱輸入率恆定，其值為 4 kW。甲醇與水的部分莫耳體積分別為 40.5 cm^3/g mol 及 18 cm^3/g mol。忽略混合時的任何體積變化和使用 40 kJ/g mol 的平均蒸發熱，試計算 (a) 煮沸 5 L 所需的時間 t_T；(b) 甲醇在時間 $t_T/2$, $3t_T/4$ 及 t_T 留在蒸餾器中的莫耳分率；(c) 總蒸餾液在時間 t_T 的平均組成。甲醇 - 水的平衡數據列於表 21.6。

21.11. 將相對揮發度為 2.3 的 *A* 和 *B* 的等莫耳混合物，分離成含 98.5% *A* 的蒸餾產物，2% *A* 的塔底產物和 80% *A* 且具進料中 40% *A* 的中間液體產物。(a) 導出塔中央段的操作線方程式，並在 McCabe-Thiele 圖上繪三條操作線。(b) 計算每 100 莫耳進料下各產物的量，如果進料為在沸點的液體，求最小回流比。(c) 由於側流產物的排出，最小回流比有多大？

21.12. 利用蒸餾從正丁烷和正戊烷的混合物製備 99% 純的產物。蒸汽壓數據如下。

	溫度，°C	
P, atm	**n-C_4H_{10}**	**n-C_5H_{12}**
0.526	−16.3	18.5
1	−0.5	36.1
2	18.8	58.0
5	50.0	92.4
10	79.5	124.7
20	116.0	164.3

(a) 以允許精確內插的形式繪製蒸汽壓，並求在 1、2 和 8 atm 下操作的塔的平均相對揮發度。(b) 求在這三種壓力下，用於分離的最小理想板數。在大氣壓以上進行分離的主要優點是什麼？

21.13. 乙苯 (沸點 136.2°C) 和苯乙烯 (沸點 145.2°C) 的混合物，在真空下操作的塔中藉連續蒸餾予以分離，以保持溫度在 110°C 以下並避免苯乙烯聚合。進料為 30,000 kg/h，其中 54% 乙苯及 46% 苯乙烯 (重量百分比)，且產物含 97% 及 0.2% 乙苯。相對揮發度為 1.37，回流比為 6.15，需要約 70 個板。塔頂在 50 mm Hg 和 58°C 下操作，且每盤的平均壓力降為 2.5 mm Hg。(a) 若塔設計為在頂部 *F* 因數為 2.8 (m/s) $(kg/m^3)^{0.5}$，則塔徑需多少？(b) 對於一均勻直徑的塔，在塔底的 *F* 因數為何？(c) 若塔內有兩部分，而底部具有較小的直徑，則應使用的直徑為多少，使得 *F* 不大於 2.8？(欲了解有關此系統的更多信息，請參閱 C. J. King, *Separation Processes*, McGraw-Hill, New York, 1971, p. 608。)

21.14. 一工廠具有含苯和甲苯的兩個股流，一個含 38% 的苯，另一個含 68% 的苯。大約等量的兩股流可供應用，並且提出具有兩個進料點的蒸餾塔以最有效的方式產生 98% 苯和 99% 甲苯。但是，合併兩股流以及在一點處進料將是更簡單的操作。對於相同的回流率，計算兩種情況所需的理想段數。

21.15. 在 30°C 下，與水飽和的甲苯具有 680 ppm H_2O，利用分餾將其乾燥至 0.3 ppm H_2O。將進料引入塔的頂板，並將塔頂蒸汽冷凝，冷卻至 30°C，並分離成兩層。除去水層，並將水飽和的甲苯層循環。水對甲苯的平均相對揮發度為 120。若每莫耳液體進料使用 0.25 莫耳蒸汽，則需要多少理論段？(忽略塔中的 L/V 變化。)

21.16. 使用具有 15 個板的篩盤塔，從含有 40% 甲醇和 60% 水 (mol %) 的進料製備 99% 甲醇。該板具有 8% 的開口面積，$\frac{1}{4}$ in. 孔，和 2 in. 堰，具弓形降流管。(a) 如果塔在大氣壓下操作，則基於塔頂條件估計溢流極限，在此極限下的 F 因數和每個板的壓力降是多少？(b) 對於在 (a) 部分中計算的流率，求塔底附近的 F 因數和每個板的壓力降，當蒸汽流率增加時，塔的哪個段首先溢流？

21.17. 蒸餾塔分離甲醇和水，其回流在其泡點返回塔中。現在安裝較大的冷凝器，大量地冷卻回流的股流。控制元件可保持外觀 (或外部) 回流比恆定。如果取出的產物量與先前相同，則 (a) 操作線斜率，(b) 再沸器熱負載，和 (c) 塔頂產物的純度將會發生何種變化？

21.18. (a) 使用表 21.8 和表 21.9 中的數據，計算在 65 $lb_f/in.^2$ gauge 壓力下，不同組成的 N_2-O_2 系統的相對揮發度。(b) 此與理想系統的接近程度如何？(c) 忽略追踪氣體的影響，將空氣分離成 99% 純度的產品所需理想板的最小數量是多少？

21.19. 如圖 21.13 所示，系統的 Murphree 效率估計為 65%。(a) 塔應該含有多少個板？以及哪一個板是進料板？(b) 如果在實際板的第 5 板輸入進料，會發生什麼現象？使用圖形來幫助你解釋你的答案。

21.20. 使用充填有 #40 Intalox 金屬塔填料的塔，在大氣壓下蒸餾異辛烷 (2,2,4 - 三甲基戊烷) 和甲苯。液體進料為 40 mol % 異辛烷並在進入塔之前預熱至 100°C 。該塔具有 32 個理想板。(a) 推薦的蒸汽流率為何？以 ft/s, lb mol/h · ft^2 以及 lb/h · ft^2 表示。(b) 若使用 #25 尺寸的填料是否可大量減小充填段的體積？

▼ 表 21.9 氧氣和氮氣的蒸汽壓 [20]

	蒸汽壓，bar	
溫度，K	O_2	N_2
80	0.3003	1.369
90	0.9943	3.600
100	2.547	7.775
110	5.443	14.67

21.21. 在大多數蒸餾塔中，在達到降流管夾帶點之前發生夾帶溢流。證明對於低板間距 (6 in. 或 9 in.) 以及某些堰高，情況可能會相反。(低板間距用於空氣蒸餾塔以減少從環境傳熱的面積。)

21.22. 以無回流的簡單蒸餾，將含有 50 g mol 苯和 50 g mol 氯苯的混合物予以蒸餾，直到初始進料的 40% 作為塔頂產物。苯 - 氯苯可視為理想系統，平均相對揮發度為 5.3。(a) 蒸餾完成後塔頂產物和殘餘物的組成為何？ (b) 將來自第一次蒸餾的塔頂產物進行第二次簡單蒸餾，再次從塔頂取出 40% 的進料。求第二塔頂產物的組成，求其以克為單位的質量，它含氯有多少克？

參考文獻

1. Bennett, D. L., R. Agrawal, and P. J. Cook. *AIChE J.* **29:**434 (1983).
2. *Bubble Tray Design Manual*, New York: American Institute of Chemical Engineers, 1958.
3. Chan, H., and J. R. Fair. *Ind. Eng. Chem. Proc. Des. Dev.* **23:**814 (1984).
4. Bravo, J. L., J. A. Rocha, and J. R. Fair. *Hydrocarbon Proc.* **64**(1):91 (1985).
5. Fair, J. R. *Petrol. Chem. Eng.* **33**(10):45 (1961).
6. Fisher, W. R., M. F. Doherty, and J. M. Douglas. *Ind. Eng. Chem. Proc. Des. Dev.* **24:**955 (1985).
7. Gerster, J. A. *Ind. Eng. Chem.* **52:**645 (1960).
8. Harriott, P. *Environ. Sci. Technol.* **23:**309 (1988).
9. Jones, J. B., and C. Pyle. *Chem. Eng. Prog.* **51:**424 (1955).
10. Kister, H. Z. *Distillation Design*, New York: McGraw-Hill, 1992.
11. Klemola, K. T., and J. K. Ilme. *Ind. Eng. Chem. Res.* **35:**4579 (1996).
12. Kunesh, J. G., T. P. Ognisty, M. Sakata, and G. X. Chen. *Ind. Eng. Chem. Res.* **35:**2660 (1996).
13. Lewis, W. K., Jr. *Ind. Eng. Chem.* **28:**399 (1936).
14. Lockett, M. J. *Distillation Tray Fundamentals*, Cambridge, Eng.: Cambridge Univ. Press, 1986.
15. McCabe, W. L., and E. W. Thiele. *Ind. Eng. Chem.* **17:**605 (1925).
16. McFarland, S. A., P. M. Sigmund, and M. Van Winkle. *Hydro. Proc.* **51**(7):111 (1972).
17. Murphree, E. V. *Ind. Eng. Chem.* **17:**747 (1925).
18. *Valve Tray Design Manual*, Akron, OH: Norton Chemical Process Products Corp., 1996.
19. O'Connell, H. E. *Trans. AIChE.* **42:**741 (1946).
20. Perry, R. H., and D. W. Green (eds.). *Perry's Chemical Engineers' Handbook*, 7th ed. New York: McGraw-Hill, 1997, pp. **2**-257, **2**-262.

21. Peters, M. S., and K. D. Timmerhaus. *Plant Design and Economics for Chemical Engineers*, 3rd ed. New York: McGraw-Hill, 1980, p. 387.
22. Strigle, R. F., Jr., and F. Rukovena, Jr. *Chem. Eng. Prog.* **75**(3):87 (1979).
23. Vital, T. J., S. S. Grossel, and P. I. Olsen. *Hydro. Proc.* **63**(11):147 (1984).

CHAPTER 22

多成分蒸餾簡介

多成分蒸餾 (multicomponent distillation)，如同二成分混合物的蒸餾，計算平衡階段需使用質量和焓均衡以及氣 - 液平衡。可以對整個塔或單一階段的每個成分寫出質量均衡，但是對於塔或每一階段則只有一個焓均衡。多成分相平衡比二成分系統複雜得多，因為含有數個成分，並且因為平衡取決於溫度，其中溫度從一階段變化到另一階段。在二成分系統中的溫度與平衡也從一個階段變化到另一個階段，但是除了共沸物 (azeotrope) 之外，較易揮發的成分比整個塔中的其它成分更易揮發。在多成分混合物中，一成分的揮發性可以高於塔中某一部分的平均值，但也可以低於塔中另一部分的平均值，因而導致複雜的濃度分布。

在實際應用上，此領域是以數位計算機主導，因為將操作變數和工程變數予以量化所需的大量數字需要許多疊代以獲得方程式解的收斂。本章不包括計算機程式，但所有這些程式都是基於正確地說明本書所用的原理。

多成分蒸餾的相平衡

一混合物的蒸汽 - 液體平衡是以**分布係數** (distribution coefficients) 或 ***K* 因數** (*K* factor) 描述，其中每一成分的 *K* 因數是平衡時蒸汽相與液相莫耳分率的比：

$$K_i \equiv \frac{y_{ie}}{x_{ie}} \tag{22.1}$$

若拉午耳定律 (Raoult's law) 和道耳頓定律 (Dalton's law) 成立，則 K_i 的值可以從蒸汽壓和系統的總壓計算：

$$p_i = x_i P_i' \tag{22.2}$$

$$y_i = \frac{p_i}{P} \tag{22.3}$$

$$K_i = \frac{x_i P_i'}{P x_i} = \frac{P_i'}{P} \tag{22.4}$$

對於相似組成的混合物，例如在石油的低沸點餾分中發現的石蠟，或從焦炭生產中回收的芳香烴，拉午耳定律為一良好的近似式。然而在高壓下，由於壓縮性效應，K 因數不會隨總壓相反地變化。

由於蒸汽壓的變化，K 因數強烈地依賴於溫度，但兩成分的 K 的相對值隨溫度僅適度變化。K 因數的比與成分的相對揮發度相同：

$$\alpha_{ij} = \frac{y_i/x_i}{y_j/x_j} = \frac{K_i}{K_j} \tag{22.5}$$

當拉午耳定律適用時，

$$\alpha_{ij} = \frac{P_i'}{P_j'} \tag{22.6}$$

稍後將證明，塔頂或蒸餾產物中的關鍵成分 (key component) 與塔底產物中的關鍵成分的平均相對揮發度可用於估計多成分蒸餾的最小階段數。

泡點和露點的計算

對於驟餾 (flash distillation) 的計算與多成分蒸餾的每一階段，皆需要確定泡點 (bubble point) (液體混合物的初沸點) 或露點 (dew point) (初始冷凝溫度)。對於泡點，基本方程式為，

$$\sum_{i=1}^{N_c} y_i = \sum_{i=1}^{N_c} K_i x_i = 1.0 \tag{22.7}$$

對於露點，

$$\sum_{i=1}^{N_c} x_i = \sum_{i=1}^{N_c} \frac{y_i}{K_i} = 1.0 \tag{22.8}$$

其中 N_c 為成分的數目。

使用 (22.7) 式，假定一溫度，並且從已發表的圖表或從蒸汽壓數據和已知的總壓獲得 K_i 值。若 $K_i\,x_i$ 的總和超過 1.0，則選擇一較低的溫度，並重複計算，直到滿足 (22.7) 式。如果能正確地確定泡點溫度 ($\sum K_i\,x_i = 1.00$)，則與該液體成平衡的蒸汽組成可直接由 $K_i\,x_i$ 項獲得。然而當總和接近 1.0 時，蒸汽組成可由每一項對總和的相對貢獻量來決定，其誤差很小：

$$y_i = \frac{K_i x_i}{\sum_{i=1}^{N_c} K_i x_i} \tag{22.9}$$

類似的程序可用來確定蒸汽混合物的露點以及與該混合物成平衡的液體的組成。

例題 22.1

求出 33 mol % 正己烷，37 mol % 正庚烷和 30 mol % 正辛烷在 1.2 atm 總壓下的混合物的泡點和露點溫度，以及對應的蒸汽與液體組成。

解

將三種成分的蒸汽壓繪成 log P 對 T (圖 22.1) 或 log P 對 $1/T_{abs}$ 的半對數圖，其中 T_{abs} 為絕對溫度，以 K 表示。注意，正烷烴的蒸汽壓和 K 因數對於該系列的連續成員而言相差大約 2.2 倍。

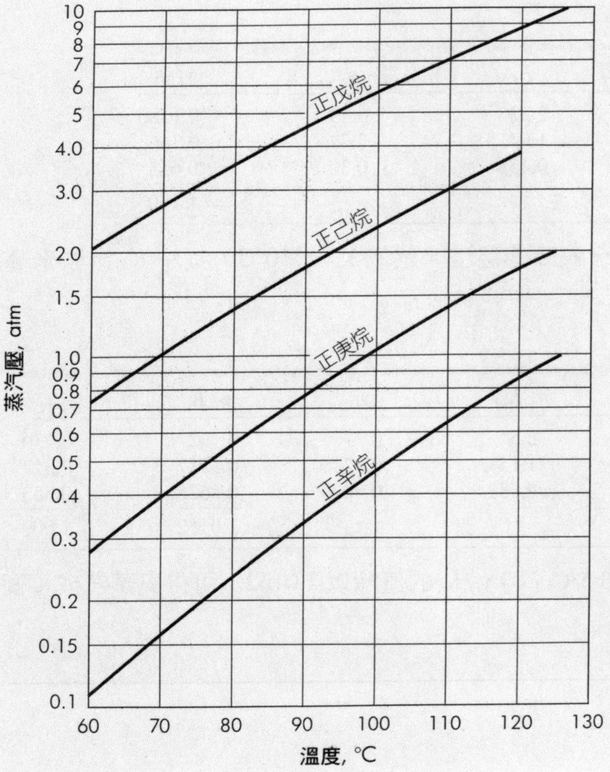

▲ 圖 22.1　例題 22.1 的圖

泡點：選擇 $T = 105°C$，其中庚烷的蒸汽壓，亦即中間成分，為 1.2 atm。

成分	P'_i 105°C, atm	$K_i = P'_i/1.2$	x_i	$y_i = K_i x_i$
1. 己烷	2.68	2.23	0.33	0.7359
2. 庚烷	1.21	1.01	0.37	0.3737
3. 辛烷	0.554	0.462	0.30	0.1386
				$\sum = 1.248$

由於 $\sum y_i$ 太大，嘗試一較低的溫度。又因主要的貢獻量來自第一項，選擇一溫度，其中 K_i 值以 1/1.24 的因數降低。選擇 $T = 96°C$，其中 $P'_i = 2.16$ atm。

成分	P'_i，96°C	K_i	x_i	$K_i x_i$	y_i
1	2.16	1.8	0.33	0.5940	0.604
2	0.93	0.775	0.37	0.2868	0.292
3	0.41	0.342	0.30	0.1025	0.104
				$\sum = 0.9833$	1.000

因此 $\sum K_i x_i = 0.9833$，$y_i = K_i x_i / 0.9833$。

利用內插法，泡點為 97°C，足夠接近 96°C，使得蒸汽組成可以使用 (22.9) 式計算。與液體成平衡的蒸汽為 60.4 mol % 正己烷，29.2 mol % 正庚烷，和 10.4 mol % 正辛烷。

露點：露點高於泡點，因此使用 105°C 作為第一次猜測。

成分	K_i	y_i	y_i/K_i
1	2.23	0.33	0.1480
2	1.01	0.37	0.366
3	0.458	0.30	0.655
			$\sum = 1.169$

因總和太大，所以選擇一較高的溫度。選取 $T = 110°C$，其中 K_3 比原來高出 17%。

成分	P'_i	K_i	y_i	y_i/K_i	x_i
1	3.0	2.5	0.33	0.132	0.130
2	1.38	1.15	0.37	0.3217	0.317
3	0.64	0.533	0.30	0.5625	0.553
				$\sum = 1.0162$	1.000

利用外插法，露點為 110.5°C。將 y_i/K_i 的值除以 1.0162，可得與蒸汽成平衡的液體的組成。

多成分混合物的驟餾

對於驟餾中的每一成分，(21.1) 式可寫成下列形式

$$y_{Di} = \frac{x_{Fi}}{f} - \frac{1-f}{f} x_{Bi} \tag{22.10}$$

由於蒸餾液與塔底股流處於平衡狀態，所以此式可以改寫成

$$\frac{y_{Di}}{x_{Bi}} = K_i = \frac{1}{f}\left(\frac{x_{Fi}}{x_{Bi}} + f - 1\right) \tag{22.11}$$

由 (22.11) 式解出 x_{Bi}，並對 N_c 個成分取總和得

$$\sum_{i=1}^{N_c} x_{Bi} = 1 = \sum_{i=1}^{N_c} \frac{x_{Fi}}{f(K_i - 1) + 1} \tag{22.12}$$

此式可利用疊代法 (iteration) 求解，方法如同使用 (22.8) 式的露點計算，並且使用 T 和 K_i 的最終值來計算產物的組成。

例題 22.2

將例題 22.1 的混合物在 1.2 atm 壓力下進行驟餾，並將 60% 的進料蒸發。(a) 求驟餾溫度以及液體與蒸汽產物的組成。(b) 欲使驟餾時有 60% 的蒸發量，必須將進料液體加熱至何溫度？

解

(a) 驟餾溫度必須在泡點 (97°C) 與露點 (110.5°C) 之間。假定 $T = 105$°C，亦即 $97 + 0.6(110.5 - 97)$。由圖 22.1，$K_1 = 2.68/1.2 = 2.23$，$K_2 = 1.21/1.2 = 1.01$ 和 $K_3 = 0.554/1.2 = 0.462$。f 的值為 0.6。(22.12) 式的右邊變成

$$\frac{0.33}{0.6(2.23-1)+1} + \frac{0.37}{0.6(1.01-1)+1} + \frac{0.30}{0.6(0.462-1)+1}$$
$$= 0.190 + 0.368 + 0.443 = 1.001$$

驟餾溫度為 105°C。液體產物的組成為正己烷，19.0 mol %；正庚烷，36.8 mol %；和正辛烷，44.2 mol %。

蒸汽產物的組成可由 K 和 x 的值計算：

正己烷，$y = 0.190\ (2.23)$	$= 0.424$
正庚烷，$y = 0.368\ (1.01)$	$= 0.372$
正辛烷，$y = 0.442\ (0.462)$	$= 0.204$
	1.000

(b) 欲求進料在驟餾前的溫度，使用 105°C 作為參考溫度進行焓均衡。從文獻中可以得到 105°C 的蒸發熱以及在 105°C 至 200°C 之間液體的平均熱容量。

	C_p, cal/mol·°C	ΔH_v, cal/mol
正己烷	62	6,370
正庚烷	70	7,510
正辛烷	78	8,560

基於 105°C 的液體，產物的焓為

$$H_{\text{vapor}} = 0.6(0.424 \times 6{,}370 + 0.372 \times 7{,}510 + 0.204 \times 8{,}560)$$

$$H_{\text{vapor}} = 4{,}345 \text{ cal} \qquad H_{\text{liquid}} = 0$$

對於進料，

$$\bar{C}_p = 0.33 \times 62 + 0.37 \times 70 + 0.30 \times 78$$

$$= 69.8 \text{ cal/mol}\cdot{}^\circ\text{C}$$

$$69.8(T_0 - 105) = 4{,}345$$

$$T_0 = 167^\circ\text{C} = \text{預熱溫度}$$

欲得更精確的答案，液體熱容量可以在 105°C 至 170°C 的範圍內重新評估。

多成分混合物的分餾

如同二元混合物的分餾 (fractionation)，在串級 (cascade) 設計中假設為理想板，隨後利用板效率修正階段的數目。還確定了全回流 (最小板數) 和最小回流的兩個極限狀況以幫助驗證設計。

蒸餾裝置的計算是以下列兩種方法之一進行的。第一種方法，假定成分所期望的分離，並由選擇的回流比計算進料的上方和下方的板數。第二種方法，假設進料上方和下方的板數，並且使用來自冷凝器的回流和來自再沸器的蒸汽的假設流率來計算成分的分離。在二元蒸餾中，第一種方法是比較常見的；但在多成分的情況下，第二種方法較優，特別是在計算機的計算上。

在最終的計算機計算中，不考慮恆定的莫耳溢流以及與溫度無關的 K 因數，並且還引入了板效率，但是在初步估計中，需作一些簡化的假設。當假設活性係數與溫度無關時，可使用群組法 (group method)，其中將串級中的理想段數作為因變數。不需解出板溫度或板間相互股流的組成即可求得此數。若 α 值與溫度有關，則不能使用這種簡單的方法，而需逐板計算。由第 n 段已知的溫度和液體組成，利用試誤法計算第 $n+1$ 板的溫度和液體組成，並且在塔內上下逐板計算。

在本章的其餘部分，將這些方法採用以下方式進行抽樣：在無限回流下估計最小板數，以及在無限個板數下估計最小回流，兩者均假定其具有恆定的相對揮發度，並且基於設計的觀點，以群組法處理這些問題。此外，描述在操作回流下用來估計板數的兩個經驗關係式。

鍵成分

蒸餾的目的是將進料分離成近純產物。在二元蒸餾中，純度通常以蒸餾液中輕成分的莫耳分率 x_D 和底部產物中輕成分的莫耳分率 x_B 來定義。如 (21.8) 式所示，固定這二個濃度就固定了每單位進料兩種產物的量。然後選擇回流比，並計算理論段的數目。

在多成分蒸餾中，產物中有三種或更多種成分，並且每種產物中的一種成分的濃度不能完全描述這些產物。但是，如果蒸餾液和底部產物只規定了 2/3 或 3/4 成分的濃度，則通常不可能完全符合這些規範。回流比或板數的增加會增加分離的清晰度 (sharpness)，可以達到每種產物中一種成分的期望濃度，但如果其它濃度與預先指定的濃度完全一致，那將是巧合。設計師通常選擇兩種成分，其在蒸餾液和底部產物的濃度或回收率是實現分離的良好指標。在識別這些成分之後，將它們稱為鍵成分 (key component)。由於鍵成分的揮發度不同，所以揮發度較高者，以 L 為下標，稱為**輕鍵** (light key)；揮發度較低者，以 H 為下標，稱為**重鍵** (heavy key)。

選擇了鍵成分後，設計人員可以在蒸餾液 (x_{DH}) 中的 x_H 和底部 (x_{BL}) 中的 x_L 任意分配小的數值，就像將小的數值在二元蒸餾中分配給 x_{DB} 和 x_{BA}。為 x_{BL} 和 x_{DH} 選擇較小的值，意味著大部分輕鍵最終都在蒸餾液中，而大部分重鍵都在底部。如果鍵是兩個最易揮發的成分，則蒸餾液可能是幾乎純的輕鍵，因為比重鍵重的成分將傾向於集中在液相中，並且不會被帶到進料板上方。通常有比輕鍵更輕的成分，這些成分幾乎完全回收於蒸餾液中。比重鍵重的任何成分通常完全回收於底部。這些概括的例外，發生於沸點非常接近的物質 (例如異構物的混合物) 的蒸餾。

與二元情況不同，兩個鍵成分的選擇不能提供確定的質量均衡，因為不是所有其它莫耳分率都可以用單獨的質量均衡來計算，並且計算來自頂板的露點蒸汽和離開再沸器的泡點液體的濃度，需要用平衡計算。

雖然任何兩個成分都可以被指定為鍵成分，通常它們在揮發度的排序中相鄰。這樣的選擇稱為**尖銳的分離** (sharp separation)。在尖銳的分離中，鍵成分是在兩種產物中出現的唯一成分，濃度相當高。

最小板數

Fenske 方程式 [(21.45) 式] 適用於常規蒸餾設備中的無限回流比的任何二成分 i 與 j。在這種情況下，方程式的形式為

$$N_{\min} = \frac{\ln[(x_{Di}/x_{Bi})/(x_{Dj}/x_{Bj})]}{\ln \bar{\alpha}_{ij}} - 1 \tag{22.13}$$

$$\bar{\alpha}_{ij} = \sqrt[3]{\alpha_{Dij}\alpha_{Fij}\alpha_{Bij}} \tag{22.14}$$

(22.14) 式中的下標 D、F 和 B 分別表示塔中蒸餾液、進料板和底部的溫度。

例題 22.3

將具有 33% 正己烷、37% 正庚烷和 30% 正辛烷的混合物蒸餾，以得到具有 0.01 莫耳分率正庚烷的蒸餾產物和具有 0.01 莫耳分率正己烷的塔底產物。該塔在 1.2 atm 下操作，並輸入 60% 蒸發進料。在無限回流下，計算完全的產物組成和最小理想板數。

解

正己烷為輕鍵 (LK)，正庚烷為重鍵 (HK)，而正辛烷為重非鍵 (HNK, heavy nonkey)，其幾乎完全是塔底產物。產物組成可由質量均衡來確定，其中假設在蒸餾液中沒有正辛烷，且具有 0.99 莫耳分率的正己烷。以 100 mol/h 的進料率為計算基準，

$$F = D + B = 100$$

對於己烷，

$$Fx_F = Dx_D + Bx_B$$
$$100 \times 0.33 = 0.99D + (100 - D)(0.01)$$

▼ 表 22.1

成分	進料，mol	蒸餾液 Mol	蒸餾液 x	塔底 Mol	塔底 x	K，105°C, 1.2 atm
LK 正己烷	33	32.32	0.99	0.68	0.010	2.23
HK 正庚烷	37	0.33	0.01	36.67	0.544	1.01
HNK 正辛烷	30	0	0	30	0.446	0.462
	100	32.65		67.35		

$$D = \frac{32}{0.98} = 32.65 \text{ mol/h}$$

$$B = 100 - D = 67.35 \text{ mol/h}$$

在塔頂產物中己烷的量為

$$Dx_D = 32.65 \times 0.99 = 32.32 \text{ mol/h}$$

塔底產物的組成可以直接計算，因為此產物含有所有辛烷、除 $0.01D$ 外的所有庚烷、亦即 37 − 0.01(32.65) = 36.67 mol/h 庚烷，以及 0.68 mol/h 己烷。表 22.1 列出其組成。

最小板數可由 Fenske 方程式 [(22.13) 式] 求得，其中利用輕鍵對重鍵的相對揮發度，這是 K 因數的比值。驟餾溫度下的 K 值取自例題 22.2，如表 22.1 所示：

$$\alpha_{\text{LK, HK}} = \frac{2.23}{1.01} = 2.21$$

$$N_{\min} = \frac{\ln[(0.99/0.01)/(0.01/0.544)]}{\ln 2.21} - 1 = 10.8 - 1 = 9.8$$

最小理想段數為 9.8 加上再沸器。

使用基於塔的頂部，中間和底部的平均相對揮發度可以獲得更準確的 $N_{\min}$ 估計值。塔頂溫度約為 75°C，此為正己烷在 1.2 atm 下的沸點，且由圖 22.1 中的蒸汽壓求得相對揮發度為 2.53。塔底溫度是以塔底產物的泡點計算而得，約為 115°C，由此得 2.15 的相對揮發度。由 (22.14) 式

$$\bar{\alpha}_{\text{LK, HK}} = \sqrt[3]{2.53 \times 2.21 \times 2.15} = 2.29$$

在 (22.13) 式的分母中使用 ln 2.29，可得 $N_{\min} = 9.4$。

為了驗證蒸餾液中沒有辛烷值的假設，將 (22.13) 式應用於庚烷和辛烷，使用 $\alpha = K_2/K_3 = 1.01/0.462 = 2.19$：

$$N_{\min} + 1 = 10.4 = \frac{\ln[(0.01/0.544)/(x_{D3}/0.446)]}{\ln 2.19}$$

由此求出 $x_{D3} = 2.4 \times 10^{-6}$，這是可以忽略的。

最小回流比

多成分蒸餾的最小回流比 (minimum reflux ratio) 與二元蒸餾具有相同的意義；在這個最小回流比下，所欲的分離幾乎是不可能的，它需要無限數量的板。選擇操作塔的合理回流比和估計在某些回流比下達成已知分離所需的板數時，最小回流比是一個指標。

對於多成分系統，所需的分離通常是指在蒸餾液中回收的輕鍵量和在塔底產物中回收的重鍵量。例如，規格可能要求蒸餾液中的輕鍵回收 98%，底部重鍵回收 99%。產物中鍵成分的實際莫耳分率通常並無規定，因為它們取決於進料中非鍵成分的量。進料中這些非鍵成分的小量變化會改變產物組成，而不會顯著影響輕鍵和重鍵的基本分離。

雖然在塔中所實現的分離在某種程度上取決於進料中的所有成分，但將混合物視為虛擬二元 (pseudobinary) 處理，可獲得最小回流比的近似值。僅使用輕鍵和重鍵來製作新的虛擬進料 (pseudofeed)，可以基於 $\alpha_{\text{LK-HK}}$ 的蒸汽 - 液體平衡曲線計算產物組成。那麼 R_{Dm} 可以用 (21.47) 式求得，如圖 21.17 所示。由**飽和液體進料** (saturated liquid feed)[2] 的另一方程式可得 A 和 B 二元混合物的液體流率與進料率的最小比值：

$$\frac{L_{\min}}{F} = \frac{(Dx_{DA}/Fx_{FA}) - \alpha_{AB}(Dx_{DB}/Fx_{FB})}{\alpha_{AB} - 1} \tag{22.15}$$

(22.15) 式括號中的項是蒸餾產物中 A 和 B 的回收分率。對於多成分混合物，這些項為蒸餾液中輕鍵的指定回收率以及在蒸餾液中容許的進料的重鍵分率。注意，L 的最小值主要取決於相對揮發度。由於 $\alpha_{AB}\,(Dx_{DB}/Fx_{FB})$ 通常相當小，所以將輕鍵的回收率從 0.95 改變為 0.99 甚至 0.999 僅改變 $L_{\min}/F$ 約 4 至 5%。進料組成對 (22.15) 式的影響不大，但是當 x_{FA} 小時，D 將變小，回流比 L/D 將大於較濃進料的回流比。

如果鍵成分占進料的 90% 或更多，(22.15) 式提供了多成分混合物的良好近似。一般來說，高估這些情況所需的 L 值，因為比輕鍵更易揮發的成分或比重鍵更重的成分比鍵本身更容易分離。對於其它混合物，必須估計產物中的非鍵成分的分布，作為更嚴格計算最小回流比的第一步。產物的完整組成不能事先指定，產物中非鍵成分的含量隨回流比而變化，甚至調整板的數量以保持鍵成分期望的分離。為了幫助估計最小回流下的產物組成，下面介紹**分布** (distributed) 和**非分布** (undistributed) 成分的概念。

分布成分和非分布成分

在蒸餾產物和底部產物中都發現分布成分，而僅在一種產品中發現非分布成分。輕鍵和重鍵具有分布性，任何具有這兩個鍵之間的揮發度的成分也是如此。比輕鍵更易揮發的成分幾乎完全在蒸餾液中回收，而比重鍵更不易揮發的成分幾乎完全在底部。這些成分是否稱為分布性或非分布性，取決於定義的解釋。對於具有有限板數的真實塔，所有成分理論上都存在於兩種產物中，雖然有些濃度低於可檢測的極限。如果蒸餾液中重非鍵 (heavy nonkey) 成分的莫耳分率為 10^{-6} 以下，則從實用的觀點來看，該成分可以被認為是非分布成分。然而，要開始逐板計算以獲得塔的板數，需要估計這個小但有限的值。

對於最小回流的情況，分布成分和非分布成分之間的區別更為清楚，因為蒸餾液中通常不存在重非鍵成分，而底部產物中不存在輕非鍵成分。這種物種 (species) 的濃度可變為零，因為塔中有無限個板數和導致進料板以外各板的濃度逐漸降低的條件。

考慮重成分在蒸餾液中完全不存在所需的條件。若 x_D 為零並且假設恆定的莫耳溢流，則塔的上半部的質量均衡式 [(21.17) 式] 變成

$$y_{n+1} = \left(\frac{L}{V}\right)_n x_n \tag{22.16}$$

對於理想階段，$y_n = Kx_n$，連續板的蒸汽濃度之比為

$$\frac{y_n}{y_{n+1}} = \frac{KV}{L} \tag{22.17}$$

若所考慮的成分的 K 小於 L/V，則 y_n 將小於 y_{n+1}，若對於進料上方的所有板都是如此，則需要無限數量的板使 y 變為零。當然 K 是溫度的函數，但是如果 K 在進料板溫度下小於 L/V，那麼 K 在溫度較低的進料板上方的各板將會更小，並且從板到板的 y 的減少將更快。若 K 低於重鍵 K 的 10% 以上，或基於重鍵的相對揮發度小於 0.9，則重成分通常為非分布性。

如果 K 值對於進料板下方的板足夠高，則輕成分在最小回流下為非分布性。若假設 x_B 為零，(21.19) 式變為

$$y_{m+1} = \frac{\bar{L}}{\bar{V}} x_m \tag{22.18}$$

因此，

$$\frac{y_{m+1}}{y_m} = \frac{\bar{L}}{K\bar{V}} \tag{22.19}$$

若 K 在塔的底部總是大於 $\bar{L}/\bar{V}$，則 y 變為零，與 $x_B = 0$ 的假設相符。實用上，當 K 值或相對揮發度比輕鍵大 10% 時，則成分為非分布性。對於具有比輕鍵稍微容易揮發的成分或比重鍵稍微不易揮發的成分的進料，有一些方法可用於計算這些成分是否為分布性，並估計其在產物中的濃度。[5]

最小回流比的計算

在最小回流比的情況下，在進料板上方和下方有不變區 (invariant zone)，其中液體和蒸汽的組成不會逐板變化。這些區域與圖 21.17 所示的夾區 (pinch region) 類似，但它們不一定發生在進料板上，就像二元蒸餾一樣。如果進料中有非分布成分，則其濃度在進料板附近逐板變化，並且當達到不變區時，濃度已經降低到零。因此，對於具有輕和重的非分布成分的進料，上不變區 (upper invariant zone) 中的液體將具有除了重非分布成分之外的所有成分。

在下不變區 (lower invariant zone)，除輕非分布成分外，所有成分都存在。兩個不變區將處於不同的溫度，且由於非分布成分，此兩區具有不同的液體和蒸汽組成。若非分布成分是進料的一小部分，則兩不變區的溫度幾乎相同，並且最小回流比的計算相對容易。當這些溫度有很大差異時，因為在兩區的相對揮發度不同，精確計算最小回流是困難的。以下的分析旨在提供決定最小回流比的概念和便於應用的近似方程式。R_{Dm} 方程式的完整推導超出了本書的範圍。

塔的上半段的每個成分的質量均衡式 [(21.17) 式]，可以用 y_n/K 代替 x_n，因為假定蒸汽與液體之間處於平衡：

$$V_{n+1,\,i}\, y_{n+1,\,i} = \frac{L_n y_{ni}}{K_i} + D x_{Di} \tag{22.20}$$

在不變區中，板與板之間的組成沒有變化，所以 $y_{n+1,\,i} = y_{ni}$，並以 $y_{\infty i}$ 表示，下標 ∞ 表示無限數量的板。(22.20) 式變為

$$V_\infty y_{\infty i} = \frac{L_\infty y_{\infty i}}{K_{\infty i}} + Dx_{Di} \tag{22.21}$$

整理此式可得

$$y_{\infty i} = \frac{Dx_{Di}}{V_\infty - L_\infty / K_{\infty i}} \tag{22.22}$$

或

$$y_{\infty i} = \frac{D}{V_\infty}\left(\frac{x_{Di}}{1 - L_\infty / V_\infty K_{\infty i}}\right) \tag{22.23}$$

將 (22.23) 式對出現在蒸餾液中的所有成分相加，且總和必須等於 1.0：

$$\sum y_{\infty i} = 1.0 = \frac{D}{V_\infty}\sum \frac{x_{Di}}{1 - L_\infty / V_\infty K_{\infty i}} \tag{22.24}$$

對於塔的下半段，類似的處理可得

$$\bar{V}_\infty y_{\infty i} = \frac{\bar{L}_\infty y_{\infty i}}{\bar{K}_{\infty i}} - Bx_{Bi} \tag{22.25}$$

$$y_{\infty i} = -\frac{Bx_{Bi}}{\bar{V}_\infty - \bar{L}_\infty / \bar{K}_{\infty i}} \tag{22.26}$$

$$y_{\infty i} = -\frac{B}{\bar{V}_\infty}\left(\frac{x_{Bi}}{1 - \bar{L} / \bar{V}_\infty \bar{K}_{\infty i}}\right) \tag{22.27}$$

將 (22.27) 式對出現在底部產物中的所有成分進行求和，並且改變符號以使分母為正：

$$\sum y_{\infty i} = 1.0 = \frac{B}{\bar{V}_\infty}\sum \frac{x_{Bi}}{\bar{L}_\infty / \bar{V}_\infty \bar{K}_{\infty i} - 1} \tag{22.28}$$

使用 (22.24) 式確定最小回流比，假設一個 R_D 值，得 L/V 和 D/V。滿足 (22.24) 式且所有項皆為正的溫度可由試誤法決定。其它組的 K 值總和等於 1.0，但有一些負項，這些項並不具有物理意義。

然後由進料條件 $\bar{L} = L + qF$，$\bar{V} = V - (1-q)F$ 計算塔的下段的流率，其中 q 為每莫耳進料中進入汽提段的液體莫耳數 [見 (21.27) 式和 (21.28) 式]。求出滿足 (22.28) 式且所有項皆為正的溫度。若有一些非分布成分存在時，下不變區的溫度應高於上不變區。若計算所得的溫度相同或處於錯誤的順序，則表示假設的 R_D 是不正確的，必須用一較低的 R_D 值重新計算。圖 22.2 顯示如何將此計算過程應用於二元系統。對於任何選定的 R_D 或 L/V 值，求出對應於夾點 (pinch) 的溫度，在此夾點，操作線與平衡線相接觸。對於較高的 R_D，上夾點發生在較低的 x 值或較高的溫度，而下夾點發生在較高的 x 值和較低的溫度。對於二元混合物，兩個夾點在真正的最小回流下重合，但對於多成分進料，不變區在溫度和組成上不同。不幸的是，沒有確定分離溫度的簡單方法，在這些區域之間的範圍內需要進行逐板計算以獲得 R_{Dm} 的精確值。

Underwood 開發了一種大致但相當準確可確定 R_{Dm} 的方法。[8] 在上、下不變區中，每個成分的相對揮發度被認為是相同的，並且假設恆定的莫耳溢流。不變區方程式用相對揮發度 α_i 表示，其中 $\alpha_i = K_i/K_{\text{ref}}$，重鍵通常作為參考成分。將這兩個方程式與總質量均衡式和進料品質方程式 (feed quality equation) 組合，得到必須以試誤法求解的方程式，此式的正確根 ϕ 位於鍵的 α 值之間。亦有其它 ϕ 值滿足此式，但沒有物理意義。方程式為

$$1 - q = \sum \frac{\alpha_i x_{Fi}}{\alpha_i - \phi} = \sum f_i \tag{22.29}$$

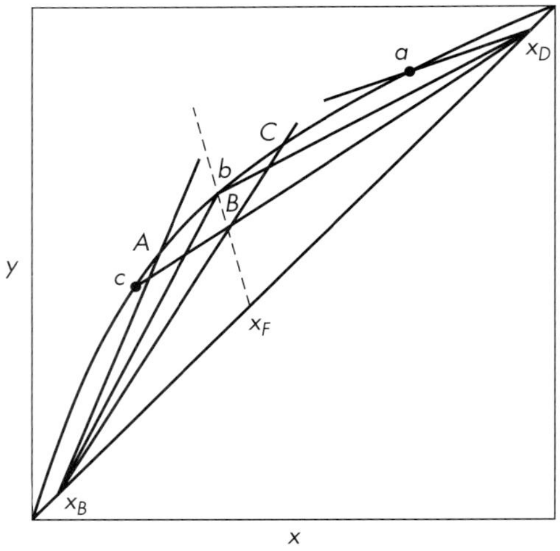

▲ 圖 22.2　二元系統的不變區

然後利用 ϕ 的值求出 $V_{\min}/D$：

$$\frac{V_{\min}}{D} = R_{Dm} + 1 = \sum \frac{\alpha_i x_{Di}}{\alpha_i - \phi} \tag{22.30}$$

注意，進料的所有成分都包含在 (22.29) 式的總和中，但只有在蒸餾液中出現的成分才包含於 (22.30) 式。若在進料中有一種或多種化合物介於輕鍵與重鍵之間，則有兩個或更多個 ϕ 值介於鍵的 α 值之間，這些值將滿足 (22.29) 式，然後必須同時求解 (22.29) 式與 (22.30) 式來找到 ϕ 的正確解。

例題 22.4

在 1 atm 下蒸餾 4% 正戊烷，40% 正己烷，50% 正庚烷和 6% 正辛烷的混合物，其中 98% 己烷和 1% 庚烷在蒸餾液中回收。(a) 液體進料在沸點下的最小回流比是多少？ (b) 在上、下不變區的溫度和組成為何？

解

以正己烷和正庚烷為鍵，而其它成分在揮發度上有很大的差別所以成非分布。以下列出每 100 莫耳的進料下產物的莫耳數，以及 80°C 下的 K 值。

		x_F	Fx_F	D中的莫耳數	x_D	B中的莫耳數	x_B	$K_{80°}$	Kx_F
	n-C_5	0.04	4	4	0.092	0	0	3.62	0.145
LK	n-C_6	0.40	40	39.2	0.897	0.8	0.014	1.39	0.556
HK	n-C_7	0.50	50	0.5	0.011	49.5	0.879	0.56	0.280
	n-C_8	0.06	6	0	0	6	0.107	0.23	0.014
				$D = 43.7$		$B = 56.3$			0.995

(a) 泡點為 80 °C，在此溫度下，$\alpha_{\text{LK-HK}}$ 為 1.39/0.56 = 2.48。利用 (22.15) 式，求得一近似解：

$$\frac{L_{\min}}{F} = \frac{0.98 - 2.48(0.01)}{2.48 - 1} = 0.645$$

$$\frac{L_{\min}}{D} = \frac{L_{\min}}{F}\frac{F}{D} = 0.645\left(\frac{1}{0.437}\right) = 1.48$$

為了使用 Underwood 方法，將 80°C 下的 K 值轉換為相對揮發度，而 (22.29) 式介於 1 與 2.48 之間的根則用試誤法求得。由於 $q = 1.0$，這些項必須總和為零。

	α_i	x_{Fi}	f_i, $\varphi = 1.5$	f_i, $\varphi = 1.48$
n-C_5	6.46	0.04	0.052	0.052
n-C_6	2.48	0.40	1.012	0.992
n-C_7	1.0	0.50	−1.00	−1.042
n-C_8	0.41	0.06	−0.023	−0.023
			0.041	−0.021

進一步使用試誤法或內插法，求得 $\phi = 1.487$。由 (22.30) 式，

$$R_{Dm} + 1 = \sum \frac{\alpha_i x_{Di}}{\alpha_i - 1.487}$$

$$= \frac{6.46(0.092)}{6.64 - 1.487} + \frac{2.48(0.897)}{2.48 - 1.487} + \frac{1(0.011)}{1 - 1.487}$$

$$= 0.120 + 2.24 - 0.023 = 2.337$$

$$R_{Dm} = 1.34$$

注意，這比使用 (22.15) 式求得的近似值小 10%。

(b) 為了得到上不變區的條件，使用 (22.24) 式以及下列的流率比值：

$$\frac{V}{D} = R_D + 1 = 2.34 \qquad \frac{D}{V} = 0.427$$

$$\frac{V}{F} = \frac{V}{D}\frac{D}{F} = 2.34 \times 0.437 = 1.02 \qquad \frac{L}{V} = \frac{R_D}{R_D + 1} = \frac{1.34}{2.34} = 0.573$$

$$y_i = \frac{D}{V}\left(\frac{x_{Di}}{1 - L/VK_i}\right)$$

		x_{Di}	K_{80°	y_i	K_{81°	y_i	$K_{81.2^\circ}$	y_i	在 81.1°C 的 y_i
	n-C_5	0.092	3.62	0.047	3.72	0.046	3.74	0.046	0.046
LK	n-C_6	0.897	1.39	0.652	1.43	0.639	1.44	0.636	0.637
HK	n-C_7	0.011	0.56	−0.202	0.58	0.389	0.584	0.249	0.317
						1.074		0.931	1.00

假設 $T = 80°C$，對於庚烷，計算得到的 y 為負值，因此溫度必須略高 (使得 $K_i > L/V$)。庚烷的項對於假定的溫度非常敏感，且 K 值必須是四位有效數字以使總和等於 1.00。由以上數值可得

$$T\,上區 \approx 81.1°C$$

對庚烷值作大部分的調整，使此區的蒸汽組成 (最終塔中的 y_i) 修正為正確的總和。

使用 (22.28) 式以及以下的流率比值獲得下不變區中的蒸汽組成和溫度。對於 $q = 1.0$，

$$V = \bar{V} \qquad \bar{L} = L + F$$

$$\frac{B}{\bar{V}} = \frac{B}{F}\frac{F}{\bar{V}} = \frac{0.563}{1.02} = 0.552 \qquad \frac{\bar{L}}{\bar{V}} = \frac{L}{V} + \frac{F}{V} = 0.573 + \frac{1}{1.02} = 1.55$$

$$y_i = \frac{B}{\bar{V}}\left(\frac{x_{Bi}}{\bar{L}/\bar{V}K_i - 1}\right)$$

		x_{Bi}	K_{83°	y_i	$K_{83.2^\circ}$	y_i	在 83.3°C 的 y_i
LK	n-C_6	0.014	1.52	0.392	1.53	0.591	0.662
HK	n-C_7	0.879	0.618	0.322	0.622	0.325	0.326
	n-C_8	0.107	0.258	0.012	0.26	0.012	0.012
				0.726		0.928	1.000

在這裡，己烷這個項隨溫度的變化最快，因此相應地將 y_i 調整至最終值：

$$T\text{ 下區} \approx 83.3°\text{C}$$

在不變區中的液體組成可由 $x_i = y_i/K_i$ 計算而得。

		下區	上區
T, °C		83.3	81.1
LK	x	0.433	0.442
	y	0.662	0.637
HK	x	0.524	0.543
	y	0.326	0.317
	$\alpha_{\text{LK-HK}}$	2.46	2.47
	$y_{\text{LK}}/y_{\text{HK}}$	2.03	2.01

在下不變區與上不變區之間，蒸汽相中兩個鍵的莫耳分率降低，且輕鍵對重鍵的比值降低。塔內此區域將輕非鍵 (light nonkey) 成分由流下的液體除去，並將重非鍵 (heavy nonkey) 成分由往上流且形成蒸餾液的物質移除。此種鍵成分所顯示的少量**逆分餾** (reverse fractionation) 是一種有趣的現象，這種現象常常發生在接近最小回流比的實際塔中。

計算所需的回流比和濃度分布

在選擇的回流比下進行特定分離，所需的板數可藉稱為 **Lewis-Matheson 方法** (Lewis-Matheson method) 的逐板計算來決定。[4] 開始計算時，必須指定產物中所有成分的量。根據蒸餾液的組成 (若採用完全冷凝器，則與來自頂部的蒸汽相同)，頂板上的溫度和液體組成可以使用 (22.8) 式的露點計算來確定：

$$\sum x_i = 1.0 = \sum \frac{y_i}{K_i}$$

對一所予溫度和壓力下，將 K 因數儲存為一個數值表，或由經驗方程式計算。若為非理想混合物，則還需要活性係數的方程式。

由頂板上的液體組成和蒸餾液組成，使用質量均衡式來獲得第 2 板的蒸汽組成：

$$y_{2i}V_2 = L_1x_{11} + Dx_{Di} \tag{22.31}$$

可以假設相等的莫耳溢流，但是如果用計算機進行計算，則可能要作焓均衡，並允許逐段的壓力變化。以此方式繼續計算，交替使用平衡和質量均衡關係，直到組成接近進料的組成為止。對於塔的下段進行類似的計算，從一估計的再沸器或塔底組成開始。下一步是將兩組計算所得的進料段組成進行匹配。基於個別成分的差異，調整產物組成，並重複計算，直到所有誤差都低於規定值。在一些程序中，預先固定各板和進料板的數量，並且對於不同的回流比重複計算，直到在指定的進料板上獲得所需的匹配。

若非鍵成分全部為重成分或全部為輕成分時，則很容易在進料板處收斂到指定的條件。[10a] 在其它情況下，即使假設恆定的莫耳溢流或恆定的相對揮發度，也可能非常困難。對於一般情況，有必要使用形成商業計算機軟體基礎的相當複雜的矩陣方法。參考文獻 10*b* 中討論了這些方法。

對於在 300 psia 下操作的脫丙烷塔 (depropanizer)，計算出的濃度曲線如圖 22.3 所示。[9] 該塔共 40 個階段，再沸器和冷凝器一併計算，進料在第 20 階段以液態進入。回流比為 2.62，即 1.25 R_{Dm}。濃度分布是系統的特徵，此系統具有比鍵更輕和更重的成分，檢查 yx 圖上的各個成分的操作線與平衡關係，可對輕鍵和重鍵所顯示的極大值，以及其它分布曲線的形狀有更好地理解。

在塔的上段，L/V 幾乎恆定，且乙烷的操作線為

$$y_{n+1} = 0.724x_n + 0.061$$

平衡關係 $y = Kx$ 如圖 22.4a 所示，為直線族，斜率隨著 n 的增加而增加，每條直線僅適用於適當的板數。從 $x_D = 0.222$ 開始，只需要幾個板即可將 x 減少到約 0.05，這會導致夾點 (pinch)。隨著溫度升高和 K 值增加，夾點移位到較低的 x 值，但是從板到板的變化非常小，如圖 22.3 所示。在進料板上，計算切換到下操作線，這使得 x 的值快速下降，並且在塔底處該值小於 10^{-6}。

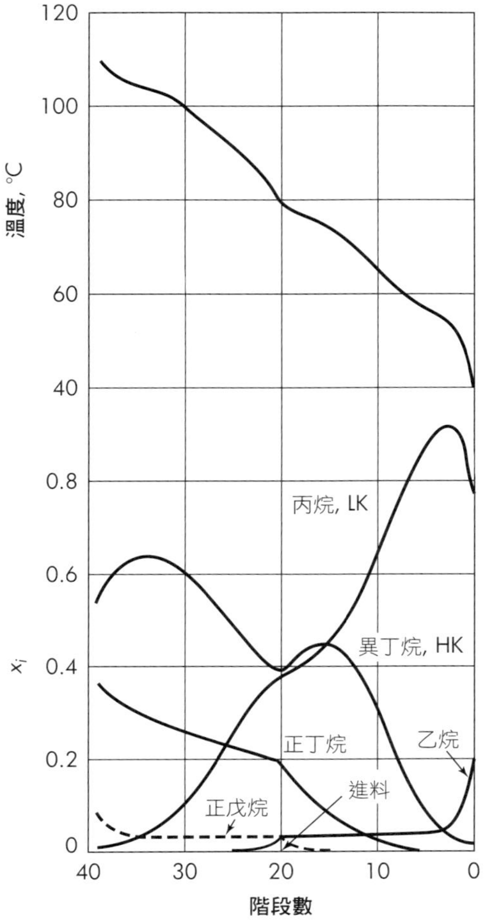

▲ 圖 22.3　脫丙烷塔的溫度與濃度分布

丙烷的 yx 圖的一部分如圖 22.4b 所示。平衡線顯示為連接單個板的點的線，每個在不同的溫度。由進料板直到第 6 板，溫度夠高，使得 K 超過 1.0，且丙烷在蒸汽比在液體為濃。在這個地區，從板到板的增濃幾乎是恆定的。對於第 5 板及以上，K 小於 1.0，且每段的 x 和 y 的增加量變小。在第 3 板處，平衡曲線與操作線相交，這在二元混合物中意味著沒有進一步的濃度變化。然而，在這種多成分系統中，溫度的進一步降低使平衡曲線低於操作線，並且可以在兩條線之間進行更多的階段，這使得 x 回到更低值，並產生 77% 丙烷的產物。因此，塔的頂板可用於濃化乙烷中的蒸餾液，主要是藉此減少丙烷的量。由於所有的乙烷都留在蒸餾產物中，所以只消除這些少量的板，不可能得到 90% 的丙烷，而峰值丙烷濃度只會使幾個板更接近進料。可以從頂部的幾個板取出支流產物，這些產物的丙烷量會較濃，但是為了獲取純產物，最好將粗丙烷送到脫乙烷塔 (deethanizer column)。

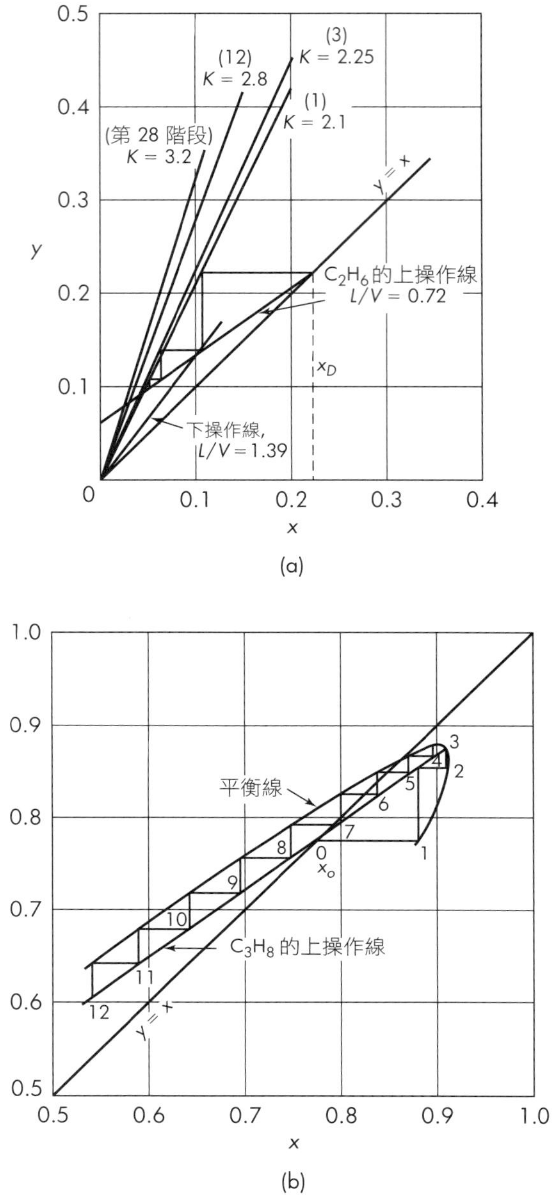

▲ 圖 22.4　在脫丙烷塔個別成分的操作線：(a) C_2H_6；(b) C_3H_8

從塔頂到第 15 板的重鍵異丁烷的濃度分布似乎正常。在此區域中，K 小於 0.7，並且操作線位於平衡線之上方，所以 x 沿著塔向上減小。從進料板到第 15 板，溫度足夠高以使 $K > 0.7$，並且平衡線移至操作線的上方。因此，異丁烷的濃度由進料板往上增加。該區域板溫度的變化，強烈地受到重非鍵 (heavy nonkey) 成分正丁烷和正戊烷的降低的影響。沒有這些或類似的成分，重鍵不會顯示任何極大濃度。由於重非鍵成分的量較多，重鍵不僅顯示一極大值，還可能比輕鍵增加得快，且對於少數階段呈現反向分餾。

在再沸器上方的前幾個板，顯示了正戊烷和正丁烷的濃度的急劇變化，類似於在塔頂附近的乙烷所示的濃度。這導致在第 34 板上的異丁烷有極大濃度。由於夾點的緣故，正戊烷的濃度從第 35 板至進料板幾乎都是恆定，並且隨著溫度逐漸降低而緩慢變化。正丁烷並沒有顯示出這樣的平台，因為它的揮發度約為重鍵異丁烷的 0.8 倍。

基於速率的多成分蒸餾模型

多成分蒸餾塔的設計通常是以理想階段的數量除以估計的總效率 η_o，或在計算的每個階段使用恆定的 Murphree 效率 η_M。然而，η_M 的值對於每個成分可能差異很大，並且其值隨溫度和組成而變化。另一種方法是使用基於速率的模型 (rate-based model)，其使用熱力學數據和用於多成分擴散的嚴格的 Maxwell-Stephan 方程式來獲得每個成分的局部質傳速率。這些速率與質傳和塔盤水力學 (tray hydraulics) 的經驗關聯式聯合使用，以找出每個板上的濃度變化。[3] 不需要確定塔盤效率，但可以計算每個成分的 η_M 值，以說明基於速率的模型與平衡階段模型之間的差異。這些差異可能很大。

在氣相中，任何一個成分的通量取決於其它成分的通量以及莫耳分率驅動力。由於分子攜帶的濃度梯度，次要成分在某一點可能具有負的局部效率，或由於其它成分的通量，效率可能非常高，大於 100%。對於塔板附近的主要成分，也可能發現不尋常的 η_M 值，其中濃度具有局部極大值或極小值，如圖 22.3 所示的脫丙烷塔 (depropanizer) 例子中的輕鍵和重鍵。

當混合物的成分在分子大小或極性上有顯著不同時，氣相擴散的交互作用可能對塔性能有很大的影響。對於甲醇 - 異丙醇 - 水的系統使用基於速率的計算，顯示塔的總效率比二元配對的平均值低 39%。[7] 對水 - 乙醇 - 丙酮的分離的類似分析顯示，與使用平均效率為 60% 的平衡模型相比，需要 50% 以上的階段來滿足產物規格。[6]

為了分離幾乎理想的液體混合物，如在脫丁烷塔 (debutanizer) 中，基於速率的模型在幾個階段顯示出效率的突然變化，但是鍵成分的組成分布與使用更簡單的平衡階段模型計算的組成分布沒有太大差異。[6] 但是，如果需要次要成分的精確分布，則建議使用基於速率的模型。在脫丁烷塔的例子中，丙烷 (45 至 60%) 的效率通常相對較低，但較重成分的分子量卻增加，這與二元擴散係數的變化相反。這個趨勢顯示出液相阻力的重要性，由於高的 K 值，使得對於低分子量成分而言此阻力會變得更大。[平衡常數 K 等於 (17.61) 式中的 m。] 氣膜對於鍵成分具有控制阻力，此與大多數二元系統相同，而液膜可能是最輕成分的控制阻力。

在操作回流下的理想板數

雖然在多成分蒸餾中，板數的精確計算最好用計算機來完成，而 Gilliland [1] 的簡單經驗法多用於初步的估計。其關聯式僅需在全回流下的最小板數和最小回流比的數據。關聯式如圖 22.5 所示，它是不言自明的。

然而，Gilliland 關聯式主要是基於具有幾乎恆定的相對揮發度的系統的計算，並且對於非理想的系統可能產生相當大的誤差。圖 22.6 中的另一個替代關聯式顯示在寬範圍的相對揮發度，N/N_{min} (對於理想的二元系統) 的比主要取決於 R_D/R_{Dm}。另一方面，對於甲醇 - 水的系統，其中 α 從稀溶液的 7.5 變化到幾乎純甲醇的 2.7，其 N/N_{min} 的值遠大於理想系統的值並且變化更快。

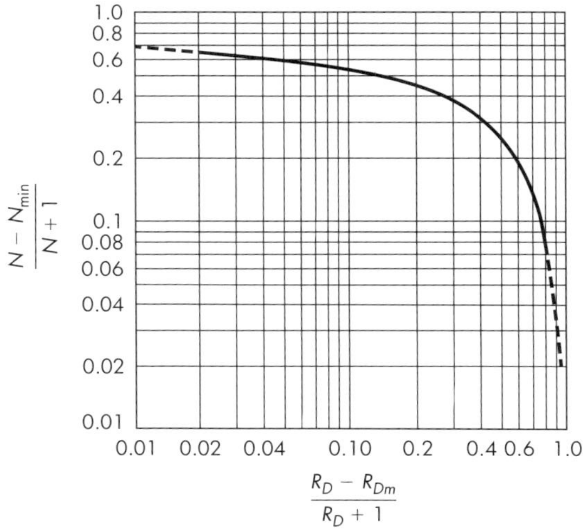

▲ 圖 22.5 Gilliland 關聯式

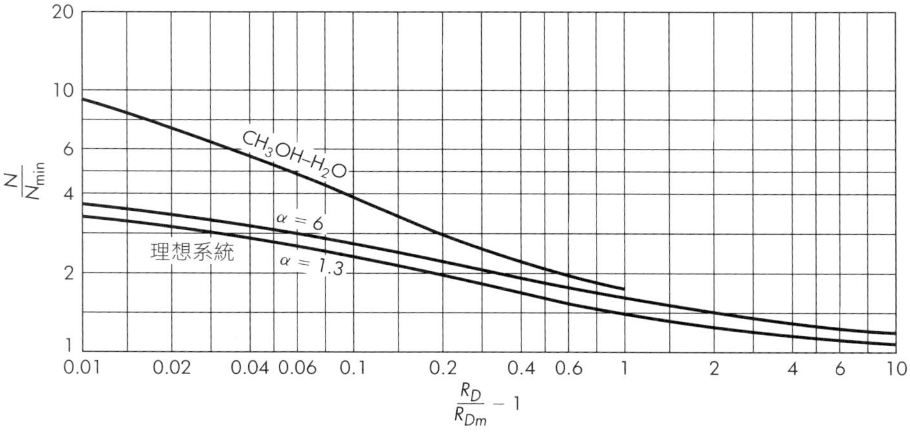

▲ 圖 22.6 N/N_{min} 的替代關聯式

圖 22.7 的 McCabe-Thiele 圖顯示為什麼會這樣。平衡線的上半部實際上是線性的並且平行於操作線，因此在塔的精餾段中需要許多蒸餾板。在多成分蒸餾中可能會出現類似的情況，其中活性係數隨濃度的變化可導致塔的相當大的部分中僅具有小的驅動力。

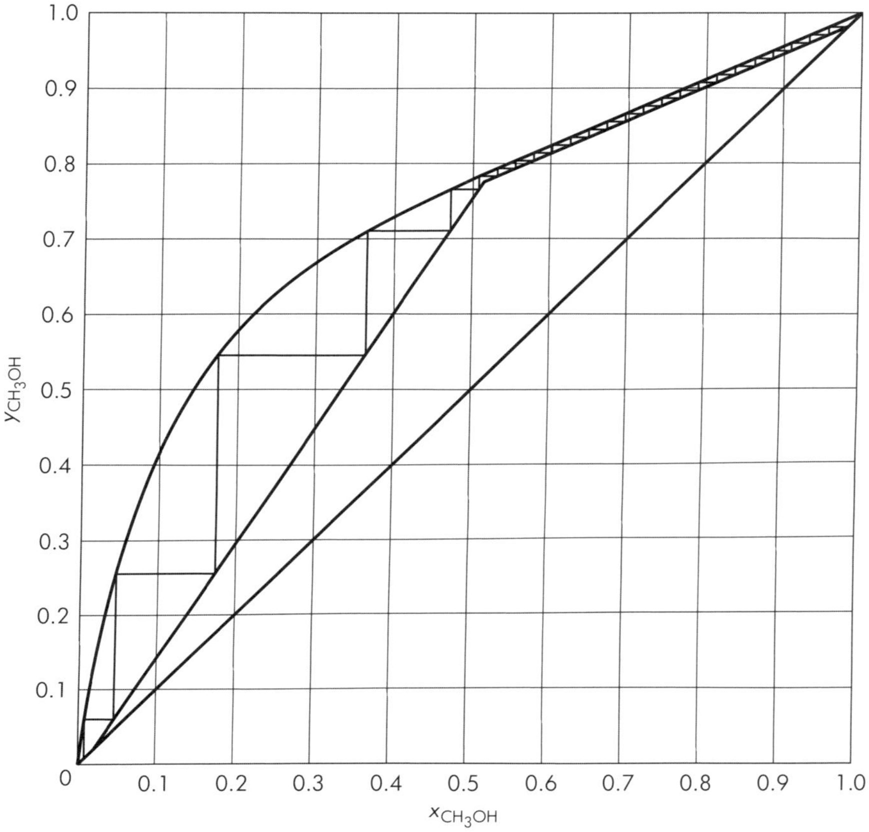

▲ 圖 22.7　甲醇 - 水系統在 $R_D = 1.1R_{Dm}$ 情況下的 McCabe-Thiele 圖

例題 22.5

如果回流比為 $1.5R_{Dm}$，對於例題 22.3 中所指定的分離，試估計所需要的理想板數。

解

由例題 22.3 可知最小理想板數為 9.4 加上一個再沸器，即 10.4。R_{Dm} 的值可由 Underwood 方法求得。

		x_F	x_D	K	α
LK	正己烷	0.33	0.99	2.23	2.21
HK	正庚烷	0.37	0.01	1.01	1.0
	正辛烷	0.30	0	0.462	0.457

對於液體進料，$q = 1$，

$$\sum \frac{\alpha_i x_{Fi}}{\alpha_i - \phi} = 0$$

由試誤法，$\phi = 1.45$：

$$R_{Dm} + 1 = \sum \frac{\alpha_i x_{Di}}{\alpha_i - 1.45} = \frac{2.21(0.99)}{2.21 - 1.45} + \frac{1.0(0.01)}{1 - 1.45} = 2.86$$

$$R_{Dm} = 1.86$$

$$R_D = 1.5 \times 1.86 = 2.79$$

$$\frac{R_D - R_{Dm}}{R_D + 1} = \frac{2.79 - 1.86}{3.79} = 0.245$$

由圖 22.5，

$$\frac{N - N_{\min}}{N + 1} = 0.41$$

$$N - 10.4 = 0.41N + 0.41$$

$$N = \frac{10.81}{0.59} = 18.3 \text{ 段}$$

由圖 22.6，在 $R_D/R_{Dm} - 1 = 0.5, N/N_{\min} = 1.8$

$$N = 10.4(1.8) = 18.7 \text{ 段}$$

共沸與萃取蒸餾

即使混合物是理想的，利用簡單的蒸餾也難以分離具有幾乎相同沸點的成分，並且由於共沸物的形成，完全分離是不可能的。對於這樣的系統，分離可以通常利用添加第三成分來改變原始成分的相對揮發度來改進。添加的成分可能是較高沸點的液體或溶劑，其對兩種鍵成分皆可互溶，但化學性類似於其中的一個成分。較像溶劑的鍵成分在溶液中的活性係數低於其它成分，因此可增強分離。這種過程稱為**萃取蒸餾** (extractive distillation)，就像添加蒸汽相的液體 - 液體萃取一樣。

萃取蒸餾的一個例子是使用糠醛 (furfural) 以允許從含有丁烷和丁烯的混合物中分離出丁二烯。糠醛是高極性溶劑，其降低丁二烯活性的程度比降低丁烯或丁烷大，且丁二烯濃縮於由塔底出來的濃糠醛流 (furfural-rich stream) 中。丁二烯從酮醛中蒸餾出來，將其返回到萃取蒸餾塔的頂部。此塔將在含有丁烷和丁烯的回流下操作，但塔頂的總液體流率為回流率加上酮醛的流率。

原混合物的分離也可以藉加入與鍵成分中的一成分形成共沸物的溶劑來增強，這個過程稱為**共沸蒸餾** (azeotropic distillation)。共沸物從塔形成蒸餾液或塔底產物，隨後分離成溶劑和鍵成分。通常所加入的物料形成低沸點共沸物，並在塔頂餾出，這種物料稱為**夾帶劑** (entrainer)。共沸物當然包含進料中所有成分的一些，但是它們的鍵成分的比例與進料相比將會有很大的不同。

共沸蒸餾的一個例子是使用苯、庚烷或環己烷來分離乙醇和水，其中水和 95.6 wt % 的乙醇形成一最小沸點共沸物。若將約含有 95% 乙醇的乙醇 - 水混合物在脫水蒸餾塔的中間位置附近進料，則幾乎純的乙醇作為底部產物被去除。塔頂蒸汽是三元共沸物，其被冷凝並分離成兩相。其上層為有機層作為回流返回到脫水塔的頂部，並且將水層送至汽提塔，其中乙醇和烴夾帶劑在塔頂餾出並返回到第一塔。汽提塔底部是水性的股流，作為廢水排放或送到第三塔，以回收一些乙醇。

符號

B ：重或塔底產物的流率，mol/h

C_p ：莫耳熱容量，cal/g mol · °C；$\bar{C}_p$，平均值

D ：輕或塔頂產物的流率，mol/h

F ：進料流率，mol/h

f ：進料蒸發的分率；f_i，成分 i

H ：股流的焓，cal/g mol 或 Btu/lb mol

K ：平衡比，y_e/x_e；K_i, K_j，成分 i 和 j；K_{ref}，參考成分；K_∞，板數為無限多；$\bar{K}$，汽提段

L ：液體的流率，在一般或在精餾段，mol/h；$L_{\min}$，最小流率 [(22.15) 式]；L_n，在第 n 板；L_∞，板數為無限多；$\bar{L}$，在汽提段的液體流率

m ：汽提段中的板數

N ：理想板數；$N_{\min}$，在完全回流下的最小板數

N_c ：成分數

n ：精餾段中的板數

P ：總壓，atm 或 lb_f/ft^2；P'，蒸汽壓；P'_i, P'_j，成分 i 與 j

p ：分壓，atm 或 lb_f/ft^2；p_i，成分 i

q ：每莫耳進料送至汽提段的液體莫耳數

R_D ：回流比，L/D；R_{Dm}，最小值

T ：溫度，°C 或 °F；T_{abs}，絕對溫度，K 或 °R；T_0，預熱溫度 (例題 22.2b)

V ：蒸汽的流率，一般或在精餾段，mol/h；V_{min}，在最小回流比 [(22.30) 式]；V_{n+1}，由第 $n+1$ 板；V_∞，對於板數為無限多；$\bar{V}$，在汽提段

x ：在液相中成分的莫耳分率；x_B，在塔底；x_D，在塔頂；x_{DA}, x_{DB}，在塔頂中成分 A 與 B；x_F，進料；x_H，重鍵；x_L，輕鍵；x_e，與組成為 y_e 之蒸汽成平衡的液體；x_i，成分 i；x_{ie}，成分 i 的平衡值；x_j，成分 j；x_m, x_n，在第 m 與 n 板

y ：在蒸汽相中成分的莫耳分率；y_D，在塔頂；y_e，與組成 x_e 的液體成平衡之蒸汽；y_i, y_j，成分 i 與 j；y_{ie}，成分 i 的平衡值；y_m, y_n，由第 m 與 n 板出來的；y_{ni}，由第 n 板之成分 i；$y_{\infty i}$，板數為無限多

希臘字母

α ：相對揮發度，無因次；α_{AB}，二元系統中成分 A 相對於成分 B 的相對揮發度；$\alpha_B, \alpha_D, \alpha_F$，分別為塔底、塔頂及進料；$\alpha_{LK,HK}$，輕鍵相對於重鍵的相對揮發度；$\alpha_i$，成分 i，定義為 K_i/K_{ref}；α_{ij}，成分 i 相對於成分 j；$\bar{\alpha}_{ij}$，平均值，由 (22.14) 式定義

ΔH_v ：蒸發熱，cal/mol

ϕ ：(22.29) 式的根

習題

22.1. 常規蒸餾塔的進料和相對揮發度顯示於表 22.2 中，蒸餾液中成分 2 的回收率為 99%，成分 3 的 98% 殘留在塔底產物。計算最小板數。

▼ 表 22.2

成分	x_{Fi}	α_i
1	0.05	2.1
2	0.42	1.7
3	0.46	1.0
4	0.07	0.65

▼ 表 22.3

	成分	x_{Fi}	α_i
	1	0.06	2.6
LK	2	0.40	1.9
	3	0.05	1.5
HK	4	0.42	1.0
	5	0.07	0.6

▼ 表 22.4

	成分	沸點，°C	x_{Fi}	α_i	D 中的回收率%
	乙苯	136.2	0.054	1.23	
	對-二甲苯	138.5	0.221	1.15	
LK	間-二甲苯	139.1	0.488	1.13	99.0
HK	鄰-二甲苯	144.4	0.212	1.0	3.8
	正丙苯	159.3	0.025	0.70	

22.2. 對於習題 22.1 的條件，若進料為泡點的液體，估計最小回流比。若回流比為 1.3 倍的最小回流比，則需要多少個板？

22.3. 一蒸餾塔在 270 $lb_f/in.^2$ 下操作，其進料含有 10% 乙烷，45% 丙烷，30% 異丁烷和 15% 正丁烷。試計算進料的泡點，且若將進料加熱至高於泡點 20°C 的液體，求液體進入塔中的蒸發分率。

22.4. 將一個 5 成分的混合物蒸餾，以得到在蒸餾液與塔底產物中，輕鍵與重鍵的回收率為 99% (表 22.3)。計算無限回流情況下的產物組成。解釋當回流比降低時，這些濃度會如何變化。使用在最小回流下的組成作為導引。

22.5. 二甲苯加上其它芳香烴的混合物，在大氣壓下操作的大型分餾塔中分離。對於表 22.4 中所予的條件，計算最小板數和最小回流比。利用 Gilliland 關聯式來估計回流比，其中容許分離發生在 100 個理想階段。相對揮發度是在 18 $lb_f/in.^2$ 和 150°C 下計算，此為進料塔盤附近的估計條件。

22.6. 30% 苯、25% 甲苯和 45% 乙苯的混合物在大氣壓下蒸餾分離，所得蒸餾液含 98% 苯及 1% 甲苯。(a) 計算最小理想板數和產物的近似組成。(b) 估計蒸餾液中乙苯的濃度。(c) 如果在 0.2 atm 下進行蒸餾，則在 N_{min} 或熱負載中會發生什麼變化？

22.7. 在總壓為 1.5 atm 的情況下，求 25 mole % 正戊烷、40 mol % 正己烷和 35 mol % 正庚烷的混合物的露點和泡點溫度以及相應的液體和蒸汽組成。

22.8. 證明為何在所予值 R_D/R_{Dm} 下，甲醇 - 水蒸餾的 N/N_{min} 值與進料組成有關。

22.9. 操作在 250 $lb_f/in.^2$ 的脫丙烷塔，其進料含有 6% 乙烷、41% 丙烷、28% 異丁烷、23% 正丁烷和 2% 正戊烷 (全部以 mol % 計)。(a) 若 98% 的丙烷在蒸餾液中回收，98% 的異丁烷在塔底產物中回收，則蒸餾液和底部產物的組成為何？(b) 使用飽和液體進料的方程式來估計最小回流比。

參考文獻

1. Gilliland, E. R. *Ind. Eng. Chem.* **32:**110 (1940).
2. King, C. J. *Separation Processes*, 2nd ed. New York: McGraw-Hill, 1980, p. 416.
3. Krishnamurthy, R., and R. Taylor. *AIChE J.* **31:**445, 456 (1985).
4. Lewis, W. L., and G. L. Matheson. *Ind. Eng. Chem.* **24:**494 (1932).
5. Shiras, R. N., D. N. Hanson, and C. H. Gibson. *Ind. Eng. Chem.* **42:**871 (1950).
6. Taylor, R., R. Krishna, and H. Kooijman. *Chem. Eng. Progr.* **99**(7):28 (2003).
7. Toor, H. L. and J. K. Burchard. *AIChE J.* **6:**202 (1960).
8. Underwood, A. J. V. *Chem. Eng. Prog.* **44:**603 (1948).
9. Vorhis, F. H. Chevron Research Co., private communication, 1983.
10. Wankat, P. C. *Equilibrium Staged Separations*. New York: Elsevier, 1988; (a) p. 243, (b) pp. 251–63.

CHAPTER 23

瀝濾與萃取

本章討論利用液體溶劑從固體或液體中除去一種成分的方法。這些技術分為兩類。第一類稱為**瀝濾** (leaching) 或**固體萃取** (solid extraction)，用於從可溶性物質與不溶性固體的混合物中，將可溶性物質溶解。第二類稱為**液體萃取** (liquid extraction)，是利用與不互溶的溶劑的接觸，從多成分溶液中回收有價值的產物，而此溶劑對產物具有高親和力。液體萃取也可用於分離利用蒸餾而難以分離的接近沸騰 (close-boiling) 的液體。

瀝濾

瀝濾與第 29 章所述的過濾固體的洗滌相差很小，且瀝濾設備與各種過濾器的洗滌部分非常相似。在瀝濾時，去除的可溶性物質的量通常大於普通過濾洗滌的量，並且在瀝濾操作期間，固體的性質可能發生顯著變化。粗的、硬的或顆粒狀的進料固體，當其可溶性物質的含量被除去時，可能會分解成紙漿 (pulp) 或糊狀物 (mush)。

瀝濾裝置

當固體在整個瀝濾操作過程中形成一個開放的、可滲透的物質時，溶劑可以通過未攪動的固體床進行滲透 (percolated)。對於不可滲透的固體或在瀝濾過程中可分解的物質，固體可分散在溶劑中並隨後與其分離。這兩種方法可採用批式或連續的方式進行。

滲透通過靜止固體床的瀝濾

靜止式固體床瀝濾是在帶有穿孔假底 (perforated false bottom) 以支撐固體並允許溶劑排出的槽中進行。將固體裝入槽中，用溶劑噴灑，直到其溶質含量降低至最小經濟值，然後進行挖掘。在某些情況下，溶液的速度非常快，使得溶劑通過物料一次就足夠了，但溶劑通過槽組 (battery of tanks) 的逆向流流動更為常見。在這些方法中，將新鮮溶劑輸入含有大部分幾乎已被萃取的固體的槽中；它流過幾個串聯在一起的槽，最後從新鮮進料的槽中取出。這樣的一系列槽叫做**萃取槽組** (extraction battery)。任何一個槽中的固體都是靜止的，直到完全被萃取出來。管路安排成可以將新鮮溶劑引入任何槽中，並可從任何槽中取出濃溶液，使得一次可以對一個槽進行進料和出料。槽組中的其它槽均保持逆向流操作，在物料輸入和取出時，一次一個地將輸入槽和排出槽向前推，這種過程有時稱為 **Shanks 過程** (Shanks process)。

在一些固體床瀝濾中，溶劑是揮發性的，需要使用在壓力下操作的密閉容器。壓力也需要強制溶劑通過一些較不易滲透的固體床。一系列這樣的逆流溶劑流動的壓力槽稱為**擴散槽組** (diffusion battery)。

移動床瀝濾 [5]

在圖 23.1 所示的機器中，固體在很少或不攪拌下通過溶劑移動。Bollman 萃取器 (圖 23.1a) 在封閉的殼體中含有桶式升降機 (bucket elevator)，每個桶的底部都有穿孔。在機器的右上角，如圖所示，桶裝有如大豆般的片狀固體，當它們向下游走時，以適量的**半混雜液** (half miscella) 噴灑。半混雜液是含有一些萃取油和一些小固體顆粒的中間溶劑。當固體和溶劑沿機器的右側同向往下流動時，溶劑從豆中萃取更多的油。同時，將細小的固體從溶劑中過濾出來，從而可以從殼體底部的右側集水池中泵出乾淨的**全混雜液** (full miscella)。當部分萃取的豆通過機器的左側上升時，一股純溶劑以逆流滲透的方式通過它們。將其收集在左側集水池，並泵送到半混雜液的儲槽中。將完全萃取的豆，從升降機頂部的桶傾倒入儲料槽 (hopper) 中，以槳式輸送機將其取出。典型單元的容量每 24 小時可處理 50 至 500 噸的豆。

在 Rotocel 萃取器中，如圖 23.1b 所示，水平籃子被分成具有可滲透液體的地板的圍牆隔間。籃子圍繞垂直軸緩慢旋轉。固體在進料點進入每個隔室；然後隔室依次通過許多溶劑噴霧，一個排放段和一個排放點。在該排放點，隔室的底部可以打開以排放萃取的固體。空的隔室移動至進料點以接收下一個待萃取的固體。為了進行逆流萃取，新鮮溶劑僅在排放點之前的最後一個隔室輸入，並且每個先前隔室中的固體是使用來自後續隔室的流出物洗滌。

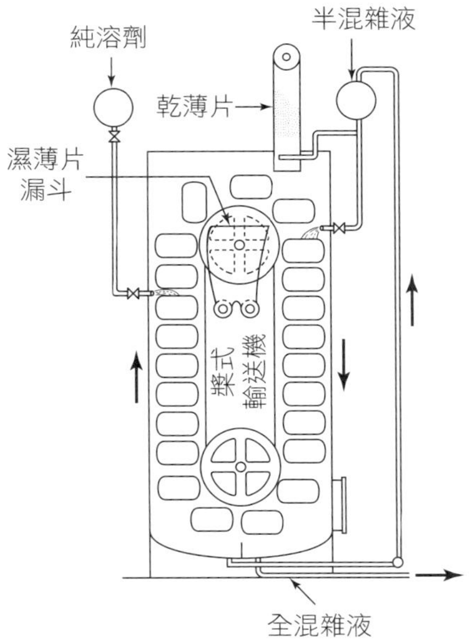

(a)

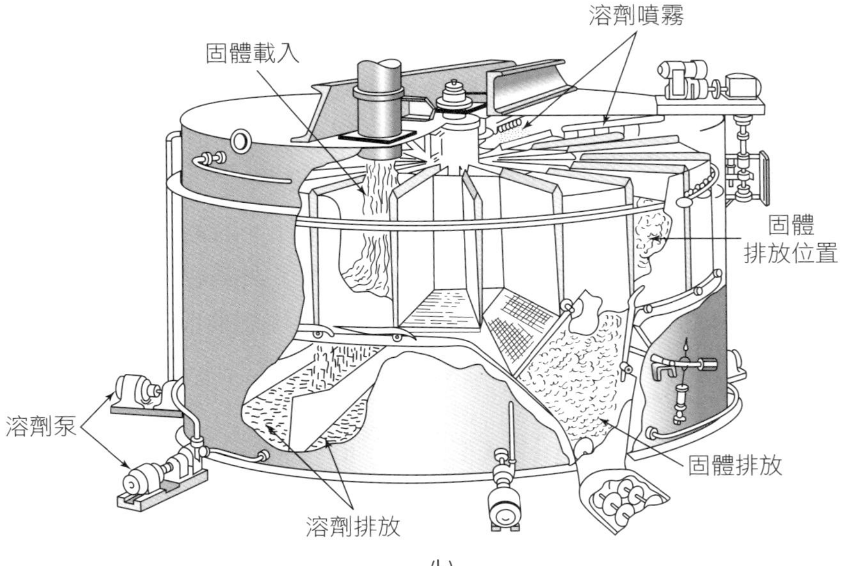

(b)

▲圖 23.1　移動床瀝濾裝置：(a) Bollman 萃取器；(b) Rotocel 萃取器 [12b] (by permission of McGraw-Hill, Inc.)

分散固體的瀝濾

在瀝濾之前或瀝濾期間會形成不可滲透的床的固體，利用在槽或流動混合器中的機械攪拌，將它們分散在溶劑中來處理。然後以沈降或過濾將瀝濾的殘渣與濃溶液分離。

少量者可以在一具有供沈降殘渣用的底部排洩口的攪拌容器中分批瀝濾。連續逆向流瀝濾是以幾個重力式增稠器串聯而成，如圖 23.2 所示。或當增稠器中的接觸不良時，可將攪拌槽放置在每一對增稠器之間的設備列 (equipment train)。當固體太細，而不能以重力沈降時，還有進一步的改進，是在連續的固體碗式螺旋輸送帶離心機中，將殘渣與混雜液 (miscella) 分離。已經開發了許多其它瀝濾裝置用於特殊目的，例如各種油籽的溶劑萃取，其具體設計細節由溶劑和待瀝濾的固體之性質決定。[5] 溶解的物質，或溶質，通常以結晶或蒸發回收。

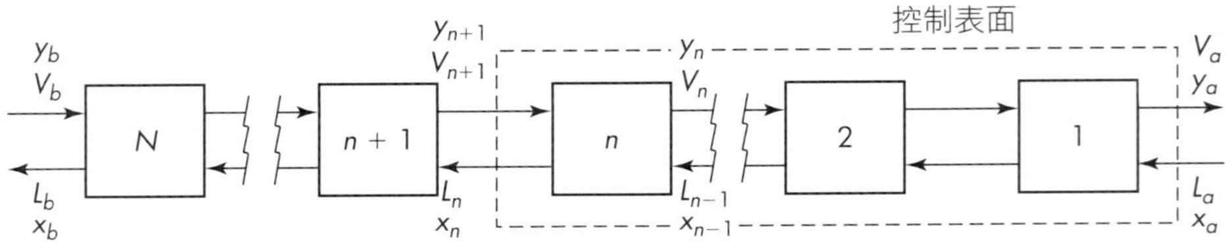

▲ 圖 23.2 逆向流瀝濾串級

連續逆向流瀝濾的原理

最重要的瀝濾方法是使用階段的連續逆流法。即使在萃取槽組中，固體不會從一段移動到另一段，任何一槽中的進料都可用不斷降低濃度的一系列液體來處理，就好像在逆流系統中，從一段移到另一段。

由於其重要性，在此僅討論連續逆流法。此外。因為通常採用階段法，因此不考慮差動接觸法 (differential-contact method)。與其它階段串級操作 (stage cascade operation) 相同，可以考慮瀝濾，首先是從理想階段的觀點出發，其次是從階段效率的觀點。

逆向流瀝濾中的理想階段

圖 23.2 顯示連續逆向流串級的質量均衡圖，各階段按固體流動的方向編號。V 相與固體流動方向相反，是逐段溢流的液體，當它從第 N 段移動到第 1 段時將溶質溶解。L 相是當固體從第 1 段移至第 N 段時攜帶的液體。瀝濾過的固體離開第 N 段，而濃溶液由第 1 段溢出。

假設無溶質的固體不溶於溶劑，並且該固體的流率在整個串級中是恆定的。固體是多孔的和惰性的 (無吸附)，並攜帶定量或不定量的溶液。令 L 表示保留液體的流率，V 表示溢流溶液的流率，流率 V 和 L 可以用每單位時間的質量表示，或可以基於無溶質的乾固體的恆定流率。此外，依照標準命名，終端濃度定義如下：

進入固體的溶液濃度：x_a
離開固體的溶液濃度：x_b
進入系統的新鮮溶劑濃度：y_b
離開系統的濃溶劑濃度：y_a

如在吸收和蒸餾中，逆向流系統的定量性能可利用平衡線與操作線來分析，並且如前所述，所使用的方法取決於這些線是直線還是曲線。

平衡

在瀝濾時，若能提供足夠的溶劑以溶解進入固體中的所有溶質，且固體不吸附溶質，當溶質完全溶解，且所形成的溶液的濃度均勻時，即達到平衡。這樣的條件可以簡單獲得或難以獲得，取決於固體的結構。當討論段效率時，需要考慮這些因素。目前假定若滿足平衡的要求，則離開任何階段的固體所保留的液體的濃度，與來自同一階段的液體溢出的濃度相同。該平衡關係只是 $x_e = y$。

操作線

對於前 n 個單元組成的串級部分，如圖 23.2 中虛線所示的控制表面，寫出質量均衡式，可得操作線方程式，這些均衡式為：

總溶液：
$$V_{n+1} + L_a = V_a + L_n \tag{23.1}$$

溶質：
$$V_{n+1} y_{n+1} + L_a x_a = L_n x_n + V_a y_a \tag{23.2}$$

解出 y_{n+1} 可得操作線方程式，這與先前對於平衡段串級的一般情況所導出的式子 [(20.7) 式] 相同：

$$y_{n+1} = \left(\frac{L_n}{V_{n+1}}\right) x_n + \frac{V_a y_a - L_a x_a}{V_{n+1}} \tag{23.3}$$

像往常一樣，如果流率恆定，斜率為 L/V，操作線通過點 (x_a, y_a) 和 (x_b, y_b)。

恆定和可變的底流

需要考慮兩種情況。如果溶液的密度和黏度隨溶質濃度有很大的變化時，則來自較低編號階段的固體可能保留比來自較高編號階段的固體更多的液體。

然後，由 (23.3) 式所示，操作線的斜率因單元而異。然而，如果固體保留的溶液質量與濃度無關，則 L_n 是恆定的，並且操作線為直線。這個條件稱為**恆定溶液底流** (constant solution underflow)。若底流是恆定的，則溢流也是如此。恆定底流和可變底流將單獨考慮。

恆定底流的理想段數

當操作線是直線時，可以使用 McCabe-Thiele 作圖法確定理想階段的數目；但是由於瀝濾時平衡線是直線，所以 (20.24) 式可以直接用於恆定底流。因為 $y_a^* = x_a$ 且 $y_b^* = x_b$，所以在這裡使用這個方程式特別簡單。

若含有未萃取的固體的溶液 L_a 與系統內的底流 L 不同，則 (20.24) 式不能用於整個串級。已經導出了這種情況的方程式 [1,7]，藉由質量均衡很容易地分別計算第一階段的性能，然後應用 (20.24) 式於剩餘階段。

可變底流的理想階段數

當底流和溢流逐段改變時，可以使用修正後的 McCabe-Thiele 作圖法來進行計算。操作線的端點用質量均衡確定。假設底流 L 的量為底流組成的函數，則選擇 x_n 的中間值來固定 L_n，並且從 (23.1) 式計算 V_{n+1}。然後從 (23.2) 式計算溢流的組成 y_{n+1}，並將點 (x_n, y_{n+1}) 與端點組成一起繪製，以得到彎曲的操作線。除非 L 和 V 有很大變化，或操作線非常接近平衡線，只需要計算一個中間點。

例題 23.1

使用一連續逆流萃取器，藉由苯從餅粉 (meal) 中萃取油，此單元每小時處理 1,000 kg 的餅粉 (基於完全萃取的固體)。未經處理的餅粉含有 400 公斤油，並被 25 kg 苯污染。新鮮溶劑混合物含有 10 kg 油和 655 kg 苯。萃取過的固體含有 60 kg 未萃取的油。在與規劃的一組相同的條件下進行實驗，顯示保留的溶液與溶液的濃度有關，如表 23.1 所示。求 (a) 濃溶液或萃取物濃度；(b) 附著於萃取固體的溶液濃度；(c) 與萃取的餅粉離開的溶液的質量；(d) 萃取的質量；(e) 所需的段數。所有數量均以小時計算。

▼ 表 23.1 例題 23.1 的數據

濃度，kg 油/kg 溶液	保留的溶液，kg/kg 固體	濃度，kg 油/kg 溶液	保留的溶液，kg/kg 固體
0.0	0.500	0.4	0.550
0.1	0.505	0.5	0.571
0.2	0.515	0.6	0.595
0.3	0.530	0.7	0.620

解

令 x 和 y 是底流和溢流溶液中，油的質量分率。

在溶劑入口處，

$$V_b = 10 + 655 = 665 \text{ kg 溶液/h}$$

$$y_b = \frac{10}{665} = 0.015$$

利用試誤法確定廢固體溶液中，溶液的量和組成。

若 $x_b = 0.1$，則從表 23.1 中得知，保留的溶液為 0.505 kg/kg。因此

$$L_b = 0.505(1{,}000) = 505 \text{ kg/h}$$

$$x_b = \frac{60}{505} = 0.119$$

從表 23.1 可以看出，保留的溶液為 0.507 kg/kg：

$$L_b = 0.507(1{,}000) = 507$$

$$x_b = \frac{60}{507} = 0.118 \text{ (足夠接近)}$$

在 L_b，底流的苯為 $507 - 60 = 447$ kg/h。

在固體入口處，

$$L_a = 400 + 25 = 425 \text{ kg 溶液/h}$$

$$x_a = \frac{400}{425} = 0.941$$

萃取物中的油 = 輸入的油 − 60 = 10 + 400 − 60 = 350 kg/h。

萃取物中的苯 = 655 +25 − 447 = 233 kg/h。

$$V_a = 350 + 233 = 583 \text{ kg/h}$$

$$y_a = \frac{350}{583} = 0.600$$

(a) 至 (d) 部分的答案是：

(a) $y_a = 0.60$

(b) $x_b = 0.118$

(c) $L_b = 507$ kg/h

(d) $V_a = 583$ kg/h

(e) 確定第一階段的入口和出口濃度，並確定其餘階段位於操作線的位置。由於 $x_1 = y_a = 0.60$，保留的溶液為 0.595 kg/kg 固體。

$$L_1 = 0.505(1{,}000) = 595$$

整體質量均衡：

$$V_2 = L_1 + V_a - V_2 = 595 + 583 - 425 = 753 \text{ kg/h}$$

油均衡：

$$L_a x_a + V_2 y_2 = L_1 x_1 + V_a y_a$$

$$V_2 y_2 = 595(0.60) + 583(0.60) - 425(0.941) = 307$$

$$y_2 = \frac{307}{753} = 0.408$$

點 $x_1 = 0.60$，$y_2 = 0.408$ 位於其餘階段的操作線的一端。要確定操作線上的中間點，選擇 $x_n = 0.30$。

$$L_n = \text{保留的溶液} = 0.53(1{,}000) = 530 \text{ kg/h}$$

由整體均衡，

$$V_{n+1} = 530 + 583 - 425 = 688 \text{ kg/h}$$

從油的均衡得到

$$V_{n+1} y_{+1} = L_n x_n + V_a y_a - L_a x_a$$

$$= 530(0.30) + 583(0.60) - 400 = 108.8$$

$$y_{n+1} = \frac{108.8}{688} = 0.158$$

點 x_n, y_{n+1}, x_a, y_a 和 x_b, y_b 定義了略微彎曲的操作線，如圖 23.3 所示。需要四個理想階段。

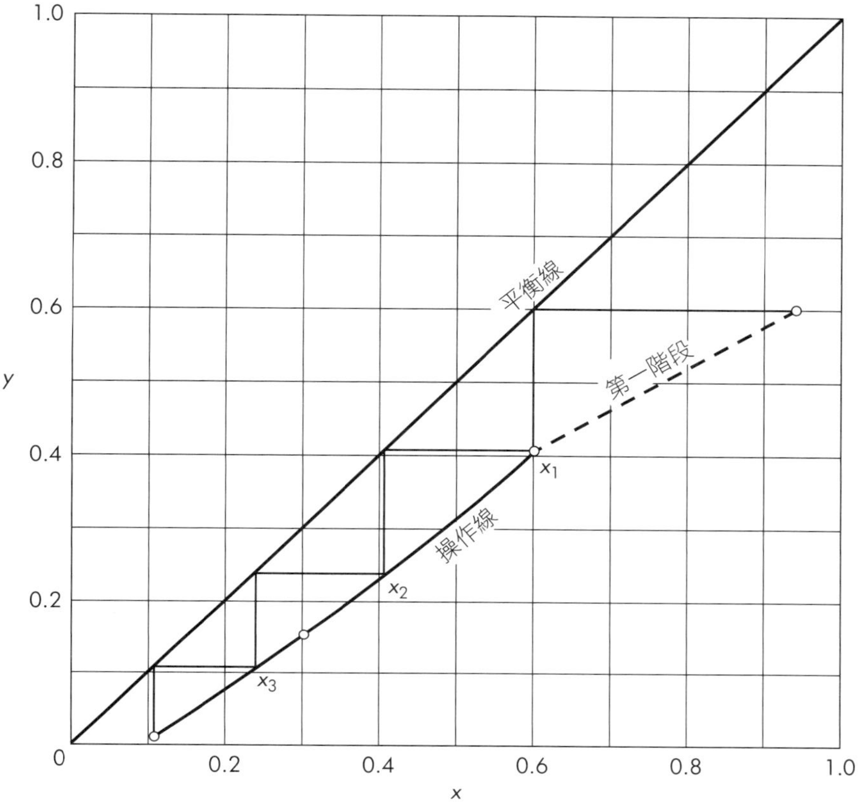

▲ 圖 23.3　瀝濾的 McCabe-Thiele 圖 (例題 23.1)

飽和濃溶液

當溶質的溶解度為有限並且濃溶液達到飽和時，會遇到特殊的瀝濾情況。這種情況可利用上述方法處理。[6] 輸入至第 N 段的溶劑應為最大值，使其與來自第 1 段的飽和溢流一致，並且所有液體，除了附著在來自第 1 段的底流，都是不飽和的。如果使用的溶劑太少，並且在第 1 階段以外的階段達到飽和，除了一個「飽和」階段之外，所有的飽和階段都是無效的，並且來自第 N 段的底流中的溶質濃度高於使用更多新鮮溶劑時的溶質濃度。

階段效率

在大多數瀝濾操作中，溶質通過或多或少可滲透的固體進行分布。瀝濾的速率主要受通過固體的擴散速率的影響，如第 17 章所述，並且所需的實際階段數可能遠大於理想階段數。在洗滌不可滲透固體時，溶質被侷限在固體表面的濃溶液的薄膜上，很快達到平衡，階段效率可視為 1。

液體萃取

當以蒸餾分離無效或非常困難時，液體萃取是考慮的重要替代方案之一。沸點接近的混合物或即使在真空下也不能承受蒸餾溫度的物質，常可以用萃取將雜質分離，萃取是利用化性差而不是用蒸汽壓差。例如，青黴素是利用如乙酸丁酯的溶劑，在降低 pH 以獲得良好的分配係數之後，以萃取從發酵液中回收。然後用緩衝的磷酸鹽溶液處理溶劑，從溶劑中萃取青黴素，並得到純化的水溶液，最後以乾燥產生青黴素。萃取也用於從稀水溶液中回收乙酸；在這種情況下，蒸餾是可能的，但萃取步驟顯著地減少了要蒸餾的水的量。

萃取的主要用途之一是分離具有不同化學結構但沸點範圍大致相同的石油產品。用低沸點極性溶劑如酚、醣醛 (furfural) 或甲基吡咯烷酮 (methyl pyrrolidone) 處理潤滑油餾分 (沸點 > 300°C)，以萃取芳香族化合物，並留下大部分為石蠟和環烷烴的油。芳香族化合物具有較差的黏度 - 溫度特性，但由於重疊的沸點範圍，它們不能以蒸餾法除去。在類似的方法中，使用高沸點極性溶劑從催化重組產物中萃取芳香烴，後來將萃取物蒸餾得到純的苯、甲苯和二甲苯用作化學中間體。用於此用途的優異溶劑是具有高度選擇性和非常低揮發度 (沸點，290°C) 的環狀化合物 $C_4H_8SO_2$ [環丁碸 (Sulfolane)]。

當可以使用蒸餾或萃取時，儘管需要加熱和冷卻，通常選擇蒸餾。萃取時必須回收溶劑以便重複使用 (通常以蒸餾法)，並且組合的操作比沒有萃取的普通蒸餾更複雜，且通常更昂貴。然而，因為溶劑的類型和用量以及操作溫度可以改變，所以萃取對於操作條件的選擇確實具有較大的彈性。在這個意義上，萃取比普通蒸餾更像氣體吸收。在許多問題中，方法之間的選擇應該是基於萃取和蒸餾的比較研究。

萃取可用於分離兩種以上的成分；並且在一些應用中需要溶劑的混合物而不是單一溶劑。這些較複雜的方法不在本書中討論。

萃取裝置[12a]

在液 - 液萃取中，如在氣體吸收和蒸餾中，兩相必須進行良好的接觸以允許物質的轉移然後分離。在吸收和蒸餾中，混合和分離是容易和快速的。然而，在萃取中，兩相具有可比較的密度，使得可用於混合和分離的能量 (如果使用重力流) 小，比一相是液體而另一相是氣體小得多。兩相經常難以混合且更難分離。兩相黏度也相對較高，且通過大多數萃取裝置的線速度都很低。因此，在一些類型的萃取器中，用於混合和分離的能量由機械供應。

▼ 表 23.2　商用萃取裝置的性能

型式	合併流的液體容量 $ft^3/ft^2 \cdot h^†$	HTU, ft	板或段效率 %	介於板或段之間的間隔 in.	典型的應用
混合器-沈降器			75–100		Duo-Sol 潤滑油程序
充填塔	20–150	5–20			酚回收
穿孔板塔	10–200	1–20	6–24	30–70	酮醛潤滑油程序
擋板塔	60–105	4–6	5–10	4–6	乙酸回收
攪拌塔	50–100	1–2	80–100	12–24	藥品及有機化學品

† ft^2為總截面面積。

萃取裝置可以分批或連續操作。一定量的進料液體可以在攪拌容器中與一定量的溶劑混合，然後使各層沈降並分離。萃取物為溶劑加上萃取的溶質形成的層，萃剩液是去除溶質的層。萃取物可以比萃剩物更輕或更重，因此，在某些情況下，萃取物可能來自裝置的頂部，而在其它情況下，可能來自裝置的底部。如果需要多於一次的接觸時，當然可以重複該操作；但是當所涉及的量很大，並且需要多次接觸時，則連續流動變為較經濟。大多數萃取裝置為連續式，具有連續段接觸或差動 (differential) 接觸。代表性的類型為混合器 - 沈降器、各種以重力流動操作的垂直塔、攪拌的塔萃取器以及離心萃取器。各種型式的萃取裝置的特性如表 23.2 所示。液 - 液萃取也可以使用多孔膜進行，如第 26 章所述。這種方法有可能難以分離。

混合器 - 沈降器

對於分批式萃取，混合器 (mixer) 和沈降器 (settler) 可能是相同的單元。含有渦輪或螺旋槳攪拌器的槽是最常見的。在混合循環結束時，關閉攪拌器，允許液層以重力分離，而萃取液和萃剩液經由載有視鏡的底部排水管線排出，送到分離接收器。對於所予萃取所需的混合與沈降時間只能由實驗決定，混合 5 分鐘，沈降 10 分鐘是典型的，但較短和較長時間是常見的。

對於連續流動，混合器和沈降器通常是分開的裝置。混合器可以是設置有入口和抽出管線，以及防止短路的擋板的小攪拌槽，或者可以是靜止混合器或其他流動混合器。沈降器通常是簡單的連續重力傾析器 (decanter)。對於易於乳化並且具有幾乎相同密度的液體，可能需要經由玻璃纖維的篩網或墊通過混合物的排放管，在重力沈降可行之前，使分散相的液滴聚結。對於更困難的分離，應使用管狀或盤式離心機。

像往常一樣，如果需要幾個接觸段時，可採用以逆向流操作的一連串混合器 - 沈降器，如圖 23.4 所示。來自每個沈降器的萃剩液成為下一個混合器的進料，在混合器內它與中間萃取液或新鮮溶劑相遇。其原理與圖 20.2 中所示的連續逆向流段瀝濾系統相同。

充填萃取塔

塔式萃取器提供差動接觸而不是段接觸，並且混合與沈降不斷地同時進行。萃取可以在開放的塔中進行，重的液體滴落在上升的輕液體中，反之亦然；然而，由於在連續相中出現顯著的軸向混合，所以這種稱為噴霧塔的塔很少使用。反之，塔充滿了填料如環或鞍 (參見圖 18.2)，這導致液滴聚結和重組，並且傾向於限制軸向分散。

在萃取塔 (extraction tower) 中，在相之間存在質量的連續傳遞，並且每相的組成在其流過塔時發生變化。在任何已知的液位，當然沒有達到平衡；的確，這是提供質傳驅動力的偏離的平衡。萃取塔的設計步驟與充填吸收塔類似，但傳送單位 (transfer unit) 的高度通常大於典型吸收塔的高度。

充填塔中的溢流速度　如果分散相或連續相的流率保持不變，而另一相的流率逐漸增加，則將達到分散相結合的點，此時該相的滯留量增加，最後兩相經由連續相出口共同離開。像吸收塔中相應的作用一樣，這種效應稱為溢流 (flooding)。溢流時，若一相流率愈大，則另一相流率愈小。顯然塔應該以低於溢流點的流率操作。充填塔中的溢流速度可以從經驗方程式估計。[10]

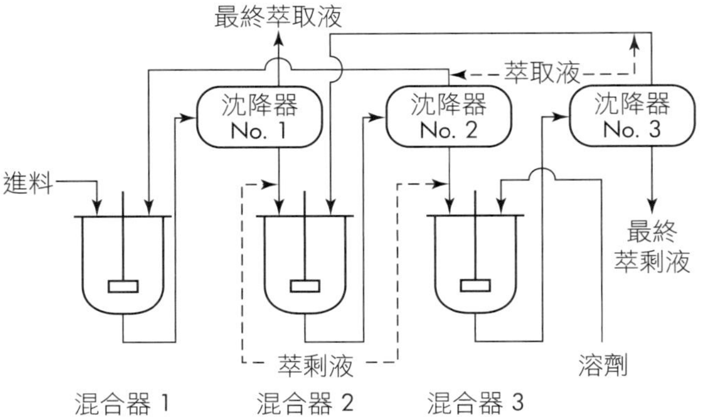

▲ 圖 23.4　混合器 - 沈降器萃取系統

穿孔板塔

開放式塔的軸向混合特性也可以使用像第 20 和 21 章所述的篩板蒸餾塔中的那些橫向穿孔板 (perforated plate) 來限制。穿孔直徑通常為 $1\frac{1}{2}$ 至 $4\frac{1}{2}$ mm ($\frac{1}{16}$ 至 $\frac{3}{16}$ in.)。板間距為 150 至 600 mm (6 至 24 in.)。通常輕液是分散相，而降流管將重連續相從一板帶到另一板。如圖 23.5a 所示，輕液收集在每個板下面的薄層中，並噴射至上面的重液的厚層中。改進的設計如圖 23.5b 所示，其中穿孔僅在板的一側，從左到右從一個板到另一個板交替。幾乎所有的萃取都發生在穿孔上方的混合區中，而輕液 (油) 上升並收集在下一個較高板下方的空間中，然後橫向流過堰至下一組穿孔。連續相重液 (溶劑) 從混合區水平流向沈降區，其中任何微小的輕液滴都有機會分離並上升至上面的板子上。這種設計大大降低了溶劑向下運送的油量，並提高了萃取器的效率。

擋板塔

這種萃取塔包含一套水平擋板。重液流過每個擋板的頂部，並且流到下面的擋板；輕液在每個擋板下方流動，並從邊緣通過重相向上噴射。最常見的裝置為圓盤與圓環式擋板 (doughnut baffle) 及弓形或邊對邊擋板。在這兩種類型中，擋板之間的間距為 100 至 150 mm (4 至 6 in.)。

擋板塔 (baffle tower) 不會有堵塞或被腐蝕擴大的小孔，它們可以處理含有懸浮固體的髒溶液；修改後的圓盤和圓環式的擋板塔，甚至含有刮刀 (scraper)，可以從擋板上去除沈積的固體。由於液體的流動平穩而均勻，速度或方向沒有急劇的變化，擋板塔對於容易乳化的液體是有價值的。然而，由於同樣的原因，它們不是有效的混合器，且每個擋板僅相當於理想段的 0.05 至 0.1。[17]

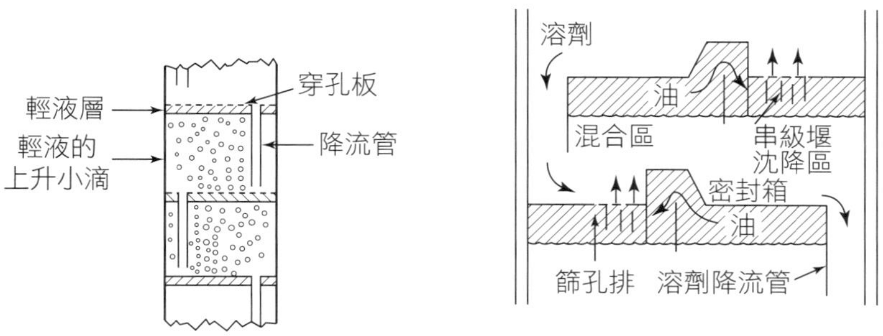

(a) (b)

▲ 圖 23.5 穿孔板萃取塔：(a) 水平板上的孔；(b) 具有混合區與沈降區的串級堰盤 (摘自 *Bushell and Fiocco*.[4])

攪拌塔萃取器

混合器 - 沈降器提供用於混合兩個液相的機械能，但是目前所描述的塔萃取器則否。它們依賴用於混合和分離的重力流動。然而，在一些塔式萃取器中，機械能是由內渦輪機或安裝在中心旋轉軸上的其它攪拌器 (agitator) 提供。在圖 23.6a 所示的旋轉盤接觸器中，平盤將液體分散，並向外推向塔壁，而壁上的固定片環 (stator ring) 產生靜止區，在此區內兩相可分離。在其它的設計，葉輪組以平靜部分 (calming section) 分隔，實際上提供了一個堆疊的混合器 - 沈降器。在圖 23.6b 所示的 York-Scheibel 萃取器中，環繞攪拌器的區域充填有金屬網，以促進相的聚結與分離。大部分萃取發生在混合部分，但有些也在平靜部分發生，使得每一個混合器 - 沈降器單元的效率有時大於 100%。通常每個混合器 - 沈降器是 300 至 600 mm (1 至 2 呎) 高，這表示可以在相當短的塔中提供幾個理論接觸。然而，內部移動部分的保養問題，特別是在液體腐蝕的地方，可能是嚴重的缺點。

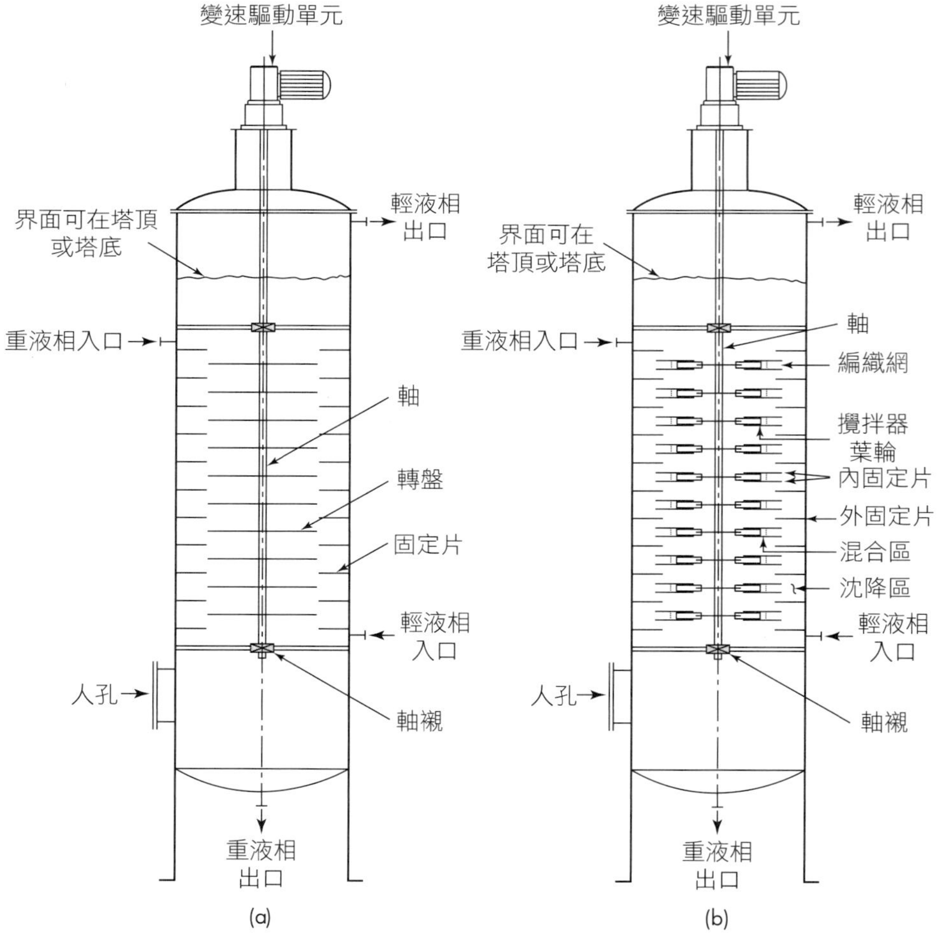

▲ 圖 23.6　攪拌萃取塔：(a) 旋轉盤單元；(b) York-Scheibel 萃取器

脈動塔

攪拌也可用外部手段提供，如在脈衝塔 (pulse column) 中，往復泵頻繁地脈動塔的全部物料，使得相對較小振幅的快速往復運動疊加在液相的通常流動上。塔可裝有普通的充填物或特殊篩板。在充填塔中，脈動分散液體並消除溝流 (channeling)，相之間的接觸大大提高。篩板脈動塔中的孔小於無脈動塔，直徑為 1.5 mm 至 3 mm，每一板的總開放面積為塔的截面積的 6% 至 23%。這種塔幾乎完全用於處理高腐蝕性的放射性液體，沒有使用降流管。理想情況下，脈動使得輕液體在向上衝程上分散到重相中，並且重相在向下衝程中噴射到輕液相中。在這些條件下，階段效率可達到 70%。然而，這僅當兩相的體積幾乎相同，並且在萃取期間幾乎沒有體積變化才有可能。在更常見的情況下，連續的分散效果較差，並且在某一方向上存在一相的反混合 (backmixing)，然後板效率下降到約 30%。然而，在充填與篩板脈動塔，對於已知數量的理論接觸點所需的高度通常小於無脈動塔所需的高度的 1/3。[14]

離心萃取器

藉由離心力可以大大加速相的分散和分離，並且有幾個商業萃取器利用此原理。在 Podbielniak 萃取器中，重金屬殼體內的穿孔螺旋帶捲繞在中空水平軸上，液體經由此水平軸進入與離開。輕液在 3 atm 至 12 atm 之間的壓力下，被泵送到螺旋帶的外部以克服離心力；重液則進料到中心。液體以逆向流通過由螺旋帶和殼體壁形成的通道。重液沿著螺旋帶的外表面向外移動；輕液被迫移位沿內表面向內流動。在液 - 液界面處的高剪切力導致快速質傳。此外，一些液體經由帶中的穿孔進行噴射並增加亂流。在一台機器上可達到 20 個理論接觸點，雖然 3 至 10 個接觸點較為常見。離心萃取器 (centrifugal extractor) 價格昂貴，相對而言，使用較有限。它們在小空間和非常短的停留時間——約 4 秒，具有提供許多理論接觸點的優點，所以它們在敏感產品如維生素和抗生素的萃取上是有價值的。

輔助裝置

允許萃取塔中的分散相在某些點聚結成連續的層，從該層中抽出一個產物流。該層與主要連續相之間的界面被設置在充填塔的頂部或底部的開口部分；在篩板塔中，當輕相分散時，它被設置在靠近塔頂部的開口部分中。若重液分散，則界面保持在塔底附近。界面液位可以由重相的排氣溢流柱自動控制，如在連續重力傾析器中。在大塔中，界面通常由液位控制器保持在期望的位置，液位控制器驅動重液體排放管線中的閥。

在液 - 液萃取中，溶劑幾乎是由萃取液或萃剩液或兩者中除去。因此輔助蒸餾器、蒸發器、加熱器和冷凝器是大多數萃取系統的重要組成部分，並且通常比萃取裝置本身花費更多。如在本節開頭所述，如果以萃取或蒸餾進行給定的分離，經濟考慮通常有利於蒸餾。當單獨蒸餾無法解決問題時，萃取提供了解決方法，但通常不會在分離系統的某些部分消除了所需要的蒸餾或蒸發。

萃取的原理

由於大多數連續萃取方法是使用兩相之間的逆向流接觸，一種是輕液，另一種是重液，逆向流氣體吸收和蒸餾的許多基本原理可轉移到液體萃取的研究。因此關於理想段、段效率、兩股流間的最小比率，以及裝置的大小等問題在萃取與在蒸餾中具有同樣的重要性。

稀薄溶液的萃取

對於稀薄溶液的批式或多階段萃取，其流率的變化可以忽略且分布係數[†] K_D 為常數，使用萃取因數 E 是方便的，此萃取因數 E

$$E \equiv \frac{K_D V}{L} \tag{23.4}$$

等同於 (20.29) 式定義的汽提因數 S 對於使用純溶劑進行單階段萃取，剩餘溶質的分率為 $1/(1 + E)$，回收的分率為 $E/(1 + E)$。各種形式的 Kremser 方程式 [(20.24)、(20.25)、(20.26) 和 (20.28) 式] 可用於逆向流串級萃取。

例題 23.2

用乙酸戊酯萃取，從稀釋的含水發酵液中回收盤尼西林 F (Penicillin F)，每 100 體積的水溶液使用 6 體積的溶劑。在 pH = 3.2 時，分布係數 K_D 為 80。(a) 使用單個理想階段，盤尼西林的回收率為何？(b) 若每一階段均採用新鮮溶劑進行兩階段萃取，則回收率為何？(c) 如果使用 $V/L = 0.06$ 的逆流串級，需要多少理想的階段才可得到與 (b) 部分相同的回收率？

† 分布係數是萃取液中溶質的平衡濃度與萃剩液中溶質的平衡濃度的比值。

解

(a) 利用質量均衡，因為 $y_0 = 0$，

$$L(x_0 - x_1) = Vy_1$$
$$y_1 = K_D x_1$$
$$x_1\left(\frac{VK_D}{L} + 1\right) = x_0$$

萃取因數為

$$E = \frac{VK_D}{L} = \frac{6 \times 80}{100} = 4.8$$

因此 $$\frac{x_1}{x_0} = \frac{1}{1+E} = \frac{1}{5.8} = 0.172$$

回收率為 $1 - 0.172 = 0.828$，或 82.8%。

(b) 使用相同的 E 值，

$$\frac{x_2}{x_1} = \frac{1}{1+E}$$
$$\frac{x_2}{x_0} = \frac{1}{(1+E)^2} = 0.0297$$

回收率為 $1 - 0.0297 = 0.9703$，或 97.0%。

(c) K_D 與 V/L 為常數時，可利用 Kremser 方程式 [(20.28) 式] 的汽提形式計算理想階段的數目，以 E 取代式中的汽提因數 S。

$$N = \frac{\ln[(x_a - x_a^*)/(x_b - x_b^*)]}{\ln E}$$

令 $x_a = x_0 = 100$，則 $x_b = 3.0$，且 $y_a = 97(100)/6 = 1{,}617$。

$$x_a^* = \frac{y_a}{K_D} = \frac{1{,}617}{80} = 20.2$$
$$x_b^* = 0$$
$$N = \frac{\ln[(100 - 20.2)/3]}{\ln 4.8} = 2.09$$

使用逆流程序僅需要比 (b) 部分稍大的理想階段數，但使用的溶劑是 (b) 部分的一半，並且萃取物的濃度也增加。

濃溶液的萃取；相平衡

在濃溶液的萃取，平衡關係比其它種類的分離更為複雜，因為存在三種或更多種成分，並且每一成分都有一些存在於每一相中。平衡數據通常呈現在三角形圖上，如圖 23.7 和 23.8 所示。圖 23.7 的丙酮 - 水 - 甲基異丁基酮 (MIK) 系統，是第 I 型系統的例子，其顯示溶劑 (MIK) 與稀釋劑 (水) 的部分互溶性，以及溶劑與待萃取成分 (丙酮) 的完全互溶性。苯胺 - 正庚烷 - 甲基環己烷 (MCH) 形成第 II 型系統 (圖 23.8) ，其中溶劑 (苯胺) 僅與其它成分部分互溶。

萃取程序的一些特徵可以使用圖 23.7 來說明。當溶劑加入丙酮與水的混合物中時，所得混合物的組成，位於純溶劑的點與原始二元混合物的點之間的直線上。當添加足夠的溶劑，使得總組成落在圓頂形曲線 (dome-shaped curve) 下時，混合物分成兩相。代表相組成的點可以用一條直連結線 (tie line) 連接起來，此連結線通過總混合物組成。為了清楚起見，僅示出了幾條這樣的連結線，並且可以用內插法獲得其他連結線。線 *ACE* 顯示 MIK 層 (萃取物) 的組成，線 *BDE* 顯示水層 (萃剩物) 的組成。當混合物的總丙酮含量增加時，兩相的組成相互接近，並且在點 *E*，**褶點** (plait point) 處變為相等。

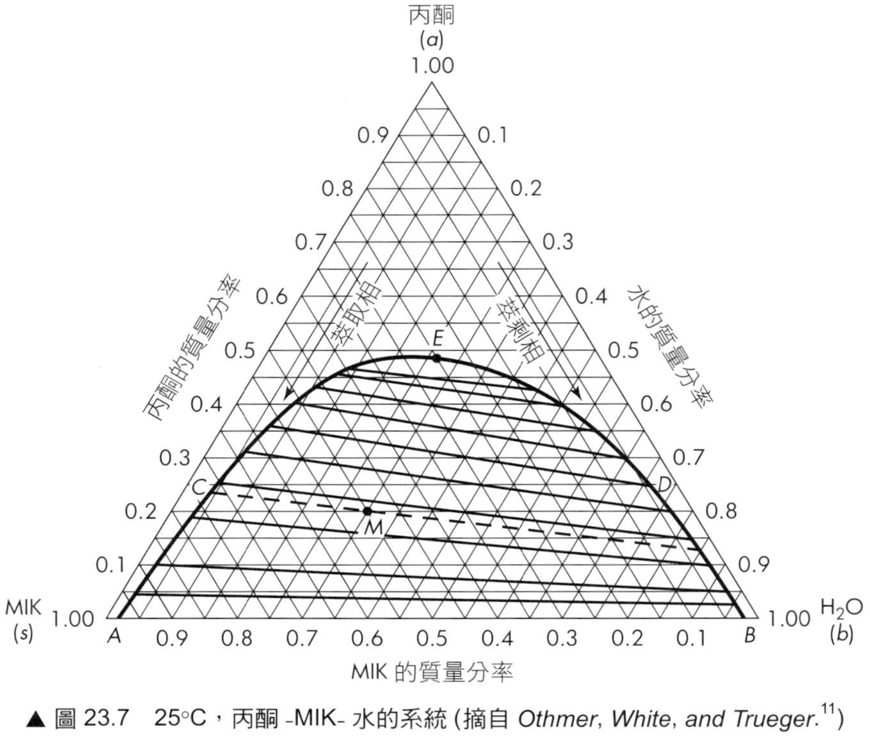

▲ 圖 23.7　25°C，丙酮 -MIK- 水的系統 (摘自 *Othmer, White, and Trueger.*[11])

圖 23.7 中的連結線朝左上右下傾斜，丙酮在萃取相的濃度比在萃剩相的濃度高。這表示大多數丙酮可以僅使用適量的溶劑從水相中萃取。如果連結線是水平的或朝右上左下傾斜，如圖 23.8 所示，萃取仍然是可能的，但是必須使用更多的溶劑，因為最終萃取物中的所需成分 (圖 23.7 的丙酮和圖 23.8 中的 MCH) 的濃度不夠高的緣故。

對於圖 23.7 所示的系統，在實際的萃取過程中，丙酮與稀釋水的比率應該很高。水在 MIK 溶劑中的溶解度僅為 2%，但隨著丙酮濃度的增加，萃取相的含水量也增加。圖 23.7 的數據重新繪製在圖 23.9 中，顯示含水量 y_{H_2O} 隨丙酮含量 y_A 逐漸增加。y_A/y_{H_2O} 的比值在萃取相中約 27 wt % 的丙酮時最大。可以獲得更高濃度的丙酮，但萃取產物中的水的量可能會較大，在這些條件下的操作是不合需要的。

使用三角圖很容易獲得由單段萃取得到的相組成。例如，如果將 40% 丙酮和 60% 水的混合物與等質量的 MIK 溶劑接觸，總混合物由圖 23.7 中的點 M 表示。繪製一條新的連結線顯示萃取相中含有 0.232 的丙酮，0.043 的水和 0.725 的 MIK。萃剩相含有 0.132 的丙酮，0.845 的水和 0.023 的 MIK。萃剩相與新鮮溶劑重複接觸，此過程稱為交叉流萃取 (crosscurrent extraction)，將允許回收大多數丙酮。但是由於需要大量的溶劑，因此效率比使用逆流串級更低。

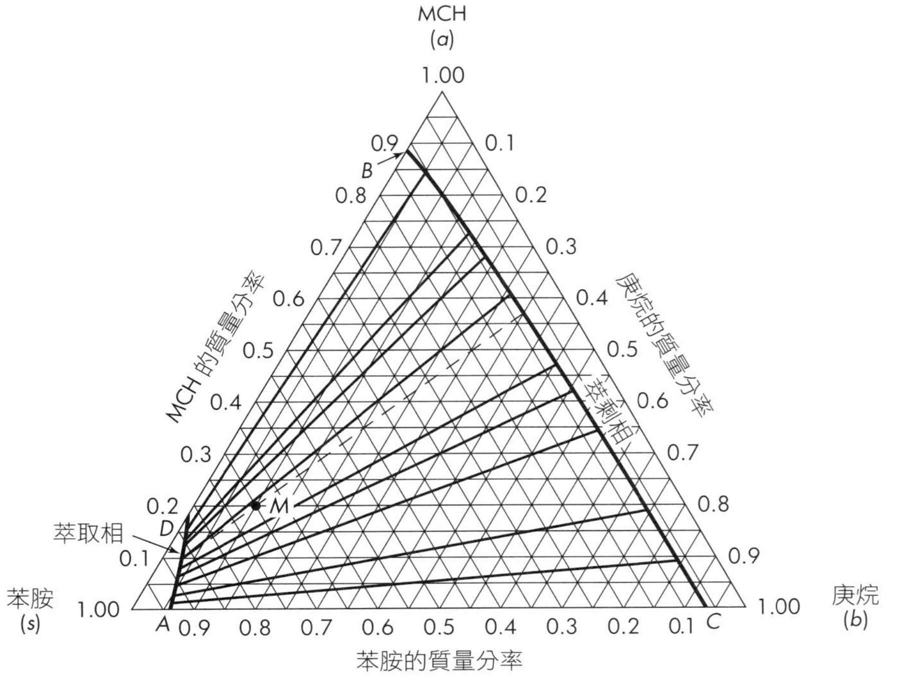

▲ 圖 23.8 25°C，苯胺 - 正庚烷 -MCH 系統：*a*，溶質 MCH；*b*，稀釋劑，正庚烷；*s*，溶劑，苯胺 (摘自 *Varteressian and Fenske*.[18])

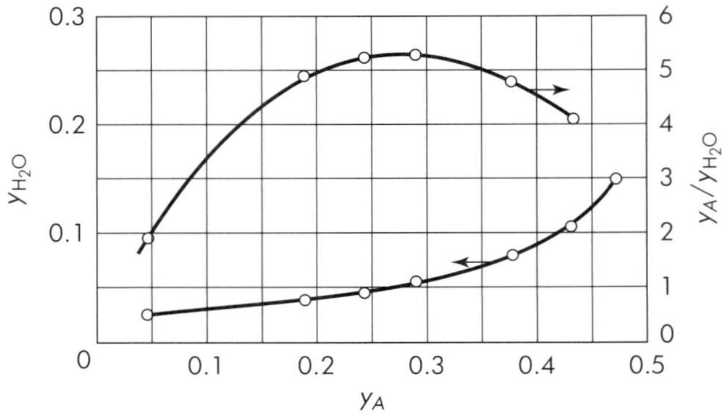

▲ 圖 23.9　MIK- 丙酮 -H_2O 的萃取相的組成

產品中丙酮與水的比例為 5.4；在萃剩液中為 0.156。圖 23.8 中，點 M 的相對數字，MCH 與正庚烷的比在產物中為 3.3，在萃剩液中為 1.6。在 MIK- 丙酮 - 水系統中，分離顯然更為有效。

使用 McCabe-Thiele 方法

可以使用三角圖和特殊圖形來確定逆流串級中已知數量的理想段所能達到的分離，但是在這裡使用的方法是改良的 McCabe-Thiele 方法，在大多數情況下，此法使用簡單，並且具有令人滿意的精確度。此法著重於萃取和萃剩相中溶質的濃度，該圖不顯示萃取物中稀釋劑的濃度或萃剩物中溶劑的濃度。然而，在確定萃取物和萃剩物的總流率時，兩相的這些次要成分應考慮在內，此流率會影響操作線的位置。

為了將 McCabe-Thiele 的方法應用於萃取，將平衡數據顯示於直角座標圖上，其中縱座標為溶質在萃取相或 V 相中的質量分率，橫座標為溶質在萃剩相中的質量分率。對於第 I 型系統，平衡線在相等組成的褶點 (plait point) 終止。僅使用一種濃度來描述三元混合物似乎很奇怪，但是如果離開給予階段的相是平衡的，則僅需一種濃度即可固定兩相的組成。

萃取圖的操作線是基於 (23.3) 式，此式表示在 L 相中離開階段 n 的溶質濃度與在 V 相中來自階段 $n+1$ 的溶質濃度之間的關係。操作線上的端點 (x_a, y_a) 和 (x_b, y_b) 通常由總質量均衡決定，同時考慮到三元平衡數據。由於萃剩相 (L) 和萃取相 (V) 通過塔時，L 減少而 V 增加，因此操作線是彎曲的。在串級的一部分作質量均衡可在操作線上建立一個或多個中間點，然後以正常方式繪製步驟來確定理想階段的數目。

如果指定了理想階段的數目，則可利用試誤法決定萃取溶質的分率和最終的組成。假定萃取分率或最終萃取組成，並建構彎曲的操作線。如果需要太多的階段，則需假設較小的萃取分率，並重複計算。這種計算通常由計算機完成。

例題 23.3

利用一逆流萃取裝置，在 25°C 的溫度下，以甲基異丁基酮 (MIK) 由丙酮 (A) 和水的混合物中萃取丙酮。進料由 40% 丙酮和 60% 的水組成，使用與進料質量相等的純溶劑作為萃取液。萃取進料中 99% 的丙酮需要多少個理想的階段？去除溶劑後，萃取物的組成是多少？

解

使用圖 23.7 中的數據，製備 y_A 與 x_A 的平衡關係圖，其為圖 23.10 中的上曲線。操作線的端點由質量均衡決定，並考慮萃取相中的水量和萃剩相中的 MIK 量。基量：$F = 100$ 質量單位 / 小時。

令 $n =$ 萃取物中 H_2O 的質量流率

$m =$ 萃剩物中 MIK 的質量流率

對於 99% 的 A 回收率，萃取物中含有 $0.99 \times 40 = 39.6A$，萃剩物中含有 $0.4A$。總流率為

在頂部， $L_a = F = 100 = 40A + 60\ H_2O$

$V_a = 39.6A + n\ H_2O + (100 - m)\ \text{MIK} = 139.6 + n - m$

在底部， $V_b = 100\ \text{MIK}$

$L_b = 0.4A + (60 - n)H_2O + m\ \text{MIK} = 60.4 + m - n$

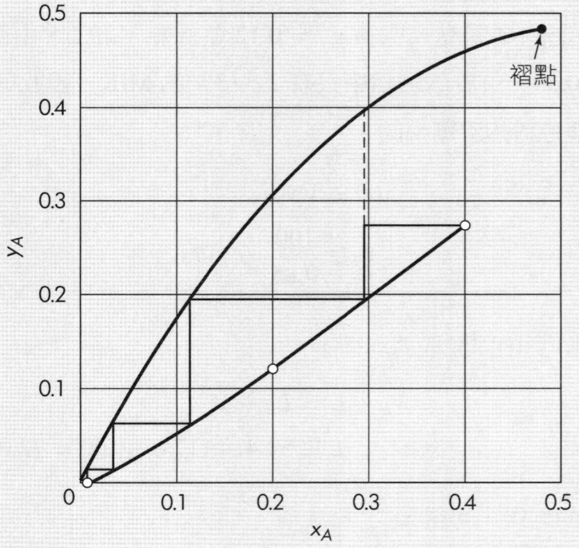

▲ 圖 23.10　萃取用的 McCabe-Thiele 圖 (例題 23.3)

由於 n 和 m 很小，故在 V_a 和 L_a 的求和中刪去，總萃取流率 V_a 約為 140，這使得 $y_{A,a} \cong 39.6/140 = 0.283$。$x_{A,b}$ 的值約為 $0.4/60 = 0.0067$。這些估計值在計算出 n 與 m 後再進行調整。

由圖 23.7，對於 $y_A = 0.283$，$y_{H_2O} = 0.049$，

$$n = \frac{0.049}{1-0.049}(39.6 + 100 - m)$$

若 m 很小，$n \cong (0.049/0.951)(139.6) = 7.2$。

由圖 23.7，對於 $x_A = 0.007$，$x_{MIK} = 0.02$，

$$m = \frac{0.02}{1-0.02}(0.4 + 60 - n)$$

$$\cong \frac{0.02}{0.98}(0.4 + 52.8) = 1.1$$

修正的 $n = (0.049/0.951)(139.6 - 1.1) = 7.1$：

$$V_a = 139.6 + 7.1 - 1.1 = 145.6$$

$$y_{A,a} = \frac{39.6}{145.6} = 0.272$$

$$L_b = 60.4 + 1.1 - 7.1 = 54.4$$

$$x_{A,b} = \frac{0.4}{54.4} = 0.0074$$

繪製點 (0.0074, 0) 和 (0.40, 0.272) 以建立操作線的端點。

對於操作線上的中間點，選擇 $y_A = 0.12$ 並計算 V 和 L。由圖 23.7 可知，$y_{H_2O} = 0.03$，$y_{MIK} = 0.85$。由於萃剩相中只有 2 ～ 3% 的 MIK，因此假定萃取物中 MIK 的含量為 100，與進料的溶劑相同：

$$100 \cong V y_{MIK}$$

$$V \cong \frac{100}{0.85} = 117.6$$

從溶劑入口 (底部) 到中間點取總均衡，

$$V_b + L = L_b + V$$

$$L \cong 54.4 + 117.6 - 100 = 72.0$$

在同一段上取 A 的均衡，可得 x_A：

$$Lx_A + V_b y_b = L_b x_b + V y_A$$

$$Lx_A \cong 0.4 + 117.6(0.12) - 0$$

$$x_A \cong \frac{14.5}{72} = 0.201$$

此值可能已足夠準確，但可以確定 V, L 和 x_A 的修正值。對於 $x_A = 0.201$，$x_{\text{MIK}} \cong 0.03$ (圖 23.7)。從溶劑入口到中間點取 MIK 均衡，可得

$$V_b + Lx_{\text{MIK}} = L_b x_{\text{MIK},b} + V y_{\text{MIK}}$$

$$V y_{\text{MIK}} = 100 + 72(0.03) - 1.1$$

$$\text{修正的} \quad V = \frac{101.1}{0.85} = 118.9$$

$$\text{修正的} \quad L = 54.4 + 118.9 - 100 = 73.3$$

$$\text{修正的} \quad x_A = \frac{0.4 + 118.9(0.12)}{73.3} = 0.200$$

繪製 $x_A = 0.20$，$y_A = 0.12$，可得略微彎曲的操作線。由圖 23.10，得到 $N = 3.4$ 段。

第 II 型系統使用回流的逆流萃取

正如在蒸餾中一樣，回流可用於逆流萃取以改良進料成分的分離，這種方法在處理第 II 型系統特別有效，因為使用中央進料串級和使用回流，兩種進料成分可以分成幾乎純的產物。

具有回流的逆流萃取的流程圖如圖 23.11 所示。為了強調這種方法與分餾之間的類似性，我們假設此串級是板塔。然而，亦可使用其它任何類型的串級。此法需要從萃取物中除去足夠的溶劑，離開串級以形成萃剩物，部分萃剩物作為回流返回串級，剩餘部分從設備中取出作為產品。萃剩物從串級中取出作為塔底產物，新鮮溶劑直接進入串級底部。底部萃剩物不需要作為回流返回，因為無論是否將任何萃剩物回流到串級的底部，所需的階段數是相同的。[16] 這種情況與連續蒸餾不同，蒸餾底部的一部分必須蒸發以供給熱量至塔中。

溶劑分離器通常是蒸餾器，如圖 23.11 所示。由圖 23.11 可知，可以藉汽提或在一些情況下藉水洗從兩種產物中除去溶劑，得到無溶劑的產物。

蒸餾和萃取 (二者皆使用回流) 之間的密切類比如表 23.3 所示。請注意，溶劑在萃取中與熱在蒸餾中有相同的作用。

▼ 表 23.3　萃取與蒸餾的比較，二者皆使用回流

蒸餾	萃取
串級中的蒸汽流率 V	串級中的萃取物流率 V
串級中的液體流率 L	串級中的萃剩物流率 L
頂部產物 D	萃取物產物 D
底部產物 B	萃剩物產物 B
冷凝器	溶劑分離器
底部產物冷卻器	萃剩物溶劑汽提器
頂部產物冷卻器	萃取物溶劑汽提
供應至再沸器的熱 q_r	供應至串級的溶劑 s_B
冷凝器中除去的熱 q_c	分離器中除去的溶劑 s_D
回流 $R_D = L_a/D$	回流 $R_D = L_a/D$
精餾段	萃取物增濃段
汽提段	萃剩物汽提段

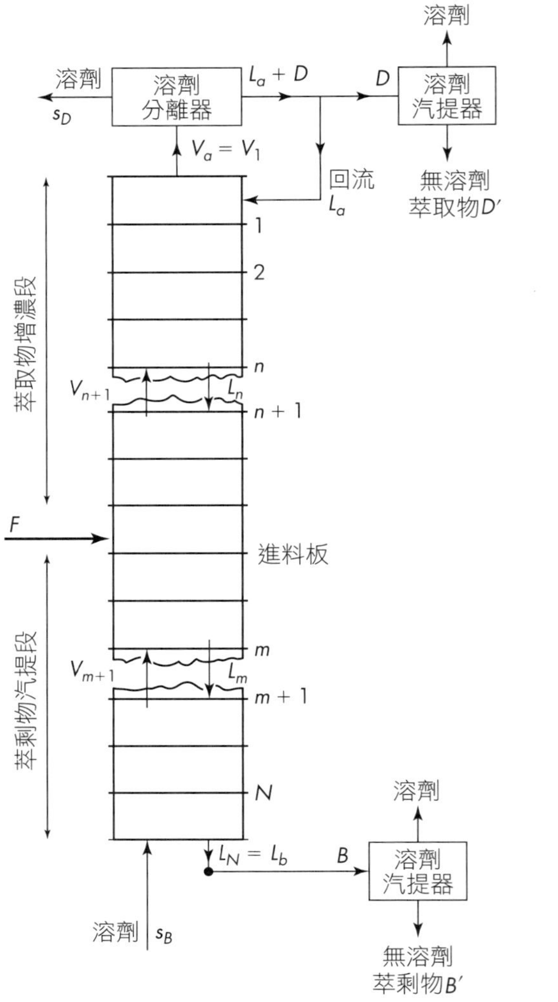

▲ 圖 23.11　有回流的逆向流萃取

極限回流比

正如在蒸餾中一樣，在操作具有回流的逆流萃取器時，存在兩種極限情況。當回流比 R_D 變得非常大時，階段數接近最小值；當 R_D 減小時，回流比會達到最小值，階段數變成無窮大。最小階段數和最小回流比的求法與蒸餾中求相同量的方法完全相同。

含有回流的萃取實例

如圖 23.11 所示的以簡單方式回流的實例只有幾個 (如果有的話)。對於如苯胺 - 庚烷 - 甲基環己烷的系統 (圖 23.8)，在萃取物中 MCH 對庚烷的比值僅比在萃剩物中的稍大，因此對於高純度產物將需要很多階段數。此外，兩溶質在苯胺中的低溶解度，意味著要處理的溶劑流量很大。然而，在萃取分離的幾個工業程序中，已經應用了改良的回流概念。萃取物的增濃是藉與另一液體的逆流洗滌來完成，液體的選擇為使得溶解在萃取物中的少量該液體可以很容易地除去。用於萃取芳香族化合物的環丁碸 (sulfolane) 方法是這種類型的一個實例。

環丁碸程序 環丁碸程序[3] 的流程圖如圖 23.12 所示。將烴進料在萃取器的中央附近輸入，重溶劑在頂部進料。在頂段，幾乎所有的芳香族化合物都是從萃剩物中萃取的，但此時溶劑中也含有少量的石蠟和環烷烴。因為沸點範圍重疊，

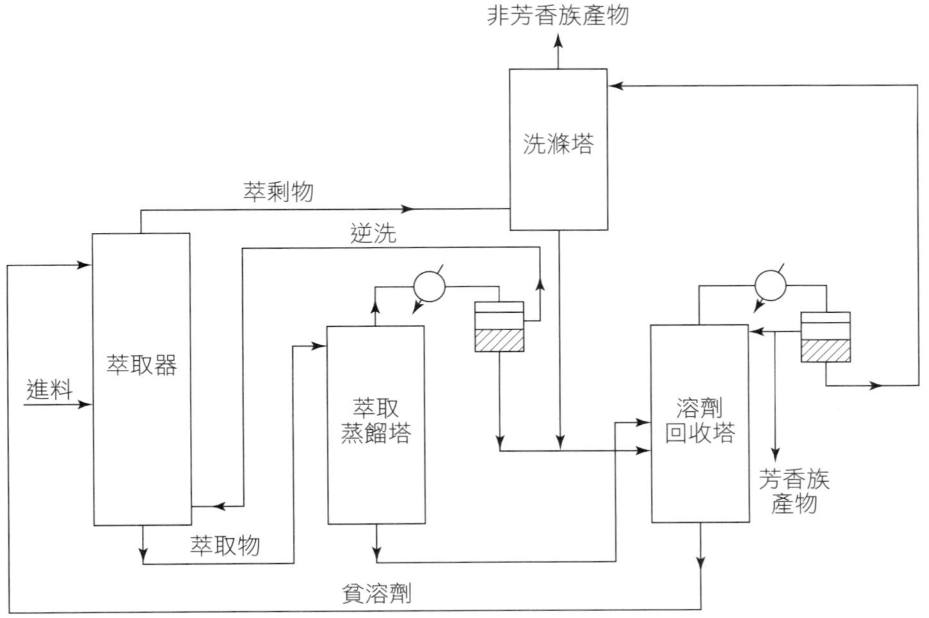

▲ 圖 23.12 環丁碸 (sulfolane) 萃取程序 (摘自 *Broughton and Asselin.*[3])

因此藉蒸餾這種物質製備純芳香烴是不實用的。此外，環丁碸和烴形成具有褶點的第 I 型系統，因此將一些無溶劑的萃取產物回流不能獲得無石蠟的芳香族化合物。

在萃取器的下段，中等和高沸點石蠟，與藉萃取物的蒸餾而製備的低沸烴餾分接觸後，從萃取相中被移走。水存在於此系統中，並與較輕的烴形成低沸點共沸物 (azeotrope)，因此這種蒸餾實際上是共沸蒸餾 (參見第 22 章)。來自塔的蒸汽冷凝並分離成兩相，烴相返回到萃取器中作為反洗 (backwash)。在萃取器的下段，提供了足夠的階段數，用於幾乎完全將介質和重石蠟轉移到萃剩相中。萃取物在與輕烴呈飽和的狀況下離開，但這些輕烴將在共沸蒸餾塔中除去。

在第二蒸餾塔中回收溶劑，這是一個真空蒸汽蒸餾塔，有機相回流得到高純度芳香族化合物。最後一塔是多段萃取塔，其中使用水從萃剩物中洗滌溶劑。水的閉合循環使溶劑損失達到最小，並且在萃取溶劑中可以容忍少量的水。

反洗流有時稱為反溶劑或回流，但術語**回流** (reflux) 應保留用於與產品相同組成的股流。反洗不需要是低分子量物質；在環丁碸程序的一個版本中，反洗液是重石蠟餾分，很容易從萃取物和萃剩物中除去。

特殊萃取技術

已經開發了特殊技術來提高萃取程序的有效性，特別是在敏感生物產品的回收方面。這些技術包括僅使用水溶液相萃取，以及使用保持在高於溶劑臨界點的壓力和溫度的溶劑進行超臨界流體萃取。

使用水溶液相

這種方法是在含相互不相容的聚合物或其它溶質的兩水溶液相之間分離蛋白質。[9,19] 在這樣的一個系統中，輕相是含有 10% 聚乙二醇和約 1/2 % 的葡聚醣 (dextran) 的水，重相是含有 15% 葡聚醣和 1% 乙二醇的水。對於重相，可以使用磷酸鉀的溶液代替葡聚醣。[8] 在這些液體中，蛋白質不會產生質變，因為它們可能在有機溶劑中。蛋白質在具有分布係數的相之間被分離，其分布係數取決於 pH 值，並且可以在 0.01 至大於 100 之間變化。

對於這些系統，界面張力非常低，並且可以在沒有高剪切率的情況下產生大的表面積。缺點是相之間的密度差也相當低，因此需要長的沈降時間或用離心力以提高沈降速率。

超臨界流體萃取

某些化合物可以用超臨界溶劑萃取而與固體或液體分離。除了其選擇性溶解力，超臨界流體具有優於傳統液體溶劑的幾個優點。其密度和黏度低，其中溶質的擴散率很高——約比普通液體大 100 倍。因此超臨界流體容易滲透多孔或纖維狀固體。雖然也可使用其它方式，溶質只能用改變溫度或壓力從超臨界流體中回收。超臨界流體萃取 (supercritical fluid extraction) 的主要缺點是需要高壓。

相平衡

用於超臨界萃取的有用溶劑為二氧化碳，特別是在食品加工中，二氧化碳的臨界點為 31.06°C，73.8 bars (1,070 lb_f /in.^{2})。純 CO_2 的相圖 (圖 23.13) 顯示了固體、液體和氣體的平衡區域以及存在超臨界流體的條件。在超臨界區域，液體和氣體之間沒有區別，沒有從一個到另一個的相變；超臨界流體可作為非常緻密的氣體或輕的移動液體。

超臨界流體中的溶解度和選擇性是溫度和壓力的強函數。對於藉由超臨界 CO_2 幾乎完全萃取溶質的關係顯示於圖 23.13 中，使用最高的壓力，因為這裡的溶解度最高。然後可以將負載的溶劑通過一系列分離容器，其中溫度或壓力逐步改變，得到所謂的多段分餾。為了選擇性去除產生氣味的揮發性成分，接近臨界點的條件是有利的。這裡的溶解度較小，但是對於最易揮發的化合物的選擇性要高得多。

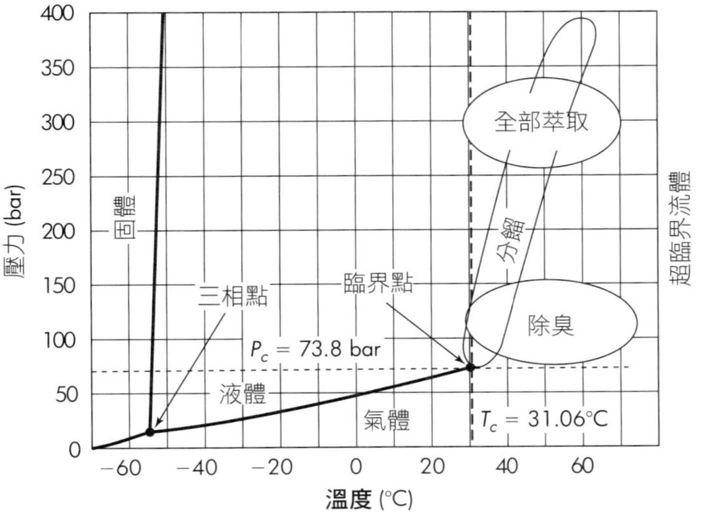

▲ 圖 23.13　二氧化碳的相圖，圖示區域對食品加工應用是有用的 [13]

在超臨界 CO_2 和其他溶劑中，一種或多種溶質的相平衡圖可能非常複雜。[2] 已發表的相平衡資訊相對較少；這種資訊的缺乏加上高壓設備的成本和規模放大的困難至今限制了超臨界流體萃取的商業應用。

商業化程序[13]

超臨界流體萃取程序的一個實際例子是脫除咖啡因。咖啡豆首先浸泡在水中以使萃取更具選擇性，然後裝入萃取容器中，經由超臨界 CO_2 循環以溶解咖啡因。在單獨的洗滌容器中，咖啡因在高壓下從 CO_2 轉移到水中。萃取繼續進行，直到咖啡豆的咖啡因由原來的 0.7% 至 3%，減少到小於 0.02%。在批式循環結束時，將水減壓並蒸餾出咖啡因。在另一種方法中，藉由在活性碳上的吸附將咖啡因與 CO_2 分離。在任何一種情況下，超臨界流體萃取都是在不影響咖啡的獨特風味和香氣下進行。

符號

B ：塔底產物，kg 或 lb 基底混合物 / 小時；B'，離開汽提段的塔底產物

D ：塔頂產物，kg 或 lb 基底混合物 / 小時；D'，離開溶劑汽提段的塔頂產物

E ：萃取因數，K_DV/L

F ：進入萃取串級的進料，kg 或 lb 基底混合物 / 小時

HTU ：傳遞單位的高度，m 或 ft

K_D ：分布係數，y_e/x_e

L ：底流或萃剩相，kg 或 lb 總量或基底混合物 / 小時；L_N，離開最後段；L_a，進入串級 ；L_b，離開串級；L_m，離開第 m 段；L_n，離開第 n 段

m ：汽提段的段數；亦為，MIK 在萃剩物中的質量流率 (例題 23.3)，kg/h 或 lb/h

N ：理想段的數目

n ：精餾段的段數；亦為，水在萃取物中的質量流率 (例題 23.3)，kg/h 或 lb/h

P_c ：臨界壓力，bars

q ：加入的熱，J/g 或 Btu/lb；$-qc$，至冷凝器；qr，至再沸器

R_D ：回流比

S ：汽提因數，以 (20.29) 式定義

s ：溶劑的流率，kg/h 或 lb/h；s_B，加至塔底產物的溶劑；s_D，由塔頂產物去除的溶劑

T_c ：臨界溫度，°C

V ：溢流或萃取相，質量或莫耳基底混合物 / 小時；V_a，離開串級；V_b，進入串級；V_{m+1}，離開第 $m+1$ 段；V_{n+1}，離開第 $n+1$ 段

x ：溶質在底流或 L 相的質量分率；x_A, x_{MIK}，分別為丙酮、MIK 的質量分率，基於整個 L 相；x_a，在入口處；x_b，在出口處；x_e，平衡值；x_n，離開第 n 段

x^* ：與一特定溢流溶液達成平衡的底流溶液濃度；x_a^*，與 y_a 達成平衡；x_b^*，與 y_b 達成平衡

y ：溶質在溢流或 V 相中的質量分率；y_A, y_{H_2O}, y_{MIK}，分別為丙酮、水及 MIK 的質量分率，基於整個 V 相；y_a，在出口處；y_b，在入口處；y_e，平衡值；y_{n+1}，離開第 $n+1$ 段

y^* ：溢流溶液與底流溶液成平衡的濃度；y_a^*，與 x_a 成平衡；y_b^*，與 x_b 成平衡

習題

23.1. 含有以 $CuSO_4$ 形態存在的銅之煅燒銅礦，將在逆流段萃取器中萃取。每小時處理由 10 噸惰性固體、1.2 噸硫酸銅和 0.5 噸水組成的進料。產生的強溶液由重量百分率為 90% 的 H_2O 和 10% 的 $CuSO_4$ 組成。$CuSO_4$ 的回收率為礦石的 98%。純水用作新鮮溶劑。經過每個階段後，1 噸惰性固體保留 2 噸水加上溶解於該水中的硫酸銅。在每個階段均達到平衡。試問需要多少個階段？

23.2. 使用五段逆流萃取槽組從下面的反應中萃取污泥 (sludge)

$$Na_2CO_3 + CaO + H_2O \rightarrow CaCO_3 + 2NaOH$$

$CaCO_3$ 攜帶其從一個單元流到另一個單元的溶液重量的 1.5 倍，需要回收 99% 的 NaOH。反應的產物進入第一單元，無過量的反應物，但有每公斤 $CaCO_3$ 含有 0.6 公斤的水。(a) 每公斤碳酸鈣需要多少洗滌水？(b) 假設 $CaCO_3$ 是完全不溶，則離開每個單元的溶液的濃度是多少？

23.3. 在習題 23.2 中，發現污泥所保留的溶液隨濃度變化，如表 23.4 所示。如果要生產 12% 的 NaOH 溶液，則必須使用多少段來回收 97% 的 NaOH ？

▼ 表 23.4

NaOH, wt %	0	5	10	15	20
Kg 溶液/kg $CaCO_3$	1.50	1.75	2.20	2.70	3.60

▼ 表 23.5

1 lb 萃取完全的魚肝所保留的溶液量，gal	溶液濃度，gal 油 /gal 溶液	1 lb 萃取完全的魚肝所保留的溶液量，gal	溶液濃度，gal 油 /gal 溶液
0.035	0	0.068	0.4
0.042	0.1	0.081	0.5
0.050	0.2	0.099	0.6
0.058	0.3	0.120	0.68

23.4. 在逆流萃取槽組中，利用乙醚從比目魚肝 (halibut liver) 中萃取油。由實驗發現，魚肝粒夾帶的溶液，如表 23.5 所示。在萃取槽組中，每一槽的進料為 100 lb，基於完全萃取的魚肝。未萃取的魚肝是每磅完全萃取物質含有 0.043 加侖的油。需要 95% 的油回收率，最終的萃取物是每加侖萃取物含有 0.65 加侖的油，供給系統的乙醚是無油的。(a) 每次魚肝進料需要多少加侖的乙醚？(b) 需要多少萃取器？

23.5. 在連續逆流系列的混合器 - 沈降器中，在 25°C 下，用純 1,1,2- 三氯乙烷萃取，將 100 kg/h 的 40：60 丙酮水溶液減少至 10% 丙酮。(a) 求最小溶劑速率，(b) 在最小的 (溶劑速率)/(進料速率) 的 1.8 倍下，求所需的階段數，(c) 對於 (b) 部分的條件，求所有股流的質量流率。數據如表 23.6 所示。

23.6. 將含有 40 wt % 丙酮和 60 wt % 水的混合物與等量的 MIK 接觸。(a) 在單一階段過程中，可萃取多少分率的丙酮？(b) 如果新鮮溶劑分為兩部分，且使用兩連續段的萃取，則可萃取多少分率的丙酮？

23.7. 在低 pH 值下，使用醋酸戊酯從發酵液中萃取的抗生素被萃取回 pH = 6 的清水中，其中 $K_D = 0.15$。若水流率設定為溶劑速率的 0.45 倍，則在逆流串級中，欲得抗生素的 98% 回收率，需要多少理想階段數？

23.8. 藉由與己烷接觸，從平均大小為 0.58 mm 的小的油菜籽顆粒中萃取油。顆粒最初含有 43.82% 的油和 6.43% 的水分。乾燥後，得到乾粉在不同萃取時間的含油量。[15] 結果如下表所示。使用球體的暫態擴散方程式，在己烷浸泡的顆粒中，求油的有效擴散係數。假設使用大量己烷，外部質傳阻力可以忽略不計。

時間，min	75	90	105	120
乾粉中的油，kg/100 kg 惰性物質	11.5	7.97	4.35	3.88

▼ 表 23.6 平衡數據

極限溶解度曲線		
$C_2H_3Cl_3$, wt %	水，wt %	丙酮，wt %
94.73	0.26	5.01
79.58	0.76	19.66
67.52	1.44	31.04
54.88	2.98	42.14
38.31	6.84	54.85
24.04	15.37	60.59
15.39	26.28	58.33
6.77	41.35	51.88
1.72	61.11	37.17
0.92	74.54	24.54
0.65	87.63	11.72
0.44	99.56	0.00

連結線					
水層中的重量 %			三氯乙烷層中的重量 %		
$C_2H_3Cl_3$	水	丙酮	$C_2H_3Cl_3$	水	丙酮
0.52	93.52	5.96	90.93	0.32	8.75
0.73	82.23	17.04	73.76	1.10	25.14
1.02	72.06	26.92	59.21	2.27	38.52
1.17	67.95	30.88	53.92	3.11	42.97
1.60	62.67	35.73	47.53	4.26	48.21
2.10	57.00	40.90	40.00	6.05	53.95
3.75	50.20	46.05	33.70	8.90	57.40
6.52	41.70	51.78	26.26	13.40	60.34

23.9. 使用有機溶劑在攪拌容器中萃取含有 10 g/L 有價值蛋白質和 1 g/L 蛋白質雜質的溶液。有價值蛋白質的分布係數為 $K = 8$，雜質為 0.5。初始體積為 500 L，並使用 400 L 溶劑進行萃取。兩相中的最終濃度為何？每一蛋白質在溶劑相中回收的分率是多少？

23.10. 為了顯示粒徑分布對萃取速率的影響。考量一含油固體，此固體含有一些顆粒其粒徑為平均粒徑的一半以及一些顆粒其粒徑為平均粒徑的 1.5 倍，平均粒徑為 25%，0.5 mm；50%，1.0 mm；25%，1.5 mm。若有效擴散係數為 1×10^{-7} cm/s^2，基於平均粒徑，求萃取 50%、90% 和 99% 所需的時間，並與預測時間進行比較。

23.11. 使用分布係數為 6.8 的溶劑，從稀水溶液中萃取有機物質。對於連續逆流萃取器，如果溶劑流率為溶液流率的 0.35 倍，且需要 99% 的溶質回收，則需要多少理想階段數？

參考文獻

1. Baker, E. M. *Trans. AIChE* **32:**62 (1936).
2. Brennecke, J. F., and C. A. Eckert. *AIChE J.* **35:**1409 (1989).
3. Broughton, D. B., and G. F. Asselin. *Proc. Seventh World Petroleum Congress*, vol. 4, New York: Elsevier, 1967, p. 65.
4. Bushnell, J. D., and R. J. Fiocco. *Hydrocarbon Proc.* **59**(5):119 (1980).
5. Cofield, E. P., Jr. *Chem. Eng.* **58**(1):127 (1951).
6. Elgin, J. C. *Trans. AIChE* **32:**451 (1936).
7. Grosberg, J. A. *Ind. Eng. Chem.* **42:**154 (1950).
8. Harrison, R. G., P. Todd, S. R. Rudge, and D. P. Petrides. *Bioseparation Science and Engineering*, New York: Oxford Press, 2003, p. 172.
9. King, R. S., H. W. Blanch, and J. M. Prausnitz. *AIChE J.* **34:**1585 (1988).
10. Kumar, A., and S. Hartland. *Trans. Inst. Chem. Engrs.* **72A:**89 (1994).
11. Othmer, D. F., R. E. White, and E. Trueger. *Ind. Eng. Chem.* **33:**1240 (1941).
12. Perry, R. H., and D. W. Green (eds.). *Perry's Chemical Engineers' Handbook*, 7th ed. New York: McGraw-Hill, 1997; (a) pp. **15**-22 to **15**-47; (b) p. **18**-56.
13. Rivzi, S. S., A. L. Benado, J. A. Zollweg, and J. A. Daniels. *Food Tech.* **40**(6):55 (1986).
14. Sage, G., and F. W. Woodfield. *Chem. Eng. Prog.* **50:**396 (1954).
15. Sasmaz, D. *J. AOCS.* **73:**669 (1996).
16. Skelland, A. H. P. *Ind. Eng. Chem.* **53:**799 (1961).
17. Treybal, R. E. *Liquid Extraction*, 2nd ed. New York: McGraw-Hill, 1963.
18. Varteressian, K. A., and M. R. Fenske. *Ind. Eng. Chem.* **29:**270 (1937).
19. Walter, H., D. E. Brooks, and D. Fisher. *Partitioning in Aqueous Two-Phase Systems*. New York: Academic, 1985.

CHAPTER 24

固體的乾燥

通常，固體的乾燥意味著從固體材料中除去相對少量的水或其它液體，以將殘留液體的含量降低到可接受的低值。乾燥通常是一系列操作的最後一步，乾燥機的產品通常可以進行最後包裝。

水或其它液體，可以藉機械壓縮、離心機或熱蒸發從固體中除去。本章的討論僅限於熱蒸發乾燥。以機械除去液體通常比熱蒸發便宜，因此建議盡可能大量降低液體含量，然後再將進料送入加熱乾燥器。

乾燥物質的液體含量因產品而異，不含液體的產品稱為**乾透** (bone-dry)。更常見的是，產品確實含有一些液體。例如，餐桌鹽含有約 0.5% 水，乾燥煤約 4%，乾燥酪蛋白約 8%。乾燥是一個相對術語，乾燥意味著僅將水分含量從初始值降低到可接受的最終值。

待乾燥的固體可以有許多不同的形式——片、顆粒、晶體、粉末、板或連續薄片——並且可能有很大的差異性。待蒸發的液體可能在固體的表面上，如在乾燥鹽晶體中；它可能完全在固體內部，如在從聚合物薄片中去除溶劑時；或者它可能部分在外部而部分在內部。一些乾燥器的進料為液體，其中固體以顆粒懸浮或溶解於液體。乾燥的產品，例如鹽和其它無機固體，可能能夠承受粗略的處理和高溫，或者像食品或藥物一樣可以在低溫或中等溫度下進行溫和的處理。因此，市場上有許多類型的乾燥器用於商業乾燥。它們的主要區別在於固體通過乾燥區的移動方式和熱量傳遞方式的不同。

乾燥器的分類

沒有簡單的乾燥設備分類方法。一些乾燥器是連續操作，而其它乾燥器則是分批操作；一些需要攪拌固體，其它則不需攪拌。可以在真空下操作來降低乾燥溫度。一些乾燥器可以處理幾乎任何種類的材料，而其它的乾燥器可以接受的進料類型則受到嚴格的限制。

乾燥器的主要分類為：(1) 固體直接曝露於熱氣 (通常是空氣) 的乾燥器，(2) 一般通過與固體接觸的金屬表面從外部介質 (例如冷凝蒸汽) 將熱量傳遞到固體的乾燥器，[5] (3) 藉由介電質、輻射或微波能量加熱的乾燥器。將固體曝露於熱氣體的乾燥器稱為**絕熱** (adiabatic) 或**直接乾燥器** (direct dryer)；從外部介質傳遞熱量的乾燥器稱為**非絕熱** (nonadiabatic) 或**間接乾燥器** (indirect dryer) 。有些裝置具有多種熱傳模式，如熱氣加熱表面或熱氣加輻射。

乾燥器中的固體處理

大多數工業乾燥器都是在部分或全部乾燥循環期間處理粒狀固體，當然有些大型個別片狀物，如陶瓷製品或聚合物片的乾燥亦可採此方式進行。粒狀固體的性質將在第 28 章中討論。這裡的重點僅是描述固體粒子通過乾燥器的不同運動模式，作為理解下一節討論的乾燥原理的基礎。

在絕熱乾燥器中，固體以下列方式曝露於氣體中：

1. 氣體吹過固體床或固體平板的表面，或穿過連續片或膜的一個或兩個面。這個過程稱為**交叉循環乾燥** (cross-circulation drying) (圖 24.1a)。
2. 氣體吹過由篩網支撐的粗粒狀固體床，這稱為**直通循環乾燥** (through-circulation drying)。如在交叉循環乾燥中，氣體保持低速，以避免任何夾帶固體粒子發生 (圖 24.1b)。
3. 固體通過緩慢移動的氣體流向下沈降，通常有一些不期望的細顆粒夾帶在氣體中 (圖 24.1c)。注意，一些旋轉乾燥器不是絕熱的。
4. 氣體以足以使床流體化的速度通過固體，如第 7 章所述。不可避免地有一些氣體會夾帶更細的顆粒 (圖 24.1d)。
5. 固體全部夾帶在高速氣流中，並從混合裝置以氣流輸送到機械分離器 (圖 24.1e)。
6. 將溶液或漿液的液滴短暫地懸浮在熱氣流中蒸發，如在噴霧乾燥器中 (圖 24.13)。

在非絕熱乾燥器中，唯一要除去的氣體是蒸發的水或溶劑，雖然有時會有少量的「吹掃氣體」 (sweep gas) (通常是空氣或氮氣) 通過該單元。非絕熱乾燥器的主要區別在於固體曝露於熱表面或其它熱源的方式。

1. 固體分散在靜止或緩慢移動的水平表面上「烘烤」直到乾燥為止，表面可以用電加熱或用蒸汽或熱水的熱傳遞流體加熱，或者，可以用固體上方的輻射加熱器提供熱量。

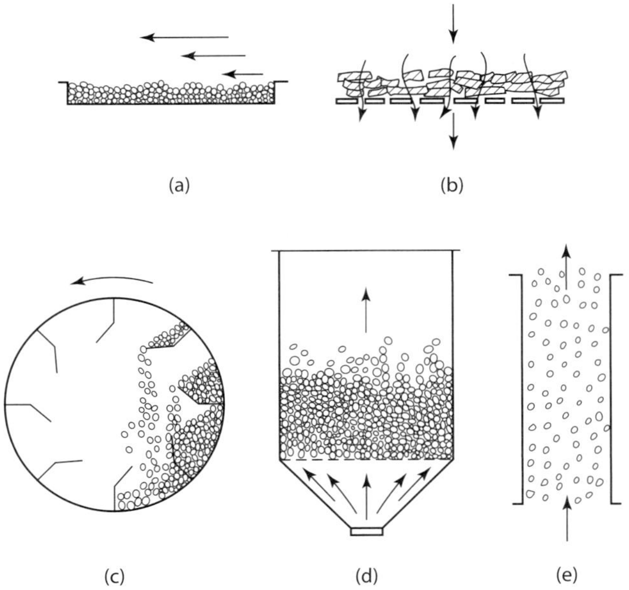

▲ 圖 24.1　乾燥器中氣 - 固相互作用的模式：(a) 氣流穿過靜態固體床；(b) 氣體通過預製固體床；(c) 旋轉式乾燥器中的沖洗作用；(d) 流化固體床；(e) 氣流輸送閃蒸 (flash) 乾燥器中的並流氣 - 固流

2. 固體藉由攪拌器或螺旋槳或槳式輸送機在通常是圓柱形的加熱表面上移動。
3. 固體藉由重力在傾斜的加熱表面滑動，或隨著表面向上運動一段時間，然後滑動到新的位置。(參閱「旋轉乾燥器」。)

乾燥原理

由於在商業設備中，乾燥的材料種類繁多，並且使用了許多種類的設備，所以沒有一種可以包含所有材料和乾燥器類型的乾燥理論。物料的形狀和尺寸、水分平衡、通過固體的水分流動機構，以及提供蒸發所需的熱量的方法等各種變化——使得乾燥無法用統一的方法處理。

乾燥器中的溫度模式

乾燥器中溫度變化的方式取決於進料的性質和液體含量、加熱介質的溫度、乾燥時間和乾燥固體的允許最終溫度。然而，從一台乾燥器到另一台乾燥器其變化的模式相似，典型的模式如圖 24.2 所示。

在具有恆定溫度的加熱介質的批式乾燥器中 (圖 24.2a)，濕固體的溫度從其初始值 T_{sa} 快速上升到初始蒸發溫度 T_v。在沒有吹掃氣體的非絕熱乾燥器中，T_v 基本上是乾燥器中壓力下液體的沸點。如果使用吹掃氣體，或者如果乾燥器是絕熱的，則 T_v 等於或接近氣體的濕球溫度 (如果氣體是空氣而水是蒸發的液體，則 T_v 等於絕熱飽和溫度)。乾燥可能在 T_v 的溫度下進行相當長的時間，但是經常在短時間之後，濕固體的溫度逐漸升高，而在表面附近形成乾固體區。然後，蒸發溫度取決於乾燥區域以及外部邊界層中的熱傳和質傳阻力。在乾燥的最後階段，固體溫度迅速上升到較高的值 T_{sb}。

圖 24.2a 所示的乾燥時間，範圍可從幾秒到幾小時，固體在溫度 T_v 的時間，可能占乾燥循環時間的大部分，或僅占小部分。加熱介質的溫度通常是恆定的，如圖所示，或隨著乾燥進行而改變。

在理想的連續乾燥器中，固體的每個顆粒或元素在從乾燥器的入口到出口的路上通過類似於圖 24.2a 所示的循環。在穩態操作中，連續乾燥器中任何所予點的溫度是恆定的，但其隨乾燥器的長度而變化。圖 24.2b 顯示了絕熱逆流乾燥器的溫度程式，固體入口和氣體出口位於左側；氣體入口和固體出口位於右側。固體迅速從 T_{sa} 加熱至 T_v。即使濕球溫度保持不變，蒸發溫度會隨著乾燥的進行而改變。在氣體入口附近，固體可以在相對短的乾燥器長度內被加熱到遠高於 T_v 的溫度，因為加熱乾固體所需的能量小於蒸發所需的能量。對於熱敏感材料，乾燥器將設計成保持 T_{sb} 接近 T_v。熱氣體通常以低濕度在 T_{hb} 進入乾燥器。由於溫度驅動力的變化和乾燥過程中的總熱傳係數的改變，氣體的溫度分布可能具有複雜的形狀。

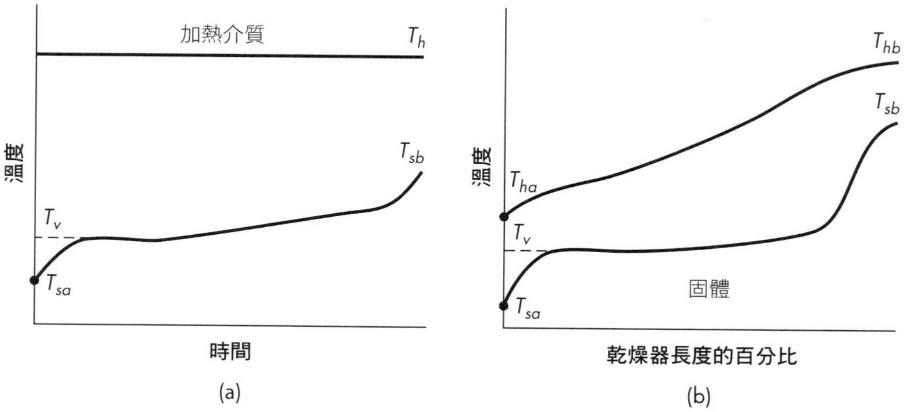

▲ 圖 24.2　乾燥器中的溫度程式：(a) 批式乾燥器；(b) 連續逆流絕熱乾燥器

乾燥器中的熱傳

根據定義，濕固體的乾燥是一加熱過程。雖然此過程因為是在固體中擴散或通過氣體擴散而複雜化，但是許多材料的乾燥，只需將其加熱到液體的沸點以上即可，或許加熱到更高的溫度，可去除吸附材料中的液體。例如，濕固體可以曝露於高度過熱的蒸汽乾燥。這裡沒有擴散限制；問題只是熱傳遞。在大多數絕熱乾燥中，存在空氣或惰性氣體時，表面溫度取決於質傳速率和熱傳遞速率，因此在第 10、14 和 17 章中的原理，可用於乾燥器的計算。然而，許多乾燥器是基於只考慮熱傳遞而設計的。

熱負荷計算　乾燥器必須應用加入的熱量，才能完成以下工作：

1. 將進料 (固體和液體) 加熱至蒸發溫度。
2. 蒸發液體。
3. 將固體加熱至它們的最終溫度。
4. 將蒸汽加熱至它的最終溫度。
5. 將空氣或其它添加氣體加熱到最終溫度。

與第 2 項相比，第 1、3、4 和 5 項通常可以忽略不計。在一般情況下，總熱傳速率可以計算如下。如果 $\dot{m}_s$ 是每單位時間內乾透固體被乾燥的質量，X_a 和 X_b 是乾透固體每單位質量中的液體質量的初始和最終液體含量，則每單位質量的固體熱傳量 $q_T/\dot{m}_s$ 為

$$\frac{q_T}{\dot{m}_s} = c_{ps}(T_{sb} - T_{sa}) + X_a c_{pL}(T_v - T_{sa}) + (X_a - X_b)\lambda + X_b c_{pL}(T_{sb} - T_v) + (X_a - X_b)c_{pv}(T_{va} - T_v) \tag{24.1}$$

其中
T_{sa} = 進料溫度
T_v = 汽化溫度
T_{sb} = 最終固體溫度
T_{va} = 最終蒸汽溫度
λ = 蒸發熱
c_{ps}, c_{pL}, c_{pv} = 分別為固體、液體和蒸汽的比熱。

(24.1) 式是基於從入口到出口的溫度範圍的平均比熱和基於在 T_v 時的蒸發熱。然而，如果在一定溫度範圍內發生蒸發，(24.1) 式仍然適用，因為總焓變與路徑無關，只與初始狀態和最終狀態有關。

在絕熱乾燥器中，傳遞到固體、液體和蒸汽的熱量，如 (24.1) 式，此熱量來自氣體的冷卻；對於連續的絕熱乾燥器，由熱平衡可知

$$q_T = \dot{m}_g c_{sb}(T_{hb} - T_{ha}) \tag{24.2}$$

其中 $\dot{m}_g$ = 乾燥氣體的質量流率
c_{sb} = 入口氣體濕度下的濕氣比熱

熱傳係數　在乾燥器計算中，基本的熱傳遞方程式是 (11.14) 式的一種形式，適用於乾燥器的每個部分：預熱部分、發生大部分蒸發的部分和固體被加熱到其最終溫度的部分。因此

$$q = UA\ \overline{\Delta T} \tag{24.3}$$

其中 q = 乾燥器的一部分中的熱傳遞速率
U = 總熱傳係數
A = 熱傳面積
$\overline{\Delta T}$ = 平均溫差 (不一定是對數平均)

有時 A 和 $\overline{\Delta T}$ 是已知的，乾燥器的容量可以從 U 的計算值或量測值來估算。

對於盤式乾燥器 (tray dryer) 和移動式乾燥器 (moving-belt dryer) 而言，A 是攜帶濕固體的水平表面積。對於鼓式乾燥器 (drum dryer)，A 是鼓的活動表面積，對於直通循環乾燥器 (through-circulation dryer)，可以將 A 視為顆粒的總表面積。在一些乾燥器，如螺旋輸送帶乾燥器 (screw-conveyor dryer) 或旋轉乾燥器 (rotary dryer)，其熱傳和質傳的有效面積很難確定。這種乾燥器是基於**容積** (volumetric) 熱傳係數 Ua 設計的，其中 a 是每單位乾燥器體積的 (未知) 熱傳面積。控制方程式是

$$q_T = Ua\, V\, \overline{\Delta T} \tag{24.4}$$

其中 Ua = 容積熱傳係數，$\text{Btu/ft}^3 \cdot \text{h} \cdot {}^\circ\text{F}$ 或 $\text{W/m}^3 \cdot {}^\circ\text{C}$
V = 乾燥器體積，ft^3 或 m^3

對於大多數乾燥器，熱傳係數可以僅從經驗相關性預測，而為了準確設計則必須要有實驗數據。理論和相關性對於預測改變變數對乾燥速率的影響是有用的。

熱傳單位數

一些絕熱乾燥器，特別是旋轉乾燥器，根據它們所含的熱傳單位的數量，可以方便地進行估算。熱傳單位數在第 15 章已討論過，對於雙流體交換器，熱傳單位通常是基於具有較低容量的股流 [參見 (15.9) 式]，但對於乾燥器，它們常以氣體為基礎。乾燥器中的熱傳單位數為

$$N_t = \int_{T_{ha}}^{T_{hb}} \frac{dT_h}{T_h - T_s} \tag{24.5}$$

或

$$N_t = \frac{T_{hb} - T_{ha}}{\overline{\Delta T}} \tag{24.6}$$

當固體的初始液體含量很高且大部分的熱傳遞用於蒸發時，$\overline{\Delta T}$ 可以取作乾球溫度和濕球溫度之間的對數平均差。因此

$$\overline{\Delta T} = \overline{\Delta T}_L = \frac{T_{hb} - T_{wb} - (T_{ha} - T_{wa})}{\ln[(T_{hb} - T_{wb})/(T_{ha} - T_{wa})]} \tag{24.7}$$

對於水 - 空氣系統，因 $T_{wb} = T_{wa}$，(24.6) 式變成

$$N_t = \ln \frac{T_{hb} - T_{wb}}{T_{ha} - T_{wb}} \tag{24.8}$$

在 (24.8) 式中，假設 $T_v = T_{wb}$，這可能是真也可能不是真。然而，為了計算的目的，經常進行這種假設，因為 T_v 通常是未知的。

傳送單位的長度和傳送單位數，適合用於設計，這將在稍後的「乾燥設備」中討論。

相平衡

潮濕固體的平衡數據，通常以氣體的相對濕度和固體的液體含量之間的關係來表示，固體的液體含量是以每單位質量的乾透固體的液體質量為單位。[†] 此平衡關係的例子如圖 24.3 所示。這種曲線幾乎與溫度無關。這種曲線的橫座標很容易轉換成絕對濕度，以每單位質量的乾燥氣體的蒸汽質量為單位。

---

† 以這種方式表達的液體含量是乾基 (dry basis) 的；它可能並且通常會超過100%。

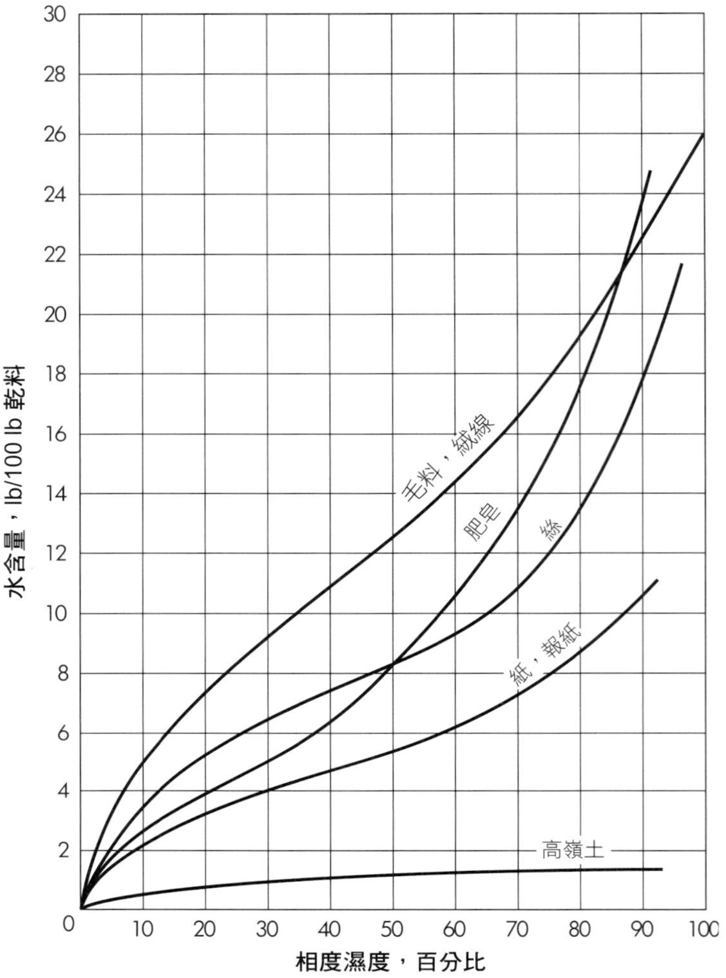

▲ 圖 24.3　在 25°C 的平衡水分曲線

本節其餘的討論是基於空氣 - 水系統，但應記住，其基本原理同樣適用於其它氣體和液體。

當濕固體與濕度較低的空氣接觸時，對應於固體的水分含量，如濕度 - 平衡曲線所示，固體傾向於失去水分並乾燥至與空氣平衡。當空氣比與其平衡的固體更潮濕時，固體從空氣中吸收水分，直到達到平衡。

諸如催化劑或吸附劑的多孔固體在中等相對濕度下通常具有明顯的平衡含水量。細毛細管中的液態水由於彎月面的高度凹陷的表面而發揮異常低的蒸汽壓。吸附劑如二氧化矽或氧化鋁具有強烈吸附在表面上的單層水，並且該水的蒸汽壓比液態水低很多。無孔顆粒如沙子的床可以忽略不計潮濕空氣中的平衡水分含量，除非顆粒太小，以至於顆粒接觸的液體邊緣具有非常小的曲率半徑。

在流體相中，擴散由以莫耳分率表示的濃度差決定。然而，在濕固體中，**莫耳分率** (mole fraction) 並不適用，為了便於乾燥計算，水分含量是以每單位質量的乾透固體的水分質量來表示。在本章就是使用這種表式法。

平衡水分和自由水分

進入乾燥器的空氣很少完全乾燥，仍然含有一定的水分並具有明確的相對濕度。對於有明確濕度的空氣，離開乾燥器的固體其水分含量，不能小於對應於進入空氣的濕度的平衡水分含量。潮濕固體中的部分水分，不可能被含有濕度的輸入空氣帶走，此時稱為**平衡水分** (equilibrium moisture)。

自由水分是固體總含水量與平衡含水量之差。因此，如果 X_T 是總水分含量，並且如果 X^* 是平衡含水量，則自由水分 X 是

$$X = X_T - X^*$$

乾燥計算感興趣的是 X，而不是 X_T。

一些作者使用術語**結合水** (bound water) 是指水分含量小於 100% 相對濕度下固體的平衡含水量，而當水分含量大於該值時為**未結合水** (unbound water)。

交叉循環乾燥

當涉及熱和質量傳遞時，乾燥的機構取決於固體的性質以及固體和氣體接觸的方法。固體有三種：結晶、多孔和無孔。結晶顆粒不含內部液體，只在固體表面進行乾燥。這種顆粒的床當然可以被認為是高度多孔的固體。真正多孔的固體，如催化劑顆粒，在內部通道中含有液體。無孔固體包括膠體凝膠如肥皂、膠水和塑料黏土；緻密的細胞狀固體，如木材和皮革；和許多聚合材料。

固體表面和氣體之間的質量傳遞由第 17 章所討論的關係所涵蓋。然而，含有內部液體的固體的乾燥速率取決於液體移動的方式以及行進到達固體表面的距離。這在平板或固體床的交叉循環乾燥 (cross-circulation drying) 中尤其重要。以這種方法進行乾燥是很慢的，通常採分批進行，在大多數大型乾燥操作中；此法已被其它較快的方法取代。然而，這種方法在生產藥物和精細化學品方面仍然很重要，特別是當必須仔細控制乾燥條件時。

恆定乾燥條件　考慮一個濕固體充填的床，深度可能在 50 到 75 mm (2 到 3 in.) 之間，其間有空氣循環。假設空氣通過乾燥表面的溫度、濕度、速度和流動方

向是恆定的，則稱此為在**恆定乾燥條件** (constant drying condition) 下乾燥。注意，這是指只有在氣流中的條件不變，但是固體中的水分含量和其它因素會隨著時間和位置而變化。

乾燥速率

隨著時間的流逝，水分含量 X_T 通常如圖 24.4 中的曲線 *A* 所示下降。經短時間後，進料被加熱到蒸發溫度，圖形變得接近線性，然後向水平方向彎曲，最後呈水平狀。乾燥速率為曲線 *A* 的導數，如曲線 *B* 表示； 在相當長的一段時間內，這個乾燥速率是恆定或略有下降，即使乾燥速率可能會有所降低，這段時間通常稱為**等速率乾燥期** (constant-rate period)。接下來是**減速率乾燥期** (falling-rate period)，其中乾燥速率可以隨時間線性地減小，或者根據固體的性質和內部水分流的機制，呈現凹向上或凹向下的圖形。有時，如圖 24.6 所示，對於多孔陶瓷板的乾燥，則有兩段減速率乾燥期。

如果固體很濕潤使得連續的液體膜存在於整個外表面上，則真正的等速率乾燥期是可以預期的。然後蒸發速率與來自液體池的蒸發速率大致相同，如果熱傳遞僅藉由通過氣膜的對流，則氣 - 液界面和固體表面處於濕球溫度。隨著乾燥的進行，只有當一些機構使內部很快提供足夠的水以保持整個表面變濕時才能保持真正的等速率乾燥期。一些固體如肥皂在非常潮濕時會膨脹，並在乾燥過程中收縮。收縮有助於保持表面濕潤並延長等速乾燥期。然而，快速乾燥也可能使材料的表面收縮變硬而且不可滲透，包裹大部分固體，使得內部水分不能容易地去除，這種效應稱為**表面硬化** (case hardening)。

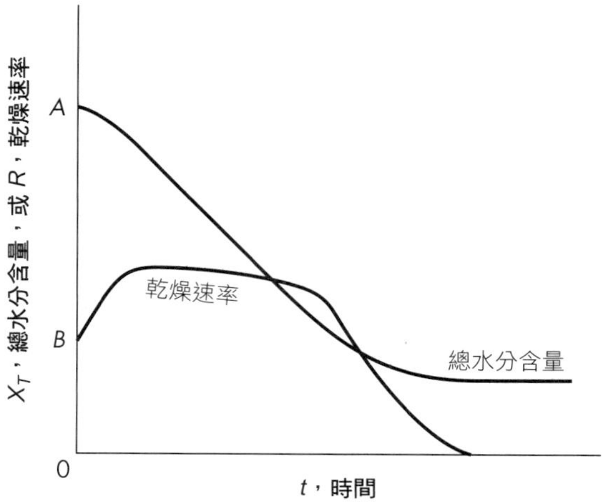

▲ 圖 24.4　總水分含量與乾燥速率對乾燥時間的典型圖

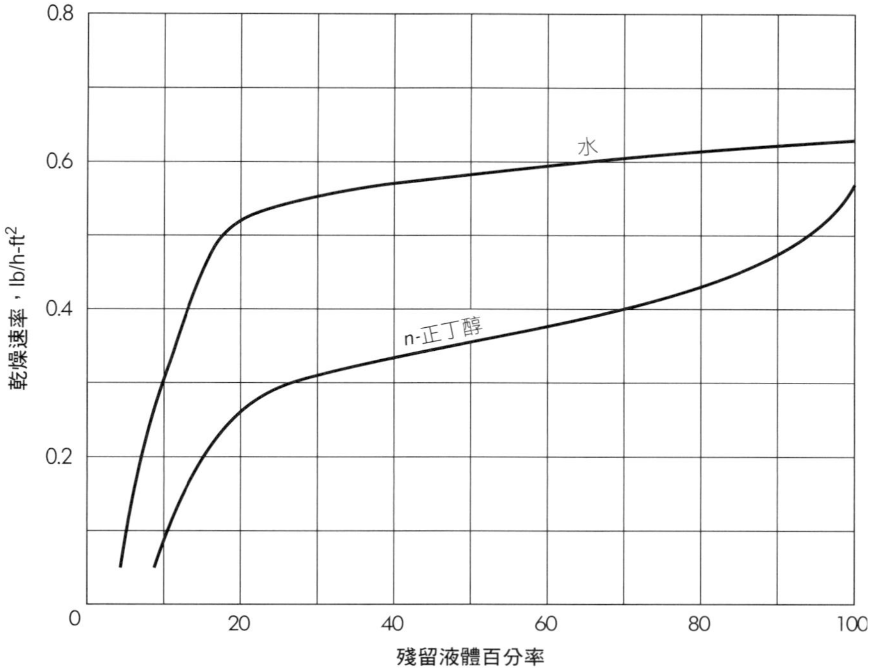

▲ 圖 24.5　水與正丁醇在粒徑為 88 至 105 μm 的玻璃珠床體的乾燥速率圖 (摘自 *Morgan and Yerazunis.*[8])

由於毛細管作用可能會使小孔保持充滿液體，而大孔中的氣 - 液界面後退到表面以下，所以在乾燥具有寬孔徑尺寸的多孔板的同時，幾乎等速率也是可能的。然後，乾燥速率取決於液體在小孔上的蒸汽壓力、濕潤表面的分率、以及從濕潤區域到乾燥區域的側向擴散速率相對於氣體邊界層中的質量傳遞速率。

長時間接近等速率乾燥的另一個例子是分散在盤 (tray) 上薄層中的水浸泡顆粒狀固體的乾燥。如果固體的尺寸相當均勻，如在玻璃珠或篩砂床中，床的孔隙中的水位必須隨著乾燥進行而減少，但研究[8,15]顯示出幾乎是等速率，直到約 80% 的水被去除 (見圖 24.5) 。吸附水的表面擴散或在非常薄的表面層中向上的水流是水輸送的可能機制，但是完整的這些現象的解釋尚未提出。

在真正的等速率乾燥期，固體的表面溫度與濕球溫度相同，只要沒有以輻射傳遞熱量或以固體傳導熱量。然而，實際上，盤式乾燥器中的材料可能從盤上接收明顯的輻射並且從盤下傳導熱量，使初始蒸發溫度高於 T_{wb}，並且藉由增加蒸汽擴散的驅動力來增加乾燥速率。但是，由於很難確定 T_v，所以乾燥器的熱傳係數通常使用 $T_h - T_{wb}$ 作為驅動力來計算。

圖 24.5 顯示了在小型隧道式乾燥器中，玻璃珠乾燥床的實驗數據，其中水或正丁醇作為液體被蒸發。[8] 乾燥速率相對於水含量作圖，此水含量定義為充滿液體的固體床中，孔隙體積的百分率。隨著水分含量降低到其初始值 (4 kg/100 kg 乾固體) 的約 20%，水曲線顯示乾燥速率緩慢下降，然後迅速下降。對於正丁醇，初始乾燥速率急劇下降，而後逐漸緩和但下降仍然顯著，在丁醇含量約為初始值的 25% 時，其速率急劇下降。

其它醇類和芳香族液體產生的結果與丁醇類似，乾燥速率初始下降，在快速下降的時間之前，長時間線性下降。[8,11] 雖然乾燥速率不恆定，但這些曲線的中間段通常稱為等速率乾燥期。

在等速率乾燥期，其中界面溫度 T_i 可以假設等於濕球溫度 T_{wb} (或可以計算，允許輻射和傳導)，可以從經驗相關性估計每單位面積的乾燥速率 R_c。計算可以基於質傳 [(24.9) 式]，但通常基於熱傳 [(24.10) 式]，因為驅動力的不確定性較小。

$$\dot{m}_v = \frac{M_v k_y (y_i - y) A}{\overline{(1-y)}_L} \tag{24.9}$$

或

$$\dot{m}_v = \frac{h_y (T - T_i) A}{\lambda_i} \tag{24.10}$$

其中 $\dot{m}_v$ = 蒸發速率
A = 乾燥面積
h_y = 熱傳係數
k_y = 質傳係數
M_v = 蒸汽的分子量
T = 氣體溫度
T_i = 界面溫度
y = 氣體中蒸汽的莫耳分率
y_i = 在界面處蒸汽的莫耳分率
λ_i = 在溫度 T_i 的潛熱

估算平行於固體表面的亂流的氣體熱傳係數，如在盤式乾燥器中，推薦以下方程式 [9]

$$\text{Nu} = \frac{h_y D_e}{k} = 0.037\ \text{Re}^{0.8}\ \text{Pr}^{0.33} \tag{24.11}$$

用於長管中的熱傳遞，(24.11) 式給出比 Dittus-Boelter 方程式 [(12.32) 式] 大 60% 的係數。差異可能是由於固體床較粗糙的表面，但主要因素可能是熱邊界層正在形成的入口附近的高係數。對於短管，入口效應是 L/D 的函數，對於亂流，係數比可由 (12.36) 式：

$$\frac{h_i}{h_\infty} = 1 + \left(\frac{D}{L}\right)^{0.7} \tag{12.36}$$

得到。在典型的熱交換器 $L/D \geq 50$ 中，入口效應可忽略不計。然而，在盤式乾燥器中，L/D_e 可以僅為約 2 至 4，然後 h_i/h_∞ 將為 1.6 至 1.4。在一些實驗室乾燥研究中，L/D_e 僅為 0.6 至 1.0，並且提出了由 Dittus-Boelter 方程式預測的係數的 2 至 3 倍。

來自 Perry 的《化學工程師手冊》的早期版本，本書以前的版本包括了因次方程，

$$h_y = 8.8G^{0.8}/D^{0.2}$$

對於近似設計計算，我們現在推薦 (24.11) 式或 (12.32) 式結合 (12.36) 式。需要更多來自全尺寸乾燥器的價格數據來開發更可靠的相關性。

當流動垂直於表面時，在 0.9 和 4.5 m/s 之間的空氣速度，方程式為 [18]

$$h_y = 24.2G^{0.37} \tag{24.12}$$

以 fps 為單位，h 以 Btu/ft^2 · h · °F 為單位，G 以 lb/ft^2 · h 為單位，則 (24.12) 式中的係數為 0.37。

恆定乾燥速率 R_c 為

$$R_c = \frac{\dot{m}_v}{A} = \frac{h_y(T - T_i)}{\lambda_i} \tag{24.13}$$

臨界含水量

等速率乾燥期終點 (無論乾燥速率是否真實恆定) 的水分含量稱為**臨界含水量** (critical moisture content)。有時可以清楚地識別，如圖 24.6 中的點 B 所示；更常見的是近似值。在圖 24.5 中，水和正丁醇的臨界含水量約 25% (固體中的空隙體積)。它表示水分含量若低於此，則沒有足夠的液體可以從固體內部傳遞以使在固體表面上保持連續或幾乎連續的液體膜。

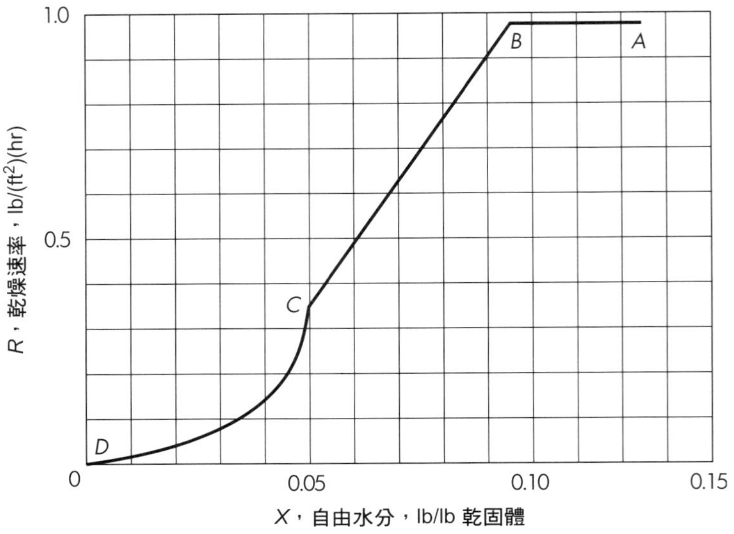

▲ 圖 24.6　多孔陶瓷平板的乾燥速率曲線 (摘自 *Sherwood and Comings.*[17])

如果固體的初始含水量低於臨界值，則不會有等速率乾燥期。

臨界含水量不僅是被乾燥材料的特性，它也隨著材料的厚度、乾燥速率和固體內的熱傳和質傳的阻力而變化。由於內阻變得相對較小並且外部阻力長時間地控制乾燥速率，因此減少材料的厚度會降低臨界含水量。

對於諸如砂或黏土的粉粒體，在 5 至 200 μm 的範圍內，臨界含水量隨著粒子大小的增加而降低，然而對於較粗顆粒而言其範圍則變得較大。

例題 24.1

24 in. (610 mm) 平方，2 in. (51 mm) 厚的濾餅，支撐在篩網上，兩面用濕球溫度為 80°F (26.7°C)，乾球溫度為 160°F (71.1°C) 的空氣乾燥。空氣以 8 ft/s (2.44 m/s) 的速度平行流過濾餅的面。乾濾餅的密度為 120 lb/ft^3 (1,922 kg/m^3)。平衡含水量可忽略不計。在乾燥條件下，以乾基計算的臨界水分為 9%。則 (a) 等速率期間的乾燥速率是多少？ (b) 從初始水分含量為 20% (乾基) 乾燥到最終水分含量為 10% 需要多少時間？ 相當直徑 D_e 等於 6 in. (153 mm)。假設輻射或熱傳導可忽略不計。

解

界面溫度 T_i 是空氣的濕球溫度，80°F。由附錄 7 查出 λ_i 為 1,049 Btu/lb。

(a) 係數 h_y 從 (24.11) 式求得。對於 160°F 和 1 atm 的空氣，忽略水蒸氣，

$$\rho = \frac{29}{369} \times \frac{492}{620} = 0.0641 \text{ lb/ft}^3$$

$$G = 8 \times 3{,}600 \times 0.0641 = 1{,}846 \text{ lb/h} \cdot \text{ft}^2$$

$$\mu = 0.0205 \text{ cP} \qquad (\text{附錄 8})$$

$$\text{Re} = \frac{0.5 \times 1{,}846}{0.0205 \times 2.42} = 1.86 \times 10^4$$

$$\text{Pr} = 0.69$$

$$k = 0.0171 \text{ Btu/h} \cdot \text{ft} \cdot {}^\circ\text{F} \ (\text{附錄 12})$$

$$\text{Nu} = 0.037(1.86 \times 10^4)^{0.8}(0.69)^{0.33} = 85.2$$

$$h_y = \frac{85.2 \times 0.017}{0.5} = 2.90 \text{ Btu/h} \cdot \text{ft}^2 \cdot {}^\circ\text{F}$$

代入 (24.13) 式，得到

$$R_c = \frac{2.9(160 - 80)}{1{,}049} = 0.221 \text{ lb/h} \cdot \text{ft}^2$$

(b) 由於乾燥是兩面，面積 A 為 $2 \times (24/12)^2 = 8 \text{ ft}^2$。因此，乾燥速率 $\dot{m}_v$ 為

$$\dot{m}_v = 0.221 \times 8 = 1.77 \text{ lb/h}$$

濾餅的體積為 $(24/12)^2 \times \frac{2}{12} = 0.667 \text{ ft}^3$，乾透固體的質量為 $120 \times 0.667 = 80$ lb。被蒸發的水量為 $80(0.20 - 0.10) = 8$ lb。因此乾燥時間 t_T 為 $8/1.77 = 4.52$ h。

減速率乾燥期的乾燥

估計減速率乾燥期 (falling-rate period) 的乾燥速率的方法取決於固體是多孔還是非多孔。在非多孔顆粒的床體，一旦頂部表面沒有更多的水分，進一步蒸發則發生在表面下方，其速率取決於部分乾燥的固體中的熱傳和質傳阻力。

非多孔固體　典型的非多孔固體中的水分分布，在定性上與假定水分以擴散通過固體所要求的一致，此乃根據 (17.49) 式。它與理論分布略有不同，主要是因為擴散係數隨含水量有很大的變化，而且對收縮特別敏感。

長期以來，(17.49) 式用於估算非多孔固體的乾燥速率。[10,16] 這種方式的乾燥被稱為擴散乾燥，即使實際的乾燥機構可能比簡單擴散要複雜得多。

擴散是緩慢乾燥材料的特性。水蒸氣從固體表面傳到空氣的質傳阻力通常是可忽略的，並且固體中的擴散控制了整個乾燥速率。因此，表面的水分含量處於接近平衡值。空氣的速度影響很小或幾乎沒有影響，空氣的濕度主要透過對平衡含水量的影響來影響過程。由於擴散係數隨溫度升高而增加，因此乾燥速率隨著固體溫度升高而增加。

多孔固體　在多孔材料中，內部水分擴散到頂部表面或顆粒表面可能會限制乾燥速率。水分因毛細管作用通過多孔固體 [1,2,4]，並在一定程度上以表面擴散通過多孔固體。多孔陶瓷板的乾燥速率曲線如圖 24.6 所示。圖中顯示在減速率乾燥曲線有一明顯的折點 (*C* 點)，此點的含水量為每磅乾燥固體含 0.05 磅水分。這稱為**第二臨界點** (second critical point)。然而，該圖所示的行為類型並不常見，因為恆定速率很少是真正的恆定，儘管低含水量下降速率可能會有一些變化，但是過渡 (transition) 並不明顯，不足以表明第二臨界含水量。

在恆定乾燥條件下計算乾燥時間

為了在恆定條件下進行乾燥，如果可以建構乾燥速率曲線，就可以確定乾燥時間。通常，此曲線的唯一來源是由材料的乾燥實驗而得，可直接獲知乾燥時間。這些條件的乾燥速率曲線可以針對其它條件，例如不同的溫度、氣體速度或樣品尺寸，以及預測的新的乾燥時間進行修改。

根據定義，

$$R = -\frac{dm_v}{A\,dt} = -\frac{m_s}{A}\frac{dX}{dt} \tag{24.14}$$

將 (24.14) 式在 X_1 和 X_2 之間積分，其中 X_1 和 X_2 分別為初始和最終的自由水分含量，得到

$$t_T = \frac{m_s}{A}\int_{X_2}^{X_1}\frac{dX}{R} \tag{24.15}$$

其中 t_T 是總乾燥時間。(24.15) 式可以從乾燥速率曲線採用數值積分，或者如果 R 與 X 的函數關係為已知，則可用解析法求解。

在恆速期，$R = R_c$，乾燥時間為

$$t_c = \frac{m_s(X_1 - X_2)}{AR_c} \tag{24.16}$$

在減速率乾燥期間，乾燥速率曲線可能向上凸起，這意味著乾燥速率比固體的水分含量下降得慢。作為近似值，可以假定乾燥速率與含水量成正比。因此

$$R = aX \tag{24.17}$$

從 (24.14) 式

$$aX = \frac{-m_s dX}{A\ dt} \tag{24.18}$$

在 X_c 和 X_2 之間積分，其中 X_c 和 X_2 為臨界和最終的自由水分含量，得到

$$\ln\left(\frac{X_c}{X_2}\right) = \frac{aA}{m_s}(t_T - t_c) \tag{24.19}$$

由於 $a = R_c/X_c$，

$$(t_T - t_c) = \frac{m_s X_c}{AR_c} \ln\left(\frac{X_c}{X_2}\right) \tag{24.20}$$

$$t_T = \frac{m_s}{AR_c}\left(X_1 - X_c + X_c \ln\frac{X_c}{X_2}\right) \tag{24.21}$$

(24.21) 式可用於估計各種不同條件下的乾燥時間。如果在減速率期間，乾燥速率曲線顯示的速率急劇下降，則 (24.21) 式不適用，且改變乾燥參數的影響不容易預測。

直通 - 循環乾燥

如果濕固體顆粒夠大，則氣體可以通過床而不是穿過床，通常乾燥速率顯著增加。即使個別顆粒太小而不能採用此法，這種材料在許多情況下也可能被「預先成型」，而成為適於直通 - 循環乾燥 (through-circulation drying) 的條件。例如，濾餅可以被造粒或擠壓成「餅乾狀」或通心麵狀的圓柱，其直徑可能為 6 mm，且長為幾厘米。預先成型物通常在乾燥過程中保持其形狀，並形成相當高孔隙率的滲透床。

在固體床中的熱傳和質傳到顆粒表面的速率可以從 (17.78) 式計算，如例題 24.2 所示。然而，這種計算的結果最好僅用於初步估算，因為實驗測試要乾燥的材料通常才是明智且必要的。

例題 24.2

將例題 24.1 的濾餅以直徑為 $\frac{1}{4}$ in.，長 3 in. 的圓柱體形式在篩網上擠出。固體負載量為每平方呎網板表面有 8 lb 的乾燥固體。床的孔隙率為 45%。空氣在 160°F (乾球) 並且濕球溫度為 80°F，以 4 ft/s 的表面速度通過粒子床。(空氣速度比在例題 24.1 中的低，以減低壓力降且避免乾燥材料粉塵化。) 固體的臨界含水量為 9%。將固體物質從 20% 的含水量乾燥到 10% 需要多少時間？

解

假定顆粒狀固體的臨界含水量與前例相同，即 9%，雖然直通 - 循環乾燥的臨界含水量通常小於在固體床上的平行流動。此外，作為近似值，假定所有乾燥都是在恆速期進行的，雖然床的頂部在一段時間內處於減速期。如前所述，蒸發溫度為 80°F，λ 為 1,049 Btu/lb。因此，每平方呎的網板面積，所能蒸發的水量為 8(0.20 − 0.10) = 0.8 lb，必須傳遞的熱量 Q_T 為 0.8×1,049 = 839 Btu。

單一圓柱體中的乾固體質量為

$$m_p = \frac{\pi \times \left(\frac{1}{4}\right)^2}{4 \times 144} \times \frac{3}{12} \times 120 = 0.0102 \text{ lb}$$

若忽略兩端的面積，則一個圓柱體的表面積為

$$A_p = \frac{\pi \times \frac{1}{4}}{12} \times \frac{3}{12} = 0.0164 \text{ ft}^2$$

8 lb 固體曝露的總面積為

$$A = \frac{8}{0.0102} \times 0.0164 = 12.9 \text{ ft}^2$$

熱傳係數可從相當於 (17.78) 式的形式求出：

$$\frac{hD}{k} = 1.17 \text{ Re}^{0.585} \text{ Pr}^{1/3}$$

對於 1 atm 和 160°F 的空氣，其性質為

$$\rho = \frac{29}{359} \times \frac{492}{620} = 0.0641 \text{ lb/ft}^3 \qquad \mu = 0.020 \text{ cP} \qquad (\text{附錄 8})$$

$$k = 0.0171 \text{ Btu/ft} \cdot \text{h} \cdot {}^\circ\text{F} \qquad (\text{附錄12}) \qquad c_p = 0.25 \text{ Btu/lb} \cdot {}^\circ\text{F} \qquad (\text{附錄 14})$$

基於顆粒直徑的雷諾數為

$$\mathrm{Re} = \frac{D_p G}{\mu} = \frac{D_p \bar{V} \rho}{\mu}$$
$$= \frac{\frac{1}{48} \times 4 \times 0.0641}{0.020 \times 6.72 \times 10^{-4}} = 397$$

普蘭特 (Prandtl) 數為

$$\mathrm{Pr} = \frac{0.25 \times 0.020 \times 2.42}{0.0171} = 0.71$$

從 (17.78) 式，

$$h = \frac{0.0171 \times 1.17 \times 397^{0.585} \times 0.71^{1/3}}{\frac{1}{48}}$$
$$= 28.4 \ \mathrm{Btu/ft^2 \cdot h \cdot {}^\circ F}$$

從氣體傳遞到薄床段的熱量為

$$-\dot{m}_g c_s \, dT_h = h \, dA (T_h - T_w)$$

如果 T_w 假定為常數 (一旦達到臨界含水量，對於床的頂部而言，這不是真的)，將此方程式積分，可得

$$\ln \frac{T_{hb} - T_w}{T_{ha} - T_w} = \frac{hA}{\dot{m}_g c_s}$$

每平方呎篩網的空氣質量流率為

$$\dot{m}_g = 4 \times 3{,}600 \times 0.0641 = 923 \ \mathrm{lb/h}$$

從圖 19.2，$c_s = 0.245$。因此

$$\ln \frac{T_{hb} - T_w}{T_{ha} - T_w} = \frac{28.4 \times 12.9}{923 \times 0.245} = 1.62$$

由於 $T_{hb} - T_w = 160 - 80 = 80°\mathrm{F}$，

$$T_{ha} - T_w = 15.83°\mathrm{F}$$
$$\overline{\Delta T_L} = \frac{80 - 15.83}{\ln(80/15.83)} = 39.6°\mathrm{F}$$

如果 q_T 是熱傳速率且 t_T 是乾燥時間，

$$q_T = \frac{Q_T}{t_T} = hA\,\overline{\Delta T_L}$$
$$= 28.4 \times 12.9 \times 39.6$$
$$= 14{,}500 \text{ Btu/h}$$

因為 $Q_T = 839$ Btu，故由上式可知

$$t_T = \frac{839}{14{,}500} = 0.058 \text{ h, 或} 3.5 \text{ min}$$

請注意，例題 24.2 中 10% 的最終水分含量是指所有固體的平均值。曝露於最熱的空氣中的頂層，將在約 1.7 min 乾燥至含 10% 的水分，使得在 3.5 min 乾燥時間結束時，頂層將比平均量乾，底層仍然具有約 16% 的水分。請注意，例題 24.2 中估計的乾燥時間僅為例題 24.1 中交叉循環乾燥所需時間的 1.3%。雖然例題 24.2 中的固體負載僅為例題 24.1 中的 40%，但是對於每單位時間內固體乾燥的量而言，使用直通 - 循環乾燥是交叉循環乾燥的 20 倍以上。對於恆速乾燥這是真實的，但是在減速乾燥期的乾燥速率也有所提高，主要是因為擴散距離的減小。

懸浮顆粒的乾燥

只要粒子或氣體之間的速度差為已知，則氣體到單一顆粒的熱傳速率可從 (12.64) 式估算。從固體顆粒或液滴的表面至氣體的質傳速率可以從 (17.75) 式或從圖 17.7 求得。通常，如在塔式乾燥器或旋轉乾燥器中，當顆粒以沖淋的方式通過氣體時，只完成了部分的乾燥，因此使用經驗方程式來設計這種乾燥器 (參見「旋轉乾燥器」)。

對懸浮顆粒 (suspended particle) 的傳遞，可用如 (17.75) 式的方程式來估算；當相對速度等於零時，通常只是假設 Nusselt 數或 Sherwood 數等於 2.0，然而，如稍後在流化床乾燥器中所討論的，平均溫差或氣體和固體之間的質傳驅動力，並不一定可以求出，乾燥速率必須由實驗獲得。

球形顆粒的內部擴散可以從類似於 (10.32) 式的方程式來估算。

乾燥單個顆粒所需的時間通常很短，實際上，時間短到使得**恆速** (constant rate) 和**減速** (falling rate) 的術語失去意義。在閃蒸乾燥器 (flash dryer) 和一些噴霧乾燥器中，乾燥全部在 $\frac{1}{2}$ 至 5 秒內完成。

冷凍乾燥

凍乾 (lyophilization) 或冷凍乾燥 (freeze drying) 是一種在低於 0°C 的溫度下乾燥食物、維生素和其它熱敏感產品的方法。[7,14] 待乾燥的材料被放置在特殊真空室中的盤上的薄層中快速冷凍乾燥，或者可以藉由在中空盤內循環的製冷劑將其冷凍乾燥。採用完全真空並使流體通過乾燥盤以提供昇華熱。隨著乾燥的進行，冰面從表面退縮，留下幾乎乾燥的多孔固體的區域。在大多數乾燥期間，冰面的溫度幾乎保持在遠低於 0°C 的溫度。此溫度由通過乾燥區域和外部氣膜的熱傳速率以及通過相同區域的水蒸氣的質傳速率之間的平衡來確定。這類似於氣體在達到平衡時量測其濕球溫度，但是在冷凍乾燥中，熱傳阻力和質傳阻力隨時間的增加而增加。

用於從兩側乾燥的材料其溫度和分壓曲線如圖 24.7 所示。材料和加熱表面之間的篩網或肋骨狀網允許水蒸氣逸出，但是它們對熱傳遞增加了一些阻力。熱傳和質傳的主要阻力位於材料的乾燥區域，乾燥時間幾乎與樣品厚度的平方成正比。乾燥時間通常為幾個小時，因為昇華所需的熱量遠大於乾燥固體的焓變化，且溫度差比其它類型的乾燥要小。

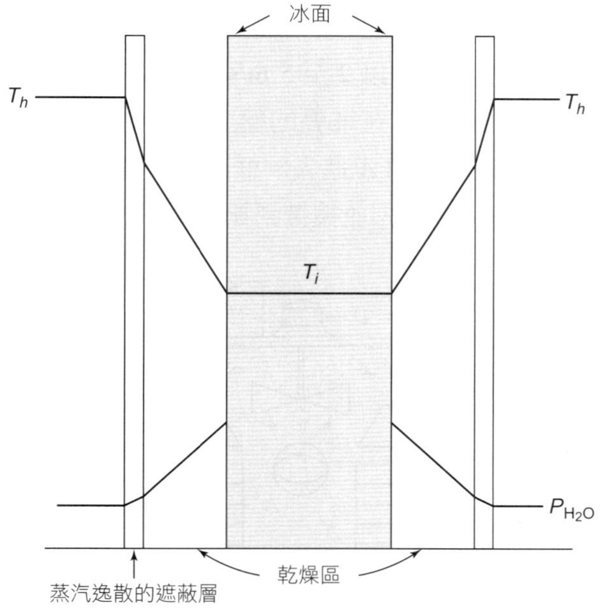

▲ 圖 24.7 冷凍乾燥的梯度

乾燥設備

有許多類型的商業乾燥器可供使用，[12a, 19] 這裡只考慮少數重要類型。第一組且為較大的組包括可用於剛性或顆粒狀固體和半固體糊劑 (semisolid pastes) 的乾燥器；第二組由可以接受漿料或液體進料的乾燥器組成。

固體和糊劑乾燥器

用於固體和糊劑的典型乾燥器包括：用於不能攪拌材料的盤式和篩網輸送帶乾燥器，以及允許攪拌的塔式、旋轉式、螺旋輸送帶式、流化床式和閃蒸乾燥器。在下列處理中，盡可能根據攪拌程度，以及將固體曝露於氣體的方法或與熱表面接觸的方法，按照本章開始所述進行討論。然而，排序是複雜的，因為某些類型的乾燥器可以是絕熱或非絕熱或兩者的組合。

盤式乾燥器

典型的批式盤式乾燥器 (tray dryer) 如圖 24.8 所示。它由金屬板的矩形室組成，其中包含支撐框架 *H* 的兩個車輪。每個框架都有許多淺盤，可能是 750 mm (30 in.) 的正方形和 50 至 150 mm (2 至 6 in.) 的深度，裝載待乾燥的材料。熱空氣利用風扇 *C* 和馬達 *D* 在盤之間以 2 至 5 m/s (7 至 15 ft/s) 的循環速度通過加熱器 *E*。擋板 *G* 將空氣均勻地分布在堆疊的盤上。一些潮濕的空氣經由排氣管 *B* 連續排出； 補充新鮮空氣由入口 *A* 進入。框架安裝在車輪 *I* 上，使得在乾燥循環結束時，車輪可以從室中拉出，並被帶到托盤傾卸站。

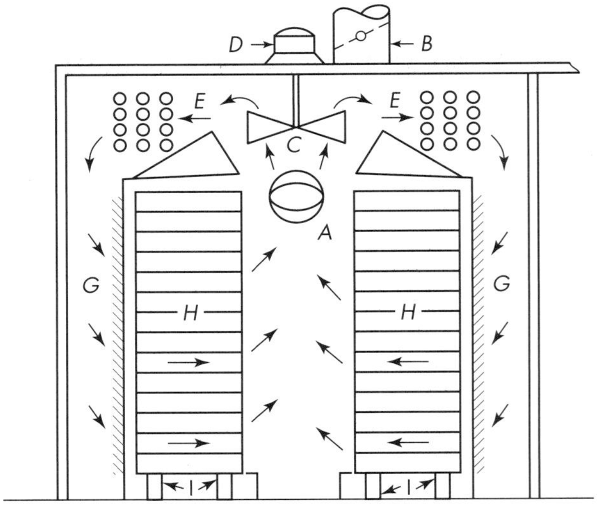

▲ 圖 24.8　盤式乾燥器

盤式乾燥器適用於生產率小的情況。它們幾乎可以乾燥任何東西，但由於裝卸均需勞動力，所以在操作上較為昂貴。常使用在如染料和藥物等有價值的產品。利用空氣通過靜止的固體層進行循環乾燥較為緩慢，乾燥週期長：每批次需 3 至 48 小時。偶爾使用直通 - 循環乾燥，但是在批式乾燥器中使用直通 - 循環乾燥通常既不經濟也不必要，因為縮短乾燥週期不會降低每個批次所需的勞動。但可能會有很大的節能效果。

盤式乾燥器可以在真空下操作，通常採用間接加熱。托盤可以放置在提供有蒸汽或熱水的中空金屬板上，或者本身可包含用於加熱流體的空間。利用噴射器或真空泵除去固體的蒸汽。有時添加少量氮氣流以幫助帶走蒸汽，但大部分的蒸發熱來自通過托盤和潮濕固體的傳導。真空乾燥器比在大氣壓下操作的乾燥器要貴得多，但它們偏愛熱敏感材料。此外，如果在絕熱乾燥器中使用大量空氣，則有機溶劑的回收更容易。

篩網 - 輸送帶乾燥器

典型的直通 - 循環篩網 - 輸送帶乾燥器 (through-circulation screen-conveyor dryer) 如圖 24.9 所示。通過長的乾燥室或通道，在行進的金屬屏幕上緩慢地將 25 至 150 mm (1 至 6 in.) 厚的待乾燥的材料帶入。該室由一系列獨立的部分組成，每個部分都有自己的風扇和空氣加熱器。在乾燥器的入口端，空氣通常向上通過篩網和固體；在排放端附近，材料已乾燥並且可能有灰塵，此時空氣向下通過篩網。空氣溫度和濕度在不同的部分可能不同，以便為每一點提供最佳乾燥條件。

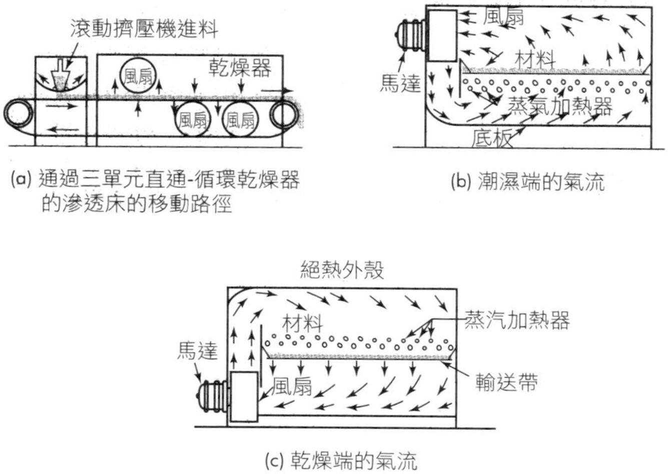

(a) 通過三單元直通-循環乾燥器的滲透床的移動路徑
(b) 潮濕端的氣流
(c) 乾燥端的氣流

▲ 圖 24.9 直通 - 循環篩網 - 輸送帶乾燥器

篩網 - 輸送帶乾燥器的寬度通常為 2 m (6 ft)，4 至 50 m (12 至 150 ft) 長，乾燥時間為 5 至 120 min。最小篩網尺寸約為 30 網目 (mesh)。粗粒狀、片狀或纖維狀材料可以採直通 - 循環乾燥，無需任何預先處理，並且材料通過篩網不會損失。然而，細粒的糊狀物和濾餅，必須在篩網傳送帶乾燥器上進行處理之前先行操作。聚集物 (aggregate) 在乾燥期間通常保持其形狀，除了少量外，通過篩網時，不會形成灰塵。有時需採取預防措施，回收通過篩網的微粒。

篩網 - 輸送帶乾燥器可連續處理各種固體，並採取非常溫和的作用；它們的成本是合理的，並且它們的蒸汽消耗量低，通常每公斤水蒸發需 2 公斤蒸汽。空氣可以再循環使用，並從每個部分分開排出，或從一個部分傳遞到另一個部分而與固體逆向流動。當乾燥條件必須隨著固體的水分含量降低而明顯改變時，這些乾燥器特別適用。它們是類似於例題 24.2 所示的方法設計的。

塔式乾燥器

塔式乾燥器 (tower dryer) 包含一系列在中心旋轉軸上彼此上下安裝的圓盤。落在最上面的托盤上的固體進料曝露於穿過托盤的熱空氣或氣體流中。然後將固體刮掉並落到下面的托盤中。固體以這種方式通過乾燥器，乾燥的產品從塔的底部排放。固體和氣體的流動可以是平行或逆向流。當材料從每個托盤刮掉時，就會發生固體的一些混合，因此最終的固體比其它塔盤乾燥器的固體更均勻。

圖 24.10 所示的**渦輪乾燥器** (turbodryer) 是具有加熱氣體的內部再循環的塔式乾燥器。渦輪風扇將空氣或氣體向外循環在一些托盤之間，通過加熱元件，並在其它托盤之間向內循環。氣體速度通常為 0.6 至 2.4 m/s (2 至 8 ft/s) 。圖 24.10 所示的乾燥器的底部兩個托盤，構成乾燥固體的冷卻段，預熱空氣通常在塔的底部抽出，從頂部排出，呈現逆向流。渦輪乾燥器的功能一部分是利用交叉循環乾燥，如在塔盤式乾燥器中，而一部分當它們從一個托盤翻轉到另一個托盤時通過熱氣體噴淋顆粒。

旋轉式乾燥器

旋轉式乾燥器 (rotary dryer) 由旋轉的圓柱形殼體組成，水平或稍微朝向出口傾斜。濕進料進入圓柱的一端；乾料從另一端排出，當圓柱旋轉時，內部飛起提升固體，並將固體經由殼體的內部向下噴淋。旋轉式乾燥器藉由氣體與固體的直接接觸而加熱，或由熱氣體通過外部套層而被加熱，或以安裝在殼體內表面上的一組縱管中的蒸汽冷凝而加熱。這些類型中的最後一種稱為蒸汽管旋

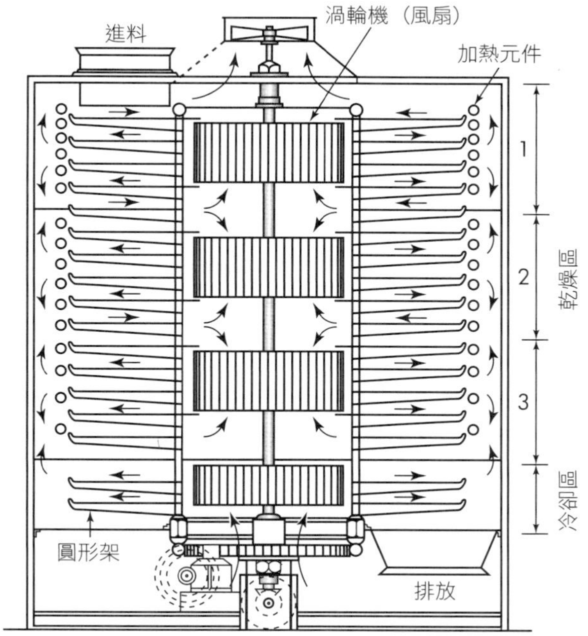

▲ 圖 24.10 渦輪乾燥器

轉式乾燥器。在直接 - 間接旋轉式乾燥器中，熱氣首先通過套層，然後穿過殼體，在其中與固體接觸。

典型的絕熱逆流空氣加熱旋轉式乾燥器如圖 24.11 所示。由鋼板製成的旋轉殼體 *A*，由兩組滾筒 *B* 支撐，並以齒輪和小齒輪 *C* 驅動。在上端是引擎罩 *D* 通過風扇 *E* 連接到煙道，噴口 *F* 可從進料槽引入濕料，焊接在殼體內的昇舉梯 *G* 將被乾燥的材料提起，並通過熱空氣噴淋。在較低的一端，乾燥的產品排出螺旋輸送帶 *H*。剛好在螺旋輸送帶之外是一組預熱空氣的蒸汽加熱的延伸表面管道。空氣藉風扇通過乾燥器，如果需要，其可以排放到空氣加熱器中，使得整個系統處於正壓力下。或者如圖所示，風扇可以放置在煙道中，使得其將空氣抽吸通過乾燥器，並將系統保持在輕度真空下。這些都是當材料附有灰塵時，我們要做的操作。這種旋轉式乾燥器廣泛用於鹽、糖和各種顆粒狀和結晶性材料，這些材料必須保持清潔，並且不能直接曝露於非常熱的煙道氣中。

直接接觸式旋轉乾燥機中氣體的允許質量速度取決於待乾燥固體的粉塵特性，對於粗顆粒而言，範圍從 2,000 至 25,000 kg/m^2 · h (400 至 5,000 lb/ft^2 · h)。對於蒸汽加熱的空氣，入口氣體溫度通常為 120 至 175°C (250 至 350°F)，來自火爐的煙道氣溫度在 550 至 800°C (1000 至 1,500°F)。乾燥器的直徑範圍為 1 至 3 m (3 至 10 ft)；殼體的圓周速率通常為 20 至 25 m/min (60 至 75 ft/min) 。

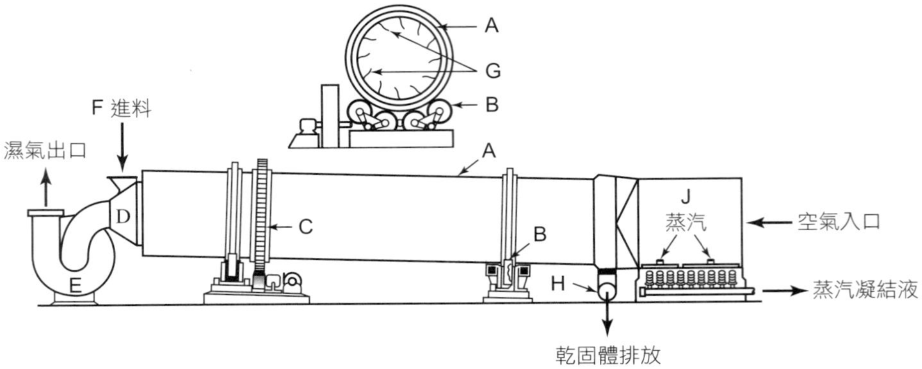

▲ 圖 24.11 逆向流空氣加熱旋轉乾燥器：A，乾燥器外殼；B，外殼支撐輪；C，驅動輪；D，排氣罩；E，排放扇；F，入料槽；G，昇舉梯；H，產品出口；J，空氣加熱器

直接接觸式旋轉式乾燥器是基於熱傳設計的。對於熱傳速率 q_T (Btu/h) 有一經驗**因次** (dimensional) 方程式為 [12b]

$$q_T = \frac{0.5G^{0.67}}{D} V \, \overline{\Delta T} = 0.125\pi \; DLG^{0.67} \, \overline{\Delta T} \tag{24.22}$$

其中 V = 乾燥器體積，ft^3

L = 乾燥器長度，ft

$\overline{\Delta T}$ = 平均溫差，取乾燥器入口和出口處的濕球溫度降 (wet-bulb depressions) 的對數平均值

G = 質量速度，$lb/ft^2 \cdot h$

D = 乾燥器直徑，ft

從 (24.22) 式可得體積熱傳係數 Ua ($Btu/ft^3 \cdot h \cdot °F$) 為

$$Ua = \frac{0.5G^{0.67}}{D} \tag{24.23}$$

適當的出口氣體溫度是經濟問題；此值可以從 (24.6) 式或 (24.8) 式來估計，因為經驗發現 [12b]，當 N_t 在 1.5 和 2.5 之間時，旋轉乾燥器的操作最經濟。

例題 24.3

將熱敏感固體，從最初含水量 15% 乾燥至最終含水量 0.5%，兩者均採乾基，乾燥速度為 2,800 lb/h (1,270 kg/h)，計算絕熱旋轉乾燥器的直徑和長度。固體的比熱為 0.52 Btu/lb · °F；它們進入的溫度為 80°F (26.7°C)，且加熱溫度不得高於 125°F (51.7°C)。加熱空氣的溫度為 260°F (126.7°C)，而濕度為 0.01 lb-H_2O/lb- 乾空氣。空氣的最大允許質量速度為 700 lb/ft^2 · h (3,420 kg / m^2 · h)。

解

考慮到固體的熱敏感性，將使用並流操作。對於絕熱乾燥而言，出口氣體溫度可由 (24.8) 式求出。假設傳送單位數為 1.5。由圖 19.2 知，入口濕球溫度 T_{wb} 為 102°F。由於 T_{hb} 為 260°F，由 (24.8) 式

$$N_t = 1.5 = \ln \frac{260 - 102}{T_{ha} - 102}$$

由此可得 $T_{ha} = 137$°F，而 T_{sb} 合理地設定在最大允許值，125°F。

其它需要的量是

$$\lambda \text{ 在 } 102°\text{F} = 1{,}036 \text{ Btu/lb} \qquad (\text{附錄 } 7)$$

比熱，以 Btu/lb · °F 為單位

$$c_{ps} = 0.52 \qquad c_{pv} = 0.45 \quad (\text{附錄 } 14) \qquad c_{pL} = 1.0$$

此外

$$X_a = 0.15 \qquad X_b = 0.005 \qquad \dot{m}_s = 2{,}800 \text{ lb/h}$$

質傳速率，

$$\dot{m}_v = \dot{m}_s(X_a - X_b) = 2{,}800(0.15 - 0.005) = 406 \text{ lb/h}$$

從 (24.1) 式求出熱負荷：

$$\begin{aligned}\frac{q_T}{\dot{m}_s} &= 0.52(125 - 80) + 0.15 \times 1.0(102 - 80) \\ &\quad + (0.15 - 0.005)(1{,}036) + 0.005 \times 1.0(125 - 102) \\ &\quad + 0.145 \times 0.45(137 - 102) \\ &= 23.4 + 3.3 + 150.2 + 0.1 + 2.3 = 179.3 \text{ Btu/lb}\end{aligned}$$

只有第一和第三項是重要的。由此可得，$q_T = 179.3 \times 2{,}800 = 502{,}040$ Btu/h。

從熱平衡和濕氣比熱 c_{sb} 可以求出進入空氣的流率。由圖 19.2，$c_{sb} = 0.245$ Btu/lb · °F。因此

$$\dot{m}_g(1+\mathscr{H}_b)=\frac{q_T}{c_{sb}(T_{hb}-T_{ha})}$$

$$=\frac{502{,}040}{0.245(260-137)}=16{,}660\text{ lb/h}$$

由於 $\mathscr{H}_b=0.01$，$\dot{m}_g=16{,}660/1.01=16{,}495$ lb/h 的乾空氣。

出口濕度

$$\mathscr{H}_a=\mathscr{H}_b+\dot{m}_v/\dot{m}_g=0.01+\frac{406}{16{,}495}=0.0346\text{ lb/lb}$$

乾球溫度 T_{ha} 為 137°F，對於 $\mathscr{H}_a=0.0346$ 的濕球溫度 T_{wa} 為 102°F，此與 T_{wb} 相同 (因為它是絕熱乾燥)。

從輸入空氣允許的質量速度和流率可以求出乾燥器的直徑。對於 $G=700$ lb/ft$^2\cdot$h，乾燥器的截面積必須為 $16{,}660/700=23.8$ ft^2，乾燥器的直徑為

$$D=\left(\frac{4\times 23.8}{\pi}\right)^{0.5}=5.50\text{ ft (1.68 m)}$$

乾燥器長度可由 (24.22) 式求得：

$$L=\frac{q_T}{0.125\pi DG^{0.67}\,\overline{\Delta T}}$$

對數平均溫差為

$$\overline{\Delta T}=\frac{260-102-(137-102)}{\ln[(260-102)/(137-102)]}=81.6°\text{F}$$

因此，

$$L=\frac{502{,}040}{0.125\pi\times 5.5\times 700^{0.67}\times 81.6}$$
$$=35.4\text{, 即 , 36 ft (11.0 m)}$$

這使得比率 L/D 為 36/5.5 = 6.54，是旋轉式乾燥器的合理值。

螺旋輸送帶乾燥器

螺旋輸送帶 (screw conveyor) 是連續的間接加熱乾燥器，主要由水平螺旋輸送帶 (或槳式輸送帶) 組成，封閉在圓柱形套層殼內。一端進料的固體被緩慢地

輸送通過加熱區域並從另一端排出。通過設置在殼體頂部的管道排出蒸汽。殼體直徑為 75 至 600 mm (3 至 24 in.)，長度為 6 m (20 ft)；當需要更大的長度時，則設置幾個輸送帶，使其重疊成堆層。通常此堆層的底部單元是一個冷卻器，其中套層中的水或另一個冷卻劑，在乾燥的固體排出之前降低其溫度。

輸送帶的旋轉速度較慢，為 2 至 30 rpm。熱傳係數是基於殼體的整個內表面，即使殼體轉速僅為全速的 10% 至 60%。係數取決於殼體內的負載和輸送帶的速率。對於許多固體，其範圍為 15 至 60 $W/m^2 \cdot {}^\circ C$ (3 至 10 $Btu/ft^2 \cdot h \cdot {}^\circ F$)。

螺旋輸送帶乾燥器處理的是對於旋轉乾燥器來說太細和太黏的固體。它們完全封閉並允許回收溶劑蒸汽，僅被少量空氣稀釋或不被空氣稀釋。當提供適當的進料器時，它們可以在中等真空下操作。因此它們適應於連續的去除並從溶劑 - 濕固體中回收揮發性溶劑，例如來自瀝濾操作的廢粗粉。因此，它們有時被稱為**脫溶劑器** (desolventizer)。

稍後將在「薄膜乾燥器」中描述相關類型的設備。

流體化床乾燥器

乾燥氣體將固體流體化的乾燥器可用於各種乾燥問題。[3] 顆粒被沸騰床單元中的空氣或氣體流體化，如圖 24.12 所示。混合和熱傳遞非常快。濕進料進入床的頂部；乾燥產品從靠近底部的側面取出。在圖 24.12 所示的乾燥器中，滯留時間隨機分布；當僅表面液體蒸發時，顆粒停留在乾燥器中的平均時間通常為 30 至 120 秒，如果還有內部擴散，液體被蒸發則長達 15 至 30 分鐘。小顆粒基本上被加熱到流體化氣體的出口乾球溫度；因此，熱敏感材料必須在相對較冷的懸浮介質中乾燥。即使如此，入口氣體也可能是熱的，因為它們如此快速地混合，使得在出口氣體溫度下，整個床層的溫度幾乎是均勻的。如果存在來自進料或來自流體化床中的顆粒破裂的細顆粒，則出口氣體可能存在大量的固體殘留物，需要旋風分離器 (cyclone) 和袋式過濾器才能進行細顆粒的回收。

一些矩形流體化床乾燥器 (fluid-bed dryer) 具有單獨的流體化隔室 (fluidized compartment)，固體從入口到出口依次通過該隔室。這些被稱為**柱狀流乾燥器** (plug flow dryers)；在其中，所有顆粒的滯留時間幾乎相同。乾燥條件可以從一個隔室變化到另一個隔室，通常最後一個隔室用冷氣流體化，以便固體在排出乾燥器前冷卻固體。

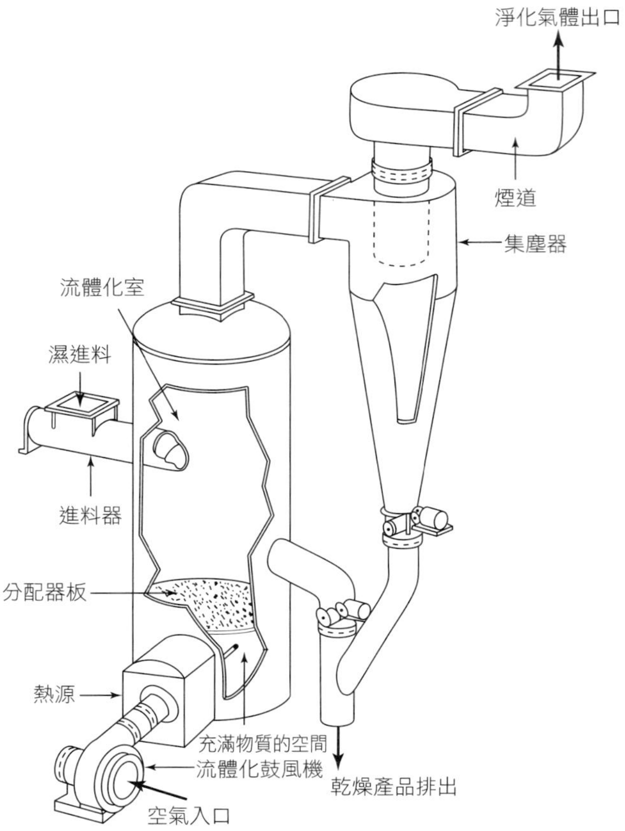

▲ 圖 24.12　連續流體化床乾燥器

由於相當複雜的溫度模式，乾燥器整體的真實平均溫差不容易定義。通常，事實上，固體和氣體的出口溫度幾乎相同，無法量測它們之間的差異。因此，熱傳係數難以估計並且可能是有限的效用。用於從氣體對單個或隔離的球形粒子的熱傳遞，在乾燥計算上有一有用的一般方程式為 (12.64) 式：

$$\frac{h_o D_p}{k_f} = 2.0 + 0.60 \left(\frac{D_p G}{\mu_f}\right)^{0.50} \left(\frac{c_p \mu_f}{k_f}\right)^{1/3} \tag{12.64}$$

熱傳係數可以從 (12.64) 式估算，其中 $G = \rho u_t$，而 u_t 是顆粒的終端速度 (見圖 7.10)。然而，乾燥器容量，特別是細顆粒，最好由實驗確定。對於任何允許的流體化速度，出口氣體幾乎與蒸汽達飽和。

圖 24.12 所示的乾燥器也可以分批操作。附著在流體化室底部的多孔容器中的濕固體被流體化，加熱至乾燥，然後排出。這些單元，在許多過程中已經取代盤式乾燥器。

閃蒸乾燥器

在閃蒸乾燥器 (flash dryer) 中，將濕粉碎的固體在熱氣流中輸送幾秒鐘而乾燥。輸送過程中發生乾燥。從氣體到懸浮固體顆粒的熱傳速率高，乾燥速度快，所以不超過 3 或 4 秒就能從固體中蒸發所有的水分。氣體的溫度高，通常在入口處約為 650°C (1200°F) ，但是接觸時間太短，使得在乾燥過程中固體的溫度幾乎不會升高超過 50°C (90°F)。因此，閃蒸可以應用於敏感材料，而在其它乾燥器中必須使用較冷的加熱介質進行間接乾燥。

有時，將粉碎機併入閃蒸系統中以同時進行乾燥和減小尺寸。

溶液與漿料用的乾燥器

幾種類型的乾燥器藉由加熱方式將溶液和漿料完全蒸發乾燥。典型的例子是噴霧乾燥器 (spray dryer)、薄膜乾燥器 (thin-film dryer) 和鼓式乾燥器 (drum dryer)。

噴霧乾燥器

在噴霧乾燥器 (spray dryer) 中，漿液或液體溶液分散在熱氣流中呈微細霧狀液滴的形式。水分從液滴中迅速蒸發，留下殘留的乾燥固體顆粒，然後與氣流分離。在同一單元中，液體和氣體的流動可以是並流、逆流，或兩者的組合。

藉由壓力噴嘴、雙流體噴嘴、或大型乾燥器中的高速噴霧盤，在圓柱形乾燥室內形成液滴。在所有情況下，必須在發生乾燥之前防止液滴或濕顆粒撞擊固體表面，因此乾燥室必然很大。2.5 至 9 m (8 至 30 ft) 的直徑是常見的。

在圖 24.13 所示的典型噴霧乾燥器中。乾燥室是一個具有短錐形底部的圓柱體。液體進料被泵入至設置在乾燥室頂部的噴霧盤霧化器中。在該乾燥器中，噴霧盤的直徑約為 300 mm (12 in.) ，以 5,000 至 10,000 r/min 的速度旋轉。將液體霧化成微小的液滴，然後徑向投射進入乾燥室頂部附近的熱氣流中。在圓柱段底部的乾燥室內側，冷卻氣體通過水平排放管線，被排氣扇吸入。氣體通過旋風分離器，其中除去了夾帶的固體顆粒。大部分乾燥固體從氣體中排出到乾燥室的底部，藉由旋轉閥和螺旋輸送帶將固體從乾燥室去除，並與收集在旋風分離器中的任何固體結合。

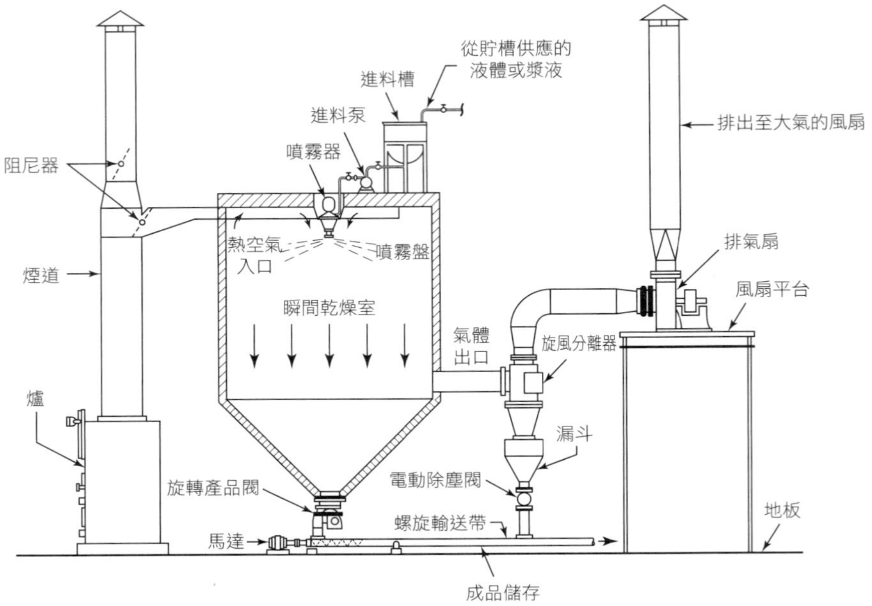

▲ 圖 24.13　平行流動的噴霧乾燥器

來自圓盤式霧化器的液滴的體積 - 表面平均直徑 $\bar{D}_s$ 的方程式為 [6]

$$\frac{\bar{D}_s}{r} = 0.4\left(\frac{\Gamma}{\rho_L n r^2}\right)^{0.6}\left(\frac{\mu}{\Gamma}\right)^{0.2}\left(\frac{\sigma \rho_L L_p}{\Gamma^2}\right)^{0.1} \tag{24.24}$$

其中　$\bar{D}_s =$ 平均液滴直徑，m 或 ft

$r =$ 圓盤半徑，m 或 ft

$\Gamma =$ 圓盤周邊單位長度的噴霧質量速率，kg/s · m 或 lb/s · ft

$\sigma =$ 液體的表面張力，N/m 或 lb_f/ft

$\rho_L =$ 液體密度，kg/m^3 或 lb/ft^3

$n =$ 圓盤轉速，r/s

$\mu =$ 液體黏度，Pa · s 或 lb/ft · s

$L_p =$ 圓盤周長，$2\pi r$，m 或 ft

各個液滴的熱傳係數可以從 (12.64) 式估算。然而，乾燥已知直徑的液滴所需的時間不僅取決於 h，而且取決於混合模式。在具有高度與直徑低比率的乾燥器中，如圖 24.13 所示，在頂部附近存在大量的混合，平均溫差驅動力小於真正平行流的驅動力。然而，乾燥所需時間的計算應依最大液滴完全蒸乾為基準，而不是平均液滴。通常在計算乾燥時間時，可以認為最大液滴的直徑是 (24.24) 式所求出 $\bar{D}_s$ 值的兩倍。

噴霧乾燥器的平均液滴直徑為 20 μm (使用盤式霧化器) 至 180 μm (使用粗噴霧噴嘴)。在並流乾燥器的滯留時間為 3 至 6 秒，在逆向流乾燥器的滯留時間為 25 至 30 秒。

噴霧乾燥器的主要優點是乾燥時間非常短，這樣可以使高熱敏感材料乾燥，生產固體或中空球形顆粒。一些產品 (例如食品或合成清潔劑) 的期望的稠度、堆積密度、外觀和流動性質可能難以或不可能在任何其它類型的乾燥器中獲得。噴霧乾燥器還具有從溶液、漿料或稀漿中，僅需一個步驟乾燥，而產品即可包裝的優點。噴霧乾燥器可以組合蒸發器、結晶器、乾燥器，尺寸減小單元和分級器的功能，使用此裝置時，可使整個製造過程得到相當大的簡化。

若只被認為是乾燥器，則噴霧乾燥器效率不高。在排出的氣體中通常會損失大量的熱量，它們體積龐大，通常為 25 m (80 ft) 或更高，並且不易操作。乾燥固體的堆積密度——在包裝產品中特別重要的特性——通常很難保持恆定，因為它可能對進料的固體含量、入口氣體溫度和其它變數的變化非常敏感。[12c]

在噴霧乾燥溶液中，從液滴表面的蒸發，導致在液滴內部達到飽和之前，溶液在表面已先行沉積，溶質擴散到液滴中的速率比從內部到表面的水的流動慢，並且整個溶質含量在表面積聚，最終乾燥的顆粒通常是中空的，並且來自噴霧乾燥器的產品具有相當多的孔隙。

薄膜乾燥器

在某些情況下與噴霧乾燥器競爭的是薄膜乾燥器 (thin-film dryer)，其可以接受液體或漿料進料並產生乾燥而無流動的固體產物。它們通常分為兩部分，第一部分是垂直攪拌的蒸發乾燥器，類似於圖 16.2 所示的裝置。在這裡大部分液體從進料中除去，部分濕潤的固體被排出到第二部分，如圖 24.14 所示，其中來自第一部分的材料的殘餘液體含量降低到期望值。

薄膜乾燥器的熱效率很高，因為很少或沒有氣體需要通過該單元進行抽吸，所以固體的損失很小。它們可用於從固體產品中除去和回收溶劑。此類乾燥器價格昂貴，並且在熱傳面積上受到一些限制。對於溶液和溶劑進料，可接受的進料速率通常在 100 至 200 $kg/m^2 \cdot h$ 之間 (20 至 40 $lb/ft^2 \cdot h$)。

鼓式乾燥器

鼓式乾燥器 (drum dryer) 由一個或多個加熱的金屬滾輪組成，其外部薄層液體被蒸發至乾燥。乾燥的固體在滾輪慢慢旋轉時被刮掉。

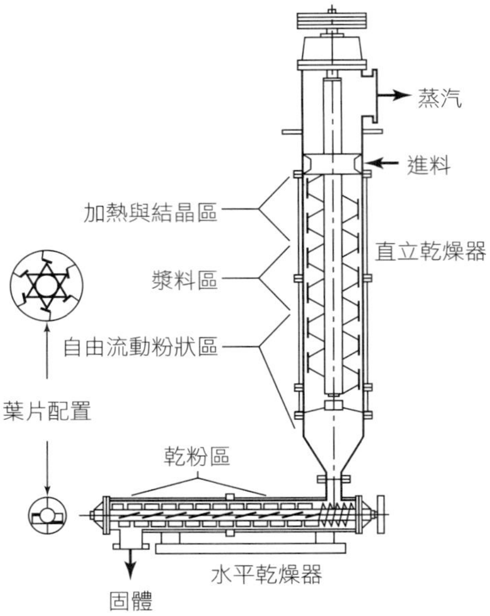

▲ 圖 24.14　薄膜乾燥器 (*LCI Corp.*)

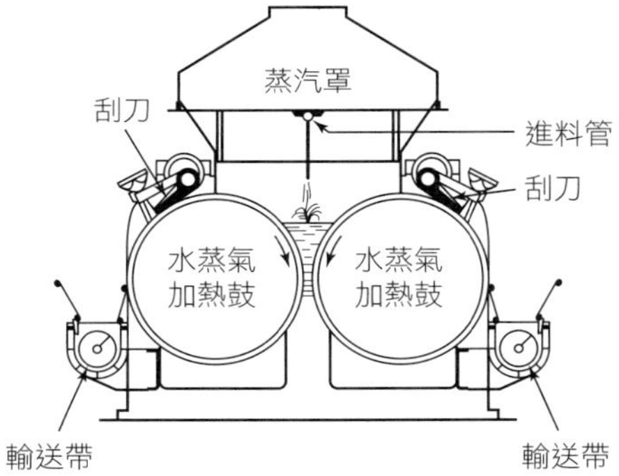

▲ 圖 24.15　中間進料的雙鼓式乾燥器

典型的鼓式乾燥器——具有中心進料的雙鼓單元——如圖 24.15 所示。液體從槽或穿孔管進入到兩個滾輪之間上方的空間池中。此池被靜止端板所限制。藉由傳導將熱量傳遞到液體，液體部分地濃縮在滾輪之間的空間中。由池中流出的濃縮液形成黏性層，覆蓋在滾輪表面的其餘部分。當滾筒轉動時，基本上所有的液體都從固體中蒸發掉，留下一層薄薄的乾燥材料，由刮刀刮到下面的輸送帶上，蒸發的水分由鼓上方的蒸汽罩收集去除。

雙鼓式乾燥器對稀薄溶液、高溶解性物質的濃縮溶液和適度重的漿液的乾燥是有效的。它們不適用於溶解度有限的鹽溶液或含有磨料固體的漿料，因為它們會沈澱，使得兩鼓之間產生過大壓力。

鼓式乾燥器的滾輪直徑為 0.6 至 3 m (2 至 10 ft)，長度為 0.6 至 4 m (2 至 14 ft)，轉速為 1 至 10 rpm。固體與熱金屬接觸的時間為 6 至 15 s，因時間短，所以固體分解很少，甚至導致熱敏感產品的分解也很少。其熱傳係數高，在最佳條件下為 1,200 到 2,000 $W/m^2 \cdot °C$ (220 至 360 $Btu/ft^2 \cdot h \cdot °F$)，但條件不利時可能只有這些值的十分之一。[13] 乾燥容量與活動鼓面積成正比；比值通常為每小時、每平方米的乾燥表面，產生 5 至 50 kg 的乾燥產品 (1 至 10 $lb/ft^2 \cdot h$)。

選擇乾燥設備

選擇乾燥器的首要考慮因素是其可操作性；首先，設備必須以所需的速率以期望的形式生產所需的產品。儘管市場上有各種各樣的商業乾燥器，但是各種類型在很大程度上是互補的，而不是競爭性的，乾燥問題的性質決定了必須使用的乾燥器的類型，或至少限制了兩種或三種可能性的選擇。然後根據資本和操作成本進行最終選擇。然而，必須注意整個隔離系統的成本，而不僅僅是只考慮乾燥單元。

熱效率

乾燥器的熱效率可以定義為提供用於蒸發水或溶劑的能量百分比。效率可以從能量損失計算出來，其中包括排出的暖濕空氣的顯熱、排出的固體的顯熱、以及周圍的熱量損失。對於例題 24.2 的直通 - 循環乾燥器，如果在 70°F 的幾乎乾燥的空氣被加熱至 160°F，並且在 $T_{ha} = 80 + 15.8 = 95.8$°F 下排出濕氣，則排放流中損失的輸入能量的分率為 $(96 - 70)/(160 - 70) = 0.29$。($c_s$ 隨溫度和濕度的微小變化可以忽略不計。) 將固體從 70°F 加熱到 80°F 所需的能量僅為所提供能量的 5%，因此可忽略對周圍環境的熱損失，熱效率為 $100 - 29 - 5 = 66\%$。

對於圖 24.8 所示類型的交叉流乾燥器，空氣流過托盤的溫度的降低僅為幾度，而由於熱效率低，單程操作將不切實際。反之，大部分暖濕空氣由風扇或鼓風機再循環，並與少量新鮮空氣混合後重新加熱。這提供了更高的熱效率並且在托盤之間的空間中保持高速度，但是由於濕度和濕球溫度的增加，使得平均乾燥速率降低。對於恆速期，可以求解以下熱均衡與質量均衡來預測效率，其中符號指的是圖 24.16 中的概略圖。

$$\dot{m}_F = \dot{m}_{\text{vent}} \tag{24.25}$$

$$\dot{m}_g = \dot{m}_F + \dot{m}_R \tag{24.26}$$

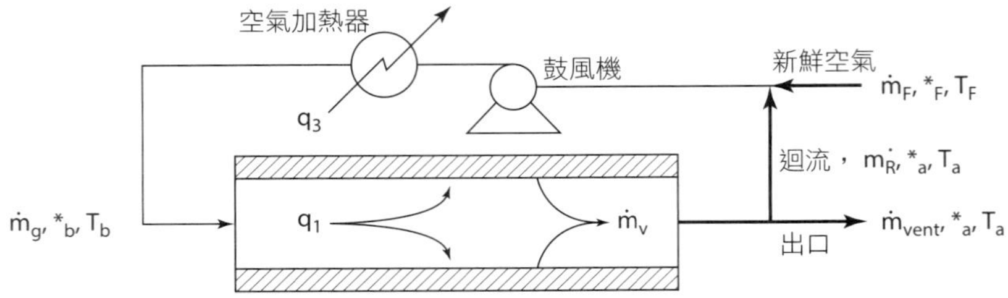

▲ 圖 24.16　交叉流乾燥器中的熱流與質量流

$$\dot{m}_g \mathcal{H}_b = \dot{m}_F \mathcal{H}_F + \dot{m}_R \mathcal{H}_R \tag{24.27}$$

$$q_1 = hA\left(\frac{T_b + T_a}{2} - T_{wb}\right) \tag{24.28}$$

$$q_2 = \dot{m}_{\text{vent}}(T_a - T_F)c_s \tag{24.29}$$

$$q_3 = c_s(\dot{m}_g T_b - (\dot{m}_F T_F + \dot{m}_R T_a)) \tag{24.30}$$

$$\dot{m}_v = q_1/\lambda \tag{24.31}$$

$$T_b - T_a = q_1/\dot{m}_g c_s \tag{24.32}$$

$$\mathcal{H}_a - \mathcal{H}_b = \dot{m}_v/\dot{m}_g \tag{24.33}$$

$$\mathcal{H}_a - \mathcal{H}_F = \dot{m}_v/\dot{m}_{\text{vent}} \tag{24.34}$$

例題 24.4

對於例題 24.1 的條件，除了 95% 的氣體再循環，計算操作條件和熱效率。使用入口面積為 2 ft × 0.25 ft 或 0.5 ft^2，表面積為 2 × 4 = 8 ft^2 的兩個托盤之間的部分作為基礎。

解

$$\dot{m}_g = 1{,}846\ \text{lb/ft}^2\cdot\text{h} \times 0.5\ \text{ft}^2 = 943\ \text{lb/h}$$

$$\dot{m}_{\text{vent}} = 0.05\ \dot{m}_g = 47.2\ \text{lb/h}$$

$$\dot{m}_R = 0.95\ \dot{m}_g = 895.8\ \text{lb/h}$$

如果 $T_{wb} \cong 100°\text{F}$，$T_b = 160°\text{F}$，且 $T_a \cong 156°\text{F}$，由 (24.28) 式，

$$q_1 = 2.90 \times 8 \times (158 - 100) = 1{,}346 \text{ Btu/h}$$
$$\dot{m}_v = 1{,}346/1{,}040 = 1.294 \text{ lb/h}$$

由 (24.34) 式，圖 19.2 中的 $\mathcal{H}_F = 0.005$

$$\mathcal{H}_a - \mathcal{H}_F = 1.294/47.2 = 0.0274$$
$$\mathcal{H}_a = 0.0274 + 0.005 = 0.0324$$
$$\mathcal{H}_b = 0.95(0.0324) + 0.05(0.005) = 0.0310$$

對於 $T_b = 160°\text{F}$，$\mathcal{H}_b = 0.0310$，$T_{wb} = 101°\text{F}$，足夠接近 100°F。
從 (24.32) 式，

$$T_b - T_a = \frac{1{,}346}{943 \times 0.245} = 5.8°\text{F};\ T_a = 154.2°\text{F}$$

排氣中的熱損失，由 (24.29) 式，

$$q_2 = 47.2(154.2 - 70)(0.245) = 974 \text{ Btu/h}$$

蒸發熱

$$q_1 = 1{,}346 \text{ Btu/h}$$

$$\text{排氣中的損失分率} = \frac{974}{974 + 1{,}346} = 0.42$$

在 $T_{wb} = 101°\text{F}$ 時排出的固體的熱損失：
一個濾餅中的固體質量 = 80 lb (乾基)，88 lb (濕基)

$$Q_1 = 88(0.5)(101 - 70) = 1{,}364 \text{ Btu}$$
$$q_4 = Q_1/t_T = 1{,}364/4.52 = 302 \text{ Btu/h}$$

熱效率，

$$\eta = \frac{1{,}346}{974 + 1{,}346 + 302} \times 100 = 51\%$$

一般考慮

有一些選擇乾燥器的一般準則，但是應該認識到，這些規則遠非僵化，例外情況並不少見。例如，批式乾燥器，最常用於當乾固體的生產速率小於 150

至 200 kg/h (300 至 400 lb/h) 時，而連續式乾燥器幾乎是選擇大於 1 或 2 噸 / h 的生產率。中等生產率必須考慮其它因素。熱敏感材料必須在低溫、真空下用低溫加熱介質進行乾燥，或者在閃蒸或噴霧乾燥器中非常快速地乾燥。脆性晶體必須採盤式乾燥器、篩網 - 乾燥器或塔式乾燥器溫和地處理。

乾燥器也必須可靠、安全、經濟地操作。操作和維護成本不能過大；污染必須控制；能量消耗必須最小化。與其它設備一樣，這些考慮可能會相互衝突，在找到給定服務的最佳乾燥器時必須達成妥協。

就乾燥操作本身而言，絕熱乾燥器通常比非絕熱乾燥器便宜，儘管絕熱單元熱效率較低。不幸的是，絕熱乾燥器通常會攜帶很多粉塵，這些夾帶的顆粒必須從乾燥氣體中幾乎定量地除去，因此可能需要精細的顆粒去除設備，此設備可能與乾燥器本身一樣貴。這通常使絕熱乾燥器的經濟性降低，比使用很少氣體或不使用氣體完成的非絕熱系統更不經濟。旋轉式乾燥器就是一個例子；它們曾經是最常見的連續式乾燥器，但是由於不可避免的夾帶，如果可能的話，現在則被避免夾帶粉塵的其它類型的乾燥器取代。非絕熱乾燥器用於非常細的顆粒或化性太強以至於不能曝露於氣流中的固體乾燥，它們也廣泛用於溶劑的去除和回收。

完全隔離；蒸發器 - 乾燥器

許多工業過程涉及從水或其它溶劑中的溶液分離出固體，以產生乾燥、純化的顆粒狀產品，適合於包裝和出售。完成這一過程所需的步驟通常是蒸發、結晶、過濾或離心、乾燥，減小尺寸，分級或篩選。需要五、六個設備。有時，蒸發器 - 乾燥器可以消除許多這些需求。噴霧乾燥器、鼓式乾燥器和薄膜乾燥器可以接受液體進料，並將其直接轉化成乾燥的產品，準備進行包裝。以加熱法取代機械法除去水分的額外成本，比由一個設備代替許多設備的安裝和操作更經濟。當然，在乾燥之前有必要優先處理液體進料，以除去不能出現在乾燥產品中的雜質。因此，重要的是，工程師必須注意整個隔離過程，而不是只關注乾燥步驟。

符號

A ：乾燥面積，m^2 或 ft^2；A_p，單一粒子的表面積

a ：每單位體積的表面積，m^2/m^3 或 ft^2/ft^3；亦為，乾燥曲線的斜率 [(24.17) 式]

b ：(24.17) 式中的常數

c_p ：恆壓下的比熱，J/g · °C 或 Btu/lb · °F；c_{pL}，液體的比熱；c_{ps}，固體的比熱；c_{pv}，蒸汽的比熱

c_s ：濕氣比熱，J/g · °C 或 Btu/lb · °F；c_{sb}，在氣體入口處

D ：直徑，m 或 ft；D_e，通道的相當直徑，m 或 ft；D_p，粒子直徑；$\bar{D}_s$，體積 - 表面積平均直徑

D_v ：液體通過固體的體積擴散係數，m^2/h，cm^2/s，或 ft^2/h

G ：氣體的質量速度，$kg/m^2 \cdot h$ 或 $lb/ft^2 \cdot h$

$\mathcal{H}$ ：氣體的濕度，每單位乾燥氣體的蒸汽質量；$\mathcal{H}_a$，在出口處；$\mathcal{H}_b$，在入口處；$\mathcal{H}_F$，進料氣體；$\mathcal{H}_R$，回流氣體

h ：熱傳係數，$W/m^2 \cdot °C$ 或 $Btu/ft^2 \cdot h \cdot °F$；$h_o$，氣體與粒子間的熱傳係數；$h_y$，氣體的與平板表面間的熱傳係數

k ：導熱係數，W/m · °C 或 Btu/ft · h · °F；k_f，在平均薄膜溫度

k_y ：質傳係數，kg mol/m^2 · h · 單位莫耳分率差或 lb mol/ft^2 · h · 單位莫耳 - 分率差

L ：乾燥器的長度，m 或 ft；L_p，噴霧圓盤的周長

M_v ：蒸汽的分子量

m ：質量，kg 或 lb；m_p，單一粒子的質量；m_s，固體的質量；m_v，蒸汽的質量

$\dot{m}$ ：質量流率，kg/h 或 lb/h；$\dot{m}_F$，進料氣體；$\dot{m}_R$，回流氣體；$\dot{m}_g$，氣體的質量流率；$\dot{m}_s$，乾透固體的質量流率；$\dot{m}_v$，蒸發濕氣的質量流率；$\dot{m}_{\text{vent}}$，氣體的質量流率

N_t ：傳遞單位數

n ：圓盤的轉動速率，r/s

Pr ：普蘭特數，$c_p \mu/k$

Q ：熱傳量，J 或 Btu；Q_T，總量；Q_1，排放固體的熱損失

q ：熱傳速率，W 或 Btu/h；q_1，蒸發；q_2，出口氣體中的損失；q_3，供應到空氣的熱；q_4，排放固體中的損失

R ：乾燥速率，$kg/m^2 \cdot h$ 或 $lb/ft^2 \cdot h$；R_c，恆速期的乾燥速率；R_1，在乾燥的起點；R_2，在乾燥的終點；R'，在第二臨界濕氣含量

Re ：雷諾數，DG/μ

r ：霧化盤的半徑，m 或 ft

T ：溫度，°C 或 °F；T_h，熱媒溫度；T_{ha}，在出口處；T_{hb}，在入口處；T_i，在界面處；T_s，固體溫度；T_{sa}，在入口處；T_{sb}，在出口處；T_v，蒸發溫度；T_{va}，出口處的蒸汽溫度；T_w，濕球溫度；T_{wa}，在出口處；T_{wb}，在入口處

t ：乾燥時間，h 或 s；t_T，總乾燥時間；t_c，恆速期的乾燥時間；t_f，減速期的乾燥時間

U ：總熱傳係數，$W/m^2 \cdot °C$ 或 $Btu/ft^2 \cdot h \cdot °F$

Ua ：容積熱傳係數，$W/m^3 \cdot °C$ 或 $Btu/ft^3 \cdot h \cdot °F$

u_t ：粒子的終端速度，m/s 或 ft/s

V ：乾燥器的體積，m^3 或 ft^3

$\bar{V}$ ：氣體的表面速度，m/s 或 ft/s

X ：自由水分含量，每單位質量乾燥固體的水量 (或其它液體)；X_T，總水分含量；X_{T1}, X_a，最初總水分含量；X_b，最終總水分含量；X_c，在第一臨界點的自由水分含量；X_1，初值；X_2，終值；X^*，平衡值；X'，在第二臨界點的自由水分含量

y ：氣相中蒸汽的莫耳分率；y_i，在界面處；$\overline{(1-y)_L}$，$(1-y)$ 與 $(1-y_i)$ 的對數平均值

希臘字母

Γ ：每呎圓盤周長的液體速率，kg/s · m 或 lb/s · ft

$\overline{\Delta T}$ ：平均溫度差；$\overline{\Delta T_L}$，對數平均值

η ：乾燥器的熱效率

λ ：蒸發潛熱，J/g 或 Btu/lb；λ_i，於界面溫度 T_i 的蒸發潛熱

μ ：黏度，Pa · s，lb/ft · s 或 lb/ft · h；μ_f，在平均薄膜溫度的黏度

ρ ：密度，kg/m^3 或 lb/ft^3；ρ_L，液體的密度

σ ：液體的表面張力，N/m 或 lb_f/ft

習題

24.1. 在逆流絕熱旋轉式乾燥器中，以 18,000 lb/h 乾透固體的速率，將氟化鈣 (CaF_2) 從 6% 乾燥至 0.4% 的水分 (乾基)。熱空氣於 1,000°F，濕度為 0.03，濕球溫度為 150°F 進入。比熱為 0.48 Btu/lb · °F 的固體於 70°F 進入乾燥器，並於 200°F 離開。空氣的最大允許質量速度為 2,000 lb/ft^2 · h。(a) 假設 (24.8) 式適用，若 $N_t = 2.2$，則乾燥器的直徑和長度為何？這是合理的設計嗎？(b) 若 $N_t = 1.8$，重複 (a) 部分。

24.2. 將多孔固體在恆定乾燥條件下，於批式乾燥器中乾燥。將水分含量從 35% 降低到 10% 需要 7 個小時。臨界水分含量為 20%，平衡水分含量為 4%，所有的水分含量均以乾基計。假設減速率期間的乾燥速率與自由水分含量成正比，在相同乾燥條件下，將相同固體樣品從 35% 乾燥到 5%，需要多久時間？

24.3. 濕重為 5 kg 的平板，最初含有 50% 的水分 (濕基)。平板尺寸為 600 × 900 × 75 mm 厚。當與 20°C 和 20% 濕度的空氣接觸時，平衡含水量為總重量的 5%。對於以一定速度與上述乾度 (quality) 的空氣接觸，乾燥速率列於表 24.1。若乾燥是從一個面。乾燥板需要多長時間才能達到 15% 的濕度 (濕基)？

▼ 表 24.1　習題 24.3 的數據

潮濕平板重，kg	9.1	7.2	5.3	4.2	3.3	2.9	2.7
乾燥速率，$kg/m^2 \cdot h$	4.9	4.9	4.4	3.9	3.4	2.0	1.0

24.4. 設計一連續逆向流乾燥器，可以將每小時 800 lb 的濕潤多孔固體從 140% 的水分乾燥到 20%，兩者均以乾基計。使用乾球溫度為 120°F 和濕球溫度為 70°F 的空氣乾燥。出口的濕度為 0.012。對乾燥固體而言，平均平衡水分含量為 5%。在臨界點的總含水量 (乾基) 為 40%。可以假定原料保持在比整個乾燥器中的空氣濕球溫度高 3°F 的溫度。熱傳係數為 12 $Btu/ft^2 \cdot h \cdot °F$。每磅乾固體曝露於空氣的面積為 1.1 ft^2。則固體停留在乾燥器的時間需要多久？

24.5. (a) 證明在噴霧乾燥器中，蒸發一小滴稀薄漿液，所需乾燥時間與液滴的初始粒徑大小的平方成正比。(b) 當平均溫度驅動力為 50°C 時，則 50 μm 液滴所需的近似乾燥時間是多少？

24.6. 在盤式乾燥器中，將厚度為 2 in. 的濾餅在 160°F 下曝露於空氣流中。估算托盤上方產生的輻射熱傳遞的有效係數，並將其與例題 24.1 中的對流係數進行比較，其中平均空氣速度為 8 ft/s。什麼因素可使輻射熱傳遞增加初始乾燥速率？以相同的因素是否可減少總乾燥時間？

24.7. 具有 30% 水分和平均大小為 300 μm 的球形氧化鋁催化劑顆粒，在批式流體化床中乾燥，進入的空氣其溫度為 250°F，表面速度為 1.2 ft/s，濕度為 0.016 lb H_2O/lb 乾空氣。(a) 如果沈降床深度為 4 ft，初始固體溫度為 80°F，試估算空氣的出口溫度。(b) 等速率乾燥期的固體溫度是多少？(c) 最大乾燥速率是多少？以每小時每磅催化劑被除去多少磅的水為單位。

24.8. (a) 計算噴霧乾燥器中的平均液滴直徑，此乾燥器具有一個 6 in. 旋轉霧化器，其轉速為 10,000 rpm，進料速率在 120°F 時為 30 lb/min。假設漿液密度為 70 lb/ft^3，表面張力與水相同。(b) 將此乾燥器放大至具有 12 in. 的旋轉霧化器，則欲獲得相同大小的液滴，旋轉霧化器的轉速應為何？

24.9. 含有 65% 水分的食品，在 0.5 mm Hg 的真空乾燥器中冷凍乾燥，冷凝溫度為 − 25°C。該材料厚度為 1.0 cm，從兩側進行乾燥，樣品與加熱面之間的間距為 1 mm，加熱面溫度為 − 5°C。乾燥固體和蒸汽薄膜的導熱係數分別為 1.2×10^{-4} 和 4.8×10^{-5} cal/s · cm · K。(a) 允許輻射，從熱表面到固體外部的熱傳係數是多少？(b) 當二分之一的水分被去除時，總熱傳係數是多少？(c) 使用 (b) 計算的值作為平均係數，估算乾燥所需的時間。(d) 如果材料的厚度為 0.5 cm，乾燥時間會減少幾個因數？

24.10. 來自離心機的細顆粒在盤式乾燥器中在 0.8 × 0.8 m 金屬托盤上鋪展成 4.0 cm 厚的層。初始含水量為 0.25 kg/kg 乾固體。該乾燥器中的氣體速度為 2 m/s 與托盤表面平行，且 $T = 150°F$，$T_{wb} = 90°F$。相當直徑 D_e 為 12 cm。(a) 僅基於濕固體對流的初始乾燥速率是多少？(b) 輻射對乾燥速率有多大的影響？

24.11. 如果將例題 24.1 的濾餅放置在未絕緣的金屬盤上，則通過盤和濕餅的傳導將增加表面溫度和乾燥速率。(a) 如果表面溫度的變化非常小，則傳導增加到表面的熱通量是多少？假設 $k_s = 2\,k_{水}$。(b) 估算表面溫度的變化和對乾燥速率的影響。

24.12. 計算例題 24.3 中所述的旋轉式乾燥器的熱效率。假設空氣在進入乾燥器之前從 70°F 加熱到 260°F。

24.13. 將一批平均直徑為 800 μm，濕顆粒密度為 1,700 kg/m^3 的球形催化劑顆粒加入流體化床乾燥器中。最初床高 1.2 m。(a) 空氣在 190°F 時，最低流體化速度是多少？(b) 如果乾燥器的操作速度是最低流體化速度的兩倍，則估計氣體與粒子的熱傳係數和總體積係數。(c) 在等速率乾燥期間，固體的溫度和空氣的出口溫度是多少？

參考文獻

1. Ceaglske, N. H., and O. A. Hougen. *Trans. AIChE* **33:**283 (1937).
2. Ceaglske, N. H., and F. C. Kiesling. *Trans. AIChE* **36:**211 (1940).
3. Clark, W. E. *Chem. Eng.* **74**(6):177 (1967).
4. Comings, E. W., and T. K. Sherwood. *Ind. Eng. Chem.* **26:**1096 (1934).
5. Dittman, F. W. *Chem. Eng.* **84**(2):106 (1977).
6. Friedman, S. J., F. A. Gluckert, and W. R. Marshall, Jr. *Chem. Eng. Progr.* **48:**181 (1952).
7. King, C. J. "Freeze Drying." In *Unit Operations Handbook*, ed. J. J. McKetta. New York: Marcel Dekker, 1993.
8. Morgan, R. P., and S. Yerazunis. *Chem. Eng. Prog. Symp. Ser.* **67**(79):1 (1967).
9. Mujumdar, A. S. *Advances in Drying*, vol. 4. Washington, DC: Hemisphere Publ., 1987.
10. Newman, A. B. *Trans. AIChE* **27:**203, 310 (1931).
11. Oliver, D. R., and D. L. Clarke. *Chem. Engr. (London)* **246:**58 (1971).
12. Perry, R. H., and D. W. Green (eds.). *Perry's Chemical Engineers' Handbook*, 7th ed. New York: McGraw-Hill, 1997; (a) pp. **12**-36 to **12**-90; (b) p. 12-54; (c) p. **12**-85.
13. Riegel, E. R. *Chemical Process Machinery*, 2nd ed. New York: Reinhold, 1953, chap. 17.
14. Sandall, O. C., C. J. King, and C. R. Wilke. *AIChEJ.* **13:**428 (1967).
15. Shepherd, C. B., C. Hadlock, and R. C. Brewer. *Ind. Eng. Chem.* **30:**388 (1938).
16. Sherwood, T. K. *Ind. Eng. Chem.* **21:**12 (1929).
17. Sherwood, T. K., and E. W. Comings. *Trans. AIChE* **28:**118 (1932).
18. Treybal, R. E. *Mass Transfer Operations*, 3rd ed. New York: McGraw-Hill, 1980, p. 675.
19. Wallace, S. M. *Chemical Process Equipment*. Stoneham, MA: Butterworths, 1988, pp. 237-77.

CHAPTER 25

吸附和固定床分離

在用於分離氣體或液體混合物的幾種方法中，流體與多孔固體的小顆粒接觸，而產生選擇性吸附或與進料的某些成分複合。在吸附 (adsorption) 過程，固體通常保持在固定床 (fixed bed) 中，並且流體連續地通過床，直到固體幾乎飽和。然後將流動切換到第二床，並且飽和床被更換或再生。離子交換是在固定床中以這種半批式進行的另一種方法。待軟化或去離子水通過離子交換樹脂床直到樹脂幾乎飽和。對於吸附和離子交換，可以將固體移動通過床並連續地用新鮮的顆粒代替廢顆粒來實現連續逆流操作。然而，這種操作方法不經常被使用，因為難以獲得均勻的固體流動。

層析 (chromatography) 是類似於吸附的過程，氣體或液體混合物通過多孔顆粒床，但是進料以小量脈衝引入，而不是連續引入。各個成分以不同的速度移動通過床體，並在出口收集。床體藉由載氣或液體的通過不斷的再生，並且可以長時間操作，但操作一次只能分離少量的進料混合物。

對於所有這些過程，其性能取決於流體 - 固體平衡和質傳速率，將在以下部分中討論。

吸附

吸附劑和吸附過程

大多數吸附劑 (adsorbent) 是高度多孔的材料，吸附主要發生在孔的壁上或顆粒內的特定位置。由於孔通常非常小，所以內表面積比外部面積大一個數量級，通常為 500 至 1,000 m^2/g。發生分離是因為分子量、形狀或極性的差異導致一些分子比其它分子能更牢固在固體表面上，或因為孔隙太小而不允許較大的分子進入。在許多情況下，吸附成分 (或被吸附物質) 被牢固地吸附於固體表面，以允許從流體中完全除去該成分，僅非常少量的其它成分吸附於固體表面。然後可以進行吸附劑的再生，以獲得濃縮或接近純的形式的被吸附物質 (adsorbate)。

蒸汽相吸附的應用包括用於油漆、印刷油墨和薄膜鑄造或織物塗層的溶液等有機溶劑的回收。首先將含溶劑的空氣送至冷水或冷凍冷凝器，以收集一些溶劑，但是為了消除溶劑損失，將氣體冷卻到遠低於環境溫度通常是不切實際的。將具有少量溶劑的空氣通過碳吸附劑顆粒床，這可使溶劑濃度降低到小於 1 ppm。濃度高低可以由政府排放標準來確定，而不是溶劑回收的經濟效益而定。碳吸附也用於從通風系統的循環空氣中除去 H_2S、CS_2 等惡臭化合物的污染物，而活性碳罐則放置在大多數新汽車中，以防止汽油蒸汽排放至空氣中。

氣體的乾燥通常是將水吸附在矽膠、氧化鋁或其它無機多孔固體上來進行。沸石或分子篩，它們是具有非常規則的細孔結構的天然或合成矽鋁酸鹽，在製備低露點 (–75°C) 的氣體中特別有效。分子篩上的吸附也可用於分離氧和氮，從合成氣中製備純氫，並將正鏈烷烴與支鏈烷烴和芳香族化合物分離。

來自液相的吸附，可用於從飲用水或廢液中除去有機成分，從糖溶液和植物油中除去有色雜質，以及從有機液體中除去水。也可用於回收不容易經由蒸餾或結晶分離的反應產物。儘管通常具有較大孔的吸附劑較常用於液體，一些相同類型的固體被用於氣相和液相吸附。

吸附設備

固定床吸附器

用於吸附溶劑蒸汽的典型系統如圖 25.1 所示。將吸附劑顆粒放置在篩網或穿孔板上，約 0.3 至 1.2 m (1 至 4 ft) 深。進料氣體向下通過其中一個床體，而另一個床體充當再生系統。進料氣體向下流動較佳，因為高速率的向上流可能使顆粒流體化，造成磨損和細粒損失。當出口氣體中的溶質濃度達到一定值或在設定的時間達到時，閥被自動切換以將進料引導到另一個床，並啟動再生序列。

可以用熱惰性氣體進行再生，但如果溶劑與水不互溶，通常使用水蒸氣。水蒸氣在床中冷凝，提高了固體的溫度，並提供脫附的能量。冷凝後的溶劑，與水分離，再次使用前應先乾燥。然後可以將床用惰性氣體冷卻並乾燥，但是不必將整個床降低至環境溫度。如果在清潔氣體中可以容忍一些水蒸氣，吸附循環過程中，水的蒸發將有助於床的冷卻以及部分抵消吸附熱。

吸附床的大小由氣體流率和所要求的循環時間而定。通常計算截面積可得到表面速度為 0.15 至 0.45 m/s (0.5 至 1.5 ft/s)，當使用典型的吸附劑 (4×10 網目或 6×16 網目) 時，這將導致每呎會有幾吋的水柱壓力降。對於非常大的流率，矩形床可以安裝在水平圓柱體的中間，而不是使用直徑遠大於床高度的直立式槽。

通常選擇床高度和流率以提供 2 至 24 h 的吸附循環。若使用較長的床，則吸附循環可以延長到幾天，但是較高的壓力降和吸附器的較大投資成本，可能會不經濟。有時建議僅使用只有 0.3 m (1 ft) 或更小高度的床來降低吸附器的壓力降和大小，但淺層床不能達到完全分離，並需要更多的能量進行再生。

乾燥氣體的設備　用於乾燥氣體的設備類似於圖 25.1 所示，但使用熱氣體進行再生。來自再生床的潮濕氣體可以排出，或者大部分水可以在冷凝器中被去除，並且氣體通過加熱器再循環到床中。對於小型乾燥器，電熱器有時安裝在床內以提供再生能量。

當以比吸附低得多的壓力進行再生時，可能不需要供應熱，因為低壓有利於脫附。如果氣體乾燥器在吸附循環期間在幾個大氣壓下操作，則幾乎完全的再生可以藉由將部分乾燥氣體在大氣壓下通過床而不進行預熱來實現。一部分吸附熱，可存儲在床中作為固體的顯熱，可用於脫附以及再生期間床的冷卻。再生所需的氣體量只是在吸附循環中進料的氣體的一部分，因為氣體在 1 atm 下離開，將具有比進料氣體有更高莫耳分率的水分。採用相同的原理，當在大氣壓下進行吸附時，則以真空再生代替蒸汽或熱氣體再生。

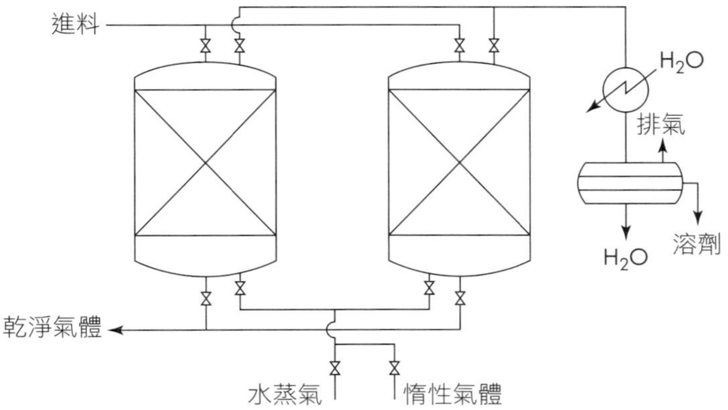

▲ 圖 25.1　氣相吸附系統

變壓吸附　儘管吸附是最常用作除去少量物質的純化過程，但是還有許多應用是涉及具有中至高濃度被吸附物質的氣體混合物的分離。這些稱為整體分離，它們經常使用和氣體純化不同的操作程序。變壓吸附 (pressure-swing adsorption, PSA) 是一種整體分離過程，用於小規模的空氣分離工廠和用於濃縮程序流中的氫氣。

用於空氣分離的簡單的 PSA 方案使用兩張分子篩床，一個在幾個大氣壓下吸附，另一個在 1 atm 再生。對於相同的濃度，氮氣被吸附的強度是氧氣的 3 至 4 倍，因此可以產生幾乎純的氧氣作為產物。但是，因為空氣中的高濃度的 N_2 和吸附劑的低容量，所以吸附時間相當短 (不到一分鐘)。因此，床中氣體的滯留量相對於吸附量是顯著的，在設計吸附循環時必須考慮該氣體體積。吸附後，床被減壓，這消除了大部分滯留氣體和一些吸附氣體。床體在 1 大氣壓下與其中一部分來自另一個吸附器的產物氣體被淨化 (purged)，而完成脫附。然後在氣體產物切換到空氣進料之前將床加壓。更複雜的方案可使用三個或四個床體，只有一個床體用於吸附，其它床體用於減壓、淨化或再加壓，全部由序列計時器控制。

雖然 PSA 通常基於平衡吸附量的差異，但一些分離是利用吸附動力學的差異。使用碳分子篩，可以從空氣中製備幾乎純的氮，[19c] 因為碳分子篩材料具有非常小的孔口，其允許比氮分子略大的氧分子通過。兩者的平衡吸附量大致相同，但是 O_2 的有效擴散係數比 N_2 的有效擴散係數大 100 倍，在短吸附期間，很少 N_2 被吸附。[19c]

從液體中吸附　從液相中吸附的一個重要實例是使用活性碳從廢水中去除污染物。碳吸附劑也用於從市區供水中除去微量有機物，從而改善了味道，減少了氯化步驟中形成有毒化合物的機會。對於這些用途，碳床的直徑可達幾呎，高度可達 10 m (30 ft)，並且可採幾個床並排操作。需要較高的床才能確保充分的處理，因為來自液體的吸附速率比氣體慢得多。此外，再生時廢碳通常從床中除去，因此再生的時間較長。

一種替代的處理方法是將碳粉添加到廢水大型槽中，使用機械攪拌器或空氣噴射器以保持顆粒懸浮。對於細顆粒，其吸附比粗顆粒碳更快，但是需要大的設備，以沈澱或過濾去除廢碳。粉末狀碳的處理可以分批進行，也可以連續進行，活性碳秤重後加到廢水流中，並連續除去廢碳。

在 USFilter 和 DuPont 開發的 PACT® 系統中，用活性粉末碳處理與大型充氣槽微生物處理相結合從工業或城市廢水中去除污染物。碳顆粒吸附一些不可生物降解的污染物，但同時具有吸附和生物處理的協同效應。一些不可生物降解和弱吸附的化合物幾乎可以利用 PACT 方法完全去除。

添加到廢水流中的碳量從 10 ppm 變化到超過 1000 ppm，取決於廢物和廢水標準的性質。使用處理槽後再使用沉澱槽，藉由回收一些增稠層，可以提高碳濃度，且碳在系統中的滯留時間是水力滯留時間的數倍。粉末碳的價格僅為顆粒碳的一半，是營運成本的一小部分。在大型工廠中，藉由在 250°C 下的濕空氣再生可以進一步降低碳成本，這破壞了生物質和大部分吸附物種，但是僅占碳的 10% 左右。

平衡；吸附等溫線

在給定溫度下，吸附等溫線 (adsorption isotherm) 是流體相中的濃度與吸附劑顆粒的濃度之間的平衡關係。對於氣體，濃度通常以莫耳 % 或分壓表示。對於液體，濃度通常以質量單位表示，如 mg/L (ppm) 或 μg/L (ppb)。固體上的吸附物濃度，以原吸附劑每單位質量所吸附的量表示。

等溫線的類型

一些典型的等溫線形狀在圖 25.2 中顯示。**線性等溫線** (linear isotherm) 經過原點，吸附量與流體中吸附物的濃度成正比。向上凸的等溫線稱為**良性吸附** (favorable adsorption)，因為在低濃度的流體中，可以獲得相當高的固體負載量。Langmuir 等溫線的關係式為 $W = W_{\max}\,[Kc/(1 + Kc)]$，其中 W 是吸附物負載量，c 是吸附物在流體中的濃度，K 是吸附常數。這種等溫線是良性吸附。當 K 大而 $Kc \gg 1$，等溫線是強良性吸附；當 $Kc < 1$ 時，等溫線接近線性。Langmuir 等溫線是假定均勻的表面——這不是合理的假設——但此關係對於弱吸附的氣體相當適用。對於強良性等溫線，Freundlich 的經驗方程 $W = bc^m$，其中 b 和 m 是常數，$m < 1$，通常更適合，特別是對於液體的吸附。

強良性吸附等溫線的極限情況是**不可逆吸附** (irreversible adsorption)，其中吸附量與濃度無關，達到非常低的值。所有的系統都顯示，吸附量隨溫度升高而減少，當然即使是不可逆吸附的情況，也可以用提高溫度去除吸附物質。然而，進行脫附時，強良性吸附或不可逆吸附比線性等溫吸附需要更高的溫度。

凹向上的等溫線稱為**劣性吸附** (unfavorable adsorption)，因為獲得相對較低的固體負載，且因為它導致床中相當長的質量傳遞區。這種形狀的等溫線是罕見的，但是值得研究它們，以幫助了解再生過程。如果吸附等溫線是良性吸附，則從固體返回流體相的質量傳遞其特性與劣性等溫線的吸附特性相似。

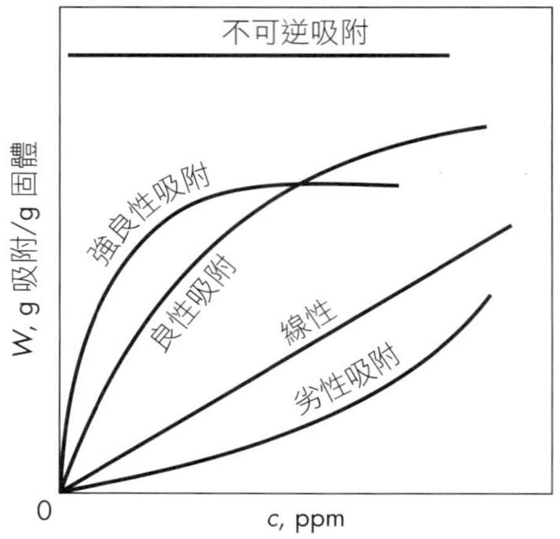

▲ 圖 25.2 吸附等溫線

為了顯示單一吸附物的等溫線形狀，在圖 25.3 中給出了三種乾燥劑從空氣中吸附水的數據。矽膠幾乎是線性等溫線，相對濕度高達 50%，最終吸附容量約為其它固體的兩倍。在高濕度下，由毛細管冷凝，小孔充滿了液體，總吸附量取決於小孔的體積，而不僅僅是表面積。水被分子篩最強烈地吸附，吸附幾乎是不可逆的，但孔體積不如矽膠大。圖 25.3 中的曲線是基於相對濕度，這使得溫度範圍內的等溫線落在單一曲線上。注意，除了分子篩外，在給定分壓下的吸附量隨溫度升高而驟減。對於在 20°C 下具有 1% H_2O 的空氣，$\mathscr{H}_R = 7.6$ mm Hg/17.52×100 = 43.4%，並且吸附在矽膠上的量為 $W = 0.26$ lb/lb。對於 40°C 的相同濃度，$\mathscr{H}_R = 7.6 / 55.28 \times 100 = 13.7\%$，且 $W = 0.082$ lb/lb。

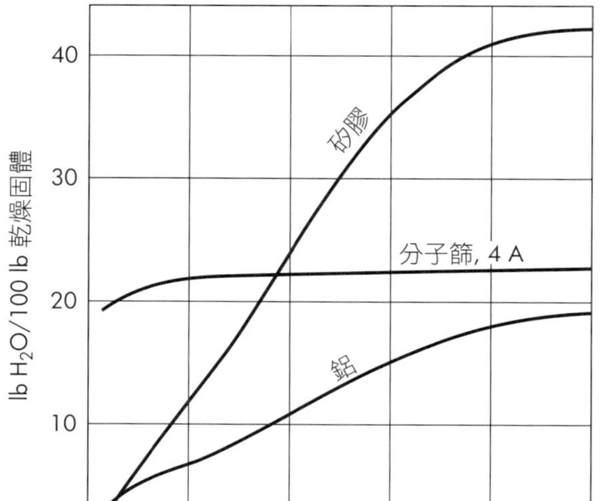

▲ 圖 25.3 20 至 50°C，空氣中水分的吸附等溫線

有時候以活性碳吸附碳氫化合物蒸汽的數據適用於 Freundlich 等溫線，但是對於廣泛壓力的數據顯示隨著壓力的增加，等溫線斜率逐漸減小。吸附量主要取決於氣體中吸附物的分壓與相同條件下液體的蒸汽壓的比值，並且取決於活性碳的表面積。基於吸附位勢的概念已經開發了廣義相關性，[11,15] 典型的煤 - 基碳 (coal-based carbon) 的一些結果如圖 25.4 所示。對於給定類別的材料，吸附量取決於 $(T/V)\log(f_s/f)$，其中 T 是以 K 為單位的吸附溫度，V 是液體在沸點的莫耳體積，f_s 是飽和液體在吸附溫度下的逸壓 (fugacity)，f 是蒸汽的逸壓。對於在大氣壓下的吸附，則可用分壓和蒸汽壓來替代逸壓。假定吸附的液體與沸點下的液體具有相同的密度，則吸附的體積可轉化為質量。

正烷屬烴和硫化合物的曲線從 Grant 和 Manes 的相似圖中改編，[11,12] 它們使用不同的莫耳體積定義。有限的數據證明，高氯化烴比硫化合物更強烈地被吸附，如圖 25.4 所示，但氯乙烯的數據落在烷屬烴附近，如預期的結果。氧化物質如酮類和醇類被 BPL 碳吸附的量可以使用硫化合物的曲線來估算。芳香族化合物如苯和甲苯顯示出最強的吸附，因為它們與碳的石墨結構相似。

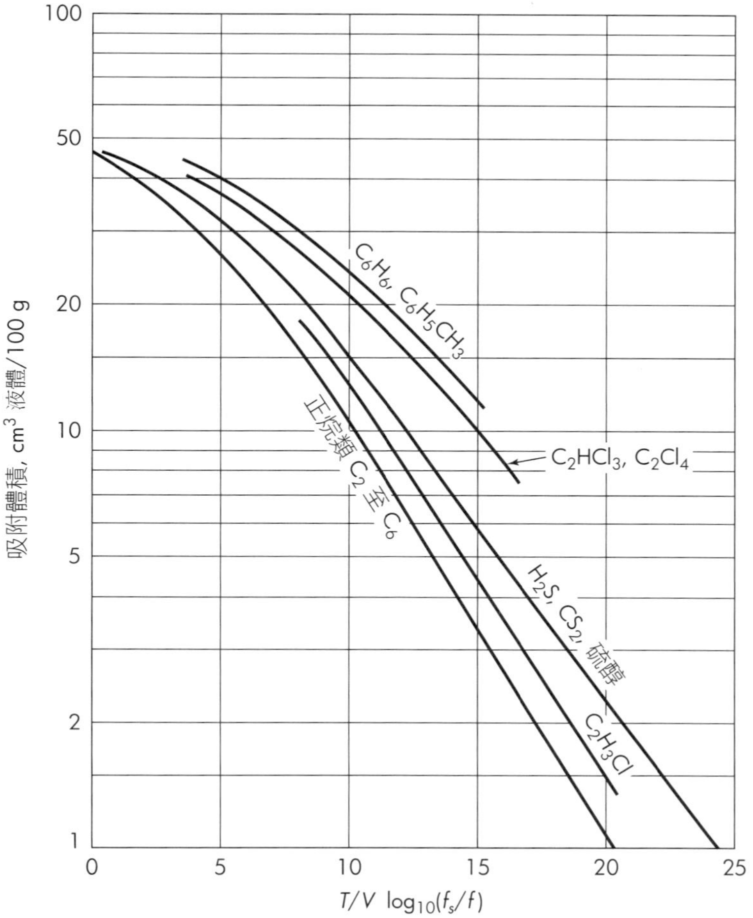

▲ 圖 25.4　碳粉 (1,040 m^2/g) 的通用吸附關係 [11, 12]

例題 25.1

在 20°C 含有 0.2% 正己烷的氣流可用 BPL 碳吸附處理。(a) 估計在 20°C 下操作的床的平衡容量。(b) 如果吸附熱將床溫提高到 40°C，則容量會降低多少？

解

(a) 正己烷的分子量為 86.17。在 20°C (由 Perry《化工手冊》，第 7 版，p.**2**-70)，$P' = 120$ mm Hg $\approx f_s$。在正常沸點下 (68.7°C)，$\rho_L = 0.615$ g/cm^3。吸附壓力 P 為 760 mm Hg，且

$$p = 0.002 \times 760 = 1.52 \text{ mm Hg} \approx f \qquad V = \frac{86.17}{0.615} = 140.1 \text{ cm}^3/\text{g mol}$$

$$\frac{T}{V} \log \frac{f_s}{f} = \frac{293}{140.1} \log \frac{120}{1.52} = 3.97$$

從圖 25.4 可以看出，每 100 g 碳可吸附液體體積 31 cm^3：

$$W = 0.31 \times 0.615 = 0.19 \text{ g/g 碳}$$

(b) 在 40°C，$P' \approx 276$ mm Hg：

$$\frac{T}{V} \log \frac{f_s}{f} = \frac{313}{140.1} \log \frac{276}{1.52} = 5.05$$

從圖 25.4 可以看出，每 100 g 碳可吸附液體體積 27 cm^3：

$$W = 0.27 \times 0.615 = 0.17 \text{ g/g 碳}$$

等溫吸附通常用於單一成分，但很多應用是涉及多成分混合物。對於多個吸附物的吸附可在 Langmuir 等溫式的分母中加入項進行修正：

$$W_1 = W_{\max}\left(\frac{K_1c_1}{1 + K_1c_1 + K_2c_2 + \cdots}\right)$$

然而，如前所述，該方程式對於強吸附物質不是非常令人滿意的。對於具有相似性質的溶質，圖 25.4 的廣義相關性可用 V、ρ_L 和 f_s 的平均值來估計吸附總量。然而，當溶質 A 比溶質 B 更強烈地被吸附時，將產生分離的質量傳遞區域，並且當 A 的區移動通過床體時，A 將置換被吸附的 B。

從空氣中除去蒸汽的常見問題是同時吸附水蒸氣。即使水蒸氣僅在活性碳上被弱吸附，如果相對濕度為 80%，則碳對有機蒸汽的吸附容量可以降低 50 %

至 70%。但是，如果相對濕度小於 30%，則效果不大。這可能值得使進料的溫度提高 10 至 20°C，即使這降低了單一吸附物質的平衡容量。

當活性碳用於從水中去除有機污染物時，碳氫化合物必須與水競爭吸附位置，使得其容量通常遠低於同一碳氫化合物逸壓與從乾燥空氣中吸附的預期值。由大網絡離子交換樹脂的受控熱解製備的新型碳質吸附劑，比活性碳更具疏水性，且對碳氫化合物和其它溶解在水中的有機污染物具有較高的容量。[18] 三氯乙烯 (TCE) 和氯仿在 Rohm 與 Haas 公司的 Ambersorb 563 吸附劑的等溫吸附線如圖 25.5 所示。在 1 ppm 或更低的濃度下，吸附在 Ambersorb 563 上的量比典型的顆粒活性碳大 6 至 8 倍。在高濃度下，這種趨勢相反，因為顆粒狀活性碳具有較大的微孔體積。Ambersorb 吸附劑的典型應用是處理含有約 1 ppm TCE 的地下水，並將濃度降低到水質標準的 0.005 ppm 或 5 ppb。

對於圖 25.5 所示的兩種吸附劑，被吸附的 TCE 的量是氯仿的數倍，儘管在相同濃度下其差值在蒸汽相吸附時是小於兩倍。氯仿在水中的溶解度較高 (比 TCE 高約 8 倍)，使得在一定濃度下其在水中的活性比 TCE 低得多。

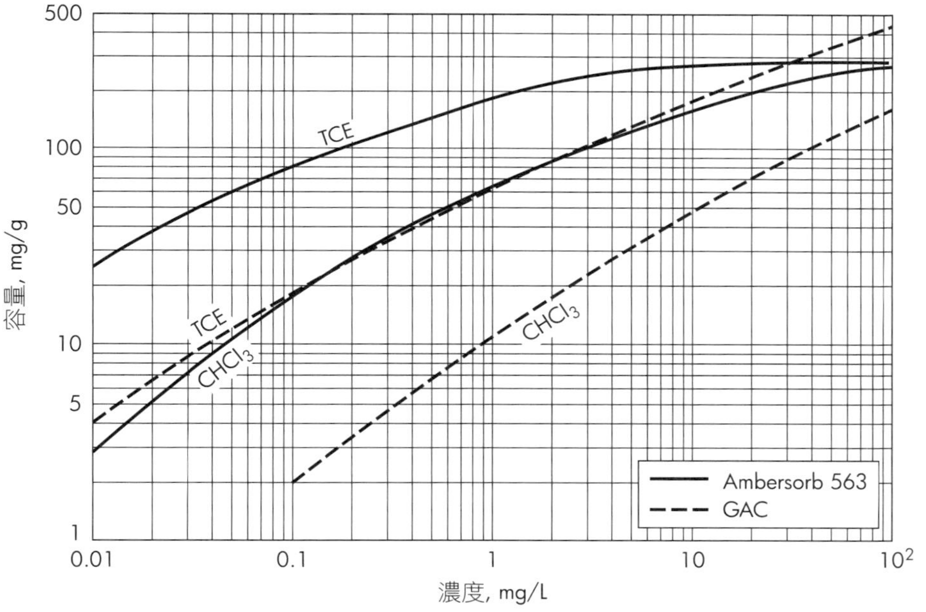

▲ 圖 25.5 三氯乙烯 (TCE) 與氯甲烷 ($CHCl_3$) 在水溶液的等溫吸附，以 Ambersorb 563 和粒狀活性碳 (GAC) 作為吸附劑

吸附的原理

固定床中的濃度分布

在固定床中吸附，吸附物在流體相和固相中的濃度，隨著時間以及床中的位置而變化。起初，大部分的質傳發生在床的入口附近，在入口處流體首先接觸吸附劑。如果固體在開始時不含吸附物，則在到達床體的末端之前，流體中吸附物的濃度隨距離呈指數下降至零。該濃度分布以圖 25.6a 中的曲線 t_1 表示，其中 c/c_0 是吸附物在流體中的濃度與在進料中的濃度比。幾分鐘後，入口附近的固體幾乎飽和，大部分的質傳發生在離入口處較遠處。濃度梯度變成 S 形，如曲線 t_2 所示。大部分濃度變化的區域稱為質量傳遞區域，通常取 0.95 至 0.05 的 c/c_0 作為其範圍。

隨著時間的推移，質傳區沿床的下方移動，其分布如 t_3 和 t_4 所示。對於固體上的吸附物的平均濃度，可以繪製類似的分布，在入口處顯示接近飽和的固體，在質量傳遞區有大的濃度變化，而在床的末端其濃度為零。不需繪製在固體上的實際濃度，因為與固體平衡的流體相中的濃度顯示為時間 t_2 的虛線。該濃度必須始終小於實際的流體濃度，而濃度分布陡峭且質量傳遞迅速的情況下，濃度的差異或驅動力較大。

t_2、t_3 和 t_4 的濃度分布具有相同的形狀，這是具有良性等溫線的系統的特徵。與線性等溫線相比，這些輪廓是**自銳性** (self-sharpening) 的，由於軸向分散，其隨距離往下游而變寬。

貫穿曲線

少數固定床具有內部探針 (internal probes)，可量測如圖 25.6a 中的濃度分布。但是，可以預測和使用這些分布，計算流體離開床的濃度對時間的曲線。此曲線顯示於圖 25.6b 中，稱為貫穿曲線 (breakthrough curve)。在時間 t_1、t_2 和 t_3，出口濃度幾乎為零，如圖 25.6a 所示。在時間 t_b 時，當濃度達到某些允許極限值或**斷點** (break point) 時，流動停止或轉移到新的吸附床。斷點通常取為 0.05 或 0.10 的相對濃度，並且由於只有處理的流體的最後部分具有這麼高的濃度，所以從開始到斷點去除的溶質的平均分率，通常為 0.99 或更高。

如果吸附繼續進行超過斷點時，濃度將會迅速上升至約 0.5，然後緩慢地接近 1.0，如圖 25.6b 所示。這種 S 形曲線與內部濃度分布的曲線類似，且通常幾乎對稱。如果整個床與進料平衡，由質量均衡可以證明，在曲線和 $c/c_0 = 1.0$ 的線之間的面積與吸附的總溶質成正比。吸附量與在 t^* 虛線左側的矩形區域成正

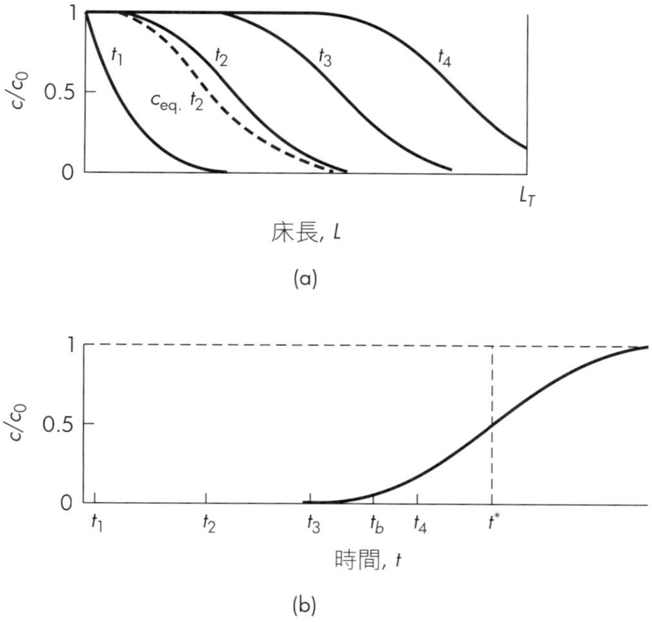

▲ 圖 25.6　在固定床中的吸附：(a) 濃度分布及 (b) 貫穿曲線

比，t^* 是垂直貫穿曲線的理想吸附時間。對於對稱曲線，t^* 也是 c/c_0 達到 0.5 的時間。吸附前緣通過床體的移動和程序變數對 t^* 的影響可以用簡單的質量均衡獲得。

對於單位面積的床體橫截面，溶質進料速率為表面速度和濃度的乘積：

$$F_A = u_0 c_0 \tag{25.1}$$

對於一個理想的貫穿曲線，所有在時間 t^* 下的進料溶質都被吸附，而其在固體中的濃度從初始值 W_0 增加到平衡或飽和值 W_{sat}。因此

$$u_0 c_0 t^* = L\rho_b (W_{sat} - W_0) \tag{25.2}$$

或

$$t^* = \frac{L\rho_b (W_{sat} - W_0)}{u_0 c_0} \tag{25.3}$$

其中 L 和 ρ_b 分別是床體的長度和整體密度。對於新鮮碳或完全再生碳，$W_0 = 0$；但完全再生通常是太貴了。

斷點時間 t_b 總是小於 t^*，並且可以將貫穿曲線積分到時間 t_b 來求在斷點處吸附的溶質的實際量，如圖 25.7 所示。如果質量傳遞區相對於床長是狹窄的，則貫穿曲線將變得相當陡峭，如圖 25.7a 所示，固體的大部分容量將在斷點處使用。當質傳區幾乎與床一樣長時，則貫穿曲線將大幅延長，如圖 25.7b 所示，而

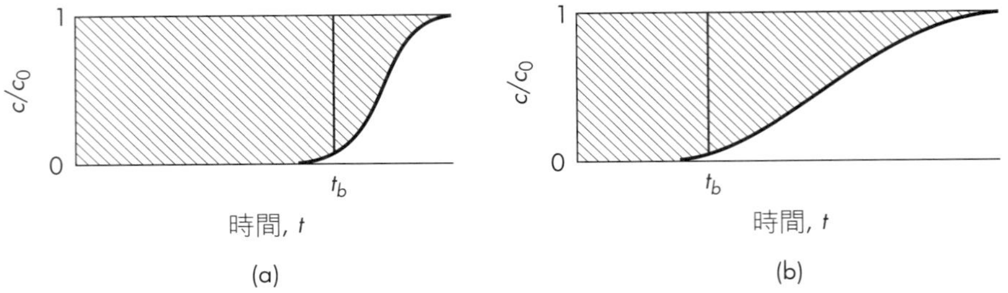

▲ 圖 25.7 貫穿曲線：(a) 窄質傳區及 (b) 寬質傳區

且只有利用不到一半的床容量。窄的質量傳遞區域可以有效地利用吸附劑並降低再生的能量成本。在沒有質量傳遞阻力和無軸向分散的理想情況下，質量傳遞區域的寬度為無窮小，當全部固體飽和時，貫穿曲線將為 0 至 1.0 的垂直線。

規模放大

質傳區的寬度取決於質傳速率、流率和平衡曲線的形狀。預測濃度分布和區域寬度的方法已經發表，但通常需要冗長的計算，結果可能不準確，因為質量傳遞相關性的不確定性。通常以小直徑床的實驗室測試進行吸附器的規模放大 (scale up)，以相同的顆粒大小和表面速度進行大單元設計。床體長度不必相同，如下一節所示。

未使用床體的長度　對於具有良性吸附等溫的系統，質傳區的濃度分布很快就會獲得特徵的形狀和寬度，且當區域沿床向下游移動時，其形狀和寬度不會改變。因此，具有不同床長度的測試可得相同形狀的貫穿曲線；但採更長的床，則質傳區只是床長度的較小部分，而床的大部分可供利用。在斷點處，床體的入口和質傳區的起始點之間的固體達完全飽和 (與進料達平衡)。質傳區的固體，從幾乎飽和到幾乎沒有被吸附物質，若採粗略的平均，則該固體可以假定為大約一半飽和。這相當於質傳區域中約有一半的固體完全飽和，而另一半尚未使用。規模放大原理是指未使用固體的數量或未使用的床體長度，不隨總床體長度而變化。[6]

從貫穿曲線計算未使用的床體長度，到斷點的總溶質吸附量可由積分來決定。固體的容量可由一個完整的貫穿曲線積分或從分離平衡測試求得。這兩個量的比值是在斷點處使用床容量的分率，而以 1.0 減去此比值，就是未使用的分率。未使用的分率可轉換為未使用的床 (length of unused bed, LUB) 的等效長度，此值假設為定值。斷點時間可由理想時間和床體使用分率來計算：

$$t_b = t^*\left(1 - \frac{\text{LUB}}{L}\right) \tag{25.4}$$

例如，如果一個 20 cm 深的床，在斷點處產生 60% 的利用率，未使用的床的長度為 8 cm。若將床長增加到 40 cm，使未使用的部分達 $\frac{8}{40}$ 或 20%。因此，由於使用較長的床和較大的分率，斷點時間增加了 $40/20 \times 0.8/0.6 = 2.67$ 倍。

例題 25.2

以小型固定床 (10.16 cm 直徑) 和 300 和 600 g 碳，來研究空氣中的正丁醇吸附，[10] 對應床長 8 cm 和 16 cm。(a) 根據下列流出物濃度的數據，估算碳的飽和容量以及 $c/c_0 = 0.05$ 時，床的使用分率。(b) 預測床長 32 cm 的斷點時間。

以哥倫比亞 JXC 4/6 活性碳吸附正丁醇的數據如下：

$u_0 = 58$ cm/s　　$D_p = 0.37$ cm

$c_0 = 365$ ppm　　$S = 1{,}194\ \text{m}^2/\text{g}$

$T = 25°\text{C}$　　$\rho_b = 0.461\ \text{g/cm}^3$

$P = 737$ mm Hg　　$\varepsilon = 0.457$

300 g		600 g	
***t*, h**	**c/c_0**	***t*, h**	**c/c_0**
1	0.005	5	0.0019
1.5	0.01	5.5	0.003
2	0.027	6	0.0079
2.4	0.050	6.5	0.018
2.8	0.10	7	0.039
3.3	0.20	7.5	0.077
4	0.29	8	0.15
5	0.56	8.5	0.24

解

(a) 濃度分布如圖 25.8 所示，並延伸到 $c/c_0 = 1.0$，假設曲線於 $c/c_0 = 0.5$ 處對稱。

每平方厘米的床截面，溶質進料速率為

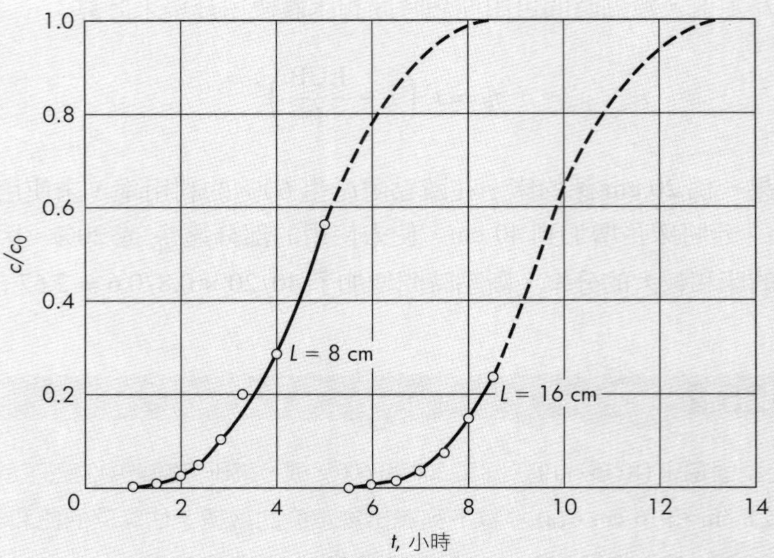

▲ 圖 25.8　例題 25.2 的貫穿區線

$$
\begin{aligned}
F_A &= u_0 c_0 M \\
&= 58\ \frac{\text{cm}}{\text{s}}\left(\frac{365\times10^{-6}}{22{,}400}\times\frac{273}{298}\times\frac{737}{760}\right)\frac{\text{mol}}{\text{cm}^3}\times 74.12\ \text{g/mol} \\
&= 6.22\times10^{-5}\ \text{g/cm}^2\cdot\text{s}\quad 或\quad 0.224\ \text{g/cm}^2\cdot\text{h}
\end{aligned}
$$

吸附的總溶質是圖上方的面積乘以 F_A。對於 8 cm 的床，其面積為

$$\int_0^{8.5}\left(1-\frac{c}{c_0}\right)dt = 4.79\ \text{h}$$

如果貫穿曲線是垂直線，則此面積為吸附相同量所需的理想時間。床的每單位截面積的碳質量為 $8\times0.461 = 3.69\ \text{g / cm}^2$。因此

$$W_{\text{sat}} = \frac{0.224\times4.79}{3.69} = 0.291\ \text{g 溶質 /g 碳}$$

在斷點處，其中 $c/c_0 = 0.05$，且 $t = 2.4$ h

$$\int_0^{2.4}\left(1-\frac{c}{c_0}\right)dt = 2.37\ \text{h}$$

到斷點的吸附量為

$$W_b = \frac{0.224\times2.37}{3.69} = 0.144\ \text{g 溶質 /g 碳}$$

$$\frac{W_b}{W_{sat}} = \frac{0.144}{0.291} = 0.495$$

$$\text{LUB} = L\left(1 - \frac{W_b}{W_{sat}}\right) = 8(0.505) = 4.04 \text{ cm}$$

因此，50% 的床容量是未使用的，其可以由 4 cm 的長度表示。

對於 16 cm 的床，其貫穿曲線與 8 cm 床的曲線具有相同的初始斜率，雖然採取的數據沒有超過 $c/c_0 = 0.25$，但是可假設曲線是平行的。

對於整個床，

$$\int_0^{13} \left(1 - \frac{c}{c_0}\right) dt = 9.59 \text{ h}$$

$$W_{sat} = \frac{0.224 \times 9.59}{16 \times 0.461} = 0.291 \text{ g 溶質 /g 碳}$$

在 $c/c_0 = 0.05$ 時，$t = 7.1$ h，且

$$\int_0^{7.1} \left(1 - \frac{c}{c_0}\right) dt = 7.07 \text{ h}$$

$$W_b = \frac{0.224 \times 7.07}{16 \times 0.461} = 0.215 \text{ g 溶質 /g 碳}$$

$$\frac{W_b}{W_{sat}} = \frac{0.215}{0.291} = 0.739$$

在斷點處，使用 74% 的床容量，對應於未使用部分的長度為 $0.26 \times 16 = 4.2$ cm。在實驗誤差範圍內，與未使用的床的長度相符，而 4.1 cm 是較長的床的期望值。

(b) 對於 $L = 32$ cm，完全使用的床的期望長度為 $32 - 4.1 = 27.9$ cm。使用的床的分率是

$$\frac{W_b}{W_{sat}} = \frac{27.9}{32} = 0.872$$

斷點時間是

$$t_b = \frac{L(W_b/W_{sat})\rho_b W_{sat}}{F_A} = \frac{27.9 \times 0.461 \times 0.291}{0.224} = 16.7 \text{ h}$$

總結

L, cm	8	16	32
t_b, h	2.4	7.1	16.7
W_b/W_{sat}	0.50	0.74	0.87

進料濃度的影響　由於質傳區的寬度不變，因此可以預測進料濃度適度變化對貫穿曲線的影響。平衡容量可由吸附等溫線確定，而斷點時間與固體的容量和進料濃度的倒數成正比 [(25.3) 式和 (25.4) 式]。可以使用高於預期的污染物濃度進行實驗室測試，以縮短貫穿試驗的時間。由於質傳係數的變化或溫度的影響，濃度差異很大可能導致規模放大時產生誤差。

吸附是放熱過程，當處理蒸汽中僅含 1% 的可吸附成分時，可能會使床溫升高 10 至 50°C。在小直徑床，熱損失會限制溫度上升，但是大單元幾乎可絕熱操作，導致性能差異很大。在這種情況下，應使用大直徑的試驗塔，或詳細計算，以解釋床中的放熱和熱傳遞。

吸附的基本方程

雖然吸附器一般是依據實驗數據設計的，有時可以從平衡數據和質傳計算來預測近似性能。在本節中，提出了固定床等溫吸附的基本方程式，並給予一些極限情況下的解。這些內容可以了解影響吸附器中質傳區寬度的因素。

質傳速率

固定床的吸附質傳方程式可對床的 dL 段作溶質質量均衡而得，如圖 25.9 所示。流體和固體中的累積率是輸入和輸出之間流率的差異。若忽略表面速度的變化，則：

$$\varepsilon\, dL\, \frac{\partial c}{\partial t} + (1-\varepsilon)\, dL\, \rho_p\, \frac{\partial W}{\partial t} = u_0 c - u_0(c+dc) \tag{25.5}$$

或

$$\varepsilon\, \frac{\partial c}{\partial t} + (1-\varepsilon)\rho_p\, \frac{\partial W}{\partial t} = -u_0\, \frac{\partial c}{\partial L} \tag{25.6}$$

ε 項是床的外部空隙分率，溶解在孔隙流體中的溶質包括在顆粒分率 $1-\varepsilon$ 中。由氣體或稀釋溶液的吸附，(25.6) 式的第一項，為流體中的累積量，與固體的累積量相比，通常可以忽略不計。

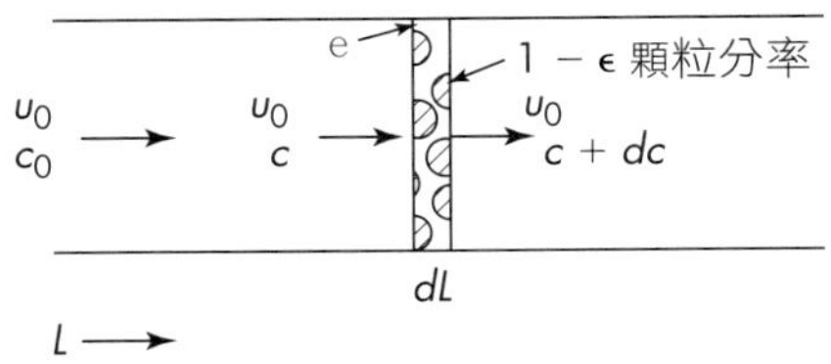

▲ 圖 25.9　固定床中某段的質量均衡

傳遞到固體的機構包括通過在顆粒周圍流體膜的擴散並通過孔擴散到內部吸附位點 (sites)。該物理吸附的實際過程實際上是瞬時的，並假設平衡存在於顆粒內的每個點表面和流體之間。使用總容積係數和總驅動力做為傳遞過程的近似：

$$\rho_p(1-\varepsilon)\,\frac{\partial W}{\partial t} = K_c a(c - c^*) \tag{25.7}$$

質傳面積 a 作為顆粒的外表面積，就球體而言為 $6(1-\varepsilon)/D_p$。濃度 c^* 是與固體中平均濃度 W 平衡的值。

內部和外部質傳係數

總係數 K_c 取決於外部係數 (external coefficient) $k_{c,\,ext}$ 和有效內部係數 (internal coefficient) $k_{c,\,\text{int}}$。顆粒內的擴散實際上是一個非穩態過程，$k_{c,\,\text{int}}$ 的值隨著時間的增加而減小，溶質分子必須進一步滲透到顆粒到達吸附位點。使用 (17.81) 式，亦即可以使用平均有效係數來近似符合球體的吸附數據：

$$k_{c,\text{int}} \approx \frac{10D_e}{D_p}$$

這導致

$$\frac{1}{K_c} \approx \frac{1}{k_{c,\text{ext}}} + \frac{D_p}{10D_e} \tag{25.8}$$

有效擴散係數 D_e 取決於顆粒孔隙 (porosity)、孔隙直徑、曲折度 (tortuosity) 和擴散物種的性質。對於充填氣體的孔，可以允許上述因素對氣相中有效擴散係數進行合理估計。然而，沿著孔壁的吸附分子的擴散，亦即表面擴散，通常比氣相中的擴散貢獻更多的總通量。這在水蒸氣吸附在矽膠上和碳氫化合物蒸汽吸附在活性碳上特別明顯，其中 K_c 的測量值對應於相當大小的內部和外部係數，甚至對應於外部薄膜控制。從水溶液中吸附溶質時，也發生表面擴散，但其影響難以預測。在某些情況下，表面擴散緩慢，並且內部擴散阻力占主導地位，但在其它情況下，內部和外部阻力幾乎相等。

質傳方程式的解

對於不同形狀的等溫線和控制步驟，可由 (25.6) 式和 (25.7) 式求出很多解，所有解都涉及無因次時間 τ 和表示傳送單位總數的參數 N：

$$\tau \equiv \frac{u_0 c_0 (t - L\varepsilon/u_0)}{\rho_p (1-\varepsilon) L (W_{\text{sat}} - W_0)} \tag{25.9}$$

$$N \equiv \frac{K_c a L}{u_0} \tag{25.10}$$

(25.9) 式中的 $L\varepsilon/u_0$ 是從床體的外部空隙排出流體的時間，這通常是可忽略的，而 $\rho_p(1-\varepsilon)$ 是床體密度 ρ_b。因此 τ 為時間 t 與 (25.3) 式的理想時間 t^* 的比值：

$$\tau = \frac{t}{t^*} \tag{25.11}$$

如果沒有質傳阻力，則吸附器在到達 $\tau = 1.0$ 時可以完全去除溶質，然後濃度將從 0 跳到 $c/c_0 = 1.0$。在有限的質傳速率下，貫穿發生在 $\tau < 1.0$，且貫穿曲線的陡度取決於參數 N 和平衡曲線的形狀。

不可逆吸附

具有恆定質傳係數的不可逆吸附 (irreversible adsorption) 是要考慮的最簡單的情況，因為質傳速率正好與流體的濃度成正比。只有當所有阻力都在外薄膜時，才能獲得真正的恆定係數，但中等內部阻力並沒有大幅改變貫穿曲線。強良性吸附幾乎與不可逆吸附的結果相同，因為流體中的平衡濃度實際上是零，直到固體濃度超過飽和值的一半。如果流體的累積項可忽略，將 (25.6) 式和 (25.7) 式合併，可得

$$-u_0 \frac{\partial c}{\partial L} = K_c a c \tag{25.12}$$

將 (25.12) 式積分，可得濃度分布的初始形狀，亦即

$$\ln \frac{c}{c_0} = -\frac{K_c a L}{u_0} \tag{25.13}$$

由於 $K_c a L/u_0$ 為 (25.10) 式定義的 N，因此床體的端點濃度為

$$c = c_0 e^{-N} \tag{25.14}$$

如果床體只有三個傳送單位數，在試驗開始時出口濃度為 $0.05c_0$；但通常 N 為 10 以上，出口的 c 值為 c_0 的一小部分，小到足以被認為是零。

假設質量傳遞到顆粒的第一層的速率為恆定，直到顆粒與流體達到平衡，並且直到發生這種情況，床上的濃度分布保持不變。使床的第一部分達到飽和所需的時間 t_1 是平衡容量除以初始傳遞的速率 (令 $W_0 = 0$ 以簡化分析)：

$$t_1 = \frac{W_{\text{sat}}\rho_p(1-\varepsilon)}{K_c a c_0} \tag{25.15}$$

過了這段時間之後，濃度分布穩定地沿床向下移動，仍保持相同的形狀。傳遞區以速度 v_z 移動，此速度等於每單位時間除去的溶質量除以每單位床長內保留在固體上的溶質量：

$$v_z = \frac{u_0 c_0}{\rho_p(1-\varepsilon)W_{\text{sat}}} \tag{25.16}$$

床的飽和部分的濃度為定值 c_0，然後在質傳區呈指數形式下降，如圖 25.10 所示。

$$\ln\frac{c}{c_0} = \frac{-K_c a(L-L_{\text{sat}})}{u_0} \tag{25.17}$$

為了預測斷點，將 (25.17) 式用於長度為 L 的床，c/c_0 設定為 0.05 或另一選定值。飽和床的長度是傳遞區速度和區域開始移動之後的時間的乘積：

$$L_{\text{sat}} = v_z(t-t_1) \tag{25.18}$$

$$L_{\text{sat}} = \frac{u_0 c_0}{\rho_p(1-\varepsilon)W_{\text{sat}}}\left[t - \frac{W_{\text{sat}}\rho_p(1-\varepsilon)}{K_c a c_0}\right] \tag{25.19}$$

將 L_{sat} 代入 (25.17) 式並以無因次項 τ 和 N [(25.9) 式和 (25.10) 式] 表示，可得

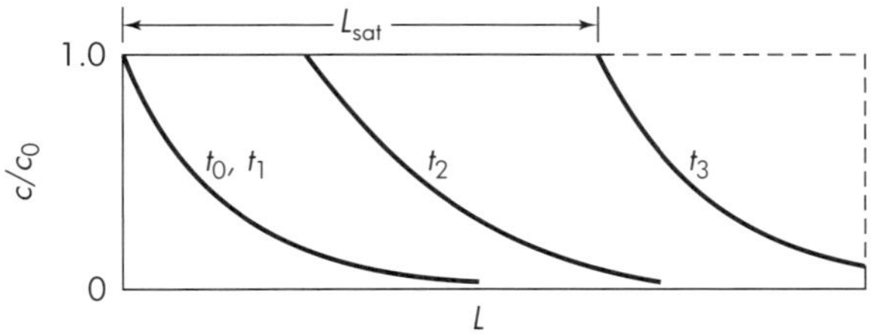

▲ 圖 25.10　具有恆定係數的不可逆吸附的濃度分布

$$\ln \frac{c}{c_0} = -N + N\tau - 1 \tag{25.20}$$

或

$$\ln \frac{c}{c_0} = N(\tau - 1) - 1 \tag{25.21}$$

預測的貫穿曲線如圖 25.11 中的實線所示。斜率隨時間增加，當 $N(\tau - 1) = 1.0$ 時 c/c_0 為 1.0。實際上，貫穿曲線通常是 S 形，因為內部擴散阻力是不可忽略的，並且當固體變得接近飽和時，它會稍微增加。

如果孔擴散控制吸附速率，則貫穿曲線的形狀與外薄膜控制時相反。圖 25.11 中的對應線取自 Hall 等人的研究，[13] 他們提出了幾種不可逆吸附的貫穿曲線。若為孔擴散控制，則曲線的初始斜率很高，因為靠近質傳區前方的固體幾乎沒有吸附物，而平均擴散距離是顆粒半徑非常小的一部分。該曲線呈現長尾狀，因為最終被吸附的分子幾乎必須擴散到顆粒的中心。

當內外阻力均顯著時，貫穿曲線為 S 形，如圖 25.11 中的虛線所示。於此圖中，N 的值是基於 (25.8) 式的總質傳係數，或者可以用 Hall 的術語表達：

$$\frac{1}{N} = \frac{1}{N_f} + \frac{1}{N_p} \tag{25.22}$$

其中

$$N_f = \frac{k_{c,\text{ext}} a L}{u_0}$$

$$N_p = \frac{10 D_e a L}{D_p u_0}$$

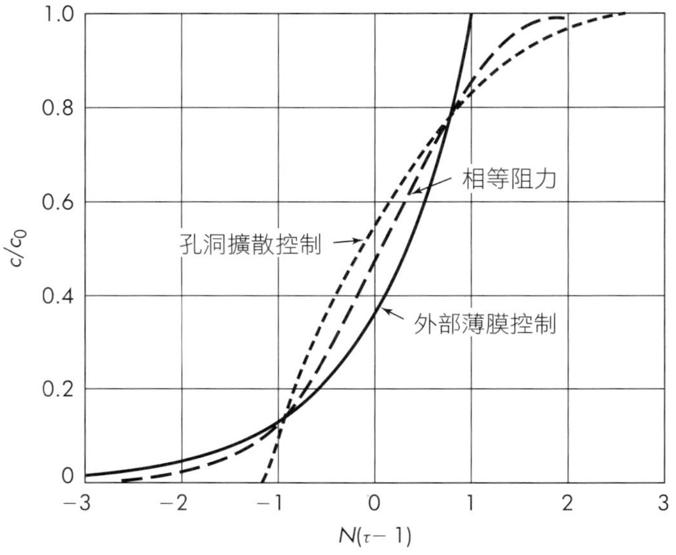

▲ 圖 25.11　不可逆吸附的貫穿曲線

例題 25.3

(a) 假設為不可逆吸附，使用例題 25.2 中的貫穿數據來決定 8 cm 床的 N 和 $K_c a$。(b) 將 $K_c a$ 與外薄膜的預測值 $k_c a$ 進行比較。

解

(a) 從例題 25.2，在 $c/c_0 = 0.05$，$W/W_{sat} = 0.495$，$\tau = 0.495$，$\tau - 1 = -0.505$。假設內部和外部阻力相等，從圖 25.11 決定 N：

在 $\frac{c}{c_0} = 0.05$ 時，$N(\tau - 1) = -1.6$

$$N = \frac{-1.6}{-0.505} = 3.17 = \frac{K_c a L}{u_0} \qquad K_c a = \frac{3.17 \times 58 \text{ cm/s}}{8 \text{ cm}} = 23.0 \text{ s}^{-1}$$

(b) 從 Re、Sc (k_c 是外部係數) 預測 $k_c a$：

$$D_p = 0.37 \text{ cm}$$

在 25°C，1 atm，$\mu/\rho = 0.152 \text{ cm}^2/\text{s}$，$D_v = 0.0861 \text{ cm}^2/\text{s}$。因此

$$\text{Re} = \frac{0.37(58)}{0.152} = 141 \qquad \text{Sc} = \frac{0.152}{0.0861} = 1.765$$

從 (17.74) 式，

$$\text{Sh} = 1.17(141)^{0.585}(1.765)^{1/3} = 25.6$$

$$k_c = \frac{25.6(0.0861)}{0.37} = 5.96 \text{ cm/s}$$

$$a = \frac{6(1-\varepsilon)}{D_p} = \frac{6(1-0.457)}{0.37} = 8.81 \text{ cm}^2/\text{cm}^3$$

$$k_c a = 5.96 \times 8.81 = 52.5 \text{ s}^{-1}$$

由於 $K_c a$ 略小於 $k_c a$ 預測值的一半，外部阻力接近總阻力的一半，N 的計算值不需要修正。內部係數可以從下列計算獲得

$$\frac{1}{k_{c,\text{int}}} = \frac{1}{K_c} - \frac{1}{k_{c,\text{ext}}}$$

$$K_c = \frac{23.0}{8.81} = 2.61 \text{ cm/s}$$

$$k_{c,\text{int}} = \frac{1}{1/2.61 - 1/5.96} = 4.64 \text{ cm/s}$$

如果擴散到顆粒中只發生在氣相中，最大可能的 D_e 約為 $D_v/4$，導致

$$k_{c,\text{int}} = \frac{10D_e}{D_p} = \frac{10 \times 0.0861}{4 \times 0.37} = 0.58 \text{ cm/s}$$

由於 $k_{c,\text{int}}$ 的測量值比這個值大一個數量級，表面擴散必是主要的傳遞機制。

線性等溫線

線性等溫線 (linear isotherm) 的吸附是容易獲得 (25.6) 式和 (25.7) 式的解的另一個極限情況。對於線性等溫線，其方程式與溫度波通過固定床的方程式相同：

$$\varepsilon \rho c_p \frac{\partial T_g}{\partial t} + (1-\varepsilon)\rho_p c_s \frac{\partial T_s}{\partial t} = -u_0 \rho c_p \frac{\partial T_g}{\partial L} \tag{25.23}$$

$$(1-\varepsilon)\rho_p c_s \frac{\partial T_s}{\partial t} = Ua(T_g - T_s) \tag{25.24}$$

在使用填充床作為直接接觸回熱式熱交換器時產生的熱傳問題，其解已由 Furnas[9] 於 1930 年提出。參數 N_H 是熱傳單位數。對於熱傳，無因次時間 τ 是氣體的熱容量乘以通過床的氣體量，再除以總床容量。若 $N_H = \infty$，則 T_g/T_0 對 τ 的圖，其貫穿曲線將是 $\tau = 1.0$ 處的垂直線，就像質量傳遞一樣。定義的方程式為

$$\tau = \frac{u_0 \rho c_p t}{\rho_s c_s (1-\varepsilon) L} \tag{25.25}$$

$$N_H = \frac{UaL}{\rho c_p u_0} \tag{25.26}$$

貫穿曲線其表達式很複雜，最好以圖形呈現，如圖 25.12 所示。對於較高的 N 值，這些曲線相對於床的長度變得更陡峭，但是傳遞區的絕對寬度，實際上隨 $L^{1/2}$ 增加。對於用線性等溫線進行吸附，需要很長的床使得傳遞區只是床寬的一小部分，此與良性等溫吸附相反。例如，如果 $N = 10$，則圖 25.12 顯示在 $\tau = 0.35$ 時將達到 5% 的斷點，並且僅使用 35% 的床容量。將床長加倍使得 $N = 20$，τ 提高到 0.50 處的斷點，若 N 超過 100，則利用的床容量可達 80%。對於內外阻力相等的不可逆吸附，$N = 10$ 在斷點處可得 $N(\tau - 1) = -1.6$ 或 $\tau = 0.84$。

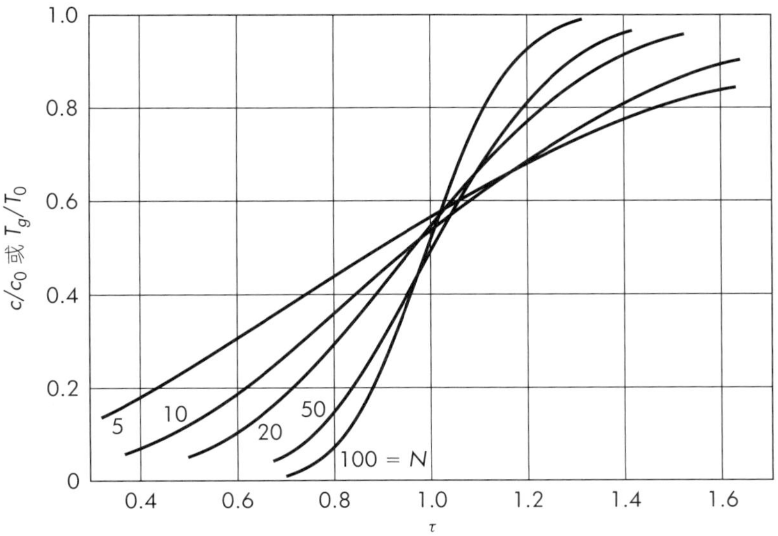

▲ 圖 25.12　線性等溫吸附或熱傳的貫穿曲線，其中 $N = N_H$

良性吸附

對於良性吸附 (favorable adsorption)，斷點發生在線性吸附和不可逆吸附的預測值之間。對於某些等溫線形狀和不同的內外阻力均有解可供利用。[13, 25] 這些解已經用於離子交換器的設計，其中固體 - 流體平衡和內部擴散係數均較吸附更容易描述。

吸附器設計

用於氣體或液體純化的吸附器設計 (adsorber design)，包括選擇吸附劑和顆粒大小，選擇合適的速度得到床面積，並且確定已知循環時間的床長或計算所選床長的貫穿時間。使用較短的床長意味著使用較少的吸附劑和床中較低的壓力降。然而，較短的床體意味著更頻繁的再生和更高的再生成本，因為較小分率的床體在貫穿時較快飽和。對於氣體淨化，通常選擇 4 × 6 或 4 × 10 網目的碳，但是當需要更好的質量傳遞並且壓力降不成問題時，可以使用較小的尺寸。氣體速度通常為 15 至 60 cm/s (0.5 至 2 ft/s)。因為外表面積隨著 $1/D_p$ 變化且 $k_{c,\,\mathrm{ext}}$ 和 $k_{c,\,\mathrm{int}}$ 兩者隨著 D_p 的減小而增加，$k_c a$ 預期會隨 D_p 的 -1.5 到 -2.0 的次方而變化。因此，粒徑的減小可得更陡峭的貫穿曲線。

為了從液體中吸附，選擇較小的粒徑且流體速度遠低於氣體。水處理的典型條件是 20 × 50 網目的碳 ($D_p = 0.3$ 至 0.8 mm)，表面速度為 0.3 cm/s (0.01 ft/s

或約 4 gal/min·ft^2)。即使採用這些條件，其 $K_c a/u_0$ 仍然比典型的氣體吸附小，而 LUB 可能是 10 到 20 cm，如果內部擴散控制，甚至可以是 1 m。

膨脹床吸附

吸附有時用於從發酵湯或細胞懸浮液中回收抗生素或蛋白質。對於這些應用，使用選擇性吸附劑的膨脹流體化床可能是有利的，因為細胞和其它小的顆粒 ($D_p \leq 1\ \mu$m) 可以通過膨脹床而產品分子擴散到表面並進入吸附劑的孔中。[1] 經過徹底沖洗後，吸附劑在固定床模式下用不同 pH 的化學溶液再生，得到不含固體的濃縮產物和一些可溶性雜質。在固定床吸附的情況下，固體必須在過濾、離心或微過濾吸附之前被去除，因為固體會很快堵塞固定床中的通道。

對於膨脹床吸附 (expanded-bed adsorption)，由於大分子在小孔中的有效擴散係數低，因此需要相當小的顆粒 (0.1 至 0.3 mm)。選擇流率將床擴大約 100%，其所需的速度是最小流體化速度的幾倍，但小於單一吸附劑顆粒的終端速度。流體化是具有均勻床膨脹的顆粒型 (見圖 7.13)。由於顆粒運動，軸向分散比固定床稍大，但仍然可以獲得適度陡峭的貫穿曲線。[16, 23]

再生

已經很少有再生 (regeneration) 動力學研究的發表，因為在實驗室吸附器中難以匹配大型絕熱床的條件，而且模式很複雜，因為脫附等溫線為非線性和非良性。對於碳的水蒸氣再生，通常使用 130 至 150°C 的水蒸氣做逆向流動。在溫度前緣到達床體的頂部，且典型的水蒸氣消耗量[21] 為 0.2 至 0.4 lb 水蒸氣 /lb 碳時，再生停止。雖然大量吸收物仍然存在，但在床體底部附近的再生最為完全，因此在下一個吸附週期仍然可以實現高百分比的去除率。如果需要非常高的溶質去除率，可以藉由延長水蒸氣的週期或使用較高溫度的水蒸氣，使床體幾乎完全再生。

對於使用吸附來回收有價值產品的一些過程，藉由熱變 (thermal-swing) 脫附再生是不可行的，因為脫附所需的高溫會使產品降級。另一個選擇是藉由適度強吸附的氣體或液體置換被吸附物質並且可以容易地與產品分離。許多材料可能適用於置換再生，因為即使置換物質的吸附力較弱，被吸附物也可以被其它物質幾乎完全置換。

用於分離中等分子量線性石蠟 (paraffin) 的 Exxon 程序，是具有置換再生的吸附循環的一個例子。[2] 線性分子藉由在 300°C，5Å 孔洞分子篩的吸附從液體進料中除去，而不包括支鏈和環狀異構物。線性石蠟被氣態氨脫附，儘管氨的分子量低，但具有中等強度的吸附。藉由冷凝很容易除去烴，並且氨可以被再次使用。完全循環時間為 12 至 30 分鐘，時間長短取決於進料中線性石蠟的濃度。[19b]

例題 25.4

考慮以活性碳的吸附來處理具有 0.12 vol % 甲基乙基酮 (MEK) 的程序空氣流。氣體在 25°C 和 1 atm，流率為 16,000 ft³/ min。其通過床體的壓力降不超過 12 in. H_2O 。(a) 如果使用 BPL 4 × 10 網目碳，平均床體溫度為 35°C，當 $W = \frac{1}{3} W_{\text{sat}}$ 時再生停止，試預測飽和容量和工作容量。(b) 如果未使用的床體長度為 0.5 ft，欲得合理的循環時間可以使用的氣體速度和床體大小為何？需要使用多少碳？

解

(a) 從手冊中得知，在 35°C，$P' = f_s = 151$ mm Hg，且在 20°C，$\rho_L = 0.805$ g/cm³。正常沸點為 79.6°C，該溫度下的估計密度為 $\rho_L = 0.75$ g/cm³。分子量為 72.1。

$$V = \frac{72.1}{0.75} = 96.1 \qquad p = 0.0012 \times 760 = 0.912 \text{ mm Hg} = f$$

在 35°C，

$$\frac{T}{V} \log \frac{f_s}{f} = \frac{308}{96.1} \log \frac{151}{0.912} = 7.11$$

從圖 25.4 可以看出，每 100 g 碳的吸附體積為 24 cm³：

$$W_{\text{sat}} = 24(0.75) = 18 \text{ g/100 g 碳}$$

$$W_0 = \tfrac{1}{3} W_{\text{sat}} = 6 \text{ g/100 g 碳}$$

工作容量 $= W_{\text{sat}} - W_0 = 12$ g/100 g 碳 = 0.12 lb/lb 碳。

(b) 嘗試 $u_0 = 1$ ft/s：

$$A = \frac{16{,}000}{60} \frac{\text{ft}^3}{\text{s}} \times \frac{1}{1 \text{ ft/s}} = 267 \text{ ft}^2$$

對於圓形橫截面，$D = 18.4$ ft。如果床深只有 3 到 4 ft，則 10 ft × 27 ft 的矩形床體可能較適宜。請嘗試 $L = 4$ ft。從 (25.3) 式可得

$$t^* = \frac{L\rho_b(W_{\text{sat}} - W_0)}{u_0 c_0}$$

在 25°C，

$$c_0 = \frac{0.0012}{359} \times \frac{273}{298} \times 72.1 = 2.21 \times 10^{-4}\ \text{lb/ft}^3$$

$$\rho_p(1-\varepsilon) = \rho_b \cong 30\ \text{lb/ft}^3 \qquad t^* = \frac{30 \times 4 \times 0.12}{1 \times 2.21 \times 10^{-4}} = 6.52 \times 10^4\ \text{s} = 18.1\ \text{h}$$

如果未使用的床體長度為 0.5 ft，則使用的床體長度為 3.5 ft，且

$$t_b = \frac{3.5}{4.0}(18.1) = 15.8\ \text{h}$$

如果床長為 3 ft，則使用的為 2.5 ft，

$$t_b = \frac{2.5}{4}(18.1) = 11.3\ \text{h}$$

允許計算中的不確定性，3 ft 的床長度可能適合每 8 小時替換一次的再生操作。

使用 Ergun 方程式，(7.22) 式，驗證 ΔP。請注意，使用 fps 單位時需要 g_c。對於顆粒碳，假定 $\Phi_s = 0.7$ (見表 7.1)。假設外部孔隙率 $\varepsilon = 0.35$ (見表 7.2)。從手冊中得知，空氣在 25°C 的性質為

$$\mu = 0.018\ \text{cP} = 1.21 \times 10^{-5}\ \text{lb/ft}\cdot\text{s} \qquad \rho = 0.074\ \text{lb/ft}^3$$

由 Perry《化工手冊》，第 7 版，p. **19**-20，對於 4 × 10 網目的碳，

$$D_p = \frac{4.76 + 2.0}{2} = 3.38\ \text{mm} = 1.108 \times 10^{-2}\ \text{ft}$$

$$\begin{aligned}\frac{\Delta P}{L} &= \frac{150 \times 1.0 \times 1.21 \times 10^{-5}}{32.2 \times 0.7^2 \times (1.108 \times 10^{-2})^2}\frac{0.65^2}{0.35^3} + \frac{1.75 \times 0.074 \times 1.0^2}{32.2 \times 0.7 \times 0.01108}\frac{0.65}{0.35^3}\\ &= 9.23 + 7.86 = 17.09\ \text{lb}_f/\text{ft}^2\cdot\text{ft}\\ &= \frac{17.09 \times 12}{62.4} = 3.29\ \text{in. H}_2\text{O/ft}\end{aligned}$$

對於 $L = 3$ ft，$\Delta P = 9.9$ in. H_2O，這是合理的。

若速度為 1.5 ft / s，則會使 $\Delta P/L = 6.06$ in. H_2O/ft，且需要 $L \le 2$ ft 維持其 $\Delta P < 12$ in. H_2O。但是，貫穿時間將會縮短到 11.3/1.5 × (1.5/2.5) = 4.5 h，床必須每替換一次將再生兩次。這種設計可能令人滿意，但不會給出太大的錯誤的餘地。

推薦的設計是兩張床體 10 × 27 × 3 ft 放置在水平圓柱。碳的使用量是

$$m_C = 2(270 \times 3)\ \text{ft}^3 \times 30\ \text{lb/ft}^3 = 48{,}600\ \text{lb}$$

例題 25.5

被 1.2 ppm TCE 污染的水將在 20 × 50 網目的 Ambersorb 563 的固定床中進行淨化。(a) 對於床體長為 2 ft，流率為 4.5 gal/min·ft^2，如果未使用的床體的長度為 0.6 ft，試估計貫穿時間。(b) 每單位床體積所處理的有效容量是多少？ 吸附劑將以蒸汽再生，以去除 85% 的 TCE。吸附劑的整體密度為 0.53 g/cm^3。

解

(a) 從圖 25.5，

$$W_{\text{sat}} = 200\ \text{mg/g 或 } 0.2\ \text{lb/lb}$$

$$W_0 = (1 - 0.85)W_{\text{sat}} = 0.03\ \text{lb/lb}$$

$$u_0 = \frac{4.5}{7.48} \times 60 = 36.1\ \text{ft/h}\ (0.01\ \text{ft/s})$$

從 (25.3) 式，

$$t^* = \frac{2(0.53 \times 62.4)(0.2 - 0.03)}{36.1(1.2 \times 10^{-6} \times 62.4)} = 4.16 \times 10^3\ \text{h}$$

$$\frac{t_b}{t^*} = 1 - \frac{\text{LUB}}{L} = 1 - \frac{0.6}{2} = 0.7$$

貫穿時間是

$$t_b = 0.7(4.16 \times 10^3) = 2{,}910\ \text{h}$$

(b) 處理的床體積，

$$\frac{u_0 t_b}{L} = \frac{36.1 \times 2{,}910}{2} = 5.25 \times 10^4$$

連續操作

當固定床吸附塔以循環方式操作時，質傳區通常是床長的一小部分，而床的其餘部分不用於質傳。吸附劑和流體的連續逆流流動可能使吸附劑作更有效地利用。如圖 25.13 所示，兩個床體可以垂直排列，固體將經由重力作用通過脫附塔和吸附塔而移動，然後由氣動輸送機或斗式提昇機運送到塔頂。進料、固體和脫附流體的流率將被設定，以提供每個床體有一個合理的平均驅動力，並且理想階段數或傳送單位數將由 McCabe-Thiele 圖確定。對於圖 25.13 中的例

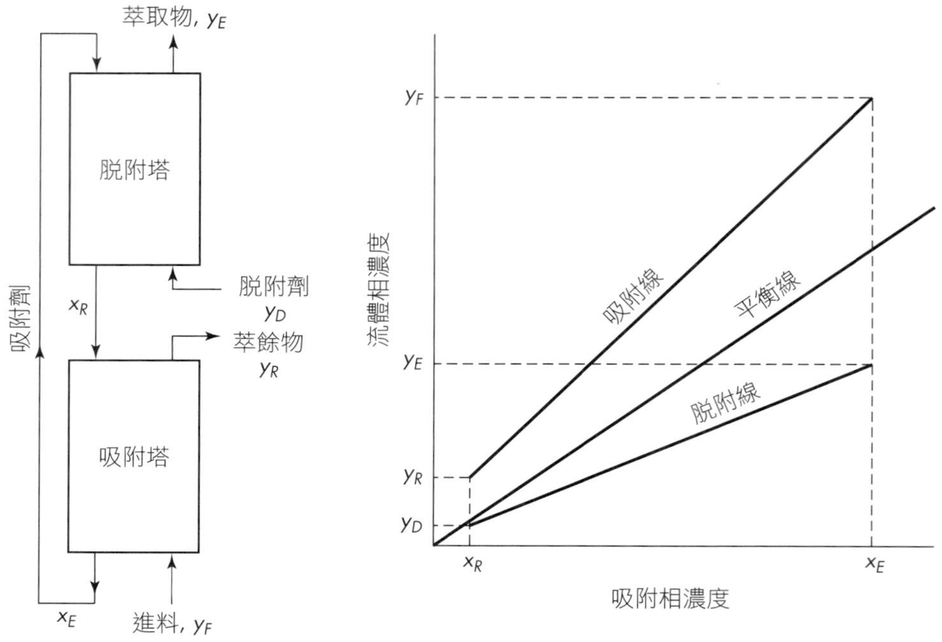

▲ 圖 25.13　逆向流吸附塔的 McCabe-Thiele 圖

子，假設兩個單元的溫度和壓力均相同，並且顯示了一條共同的平衡線。如果條件不同，將對脫附塔繪製單獨的平衡線。

以碳為吸附劑的大直徑移動床被用於某些水處理廠。從床體底部開始間歇地除去用過的碳，並在頂部添加新鮮的碳。固相不能在理想的柱狀流中移動，但這並不重要，因為質傳區有幾呎長。用過的碳在迴轉窯中高溫再生，或者送回原供應商。聯合石油公司開發了一種更複雜的稱為超吸附 (hypersorption) 的移動床方法，用於從煉油氣流中回收乙烯。活性碳顆粒緩慢地向下移動，通過一個高塔進行冷卻、吸附、精餾和汽提。[3] 這個過程在技術上是成功的，但是它比低溫分離方法成本更高，因此不再使用。

連續逆流操作的新方法是由 UOP 開發的 Sorbex 程序，其具有模擬移動床。裝有吸附劑的高塔分成 12 個區段，每個區段都具有用於添加或去除液體的流量分配器。該塔的原理圖如圖 25.14 所示。四個流體的入口和出口點隨著旋轉閥的每個新位置移動到床的相鄰段，其作用幾乎與固體和流體的逆流相同。Sorbex 單元廣泛用於二甲苯異構物、烯屬烴和石蠟的混合物以及支鏈和線性石蠟的分離。為了在分離雙成分或擬雙成分混合物時獲得最佳性能，脫附劑流體被選擇為對固體具有比進料的弱結合物種更強的親和力，但是比強結合物種的親和力要弱。[4, 5]

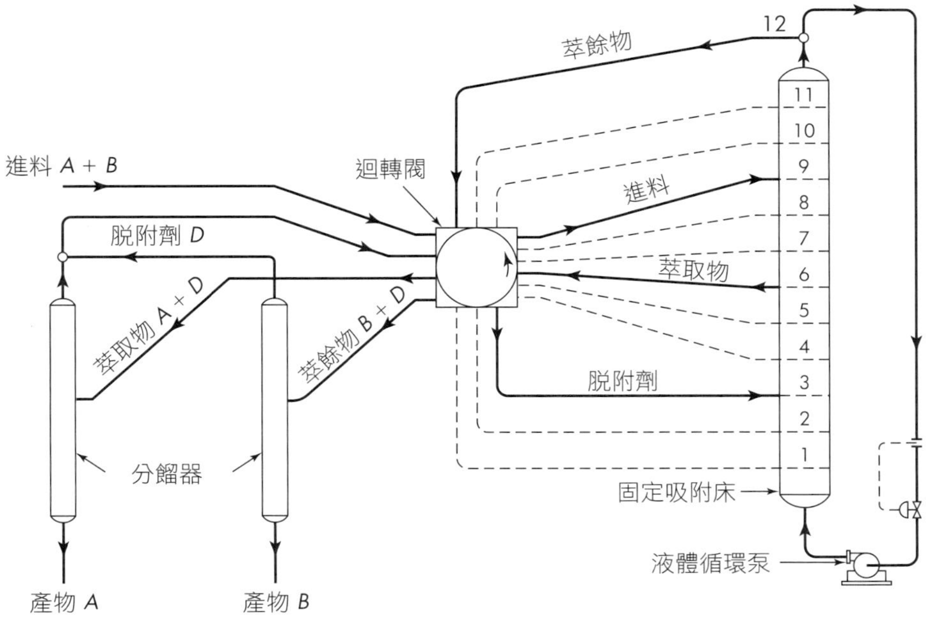

▲ 圖 25.14　具有模擬移動床的 Sorbex 程序的示意圖[4]

離子交換

離子交換是其中含有可交換陽離子或陰離子的固體顆粒與電解質溶液接觸以改變溶液組成的過程。主要的應用有以鈉離子交換鈣離子的軟化水和以除去陽離子和陰離子來去除水的礦物質。其它應用包括從稀溶液中回收金屬和從生物反應器中分離產物。

在一些天然材料如黏土和沸石中存在離子交換能力，但大多數方法使用合成離子交換樹脂。這些樹脂由有機聚合物如交聯聚苯乙烯製成，其中加入可離子化的基團。陽離子交換樹脂包括具有亞磺酸基 ($-SO_3^-$) 的強酸樹脂，具有羧酸基 ($-COO^-$) 的弱酸樹脂以及具有中等酸強度的其它類型。陰離子交換樹脂可以具有強鹼季銨基 [$-N^+(CH_3)_3$] 或弱鹼胺基 ($-N^+H_3$)。

在陽離子和陰離子交換樹脂中，酸基或鹼基與樹脂基體形成化學鍵，並且樹脂具有高濃度的固定負電荷或正電荷。這些是以抗衡離子 (counterion) 的移動達到平衡，此抗衡離子如 H^+、Na^+ 或 Ca^{2+} 的陽離子樹脂與 Cl^-、OH^-、NO_3^- 的陰離子樹脂，因此在樹脂粒子中始終保持電中性。當外部溶液中的離子活性與樹脂相中的移動離子的活性不同時發生離子交換。例如，將氫型樹脂 HR 曝露於具有 Na^+ 和 H^+ 的溶液中，將導致一些 Na^+ 離子擴散到樹脂中，並且一些 H^+ 離子擴散到溶液中。

離子交換樹脂不溶於水，但在水溶液中會產生膨脹，其膨脹的程度取決於交聯度、固定電荷濃度和溶液中電解質濃度。對於具有適度交聯度 (8% 二乙烯基苯) 的磺酸樹脂，其 Na 型樹脂在稀溶液中的膨脹體積約為乾樹脂體積的 1.8 倍，孔隙率為 45%。當在稀酸溶液中轉化成 HR 時，該樹脂再膨脹 8%。一些膨脹對於增加粒子內部的擴散速率是有利的，但是膨脹也會降低每單位體積粒子或每單位體積床體的樹脂容量。樹脂可以作為尺寸在 0.3 至 1.2 mm 之間的球形珠粒使用，通常用於與液體吸附類似的固定床。

平衡

離子交換樹脂的容量是每單位質量的乾燥樹脂產生可交換基團的數量。對於陽離子樹脂來說，容量通常以每克乾氫型樹脂的毫當量或 meq/g H^+ 表示。對於陰離子樹脂，基量是一克乾氯型樹脂的毫當量。出於實際的目的，容量可以用每升床體的當量計算。當每個芳香環具有一個磺酸基團時，苯乙烯 - 二乙烯基苯共聚物的理論容量約為 5.4 meq/g H^+，相應的床體容量約為 2.5 當量 / 升。

離子交換是一種可逆反應，其中樹脂中的抗衡離子被來自外部溶液的不同離子所取代。對於含有一價離子 A^+ 的鈉型樹脂的陽離子交換，其反應為

$$A^+ + NaR \rightleftharpoons AR + Na^+ \tag{25.27}$$

反應的平衡常數用活性或濃度乘以活性係數來表示

$$K_{eq} = \frac{c_{Na^+} c_{AR}}{c_{A^+} c_{NaR}} \times \frac{\gamma_{Na^+} \gamma_{AR}}{\gamma_{A^+} \gamma_{NaR}} \tag{25.28}$$

對於稀薄溶液，活性係數隨濃度變化不大，可以使用簡單的基於濃度的平衡常數

$$K' = \frac{c_{Na^+} c_{AR}}{c_{A^+} c_{NaR}} \tag{25.29}$$

當一價離子被二價離子取代時，每個新的抗衡離子平衡樹脂中的兩個帶電位點 (charged sites)

$$B^{2+} + 2NaR \rightleftharpoons BR_2 + 2Na^+ \tag{25.30}$$

$$K' = \frac{(c_{Na^+})^2 c_{BR_2}}{c_{B^{2+}} (c_{NaR})^2} \tag{25.31}$$

典型強酸和強鹼樹脂的 K' 值見表 25.1。對於陽離子交換樹脂，Li^+ 是參考離子，對於任何反應的 K' 都可以從 K' 值的比例求出。例如，對於 Na^+ 與 HR 的反應，$K' = 1.98/1.27 = 1.56$。由於水合離子的尺寸減小，單價陽離子的 K' 值從 Li^+ 增加到 K^+。Li^+ 的平均水合值約為 3.3，而 K^+ 的平均水合值約為 0.6。[14a] 對於交聯度較高的樹脂，膨脹量不大，其離子大小對 K' 值的影響比表 25.1 中的值稍大。

二價離子傾向於比單價離子具有稍高的 K' 值，但是在大多數應用中，交換樹脂對二價離子的偏好大於平衡常數所提示的。對於濃度非常低的溶液，(25.30) 式所示類型的交換反應幾乎可以完全向右，因為單價離子的濃度在 (25.31) 式中是平方。

▼ 表 25.1　聚苯乙烯陽離子及陰離子交換樹脂的平衡常數，含 8% DVB 交聯 [†]

強酸磺化樹脂		強鹼三甲基胺樹脂	
抗衡離子	K'	抗衡離子	K'
Li^+	1.00	碘化物	8.7
H^+	1.27	硝酸鹽	3.8
Na^+	1.98	溴化物	2.8
NH_4^+	2.55	氰化物	1.6
K^+	2.90	氯化物	1.0
Mg^{2+}	3.29	碳酸氫鈉	0.3
Cu^{2+}	3.47	醋酸鹽	0.2
Ni^{2+}	3.93	硫酸鹽	0.15
Ca^{2+}	5.16	氟化物	0.09
Ba^{2+}	11.5	氫氧化物	0.05–0.07

[†] 摘自 R. H. Perry, and D. W. Green (eds.): *Perry's Chemical Engineers' Handbook,* 7th ed., McGraw-Hill, New York, 1997, p. **16**-14.

例題 25.6

對於強酸樹脂的 Cu^{2+}/Na^+ 交換，在總溶液當量度為 0.5、0.1 和 0.01 時，計算樹脂中 CuR_2 的分率如何隨溶液中 Cu^{2+} 的分率而變化。假定樹脂的當量度為 2 meq/mL。

解

$$Cu^{2+} + 2NaR \rightleftharpoons CuR_2 + 2Na^+$$

$$K' = K'_{Cu^{2+}}/K'_{Na^+} = 3.47/1.98 = 1.75$$

對於 $Cu^{2+} = 0.02\ M$，$Na^+ = 0.06\ M$

$$c_{total} = 2Cu^{2+} + Na^+ = 0.04 + 0.06 = 0.10\ N$$

溶液中 Cu^{2+} 的當量分率：0.04/0.10 = 0.40。從 (25.31) 式可得

$$\frac{c_{CuR_2}}{(c_{NaR})^2} = \frac{1.75 \times 0.02}{0.06^2} = 9.72$$

樹脂的當量度 = 2.0，因此

$$2.0 = c_{NaR} + 2c_{CuR} = c_{NaR} + 2(9.72)(c_{NaR})^2$$

$$19.44(c_{NaR})^2 + c_{NaR} - 2 = 0$$

使用求解二次方程式的公式，

$$c_{NaR} = \frac{-1 + [1 + 8(19.44)]^{0.5}}{2 \times 19.94} = 0.296$$

$$c_{CuR_2} = \frac{2 - 0.296}{2} = 0.852$$

在當量的基礎上，樹脂中 Cu^{2+} 的分率 = 2 × 0.852/2 = 0.852

類似的計算結果如圖 25.15 所示。曲線在形狀上類似於有利類型的吸附等溫線，並且在 0.01 *N* 總濃度下交換反應非常有利。預測的結果與相似的陽離子交換樹脂的實驗值非常接近。[22]

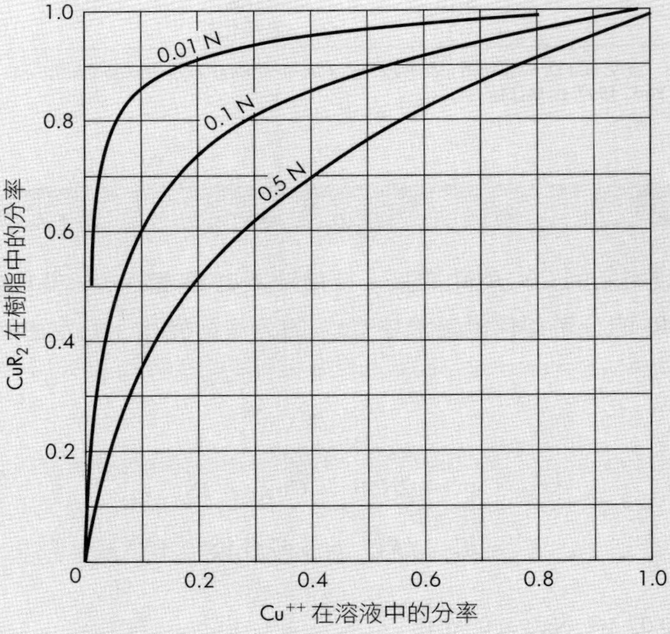

▲ 圖 25.15　Cu^{2+}/Na^{+} 交換的預估選擇度曲線

質傳速率

離子交換反應的速率受到外部溶液與樹脂粒子孔隙中抗衡離子 (counterion) 擴散速率的限制。平衡可以假設存在於每個粒子內部的任何一點，預測濃度隨時間變化則需要求解非穩態擴散方程。對於工程應用，質傳速率可以用總體係數 $K_c a$ 和基於溶液濃度以及與平均粒子濃度平衡的濃度 c^* 的驅動力來近似。填充床的質傳速率與這個驅動力成正比。

$$r = K_c a(c - c^*) \tag{25.32}$$

其中 $\dfrac{1}{K_c} = \dfrac{1}{k_{c,\text{ext}}} + \dfrac{1}{mk_{c,\text{int}}}$

a = 單位床體體積的外部面積

m = 內部與外部濃度的比值

可以從第 17 章中給出的充填床的相關性預測外部質傳係數，

$$\text{Sh} = 1.17\,\text{Re}^{0.585}\,\text{Sc}^{1/3} \tag{17.78}$$

對於球體粒子充填的床體，每單位體積的充填面積為 $6(1 - \varepsilon)/D_p$，其中 ε 為外部孔隙率。內部係數是基於有效擴散係數和擴散距離等於粒子直徑的十分之一 [見 (10.30) 式和 (17.81) 式]。

$$k_{c,\text{int}} = \frac{10D_e}{D_p} \tag{25.33}$$

由於受限於內部空隙分率、曲折度，以及在一定程度上的小孔隙中的受阻擴散，所以離子在樹脂的擴散係數比在外部溶液要低。對於一價離子，其有效擴散係數比正常值低一個數量級左右，但二價離子則可能低兩個數量級。[14b] 幸運的是，內部擴散阻力通常不大於外部擴散阻力，儘管在有效擴散係數低時，亦可忽略不計，因為外部溶液中的低濃度使 m 非常大。對於 10^{-3} M 的溶液，m 約為 2000，因為樹脂中的濃度約為 2 M。因此，即使內部擴散係數低 10 或 100 倍，外部阻力也可以成為控制因素。

如圖 25.15 所示的那種良性的平衡曲線，質傳區很快就會達到一個恆定的長度，貫穿曲線的形狀也不隨床長而變化。這條曲線的陡度取決於質傳單位數和控制阻力的性質，對於吸附來說也是如此 (見圖 25.11)。貫穿曲線的確切形狀和 t_b 的值很難預測，大的離子交換裝置的設計通常是基於經驗或用小塔測試。如果粒子大小和液體速度保持不變，並且小心確保進料的均勻分布，則未使用床

體的長度 (LUB) 在轉換成更大的塔上應不會改變。有了良性的平衡曲線，LUB 可能只有幾吋，是正常床體長的一小部分。

使用過的床體的再生是使酸、鹼或鹽的濃溶液通過床體來進行的。使用濃縮溶液，則最小再生時間減少，樹脂對多價離子的強烈偏愛大大降低，如圖 25.15 所示。當平衡曲線幾乎是線性時，質傳區的寬度隨床體長增加而增加 (見圖 25.12)。完全 (或幾乎完全) 再生的時間可能遠大於最小再生時間，但仍比循環的溶質去除部分的貫穿時間短得多。

例題 25.7

使用短的離子交換珠粒床體從 0.008 M 溶液中除去金屬離子的實驗測試指出，與平衡容量 1.15 mmol/mL 相比，貫穿時 ($c = 0.02c_0$) 的有效床體容量為 0.75 mmol/mL。床體直徑為 2 cm，長 30 cm；表面速度為 0.40 cm/s (5.9 gal/min·ft^2)。(a) 有一大型離子交換塔其床體直徑為 0.6 m，長為 1.5 m，將以 3 gal/min·ft^2 進行操作。假定其 LUB 與實驗測試相同，則預測 t_b 和貫穿時的有效床體容量。(b) 速度變化如何影響 LUB 和有效容量？(c) 如果用 2 M NaCl 溶液以 3 gal/min·ft^2 進行再生，並且使用最小量的溶液的兩倍，則再生的時間是多少？

解

(a) 在實驗塔中的未使用床體的長度

$$\frac{t_b}{t^*} = \frac{0.75}{1.15} = 0.652 = 1 - \frac{\text{LUB}}{L}$$

$$\text{LUB} = (1 - 0.652)(30) = 10.4 \text{ cm}$$

對於具有相同 LUB 的大床體，

$$\frac{t_b}{t^*} = 1 - \frac{10.4}{150} = 0.931$$

有效容量為 0.931(1.15) = 1.07 mmol/mL (或 mol/L)。

從 (25.2) 式，

$$t^* = \frac{\rho_b L W_{\text{sat}}}{u_0 c_0}$$

$$\rho_b W_{\text{sat}} = 1.15 \text{ mol/L}$$

$$u_0 = \frac{3 \text{ gal}}{\text{min} \cdot \text{ft}^2} \times \frac{3{,}785 \text{ cm}^3/\text{gal}}{60 \text{ s/min}} \times \frac{1}{930 \text{ cm}^2/\text{ft}^2} = 0.204 \text{ cm/s}$$

$$t^* = \frac{1.15\ \text{mol}}{\text{L}} \times \frac{150\ \text{cm}}{0.204\ \text{cm/s} \times 0.008\ \text{mol/L}} \times \frac{1}{3{,}600} = 29.4\ \text{h}$$

$$t_b = 0.931(29.4) = 27.4\ \text{h}$$

(b) 對於非常良性的平衡，圖 25.11 中的貫穿曲線證明，當外部薄膜控制時 $N(\tau - 1) = -2.9$。由於 $N = k_c aL/u_0$，$k_c a$ 約隨 $u_0^{1/2}$ 增加，進行至實驗速度的一半時會減少 $k_c a$，但增加 $\sqrt{2}$ 倍的 N，使 LUB $\cong$ 7 cm，且 $t_b \cong 0.95t^*$。如果內部和外部阻力都很重要，則 $k_c a$ 就不會大量減少，而且 LUB 會減少。

(c)

$$t^* = \frac{1.15\ \text{mol}}{\text{L}} \times \frac{150\ \text{cm}}{0.204\ \text{cm/s} \times 2.0\ \text{mol/L}} \times \frac{1}{60} = 7.05\ \text{min}$$

$t = 2t^* = 15.1$ min 用於再生

離子交換樹脂的操作

用於半連續操作的離子交換系統至少需要兩個塔，以便其中總是有一個可以在線操作。當再生所需時間相當短時，將兩床體串聯在一起作離子的去除可節省經費。當第二個床發生貫穿時，第一個床切換到再生，並且先前再生的床體與第二個床體作串聯操作。樹脂庫存減少，只有完全飽和的床體作再生處理，這是更有效的。

進料溶液通常以 1 至 5 gal/min·ft^2 (1 gpm/ft^2 = 0.67 ft/min) 的流率向下通過床體。貫穿後，床體被帶離線 (停止離子交換操作)，改用向上的流水進行逆洗，去除床體中的小粒子或沈澱物。逆洗時，床體流體化且膨脹 50% 至 100%，因此在樹脂床體上方必須提供足夠的頂部空間。再生溶液以 2 至 5 gal/min·ft^2 的速度向上或向下流過床體。使用逆流，再生溶液能更有效地去除強抗衡離子，因為它們傾向於集中在床的進料端附近。然而，通常採用進料和再生劑向下流動的並流方式。

為了製備非常純的水，使用陽離子和陰離子交換樹脂。強陽離子樹脂取代陽離子產生 H^+ 離子，在下一個塔中，陰離子交換樹脂去除陰離子，產生 OH^- 離子，兩者反應形成 H_2O。有時將三、四個床體串聯使用，以強酸、弱酸、強鹼和弱鹼性樹脂結合，以各種方式排列，以促進再生。去離子也可以用陽離子和陰離子樹脂的混合床來實現。由於陰離子樹脂較輕，更容易懸浮，珠粒在再生之前以溫和的流體化分離。[8]

色層分析

色層分析是分離氣體或液體的多成分混合物的一種方法的名稱。它使用固體床或固定液作為固定相，並間歇地進料待分離的物質。混合物的成分通過床體移動或者以載氣或液體的連續流動來洗脫，該載氣或液體成為流動相。進料成分在流動相和固定相之間分配，並且由於不同的分配係數而以不同的速度在床體中移動。如果床體或管柱足夠長，則所有成分以分開的脈衝順序出現，出口處的分析儀顯示流動相中各成分的濃度。

色層分析 (chromatography) 起源於使用玻璃管柱分離植物細胞色素的液體混合物時看到的顏色帶。它現在應用於其它類似的分離。用於控制流量和溫度的色譜柱、分析儀和相關設備稱為**色層分析儀** (chromatograph)。顯示每個成分的波峰的分析儀信號的圖是**層析圖** (chromatogram)。典型的層析圖如圖 25.16 所示。

色層分析儀根據流動相和固定相的性質進行分類。氣相層析 (GC) 包括 GSC，其中固定相是固體吸附劑，而 GLC，其中高分子量液體保持在多孔固體中，是固定相。GLC 比 GSC 更為常見，因為進料的成分通常在相位之間以恆定的比例進行分配，這導致層析圖的對稱模式。在 GSC 中，如果一個成分是以非線性等溫強烈吸附，那麼所得到的峰是長尾的不對稱峰，這使得與其它峰分離困難。在 GLC 中，進料可以是氣體，但是通常是將液體作為小樣品注入汽化器中，並通過載氣吹掃到管柱。氦氣或氫氣通常用作載氣，因為可以通過測量導熱係數或密度，或使用火焰離子化檢測器來測定其它成分的濃度。

以液相層析法 (LC) 分離液體混合物可以在含有固體固定相的管柱中進行，稱作 LSC，或以不互溶液體作為固定相的管柱中進行，稱作 LLC。擴散

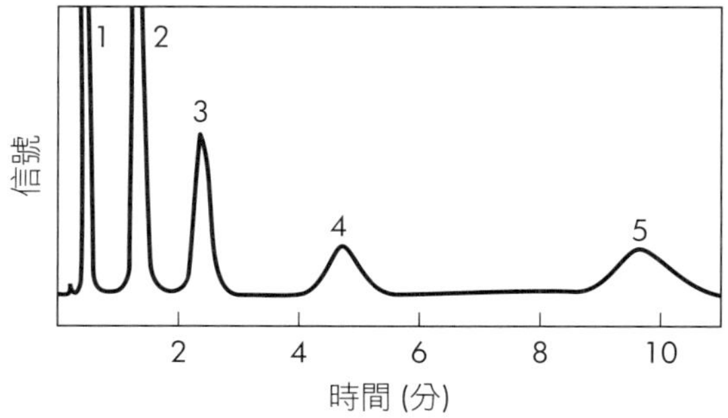

▲圖 25.16　C_1 至 C_5 溴化正烷基的層析圖 (摘自 *S. Dal Nogare and R. S. Juvet, Jr.: Gas-Liquid Chromatography, Theory and Practice, Interscience, New York, 1962.*)

阻力在液相層析中很重要，在固定相中使用非常小的粒子即可提高性能，即使這可能導致幾個大氣壓的管柱壓力降。**高效液相層析** (high-performance liquid chromatography, HPLC) 用於在高壓下進行的分離，其中具有非常細小的粒子和高流速。

在凝膠滲透層析 (gel permeation chromatography, GPC) 中使用不同的分離原理。溶解在液體中的高分子量聚合物或生物材料的混合物被分離，因為從固定相中的一些孔中排除了最大的分子。分子按大小分開，最大的分子最先析出，最小的分子最後析出，這與其它層析過程中的洗脫順序相反。

色層分析主要用作分析工具，因為間歇進料和少量的進料使管柱的生產率相當低，所以每單位產品的分離成本很高。如後面所討論的，在大型管柱規模放大方面也存在問題。大規模或製備色層分析適用於某些高價值產品的分離，或者很難以其它方法分離的情況。

氣 - 液層析

在氣 - 液層析中，進料樣品的每個成分流經管柱的流率與載送氣體的速度成正比，而與固定相加流動相的容量成反比。成分 A 的平衡關係，用莫耳分率表示

$$y_A = \frac{p_A}{P} = \frac{\gamma_A x_A P'_A}{P} \tag{25.34}$$

轉換成在氣相和液相的質量濃度，得到

$$c_{A,l} = x_A\left(\frac{\rho_l}{M_l}\right)M_A = x_A\rho_{M,l}M_A \tag{25.35}$$

$$c_{A,g} = y_A\rho_{M,g}M_A \tag{25.36}$$

結合 (25.34) 到 (25.36) 式，我們得到

$$c_{A,l} = \frac{P}{\gamma_A P'_A}\left(\frac{\rho_{M,l}}{\rho_{M,g}}\right)c_{A,g} \tag{25.37}$$

每單位體積的溶劑相質量 w 等於床體密度乘以溶劑負載量 s。

$$w = \rho_b s \tag{25.38}$$

單位體積床體中成分 A 的平衡質量是孔隙體積中加入溶解在固定相中的量。

$$m_A = \varepsilon c_{A,g} + \left(\rho_b s \frac{P}{\gamma_A P'_A} \frac{\rho_{M,l}}{\rho_{M,g}} \right) c_{A,g} \tag{25.39}$$

為了得到較好的峰分離，進料脈動要非常小。這使 x_A 變小，γ_A 幾乎不變。因此，對於等溫操作，括號內的項是恆定的，並成為分配係數 K_A。管柱中的壓力變化不會改變 K_A，因為 $\rho_{M,g}$ 與壓力成正比。

$$m_A = c_{A,g}(\varepsilon + K_A) \tag{25.40}$$

當載送氣體以表面速度 u_0 通過管柱時，實際平均速度為 u_0/ε，未被溶劑吸收的成分在時間 t 離開管柱。

$$t = \frac{L\varepsilon}{u_0} \tag{25.41}$$

分離流動相和固定相之間的成分以較低的速度移動，並且脈動的中點在**滯留時間** (retention fime) t^* 離開管柱

$$t_A^* = \frac{L(\varepsilon + K_A)}{u_0} \tag{25.42}$$

(25.42) 式類似於吸附的貫穿曲線方程式 (25.3)。

對於大多數 GLC 分析，$K_A \gg \varepsilon$，滯留時間基本上與 K_A 成正比。對於二成分混合物的分離，滯留時間的比例必須足夠大，以使層析圖上的峰不重疊。當 ε 可以忽略不計時，這個比率是

$$\frac{t_A^*}{t_B^*} = \frac{K_A}{K_B} = \frac{\gamma_B P'_B}{\gamma_A P'_A} \tag{25.43}$$

當液體混合物是理想的時候，滯留時間的比例只取決於蒸汽壓的比率，而低沸點的成分首先析出。然而，當各成分的極性差異很大時，選擇適當的溶劑可以使活性係數不同，使得高沸點成分在低沸點成分之前析出。

峰值擴大

當脈動通過管柱時，由於質傳阻力、軸向擴散、和偏離柱狀流，使得每個單獨的脈動變得更寬。如果注入的樣品非常小，並且分配係數恆定，則脈動的形狀將變成高斯形狀，且在層析圖上產生的峰可以用平均滯留時間、峰高和標準差來描述。對於一個標準的分布，反曲點的切線與基線交於 $t^* \pm 2\sigma$，因此圖

25.17 中的峰寬度 Δt 對應於 4 個標準差。曲線下面積是該成分含量的量度；確切的值可利用校正因數決定。

在色層分析早期的研究中，管柱被認為與一系列平衡階段相當，從層析圖波峰上的相對寬度可以找到理想階段或平板的數量。NTP 或 N。[7]

$$N = 16\left(\frac{t^*}{\Delta t}\right)^2 \tag{25.44}$$

可以使用峰值擴展的其它測量方法來確定 N。在峰值中點使用的載氣體積稱為**滯留體積** (retention volume) V_R，並且 N 可以由下式計算：[15]

$$N = \left(\frac{V_R}{\sigma}\right)^2 \tag{25.45}$$

對於圖 25.17 的峰 B，$t^*/\Delta t = 2.65$，從 (25.44) 式可求得 $N = 112$。使用波峰 A 可獲得大約相同的 N 值。然而，對於不同的成分，理想板的數量並不完全相同，因為擴散率的差異影響峰值擴大。當進料成分具有寬範圍的分子量和滯留時間時，N 值的變化更明顯。

由於在這個例子中 $t_B^* \cong 2t_A^*$，分離很容易，可以使用相對較短的管柱。當分配係數僅相差 10% 到 20% 時，則需要更大的 N 值。對於兩個成分的良好分離，滯留時間的差異應該等於或大於峰寬的總和的一半。

$$t_B^* - t_A^* \geq \frac{\Delta t_B}{2} + \frac{\Delta t_A}{2} \tag{25.46}$$

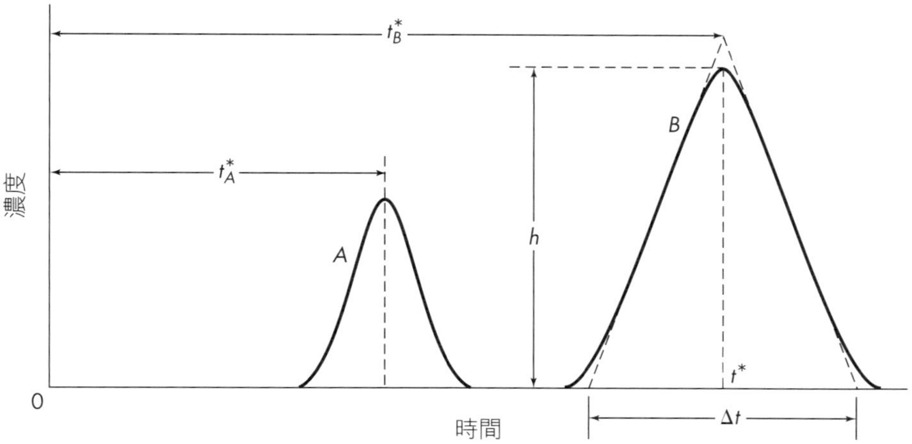

▲ 圖 25.17　雙成分混合物的典型層析圖

滯留時間的比稱為 α，這是分配係數的比 [(25.43) 式]。如果 N 對於兩成分是相同的，則將 (25.43)、(25.44) 和 (25.46) 式合併，可得

$$t_A^* + \frac{2t_A^*}{\sqrt{N}} = t_B^* - \frac{2t_B^*}{\sqrt{N}} = \alpha t_A^*\left(1 - \frac{2}{\sqrt{N}}\right) \tag{25.47}$$

重新排列 (25.47) 式，導出最小板數的方程式

$$N_{\min} = 4\left(\frac{1+\alpha}{\alpha-1}\right)^2 \tag{25.48}$$

低的 α 值需要大量的板數和相對較長的管柱。滯留時間與管柱長度成正比，但峰寬僅隨 N 或 L 的平方根增加而增加，所以分離效果隨著管柱長度的增加而提高。幸運的是，只有 1 或 2 m 長的 GLC 管柱可能包含 1,000 多塊理論板，因此即使 α 值相當低，也可以進行分離。當使用小的粒子，則理論板的高度 HETP 或 H，通常為 0.1 cm 或更小。一些數據 [17] 顯示了粒子大小和氣體速度對 H 的影響，如圖 25.18 所示。用最細的粒子和氣體速度為 5 至 10 cm/s 可獲得最低的 H 值。這條曲線的一般形狀與 van Deemter 等人 [24] 的理論相一致。

$$H = A + \frac{B}{u} + Cu \tag{25.49}$$

A 項表示在充填床體流動通道的不規則性引起的峰值擴大。它通常是 D_p 的小倍數。B/u 項是軸向分子擴散造成的影響。該項隨著 D_v 的增加而增加。在低的氣體速度下，使用 He 或 H_2 作為載氣比使用 N_2 作為載氣有更高的 H 值。第三項表示由於流動相和固定相之間的質傳而引起的峰值擴大；它包括在外部氣體薄

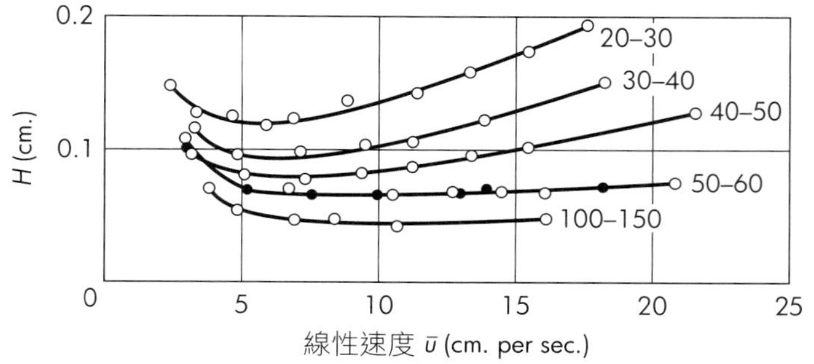

▲圖 25.18 不同 d_p 的充填管柱 H 對 $\bar{u}$ 的依附性實驗數據。引用 B.S.S. 網目範圍 (實心圓圈是雙管柱數據)(摘自 *H. Purnell, Gas Chromatography, Wiley, 1962.*)

膜和固體開孔中的擴散阻力。C 項還包括擴散進入液相的效應。擴散在氣相和液相中的相對重要性很難預測，因為它取決於孔隙中液體元素的大小和分布。如果液體負載量僅為固體的 2% 至 5%，則液體元素的厚度和擴散阻力很小。如果孔隙幾乎充滿液體，則液體中的平均擴散距離和氣體中的平均擴散距離是可比較的，並且由於液體具有很低的擴散率，使得液體阻力佔主導地位。

對於 GLC 管柱的 HETP 值很小，可能看起來令人驚訝，因為氣體吸收或氣體吸附的 HTU 值都很大。$D_p \cong 4$ cm 和 $u_0 \cong 100$ cm/s 的典型氨吸收器，具有 $H_{Og} \cong 30$ 至 60 cm (見圖 18.22)。吸附器具有較小的粒子，這增加了質傳面積，並且較低的氣體速度也有助於較低的 HTU。參考例題 25.2 和 25.3，$D_p = 0.37$ cm 和 $u_0 = 58$ cm/s 的丁醇吸附器具有 $H_{Og} = L/N = 8.0/3.17 = 2.5$ cm，比吸收器小 10 倍以上，儘管內部有顯著質傳阻力。對於粒徑更小 (40 至 50 網目，$D_p = 0.04$ cm) 和 $u_0 \cong 5$ cm/s 的 GLC，由於 a 增加 10 倍並且 k_c 增加 10 倍，所以 H_{Og} 將至少比吸附小 100 倍，或者約 0.02 cm。在這些條件下所報導的 GLC 的 HETP 約為 0.08 cm，如圖 25.18 所示。如果峰值擴大僅僅是由於流動相和固定相之間的質傳所致，則 HETP 和 H_{Og} 的值將大致相同。這裡的差別反映了 van Deemter 方程式中軸向散布項 A 和 B/u 的重要性。

預備式色層分析

當色層分析程序按規模放大用於商業生產時，增加管柱直徑通常會增加流量分布不均和壁面效應引起的峰值擴大。除非在充填管柱時要格外小心，並使進料分布均勻，否則 HETP 可能會增加好幾倍。使用窄範圍的粒子大小和正在充填時搖動管柱有助於保持 HETP 接近實驗室值。可以定期引入擋板來重新分配流量，但是即使在這樣的情況下，HETP 也會隨著管柱直徑增加而增加。[19a]

大規模色譜分析主要用於液體分離。一個例子是使用沸石吸附劑從混合二甲苯中回收對二甲苯的 Asahi 程序。[20] 短時間間歇地引入進料，以脫附液的連續流動使異構物移動通過主塔。由於進料脈動的大小和成分之間的相互作用，使得峰的形狀不是高斯形狀。收集四個部分，如圖 25.19 所示。第一部分是具有弱吸附的間二甲苯和鄰二甲苯，返回到異構化單元以產生更多的對二甲苯。接下來的兩個部分被送到分離的輔助塔中以產生一些乙苯，對二甲苯和混合二甲苯。最後的部分是蒸餾，以回收溶劑，並產生幾乎純的對二甲苯。所有成分的完全分離可能在一個長管柱中以小的進料脈動實現，但每小時容量將會減少，而使生產成本增加。

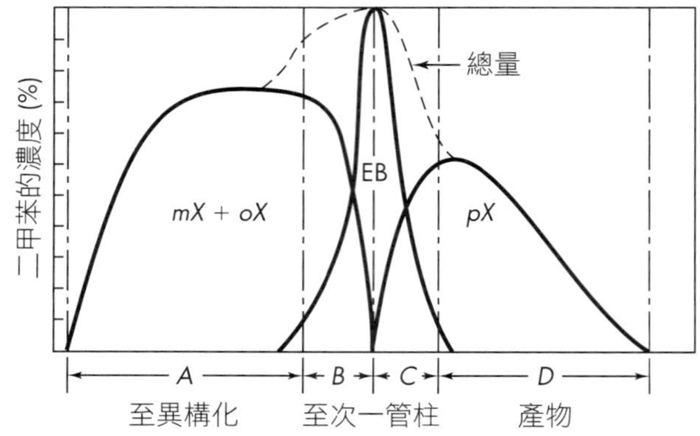

▲ 圖 25.19　混合二甲苯的大規模色層分析 [20]

▼ 表 25.2　雙成分混合物分離所需的理論板數

α	$N_{\text{min, dist}}$	$N_{\text{min}} \times 2$	$N_{\text{chromatograph}}$
4	6.63	13.3	11
2	13.26	26.5	36
1.5	22.67	45.3	100
1.2	50.4	101	484
1.1	96.4	193	1,764
1.05	188	377	6,724

將色層分離所需的理論板數與使用分餾生產 99% 純產物所需的塔數進行比較是有趣的。蒸餾法所需的板數取 Fenske 方程式 [(21.45) 式] 計算的最小值的兩倍。如表 25.2 所示，當 α 較大時，沒有太大的差別，但是當 α 接近 1.0 時，色層分析的 N 上升速度遠比蒸餾的 N_{min} 上升速度快。

符號

A　：床體的截面積，m^2 或 ft^2；亦為，(25.49) 式的常數

a　：每單位床體積的外表面積，m^{-1} 或 ft^{-1}

B　：(25.49) 式中的常數

C　：(25.49) 式中的常數

c　：濃度，g/cm^3 或 ppm (mg/L)；c_A，成分 A 的濃度；$c_{A,\text{g}}$，在氣體中；$c_{A,\text{l}}$，在液體中；c_0，在進料中；c_1, c_2，多成分混合物中成分 1 和 2 的濃度；c^*，與在固體中的濃度成平衡

c_p　：流體的熱容量，J/g · °C 或 Btu/lb · °F

c_s　：固體的熱容量，J/g · °C 或 Btu/lb · °F

D　：直徑，m 或 ft；D_p，粒子的直徑

D_e　：有效擴散係數，$\text{cm}^2\text{/s}$ 或 $\text{ft}^2\text{/h}$

D_v ：有效擴散係數，cm^2/s 或 ft^2/h

F_A ：每單位床截面積的吸附進料流率，$g/cm^2 \cdot s$

f ：逸壓，atm 或 mm Hg；f_s，飽和液體的逸壓

H ：理論板或傳遞單位高度，m 或 ft；H_{Og}，基於氣相的總係數

$\mathscr{H}_R$ ：相對濕度

K ：在吸附等溫式中的常數；K_1, K_2，多吸附物的常數；亦為，分配係數；K_A, K_B，成分 A 與 B 的常數

K_c ：總質傳係數，m/s 或 ft/s

$K_c a$ ：容積總質傳係數，s^{-1}

K_{eq} ：化學反應的平衡常數；K'，基於濃度

k_c ：個別質傳係數，m/s 或 ft/s；$k_{c,\text{ ext}}$，外薄膜質傳係數，$k_{c,\text{ int}}$，內部擴散的質傳係數

$k_c a$ ：個別容積質傳係數，s^{-1}

L ：床的距離，m 或 ft；L_T，總床高；L_{sat}，床的飽和部分的長度

M ：分子量；M_A，成分 A 的分子量；M_l，液體的分子量

m ：Freundlich 方程式中的指數

m_A ：每單位床體體積中成分 A 的平衡質量，kg/m^3 或 lb/ft^3

m_C ：床體中碳的總質量，kg 或 lb

N ：質傳單位數或理想板數；N_f，基於外薄膜；N_p，基於孔洞擴散；N_{min}，傳遞單位或理論板的最小數目

N_H ：熱傳單位數

P ：總壓，atm 或 mm Hg；P'，蒸汽壓；P'_A, P'_B ，A 與 B 成分的總壓

p ：分壓，atm 或 mm Hg；p_A，成分 A 的分壓

Re ：雷諾數，$D_p u_0/\rho/\mu$

S ：固體的內表面積，m^2/g 或 ft^2/lb

Sc ：Schmidt 數，$\mu/\rho D_v$

Sh ：Sherwood 數，$k_c D_p/D_v$

s ：溶劑負載分率

T ：溫度，°C, K, °F 或 °R；T_g，氣體溫度；T_s，固體溫度；T_0，初溫

t ：時間，s 或 h；t_b，在斷點；t_0，吸附的起始時間；t_1，床體的第一部分飽和時間；t^*，垂直貫流曲線的理想吸附時間；t^*_A, t^*_B，成分 A 和 B 的 t^*

U ：總熱傳係數，$W/m^2 \cdot °C$ 或 $Btu/ft^2 \cdot h \cdot °F$

Ua ：總容積熱傳係數，$W/m^3 \cdot °C$ 或 $Btu/ft^3 \cdot h \cdot °F$

u_0 ：流體的表面速度，cm/s, m/s 或 ft/s

V ：正常沸點下的莫耳體積，cm^3/g mol

v_z ：傳遞區的速度，cm/s 或 ft/s

W ：吸附物負載，g/g 固體；W_b，在斷點處；W_{max}，當 $c \to \infty$ 時的最大值；W_{sat}，與流體平衡：W_0，起始免載；W_1，多重吸附物中成分 1 的吸附物免載

w ：每單位床體積的溶劑質量，kg/m^3 或 lb/ft^3

x ：液體的莫耳分率；x_A，成分 A 的莫耳分率；x_E，在萃取相；x_R，在萃餘相

y ：氣體的莫耳分率；y_A，成分 A 的莫耳分率；y_E，在萃取相；y_F，在進料；y_R，在萃餘相

縮寫

GC ：氣相層析；GLC，氣 - 液層析；GSC，氣 - 固層析

GPC ：凝膠滲透層析

HETP ：相當於一個理想板的高度

HTU ：傳遞單位的高度

LUB ：未利用床體的長度

PSA ：壓變式吸附

希臘字母

α ：滯留時間的比，t_B^*/t_A^*

γ ：活性係數；γ_A, γ_B，成分 A 與成分 B 的活性係數

ΔP ：吸附塔的壓力降，lb_f/ft^2 或 in. H_2O

Δt ：在層析圖上的波峰寬度；$\Delta t_A, \Delta t_B$，成分 A 與成分 B 的波峰寬度

ε ：床體的外空隙率

μ ：絕對黏度，Pa · s, cP 或 lb/ft · h

ρ ：密度，kg/m^3 或 lb/ft^3；ρ_L，液體的密度；ρ_b，床體的整體密度；ρ_p，粒子的密度

ρ_M ：莫耳密度，mol/m^3 或 mol/ft^3；$\rho_{M,g}$，氣體的莫耳濃度；$\rho_{M,1}$，液體的莫耳密度

σ ：標準差，時間或體積的單位

τ ：以 (25.9) 式定義的貫穿參數，無因次

Φ_s ：圓球度，無因次

習題

25.1. 在 6 × 10 網目活性碳上的吸附被認為是在 25°C 和 1 atm 下從氣流中回收甲基乙基酮 (MEK)。空氣流率為 12,000 std ft^3/min，空氣中含 0.40 lb MEK/1,000 std ft^3。如果表面速度是 0.5 ft/s，並且每一吸附循環至少需要 8 h，則應使用何種大小的床體？假設活性碳的整體密度是 30 lb/ft^3。

25.2. 粒狀碳被用來從廢水中除去酚。如果使用 10 × 20 網目的碳，流體表面速度為 0.03 m/s，試估計 4 m 深的床體的傳送單位數。顆粒中的有效擴散係數可以取整體擴散係數的 0.2 倍。

25.3. 在 20°C，將相對濕度為 50% 的空氣壓縮至 8 atm，然後冷卻至 30°C 以凝結部分水，並在矽膠乾燥器中乾燥。冷凝器中，空氣中水分被除去的分率是多少？如果在 30°C 下進行吸附並且平均床體溫度上升到 50°C，計算矽膠的平衡容量。

25.4. 蒸汽相吸附器的初步設計確定了直徑 6 ft，深 4 ft 的 6 × 16 網目的碳床，流體的表面速度為 60 ft/min。然而，估計的 16 in. H_2O 的壓力降是目標值的兩倍多。如果在更寬更淺的床體中使用相同數量的碳，這對壓力降和貫穿曲線的陡度有何影響？請建議適當的床體設計。

25.5. 用分子篩 4A 型乾燥氮氣的數據由 Collins 公司提供。[6] 根據貫穿曲線計算飽和容量，並基於斷點濃度 c/c_0 為 0.05，求未使用床體的長度：

$$T = 79°\text{F} \qquad L_T = 1.44 \text{ ft}$$
$$P = 86 \text{ psia} \qquad \rho_b = 44.5 \text{ lb/ft}^3$$
$$N_2 \text{ 進料} = 29.2 \text{ mol/h} \cdot \text{ft}^2 \qquad c_0 = 1{,}490 \text{ ppm}$$

t, h	0	10	15	15.4	15.6	15.8	16	16.2
c, ppm	<1	<1	<1	5	26	74	145	260
t, h	16.4	16.6	16.8	17	17.2	17.6	18	18.5
c, ppm	430	610	798	978	1,125	1,355	1,465	1,490

25.6. (a) 使用圖 25.4 中的相關性，預測在例題 25.2 條件下，正丁醇被吸附在碳上的量，並與實驗數據進行比較。(b) 在 30°C 和 1 atm 下，空氣中正丁醇濃度為 20 ppm 時，估算碳的飽和容量。

25.7. 用於空氣分離的分子篩吸附劑，在 30°C 時對 N_2 的最大容量為 0.046 g/g，此數據可以符合 Langmuir 吸附等溫線，而 $K = 0.50 \text{ atm}^{-1}$。(a) 當吸附劑暴露在 10 atm 和 30°C 的空氣中時，其飽和容量是多少？(b) 對於 4 ft 深的床體使用 20 ft/min 的表面流體速度，計算理想吸附時間。球體顆粒密度為 1.3 g/cm^3。

25.8. 用硫浸漬的顆粒活性碳用於去除天然氣和空氣中的汞蒸汽。由於化學反應將汞轉化為硫化汞，因此吸附是不可逆的，其容量高達 20 wt %。(a) 假設從空氣中去除汞的吸附速率是由外部質傳控制，在 20°C 時，對於 4 × 6 網目碳的吸附床，當表面速度為 75 cm/s 時，計算總質傳係數。(b) 如果入口濃度為 10 μg/Nm^3 (每立方米微克，在標準狀況下評估氣體體積)，處理過的氣體必須低於 10^{-3} μg/Nm^3，那麼床體的最小長度是多少？(c) 對於 50 cm 深的床，預計產生貫穿的時間為何？

25.9. 用於從空氣中除去氯乙烯單體 (VCM) 的吸附塔具有 4ft 深的兩個 BPL 碳的床體，並且在貫穿時，床體具有 0.09 lb VCM/lb 碳。平均床溫是 80°F。床在 200°F 和

120 ft/min 的空氣中再生，廢氣被焚燒。正在考慮在更高的溫度下進行再生。(a) 如果床在絕熱狀態下操作並且吸附熱是汽化熱的 1.5 倍，則溫度前緣通過床體的速度有多快？(b) 如果入口溫度以相同的質量速度增加到 300°F，那麼溫度前緣的移動速度是多少？(c) 如果在床體中使用電加熱器，床體溫度可以快速地升高到 200°F，那麼蒸汽相中 VCM 的平衡濃度是多少？如果空氣以 120 ft/min 的速度和 200°F 的溫度啟動，脫附前緣通過床體的速度會有多快？(d) 提高再生溫度的主要優點是什麼？

25.10. 某軟水器有一個直徑 1 ft，長 1.5 ft 的樹脂床體。如果水中含有 20 ppm 的 Ca^{2+}，10 ppm 的 Mg^{2+} 和 300 ppm 的 Na^{+}，試計算處理多少加侖的水之後，樹脂就需要做再生處理？

25.11. 一個粒子密度為 1.2 g/cm^3 的 2 mm 離子交換珠粒床在 15°C 下用水逆洗。(a) 預測最小流體化速度。(b) 估計 $\bar{V}_0 = 3\bar{V}_{0M}$ 的床體膨脹。

25.12. 在直徑 1/4 in.，長度為 12 in. 的實驗吸附管柱中進行試驗，充填 20 × 32 網目的活性碳顆粒，可以有效地從氣流中除去溶劑，但是對較長的床體而言，t_b 太短 (1.5 h) 且 ΔP 太高。(a) 如果在 3 ft 的床體使用 12 × 16 網目的顆粒，那麼 ΔP 會以什麼因數改變？(b) 如果 20 × 32 網目床體的 LUB 為 4.0 in.，則對於較大的顆粒將是多少？新的 t_b 值是多少？

25.13. 以 GC 對二成分氣體混合物進行初步分析，發現重疊峰，其中 $t_A^* \cong 15$ min，$t_B^* \cong 21$ min，$\sigma_A \cong 2.1$ min。(a) N 和 α 的值是多少？(b) 如果管柱長度增加一倍，是否能得到滿意的峰分離？繪製層析圖的預測形狀。

25.14. 使用直徑為 1.5 mm 的離子交換珠粒床，在 20°C 去離子，其中 $u_0 = 0.6$ cm/s。(a) 對於 $c_0 = 0.02$ M NaCl，預測 $k_{c,\text{ext}}$、$k_{c,\text{int}}$ 和 K_c。(b) 如果 $L = 2$ m，估計 N。

■ 參考文獻 ■

1. Anspach, F. B., D. Curbelo, R. Hartmann, G. Garke, and W.-D. Deckwer. J. *Chromatogr. A.* **865:**129 (1999).
2. Asher, W. J., M. L. Campbell, W. R. Epperly, and J. L. Robertson. *Hydrocarbon Proc.* **481:**134 (1969).
3. Berg, C. *Trans. AIChE.* **42:**665 (1946).
4. Broughton, D. B. *Chem. Eng. Prog.* **64**(8):60 (1968).
5. Broughton, D. B., R. W. Neuzil, J. M. Pharis, and C. S. Brearly. *Chem. Eng. Prog.* **66**(9):70 (1970).
6. Collins, J. J. *AIChE Symp. Ser.* **63**(74):31 (1967).

7. Dal Nogare, S., and R. S. Juvet, Jr. *Gas-Liquid Chromatography, Theory and Practice.* New York: Interscience, 1962.
8. Dickert, C., in R. E. Kirk, D. F. Othmer, J. I. Kroschwitz, and M. Howe-Grant (eds.), Encyclopedia of Chemical Technology, Vol. 14, 4th ed. New York: Wiley, 1992, p. 749.
9. Furnas, C. C. *Trans. AIChE* **24:**142 (1930).
10. Golovy, A., and J. Braslaw. *Environ. Progr.* **1:**89 (1982).
11. Grant, R. J., M. Manes, and S. B. Smith. *AIChE J.* **8:**403 (1962).
12. Grant, R. J., and M. Manes. *Ind. Eng. Chem. Fund.* **3:**221 (1964).
13. Hall, K. R., L. C. Eagleton, A. Acrivos, and T. Vermeulen. *Ind. Eng. Chem. Fund.* **5:**212 (1966).
14. Helfferich, F. *Ion Exchange.* New York: Dover, 1995; (*a*) p. 106, (*b*) p. 306.
15. Lewis, W. K., E. R. Gilliland, B. Chertow, and W. P. Cadogan. *Ind. Eng. Chem.* **42:**1326 (1950).
16. McCreath, G. E., H. A. Chase, R. O. Owen, and C. R. Lowe. *Biotechnol. Bioeng.* **48:**341 (1995).
17. Purnell, H. *Gas Chromatography. New* York: Wiley, 1962.
18. Rohm and Haas Corp. *Technical Notes, Ambersorb Carbonaceous Adsorbents,* Philadelphia, 1992.
19. Ruthven, D. M. *Principles of Adsorption and Adsorption Processes.* New York: Wiley, 1984; (a) p. 328, (b) p. 375, (c) p. 372.
20. Seko, M., T. Miyake, and K. *Inada. Ind. Eng. Chem. Prod. Res. Dev.* **18:**263 (1979).
21. Shuliger, W. G. Calgon Corp., personal communication.
22. Subba Rao, H. C., and M. M. David. *AIChEJ.* **3**:187 (1957).
23. Thömmes, J., A. Bader, M. Halfar, A. Karau, and M.-R. Kula. *J. Chromatogr. A.* **752:**111 (1996).
24. van Deemter, J. J., F. J. Zuiderweg, and A. Klinkenberg. *Chem. Eng. Sci.* **5:**271 (1956).
25. Vermeulen, T., G. Klein, and N. K. Hiester, in J. H. Perry (ed.), *Chemical Engineers' Handbook,* 5th ed., sec. 16. New York: McGraw-Hill, 1973.

CHAPTER 26

薄膜分離程序

氣體或液體混合物的許多分離程序使用半透膜，其允許混合物的一種或多種成分比其它成分更容易地通過。薄膜可以是諸如多孔玻璃或燒結金屬之類的剛性材料的薄層，但是它們常被製備成對某些類型的分子具有高滲透性的合成聚合物的柔性薄膜。本章介紹的分離過程是由於通過薄膜的溶解度和擴散速率的差異。首先處理的是使用多孔或無孔薄膜分離氣體混合物。然後再討論液體混合物的幾種程序，包括滲透汽化、液 - 液萃取、逆滲透和透析。超濾和微濾的程序主要是從薄膜的孔隙中排除大分子或膠體粒子來完成的，這些程序被認為是第 29 章中的特例。

氣體的分離

多孔薄膜

當氣體混合物通過多孔薄膜擴散到較低壓力的區域時，透過薄膜的大部分氣體是分子量較低者，因為它們擴散較快。當孔隙遠小於氣相中的平均自由徑 (在標準狀況下約為 1,000 Å) 時，氣體以 Knudsen 擴散 (Knudsen diffusion) 作獨立擴散，孔隙中的擴散與孔徑和平均分子速度成正比，而與分子量 M 的平方根成反比。對於圓柱形孔隙中的氣體 A 的 Knudsen 擴散 [見 (17.29) 式]

$$D_A = 9{,}700r\left(\frac{T}{M_A}\right)^{0.5} \tag{26.1}$$

在 (26.1) 式，r 是平均孔隙半徑 (cm)，T 是絕對溫度 (K)，D_A 的單位是 cm^2/s。

每單位薄膜面積的通量取決於有效擴散係數 D_e，其值低於孔擴散係數 ε/τ 倍，其中 ε 是孔隙率，τ 是彎曲度。對於孔隙率約 50% 的薄膜，ε/τ 一般為 0.2 至 0.3：

$$D_{eA} = \frac{D_A \varepsilon}{\tau} \cong \frac{1}{4} D_A \tag{26.2}$$

每種氣體的通量與濃度梯度成正比，如果薄膜結構是均勻的並且氣體不相互作用，則此比例關係是線性的。通常，梯度以分壓梯度表示，並且假定為理想氣體，則：

$$J_A = D_{eA}\left(\frac{\Delta c_A}{\Delta z}\right) = D_{eA}\left(\frac{\Delta p_A / RT}{\Delta z}\right) \tag{26.3}$$

滲透物的組成取決於所有物種的通量。對於雙成分系統，滲透物中 A 的莫耳分率是

$$y_A = \frac{J_A}{J_A + J_B} \tag{26.4}$$

曝露於等莫耳雙成分混合物的薄膜的典型壓力梯度如圖 26.1 所示。在這種情況下，假定氣體 A 的擴散率是氣體 B (例如氦氣和甲烷) 的 2 倍，且上游和下游壓力分別是 2.4 和 1.0 atm。滲透物含有 60% 的 A，只比 A 在進料中所占的 50% 略高。此一增量使得對 A 的梯度小於對 B 的梯度 ($\Delta p_A = 1.2 - 0.6 = 0.6$；$\Delta p_B = 1.2 - 0.4 = 0.8$)，因此 A 的通量僅為 $2 \times (0.6/0.8) = 1.5$ 倍的 B 通量，給出 60% A 的滲透物。如果使用更高的進料壓力或者如果薄膜的滲透物側低於大氣壓力，滲透物中的 A 將略微增加。壓縮滲透物並將其送到另一個膜單元可以獲得少量較純的產物。可以設計具有迴流的串級逆流階段，在高回收率下生產幾乎純的產物，但是在每個階段的薄膜成本和壓縮成本通常使得這樣的處理過於昂貴。

一個眾所周知的用多孔薄膜分離氣體的例子是用六氟化鈾 $^{235}UF_6$ 和 $^{238}UF_6$ 分離鈾同位素。由於天然鈾僅含 0.7% 的 ^{235}U，而這些六氟化鈾的擴散率僅相差

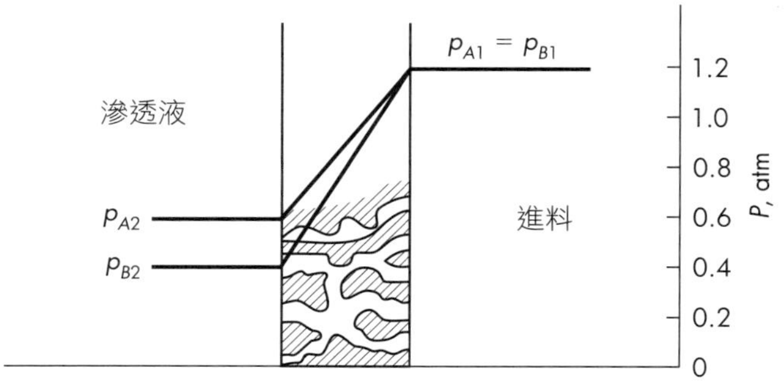

▲ 圖 26.1　典型的多孔薄膜壓力梯度

0.4%，因此需要上千個階段來獲得產物中含 4% 的 ^{235}U 和殘餘物中含 0.25% 的 ^{235}U。[15]

孔徑非常小的薄膜可以用聚合物沉積在管狀多孔載體 (例如 γ-Al_2O_3) 的孔中的熱解來製備。其中一些碳分子篩薄膜對 H_2 的滲透率是 CH_4[34] 的 50 至 100 倍，儘管分子直徑的差異僅為 25% (見附錄 19)。這些薄膜的一個優點是它們可以在比聚合物薄膜更高的溫度下使用。

聚合物薄膜

氣體通過緻密 (非多孔) 聚合物薄膜的輸送是以**溶液擴散** (solution-diffusion) 機制發生。氣體在薄膜的高壓側溶解在聚合物中，擴散通過聚合物相，並在低壓側脫附或蒸發。質傳速率取決於薄膜中的濃度梯度，如果溶解度與壓力成正比，則薄膜的濃度梯度與薄膜上的分壓梯度成正比。雙成分混合物的典型梯度如圖 26.2 所示。假定亨利定律適用於每一種氣體，並且假設在界面處達到平衡。在這種情況下，忽略氣體薄膜阻力，則氣體與聚合物界面處的氣體分壓與整體氣體中的分壓相同。氣體 A 的通量是

$$J_A = -D_A\left(\frac{dc_A}{dz}\right) = D_A\left(\frac{c_{A1} - c_{A2}}{z}\right) \tag{26.5}$$

濃度與分壓和溶解度係數 S 有關，S 的單位是 $mol/cm^3 \cdot atm$ (S 是亨利定律係數的倒數)：

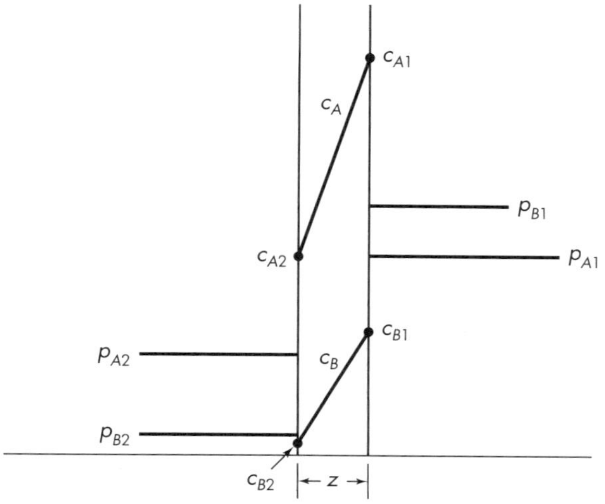

▲ 圖 26.2　緻密聚合物薄膜中的梯度

▼ 表 26.1 一些橡膠和玻璃狀聚合物在 25 至 30°C 時的滲透率[16, 42]

聚合物	q, Barrers					
	H_2	He	CH_4	N_2	O_2	CO_2
矽 (PDMS)	940	560	1,370	440	930	4,600
天然橡膠	49	30	29	8.7	24	134
聚碸	14	13	0.27	0.25	1.4	5.6
聚碳酸酯	—	14	0.28	0.26	1.5	6.5
聚醯亞胺	2.3	—	0.007	0.018	0.13	0.41

$$c_A = p_A S_A \qquad c_B = p_B S_B \tag{26.6}$$

使用 (26.6) 式用壓力梯度代替濃度梯度可得

$$J_A = \frac{D_A S_A (p_{A1} - p_{A2})}{z} \tag{26.7}$$

$D_A S_A$ 是單位壓力梯度的通量，稱為**滲透係數** (permeability coefficient) q_A，通常用 Barrer 表示，其中 1 Barrer = 10^{-10} cm^3 (STP) cm/cm^2 · s · cm Hg。表 26.1 列出了一些聚合物中輕氣體的滲透率。橡膠和矽的滲透性遠大於聚碸和其它玻璃狀聚合物。隨著氣體分子的分子量或大小的增加，滲透率變得很小。由於商用薄膜的實際厚度並非都是已知或特定規格，因此通常使用每單位壓力差的通量，稱為**滲透率** (permeability) Q_A：

$$J_A = \frac{q_A (p_{A1} - p_{A2})}{z} = Q_A (p_{A1} - p_{A2}) \tag{26.8}$$

Q_A 的合宜單位可能是 std ft^3/ft^2 · h · atm，L(STP)/m^2 · h · atm 或氣體處理單位 (GPU)，以 10^{-6} cm^3 (STP) · cm/cm^2 · s · cm Hg 表示。由於使用了不同的定義，所以使用公布的滲透值時必須仔細檢查單位。

雙成分混合物的滲透率比值是**薄膜選擇度** (membrane selectivity) α (也稱為理想分離因數)：

$$\alpha = \frac{Q_A}{Q_B} = \left(\frac{D_A}{D_B}\right)\left(\frac{S_A}{S_B}\right) \tag{26.9}$$

高選擇度可以從有利的擴散率比或大的溶解度差獲得。薄膜的擴散率比氣相擴散率更強烈地依賴於分子的大小和形狀，並且對於幾乎相同大小的分子也可能存在很大的差異。例如，對於幾種聚合物，D_{O_2}/D_{N_2} 的比值在 1.5 和 2.5 之間，[8] 雖然 O_2 分子只比 N_2 分子小 10%。擴散率的值隨著聚合物的類型而變化很大，玻璃態或結晶聚合物的擴散率值較低，高於其玻璃轉移溫度的聚合物有較高的

▼ 表 26.2 所選聚合物中的擴散係數 [8]

聚合物	$D \times 10^9$ 在 25°C, cm²/s			
	O_2	N_2	CO_2	CH_4
聚乙烯對苯二甲酸酯	3.6	1.4	0.54	0.17
聚乙烯 ($\rho = 0.964$ g/cm³)	170	93	124	57
聚乙烯 ($\rho = 0.914$ g/cm³)	460	320	372	193
天然橡膠	1,580	1,110	1,110	890

擴散率值。擴散率可以隨著聚合物中溶質的濃度而變化，特別是當聚合物明顯膨脹時。表 26.2 列出了幾個擴散係數的值。

氣體的溶解度也隨氣體和聚合物的類型而變化很大。對於具有低沸點或低臨界溫度的氣體來說，其溶解度低，但氣體和聚合物的相似性也很重要。極性氣體傾向於更易溶解在高濃度極性基團的聚合物中，並且水蒸氣在可與水分子形成氫鍵的物質中溶解度較高。由於薄膜具有廣泛的擴散率和溶解度，因此一些薄膜對於某些氣體混合物具有相當高的選擇性並不令人驚訝。對矽橡膠而言，其對 CO_2/H_2 的選擇度是 4.9，對於 CO_2/O_2 是 5.0。對於芳香族聚醚二胺和玻璃狀聚合物的 Kapton，其滲透率比矽橡膠低三到五個數量級，並且滲透率的數量級還會改變。[16] Kapton 的選擇度對 CO_2/H_2 為 0.18，而對 CO_2/O_2 為 3.1。通常選擇度需大於 4 才能獲得良好的分離效果，如下一節所示。

對於大多數氣體來說，滲透率隨著溫度的增加而增加，因為擴散率的增加大於溶解度的任何降低。滲透率的變化通常與指數方程式 $Q = a \exp(-E/RT)$ 相關，其中活化能 E 在 1 至 5 kcal/mol 的範圍內。但是，溫度升高通常會降低薄膜的選擇度，所以利用平衡對高通量和高選擇度的需求來決定操作溫度。

薄膜結構

通過緻密聚合物薄膜的通量與薄膜的厚度成反比 [(26.7) 式]，所以有很強的動力使薄膜盡可能地薄，而沒有孔或缺陷。氣體分離過程在 1 到 20 atm 的壓力下操作，所以薄膜必須由能夠承受這種壓力的多孔結構支撐，但是對氣體的流動幾乎沒有阻力。支撐體由多孔陶瓷、金屬或聚合物製成，其孔隙率約為 50%。孔徑應該與覆蓋支撐體的選擇性薄膜的厚度相當。然而，處理薄層並將其黏合到支撐體而不撕裂是困難的，並且大多數氣體分離薄膜是以支撐體作為薄膜的組成部分來製備的。使用特殊的鑄造方法來製備**非對稱的薄膜** (asymmetric membranes)，其一側具有薄而緻密的層或表皮，並且膜的其餘部分具有高度多孔的底層結構 (substructure)。這種薄膜的圖片如圖 26.3 所示。

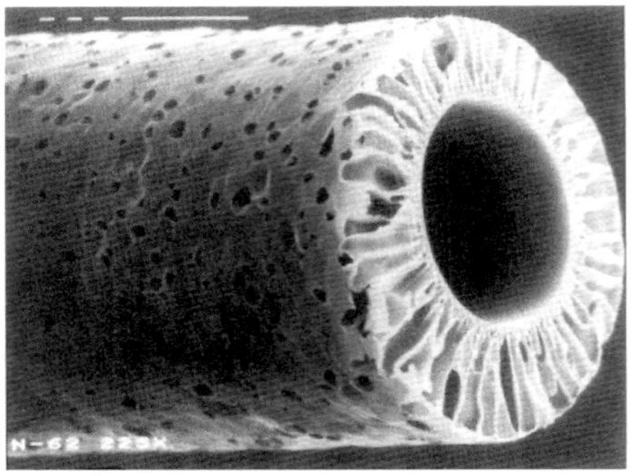

▲ 圖 26.3　毛細管超過濾薄膜。DIAFLO™ 中空纖維的電子顯微照片 (150 倍)。(由 Millipore 公司提供)

典型的非對稱薄膜厚度為 50 至 200 μm，具有厚度為 0.1 至 1 μm 的皮層。[24] 新技術可以生產出皮層厚度小於 0.1 μm 的商用薄膜。具有非常薄的皮層之薄膜更傾向於具有針孔，並且由於通過這種薄膜的流動與通過緻密聚合物的擴散相比非常迅速，每單位面積上僅有少數針孔可以明顯地降低選擇性。解決這個問題的一個辦法是用極具滲透性但非選擇性的聚合物塗覆薄膜，它可以充填針孔，並且不會大大降低薄膜的其餘部分的滲透性。[11] 非對稱薄膜可以製成平板片狀、管狀或直徑小至 40 μm 的中空纖維。小的中空纖維足夠堅固，可以承受高壓而無需任何額外的支撐，但平板片狀薄膜需要額外的支撐和墊片 (spacers)。

非對稱薄膜中的濃度梯度是複雜的，因為通過表層的輸送是以分子擴散到緻密的聚合物中，但是通過多孔載體的輸送是以擴散加上氣體在曲折孔中的層流。對於高通量薄膜，在兩側的邊界層也可能存在明顯的質傳阻力，其中輸送也是以擴散加流動。

圖 26.4 顯示了非對稱薄膜的壓力和濃度梯度。對於這個例子，A 的滲透率遠大於 B 的滲透率，A 的通量是 B 的數倍。圖中顯示了 A 在進料邊界層有輕微的壓力梯度，但 c_A 的大幅下降證明皮層具有大部分的質傳阻力。請注意，邊界層中的 B 的梯度是負的，並且 B 以整體流動抵消其濃度梯度，其中整體流動大部分是 A。

在皮層兩側假定氣體與聚合物相達成平衡。在靠近皮層的孔隙中的氣體組成通常不同於該點滲透物的主體組成。平均組成取決於分離器的流量配置，並且大部分氣體可以具有比多孔層中的氣體含更多的 A 或更少的 A。圖 26.4 的圖顯示了大量滲透物中含大約 70% A 的情況，離開皮層的氣體約含 90% A。

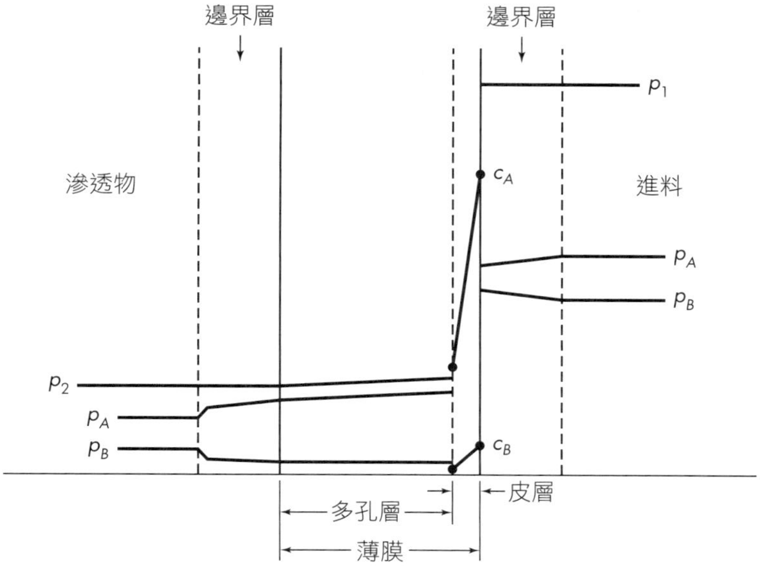

▲ 圖 26.4　具有邊界層阻力的非對稱薄膜的壓力和濃度梯度

薄膜分離器中的流動模式

氣體分離器中有幾種排列表面積的方法，其中一些方法如圖 26.5 所示，用於具有外表層的中空纖維薄膜。圖中只顯示幾根纖維，為了清楚起見，纖維大小被適度放大。一個商業分離器在幾吋直徑的殼體中有多達一百萬根纖維。纖維被密封在一個管板中，在設備的一端或兩端都有一個環氧樹脂灌封膠，以保持進料和滲透物分離。

圖 26.5a 顯示一個與殼側進料氣體逆流流動的分離器。纖維管在一端封閉，因此滲透流率從封閉端的零增加到排放端的最終值。進料氣體必須流經入口和出口附近的一些纖維，所以流體並不是平行於軸線，因為它將處於理想的逆流流動。對於大直徑的機組而言，殼側流量的良好分配是一個設計問題。進料有時被引入管腔內側或纖維內部，以改善流動分布。

在一些分離器中，纖維管的兩端是敞開的，如圖 26.5b 所示，滲透物從中心流向每一端。這使得流體在分離器一半是逆向流而在另一半是同向流。這種安排減少了纖維內滲透流動的壓力降，或者允許在相同的壓力降下製造較長的單元。有時同向流或逆向流操作的滲透物成分差別不大，因為當滲透壓力遠低於進料壓力時，通量主要取決於進料側分壓。但是，為了製造高純度的殘餘物流，逆向流操作是必要的，就像從空氣中生產幾乎純淨的 N_2 一樣。

如圖 26.5c 所示，使用交叉流動裝置可以減輕在殼側獲得良好流動分布的問題。纖維管繞在多孔排放管周圍，並且進料氣體從殼體的外部徑向地流到中心管。隨著徑向向內的流動和氣體滲入纖維而流量減小，氣體通過纖維的速度沒有太大的變化。一些商業化的分離器在中心安排進料且由徑向向外流動，即使如此這也會使得從入口到出口的速度變化很大。纖維管可以在單元的一端或兩端密封在管板中。交叉流也存在於用膜片製成的螺旋管分離器中，如圖 26.20a 所示。在交叉流的情況下，預測其分離效果將不如逆向流，但比同向流好。[37]

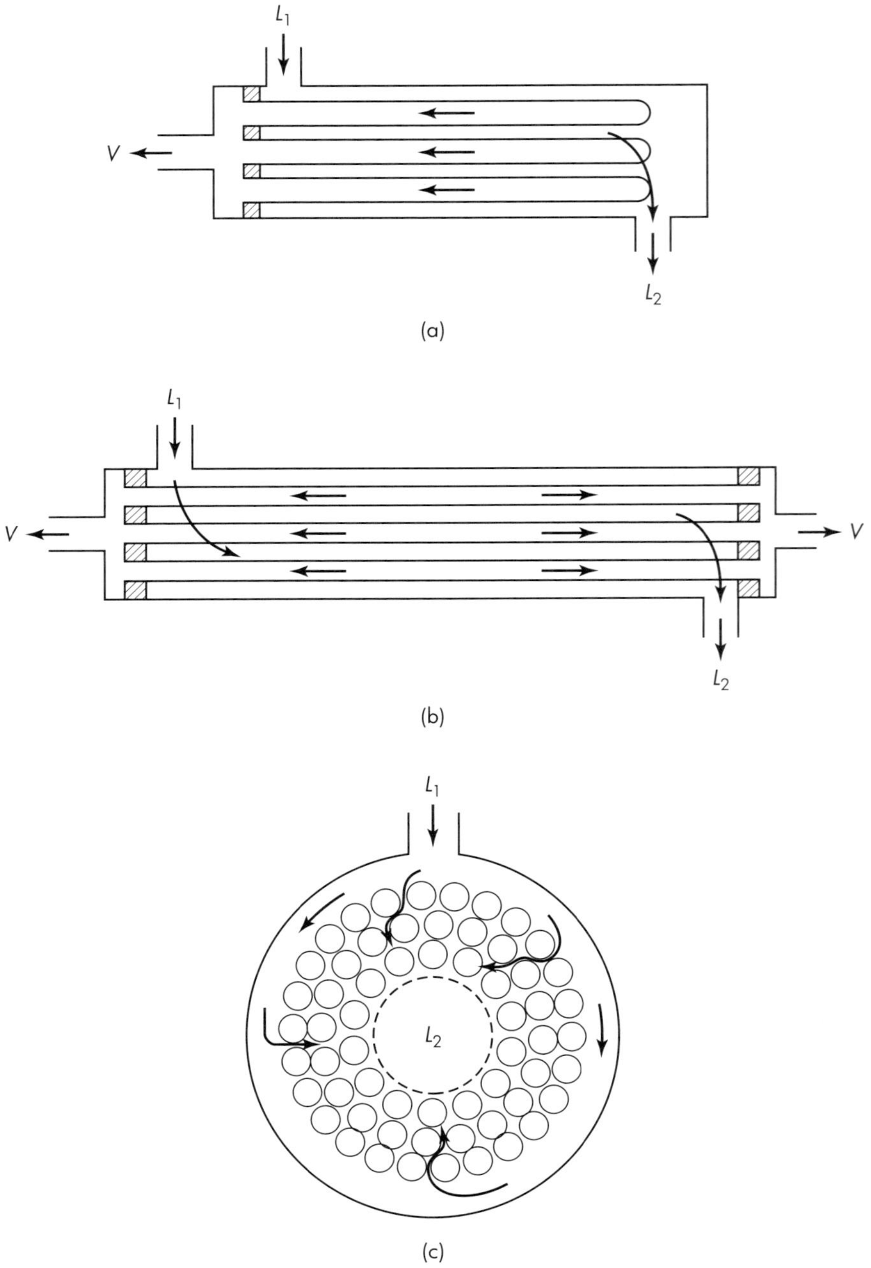

▲ 圖 26.5　中空纖維薄膜的流動布置；(a) 逆向流；(b) 同向流和逆向流；(c) 徑向交叉流

產物純度和產率

滲透物和殘餘物的組成取決於許多變數，包括通過薄膜兩側的壓力差、進料的組成和流率、各種物質的滲透性、總薄膜面積和流動布置。一個重要的因變數是進料被回收成滲透物的分率。這就是所謂的階段**切割** (stage cut)。滲透物和殘餘物的組成的數據通常表示為階段切割的函數，其可以藉由改變壓力或進料速率而在寬範圍內變化。

用於分離具有非對稱薄膜的雙成分混合物的方程式的推導是基於假設多孔副層和邊界層阻力可忽略。進料側和滲透側的摩擦壓力降，亦假設可忽略。術語與蒸餾類似，x 和 L 代表進料側的組成和流率，y 和 V 代表滲透物的組成和流率。這裡，x 和 y 是指較易滲透物質的莫耳分率，就像 A-B 雙成分混合物中的 A 為較易滲透的物質。與蒸餾中的行為不同，當氣體通過分離器時 L 和 V 顯著變化，並且由質量均衡，L 的減少等於 V 的增加。進料可以在中空纖維的內部或外部，並假定為柱狀流，所以 x 沿著纖維軸的長度逐漸變化，如圖 26.6 所示。

對於滲透物，亦假定其為柱狀流，有必要區分在某個軸向位置處的氣體的平均組成 y 和在相同的軸向位置處離開薄膜表面的氣體的局部組成 y'。y 和 y' 的值在滲透流開始的分離器的末端是相同的，但是隨著滲透物累積，它們以不同的速率變化。如圖 26.6 所示，y' 隨著滲透物流向排出端而增加，因為 x 增加之故。濃度 y 不會快速上升，因為 y 是形成到該點的滲透物的 y' 的平均值。

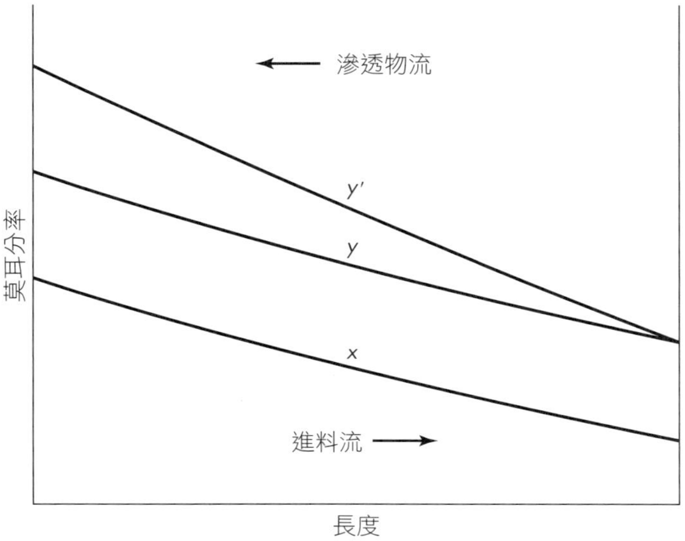

▲ 圖 26.6　逆向流分離器的局部與平均滲透物組成和殘留物組成

x 和 y' 的關係不是平衡的，而是取決於相對滲透率 Q_A 和 Q_B 以及分壓差。通量 J_A 和 J_B 由以下方程式求得，其中 P_1 是進料壓力，P_2 是滲透物壓力：

$$J_A = Q_A(P_1 x - P_2 y) \tag{26.10}$$

$$J_B = Q_B[P_1(1 - x) - P_2(1 - y)] \tag{26.11}$$

將絕對壓力比 R 引入到通量方程式中以消除 P_2：

$$R \equiv \frac{P_2}{P_1} \tag{26.12}$$

$$J_A = Q_A P_1(x - Ry) \tag{26.13}$$

$$J_B = Q_B P_1[1 - x - R(1 - y)] \tag{26.14}$$

局部滲透物組成 y' 取決於該點的通量比：

$$y' = \frac{J_A}{J_A + J_B} = \frac{Q_A P_1(x - Ry)}{Q_A P_1(x - Ry) + Q_B P_1[1 - x - R(1 - y)]} \tag{26.15}$$

使用 α 作為滲透率比 Q_A/Q_B 可得

$$y' = \frac{x - Ry}{x - Ry + (1 - x - R + Ry)/\alpha} \tag{26.16}$$

在滲透物流動開始的分離器處 (圖 26.5a 中纖維管的封閉端)，y 等於 y' 而 (26.16) 式可以重新排列成標準二次式：

$$(\alpha - 1)(y')^2 + \left[1 - \alpha - \frac{1}{R} - \frac{x(\alpha - 1)}{R}\right]y' + \frac{\alpha x}{R} = 0 \tag{26.17}$$

方程式 (26.16) 或 (26.17) 可以用來顯示局部滲透物組成如何取決於壓力比，選擇性和進料組成。因為 A 的通量增加而 B 的通量減小，所以 x 的增加總是使 y' 增加。R 的減少使 y' 增加；但是隨著 R 趨近於零，y' 有一個極限值，它可以從方程式 (26.16) 求得，因為 (26.17) 式變為不定型。那麼對於 $R = 0$，

$$y' = \frac{x}{x + (1 - x)/\alpha} \tag{26.18}$$

或

$$y' = \frac{\alpha x}{1 + (\alpha - 1)x}$$

當 $R = 1.0$ 時，雙成分系統中不會發生分離，因為沒有擴散的驅動力。如果將第三成分作為吹掃氣體 (sweep gas) 加入到滲透物側，則 A 和 B 的分壓降低，即使當 $R = 1.0$ 時，A 和 B 也可以分離。有時在滲透物側添加吹掃氣體以改善分離。

在固定的壓力下，分離度隨著選擇性的增加而改善，但是有時其上限為 y'。A 在滲透物的分壓不能超過在進料的分壓，而 y' 的最大值是以等於分壓求得。

$$P_1 x \geq P_2 y' = P_1 R y'$$
$$y'_{\max} = \frac{x}{R} \tag{26.19}$$

例如，對於含 40% A 和壓力比 $R = 0.5$ 的進料，即使對於非常具有選擇性的薄膜，最高的滲透物濃度也是 0.80。然而，如果壓力比降低到 0.20，如果薄膜具有非常高的選擇性，則可以獲得幾乎純的 A。對於兩個 R 值和 $x = 0.4$ 或 0.2，y' 隨 α 的變化顯示於圖 26.7。

可以將通量方程式與質量均衡相結合從分離器的一端到另一端進行數值積分來預測分離器的性能。為了近似預測或分析來自操作單元的數據，使用滲透

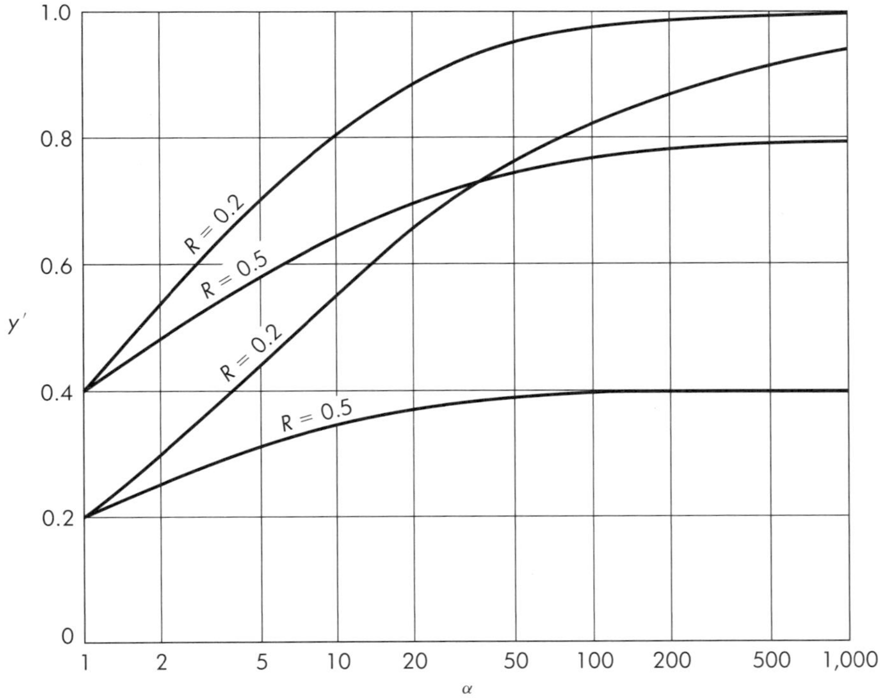

▲ 圖 26.7　選擇性和壓力比對局部滲透物組成的影響

物組成或驅動力的平均值可能是令人滿意的。

分離器的總體和成分的質量均衡是

$$L_{\text{in}} = L_{\text{out}} + V_{\text{out}} \tag{26.20}$$

$$L_{\text{in}} x_{\text{in}} = L_{\text{out}} x_{\text{out}} + V_{\text{out}} y_{\text{out}} \tag{26.21}$$

如果 x 的變化不是非常大，則以分離器端部的滲透物組成的平均值來估計滲透物組成。

$$\bar{y} \cong \frac{y_{\text{inlet}} + y_{\text{outlet}}}{2} \tag{26.22}$$

所需的薄膜面積是從滲透率較高的氣體通量方程式得到的。

$$A \cong \frac{V_{\text{out}} y_{\text{out}}}{Q_A (P_1 x - P_2 y)_{\text{ave}}} \tag{26.23}$$

例題 26.1

將具有聚碸薄膜的中空纖維分離器，以逆向流方式，進行空氣分離測試。在 20 L/min (STP) 的進料流率下，滲透物的流率為 3.1 L/min 且含 40% O_2，殘餘物含有 17% O_2。進料和殘餘物的錶壓分別為 40.0 和 39.5 $\text{lb}_f/\text{in.}^2$；薄膜面積為 5.2 m^2。(a) 計算 O_2 和 N_2 的滲透率和選擇度。(b) 如果進料壓力增加到 80 $\text{lb}_f/\text{in.}^2$，滲透液中可以得到的氧氣濃度是多少？ (c) 在 80 $\text{lb}_f/\text{in.}^2$ 下，使用非常大的進料速率，或在滲透物側抽真空，可以獲得的最大氧氣濃度是多少？

解

(a) 以質量均衡，$L = F - V = 20 - 3.1 = 16.9$ L/min。檢驗 O_2 的平衡。在進料時，

$$F x_F = 20(0.209) = 4.18 \text{ L/min}$$

$$V y + L x = 3.1(0.40) + 16.9(0.17) = 4.11 \text{ L/min}$$

$$P_1 = \frac{40 + 14.7}{14.7} = 3.72 \text{ atm}$$

在進料末端，$p_{1,\text{O}_2} = 3.72(0.209) = 0.777$ atm。

假設 $P_2 = 1.0$ atm，

$$p_{2,\text{O}_2} = P_2 y = 0.40 \text{ atm}$$

$$\Delta p_{\text{O}_2} = 0.777 - 0.40 = 0.377 \text{ atm}$$

在殘餘物末端，

$$P_1 = \frac{39.5 + 14.7}{14.7} = 3.69 \text{ atm}$$

$$p_{1,O_2} = 3.69(0.17) = 0.627 \text{ atm}$$

忽略摩擦壓力降，$P_2 \cong 1.0$ atm，但 y 還是未知。

如圖 26.6 所示，y 的初始值小於最終值，但在這種情況下不會小很多，因為 x 只從 0.209 減低至 0.17。猜測 $y \cong 0.9(0.40) = 0.36$。

$$p_{2,O_2} \cong 0.36 \text{ atm}$$

$$\Delta p_{O_2} = 0.627 - 0.36 = 0.267 \text{ atm}$$

O_2 分壓的平均差值：

$$\overline{\Delta p_{O_2}} = \frac{0.377 + 0.267}{2} = 0.322 \text{ atm}$$

從 (26.23) 式，

O_2 的滲透率：　$$Q_{O_2} = \frac{3.1 \times 0.40}{5.2 \times 0.322} = 0.741 \text{ L/min} \cdot \text{m}^2 \cdot \text{atm}$$

對於進料末端的 N_2，$p_{1,N_2} = 0.791 \times 3.72 = 2.94$ atm

$$p_{2,N_2} = 1 - 0.40 = 0.60 \text{ atm}$$

$$\Delta p_{N_2} = 2.94 - 0.60 = 2.34 \text{ atm}$$

在殘餘物末端，　$p_{1,N_2} = 3.69(1 - 0.17) = 3.06$ atm

使用之前的猜測 $y = 0.36$，

$$p_{2,N_2} = 1 - y = 1 - 0.36 = 0.64 \text{ atm}$$

$$\Delta p_{N_2} = 3.06 - 0.64 = 2.42 \text{ atm}$$

平均差　$$\overline{\Delta p_{N_2}} = \frac{2.34 + 2.42}{2} = 2.38 \text{ atm}$$

N_2 的滲透率：$$Q_{N_2} = \frac{3.1 \times 0.60}{5.2 \times 2.38} = 0.150 \text{ L/min} \cdot \text{m}^2 \cdot \text{atm}$$

選擇度：　$$\alpha = \frac{0.741}{0.150} = 4.94$$

如果 $\alpha = 4.94$，y (y 在殘餘物末端) 的初始值可以從 (26.17) 式檢驗其正確性，使用 $R = 1/3.69 = 0.271$。

$$3.94(y')^2 + [1 - 4.94 - 3.69 - (0.17 \times 3.94 \times 3.69)]y' + 4.94 \times 0.17 \times 3.69 = 0$$

$$3.94(y')^2 - 10.10y' + 3.10 = 0$$

$y' = 0.357$，接近假設的值 0.36

(b) 進料壓力：　$P_1 = \dfrac{80 + 14.7}{14.7} = 6.44 \text{ atm}$

$P_2 = 1.0 \text{ atm} \qquad R = \dfrac{1}{6.44} = 0.1553$

如果流量調整為在殘餘物中保持 $x = 0.17$，則在殘餘物末端的 y' 可以從 (26.17) 式求得。忽略由於摩擦損失引起的 P_1 的輕微下降。

$$3.94(y')^2 + [1 - 4.94 - 6.44 - (0.17 \times 3.94 \times 6.44)]y' + 4.94 \times 0.17 \times 6.44 = 0$$

$$3.94(y')^2 - 14.69y' + 5.408 = 0$$

最初的 $y' = 0.414$

在進料末端，y' 的值可從 (26.16) 式求得，其中包括最終的滲透物濃度 y。假設

$$y = \frac{0.414 + y'}{2} = 0.207 + 0.5y'$$

$$y' = \frac{0.209 - 0.1553(0.207 + 0.5y')}{0.209 - 0.1553(0.207 + 0.5y') + [1 - 0.209 - 0.1553 + 0.1553(0.207 + 0.5y')]/4.94}$$

$$= \frac{0.17685 - 0.07765y'}{0.31204 - 0.06193y'}$$

$$0.06193(y')^2 - 0.38969y' - 0.17685 = 0$$

$$y' = 0.492$$

$$y = \frac{0.414 + 0.492}{2} = 0.453 \quad 或 \quad 45\%\ O_2$$

(c) 對於非常大的進料流率，階段切割 (stage cut) 接近零，殘餘物組成接近空氣 ($20.9\%\ O_2$)。從 (26.17) 式，其中 $R = 1/6.44$，

$$3.94(y')^2 + [1 - 4.94 - 6.44 - (0.209 \times 3.94 \times 6.44)]y' + 4.94 \times 0.209 \times 6.44 = 0$$

$$3.94(y')^2 - 15.683y' + 6.649 = 0$$

$$y' = 0.482 \text{ 或 } 48\%\ O_2$$

如果抽真空，R 接近零，並且從 (26.18) 式，在 $x = 0.209$ 時，可得

$$y' = \frac{4.94 \times 0.209}{1 + 3.94 \times 0.209} = 0.566 \text{ 或 } 57\%\ O_2$$

如例題 26.1 所示，儘管會增加氧氣和氮氣的通量，但提高上游壓力可增加滲透物中的氧氣濃度。由於滲透物中的氧氣分壓對氧氣驅動力有很大的影響，所以氧氣通量增加得很多。當 $P = 40\ \text{lb}_f/\text{in.}^2$ 或 3.72 atm 時，入口處的氧氣驅動力為 $3.72(0.209) - 0.40 = 0.377$ atm，在 $80\ \text{lb}_f/\text{in.}^2$ 時為 $6.44(0.209) - 0.45 = 0.896$ atm，增加了 2.4 倍。氮氣驅動力的變化在壓力從 $40\ \text{lb}_f/\text{in}^2$ 增加到 $80\ \text{lb}_f/\text{in}^2$ 時僅增加 1.94 倍。由於每個成分的通量取決於分壓差，所以除非在 R 接近零的極限內，總通量與總壓力差是不成正比的。

當使用逐步求解來確定逆向流分離器的性能時，最好從殘餘物末端，以 x_{out} 的指定值和 L_{out} 的任意值 (例如 100 L/min) 開始。y' 的初始值可從 (26.17) 式求得。A 和 B 的局部通量可用 (26.10) 式和 (26.11) 式計算而得。然後，對於微小的表面積增量，可求得 ΔV 和 ΔL。

$$\Delta V = \Delta L = (J_A + J_B)\,\Delta A \tag{26.24}$$

從質量均衡和通量方程式可計算 x 和 y 的新值，計算一直持續到 x 達到進料組成。這個階段切割 (stage cut) 是 V/L。分離器的微量長度如圖 26.8 所示，其中有入口和出口流量。其他使用的方程式為

$$L_k = L_j + \Delta V_j \tag{26.25}$$

$$V_j = V_i + \Delta V_j \tag{26.26}$$

$$L_k x_k = L_j x_j + \Delta V_j\, y_j' \tag{26.27}$$

以 $L_k - \Delta V_j$ 代替 (26.27) 式中的 L_j，導致 x 的增量變化的方程式。

$$L_k(x_k - x_j) = \Delta V_j\,(y_j' - x_j) \tag{26.28}$$

y 的新值來自

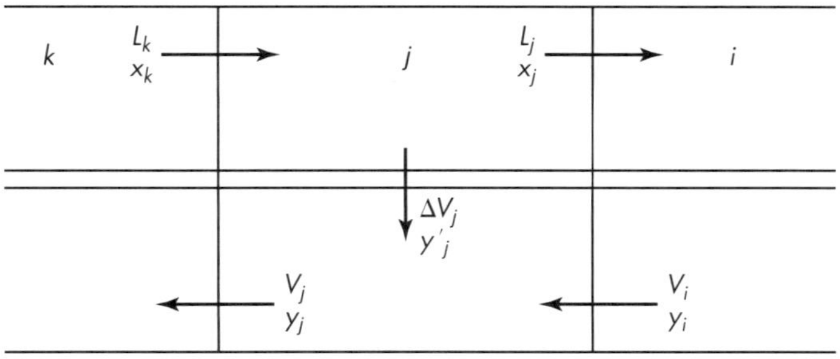

▲ 圖 26.8　逆向流分離器內之流動

$$V_j y_j = V_i y_i + \Delta V_j y_j' \tag{26.29}$$

其中

$$y_j' = \frac{J_A}{J_A + J_B} \tag{26.30}$$

為了更高的準確性，取 y_j' 的值為每個增量開始和結束時的平均值。

多成分混合物　為了預測多成分混合物的薄膜分離器的性能，每個成分的通量方程式都寫成與 (26.10) 式相同的形式，並使用試誤法來獲得每個面積增量的滲透物量和局部滲透物組成。為了開始計算，可以選擇一個近似的殘餘物組成，並且計算進行到進料末端；或者可以使用近似的滲透物組成以允許從進料末端開始計算。在任何一種情況下，重複該過程直到最終組成是正確的。與其它多成分分離一樣，當產品流的完整組成不能被指定，而設計目標是滲透物或殘餘物中的關鍵成分的某一特定濃度時，則應訂出某一成分的回收百分比或指定的階段切割 (stage cut)，這是滲透物與進料的莫耳比。

壓力降和質傳效應

對分離器性能的嚴格分析必須包括薄膜兩側的摩擦壓力降和擴散阻力。對於中空纖維管內部的滲透物流動，纖維管封閉端的內部壓力梯度為零，並在管板處逐漸增大至最大值。如果封閉端的壓力比排放壓力高出 20% 到 30%，那麼對通量的影響通常是非常顯著的。殼側的壓力降一般都很小，常被忽略，這是因為流動面積較大，而且由於壓力較高，體積流率較小的緣故。

纖維管內部的摩擦壓力降會影響纖維管尺寸的選擇，因為當滲透率高時需要大的直徑。非常長的纖維管是不實際的，因為由於滲透物速度的增加，壓力降隨著纖維管長度的平方而變化。

在用聚碸或其它玻璃態聚合物分離低分子量氣體時，支撐層和邊界層中的質傳阻力通常可以忽略不計。然而，對於新的超薄膜或由易於滲透的聚合物製成的薄膜而言，這些阻力是重要的。選擇層下游側的局部組成可能與平均組成顯著不同，且其通量方程式必須進行修正，以考慮支撐層和邊界層中的流動和擴散。在高通量矽薄膜氣體分離研究中觀察到了質傳效應。[20]

應用

氣體分離薄膜的主要應用是製造含有多量一種或多種成分但純度不高的產品。純度相同或更高的產品通常可藉由在低溫下液化和蒸餾獲得，但是薄膜過程具有在室溫或接近室溫下操作的優點。

有幾家公司提供用於空氣分離的滲透器是使用特性與例題 26.1 相似的薄膜。其中一個主要應用是提供純度為 95 至 99% 的氮氣，這對於許多惰性氣體的要

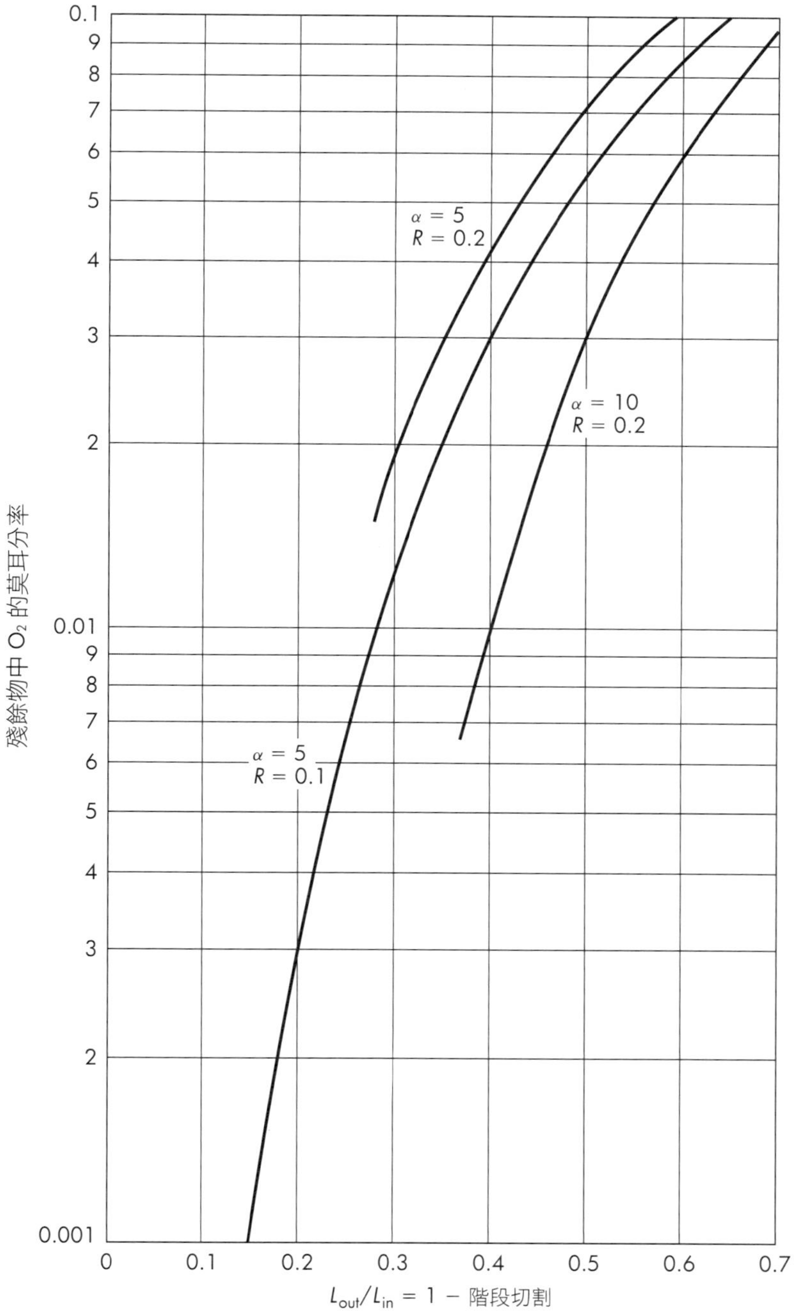

▲ 圖 26.9　逆向流分離器中，由空氣產生氮氣

求是足夠的。通常將空氣供給到管腔側以獲得更均勻的滯留時間分布並降低滲透物側的摩擦壓力降。圖 26.9 顯示在一理想逆向流分離器中的殘餘氧濃度與 L_{out}/L_{in} 的關係。低氧氣濃度需要較小的 R 值和較大的階段切割 (stage cut)。容量為 3 至 1000 m^3/h 的商業單元是可用的，而對於中等純度的氮，其性能接近 $\alpha = 5$ 和 $R = 0.1$ 所預測的性能。對於 99% 或更高的純度，回收的部分比預測的要低一些。

如果目標是為了醫療用途或改善燃燒而製造富氧氣體，則只需使用小的階段切割 (stage cut)，即可獲得具有 40% 至 50% O_2 的滲透物。對於富氧氣體的生產，進料可以處於大氣壓力下，並且使用真空泵來獲得低的 R 值。然後，唯一需要做的工作是將滲透物壓縮到大氣壓力，而不是將大量的空氣流壓縮到幾個大氣壓。儘管純氧可以藉由串聯幾個階段來製造，但是與來自液體 - 空氣工廠或吸附程序中的氧氣相比，再壓縮的成本將使得這種方法不經濟。

薄膜和其它技術的組合對於某些應用可能是有吸引力的。使用薄膜來製備具有 50% O_2 的氣體作為變壓吸附設備的進料，將大幅增加吸附器的容量。另外，使用薄膜將氣體中的 O_2 降低至 0.5%，然後在催化燃燒器中添加氫氣來去除氧氣，可以生產出僅具有幾個 ppm O_2 的氣體。[6]

在氨、甲醇和氫化工廠中有許多使用薄膜來從淨化流中回收氫氣的裝置。H_2 相對於 CH_4、CO 和 N_2 的選擇度在 10 至 100 的範圍內，並且可以在單個階段獲得顯著富含 (enriched) H_2 的滲透物。對於石化應用，分離後的氣體組成顯示在表 26.3 中。在這個例子中，進料壓力是 72 bar，殘餘物壓力是 71 bar，滲透物壓力是 31 bar。大部分氫氣被回收並迴流到合成工廠中，殘餘物作為燃燒之燃料。不需要在滲透物中獲得非常高濃度的氫氣。在其它應用中，藉由進行較低的階段切割 (stage cut)(較少的 H_2 回收) 或以較低的壓力比進行操作，可以獲得 95% 至 98% 的氫濃度。

▼ 表 26.3　製氨工廠排除氣體分離後的氣體組成 [25]

	氣體組成, mol %			滲透物中回收百分率
氣體	進料	殘餘物	滲透物	
H_2	59	12	86	93
N_2	21	43	8	24
Ar	6	11	3	32
CH_4	14	34	3	14

例題 26.2

使用具有對 H_2/CH_4 的選擇度為 100 的中空纖維滲透器，將含有 70% H_2、24% CH_4 和 6% C_2H_6 的氣體，分離成幾乎純的 H_2 股流和燃料氣體。(a) 如果上游和下游的絕對壓力為 600 和 300 $lb_f/in.^2$，如果滲透物為 96% H_2，那麼進料中 H_2 有多少分率會在滲透物中被回收。階段切割 (stage cut) 是多少？ (b) 將滲透物的壓力降低到絕對壓力為 180 $lb_f/in.^2$ 可以回收多少 H_2 ？

解

(a) 由於 C_2H_6 的滲透率只比 CH_4 稍低，所以混合物被視為擬二成分。因為下游壓力值高 ($R = 0.5$) 使得 H_2 的驅動力從入口到出口變化幾倍，所以使用逐步求解。為了簡化計算，對於 $\alpha = 100$ 和 $R = 0.5$ 從 (26.17) 式中可求得局部滲透物組成。這個方法對於逆向流操作稍微低估了 y' 的值，但對於交叉流幾乎是正確的。在進料入口處，$x = 0.70$ 且

$$99y_i^2 + [1 - 100 - 2 - 2(99)(0.7)]y_i + 100(0.7)(2) = 0$$
$$99y_i^2 - 239.6y_i + 140 = 0$$
$$y_i = 0.9860$$

對於 x 的其它值，使用 0.05 的增量重複計算。對於 $x = 0.65$

$$99y_j^2 - 229.7y_j + 130 = 0$$
$$y_j = 0.9793$$

對於第一個增量，$\bar{y} = (0.9860 + 0.9793)/2 = 0.9826$。從 (26.28) 式，其中 $L_{in} = 100$

$$\Delta V = \frac{L_i(x_i - x_j)}{\bar{y} - x_j} = \frac{100(0.70 - 0.65)}{0.9826 - 0.65} = 15.03$$

$$\text{滲透物中的 } H_2 = \Delta V\, \bar{y} = 15.03(0.9826) = 14.77$$

$$H_2 \text{ 的回收率} = 14.77/70 = 0.211 = 21.1\%$$

繼續計算，直至總 H_2 回收率超過 95%。此結果繪製在圖 26.10 中。

對於 $R = 0.5$，在回收率為 62.5% 時，氫氣的純度為 96%。

每 100 莫耳總進料所回收的 H_2 為 $0.625(70) = 43.75$。

滲透物流量 $V = 43.75/0.96 = 45.6$。

階段切割 (stage cut) 為 45.6%，殘餘物中含有 48.3% H_2。y' 的局部值從進料末端的 0.986 到殘餘末端的 0.877，這些值的簡單平均值並不能得到正確的滲透物組成。

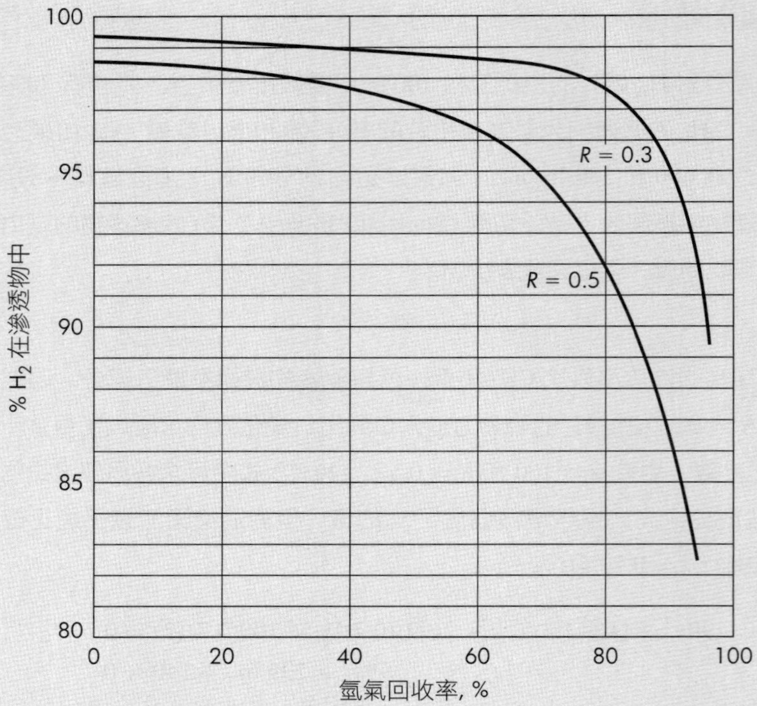

▲ 圖 26.10 H_2/CH_4 分離的滲透物純度，其中 $\alpha = 100$ 和 $x_0 = 0.70$

(b) $R = 180/600 = 0.3$，當 $x = 0.70$

$$99y_i^2 + \left[1 - 100 - \frac{1}{0.3} - \frac{99}{0.3}(0.7)\right]y_i + \frac{100(0.7)}{0.3} = 0$$

$$y_i = 0.9926$$

繼續如 (a) 部分的計算，在 88% 的 H_2 回收率下得到 $y = 0.96$。階段切割 (stage cut) 為 $0.88(70)/0.96 = 64.2\%$。

氣體分離薄膜的另一個工業應用是從天然氣中去除二氧化碳。對於聚碳酸酯，聚碸和乙酸纖維素薄膜，在 35°C 和 40 atm 下的 CO_2/CH_4 選擇度約為 20 至 30。用 Kapton 可以獲得超過 60 的選擇度，但是這種聚合物遠比其它材料的滲透性低。溫度的升高提高了大多數聚合物的滲透率，但通常導致選擇度輕微下降。操作溫度的選擇為略高於殘餘氣體的露點。在 CO_2 分壓較高的情況下，薄膜中有大量的 CO_2 被吸收，CO_2 的增塑 (plasticization) 作用增加了所有氣體的有效擴散係數，使選擇度低於純氣體數據的選擇度。[13] 考慮到這種非線性效應的方法已經被提出。[17]

從天然氣中分離氦氣是薄膜技術的潛在應用。使用對 He/CH_4 選擇度為 190 的薄膜和只有 0.82% He 的進料，一半的氦氣可以在一個階段中回收，使得滲透物中所含氦氣比進料濃 30 倍。[26]

使用矽或其它橡膠狀聚合物，從惰性氣體中分離碳氫化合物氣體或溶劑蒸汽，發現了新的薄膜應用。由於碳氫化合物具有高分布係數，故其在此種薄膜的滲透性和選擇度遠大於玻璃薄膜。表 26.4 列出一些選擇度。碳氫化合物分離的例子包括控制淨化氣流 (purge stream) 中的製冷劑排放，從反應器排氣中回收單體，以及從負載操作產生的氣流中回收汽油。[5]

分離器排列

由於最大的單元直徑只有 1 ft (0.3 m)，長度為 10 至 15 ft (3 至 5 m)，所以用於氣體或液體分離的薄膜的大多數應用需要多個單元。這種尺寸的中空纖維模組可能具有數千平方呎的薄膜面積，並且能夠每分鐘處理幾百立方呎的氣體。為了處理煉油廠或化工廠中更大的流量，可以將幾個單元平行排列，如圖 26.11a 所示。在設計進料分配系統時必須小心，以確保所有單元的流量相同。當以低容量操作時，可以關閉一些單元以保持每個模組的流量大致相同。如果所有的單元都在使用中，低流率下的滲透物回收率較高，可能導致進料側的液體冷凝。[23]

有時候分離器會串聯排列，如圖 26.11b 所示。進料側的摩擦壓力降通常很小 (<1 atm)，因此可以將兩個或三個單元串聯，而不必重新壓縮進料。滲透物流的純度不同，可以用於不同的目的，也可以將它們全部組合。這個方案的一

▼ **表 26.4　玻璃狀和橡膠狀聚合物薄膜的滲透率和選擇度**

滲透率 Q_{N_2}, L(STP)/min·m²·atm	薄膜：聚碸 0.05– 0.5	薄膜：聚雙甲基矽氧烷 5–50
Gas	選擇度，α_{gas/N_2}	
O_2	5–6	3
CO_2	17	6
H_2O	280	—
CH_4	20	3
C_3H_6	—	10
C_4H_{10}	—	30
Toluene	—	80

個例子是使用兩個串聯的矽薄膜單元從含有 15% C_3H_6 和 85% N_2 的排氣中回收丙烯，使用之選擇度為 10，絕對壓力為 $P_1 = 200\ lb_f/in.^2$，第一個單元產生的滲透物含 43% C_3H_6 而殘留物含 5.3% C_3H_6。第二個單元得到的殘留物含 1% C_3H_6 而滲透物含 15% C_3H_6，將其壓縮並迴流到第一個單元。使用一個分離器，滲透物在殘留物含 1% C_3H_6 濃度的相同情況下只有 22% 的 C_3H_6。[4]

另一種操作方法是在連續的單元中使用較低的滲透物壓力。第一個單元在中等壓力下產生滲透物，使氣體可以直接使用而不會壓縮。下一個單元在較低的下游壓力下操作以補償降低的進料濃度，並且滲透物被壓縮以供重新使用。在大型工廠中，可以使用組合的串聯 - 並聯排列，其中幾對滲透器連接到共同的進料源。

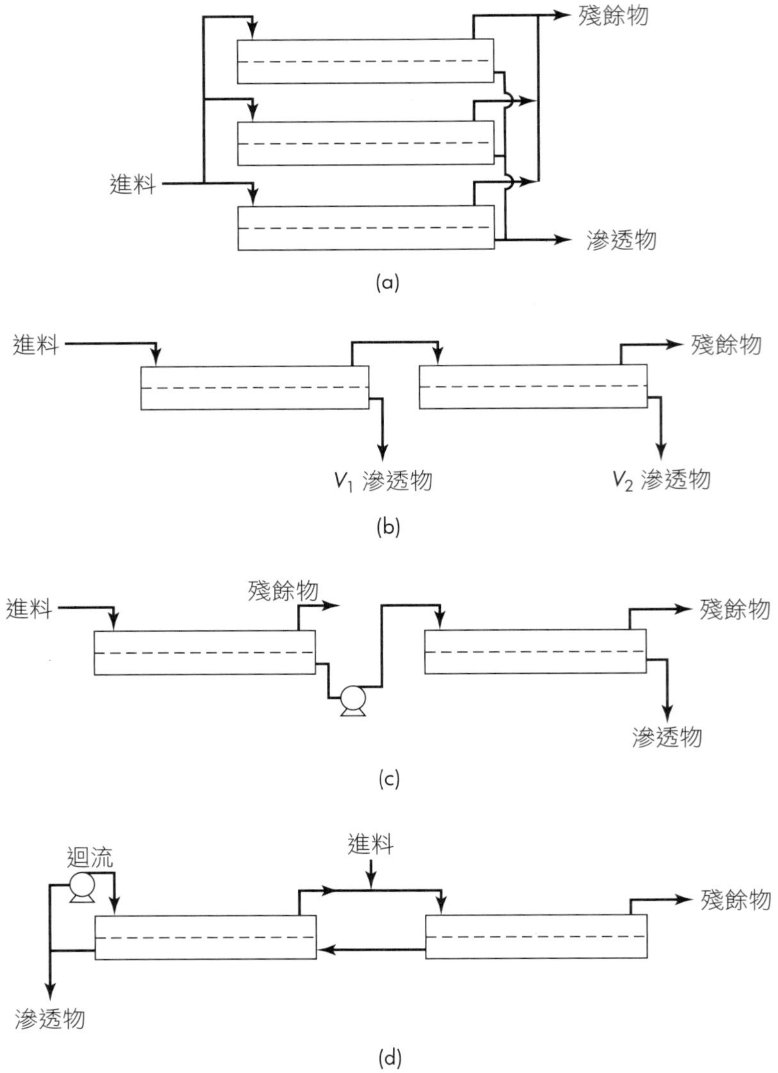

▲ 圖 26.11　分離器排列：(a) 平行流；(b) 串聯流；(c) 兩段流；(d) 連續薄膜柱

為了得到更高純度的滲透物，第一階段的產物可以被壓縮並送到第二階段，如圖 26.11c 所示。可以使用兩個或多個階段來獲得所需的純度，但再壓縮的成本可能會使此方案不經濟。使用兩個分離器和一個再壓縮步驟的新方法是連續薄膜塔。[14] 如圖 26.11d 所示，來自第二個分離器的部分滲透產物被壓縮並送回到薄膜的另一側，在那裡與滲透物逆向流動。這種迴流作用可以獲得非常高純度的滲透物。迴流蒸汽在通過分離器流動時失去較易滲透的成分，並與進料到第一個分離器結合。這個方案在試驗單元得到了證明，但尚未在商業上使用。

液體的分離

有幾種使用多孔薄膜或非對稱聚合物薄膜分離液體混合物的方法。對於多孔薄膜，分離可能僅取決於擴散性的差異，如同透析的情況一樣，其中大氣壓下的水溶液在薄膜的兩側。對於使用多孔薄膜進行的液 - 液萃取，不互溶的萃餘相和萃取相被薄膜分離，並且平衡溶質分布的差異以及擴散率的差異決定萃取相的組成。

對於非對稱薄膜或緻密聚合物薄膜，藉由溶液擴散機制發生液體的滲透。選擇度取決於溶解度比和擴散率比，這些比率非常依賴於聚合物和液體的化學結構。輸送的驅動力是薄膜中的活性梯度，但與氣體分離不同，驅動力不能藉由增加上游壓力在很寬的範圍內變化，因為壓力對液相的活性影響很小。在滲透蒸發中，薄膜的一側在大氣壓下曝露於進料液體，並且抽真空或抽除氣體用於使在滲透物側的流體形成氣相，這降低了滲透物質的分壓並提供了滲透的活性驅動力。在逆滲透中，滲透物在大約 1 atm 時幾乎是純水，並且向進料溶液施加非常高的壓力以使水的活性稍微大於滲透物中的水。即使產物中的水濃度高於進料中的水濃度，也會在薄膜上提供活性梯度。

透析

多孔性薄膜用於透析 (dialysis)，這是一種使溶液擴散到較低濃度的區域而從溶液中選擇性地除去低分子量溶質的方法。薄膜兩側幾乎沒有壓力差，每種溶質的通量與濃度差成正比。高分子量的溶質大部分保留在進料溶液中，因為它們的擴散率低，並且因為當分子幾乎與孔一樣大時，在小孔中的擴散受到很大阻礙。

典型透析過程的濃度梯度如圖 26.12 所示。假定進料中含有低分子量溶質 A，中間大小溶質 B 和膠體 C。在薄膜兩側有濃度邊界層，如果薄膜比邊界層薄，

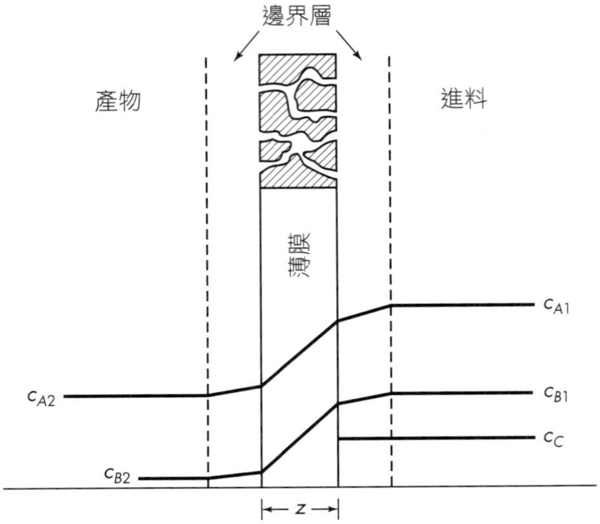

▲ 圖 26.12　透析的濃度梯度

則濃度邊界層對整體阻力有顯著貢獻。A 或 B 在薄膜中的梯度比在邊界層中更陡，因為有效擴散率小於平均值，在穩定狀態下，通過薄膜的通量等於通過邊界層的通量。薄膜中 c_A 和 c_B 的值是孔隙流體中的濃度而不是基於總薄膜體積的濃度。因為膠體顆粒大於孔徑，所以在孔隙流體和產物中，$c_C = 0$。

允許三個阻力串聯的溶質通量的一般方程式為：

$$J_A = K_A(c_{A1} - c_{A2}) \tag{26.31}$$

$$\frac{1}{K_A} = \frac{1}{k_{1A}} + \frac{1}{k_{mA}} + \frac{1}{k_{2A}} \tag{26.32}$$

進料和產物的係數 k_1 和 k_2 取決於流率、物理性質和薄膜幾何形狀，它們可以使用第 17 章中的相關性預測。薄膜係數取決於有效擴散係數 D_e 和薄膜厚度 z：

$$k_m = \frac{D_e}{z} \tag{26.33}$$

D_e 的理論方程式是基於 λ，即分子大小與孔徑的比 [32]

$$D_e = \frac{D_v \varepsilon}{\tau}(1-\lambda)^2(1 - 2.104\lambda + 2.09\lambda^3 - 0.95\lambda^5) \tag{26.34}$$

$(1-\lambda)^2$ 是球形分子在圓柱孔隙可利用的體積分率，而 (26.34) 式的最後一項是受阻擴散項。對於 $\varepsilon = 0.5$，$\tau = 2$ 和 $\lambda = 0.1$ 時，$D_e = 0.160D_v$，對於 $\lambda = 0.5$ 時，$D_e = 0.011D_v$。由於 D_e 比 D_v 低很多，所以擴散通量通常是由薄膜阻力控制。

最著名的透析應用是使用人造腎臟去除腎臟疾病患者血液中的廢物。採用中空纖維素薄膜或聚碸薄膜，血液通過纖維，而鹽溶液在外部循環。尿素和其它小分子通過薄膜擴散到外部的溶液，而蛋白質和細胞保留在血液中。透析液中加入了鹽和葡萄糖是防止這些物質從血液中流失。

透析的工業應用是從黏膠法製造人造絲產生的半纖維素溶液中回收苛性鹼。平板薄膜在壓濾機裝置中相互平行放置 (見第 29 章)，而水與進料溶液逆流通過以產生至多含 6% 的 NaOH 的透析液。從其它天然產物或其它膠體溶液中回收鹽或糖亦可藉由透析實現，但是由於可以獲得較高的滲透速率，超過濾更可能被使用。

電透析 (electrodialysis) 的許多大規模應用是使用離子選擇性薄膜和一個電位梯度來加速離子通過薄膜的遷移。鹽水可以藉由通過帶有陽離子和陰離子交替排列的滲透膜製造成可飲用的水，如圖 26.13 所示。在電透析室一半的空間裡，陽離子遷移到一邊，陰離子遷移到另一邊，留下更純淨的水。在交替空間的溶液變得更濃，最終丟棄。類似的單元被用來在各種過程中濃縮鹽溶液。一個例子是使用電透析處理來自逆滲透系統的廢棄鹽溶液。[30] 鹽濃度增加了八倍，這降低了處理成本，再生水迴流到逆滲透廠。在這種應用中，電極的極性以規則的間隔逆轉以減少在高鹽濃度下的規模問題。

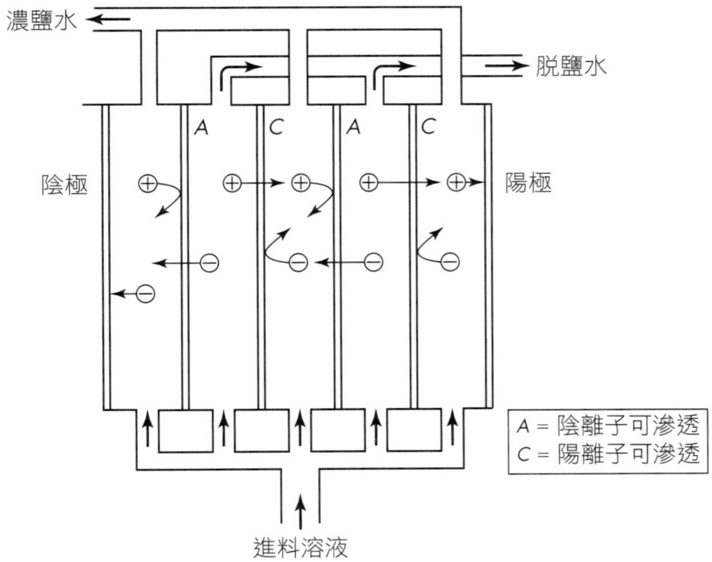

▲ 圖 26.13　電透析室的示意圖

液 - 液萃取的薄膜

可以將溶質從水中萃取到有機液體中，反之亦然，使用薄膜來分離相並為質傳提供高表面積。可以使用中空纖維或平板薄膜，並且質傳面積是由設計固定，不依賴於如流量、黏度和表面張力的變數，而這些變數會影響液 - 液分散的面積。與充填塔或噴霧塔的情況不同，薄膜萃取器可布置成具有兩相的逆流而不具有溢流限制。另一個優點是不需要沉降槽或去乳化機，因為兩相被薄膜隔開。然而，薄膜確實引入了額外的質傳阻力，並且這必須減至最小以使該過程具有吸引力。

如果在萃取器中使用緻密聚合物薄膜，則由於固體聚合物具有非常低的擴散係數，所以薄膜阻力會相當大。使用非對稱薄膜會降低薄膜阻力，因為擴散在開放的子結構中比在緻密層更快速。然而，最小阻力是用多孔薄膜獲得的，因為多孔薄膜具有完全貫穿薄膜的孔隙。相分離可藉由選擇一種不被其中一相潤濕的薄膜來維持。例如，由聚四氟乙烯或聚丙烯製成的薄膜是疏水性的，並且除了高壓以外，水不會進入孔隙中。臨界入口壓力取決於接觸角和孔的大小和形狀[9]，對於一些商業薄膜而言，此壓力高達 50 $\text{lb}_f/\text{in.}^2$。

具有聚丙烯中空纖維的萃取器可以在稍高於外部有機相壓力的壓力下與纖維內的水溶液相一起操作。薄膜的孔隙將充滿有機溶劑，液 - 液界面位於孔口。對平衡溶質濃度在有機相中非常高的例子，其濃度梯度如圖 26.14 所示。這種情況的總阻力為

$$\frac{1}{K_w} = \frac{1}{k_w} + \frac{1}{m}\left(\frac{1}{k_o} + \frac{z}{D_{e,0}}\right) \tag{26.35}$$

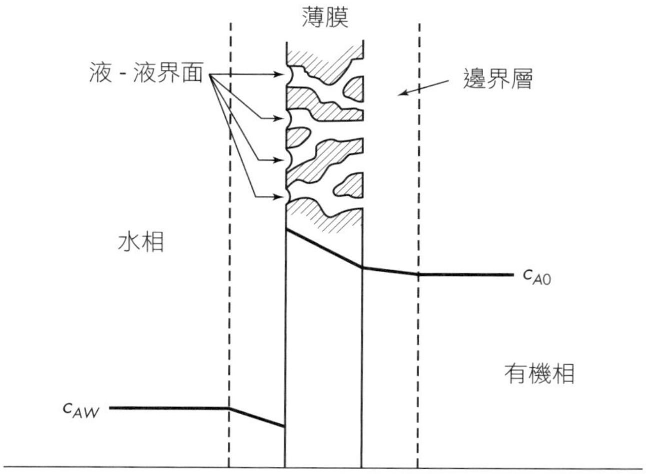

▲ 圖 26.14　使用多孔親水性薄膜的液 - 液萃取

其中水相係數 k_w，有機相係數 k_o 和薄膜係數，$D_{e,0}/z$ 通常大致相同；但是如果分布係數 m 很大時，則大部分的阻力是在水相。這裡 m 是溶質在有機相中的濃度與在水相中的濃度的比值。

如果使用親水性薄膜，則孔隙充滿水相，且有機相必須保持高壓以防止水通過孔隙並在有機相中形成液滴。對於圖 26.14 所顯示的系統，使用親水性 (hydrophilic) 薄膜將意味著兩個水相阻力和較低的總係數，如下式所示

$$\frac{1}{K_w} = \frac{1}{k_w} + \frac{z}{D_{e,w}} + \frac{1}{mk_o} \tag{26.36}$$

如果溶質的分布係數有利於水相 ($m \ll 1$)，則有機相具有控制阻力，並且可以選擇親水性薄膜以使薄膜阻力較小。

從水溶液相選擇性萃取溶質進入另一個水溶液相可以用疏水性 (hydrophobic) 薄膜完成，其孔隙是充滿了對溶質具有高分布係數的聚合物液體。[12]

這個過程的總質傳係數 K_w 可以從下面的方程式求得

$$\frac{1}{K_w} = \frac{1}{k_{w1}} + \frac{1}{k_m K_P} + \frac{1}{k_{w2}} \tag{26.37}$$

其中 k_m 是薄膜的質傳係數，K_P 是溶質分布在水和聚合物液體之間的分布係數。使用這種方法從一稀釋的鹽溶液中回收和濃縮酚已經被證實是使用商業徑向流模組。[10]

其它中空纖維萃取器已經在實驗室進行了測試，[28, 41] 儘管可能無法獲得令人滿意的外部係數相關性，但是其質傳速率與理論大體一致 (參見第 17 章)。這些設備應該適用於難以獲得良好分散或乳化使最終相分離困難的系統。

滲透蒸發

滲透蒸發 (pervaporation) 是一種分離過程，其中一種或多種成分的液體混合物通過選擇性薄膜擴散，在下游側低壓下蒸發，並藉由真空泵或冷凝器除去。使用複合薄膜，緻密層與液體接觸並且多孔支撐層曝露於蒸汽。相變在薄膜中發生，並且蒸發熱由通過薄緻密層傳導的液體的顯熱提供。當液體通過分離器時其溫度的降低使得滲透速率降低，這通常限制了滲透蒸發應用於去除少量進料的情況，對於一階段的分離，通常移除率為 2% 至 5%。如果需要更大的移除，則將幾個階段與中間加熱器串聯使用。商業單元通常使用堆疊在過濾器裝置的平板片式薄膜，其間隔空間用作產物通道，但是也可以使用螺旋纏繞的薄膜。中空纖維薄膜則不適合，因為滲透流體通過小孔徑纖維的壓力下降。

每個成分的通量與緻密層中的濃度梯度和擴散率成正比。然而，濃度梯度通常是非線性的，因為薄膜在吸收液體時會顯著膨脹，並且完全膨脹的聚合物中的擴散係數可能是緻密未膨脹聚合物中的值的 10 至 100 倍。此外，當聚合物主要吸收一種成分而膨脹後，其它成分的擴散率也會增加，這種交互作用使得薄膜的滲透率和選擇度的相關性難以發展。

對於單一物種的滲透，擴散率可以表示為濃度的指數函數：

$$D = D_0 e^{\beta c} \tag{26.38}$$

其中 β 是一常數，D_0 是無窮稀釋時的擴散係數。在穩定狀態下，穿過厚度為 z 的薄膜的通量是

$$J = \frac{D_0}{\beta z}(e^{\beta c_1} - e^{\beta c_2}) \tag{26.39}$$

如果 βc_1 大於 1.0 且 c_2 遠比 c_1 小，則通過薄膜的擴散率就會降低數倍，並且通量與濃度差不成正比。例如，如果 $\beta c_1 = 2.0$ 且 $c_2 = 0.5c_1$，則通量為 $(e^2 - e)D_0 / \beta z = 4.67D_0 / \beta z$；但是將 c_2 降低至零，這使濃度差加倍，則通量只增加到 $6.39 D_0 / \beta z$，增加了 37%。然而，將 c_1 增加 50%，使驅動力增加一倍，通量增加到 $17.4D_0 / \beta z$，增加了 3.7 倍。

在早期滲透蒸發的研究中，[7] 使用正庚烷在 1 atm 和 99°C 下進行操作，其通量與緻密聚合物薄膜的厚度成反比，正如預期的那樣，但是通量只有在下游壓力從 500 mm Hg 下降到 50 mm Hg 時才稍微增加。這與 (26.39) 式一致，βc_1 的值為 5 以上。其它使用純進料液體的研究也得到類似的結果，直接測量顯示薄膜中有極度非線性的濃度分布。[3] 但是，在滲透蒸發的商業應用中，液體進料通常具有低濃度的較易滲透物質，所以薄膜的膨脹和由此產生的非線性效應不如測試純液體或高濃度溶液時那樣明顯。

典型系統的穩態下的梯度如圖 26.15 所示。該進料中含有較多 B，但 A 被認為是更易溶於聚合物中，並且在上游側的薄膜中存在高濃度的 A。A 的梯度在這個邊界附近由於擴散率高而變小，但 D_A 隨著 c_A 減小而減小。B 的梯度具有相似的形狀，反映 D_B 通過薄膜的變化。濃度 c_{A2} 和 c_{B2} 可能與下游分壓 p_{A2} 和 p_{B2} 成正比，但亨利定律在上游側可能不成立，薄膜因吸收溶劑而高度膨脹。

上游側薄膜中的溶劑濃度取決於其在操作溫度下在聚合物中的溶解度和液體中溶劑的活性。因為溫度升高 10°C 時，薄膜的滲透率增加了 20% 到 40%，且沒有太大的選擇度減小，所以進料通常是加熱的。上游的壓力是 1 atm 或略高，以防止局部進料蒸發，在上游側使用非常高的壓力是不值得的，因為大幅

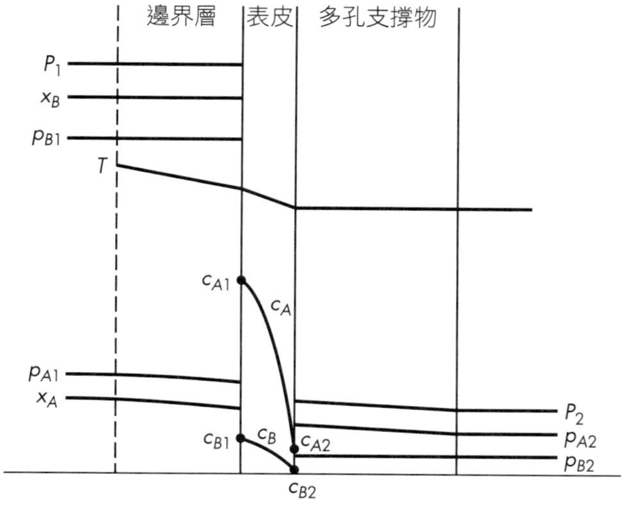

▲ 圖 26.15 滲透蒸發薄膜的濃度梯度

增加壓力，液相中的活性僅增加很少的量。下游壓力保持盡可能低，以提供用於擴散穿過薄膜的大的驅動力。驅動力可以表示為分壓差 $(\gamma_A x_A P'_A - y_A P_2)$，其中 γ 是活性係數，P'_A 為純成分的蒸汽壓，而 x 和 y 分別為在液體和蒸汽中的莫耳分率。如果忽略非線性效應，使用平均滲透率，雙成分混合物的方程式變成

$$J_A = Q_A(\gamma_A x_A P'_A - y_A P_2) \tag{26.40}$$

$$J_B = Q_B[\gamma_B(1 - x_A)P'_B - (1 - y_A)P_2] \tag{26.41}$$

$$y_A = \frac{J_A}{J_A + J_B} \tag{26.42}$$

這些方程式與氣體分離的方程式相似，但是壓力比 R 被修正比 R_A 和 R_B 取代，其中包括活性係數和蒸汽壓：

$$R_A = \frac{P_2}{\gamma_A P'_A} \qquad R_B = \frac{P_2}{\gamma_B P'_B} \tag{26.43}$$

活性係數和蒸汽壓也包括在一修正選擇度，

$$\alpha' = \frac{Q_A \gamma_A P'_A}{Q_B \gamma_B P'_B} \tag{26.44}$$

將 (26.40) 式至 (26.44) 式合併，導致 y_A 的局部值 y' 的二次方程式。因此

$$a(y')^2 + by' + c = 0 \tag{26.45}$$

其中 $a = \alpha' R_A - R_B$

$b = R_B + x - 1 - \alpha'(R_A + x)$

$c = \alpha' x$

對於通過分離器的液體柱狀流，y' 在進料端是最大的，滲透物的最終組成 y 是局部值的積分平均值。計算必須考慮到液體溫度的下降，因為它會降低擴散的驅動力以及滲透率。溫度的變化可從焓均衡計算而得：

$$L_{\text{in}} c_p T_{\text{in}} - L_{\text{out}} c_p T_{\text{out}} = V\, \Delta H_v \tag{26.46}$$

其中 c_p 是液體的比熱，ΔH_v 是蒸發焓。

滲透蒸發的第一個商業應用是乙醇 - 水分離。發酵產生的稀溶液被蒸餾以產生 90% 到 95% 的乙醇 (接近共沸物) 的塔頂產物，並且將該溶液加入到薄膜單元中，其中水被選擇性地除去以得到幾乎純的乙醇 (99.9%)。具有約 20% 至 40% 乙醇的滲透物流被再迴流至蒸餾塔。圖 26.16 [38] 顯示聚 (乙烯醇) 薄膜的氣 - 液平衡曲線以及蒸汽和液體組成。與蒸餾相比，薄膜給出的滲透物總是比液體更富含水分，而在大部分範圍內，乙醇是揮發性較高的成分。滲透物組成曲線的形狀表明強烈的非線性行為。乙醇含量在 40% 到 80% 之間時，蒸汽中的乙醇

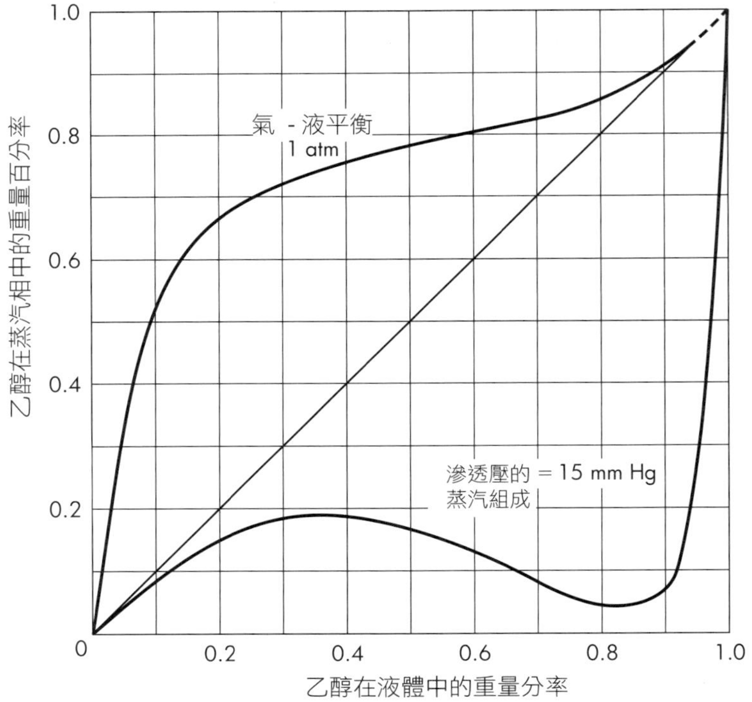

▲ 圖 26.16　在 60°C 使用 PVA 薄膜和乙醇 - 水進料經滲透蒸發後所得的滲透物組成

含量隨著液體中濃度的增加而降低，但並不是所有的薄膜都顯示出這種行為。這種薄膜在乙醇含量為 80% 和 85% 之間時具有最高的選擇性，在這個範圍內，滲透物僅有約 5% 的乙醇。滲透物組成的曲線將在較高的滲透壓下會向上移動，因為水滲透的驅動力對 P_2 變化的敏感性高於乙醇的驅動力。

例題 26.3

在 60°C 下使用具有 90 wt % 乙醇和 10% 水的液體，進行滲透蒸發薄膜的實驗室測試，結果顯示，當下游壓力為 15 mm Hg 時，通量為 0.20 kg/m^2 · h，滲透物組成為 7.1% 乙醇。(a) 在測試條件下計算薄膜對乙醇和對水的滲透度和水的選擇度。(b) 如果下游壓力藉由水冷卻冷凝器保持在 30 mm Hg，則預測 90% 乙醇和 60°C 的局部滲透物組成，冷凝的溫度是多少？ (c) 假定滲透度與 (a) 部分相同，試計算在 60°C 和 30 mm Hg 下，95%、99% 和 99.9% 的乙醇的局部滲透物組成。

解

(a) 每一成分的通量由總通量和滲透物組成計算，其中 $A = H_2O$ 且 $B = C_2H_5OH$：

$$J_A = 0.20(0.929) = 0.1858 \text{ kg/m}^2 \cdot \text{h}$$
$$J_B = 0.20(0.071) = 0.0142 \text{ kg/m}^2 \cdot \text{h}$$

60°C 時的蒸汽壓為 $P'_A = 149$ mm Hg，$P'_B = 340$ mm Hg。對於重量百分率為 10% 的 H_2O，莫耳分率 $x = (10/18)/(10/18 + 90/46) = 0.221$。活性係數可以從 Margules 方程式 [27] 中估算出來，使用適用於沸點的活性係數，並忽略 γ 隨溫度的變化。

對於 H_2O，$\ln \gamma_A = (0.7947 + 1.615x_A)x_B^2$：

$$\text{對於 } x_A = 0.221, x_B = 0.779, \gamma_A = 2.01$$

對於乙醇，$\ln \gamma_B = (1.6022 - 1.615\, x_B)x_A^2$

$$\gamma_B = 1.02$$

滲透物組成為 100 − 7.1，或 92.9% 的 H_2O：

$$y = \frac{92.9/18}{92.9/18 + 7.1/46} = 0.971 \text{ 莫耳分率的 } H_2O$$

對於水輸送的驅動力為：

$$\Delta p_A = 2.01(0.221)(149) - 0.971(15) = 51.6 \text{ mm Hg} = 0.0679 \text{ atm}$$

$$Q_A = \frac{0.1858}{0.0679} = 2.74 \text{ kg/m}^2\cdot\text{h}\cdot\text{atm} = 152 \text{ g mol/m}^2\cdot\text{h}\cdot\text{atm}$$

對於乙醇的輸送

$$\Delta p_B = 1.02(0.779)(340) - 0.029(15) = 269.7 \text{ mm Hg} = 0.355 \text{ atm}$$

$$Q_B = \frac{0.0142}{0.355} = 0.040 \text{ kg/m}^2\cdot\text{h}\cdot\text{atm} = 0.87 \text{ g mol/m}^2\cdot\text{h}\cdot\text{atm}$$

基於質量的選擇度為 $Q_A/Q_B = 2.74/0.040 = 68.5$。基於莫耳的選擇度為 $152/0.87 = 175$。

(b) 如果 $P_2 = 30$ mm Hg，水輸送的驅動力減小，但是對於乙醇而言幾乎是相同的，因為液體中的乙醇分壓遠大於 P_2。蒸汽組成可以用 (26.45) 式求得：

$$R_A = \frac{P_2}{\gamma_A P'_A} = \frac{30}{2.01 \times 149} = 0.1002 \qquad R_B = \frac{P_2}{\gamma_B P'_B} = \frac{30}{1.02 \times 340} = 0.0865$$

$$\alpha' = \frac{Q_A \gamma_A P'_A}{Q_B \gamma_B P'_B} = \frac{152(2.01)(149)}{0.87(1.02)(340)} = 150.9$$

$$a = \alpha' R_A - R_B = 150.9(0.1002) - 0.0865 = 15.03$$

$$b = R_B + x - 1 - \alpha'(R_A + x)$$

$$= 0.0865 + 0.221 - 1 - 150.9(0.1002 + 0.221) = -49.16$$

$$c = \alpha' x = 150.9(0.221) = 33.35$$

$$15.03(y')^2 - 49.16y' + 33.35 = 0$$

$$y' = 0.960 \qquad (0.904 \text{ 重量分率的水})$$

滲透物中乙醇含量的這種小幅增加 (從 7.1% 到 9.6%) 似乎是可以忍受的，但是隨著進料溶液中乙醇含量的增加，這種變化會變得很大。實際上，使用甚至低於 15 mm Hg 的壓力來最小化滲透物的乙醇含量。

由於蒸汽主要是水，所以 30 mm Hg 下的冷凝溫度可由水蒸氣壓估算為 29°C。

(c) 將 95%、99% 和 99.9% 的乙醇濃度換算成莫耳分率，計算活性係數和其它參數的新值。結果列於表 26.5。

如果 $P_2 = 30$ mm Hg，則將乙醇的含水量從 1% 降低至 0.1% 是困難的。在含水量為 0.1% 時，液體上的水分壓僅為 0.84 mm Hg，局部滲透物僅含 1% (重量) H_2O。如果 P_2 可以降低到 3 mm Hg，則增加的驅動力會提高 y' 到 0.159，且局部滲透物將含有 6.8% 的 H_2O。因此，很少的乙醇會被去除，最終可得 99.9% 乙醇。

▼ 表 26.5　例題 26.3 中，乙醇 - 水混合物經滲透蒸發後的滲透物組成

wt % 乙醇	x_{H_2O}	γ_A	γ_B	R_A	R_B	α'	y'	wt % H_2O
95	0.1186	2.15	1.0	0.0936	0.0882	164.6	0.915	80.8
99	0.0252	2.21	1.0	0.0911	0.0882	169.2	0.256	11.9
99.9	0.00255	2.21	1.0	0.0911	0.0882	169.2	0.026	1.0
99.9†	0.00255	2.21	1.0	0.00911	0.00865	169.2	0.159	6.8

† $P_2 = 3$ mm Hg

儘管薄膜可以用於整個乙醇的純化過程，但是需要很多階段，並且在大部分分離中使用蒸餾是較便宜的。如果可以開發選擇性滲透乙醇的薄膜，則完全可以利用薄膜從稀溶液中分離乙醇。

用於乙醇純化的薄膜也適用於許多其它有機溶劑的脫水，包括甲醇、異丙醇、丁醇、甲基乙基酮、丙酮和氯化溶劑。商業單元使用多達 12 個階段，在階段之間重新加熱，並且可以獲得低於 100 ppm 的產物含水量。

滲透蒸發的另一個應用是用矽橡膠或其它親有機性聚合物為薄膜去除水中的揮發性有機污染物。就像氯化溶劑或汽油成分等微溶於水的物質，在水溶液中的活性係數非常高。因此，即使在溶液中僅有幾個 ppm，薄膜中的平衡濃度也可能適度變大，並且可以在低階段切割 (沒有太多的水分去除) 下實現幾乎完全去除有機化合物。使用矽中空纖維在 20°C 下對含有微量三氯乙烯 (TCE) 的水進行了淨化，在一個階段中可以去除高達 90% 的三氯乙烯 (TCE)。[29]

在幾乎不溶的有機物質的低濃度下，水相中的質傳阻力可以控制滲透速率。對於低雷諾數的中空纖維內的水流，Sherwood 數的極限值約為 4 (見圖 12.2)，對應於 $\frac{1}{4} d_i$ 的「薄膜厚度」，其中 d_i 是管的內徑。薄膜的厚度範圍從 $\frac{1}{10} d_i$ 到 $\frac{1}{2} d_i$，大約與內部薄膜的厚度相同。薄膜中的溶質擴散率低於水中的溶質擴散率，但是這被薄膜中高濃度的溶質所抵消。結果，溶質在水相中的質傳阻力常常大於在薄膜中的質傳阻力。相比之下，水通過薄膜的傳遞完全由薄膜阻力控制，因為水相含有超過 99% 的 H_2O，這導致了一個有趣的最適化問題，因為將薄膜厚度加倍會使水通量減半，但是只會使有機溶質的通量略微下降。較低的水通量意味著蒸汽泵送和冷凝的成本較低，滲透物中的水較少，但是去除給定溶質的薄膜面積稍微增加。在 Lipski 和 Coté 的一項研究中，[18] 計算了進料內部流動或橫向流動的中空纖維去除揮發性有機物的最佳條件。在 500 μm 纖維內流動的最佳薄膜厚度為 75 μm，但橫向於纖維的流動僅為 30 μm，因為橫向流給出了較高的質傳係數。當使用螺旋纏繞薄膜以滲透蒸發來回收溶劑時，邊界層效應也是非常重要的，可以藉由選擇亂流促進間隔材料來提高選擇度。[35]

逆滲透

當不同濃度的互溶溶液被可滲透溶劑但幾乎不能滲透溶質的薄膜分離時，溶劑從較低濃度的溶液擴散到溶劑活性較低的較濃溶液。溶劑的擴散稱為**滲透** (osmosis)，在許多植物和動物細胞中發生水的滲透傳遞。藉由增加濃溶液的壓力，可以停止溶劑的傳遞，直到溶劑的活性在薄膜的兩側皆相同。如果純溶劑位於薄膜的一側，則均衡溶劑活性所需的壓力是溶液的**滲透壓** (osmotic pressure) π。如果施加高於滲透壓的壓力，溶劑將從濃溶液通過薄膜擴散到稀薄溶液中，這種現象稱為**逆滲透** (reverse osmosis)，因為溶劑流動與正常的滲透流動相反。

逆滲透主要用於從稀薄水溶液中製備純水，但也可用於濃縮水溶液的蒸發。該方法的主要優點是可以在室溫下進行分離，並且不存在相變，而相變需要供應和去除大量的能量。將鹽水分離成純水和濃縮鹽水的能量來自於加壓進料所做的功，其中一部分能量可以用渦輪機回收，所以程序的熱力學效率相對較高。

幾種聚合物對水具有高滲透性，對溶解鹽具有低滲透性。酯酸纖維在這些方面表現出色並且相對便宜。在 Reid 和 Breton 的早期工作中，[31] 由具有 40% 乙醯基含量的醋酸纖維製成的緻密薄膜在 50 至 90 atm 的壓力下給出了 95% 至 98% 的脫鹽率，但是水通量不切實際的低。具有較高乙醯基含量的薄膜產生較高的脫鹽率，但是降低了通量。Loeb 和 Sourirajan 發現了非對稱的醋酸纖維薄膜，使得逆滲透成為一種實用的程序。[19] 使用具有厚度小於 1 μm 的皮層或緻密層以及多孔底層結構 (substructure)，10 到 20 gal/ft^2 · day 的通量就可能會導致高脫鹽率。非對稱的醋酸纖維薄膜現在可以用不同的鑄造技術製備成薄片，中空纖維或多孔管上的塗層可製成管狀薄膜。由杜邦公司從芳香族聚胺製造的中空纖維薄膜也用於水的淨化，[22] 其通量為 1 至 3 gal/ft^2 · day (0.04 至 0.12 m^3/m^2 · day)。

對於逆滲透過程中，水和鹽的輸送機制還不完全清楚。一種理論是水和溶質藉由溶液擴散機制分別通過聚合物擴散。假定緻密聚合物中水的濃度與溶液中水的活性成正比。在緻密層的低壓側，如果在 1 atm 下產生幾乎純淨的水，則活性基本上是 1.0。在高壓側，活性在大氣壓力下略低於 1.0 (對於 5% NaCl 溶液為 0.97)，在滲透壓下為 1.0，而在高壓下略高於 1.0。上游壓力通常設定為比進料溶液的滲透壓高 20 至 50 atm。在這些壓力下，水的活性 a_w 僅比 1 atm 下的純水高幾個百分比，而且跨越薄膜的活性和濃度的變化很小，如圖 26.17 所示。水輸送的驅動力是活性差，它與壓力差 ΔP 減去進料和產物的滲透壓差 $\Delta\pi$ 成正比。水通量的方程式為 [21]

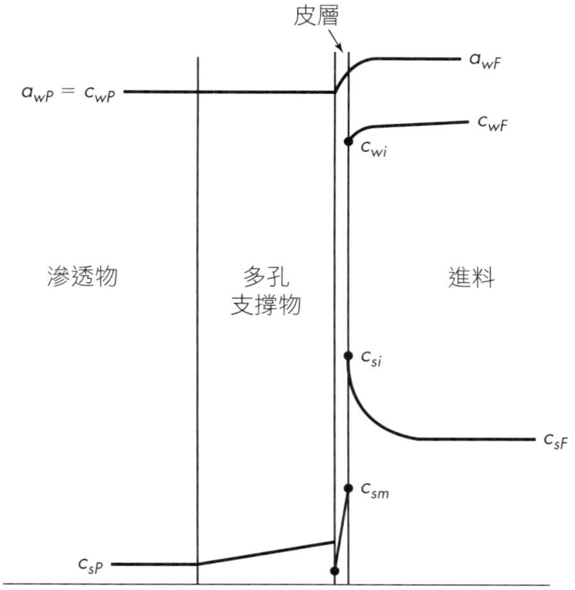

▲ 圖 26.17　逆滲透薄膜的濃度梯度

$$J_w = \frac{c_w D_w v_w}{RT}\left(\frac{\Delta P - \Delta\pi}{z}\right) \tag{26.47}$$

在 (26.47) 式中 D_w 是水在薄膜中的擴散係數，c_w 是水的平均濃度 (g/cm^3)，v_w 是水的部分莫耳體積，單位為 cm^3/g mol。

假定溶質的通量與溶液濃度差、擴散係數和溶解度或分布係數成正比：

$$J_s = D_s S_s \left(\frac{\Delta c_s}{z}\right) \tag{26.48}$$

(26.47) 式預測，一旦超過滲透壓力，水通量隨壓力差 ΔP 線性增加。由於鹽流量與 ΔP 無關，選擇性也增加。這些趨勢如圖 26.18 所示。水通量的曲線在 ΔP 的低值處略微彎曲，因為減少脫鹽率的百分比降低了 $\Delta\pi$ 的值。實驗證實了這些趨勢，但醋酸纖維的脫鹽率並沒有預測的那麼高。水分含量 c_w 約為 0.2 g/cm^3，追蹤劑測試顯示 $D_w \cong 10^{-6}$ cm^2/s。在緻密聚合物薄膜 [21] 中 NaCl 的擴散測試指出 $S_s = 0.035$ 和 $D_s = 10^{-9}$ cm^2/s。對於非對稱薄膜，通量 J_w 和 J_s 不能準確預測，因為不知道皮層厚度 z。然而，通量比與 z 無關，當 $\Delta P - \Delta\pi = 50$ atm 時，海水的預測脫鹽率為 99.6%。在這些狀況下，早期的脫鹽裝置只能達到 97 至 98% 的脫鹽率，而且不清楚這種差異是由於流經薄膜中的針孔造成的還是由於溶液 - 擴散理論中的錯誤假設。改進的薄膜現在可用於在一階分離器中從海水中生產飲用水，這意味著有超過 99% 的脫鹽率。

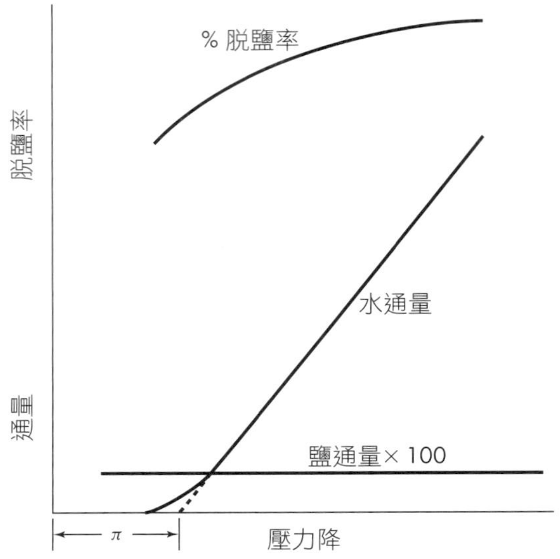

▲ 圖 26.18　逆滲透中通量與脫鹽率

除了生產飲用水外，逆滲透在化學、紡織、食品加工、紙漿和造紙等行業的廢水處理方面也有許多應用。[40] 含水廢物可以不經過加熱而濃縮，從而使廢物量減少 20 至 30 倍，大大降低最終處理或處理費用。[40] 在某些情況下，如電鍍液的濃度、有價值的金屬可回收再利用。逆滲透也可以用作蒸發的替代品，用於濃縮天然產品，如牛奶、果汁和楓樹汁。蘋果汁已經在高達 7 MPa 的薄膜單元中被濃縮到 30% 固體。然而，這些化合物通過聚合物薄膜緩慢擴散，香氣和芳香化合物有一定程度的損失。[2] 在楓糖漿生產中，40 gal 的汁液僅產生 1 gal 的糖漿，90% 的水可以藉由比蒸發更便宜的逆滲透去除。由於高滲透壓，濃縮的最後階段需要蒸發。

濃度極化

由於薄膜完全排斥溶質，導致溶質在薄膜表面的濃度高於本體溶液，這種效應稱為**濃差極化** (concentration polarization)。在穩定狀態下，溶質藉由水通量攜帶進入薄膜的量幾乎等於溶質擴散回溶液的量。如圖 26.17 所示，梯度可能相對較小，或者薄膜表面的溶質濃度可能是整體濃度的數倍。濃度極化減少了水的通量，因為滲透壓的增加降低了水輸送的驅動力。由於較低的水通量以及表面較高的鹽濃度增加了溶質的通量，所以溶質去除率減少。

對於簡單的情況，例如平行板之間或中空纖維內部的進料溶液的層流，已經推導出濃差極化方程式。[35] 由於滲透發生時濃度邊界層的發展和溶液流率的逐漸減小，因此需要數值解。對於較重要的情況如中空纖維外部的流動或螺旋纏繞模組的通道內的流動，沒有精確解，但是近似的分析可能仍然有幫助。

當整體溶質濃度為 c_s g/cm^3 時，考慮一個水通量為 J_w cm^3/s · cm^2 的薄膜，f 是溶質去除分率。溶質離開薄膜表面的擴散是以質傳係數 k_c 和驅動力 $c_{si} - c_s$ 來描述，其中 c_{si} 是薄膜表面的溶質濃度。在穩定狀態下，擴散通量等於每單位面積的溶質去除量：

$$J_w c_s f = k_c(c_{si} - c_s) \tag{26.49}$$

極化因數被定義為相對濃度差值

$$\Gamma \equiv \frac{c_{si} - c_s}{c_s} = \frac{J_w f}{k_c} \tag{26.50}$$

質量傳遞係數可以根據第 17 章中的相關性預測。如果極化因數 Γ 小於 0.1，其影響可以忽略不計。如果 Γ 很大，去除量和水通量的變化可以用 (26.47)、(26.48) 和 (26.50) 式來估算，或使用較精確的濃度分布表達式 (29.52)。然而，大的 Γ 值是藉由改變分離器的大小或速度來改善性能，以提供更好的質傳的機會。

例題 26.4

$d_o = 300\ \mu$m 和 $d_i = 200\ \mu$m 的中空纖維滲透器在 20°C 下用 0.1 M NaCl 溶液給出 10 gal/day · ft^2 的水通量，並且脫鹽率為 97%。進料溶液以 0.5 cm/s 的平均表面速度垂直於纖維流動。濃度極化是否顯著？

解

水通量為 10 gal/day · ft^2 時

$$J_w = 10 \times \frac{231 \times 16.3871}{24 \times 3{,}600 \times 929} = 4.72 \times 10^{-4} \text{ cm/s}$$

$$\text{Re} = \frac{3 \times 10^{-2} \text{ cm} \times 0.5 \text{ cm/s} \times 1 \text{ g/cm}^3}{0.01 \text{ g/cm} \cdot \text{s}} = 1.5$$

$$D_s = 1.6 \times 10^{-5} \text{ cm}^2\text{/s}$$

$$\text{Sc} = \frac{0.01}{1 \times 1.6 \times 10^{-5}} = 625$$

對於垂直於纖維束的流動，使用 (17.70) 式：

$$\text{Sh} = 1.28\,\text{Re}^{0.4}\,\text{Sc}^{0.33}$$

$$= 1.28(1.5)^{0.4}(625)^{0.33} = 12.6$$

$$k_c = \frac{12.6(1.6 \times 10^{-5})}{0.03} = 6.72 \times 10^{-3} \text{ cm/s}$$

從 (26.50) 式，

$$\Gamma = \frac{4.72 \times 10^{-4}(0.97)}{6.72 \times 10^{-3}} = 0.068$$

薄膜表面與整體溶液的濃度差為 6.8%，對脫鹽或水通量沒有太大的影響。但是，如果流動分布不好，那麼流量小的部分可能會出現明顯的極化現象。

摩擦壓力降

中空纖維薄膜通常由外表面的皮層製成，並且具有數千個密排纖維束被密封在金屬圓柱管中。進料溶液徑向穿過纖維或平行於殼側纖維流動，產品水從纖維管的一端或兩端收集。選擇纖維管的直徑和長度，以使纖維管內部產物流的壓力降相對於水滲透的驅動力不大。對於一些低流量的裝置，使用 d_o 和 d_i 小到 50 和 25 μm 的纖維，但是使用更大的直徑和更多的滲透膜。對於高產率，進料水平行通過大量的滲透器，殘餘物流可以合併，並通過另一組滲透器，如圖 26.19 所示。利用這種佈置，殼側的流體速度保持在高速以獲得良好的流動分布並使濃度極化最小化。

纖維管內部的流動是層流，由皮層摩擦引起的壓力梯度 dp_s/dL 由 Hagen-Poiseuille 方程式 (5.20) 的微分形式給出：

$$\frac{dp_s}{dL} = \frac{32\bar{V}\mu}{D^2} \tag{26.51}$$

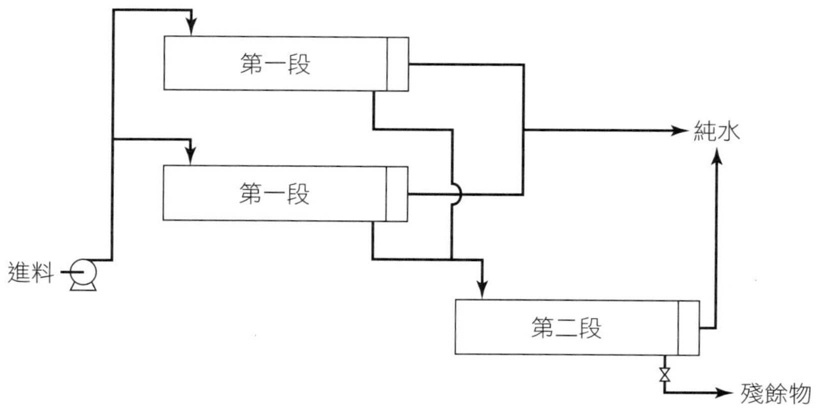

▲ 圖 26.19　兩段式逆滲透系統

其中 $\bar{V}$ 是平均速度，μ 是黏度，D 是管徑。速度隨纖維管封閉端起算的距離增加而增加，流率的增量變化是單位壁面積的通量乘以增量面積：

$$\frac{\pi D^2}{4}\,d\bar{V} = J_w \pi D\,dL \tag{26.52}$$

$$\frac{d\bar{V}}{dL} = \frac{4J_w}{D} \tag{26.53}$$

水流通量 J_w 沿著分離器的長度變化，因為增加鹽的濃度增加 $\Delta\pi$，並且纖維內部的壓力增加會減少 ΔP。對於一個近似解，J_w 假定為常數，並且將 (26.53) 式直接積分：

$$\bar{V} = \frac{4J_w L}{D} \tag{26.54}$$

將 (26.54) 式代入 (26.51) 式並且積分得到

$$\frac{dp_s}{dL} = \frac{128 J_w \mu L}{D^3} \tag{26.55}$$

$$\Delta p_s = \frac{128 J_w \mu}{D^3}\frac{L^2}{2} \tag{26.56}$$

請注意，如果在出口處水流速度 $\bar{V}$ 為恆定值 $4J_wL/D$，那麼壓力降只是計算值的一半。這可將 (26.56) 式重新排列並與 (26.51) 式比較而得到證明，

$$\Delta p_s = \frac{1}{2}\frac{32\mu L}{D^2}\frac{4J_w L}{D} \tag{26.57}$$

例題 26.5

(a) 對於例題 26.4 的滲透器，如果纖維長度為 3 m，平均水通量為 10 gal/day · ft²，則根據外部面積估算纖維管內的出口速度和壓力降。(b) 如果纖維兩端有開口，壓力降是多少？

解

(a) 基於內部區域將通量轉換成 J_w。使用 $d_i = 200\ \mu$m 和 $d_o = 300\ \mu$m，並且來自例題 26.4 的轉換因數，

$$J_w = (4.72 \times 10^{-4})\frac{300}{200} = 7.08 \times 10^{-4}\ \text{cm/s} = 7.08 \times 10^{-6}\ \text{m/s}$$

假設 $\mu = 1\ \text{cP} = 10^{-3}\ \text{Pa}\cdot\text{s}$。

$$D = d_i$$
$$= 200 \times 10^{-6}\ \text{m}$$

從 (26.54) 式，

$$\bar{V} = \frac{4(7.08 \times 10^{-6})(3)}{200 \times 10^{-6}}$$
$$= 0.425\ \text{m/s}$$

從 (26.57) 式，

$$\Delta p_s = \frac{0.425(32)10^{-3}(3)}{(2 \times 10^{-4})^2}\frac{1}{2}$$
$$= 5.1 \times 10^5\ \text{Pa} = 5.03\ \text{atm}$$
$$= 5.03\ \text{atm}$$

這是一個顯著的壓力降，但是如果進料是在 50 atm，並且 $\Delta\pi$ 從進料的 5 atm 到排放的 10 atm，則水輸送驅動力 $\Delta P - \Delta\pi$ 的最大值為 $50 - 5 = 45$，最小值為 $45 - 10 = 35$，所以恆定通量的假設沒有太大誤差。

(b) 如果纖維兩端有開口，則有效長度為 1.5 m，且出口速度為一半。壓力降是原來的四分之一：

$$\Delta P = \frac{5.03}{4}$$
$$= 1.26\ \text{atm}$$

對於逆滲透的平板薄膜通常用於螺旋纏繞模組。薄膜被折疊在多孔隔離片上，產物通過該隔離片排出，並且邊緣被密封。再生塑料篩被放置在頂部作為進料分配器，並且夾層圍繞小的穿孔排水管螺旋捲繞。模組插入一個小型壓力容器中，許多單元並聯安裝。質傳面積是幾百 ft^2/ft^3，比典型的中空纖維分離器低一個數量級，[33] 由滲透流造成的壓力降一般可以忽略不計。螺旋纏繞和中空纖維單元的圖形示於圖 26.20。

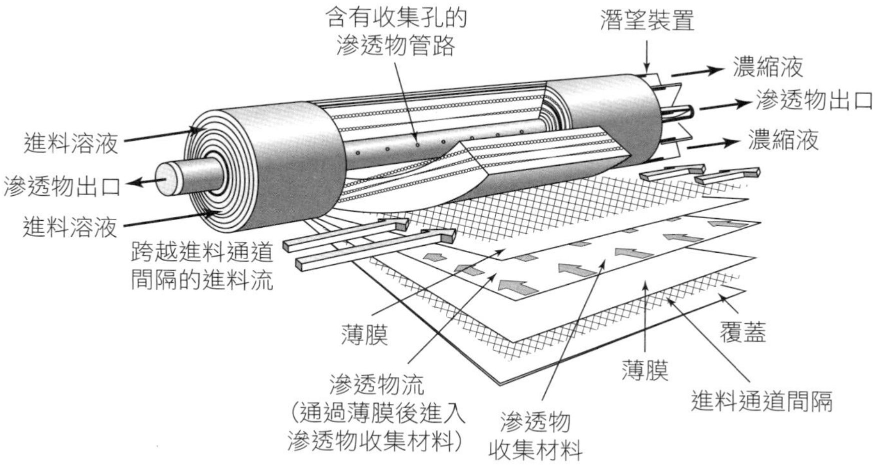

(a)

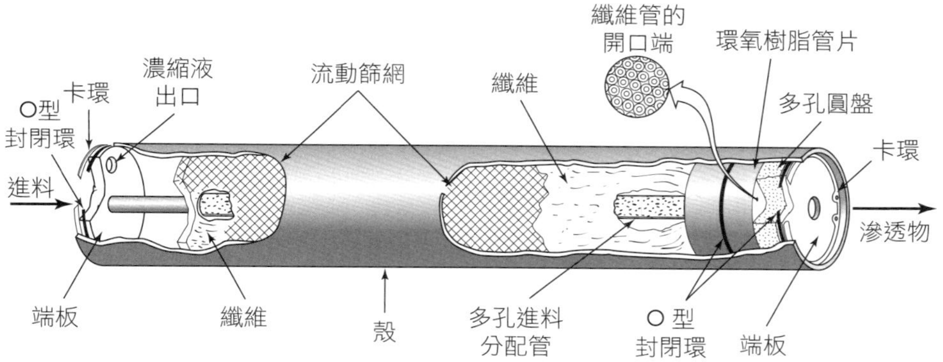

(b)

▲ 圖 26.20 滲透器的剖視圖：(a) 螺旋纏繞的分離器 (摘自 *W. Eykamp and J. Steen, in Handbook of Separation Process Technology, R. W. Rousseau (ed.), Wiley, 1987, p. 838*)；(b) PER-MASEP 中空纖維分離器 (經許可，摘自 *Du Pont brochure, PER-M ASEP Permeators, 1990*)

符號

A ：面積，m^2 或 ft^2

a ：常數

a_w ：水的活性；a_{wF}，進料中水的活性；a_{wP}，滲透物中水的活性

b ：在 (26.45) 式中的常數

c ：濃度，g mol/cm^3, kg mol/m^3 或 lb mol/ft^3；c_A，成分 A 的濃度；c_B，成分 B 的濃度；c_C，膠體的濃度；c_s，溶質的濃度；c_{sF}，進料中溶質的濃度；c_{sP}，滲透物中溶質的

濃度；c_{si}，薄膜表面的溶質濃度；c_{sm}，薄膜中的溶質濃度；c_w，水的濃度；c_{wF}，進料中水的濃度；c_{wP}，滲透物中水的濃度；c_{wi}，薄膜表面水的濃度；c_1, c_2，分別為進料和滲透物中平均濃度，亦為，(26.45) 式中的常數

c_p ：液體的比熱，J/g · °C 或 Btu/lb · °F

D ：容積擴散係數，cm^2/s, m^2/h 或 ft^2/h；D_A, D_B，成分與 A 與 B 的擴散係數；D_e，有效擴散係數；D_{eA}，成分 A 的有效擴散係數；$D_{e,\,o}$，在有機相；$D_{e,\,w}$，在水相；D_s，鹽的擴散係數；D_v，整體值；D_w，水在薄膜中的擴散係數；D_0，在無限稀釋；亦為直徑，m 或 ft

d ：管或纖維的直徑，μm；d_i，內徑；d_o，外徑

E ：活化能，kcal/mol

e ：自然對數的底，2.71828...

F ：進料率，mol/h, kg/h 或 lb/h

f ：溶質去除率

J ：莫耳通量、質量通量或體積通量，$mol/m^2 \cdot h$, $kg/m^2 \cdot h$, $g/cm^2 \cdot s$，或 $m^3/m^2 \cdot h$； J_A, J_B，成分 A 與 B 的通量；J_s，鹽的通量；J_w，水的通量

K ：總質傳係數，kg $mol/m^2 \cdot s \cdot (kg\ mol/m^3)$ 或 m/s；K_A，成分 A 的總質傳係數；K_w，基於水相

K_P ：溶質分布在水與聚合液間的分配係數

k ：個別質傳係數；k_c，基於濃度 [(26.49) 式]；k_m，薄膜的質傳係數；k_o，有機相的質傳係數；k_w，水相的質傳係數； k_1, k_2，相 1 與相 2 的質傳係數

L ：進料或殘餘物的流率，mol/h, kg/h, lb/h，std ft^3/h，或 L/h；L_i，在位置 i 的流率；L_j，在位置 j 的流率；L_k，在位置 k 的流率；L_1，在入口處；L_2，在排放處；亦為，長度，m 或 ft

M ：分子量；M_A，成分 A 的分子量

m ：溶質的分配係數 (溶質在有機相與在水相中的濃度比)

P ：總壓，atm 或 lb_f/ft^2；P_1，上游或進料的總壓；P_2，下游或滲透物的總壓

P' ：蒸汽壓，atm, lb_f/ft^2 或 mm Hg；P'_A，成分 A 的蒸汽壓；P'_B，成分 B 的蒸汽壓

p ：分壓；p_A，成分 A 的分壓；p_B，成分 B 的分壓；dp_s/dL，由於表皮摩擦形成的壓力梯度

Q ：滲透率 [單位壓力差的通量，(26.8) 式]，$L/m^2 \cdot h \cdot atm$ 或 $ft^3/ft^2 \cdot h \cdot (lb_f/ft^2)$；$Q_A$, Q_B，成分 A 與成分 B 的滲透率

q ：透過係數 (單位壓力梯度的通量；$q = DS$，其中 S 為溶解度係數，或 Qz)，$cm^3/cm^2 \cdot s$ (cm Hg/cm)，$L/m^2 \cdot h \cdot (atm/m)$，或 $ft^3/ft^2 \cdot h \cdot [(lb_f/ft^2)/ft]$；$q_A$，成分 A 的透過係數

R ：氣體常數，8.314 J/g mol · K, 82.056 $cm^3 \cdot atm$/g mol · K，或 1,545 ft · lb_f/lb mol - °R；亦為，表示壓力，P_2/P_1；R_A, R_B，(26.43) 式中的修正壓力比

Re ：雷諾數，$d\bar{V}\rho/\mu$

r ：孔徑，μm 或 cm

S ：溶解度係數，mol/cm^3 · atm [(26.6) 式]；S_A, S_B，成分 A 與 B 的溶解度係數；亦為分配係數 [(26.48) 式]；S_s，溶質的分配係數

Sc ：Schmidt 數，$\mu/\rho D$

Sh ：Sherwood 數，$k_c d/D$

T ：絕對溫度，K

V ：透過物的流率，mol/h, kg/h, lb/h, std ft^3/h 或 L/h；V_j，在點 j；V_k，在點 k

$\bar{V}$ ：平均流體速度，m/s 或 ft/s

v_w ：水的部分莫耳體積，cm^3/g mol 或 cm^3/g

x ：進料或殘餘物的莫耳分率；x_A，成分 A 的莫耳分率；x_B，成分 B 的莫耳分率；x_i，在位置 i 的莫耳分率；x_j，在位置 j 的莫耳分率；x_0，在進料入口處的莫耳分率

y ：透過物中較易透過物質的莫耳分率；y_A，成分 A 的莫耳分率；y_i，在位置 i 的莫耳分率；y_j，在位置 j 的莫耳分率；y_k，在位置 k 的莫耳分率；y'，局部值；$\bar{y}$，在增量長度或分離器的平均莫耳分率 [(26.22) 式]

z ：薄膜厚度，cm 或 μm；亦為，垂直與表面的距離

■ 希臘字母 ■

α ：氣體分離的薄膜選擇性，無因次 [(26.9) 式]；α'，滲透蒸發的修正選擇性 [(26.44) 式]

β ：(26.38) 式中的指數

Γ ：極化因數，無因次 [(26.49) 式]

γ ：活性係數；γ_A, γ_B，成分 A 與 B 的活性係數

ΔA ：面積的增量，m^2 或 ft^2

Δc ：濃度差；Δc_A，成分 A 的濃度差；Δc_B，成分 B 的濃度差

ΔH_v ：蒸發焓，cal/mol，J/g，或 Btu/lb

ΔL ：殘餘物流率的增量改變量

ΔP ：壓力差，atm 或 lb$_f$/in.^{2}

Δp ：分壓差；Δp_A，成分 A 的分壓差；Δp_B，成分 B 的分壓差；$\overline{\Delta p}$，平均值

Δp_s ：由表皮摩擦造成的壓力降，atm 或 lb$_f$/ft^2

ΔV ：透過物之流率的增量改變；ΔV_j，在位置 j

Δz ：距離的增量，m 或 ft

$\Delta \pi$ ：滲透壓差，atm 或 lb$_f$/ft^2

ε ：孔隙度或空隙率，無因次

λ ：分子大小與孔徑大小的比

μ ：黏度，c_P，$P_a \cdot s$，或 lb/ft · s

π ：滲透壓，atm 或 lb_f/ft^2

ρ ：密度，g/cm^3, kg/m^3，或 lb/ft^3

τ ：彎曲度，無因次

習題

26.1. (a) 如果薄膜對空氣分離的選擇度為 8，那麼單級裝置可獲得的最大氧氣濃度是多少？(b) 如果進料中 60% 的氧在滲透物中被回收，則滲透物的近似組成是多少？

26.2. 實驗室測試用於分離 H_2/CH_4 的薄膜，當進料含 50% H_2，進料和滲透物絕對壓力分別為 100 和 15 lb_f / in^2 時，得到滲透物組成含 80% H_2 而殘留物含 42% H_2。若滲透物流量占進料流量的 20%。則 (a) 薄膜的選擇度是多少？(b) 如果下游側為真空，則得到的滲透物組成為何？

26.3. 正在考慮以透析從稀水溶液中回收分子量為 150 的產物 *A*。主要污染物是分子量為 15,000 的聚合物 *B*。如果薄膜的孔隙率為 45%，平均孔徑為 0.05 μm，厚度為 30 μm，且進料溶液含有 1% *A* 和 1% *B*，試預測 *A* 和 *B* 的初始通量。忽略邊界層阻力，並假設在產物側為純水。

26.4. 用於逆滲透的中空纖維分離器被懷疑在 0.1 μm 緻密層中有裂紋，因為，於 1,000 $lb_f /in.^2$ abs，當使用海水進行試驗時，脫鹽率僅為 97%，預測的脫鹽率為 99.5%。測得的產物通量為 6.5 gal/day · ft^2。(a) 如果緻密層中的裂紋為 0.01 μm 針孔，那麼每平方厘米需要多少個針孔才能解釋脫鹽率下降的問題？(b) 緻密層中相應的針孔面積是多少？(c) 如果將針孔密封而不增加薄膜的厚度，產物通量是多少？

26.5. 對於完全醋酸纖維非對稱薄膜和滲透壓為 20 atm 的進料，證明其水通量和脫鹽率會隨上游壓力的變更而改變。使用 NaCl 的擴散係數和溶解度值。

26.6. (a) 計算外徑為 600 μm，內徑為 400 μm，長度為 1.0 m 的氧 - 氮中空纖維分離器的內部壓力降。當 $P_1 \cong 75$ $lb_f/in.^2$ abs 和 $P_2 \cong 15$ $lb_f/in.^2$ abs 時，滲透物通量為 2.0 L/min · m^2。(b) $L = 5$ m 時，內部壓力降是多少？

26.7. 滲透蒸發用於從含有 90% 乙醇和 10% 水的進料中生產幾乎純的乙醇。進料在 80 °C 進入，設計要求在溫度下降到 70°C 之後再加熱液體。試問需要多少個階段和多少個加熱器？

26.8. 在 80°F 下，CH_4 和 CO_2 通過 GASEP 薄膜的滲透率分別為 0.00205 和 0.0413 ft^3 (std conditions)/ft^2 · h · ($lb_f/in.^2$)。在 100°F 時，相對應的值是 0.00290 和 0.0425。(a) 計算 CH_4 和 CO_2 滲透物的視活化能。(b) 估算 130 °F 時的滲透率和 CO_2/CH_4 的選擇度。

26.9. 在 600 $lb_f/in.^2$ abs 下，將三成分混合物進料到滲透壓力為 120 $lb_f/in.^2$ abs 的薄膜分離器中。該混合物具有 50% 的 A、30% 的 B 和 20% 的 C，滲透率為 $Q_A = 0.4$，$Q_B = 0.1$ 和 $Q_C = 0.15$，單位均為 ft^3 (std)/ $ft^2 \cdot h \cdot atm$。試估計分離器入口端的滲透物的局部組成。

26.10. (a) 使用表 26.2 中的數據，基於平均驅動力估算薄膜對 N_2/CH_4 的選擇度。(b) 解釋為什麼同樣的方法不能用來估算 H_2/CH_4 的選擇度。(c) 如何從這些數據中確定 H_2/CH_4 選擇度？

26.11. 例題 26.1 的中空纖維分離器具有 300 × 600 μm 的 1 m 長的纖維和 5.2 m^2 的外部面積。(a) 對於 3.1 L (STP)/min 的滲透物流量，則其出口速度和在纖維腔內的壓力降是多少？(b) 如果分離器是用相同的薄膜製成，其形式為 150 × 300 μm 的纖維，那麼壓力降是多少？

26.12. 用一薄膜處理含 1% CFC-11 的空氣，當其在 19% 的階段切割 (stage cut)，$R = 0.05$ 時，產生的殘餘物具有 0.1% CFC-11 而滲透物具有 4.9% CFC-11。則 (a) 選擇度為何？(b) 如果將滲透物輸送到一個較小的第二個裝置，在相同的 R 值下操作，如果來自第二個裝置的殘餘物含有 1% 的 CFC-11，則滲透物的組成為何？

26.13. Permea 公司的產品手冊聲稱，將操作壓力從 90 增加到 180 $lb_f/in.^2$，其空氣分離薄膜單元的氮生產率提高了 2.3 倍。氮氣純度保持在 97%。為什麼滲透物流率不是與薄膜兩側的壓力差成正比？

26.14. 一中空纖維薄膜分離器其對 O_2/N_2 的選擇度為 6.0，在進料和滲透物壓力為 5.0 和 1.0 atm 下操作。(a) 如果僅產生少量的滲透物，則可獲得的最大氧氣濃度是多少？(b) 如果滲透物壓縮到 5 atm 並送到一個相似的薄膜裝置，可以獲得的氧氣濃度是多少？

26.15. 使用逆滲透從海水中產生純水，其鹽濃度為 35,000 ppm，每 1,000 ppm 滲透壓為 10 $lb_f/in.^2$。入口壓力為 900 $lb_f/in.^2$ 錶壓，40% 的進料作為飲用水回收。(a) 如果進料泵的效率是 80%，只考慮泵功，則這個程序的熱力學效率是多少？(b) 如果廢鹽水通過效率為 85% 的渦輪機排放，熱力學效率是多少？

26.16. 甲苯 - 乙醇混合物的分離採用聚乙烯薄膜在小型滲透蒸發池中進行研究。[36] 在上游側為一個大氣壓， 30°C 和滲透側為全真空下，甲苯的純成分滲透率為 3.89×10^{-4} kg/$m^2 \cdot$s，乙醇為 0.273×10^{-4} kg/$m^2 \cdot$s。液體中甲苯含量為 50 體積 % 時，甲苯的通量為 2.5×10^{-4} kg/$m^2 \cdot$s，乙醇的通量為 0.5×10^{-5} kg/$m^2 \cdot$s。基於滲透物和溶液中甲苯的莫耳分率計算選擇度。將其與純成分數據預測的選擇度進行比較，忽略成分之間的交互作用。

26.17. 用於逆滲透濃縮蘋果汁的螺旋纏繞薄膜，首先在 20°C 至 40°C 的溫度下，用純水進行測試。[1] 通量與壓力高達 3 MPa 時的跨薄膜壓力成正比，斜率隨溫度變化如表中所示。(a) 如 Wilke-Chang 方程式所提示的那樣，滲透率是否隨著 T/μ 變化，

或者與 T、μ 和 ρ 的其它函數有關？(b) 通過薄膜輸送水的有效活化能是多少？

T, °C	20	25	30	35	40
斜率, L/h ·m^2·MPa	28.26	31.87	37.17	39.74	43.08

■ 參考文獻 ■

1. Alvarez, S., F. A. Riera, R. Alvarez, and J. Coca. *Ind. Eng. Chem. Res.* **40:**4925 (2001).
2. Alvarez, S., F. A. Riera, R. Alvarez, and J. Coca. *Ind. Eng. Chem. Res.* **41:**6156 (2002).
3. Aptel, P., and J. Ne'el: in P. M. Bungay, H. K. Lonsdale, and M. N. dePinho (eds.). *Synthetic Membranes: Science, Engineering, and Applications.* Boston: Dordrecht, 1986, p. 403.
4. Baker, R. W., J. G. Wijmans, and J. H. Kaschemekat. *J. Membrane Sci.* **151:**55 (1998).
5. Baker, R. W., and J. G. Wijmans: in D. R. Paul and Y. P. Yampol'skii (eds.). *Polymeric Gas Separation Membranes.* Boca Raton, FL: CRC Press, 1994.
6. Beaver, E. R., and P. V. Bhat. *AIChE Symp. Ser.* **84**(261):113 (1988).
7. Binning, R. C., R. J. Lee, J. F. Jennings, and E. C. Martin. *Ind. Eng. Chem.* **53:**45 (1961).
8. Crank, J., and G. S. Park (eds.). *Diffusion in Polymers.* New York: Academic, 1968.
9. Harriott, P., and B. Kim. *J. Colloid Interface Sci.* **115:**1 (1987).
10. Harriott, P., and S. V. Ho. *J. Membrane Sci.* **135:**55 (1997).
11. Henis, J. M. S., and M. K. Tripodi. *Separation Sci. Technol.* **15:**1059 (1980).
12. Ho, S. V., P. W. Sheridan, and E. Krupetsky. *J. Membrane Sci.* **112:**13 (1996).
13. Hogsett, J. E., and W. H. Mazur. *Hydrocarbon Proc.* **62**(8):52 (1983).
14. Hwang, S. T., and J. M. Thorman: *AIChE J.* **26:**558 (1980).
15. Kirk, R. E., and D. F. Othmer (eds.). *Encyclopedia of Chemical Technology,* 3rd ed., vol. 7. New York: Wiley, 1979, p. 639.
16. Koros, W. J., and R. T. Chern: in R. W. Rousseau (ed.). *Handbook of Separation Process Technology.* New York: Wiley, 1987, p. 862.
17. Lee, S. Y., and B. S. Minhas. *AIChE Symp. Ser.* **84**(261):93 (1988).
18. Lipski, C., and P. Coté. *Environ. Prog.* **9:**254 (1990).
19. Loeb, S., and S. Sourirajan. *Adv. Chem. Ser.* **38:**117 (1962).
20. Lokhandwala, K. A., S. Segelke, P. Nguyen, R. W. Baker, T. T. Su, and L. Pinnau. *Ind. Eng. Chem. Res.* **38:**3606 (1999).
21. Lonsdale, H. K.: in U. Merten (ed.). *Desalination by Reverse Osmosis. Cambridge,* MA: MIT Press, 1966, p. 93.
22. Lonsdale, H. K.: in P. M. Bungay, H. K. Lonsdale, and M. N. dePinho (eds.). *Synthetic*

Membranes: Science, Engineering, and Applications. Boston: Dordrecht, 1986, p. 307.

23. MacLean, D. L., D. J. Stookey, and T. R. Metzger. *Hydrocarbon Proc.* **62**(8):47 (1983).
24. Matson, S. L., J. Lopez, and J. A. Quinn. *Chem. Eng. Sci.* **38:**503 (1983).
25. Medal Membrane Separation System brochure, Du Pont-Air Liquide, 1989.
26. Pan, C. Y. *AIChE J.* **29:**545 (1983).
27. Perry, R. H., and D. W. Green (eds.). *Perry's Chemical Engineers' Handbook,* 7th ed. New York: McGraw-Hill, 1997, p. **4**-22.
28. Prasad, R., and K. K. Sirkar. *AIChE J.* **33:**1057 (1987).
29. Psaume, R., P. Aptel, Y. Aurelle, J. C. Mora, and J. L. Bersillon. *J. Membrane Sci.* **36:**373 (1988).
30. Reahl, E. R. *Desalination,* **78:**77 (1990).
31. Reid, C. E., and E. J. Breton. *J. Appl. Polym. Sci.* **1:**133 (1959).
32. Renkin, E. M. *J. Gen. Physiol.* **38:**225 (1954).
33. Schell, W. J., and C. D. Houston: in T. E. Whyte, Jr. C. M. Yon, and E. H. Wagener (eds.). *Industrial Gas Separations, Am. Chem. Soc. Symp. Ser.* **223:**125 (1983).
34. Sedigh, M. G., L. Xu, T. T. Tsotsis, and M. Sahilmi. *Ind. Eng. Chem. Res.* **38:**3367 (1999).
35. Sherwood, T. K., P. L. T. Brian, R. E. Fisher, and L. Dresser. *Ind. Eng. Chem. Fund.* **4:**113 (1965).
36. Villauenga, J. P. G., M. Khayet, P. Godino, B. Seoane, and J. I. Mengual. Ind. Eng. Chem. *Res.* **42:**386 (2003).
37. Walawender, W., and S. A. Stern. *Separation Sci.* **7:**553 (1972).
38. Wesslein, M., A. Heintz, and R. N. Lichtenthaler: J. Membrane Sci., **51:**169 (1990).
39. Wijmans, J. G., A. L. Athayde, R. Daniels, J. H. Ly, H. D. Kumaruddin, and I. Pinnau. *J. Membrane Sci.* **109:**135 (1996).
40. Williams, M. E., D. Battachanga, R. J. Ray, and S. B. McCay, in W. S. W. Ho and K. K. Sirkar (eds.). *Membrane Handbook.* New York: Van Nostrand Reinhold, 1992； p. 312.
41. Yang, M. C., and E. L. Cussler. AIChE J. **32:**1910 (1986).
42. Zolandz, R. R., and G. K. Fleming, in W. S. W. Ho and K. K. Sirkar (eds.). *Membrane Handbook.* New York: Van Nostrand Reinhold, 1992； p. 25.

CHAPTER 27

結晶

結晶 (crystallization) 是在均勻相中形成固體顆粒。它可能會像在雪中一樣在蒸汽中形成固體顆粒。如從液態熔體中凝固，如在製造大的單晶體；或從液體溶液中結晶。本章主要討論最後的情況。這裡所描述的概念和原理同樣適用於從飽和溶液中溶解溶質的結晶和部分溶劑本身的結晶，如從海水或其它稀鹽溶液，冷凍形成冰晶。

由於銷售的各種材料都是以結晶形式，因此溶液中的結晶在工業上是重要的。其廣泛的用途有兩個基礎：由不純溶液形成的晶體本身是純的 (除非出現混晶)，在包裝和儲存的滿意條件下，結晶提供了一種獲得純化學物質的實用方法。

母漿　在從溶液中進行工業結晶時，充滿結晶器並作為產物取出的母液和各種尺寸的晶體的兩相混合物稱為**母漿** (magma)。

產品的純度

一個完好的、結晶良好的晶體本身幾乎是純淨的，但是當它們從最終的母漿中被移出時它保留了母液，如果產物含有結晶聚集體，相當數量的母液可能會被固體物質吸收 (occluded)。當保留的低純度母液在產物上乾燥時，產生污染，其程度取決於晶體保留的母液的雜質量和程度。

實際上，大部分保留的母液藉由過濾或離心從晶體中分離出來，並且用新鮮溶劑洗滌除去剩下的母液。這些純化步驟的有效性取決於晶體的大小和均勻性。

晶體大小的重要性

顯然，良率和高純度是結晶的重要目標，但晶體產品的外觀和大小範圍也是重要的。如果要進一步處理晶體，則對於過濾、洗滌、與其它化學品反應、運輸和儲存晶體都需要合適的大小和大小均勻性。如果晶體要作為最終產品銷售，客戶所能接受的是各個晶體堅固、非聚集、大小均勻，並且包裝後不結塊。由於這些原因，**晶體大小分布** (crystal size distribution, CSD) 必須得到控制；這是結晶器設計和操作的首要目標。

晶體幾何

晶體是最有組織的非生命物質類型。其特徵在於，其組成的粒子 (可以是原子、分子或離子) 被排列在稱為空間晶格的有序三維陣列中。作為這種粒子排列的結果，當晶體不受其它晶體或外在物體的阻礙而形成晶體時，它們表現為具有尖角和側邊或面的多面體。儘管相同材料的不同晶體的面和邊緣的相對大小可能差別很大，但是由相同材料的所有晶體的相應面所形成的角度是相等的，並且是該材料的特徵。

晶體學系統

由於儘管各個面的發展程度差別很大，但是一定物質的所有晶體都具有相同的界面角，所以根據這些角度分類晶體。因此在這些角度的基礎上對晶體形式進行了分類。此七類為立方、六方、三方、四方、斜方晶系、單斜晶系和三斜晶系。取決於結晶條件，給定的材料可以用兩種或更多種不同的類別形成結晶。例如，碳酸鈣在自然界中最常見出現的是六方晶體 (如方解石)，但也以斜方晶形式 (文石) 出現。

不變晶體

在理想條件下，成長晶體在成長過程中保持幾何相似性。這樣的晶體稱為**不變** (invariant) 晶體。圖 27.1 顯示了成長過程中不變晶體的橫截面。圖中的每個多邊形代表不同時間的晶體輪廓。由於晶體是不變的，這些多邊形在幾何上是相似的，多邊形的各角與晶體中心的連接虛線是直線。中心點可認為是晶體成長的原始核的位置。任何面的成長速率是以垂直於面的方向上離開晶體中心的面的平移速度來測量的。除非晶體是正多面體，否則不變晶體不同面的成長速率是不相等的。

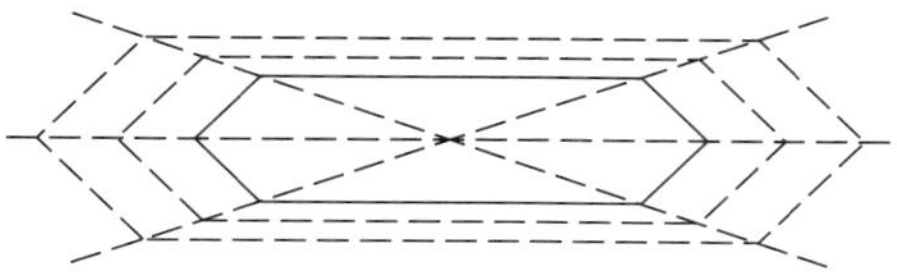

▲ 圖 27.1　不變晶體的成長

晶體的大小可由其特徵長度 L 來定義，定義為 $\Phi_s D_p$。因此，從 (7.10) 式，可得

$$L = \frac{6v_p}{s_p} \tag{27.1}$$

其中 v_p 和 s_p 分別是晶體的體積和全表面積，Φ_s 是球度。此式適用於 Φ_s 接近於 1.0 的常規固體，但是對於 Φ_s 非常小的盤狀或針狀固體並不適用。實際上，L 通常被認為等於由篩析確定的大小。

不變成長的概念在分析結晶過程中是有用的，儘管在大多數結晶器中條件並不理想，且成長往往不是恆定的。在極端的情況下，一個表面可能比其它表面生長得更快，從而產生長的針狀結晶。一個表面生長緩慢可能會產生薄片或盤狀晶體，典型的是由水溶液形成的冰。

即使是不變的晶體，不斷增長的晶體的不同面通常也有不同的平移速度。這可以大大改變晶體的形狀和外觀。藉由所謂的**重疊原理** (overlapping principle)，具有低平移速度的面可以主導晶體成長過程，直至高平移速度的面減少並最終消失。只有速度最低的面才能存在。當晶體溶解時，低平移速度的面消失，只有速度最高的面才會存在。[16c]

平衡和產率

當溶液飽和時，可達到結晶過程的平衡，並且總體晶體的平衡關係是溶解度曲線。(如下所示，極小晶體的溶解度大於普通晶體的溶解度。) 溶解度數據在標準表中給出。[16a, 25] 圖 27.2 顯示溶解度為溫度的函數的曲線。大多數物質的曲線類似於曲線 1 的 KNO_3；也就是說，它們的溶解度隨著溫度或多或少快速增加。有些物質的曲線如曲線 2 的 Nacl 所示，其溶解度隨溫度變化不大；另一些具有所謂的**反向溶解度曲線** (inverted solubility curve)(曲線 3 代表 $MnSO_4 \cdot H_2O$)，這意味著它們的溶解度隨著溫度升高而降低。

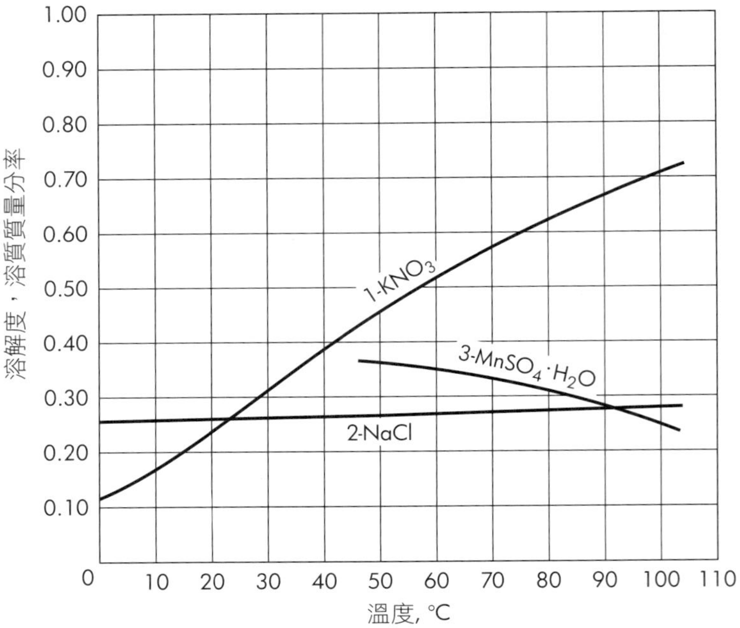

▲ 圖 27.2 (1) KNO_3；(2) NaCl；與 (3) $MnSO_4 \cdot H_2O$ 在水溶液中的溶解度曲線

許多重要的無機物質結晶中含有結晶水。在一些系統中，根據濃度和溫度形成幾種不同的水合物，並且在這樣的系統中相平衡可能相當複雜。硫酸鎂 - 水系統的相圖如圖 27.3 所示。以華氏度數為單位的平衡溫度相對於無水硫酸鎂質量分率的濃度作圖。實折線上方和左側的整個區域代表硫酸鎂在水中的未飽和溶液。折線 *eagfhij* 表示液體溶液完全固化形成各種固相。面積 *pae* 代表冰和飽和溶液的混合物。當溫度達到線 *pa* 時，任何含有少於 16.5% 硫酸鎂的溶液都會以冰的形式沉澱。折線 *abcdq* 是溶解度曲線。當溫度達到這一線，任何一種溶液的濃度高於 16.5% 時，一旦冷卻，會有固體沉澱。在 *a* 點形成的固體稱為**共熔點** (eutectic)。它由冰和 $MgSO_4 \cdot 12H_2O$ 的密切機械混合物組成。在點 *a* 和 *b* 之間，晶體是 $MgSO_4 \cdot 12H_2O$；*b* 和 *c* 之間是固相 $MgSO_4 \cdot 7H_2O$ (瀉鹽)；*c* 和 *d* 之間的晶體是 $MgSO_4 \cdot 6H_2O$；*d* 點之上是 $MgSO_4 \cdot H_2O$。在 *cihb* 區域，平衡系統由飽和溶液和晶體 $MgSO_4 \cdot 7H_2O$ 的混合物組成。在區域 *dkjc* 中，混合物由飽和溶液和 $MgSO_4 \cdot 6H_2O$ 晶體組成。在 *qdk* 區域，混合物是飽和溶液和 $MgSO_4 \cdot H_2O$。

產率

在許多工業結晶過程中，晶體和母液接觸足夠長以達到平衡，母液在過程的最終溫度下達到飽和。然後可以由原始溶液的濃度和最終溫度的溶解度來計算過程的產率 (yield)。如果在此過程中發生明顯的蒸發，則必須加以考慮或估計。

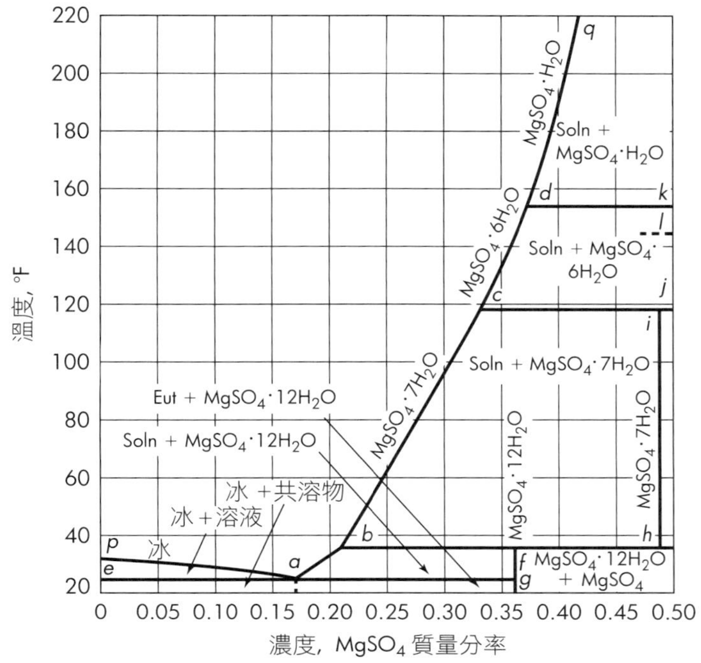

▲圖 27.3　相圖，$MgSO_4 \cdot H_2O$ 系統 (經許可，摘自 *J. H. Perry (ed.), Chemical Engineers' Handbook, 4th ed. Copyright, 1963, McGraw-Hill Book Company.*)

當晶體的成長速率緩慢時，則需要相當長的時間才能達到平衡。當溶液黏稠或晶體聚集在結晶器的底部時，尤其如此，因此幾乎沒有晶體表面曝露於過飽和溶液。在這種情況下，最終的母液可能保持明顯的過飽和，實際產率將低於從溶解度曲線計算得到的值。

如果晶體是無水的，則由於固相不含溶劑，所以產率的計算較簡單。當產物含有結晶水時，必須考慮伴隨著晶體的水，因為這種水不能用於保留溶液中的溶質。溶解度的數據，通常以無水物質的質量在總溶劑質量中所占的百分比，或以無水溶質之質量分率表示。這些數據忽略了結晶水。計算水合物產率的關鍵是用水合鹽和自由水來表示所有質量和濃度。由於後者在結晶過程中保留在液相中，所以基於自由水的濃度或數量，可以減去，以得到正確的結果。

例題 27.1

有一由 30% $MgSO_4$ 和 70% H_2O 組成的溶液，被冷卻到 60°F。在冷卻過程中，系統中總水量的 5% 被蒸發。每 1,000 kg 的原始混合物可以得到多少仟克的晶體？

解

從圖 27.3 可知，晶體是 $MgSO_4 \cdot 7H_2O$，母液濃度為 24.5% 的無水 $MgSO_4$ 和 75.5% H_2O。每 1,000 kg 的原始溶液，總水量為 $0.70\times1{,}000 = 700$ kg。 蒸發量為 $0.05 \times 700 = 35$ kg。$MgSO_4$ 和 $MgSO_4 \cdot 7H_2O$ 的分子量分別為 120.4 和 246.5；所以批次中 $MgSO_4 \cdot 7H_2O$ 的總量為 $1{,}000 \times 0.30(246.5/120.4) = 614$ kg，自由水量為 $1{,}000 - 35 - 614 = 351$ kg。 在 100 kg 母液中，有 $24.5(246.5/120.4) = 50.16$ kg 的 $MgSO_4 \cdot 7H_2O$ 和 $100 - 50.16 = 49.84$ kg 的自由水。因此母液中的 $MgSO_4 \cdot 7H_2O$ 的量為 $(50.16/49.84)351 = 353$ kg。最後的產物是 $614 - 353 = 261$ kg。

焓平衡

在結晶器的熱平衡計算中，結晶熱很重要。這是固體從溶液中形成時釋放的潛熱。通常，結晶是放熱的，結晶熱隨溫度和濃度而變化。結晶熱等於溶解在飽和溶液中的晶體所吸收的熱量，這可以在非常大量的溶劑中從溶液中的熱量，以及溶液從飽和到高稀釋度的稀釋熱中找到。有了溶解熱和稀釋熱的數據可用時，[2] 連同溶液和晶體的比熱數據，可用於建構類似於圖 16.6 的焓濃度圖，但只是擴展到包括固相。該圖在計算結晶過程的焓平衡中特別有用。圖 27.4 顯示 $MgSO_4 \cdot H_2O$ 系統的固相焓的 *H-x* 圖，此圖與圖 27.3 的相圖一致。和以前一樣，焓以英制單位 Btu/lb 為單位。無論混合物中的相數是多少，它們都是指 1 lb 的總混合物。*pabcdq* 線上方的區域表示 $MgSO_4$ 在 H_2O 中的未飽和溶液的焓值，這個區域的等溫線具有與圖 16.6 中的等溫線相同的意義。圖 27.4 中的 *eap* 區域表示冰和凝固的 $MgSO_4$ 溶液的所有平衡混合物。*n* 點代表 32°F 的冰，而等溫 (25°F) 三角形區域 *age*，為冰與部分固化的共熔體或部分固化的共熔體與 $MgSO_4 \cdot 12H_2O$ 的所有組合的焓。區域 *abfg* 給出由 $MgSO_4 \cdot 12H_2O$ 晶體和母液組成的所有母漿的焓 - 濃度點。等溫 (35.7°F) 三角形 *bhf* 表示 $MgSO_4 \cdot 7H_2O$ 轉變為 $MgSO_4 \cdot 12H_2O$，此區域表示由含 21% $MgSO_4$ 的飽和溶液、固體 $MgSO_4 \cdot 7H_2O$ 和固體 $MgSO_4 \cdot 12H_2O$ 組成的混合物。區域 *cihb* 代表 $MgSO_4 \cdot 7H_2O$ 和母液的全部母漿。等溫 (118.8°F) 三角形 *cji* 表示含有 33% 的 $MgSO_4$、固體 $MgSO_4 \cdot 6H_2O$ 和固體 $MgSO_4 \cdot 7H_2O$ 的飽和溶液組成的混合物。區域 *dljc* 給出 $MgSO_4 \cdot 6H_2O$ 和母液的焓值。等溫 (154.4°F) 三角形 *dkl* 表示含有 37% $MgSO_4$、固體 $MgSO_4 \cdot H_2O$ 和固體 $MgSO_4 \cdot 6H_2O$ 的飽和溶液混合物。區域 *qrkd* 是代表與 $MgSO_4 \cdot H_2O$ 平衡的飽和溶液的部分圖。

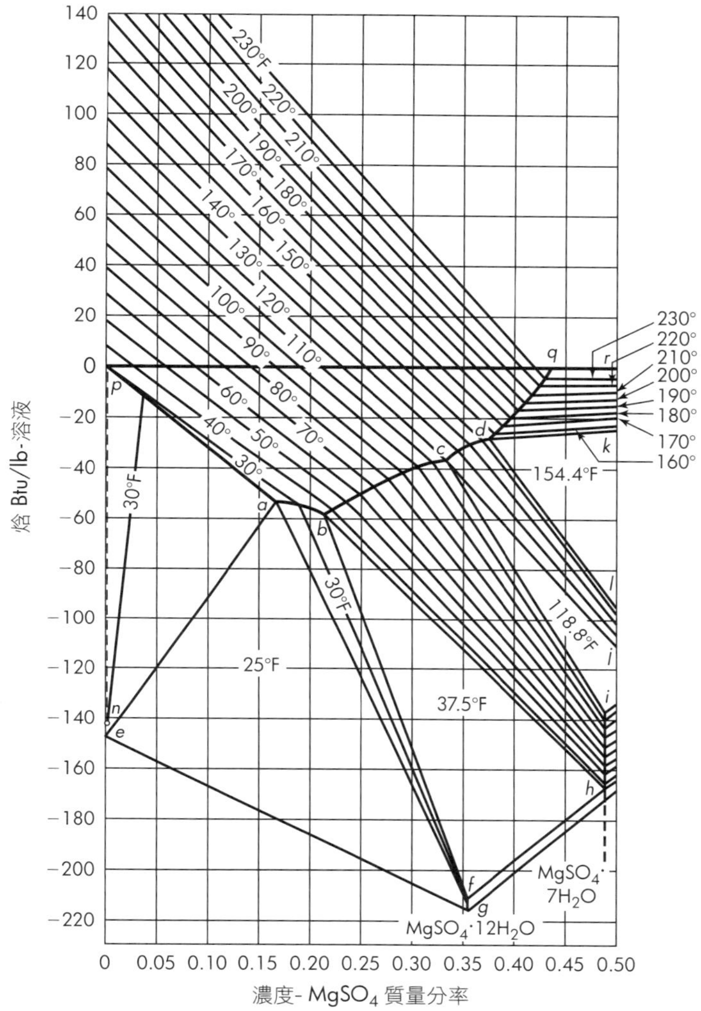

▲圖 27.4　焓-濃度圖，$MgSO_4 \cdot H_2O$ 系統。基準是 32°F (0°C) 的液態水。(經許可，摘自 *J. H. Perry (ed.), Chemical Engineers' Handbook, 4th ed. Copyright* 1963, *McGraw-Hill Book Company.*)

例題 27.2

在 120°F (48.9°C) 下，32.5% 的 $MgSO_4$ 溶液在批式水冷式結晶器中冷卻到 70°F (21.1°C)，沒有明顯的蒸發。每噸晶體形成時必須從溶液中除去多少熱量？

解

原始溶液由圖 27.4 中的點表示，濃度為 0.325，在 120°F 等溫線上的未飽和溶液範圍內。該點的焓座標是 − 33.0 Btu/lb。最終的母漿位於 *cihb* 區域內的 70°F 等溫

線上，濃度為 0.325。這一點的焓座標是 −78.4。每 100 lb 原始溶液，溶液的焓變化為

$$100(33.0 - 78.4) = -4{,}540 \text{ Btu}$$

這是放熱 4,540 Btu/100 lb (1.06×10^5 J/kg)。

要將最後的漿料分成晶體和母液，可以從傳統的質量均衡或所謂的「重心原理」中找到，該原理說明在兩相混合物中兩相的質量，與其濃度和所有混合物的濃度差成反比。這個原理適用於圖 27.3 或 27.4 中的 70°F 等溫線。母液濃度為 0.259，晶體濃度為 0.488。然後結晶體為

$$100\left(\frac{0.325 - 0.259}{0.488 - 0.259}\right) = 28.8 \text{ lb/100 lb 漿料}$$

每噸晶體產生的熱量為 (4,540/28.8)(2,000) = 315,000 Btu/ton (3.66×10^5 J/kg)。

過飽和

質量和焓均衡對結晶器產品的結晶大小分布 CSD 沒有任何影響。不論產品是巨大的晶體或小的晶體，守恆定律不變。

在晶體的形成中，需要兩個步驟：(1) 新粒子的誕生和 (2) 宏觀尺寸的增長。第一步稱為**成核** (nucleation)。在結晶器中，CSD 由成核速率和成長速率的交互作用決定，整個過程為複雜的動力學。這兩種速率的驅動潛力都是過飽和，在飽和或未飽和溶液中，晶體的成長和溶液中核的形成都不會發生。當然，藉由在飽和溶液中的摩擦可以形成極小的晶體，並且如果溶液後來變成過飽和，這些晶體就像新的晶核一樣可作為進一步成長的位點。

在成核和成長理論中，用莫耳單位代替質量單位。

過飽和可以四種方法中的一種或多種來產生。如果溶質的溶解度隨著溫度的升高而強烈地增加，如同許多常見的無機鹽類和有機物質的情況一樣，飽和溶液經由簡單的冷卻和降溫而變為過飽和。如果溶解度與溫度無關，與一般鹽類相同，則可由蒸發一部分溶劑來產生過飽和。如果既不需要冷卻也不需要蒸發，而當溶解度非常高時，可以加入第三成分來產生過飽和。第三成分可以與原始溶劑形成物理作用，而形成溶質的溶解度急劇降低的混合溶劑。這個過程稱為鹽析 (salting)。或者，如果需要接近完全的沈澱，則可以添加第三成分經化學作用產生新的溶質，此第三成分將與原始溶質反應並形成不溶性物質。這個過程稱為沈澱。經由添加第三成分，可以快速產生極大的過飽和。

過飽和度的單位　過飽和度是晶體成長的過飽和溶液及與晶體平衡的溶液的濃度差。這兩相幾乎處於相同的溫度。濃度可定義為溶質的莫耳分率，用 y 表示，或定義為溶液單位體積中的溶質的莫耳數，用 c 表示。由於只有一個成分跨過相界轉移，因此可以省略成分的下標。此兩過飽和度可由下兩式定義：

$$\Delta y \equiv y - y_s \tag{27.2}$$

$$\Delta c \equiv c - c_s \tag{27.3}$$

其中 Δy = 過飽和度，溶質的莫耳分率
y = 溶質在溶液中的莫耳分率
y_s = 溶質在飽和溶液中的莫耳分率
Δc = 莫耳過飽和度，每單位體積的莫耳數
c = 溶質在溶液中的莫耳濃度
c_s = 溶質在飽和溶液中的莫耳濃度

由 (27.2) 和 (27.3) 式所定義的過飽和度的關係如下：

$$\Delta c = \rho_M y - \rho_s y_s \tag{27.4}$$

其中 ρ_M 和 ρ_s 分別為溶液與飽和溶液的莫耳密度。通常，由於結晶器中的過飽和度很小，所以密度 ρ_M 和 ρ_s 可視為相等，而以 ρ_M 表示兩者。因此

$$\Delta c = \rho_M \, \Delta y \tag{27.5}$$

濃度比 α 和過飽和分率 s 定義為

$$\alpha \equiv \frac{c}{c_s} = 1 + \frac{\Delta c}{c_s} = \frac{y}{y_s} = 1 + \frac{\Delta y}{y_s} \equiv 1 + s \tag{27.6}$$

$100s$ 是過飽和的百分率。實際上，此值通常約小於 2%。

以溫差作為位勢　當溶解度隨著溫度明顯增加時，過飽和度可以表示為等效溫度差而不是濃度差。這些驅動位勢之間的關係如圖 27.5 所示，其中包含以莫耳濃度表示的一小部分溶解度曲線，該線以上的區域代表未飽和溶液，線以下是過飽和溶液。點 A 是指溫度為 T_c 的飽和溶液，溫度 T_c 是成長的晶體的溫度，點 D 是在溫度 T 下達到過飽和溶液。由於晶體成長時釋放熱量，T_c 略大於 T，而提供了從晶體到液體熱傳的驅動力 ΔT_h。這個溫差通常在 0.01 到 0.02°C 的數量級。過飽和度 Δc 通常基於整體溫度，如點 E 和 D 所示，略大於實際的過飽和度。

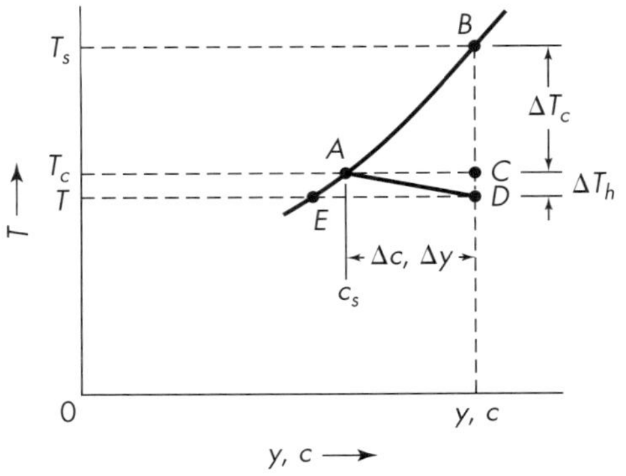

▲ 圖 27.5　過飽和與溫度位勢

B 點是指與晶體成長的過飽和溶液具有相同組成的飽和溶液。它所對應的溫度為 T_s，其中 $T_s > T$。點 C 是指溫度為 T_c，濃度等於過飽和溶液的濃度。

從 (27.2) 和 (27.3) 式，過飽和位勢由線段 $\overline{AC}$ 表示。等效溫度驅動位勢由線段 $\overline{BC}$ 表示。在線段 $\overline{AC}$ 具有的小濃度範圍內，線段 $\overline{AB}$ 的溶解度曲線可視為線性，並且溫度位勢可由下式定義：

$$\Delta T_c \equiv T_s - T_c = \kappa(y - y_s) = \kappa\,\Delta y = \frac{\kappa}{\rho_M}\,\Delta c \tag{27.7}$$

其中 $\kappa = T$ 對 y 線的斜率

$\rho_M =$ 莫耳密度

在從水溶液中結晶時，溫度位勢只比溶液的實際溫度 T 及其飽和溫度 T_s 計算的低一點點。由於 ΔT_h 很小，所以 $T_s - T$ 和 $T_s - T_c$ 之間的差值通常是微不足道。

成核

成核率是每單位體積的母漿或無固體母液每單位時間形成的新晶粒的數量。這個數量是控制 CSD 的第一個動力學參數。

結晶器中晶體的來源

如果把所有的粒子來源都歸入**成核** (nucleation) 這個術語之下，就會出現許多種成核現象。其中許多重要的只是作為避免的方法。它們可以分為三類：疑似成核、初級成核和二次成核。

晶體的一個起源是宏觀的磨損，這更像是粉碎而不是真正的成核。循環式母漿結晶器具有內部螺旋槳攪拌器或外部旋轉循環泵，在與這些運動元件碰撞時，柔軟或微弱的晶體會破碎成碎片，形成圓角和邊緣，從而產生大小不一的新晶體。這種效應也降低了產物的品質。磨損是新晶體的唯一來源，而與過飽和無關。

偶爾，特別是在實驗室工作，將來自之前結晶的晶種添加到結晶系統中。晶種通常在其表面上有很多小晶體，這些小晶體是在晶種乾燥和儲存過程中形成的。小晶體很快沖洗，隨後在過飽和溶液中生長，這稱為**初始繁殖** (initial breeding)。[28] 為防止這種現象，可以在使用之前固化晶種、與未飽和溶液或溶劑接觸、或在停滯的過飽和溶液中預先生長一段時間。

與成長相關的疑似成核，發生在大的過飽和度或伴隨著不良的母漿循環。它的特徵是從晶體末端有異常的針狀和晶鬚狀 (whiskerlike) 成長，在這些情況下，晶體末端的成長可能比側面快得多。尖釘是不完美的晶體，它們藉由較弱的作用力與母體晶體結合，崩解時產生品質差的晶體。這就是所謂的**針狀繁殖** (needle breeding)。[28]

與成核無關但與成長有關的另一種缺陷稱為**隱蔽成長** (veiled growth)，發生在中度過飽和度。這是母液進入晶面的結果，產生乳白色的表面和不純的產物。隱蔽生長的原因是晶體成長太快，將母液陷入晶體表面。

適用於 $MgSO_4 \cdot 7H_2O$ 的圖 27.6 和圖 27.7 顯示了良好和劣質晶體的外觀以及在各種過飽和度下產物品質的變化。

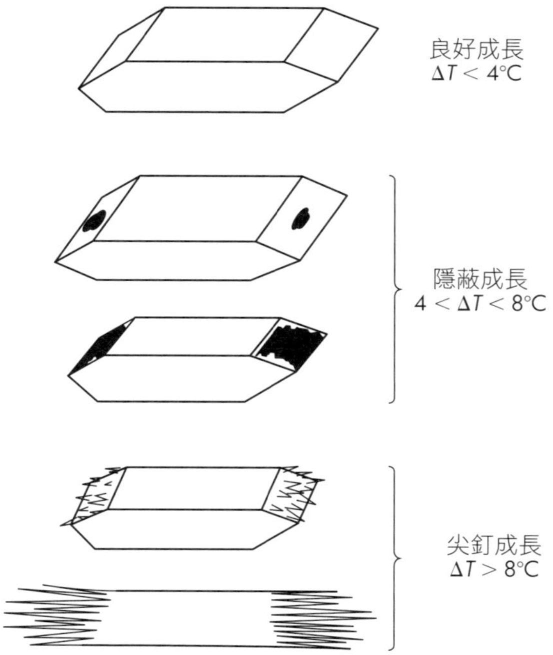

▲ 圖 27.6　成長機制說明 (*After Clontz and McCabe.*[4])

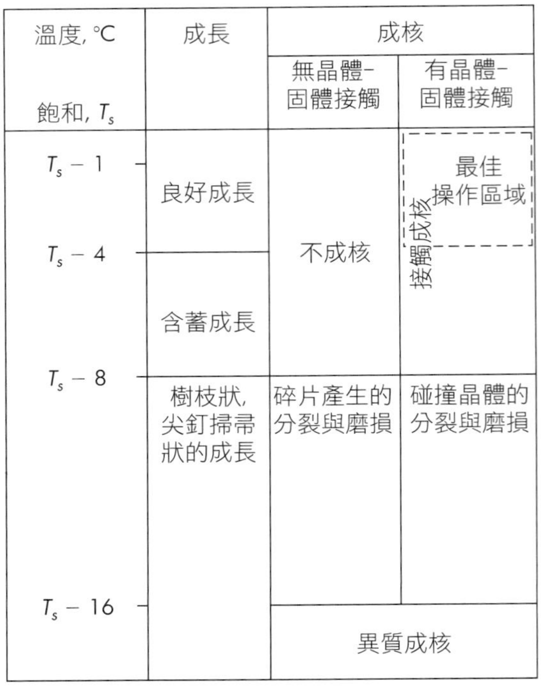
溫度, °C
飽和, T_s
成長
成核
無晶體-固體接觸
有晶體-固體接觸
$T_s - 1$
$T_s - 4$
$T_s - 8$
$T_s - 16$
良好成長
含蓄成長
樹枝狀, 尖釘掃帚狀的成長
不成核
最佳操作區域
接觸成核
碎片產生的分裂與磨損
碰撞晶體的分裂與磨損
異質成核

▲ 圖 27.7　過飽和對 $MgSO_4 \cdot 7H_2O$ 晶體成長的品質和成核類型的影響 (摘自 *Ref.5.*)

藉由在低過飽和度下成長晶體和只使用精心設計與操作的泵和攪拌器，可以避免所有形式的疑似成核。

初級成核

在科學的使用中，成核是指在一個過飽和均勻存在的相中，產生一種新相的極小物體。基本上，成核現象與從溶液中結晶、從熔體中結晶、在過冷蒸汽中霧滴凝結，以及在過熱液體中產生氣泡相同。在所有情況下，成核作用都是在分子尺度上快速局部波動的結果，在均勻相中處於亞穩態 (metastable)。[10] 這種基本現象稱為**均勻成核** (homogeneous nucleation)，它進一步限制任何形式的固體都不受任何影響的情況下形成新的粒子，包括容器的壁，甚至是外來物質的最微小顆粒的影響。

另一種類型的成核作用是當外來物質的固體顆粒，在給定的過飽和下，藉由催化成核速率的增加而影響成核過程，或者只在均勻成核發生一段長時間之後，於過飽和條件下產生有限速率，這就是所謂的**異質成核** (heterogeneous nucleation)。

均勻成核

除了在某些沈澱反應中，從溶液中結晶時，幾乎不會發生均勻成核。然而，現象的基本原理對於理解更有用的成核類型很重要。

晶核可以由各種粒子形成：分子、原子或離子。在水溶液中，這些可以被水合。由於它們的隨機運動，在任何小的體積中，這些粒子中的幾個可能會形成所謂的**團簇** (cluster) ——相當鬆散的聚集，通常快速消失。然而，偶爾有足夠多的粒子會結合形成所謂的**原胚** (embryo)，其中開始有一個晶格排列和一個新的分離相的形成。大多數情況下，原胚的壽命很短，會恢復成團簇或單個顆粒，但是如果過飽和度足夠大，原胚可能成長到與溶液處於熱力學平衡狀態。它稱為**晶核** (nucleus)，它是最小的不會再溶解的顆粒，因此可以生長成晶體。穩定晶核所需的粒子數從幾個到幾百個不等。對於液態水來說，數量大約是 80。

晶核處於不穩定的平衡狀態：如果一個晶核失去單元 (units)，它會溶解；如果獲得單元，它會成長並變成晶體。晶體演化的階段順序是：

團簇 → 原胚 → 晶核 → 晶體

平衡

熱力學上，在相同溫度下，小粒子與大粒子之間的差異在於，小粒子具有大量的單位質量的表面能，而大粒子不具有大的表面能。這種差異的結果是小於微米大小範圍的小晶體的溶解度且大於大晶體的溶解度。一般的溶解度數據僅適用於中等大小的晶體。小晶體可以與過飽和溶液平衡，這樣的平衡是不穩定的，因為如果溶液中還存在大的晶體，則較小的晶體會溶解，較大的晶體會成長，直到小晶體消失。這種現象稱為 **Ostwald 熟化** (Ostwald ripening)。粒子大小對溶解度的影響是成核的關鍵因素。

凱爾文 (Kelvin) 方程式　物質的溶解度與粒徑有關，其關係式可由 Kelvin 方程式得知

$$\ln \alpha = \frac{4V_M\sigma}{\nu RTL} \tag{27.8}$$

其中 L = 晶體大小

α = 過飽和溶液和飽和溶液濃度之比

V_M = 晶體的莫耳體積

σ = 固體和液體之間的平均界面張力
v = 每個溶質分子的離子數 (對於分子晶體 $v = 1$)

由於 $\alpha = 1 + s$，(27.8) 式表明，相對於與大晶體平衡的飽和溶液，大小為 L 的極小晶體可以與具有 s 的過飽和的溶液平衡存在。

成核速率

根據化學動力學理論，成核速率可由下式給出：

$$B^\circ = C\exp\left[-\frac{16\pi\sigma^3 V_M^2 \mathbf{N}_a}{3v^2(RT)^3(\ln\alpha)^2}\right] \tag{27.9}$$

其中 B° = 成核速率，數目 /$cm^3 \cdot s$
$\mathbf{N}_a$ = 亞佛加厥常數，6.0222×10^{23} 分子/g mol
R = 氣體常數，8.3143×10^7 ergs/g mol · K
C = 頻率因子

C 因數是一種統計學測量達到臨界大小的原胚形成率。它與單個顆粒的濃度以及這些顆粒與形成穩定核所需臨界大小的原胚的碰撞速率成正比。自溶液中成核的該值未知，從與過飽和水蒸氣的水滴成核類似，[6] 它是 10^{25} nuclei/$cm^3 \cdot s$ 的數量級。其準確的值並不重要，因為成核動力學主要由指數中的 $\ln\alpha$ 項決定。

σ 的數值也是不確定的。固 - 液界面張力的實驗測定是困難的，很少有數值可用。可以使用晶格能量從固態理論估計它們。對於一般的鹽，σ 的數量級 [35] 為 80 到 100 erg/cm^2，並且結晶器中的顆粒形成速率值在 0.1 到 1,000 個顆粒 /$cm^3 \cdot s$ 的範圍內。當 C 和 σ 的上述值用於 (27.9) 式，且 $B^\circ = 1$ 個顆粒 /$cm^3 \cdot s$，則 s 的值約為 14，這對於普通溶解度的物質是不可能的。這是得出這樣一個結論的原因之一：從溶液中一般結晶的均質成核從不發生，並且在這些情況下的所有實際成核是異質成核。那麼 (27.9) 式就不能給出實際的成核率。

在沉澱反應中，當 y_s 非常小，並且可以快速生成大的過飽和比時，可能發生均質成核。[35]

異質成核

固體顆粒對成核速率的催化作用是減少成核所需的能量。這種效應的理論認為，如果晶核「濕潤」了催化劑的表面，則晶核形成的功減少了一個因數，該因數是晶核與催化劑之間的潤濕角的函數。關於氯化鉀溶液異質成核的實驗數據[18]表明，這種物質的成核速率，對於沒有添加催化劑的成核和催化成核的情況下，在界面張力為 2 至 3 $ergs/cm^2$ 的範圍內，與視界面張力的值一致。如果後一種情況實際上是微細晶種自我催化的二次成核，那麼在 300 K 的溫度下，KCl 的晶種溶液的 σ 值將為 2.8 $ergs/cm^2$。如果 σ_a 用於表示視界面張力，若 C 取 10^{25}，且若對於小的 $\alpha - 1$ 值，數學近似 $\ln \alpha = \alpha - 1 = s$ 可被接受，則 (27.9) 式可寫為

$$B^\circ = 10^{25} \exp\left[-\frac{16\pi V_M^2 \mathbf{N}_a \sigma_a^3}{3(RT)^3 \nu^2 s^2}\right] \tag{27.10}$$

這個方程式儘管依賴於不完整的數據，但卻給出了正確的數量級結果，反映了過飽和對成核的非常強烈的影響。

例題 27.3

假定氯化鉀的異質成核速率與 2.5 $ergs/cm^2$ 的視界面張力一致，在 80°F (300 K) 的溫度下確定成核速率與 s 的函數關係。

解

使用 (27.10) 式。KCl 的分子量是 74.56。晶體的密度是 1.988 g/cm^3。由於 KCl 分解成兩種離子 K^+ 和 Cl^-，$\nu = 2$，則

$$V_M = \frac{74.56}{1.988} = 37.51 \text{ cm}^3/\text{g mol} \qquad \sigma_a = 2.5 \text{ ergs/cm}^2$$

(27.10) 式的指數為

$$-\frac{16\pi(37.51)^2 \times 6.0222 \times 10^{23} \times 2.5^3}{3(300 \times 8.3134 \times 10^7)^3(2^2 s^2)} = -\frac{0.03575}{s^2}$$

對於 $B^\circ = 1$，s 的值可由

$$1 = 10^{25} e^{-0.03575/s^2} = e^{57.565} e^{-0.03575/s^2}$$

$$\frac{0.03575}{s^2} = 57.565 \qquad s = \sqrt{\frac{0.03575}{57.565}} = 0.02492$$

求出，由此式知

$$B^\circ = e^{57.565} e^{-0.03575/s^2}$$

可以計算出 s 在 0.025 附近的 $B°$ 值。結果顯示在表 27.1 中。 隨著 s 的增加，$B°$ 的爆炸性增加是明顯的。

▼ 表 27.1

s	$B°$	s	$B°$
0.023	4.47×10^{-5}	0.0255	13.3
0.024	1.11×10^{-2}	0.027	5.04×10^3
0.02492	1	0.029	3.46×10^6

例題 27.4

例題 27.4 在例題 27.3 的條件下，與 0.029 的過飽和度平衡的晶核的大小是多少？

解

可由 Kelvin 方程式中求解。這裡 $\alpha = 1 + 0.029 = 1.029$。將例題 27.3 的 V_M、σ_a、v、R 和 T 的值代入 (27.8) 式得到

$$\ln 1.029 = \frac{4 \times 37.51 \times 2.5}{2 \times 8.3143 \times 10^7 \times 300L}$$

由此，

$$L = 2.63 \times 10^{-7} \text{ cm 或 } 2.63 \text{ nm}$$

注意，這與含有幾百個直徑約 0.3 nm 的顆粒的晶核其大小一致。如果 σ 為 80 ergs/cm^2，則對於 2.63 nm 的顆粒，α 將是 2.5，並且所需的過飽和度將是 150%，顯然對於像 KCl 這樣的可溶性鹽是不可能的。

二次成核

由於母漿中已有的巨大晶體的影響而形成的晶核稱為**二次成核** (secondary nucleation)。[13, 22] 已知有兩種類型的影響，一種可歸因於流體剪切，另一種是現有晶體相互之間的碰撞或與結晶器壁和旋轉葉輪或攪拌器葉片的碰撞。

流體剪力成核　這種類型為已知在某些情況下會發生，而在其它情況下受到懷疑。當過飽和溶液以相當大的速度移動越過成長晶體的表面時，邊界層中的剪應力可能會將原胚或晶核掃除，否則這些原胚或晶核將會結合到正在成長的晶體中，並因此出現新的晶體。這已經在蔗糖結晶研究中報導。[17] 在 $MgSO_4$ ·

$7H_2O$ 的成核過程中，如果溶液在一個過飽和度下在晶面受到剪切作用，然後迅速冷卻到更高的過飽和度並靜置，同時晶核長大到巨觀大小，也證明了這一點。[29]

接觸成核

眾所周知，二次成核是受攪拌強度的影響，但直到 1970 年代，才有了接觸成核現象的實驗隔離和研究。它是工業結晶器中最常見的成核類型，因為它發生在晶體成長速率處於最佳品質的低過飽和狀態。它與過飽和的第一冪次成正比，而不是一次成核的 20 次或更大的冪次，所以控制比較容易，不會有不穩定的操作。

晶體要被破壞的能量驚人地低，大約有幾百個爾格 (ergs)，並且在晶體表面上沒有觀察到可見的效應。圖 27.7 中的虛線區域 (「最佳操作區域」) 顯示了晶體成長和成核場的接觸成核的位置。

在這種現象的實驗研究中，[5,6,27] 使用已知的衝擊能量使小棒撞擊，將選定的單個晶體的面定位在過飽和溶液中，並測量所得到的晶核的數量。這個數字已經被證明只取決於過飽和度和衝擊的能量。對於無機晶體，每次接觸的晶核數 N 與過飽和度 s 成正比；對於一些有機晶體，$\ln N$ 與 s 成正比。對於有機和水合的無機晶體，數量 N 在實際顯著的範圍內與接觸能 E 成正比；但是對於無水無機晶體來說，所需的能量比其它晶體要大，並且在成核之前完全需要一個門檻能量 (threshold energy)。對於較高的接觸能而言，N 與 $\exp E$ 成正比。[31]

如果連續的接觸形成相同的成核，接觸之間需要一個明顯的復原時間，通常需要幾秒鐘的時間。[6]

接觸成核可能是在成長晶體表面上，由於微細樹枝狀生長的破壞，和接觸物體與溶質顆粒簇的干擾，而組成晶體。據推測，[28] 接觸物體的作用是將大小不等的粒子從原胚變成大到 L 的小晶體，也就是說，可以存在與過飽和溶液平衡的晶體的最大尺寸，正如 Kelvin 方程式 (27.8) 所要求的那樣。至少和 L 一樣大的粒子存活並成長為新的核，而較小的粒子溶解。

在商業結晶設備中，成核來自均相和接觸成核。總體速率 B° 可以寫成：[16d]

$$B^\circ = B_{ss} + B_e + B_c \tag{27.11}$$

其中 B_{ss} ＝由於過飽和驅動力引起的均相成核率

B_e ＝晶體與葉輪接觸的成核率

B_c ＝晶體 - 晶體接觸的成核率

在高過飽和度和不攪拌的情況下，均相成核可能是重要的。在商業設備中，低過飽和度和攪拌以保持晶體懸浮，接觸成核是主要機制。

二次成核的另一種方法是使用高頻聲波或超聲波。在純 *l*- 甲基多巴 (*l*-methyedopa) 結晶的商業化過程中，生物活性對映體 (enantiomer)，聲波喇叭在錐形流體化床的底部操作。[8b] 大顆粒沉澱到底部並藉由超聲破碎形成晶種，然後在結晶器上部以低過飽和度成長。大顆粒沿著裂解面斷裂，形成沒有許多細絲的種子，如藉由磨損或樹枝狀破裂形成的那樣。[9] 非常小的種子是不期望的，因為它們會迅速從流體化床中排出。

晶體成長

晶體成長是一個擴散過程，由成長發生的固體表面的影響而改變。溶質分子或離子經由液相擴散到達晶體的成長面。通常的質傳係數 k_y 適用於這一步。在到達表面時，分子或離子必須被晶體接受並組織成空間晶格。反應以有限的速率發生在表面，整個過程由兩個串聯的步驟組成。除非溶液過飽和，否則擴散和界面步驟都不會進行。

個體和整體的成長係數

在質傳操作中，通常假設在相界面存在平衡。如果在結晶時這是真的，那麼晶體表面溶液的濃度將是飽和值 y_s，則質傳的總驅動力是 $y - y_s$，其中 y 是晶體至某一距離處的濃度。然而，由於表面反應，界面步驟需要驅動力，因此在界面處的濃度是 y'，其中 $y_s < y' < y$。因此只有 $y - y'$ 仍然是質傳的驅動力。如圖 27.8 所示。

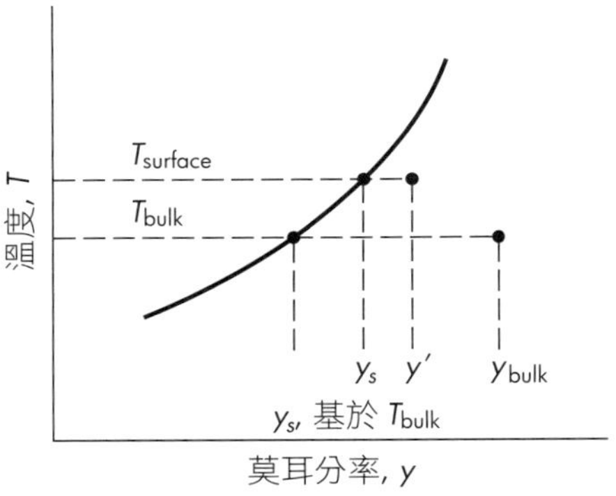

▲ 圖 27.8　結晶溫度與濃度

質傳和表面反應的係數，從一個晶面到另一個晶面均不相同，但僅考慮整個晶體的平均值幾乎是足夠的。因此質傳的方程式可寫為：

$$N_A = \frac{\dot{m}}{s_p} = k_y(y - y') \tag{27.12}$$

其中 N_A = 莫耳通量，單位時間內每單位面積的莫耳數

m = 質傳速率，mol/h

s_p = 晶體表面積

k_y = 由 (17.37) 式定義的質傳係數

使用係數 k_s 的表面反應方程式為：

$$\frac{\dot{m}}{s_p} = k_s(y' - y_s) \tag{27.13}$$

(27.13) 式是一階過程，適用於大多數無機物質。然而，某些晶體成長遵循不同階數的方程式，其中 $(y' - y_s)$ 這項被提升到 b 冪次，其中 $b \gg 1$。

這兩個步驟的阻力可以相加得到一個由

$$K \equiv \frac{\dot{m}}{s_p(y - y_s)} \tag{27.14}$$

定義的總體係數 K。從 (27.12) 和 (27.13) 式消去 y'，然後代入 (27.14) 式，得到

$$K = \frac{1}{1/k_y + 1/k_s} \tag{27.15}$$

成長率　對於不變的晶體，晶體的體積 v_p 與其特徵長度 L 的立方成正比；即

$$v_p = aL^3 \tag{27.16}$$

其中 a 是常數。如果 ρ_M 是莫耳密度，那麼晶體的質量 m 是

$$m = v_p\rho_M = aL^3\rho_M \tag{27.17}$$

將 (27.17) 式對時間微分得到

$$\dot{m} = \frac{dm}{dt} = 3aL^2\rho_M\frac{dL}{dt} \tag{27.18}$$

成長率 dL/dt 以符號 G 表示。

由 (27.1) 式知，$s_p = 6v_p/L = 6aL^2$。將此 s_p 及 (27.18) 式的 $\dot{m}$ 代入 (27.14) 式可得：

$$K = \frac{3aL^2\rho_M G}{6aL^2(y - y_s)} \tag{27.19}$$

由此得

$$G = \frac{2K(y - y_s)}{\rho_M} \tag{27.20}$$

質傳係數　對於形狀因數接近 1.0 的球體或晶體，(17.75) 式可以用來預測質傳係數 k_y。如第 17 章所討論的，對於攪拌系統中的懸浮顆粒，係數將是根據晶體終端沉降速度計算出來的 1.5 到 5 倍。

表面成長係數　已經完成了許多有關界面反應的晶體成長的研究，並且在關於結晶學的標準專論中發表。[3, 26, 33] 雖然一連貫的晶體成長理論已經發展，但是可用於設計的 k_s 數值數據卻很少。

一種理論是基於這樣一個概念，即在晶面上逐層成長，並且每個新層都以附著在晶面上的二維晶核開始。這個理論預言，直到達至一個明顯的過飽和門檻值才能開始生長，然後成長速度迅速增加，直到過飽和度達到一個相當高的值時，過飽和度才呈線性。實際上，大多數無機晶體的成長速率在所有過飽和狀態都與過飽和度成線性關係，即使在非常低的值下也是如此。似乎不需要門檻值。

觀察到的和理論上的成長率之間的差異已被福蘭克螺旋錯位理論 (Frank screw dislocation theory) 所調和。真實晶體的實際空間晶格遠非完美，晶體有缺陷稱為**錯位** (dislocation)。表面上和晶體內的顆粒平面被移位，並且已知有幾種錯位。一種常見的錯位是螺旋錯位 (圖 27.9)，其中單個粒子顯示為立方體塊。錯位處於垂直於晶體表面的剪切平面中，並且晶體的滑動產生了斜坡。斜坡的邊緣作為二維晶核的一部分，並提供了一個扭結，粒子可以很容易地進入。一個完整的面從來不會形成，因此不需要成核。隨著持續成長，斜坡的邊緣變成螺旋狀，並且沿著螺旋邊緣的粒子的持續沉積，構成了晶體成長的機制。

自從這種機制首先被提出，實際上即有許多螺旋錯位的例子已經被電子顯微鏡和其它非常高放大率的方法觀察到。

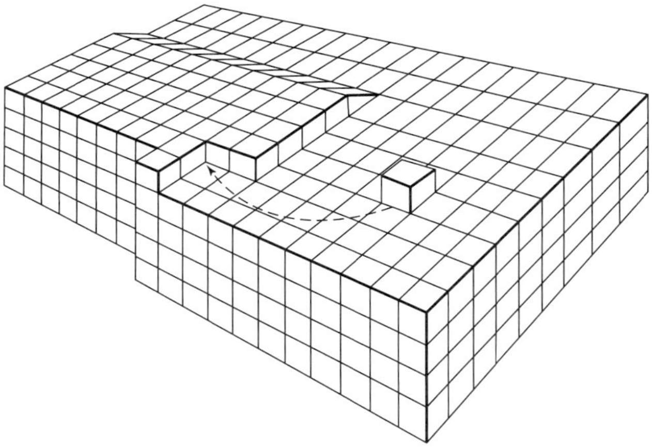

▲ 圖 27.9　晶體表面的螺旋錯位和粒子的扭結移動

晶體成長的 ΔL 定律 [12]

如果母漿中的所有晶體都成長在相同的溫度下以及均勻的過飽和場中，並且如果所有的晶體都是以過飽和度控制的速率成長，那麼所有的晶體不僅是不變的，而且具有與大小無關的相同的成長速率。這個通論稱為 **ΔL 定律** (ΔL law)。當應用時，$G \neq f(L)$，母漿中每個晶體在相同時間間隔 Δt 內的總成長是相同的，並且

$$\Delta L = G\Delta t \tag{27.21}$$

(27.21) 式高度理想化，在所有情況下當然不真實。圖 17.8 顯示質傳係數僅在有限的粒徑範圍內近似於常數；因此，當質傳阻力顯著時，只有約 50 至 500 μm 的晶體才會有穩定的成長速率。當 (27.21) 式不適用時，則 $G = f(L)$，成長稱為**大小 - 相關** (size-dependent)。也許由於誤差的抵銷，「L」定律在很多情況下足夠精確，可以使用，所以它大大簡化了工業過程的計算。

結晶設備 [16e]

商業結晶器可以連續或分批操作。除特殊應用外，連續操作是首選。任何結晶器的第一個要求是創建一個過飽和溶液，因為沒有過飽和就不會發生結晶。三種方法可用來產生過飽和，主要取決於溶質的溶解度曲線的性質。(1) 像硝酸鉀和硫酸鈉等溶質在低溫下的溶解性比在高溫下低得多，因此可以簡單地藉由冷卻來產生過飽和。(2) 當溶解度幾乎與溫度無關時，與普通食鹽一樣，或隨著溫度升高而降低，則過飽和可由蒸發形成。(3) 在中間情況下，蒸發和冷卻

的組合是有效的。例如，硝酸鈉可以經由冷卻而不蒸發，蒸發而不冷卻，或者冷卻和蒸發的組合，均能得到令人滿意地結晶。

結晶器的變化

商業結晶器也可以在其它幾個方面進行區分。一個重要的區別是晶體如何與過飽和液體接觸。在第一種稱為**循環液體法** (circulating-liquid method) 的技術中，過飽和溶液流經成長晶體的流體化床中，在其中藉由成核和成長釋放過飽和。然後將飽和液體泵送通過產生過飽和的冷卻或蒸發區，最後過飽和溶液再循環通過結晶區。第二種技術稱為**循環 - 母漿法** (circulating-magma method)，整個母漿通過結晶和過飽和步驟進行循環，而不分離液體與固體。在晶體的存在下，過飽和化和結晶化都是可行的。在兩種方法中，進料液被添加到結晶區和過飽和區之間的循環流。

一種類型的結晶器使用大小分類裝置，其被設計成將小晶體保留在成長區中用於進一步成長，並且僅允許特定最小尺寸的晶體作為產物離開裝置。理想情況下，這種結晶器可以生產單一統一尺寸的分級產品。其它的結晶器則設計成在結晶區保持完全混合的懸浮液，其中從晶核到大晶體的所有尺寸的晶體都均勻地分布在整個母漿中。理想情況下，混合懸浮單元產品的大小分布與結晶母漿本身的大小分布是一致的。

為了使平均晶體尺寸大於混合懸浮單元的晶體尺寸，一些結晶器裝備有從結晶區分離和去除大部分精細晶體的裝置。這些小晶體重新溶解並返回結晶器。其它結晶器有兩條移除線，一條用於大型晶體，另一條用於小型晶體。兩種產品流量可能相差很大，可以合併後送到過濾器或其它分離單元。這些增強晶體尺寸的技術將在後面討論。

大多數結晶器利用某種形式的攪拌來提高生長速率，以防止過飽和溶液的分離，導致過度的成核，並保持晶體在整個結晶區內懸浮。可以使用內部螺旋槳攪拌器，通常配備導流管和擋板，而外部泵也常用於循環液體或母漿以通過過飽和區或結晶區。後者稱為**強制循環** (forced circulation)。帶有外部加熱器的強制循環單元的一個優點是，藉由使用來自一個單元的蒸汽來加熱下一個在線的單元，而將多個相同的單元連接成多效 (multiple effect) 蒸發器。這種系統是**蒸發器 - 結晶器** (evaporator-crystallizers)。

真空結晶器

大多數現代結晶器屬於真空單元，其中使用絕熱蒸發冷卻來產生過飽和。

這種結晶器的最初和最簡單的形式是密閉容器，其中通常藉助於放置在結晶器和冷凝器之間的蒸汽噴射真空泵或助推器，由冷凝器維持真空。在結晶器的壓力下，將溫熱的飽和溶液於遠高於沸點溫度的溫度下，加入容器中。經由控制容器內液體和結晶固體的含量來維持母漿體積，母漿上方的空間用於釋放蒸汽並消除夾帶 (entrainment)。進料溶液自發地冷卻至平衡溫度；由於冷卻焓和結晶焓都呈現為蒸發焓，因此有一部分溶劑蒸發。冷卻和蒸發產生的過飽和度會引起成核和成長。產品母漿從結晶器的底部被抽出。晶體的理論產率與進料濃度和溶質在平衡溫度下的溶解度之間的差成正比。

圖 27.10 顯示了一個連續的真空結晶器，它具有傳統的輔助單元，用於供給單元和處理產物母漿。單個本體的基本作用與單效蒸發器的作用非常相似，實際上這些單元可以多效操作。母漿從結晶器本體的錐體底部通過降落管 (downpipe) 循環到低速低壓差循環泵，向上通過在殼體中有冷凝蒸汽的垂直管狀加熱器，然後進入本體。熱流從母漿表面下方的切線入口進入。這會使母漿產生旋轉運動，從而促進驟沸 (flash) 蒸發，並經由絕熱驟沸的作用使母漿與蒸汽平衡。由此產生的過飽和提供了成核和成長的驅動潛力。母漿體積除以漿料泵中的母漿體積流率，得出平均滯留時間。

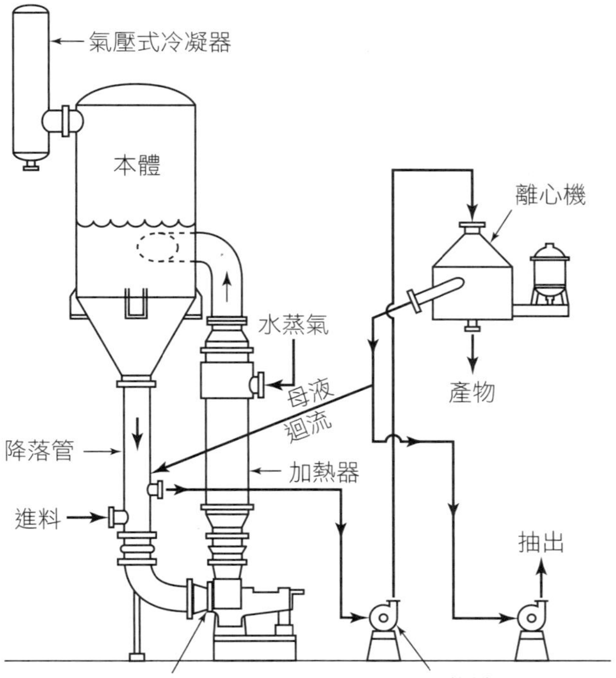

▲ 圖 27.10　連續結晶器 (經許可，摘自 *R. C. Bennett and M. Van Buren, Chem. Eng. Prog. Symp. Ser. 95,* ***65:****38, 1969.)*

進料溶液在循環泵吸入之前進入降落管。母液和晶體通過降落管進料口上游的排放管排出。母液在連續離心機中與晶體分離；將晶體取出作為產品或進行進一步處理，並將母液循環到降落管中。一些母液以泵從系統中排出以防止雜質的累積。

真空結晶器的簡單形式在結晶方面存在嚴重的侷限性，在單元中存在的低壓下，靜壓差 (static head) 對沸點的影響是重要的，例如 7°C 的水蒸氣壓力為 7.6 mm Hg，這是一個蒸汽噴射助推器容易獲得的壓力；一個 300 mm 的靜壓差使絕對壓力增加到 30 mm Hg，此時水的沸點是 29°C。如果在母漿表面以下 300 mm 的任何高度進入，在這個溫度下的進料不會驟沸。如圖 27.10 所示，在不驟沸的地方進入進料，有利於控制成核。

由於靜壓差的作用，蒸發和冷卻只發生在母漿表面附近的液層中，而於表面附近形成濃度和溫度梯度。晶體傾向於沈澱到結晶器的底部，在那裡可能很少或沒有過飽和。除非母漿充分攪拌，以消除濃度和溫度梯度，並使晶體懸浮，否則結晶器將無法令人滿意地操作。簡單的真空結晶器不能提供成核控制、分級或去除過量晶核和極小的晶體的好方法。

導流管 - 擋板式結晶器

導流管 - 擋板式 (draft tube-baffle, DTB) 結晶器是一種更通用、更有效的設備。結晶器主體裝備有導流管，該導流管也用作控制母漿循環的擋板，以及向上的螺旋槳攪拌器，以在結晶器內提供可控制的循環。在結晶器體外並由循環泵驅動的附加循環系統包含加熱器和進料入口。通過結晶器本體的錐形下部的底部附近的出口去除產物漿料。對於給定的進料速率，內部和外部循環都是獨立變數，並且提供用於獲得所需 CSD 的可控變數。

導流管 - 擋板式結晶器可以在主體下方配備淘洗管 (elutriation leg)，以根據大小對晶體進行分級，並且還可以配備用於清除細粒的擋板沈降區。圖 27.11 顯示這種單元的例子。部分循環液被泵送到淘洗管的底部，並用作水力分揀流體以將小晶體運送回結晶區以進一步成長。這裡的作用就是第 29 章中描述的受阻沈降分類。排出的漿料，從淘洗管的下部排出，並送入過濾器或離心機，而母液則返回結晶器。

藉由提供一個環形空間或夾套、由擴大錐體底部並使用結晶器主體的下壁作為擋板來去除不想要的晶核。環形空間提供了一個沈降區，其中水力分級藉

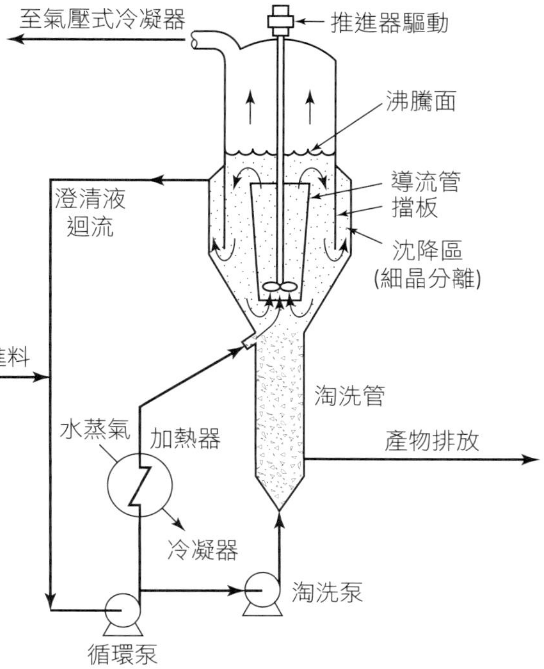

▲ 圖 27.11　具有內部系統的導流管 - 擋板式結晶器用於細晶分離與移出 (經許可，摘自 *A. D. Randolph, Chem. Eng., May 1970, p. 86.*)

由從沈降區頂部抽出的母液向上流動的浮力作用將細晶體與較大的晶體分開。如此抽出的細晶體的大小為 60 網目或更小，儘管數量巨大，但其質量很小，因此來自套層的流體幾乎不含固體。當這種被稱為**澄清液再循環** (clear liquor recycle) 或澄清液迴流的股流與新鮮進料混合並通過蒸汽加熱器泵入時，溶液變成不飽和，且大部分微小的晶體溶解。現在基本澄清的液體與在結晶器主體中循環的漿液迅速混合。

以這種方式從套層中除去大部分母液，則母漿密度急劇增加。母漿密度達到 30% 至 50%，此密度是基於沈澱晶體體積與總母漿體積的比值。

真空結晶器的產率　真空結晶器的產率可由焓和質量均衡來計算。基於圖 27.4 的焓圖的圖形計算如圖 27.12 所示。由於該過程是將進料絕熱分離成產物母漿和蒸汽，因此進料點 b、蒸汽 a 和母漿 e 位於一條直線上。晶體的點 d 與母液的點 f 連接的等溫線也通過點 e，並且該點位於線 ab 和 df 的交點。根據線段和重心原理，計算各個股流的比率。

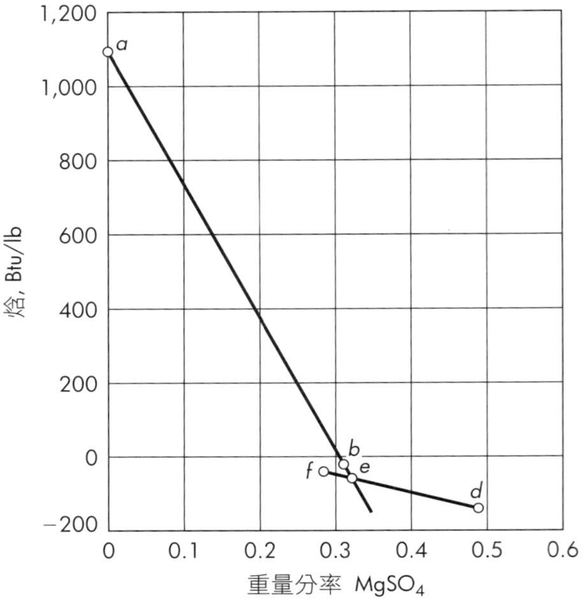

▲ 圖 27.12 例題 27.5 的解

例題 27.5

連續的真空結晶器用 31% 的 $MgSO_4$ 溶液進料。結晶器中母漿的平衡溫度為 86°F (30°C)，溶液的沸點上升為 2°F (1.11°C)。每小時獲得含有 5 噸 (4,536 kg) $MgSO_4 \cdot 7H_2O$ 的產物母漿。固體與母漿的體積比為 0.15；晶體和母液的密度分別為 105 和 82.5 lb/ft^3。求進料溫度、進料速率和蒸發速率是多少？

解

圖 27.12 顯示了問題的圖解。蒸汽在相當於 84°F 的壓力下離開結晶器，並有 2°F 過熱，這可以忽略不計。從蒸汽表可以看出，蒸汽的焓是 0.5771 $lb_f/in.^2$ 的飽和蒸汽的焓值，a 點的座標為 $H = 1{,}098$ Btu/lb，$c = 0$。產物母漿的焓與平均濃度分別為根據圖 27.4 給出的數據計算。直線 fd 是 $bcih$ 區域 (圖 27.4) 的 86°F 等溫線。對於點 f，終點的座標為 $H = -43$ Btu/lb 和 $c = 0.285$，對於點 d，$H = -149$ Btu/lb，$c = 0.488$。晶體與母液的質量比為

$$\frac{0.15 \times 105}{0.85 \times 82.5} = 0.224$$

母液生產率為 10,000/0.224 = 44,520 lb/h，產生的總母漿量為 10,000 + 44,520 = 54,520 lb/h。母漿中 $MgSO_4$ 的平均濃度為

$$\frac{0.224 \times 0.488 + 0.285}{1.224} = 0.322$$

母漿的焓為

$$\frac{0.224(-149) + (-43)}{1.224} = -62.4 \text{ Btu/lb}$$

這是 e 點的座標。進料點必須位於直線 ae 上。由於進料濃度為 0.31，進料的焓為 b 點的縱座標，或 −21 Btu/lb。點 b 在 130°F (94.4°C) 等溫線上，所以這個溫度就是進料的溫度。按照重心原理，蒸發速率為

$$54{,}520\frac{-21-(-62.4)}{1{,}098-(-21)} = 2{,}017 \text{ lb/h (915 kg/h)}$$

總進料速率為 54,520 + 2,017 = 56,537 lb/h (25,645 kg/h)。

結晶器設計：晶體大小分布

一旦由質量和能量平衡計算了結晶器的理論產率，仍然存在由成核和成長動力學來估計產品的 CSD 的問題。一個理想化的結晶器模式，稱為**混合懸浮混合產物去除模式** [(mixed suspension–mixed product removal, MSMPR) model]，已經很適合作為確定動力學參數的基礎，並顯示如何應用它們的知識來計算這種結晶器的性能。[21, 22, 24]

MSMPR 結晶器

考慮一個連續結晶器，其操作符合以下嚴格要求。[19]

1. 操作是穩態的。
2. 在任何時候，結晶器都含有混合懸浮的母漿，但沒有產品分類。
3. 在任何時候，均勻過飽和存在於整個母漿中。
4. 適用於晶體成長的 ΔL 定律。
5. 沒有使用大小分類的抽出系統。
6. 進料中沒有晶體。
7. 離開結晶器的產品母漿處於平衡，所以產品母漿中的母液為飽和。
8. 沒有晶體破裂成有限的粒子大小。

這個過程稱為**混合懸浮混合產物去除** (mixed suspension–mixed product removal) 結晶。由於上述限制，在單位時間和單位體積的母液中產生的晶核的數量，在母漿中的所有點都是恆定的；成長速率以單位時間的長度表示，是恆定的，並且與晶體大小和位置無關；母液的所有體積單元都含有大小範圍從晶核到大晶體的顆粒混合物；並且大小分布與結晶器中的位置無關並且與產品中的大小分布相同。

使用廣義的母數 (population) 平衡，MSMPR 模式可以推廣到非穩態操作，分類產物去除、進料中的晶體、晶體斷裂，母漿體積變化以及隨時間變化的成長率。[18] 這些變化並不包括在下面的推導式中。

母數密度函數

CSD 理論中的基本量是母數密度 (population density)。為了理解這個變數的含義，假設母漿中晶體的累積數量 (單位體積母液中的晶體數量) 的分布函數為晶體大小 L 的函數。圖 27.13 繪製了這樣一個函數。橫坐標為 L，縱坐標為 N/V，其中 V 是母漿中母液的體積，N 是母漿中大小為 L 和更小尺寸的晶體的數量。在 $L = 0$ 時，$N = 0$；晶體的總數是 N_T，對應於母漿中最大晶體的長度 L_T。

母數密度 n 定義為大小為 L 的累積分布曲線的斜率，或

$$n \equiv \frac{d(N/V)}{dL} = \frac{1}{V}\frac{dN}{dL} \tag{27.22}$$

根據假設 1，V 為常數。函數 $n = f(L)$ 於 $L = 0$ 時具有極大值 n°，並且在 $L = L_T$ 時為零。在 MSMPR 模式中，N/V 和 n 對 L 的函數在母漿中的時間和位置都是不變的。n 的因次是數目 / 體積 · 長度，以數目 /m^4 或數目 /ft^4 表示。這些假設和定義導致以下方程式：

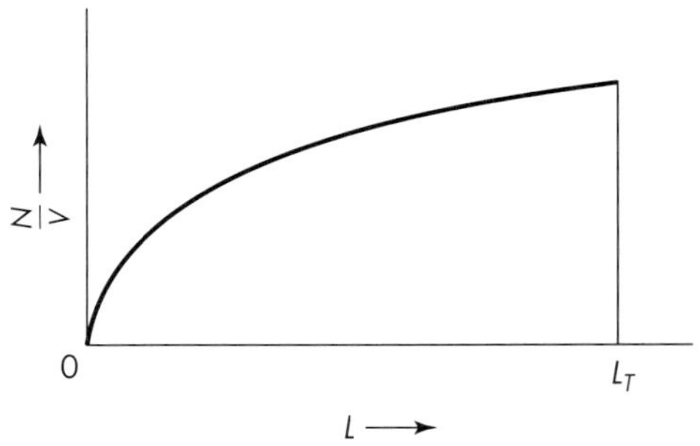

▲ 圖 27.13　累積數密度對長度

$$B^\circ = Gn^\circ \tag{27.23}$$

其中 n° 是晶核的母數密度最大值。

為了在母數中獲得所需的主要大小 L_{pr}，成核速率由下式給出：

$$B^\circ = \frac{9\,C}{2a\rho_c V_c L_{\mathrm{pr}}^3} \tag{27.24}$$

其中 C = 晶體的質量產率

a = 由 (27.16) 式定義的形狀因數

ρ_c = 晶體的莫耳密度

V_c = 結晶器中液體的總體積

增加晶體大小

使用兩種技術使晶體比來自 MSMPR 結晶器的晶體更大。在 DTB 結晶器的討論中已經描述了第一個稱為溶質迴流的細晶破壞。目的是大幅度減少晶核的數量，使剩餘的晶核能成長。過多的晶核將導致大的表面積並使過飽和度變小，因此使單個晶體的成長速率降低。在含有高度可溶性物質的系統中，細晶的破壞是最有用的，微小的結晶可以藉由加熱或加入少量溶劑輕易地重新溶解。

第二種技術稱為**雙重脫除** (double drawoff, DDO)，通過分類器後去除大量的溢流，以便留下大於特定切割大小 L_F 的晶體。從結晶器的充分混合的區域中取出較小的底流流體，與該流體一起離開的大晶體的平均滯留時間比在具有單個脫除的混合結晶器中的平均滯留時間更長。溢流通常是底流流動的 8 至 12 倍，因此大晶體的滯留時間增加約 10 倍。

分類可以藉由去除通過槽的垂直管道或擋板分段的溢流來實現，選擇的區域是使上升速度略大於 L_F 尺寸的晶體的終端速度。或者，可以直接從槽中取出大量的溢流，並通過水力旋流器 (hydroclone) (見第 29 章)，水力旋流器中過大的顆粒被送回槽中。水力旋流器的溢流和來自槽中的較小底流在結晶器外結合併送到過濾器或其他分離器。

合併產品中的晶體分布是強烈的雙峰型，其中一個峰值與 MSMPR 操作的大小大致相同。第二個峰值大小可能是第一個峰值的幾倍，平均大小是 MSMPR 結晶器的 2 到 3 倍。這可能會顯著改變產品的過濾特性。例如，在處理廢石膏時，普通的結晶產生了一種不可過濾的黏液，但是儘管 DDO 結晶器的產物含有大量的小晶體，卻過濾出了「像沙粒」一樣的顆粒。[4, 20]

White 和 Randolph[36] 討論了計算 DDO 結晶器中最佳細晶切割尺寸的方法。Sutradhar 和 Randolph[30] 給出了用溶質迴流破壞細晶的最佳切割尺寸，DDO 和細晶破壞結晶器的設計圖表。

結晶器中的接觸成核

Clontz 和 McCabe[5] 的接觸成核研究的結果已經應用於攪拌母漿結晶器設計的成核模型的建構中。[1,15] Bennett 等人[1] 開發的成核速率的相關性是

$$B^\circ = K_N n^\circ G \frac{u_T^2}{t_{\mathrm{To}}} \rho_c (G\tau)^5 \tag{27.25}$$

其中 K_N = 因次常數

uT = 葉輪的葉尖速率

t_{To} = 轉換時間

使用 (27.25) 式，實際上需要來自試驗工廠或相同設計的結晶器的實際操作的實驗數據。例如，在 KCl 的結晶中，Randolph[23] 發現 $B^\circ \propto G^{2.77} m_c^{0.91}$，其中 m_c 是結晶器中固體的濃度，以單位體積的晶體質量表示。

有機化學物質的結晶

迄今為止所有的例子都是針對無機固體的。結晶的原理同樣適用於有機化合物，但在實用中有一些重大差異，其中一些在這裡進行回顧。

有機化合物通常藉由向飽和溶液中添加可混溶的非溶劑來結晶，而不是藉由蒸發或冷卻來產生過飽和。非溶劑可以逐漸添加到一批溶液中，反之亦然，或者溶液和非溶劑股流可以在快速混合裝置中連續組合，所述快速混合裝置排放到攪拌槽以進一步晶體成長。可選擇非溶劑以使所需產物從不同物質的混合物中選擇性沈澱，並且可產生相當大的過飽和。例如，在水溶液中加入 20 mol % 的異丙醇會降低甘氨酸 (glycine) 和丙氨酸 (alanine) 的溶解度約 5 倍，但會稍微增加苯丙氨酸 (phenylalanine) 的溶解度。[8a] 蛋白質可以藉由添加硫酸銨 (鹽析) 或改變 pH 從溶液中選擇性沈澱，因為在等電點 (isoelectric point) 蛋白質的溶解度是最小的。不同的蛋白質可以由連續的 pH 變化而依次沈澱。

有機晶體的成長速率通常不顯示對過飽和度的一階相關性，如 (27.13) 式。對於甘氨酸在乙醇 - 水溶液中，成長速率隨著分率過飽和度 s 的增加而增加至約 2.5 次方。另外 7 種有機溶質的數據顯示指數 b 從 2.8 到 7.2。[7] 傳統的晶體成長

理論不能解釋大於 2.0 的指數。這些指數中的大多數是相當高的過飽和度，而低的指數可能在低的 *s* 值處找到。

有機晶體的成核可以藉由粒子 - 粒子或粒子 - 葉輪碰撞等異相過程，或藉由快速添加非溶劑後的均相成核而發生。對於一些產品來說，均勻成核可能是優選的，因為它可以產生具有相對窄的大小分布的微細晶體。一旦達到過飽和，均勻成核不會立即開始，而是僅在幾毫秒或幾秒鐘的誘導期之後才開始。預測成核動力學沒有一般相關性，但增加過飽和度通常會減少誘導時間並增加成核速率。

當兩種溶液結合形成高度過飽和的混合物時，形成的晶體的大小分布取決於混合方法和混合時間。混合時間不是第 9 章討論的槽摻合時間 (blending time)，但其**微混合時間** (micromixing time) 要短得多，其特徵在於將進料流與緊鄰的周圍流體局部摻合。有時，將進料流作為在葉輪尖端附近的射流排出而添加到槽中，其中流動是高度亂流的。另一種方法是使用兩個衝擊射流 (two impinging jets, TIJs)，它們可以浸沒在槽中的液體上方。使用 TIJ 混合器時，可以獲得短於 0.1 s 的混合時間，並且如果混合時間保持低於誘導期，則在規模放大的粒子大小分布不太受影響。[11]

從熔融溶液中結晶

製造一些有機化合物的最後一步是從純化的熔融流中固化出產物。這通常是藉由在鼓式攪拌器或冷卻式振動輸送機上或在帶夾層的攪拌容器上進行冷凍來完成的。[16b] 有時，液體可以過冷 20 或甚至 50°C 而不會結冰，此時可能需要將液體機械攪動或在液體中加入晶種誘導其結晶。

二成分和三成分有機混合物，特別是芳香族異構體的混合物，可以藉由簡單的冷卻來純化。除非形成固體溶液，否則經常可以生產出幾乎純的一種異構物純晶體。例如，二甲苯異構物的混合物，在兩階段結晶系統中在接近 –60°C 的溫度下以商業規模加工。來自每個階段的對二甲苯晶體在過濾離心機中分離 (參見第 29 章)。第一批不夠純的晶體重新熔化並重新結晶，第二批的晶體用甲苯或其它溶劑洗滌以除去附著的母液。

在其它加工系統中，純的產物被熔化，部分被重新洗滌和純化晶體。這種類型的典型裝置是**布羅迪純化器** (Brodie purifier)，如圖 27.14 所示。這包括幾個串聯的刮板式冷卻器，然後是一個純化塔，熔融的進料進入最後冷卻器的中間，液體流向溫度最低的系統殘餘物端。輸送機將晶體移向產物末端，然後排入直立純化塔中。在塔的底部，這些晶體被熔融；部分產生的液體作為產物被抽出，並且部分作為迴流通過塔向上流動。在純化器中，回流液清洗晶體表面以除去雜質；此外，晶體保持在其熔點一段時間，以允許吸收的雜質遷移到迴流中。由此可以由氯苯異構物的混合物生產純度大於 99.9% 的對二氯苯。Brodie 純化器也用於商業用途，即使這些化合物形成固體溶液而不是共熔混合物，萘的 thionaphthenate 含量也會從 2% 降低到 0.2% 到 0.4%。[14]

其它逆流裝置和熔煉技術在文獻中已有描述。[16f, 34]

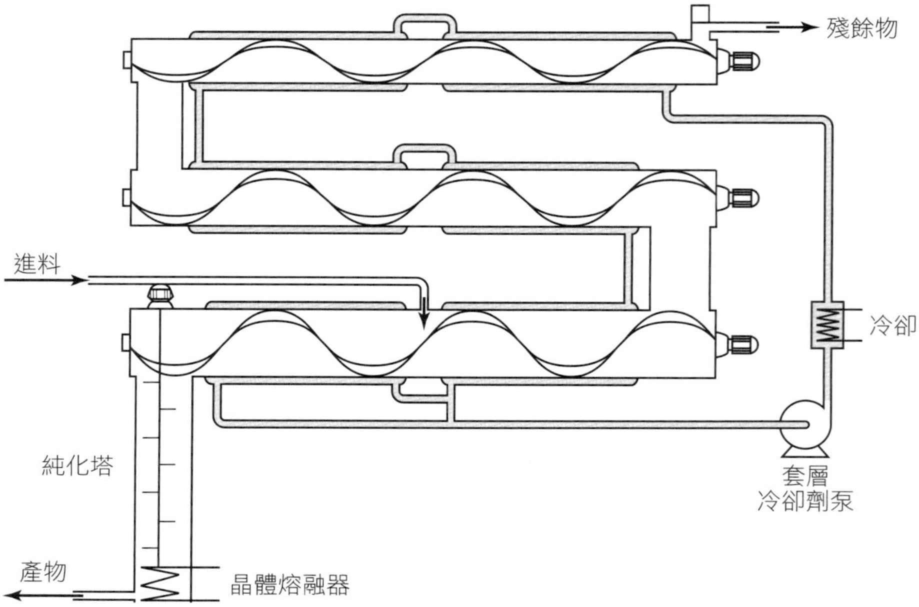

▲ 圖 27.14 Brodie 純化器逆向流冷卻結晶槽 (*C. W. Nofsinger* 公司.)

符號

a ：形狀因數，由 (27.16) 式定義，無因次

$B°$ ：成核速率，數目 /cm^3 · s 或數目 /ft^3 · h；B_c，由晶體 - 晶體接觸產生的成核速率；B_e，由晶體與葉輪接觸產生的成核速率；B_{ss}，均勻成核速率

b ：表面反應方程式中的指數

C ：成核頻率因數。數目 /cm^3 · s；亦為，晶體的質量生產速率，kg/h 或 lb/h

c ：溶液的濃度，mol/ 體積或 gmol/m^3；c_s，飽和溶液的濃度

D_p ：粒徑，m 或 ft

E ：接觸成核時的接觸能量，ergs

f ：函數

G ：晶體的成長速率，m/h 或 ft/h

H ：焓，J/g 或 Btu/lb

K ：總質傳係數，g mol/m^2 · h · 莫耳分率或 lb mol/ft^2 · h · 莫耳分率

K_N ：(27.25) 式中的因次常數

k_s ：界面反應係數，g mol/m^2 · h · 莫耳分率或 lb mol/ft^2 · h · 莫耳分率

k_y ：由溶液至晶體面的質傳係數，g mol/m^2 · h · 莫耳分率 lb mol/ft^2 · h · 莫耳分率

L ：線性因次或晶體大小，m 或 ft；L_F，在 DDO 結晶器的裁剪大小；L_T，最大尺寸；L_{pr}，主要大小

m ：質量，g mol 或 lb mol；m_c，每單位液體體積的晶體總質量

$\dot{m}$ ：莫耳成長速率，g mol/h 或 lb mol/h

N ：在結晶槽中等於 L 或小於 L 的晶體數目；N_T，晶體在結晶槽中的總數

N_A ：莫耳通量，g mol/m^2 · h 或 lb mol/ft^2 · h

$\mathbf{N}_a$ ：亞佛加厥常數，6.0222×10^{23} 分子 /g mol

n ：母數密度由 (27.22) 式定義，數目 /m^4 或數目 /ft^4；$n°$，最大值，對原子核而言

n_c ：每單位體積晶體的晶體數

Q ：液體在產物中的體積流率，m^3/h 或 ft^3/h

R ：氣體常數，8.3143×10^7 ergs/g mol · K

s ：分率過飽和度，由 (27.6) 式定義；$100s$，百分過飽和度

s_p ：晶體表面積，m^2 或 ft^2

T ：溫度，°C 或 °F；T_c，成長晶體的溫度；T_s，飽和溶液溫度

t ：時間；t_{To}，與旋轉葉輪接觸的給定晶體通道之間的翻轉時間

t_m ：晶體年齡

u_T ：葉輪尖端速率，m/s 或 ft/s

V ：體積，m^3 或 ft^3；母漿中的液體體積；V_c，結晶槽中液體的總體積

V_M ：莫耳體積，$1/\rho_M$，cm^3/g mol 或 ft^3/lb mol

v_p ：晶體的體積，m^3 或 ft^3

x ：質量分率；亦為，分布關係；x_L，大小分布；x_a，面積分布；x_m，質量分析；x_n，數目分布

y ：溶液中溶質的分率，與晶面的距離；y_s，在飽和溶液中溶質的分率；y'，在晶體與液體間的界面

z ：無因次長度，$L/G\tau$；z_{pr}，主要值

■縮寫■

CSD ：晶體大小分布

DDO ：雙重脫除

DTB　：導流管 - 檔板，結晶槽的形式

MSMPR：混合懸浮 - 混合產物移除

TIJ　：兩個撞擊噴射

希臘字母

α ：濃度比，由 (27.7) 式定義

Δc ：過飽和，g mol/m^3 或 lb mol/ft^3

ΔL ：在時間增量 Δt 內，晶體大小的增加，m 或 ft

Δn ：數量密度的增量

ΔT ：溫度驅動力，°C 或 °F；ΔT_c，結晶的溫度驅動力；ΔT_h，熱由晶體傳至液體的溫度驅動力

Δt ：時間增量，h 或 s

Δy ：過飽和，溶質的莫耳分率

κ ：溫度 - 濃度線的斜率

μ ：由理想 MSMPR 設備而得的晶體分布；μ_0，數量分布；μ_1，大小分布；μ_2，面積分布；μ_3，質量分布

μ_j ：晶體分布的歸一化第 j 主矩，由 (27.30) 式定義

v ：每溶質分子的離子數

ρ_M ：溶液的莫耳密度，g mol/cm^3 或 lb mol/ft^3；ρ_c，晶體的莫耳密度；ρ_s，飽和溶液的莫耳密度

σ ：界面能量，ergs/cm^2

σ_a ：晶核與觸媒間的視界面張力，ergs/cm^2

τ ：結晶槽中母漿的滯留時間，h

Φ_s ：圓球度

習題

27.1. 將含有 3.5% 可溶性雜質的 $CuSO_4 \cdot H_2O$ 連續溶於足夠的水再迴流母液中，在 80°C 下形成飽和溶液。然後將該溶液冷卻至 25°C，由此獲得 $CuSO_4 \cdot 5H_2O$ 的晶體。這些晶體均攜有 10% 乾重作為黏附母液。然後將晶體乾燥至無自由水 ($CuSO_4 \cdot 5H_2O$)。產品中允許的雜質為 0.6%。計算 (a) 每 100 kg 不純硫酸銅的水重與所需的迴流母液；(b) 假設不回收的母液被丟棄，則硫酸銅的百分回收比為多少？$CuSO_4 \cdot 5H_2O$ 在 80°C 下的溶解度為每 100 g 自由水為 120 g，在 25°C 下每 100 g 自由水為 40 g。

27.2. 每 100 g 水含有 43 g 固體的 $MgSO_4$ 溶液被送入 220°F 的真空結晶器中。結晶器中的真空對應於 H_2O 沸騰溫度 43°F，飽和 $MgSO_4$ 溶液的沸點上升為 2°F。若要每小時產生 900 kg 的瀉鹽 ($MgSO_4 \cdot 7H_2O$)，必須向結晶器供給多少溶液？

27.3. 在連續真空結晶器中進行理想的產品分類，將實現結晶器內所有晶體的滯留，直到達到所需大小，然後將其從結晶器中排出。[24] 產品的大小分布將是均勻的，並且所有晶體將具有相同的 D_p 值。除了單元中的母漿按大小分類並且每種晶體具有相同的滯留時間或成長時間，這種方法符合混合懸浮混合產物結晶器的其它約束條件。對於這樣一個過程，證明

$$m_c = \frac{a\rho_c B^\circ L^4}{4G} \qquad 和 \qquad \tau = \frac{L_{pr}}{4G}$$

27.4. 假定 $CuSO_4 \cdot 5H_2O$ 在理想的產品分級結晶器中結晶。需要 1.4 mm 的產品。成長率估計為 0.2 μm/s。幾何常數 a 為 0.20，晶體密度為 2,300 kg/m^3。使用每立方米母液中含 0.35 m^3 晶體的母漿稠度。則生產率為何？以每小時每立方米母液的晶體公斤數表示。此外每小時每立方米母液的成核速率是多少？

27.5. 已經報導了使用氯化鈉的結晶器的性能。[1] 一個實驗的結果是：

$$頂端速度\ u_T = 1{,}350 \text{ ft/min} \qquad 滯留時間 = 1.80 \text{ h}$$

$$通道之間的時間或周轉時間 = 35 \text{ s}$$

大小分布參數是

$$n^\circ = 1.46 \times 10^6 \text{ number/cm}^4 \qquad B^\circ = 1.84 \text{ number/cm}^3 \cdot \text{s}$$

$$晶體密度 = 2.163 \text{ g/cm}^3$$

使用上述指定的單位，計算因次常數 K_N，成長率以毫米 / 小時為單位。

27.6. 在 100°F 下操作的氯化鉀結晶器有一個細晶的溶解迴路，漿液溫度為 130°F。[23] KCl 在 100°F 時的溶解度為 39.3 g/100 g H_2O，在 130°F 時為 44 g/100 g H_2O。(a) 如果溶液初始過飽和度為 1.0 g/100 g，溫度突然升高到 130°F，如果忽略溶液濃度的變化，溶解 10 μm 晶體或 50 μm 晶體需要多長時間？(b) 如果細晶迴路中的平均晶體大小為 200 μm，漿料含有 30 g 固體 /L，那麼在 130°F 下 10 秒後溶液的飽和程度如何？

27.7. 石膏的結晶是在一個 200,000 gal 的攪拌槽中進行的，其為煙道氣脫硫過程的一部分。通過單一出口到沈降槽和過濾器，漿液具有 15 重量 % $CaSO_4 \cdot 2H_2O$ 和約 30 μm 的平均粒徑。實驗工廠在類似的條件下進行測試[4]，但是具有雙重脫除和溢流對底流比為 3.5，顯示出在 20 和 50 μm 處具有峰值的雙峰大小分布。分類是用切割大小為 30 μm 的水力旋流器進行的。(a) 相對於 DDO 操作的大晶體的平均滯留時間是多少？若使用 MSMPR 操作則平均滯留時間為何？(b) 有哪些證據可

證明兩種操作模式的過飽和度是不同的？(c) 估計溢流和底流的濃度以及合併流的濃度。

27.8. 用於抗生素分批結晶的小攪拌槽在 10 cm 渦輪以 550 r/min 操作時得到滿意的結果。該槽直徑 30 cm，平均深度為 40 cm，並含有四個擋板。(a) 小槽單位體積的輸入功率是多少？(以 kW/m^3 或 hp/100 gal 為單位) (b) 如果 P/V 保持不變，對於直徑為 2 m 的類似槽體，需要多大的攪拌器速度？(c) 對於恆定的 P/V，規模放大到大槽的最大剪切速率有何變化？

27.9. 對於例題 27.5 的 $MgSO_4$ 結晶器，20 網目晶體的預期生長速率為 0.055 cm/h。如果過飽和度約為 3%，質傳係數是自由落體粒子的兩倍，那麼晶體表面的實際過飽和度是多少？

27.10. 如果例題 27.5 的結晶器中的所需生產率是 4,200 kg/h 的 $MgSO_4 \cdot 7H_2O$，結晶器中的液體體積是 7.7 m^3，並且成核速率是 2.7×10^9 個核 /$m^3 \cdot h$，那麼主要晶體大小為何？如果成核速率是 2.0×10^8 個核 /$m^3 \cdot h$，會有什麼結果？(假設 $a = 1$。)

參考文獻

1. Bennett, R. C., H. Fiedelman, and A. D. Randolph. *Chem. Eng.* Prog. **69**(7):86 (1973).
2. Bichowsky, F. R., and F. D. Rossini. *Thermochemistry of Chemical Substances.* New York: Reinhold, 1936.
3. Buckley, H. E. *Crystal Growth.* New York: Wiley, 1951.
4. Chang, J. C. S., and T. G. Brna. *Chem. Eng. Prog.* **82**(11):51 (1986).
5. Clontz, N. A., and W. L. McCabe. *AIChE Symp. Ser., No.* 110, **67:**6 (1971).
6. Johnson, R. T., R. W. Rousseau, and W. L. McCabe. *AIChE Symp. Ser.,* No. 121, **68:**31 (1972).
7. Kirwan, D. J., I. B. Feins, and A. J. Mahajan: in A. S. Myerson, D. A. Green, and P. Meenan (eds.). *Crystal Growth of Organic Materials.*Washington: American Chemical Society, 1995, p. 116.
8. Kirwan, D. J. and C. Orella: in A. S. Myerson (ed.). *Handbook of Industrial Crystallization,* 2nd ed. Boston: Butterworth-Heineman, 2002, (a) p. 249, (b) p. 262.
9. Klink, A., M. Midler, and J. Allegretti. *AIChE Symp. Ser.* **67**(109):77 (1971).
10. La Mer, V. K. *Ind. Eng. Chem.* **44:**1270 (1952).
11. Manahan, A. J., and D. J. Kirwan. *AIChEJ.* **42:**1801 (1996).
12. McCabe, W. L. Ind. *Eng. Chem.* **21:**30, 121 (1929).
13. McCabe, W. L.: in J. C. Perry (ed.). *Chemical Engineers' Handbook,* 3rd ed. New York: McGraw-Hill, 1950, p. 1056.

14. Meyer, D. W. *Chem. Proc.* **53**(1):50 (1990).

15. Ottens, E. P. K. *Nucleation in Continuous Agitated Crystallizers.* Delft, Netherlands: Technological University, 1972.

16. Perry, R. H., and D. W. Green (eds.). *Perry's Chemical Engineers' Handbook,* 7th ed. New York: McGraw-Hill, 1997; (a) pp. **2**-120 to **2**-124, (b) pp. **11**-58 to **11**-67, (c) p. **18**-38, (d) p. **18**-40, (e) pp. **18**-44 to **18**-54, (f) pp. **22**-3 to **22**-13.

17. Powers, H. E. *C. Ind. Chem.* **39:**351 (1963).

18. Preckshot, G. W., and G. G. Brown. *Ind. Eng. Chem.* **44:**1314 (1952).

19. Randolph, A. D. *AIChE J.* **11:**424 (1965).

20. Randolph, A. D. Private communication, 1991.

21. Randolph, A. D., and M. A. Larson. *AIChE J.* **8:**639 (1962).

22. Randolph, A. D., and M. A. Larson. *Theory of Particulate Processes.* New York: Academic, 1971.

23. Randolph, A. D., E. T. White, and C. -C. D. Low. *Ind. Eng. Chem. Proc. Des. Dev.* **20:**496 (1981).

24. Saeman, W. C. *AIChE J.* **2:**107 (1956).

25. Seidell, A. *Solubilities*, 3rd ed. Princeton, NJ: Van Nostrand, 1940 (supplement, 1950).

26. Strickland-Constable, R. F. *Kinetics and Mechanism of Crystallization.* New York: Academic, 1968.

27. Strickland-Constable, R. F., and R. E. A. Mason. *Nature*, **197:**4870 (1963).

28. Strickland-Constable, R. F. *AIChE Symp. Ser., No.* 121, **68:**1 (1972).

29. Sung, C. Y., J. Estrin, and G. R. Youngquist. *AIChE J.* **19:**957 (1973).

30. Sutradhar, B. C., and A. D. Randolph. Unpublished manuscript. Chemical Engineering Department, University of Arizona, Tucson, 1991.

31. Tai, C. Y., W. L. McCabe, and R. W. Rousseau. *AIChE J.* **21:**351 (1975).

32. Ting, H. H., and W. L. McCabe. *Ind. Eng. Chem.* **26:**1201 (1934).

33. VanHook, A. *Crystallization, Theory and Practice,* New York: Wiley, 1951.

34. Walas, S. M. *Chemical Process Equipment.* Stoneham, MA: Butterworths, 1988; pp.543–8.

35. Walton, A. G. *Science* **148:**601 (1965).

36. White, E. T., and A. D. Randolph. *Ind. Eng. Chem. Res.* **28**(3):276 (1989).

第5篇

粉粒體的操作

一般來說，固體比液體或氣體更難處理。在加工過程中，固體以各種形式出現——角片、連續片、細分粉末。它們可能是堅硬和耐磨、堅韌和橡膠狀、柔軟或脆弱、多塵、凝聚、自由流動或黏性。不論其形式如何，都必須找到操作固體的手段，並在可能的情況下改進處理特性。

正如在第 27 章中提到的，化學過程中的固體通常以顆粒形式存在。本篇涉及粉粒體的性質、改性 (modification) 和分離。一般性質、處理、混合和尺寸減小 (size reduction) 在第 28 章討論，而機械分離則於第 29 章討論。

CHAPTER 28

粉粒體的性質與處理

在固體中可能存在的所有形狀和大小中，從化學工程角度來看最重要的是細小顆粒。對於處理含有這種固體的流動時，在設計程序和設備上，理解粉粒體的大量特性是必要的。

固體顆粒的特性

單個固體顆粒的特徵在於它們的大小、形狀和密度。均質固體顆粒具有與整體物質相同的密度。藉由破碎複合固體，如含金屬礦石，而獲得的顆粒具有不同的密度，通常不同於整體物質的密度。規則粒子的大小和形狀很容易確定，如球體和立方體，但對於不規則粒子 (如沙粒或雲母片)，其**大小** (size) 和**形狀** (shape) 的術語不是很清楚，必須任意定義。

顆粒形狀

正如在第 7 章中討論的那樣，單個顆粒的形狀可方便地用球形度 (sphericity) Φ_s 表示，其與顆粒大小無關。對於直徑 D_p 的球形顆粒，$\Phi_s = 1$；對於一個非球形的顆粒，球形度可由下列關係定義

$$\Phi_s = \frac{6/D_p}{s_p/v_p} \tag{28.1}$$

其中 D_p = 顆粒的公稱直徑 (nominal diameter)

s_p = 單一顆粒的表面積

v_p = 單一顆粒的體積

等效直徑 (equivalent diameter) 可以定義為等體積球體的直徑。然而，對於精細的顆粒材料來說，很難確定顆粒的確切體積和表面積，而 D_p 通常是基於篩析 (screen analyses) 或顯微鏡檢視的公稱尺寸。表面積可以從顆粒床中的壓力降

中找到 [(7.17) 式或 (7.22) 式]，或者，對於無孔的顆粒，從吸附測量，和使用 (28.1) 式來計算 Φ_s。如表 7.1 所示，對於許多粉碎的材料來說，Φ_s 值在 0.6 和 0.8 之間，但對於磨損而變圓的顆粒，Φ_s 可能高達 0.95。表 7.1 顯示立方體、短圓柱體和球體的球形度均為 1.0。對於相同的體積，立方體實際上具有球體表面面積的 1.24 倍，但是因為 D_p 是任意取作一邊的長度，所以 $\Phi_s = 1.0$。

顆粒大小

一般來說，對於任何等維 (equidimensional) 的顆粒可規定其「直徑」。粒子不是等維的，即在一個方向上長於另一個方向的粒子，有時以**第二** (second) 長的主要維度為特徵。按照慣例，顆粒大小根據所涉及的大小範圍以不同的單位表示。粗顆粒以吋或毫米測量；細微顆粒以篩網大小來表示；極細微的顆粒則以微米或奈米表示。超細顆粒有時以每單位質量的表面積來描述，通常以 m^2/g 計。

混合顆粒大小和大小分析

在直徑為 D_p 的均勻顆粒樣品中，顆粒的總體積為 m/ρ_p，其中 m 和 ρ_p 分別是樣品的總質量和顆粒的密度。由於一個粒子的體積是 v_p，所以樣品 N 中的顆粒數是

$$N = \frac{m}{\rho_p v_p} \tag{28.2}$$

從 (28.1) 式和 (28.2) 式，這個顆粒的總表面積是

$$A = N s_p = \frac{6m}{\Phi_s \rho_p D_p} \tag{28.3}$$

應用 (28.2) 式和 (28.3) 式至具有不同大小和密度的顆粒混合物，需將混合物分成幾個部分，每個部分具有恆定的密度和大致恆定的大小。然後可以對每個部分進行稱重，或者可以由多種方法中的任何一種對其中的單個顆粒進行計數或測量。然後將 (28.2) 式和 (28.3) 式應用於每個部分並且累加其結果。

將來自這樣的顆粒大小分析的資訊製成表格，以顯示每個大小增量中的質量或數量分率為增量中的平均顆粒大小 (或大小範圍) 的函數。以這種方式列表的分析稱為**微分分析** (differential analysis)。結果通常表示為柱狀圖，如圖 28.1a 所示，圖中的虛線連續曲線表示近似的分布。提供資訊的第二種方法是以**累積分析** (cumulative analysis)，藉由連續添加，從含有最小顆粒的單個增量開始，並

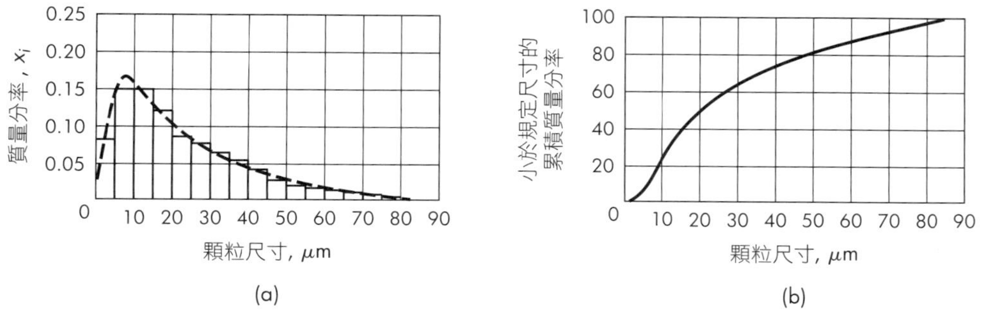

▲ 圖 28.1　粉末的顆粒尺寸分布：(a) 微分分析；(b) 累積分析

將增量中的累積和對最大粒徑進行製表或繪圖。圖 28.1b 是圖 28.1a 所示分布的累積分析圖。在累積分析中，數據可以適當地用連續曲線表示。

累積圖也可以在半對數紙上進行，或者更常見的是在對數概率紙上進行，橫坐標按照高斯概率分布在其上進行劃分。來自破碎機或研磨機的大小分析通常在這種紙上給出線性圖，至少在大部分的顆粒大小範圍內。

對混合物的平均顆粒大小、比表面積或顆粒群的計算可以基於微分或累積分析。原則上，基於累積分析的方法比基於微分分析的方法更精確，因為當使用累積分析時，不需要假設在單個部分中的所有粒子大小相等。累積分析可以從篩分試驗 (sieving test) 中找到。如果對數概率紙上的圖形給出一條直線，則可以藉由內插獲得微分結果。以下對於特定表面積、平均顆粒大小和顆粒數量的方程式是用微分分析表示。

混合物的比表面積

如果已知顆粒密度 ρ_p 和球形度 Φ_s，則在各分率的顆粒的比表面積可以由 (28.3) 式計算，將所有分率的結果相加可得 A_w，即**比表面積** (specific surface)(單位質量顆粒的總表面積)。如果 ρ_p 和 Δ_s 是恆定的，則

$$
\begin{aligned}
A_w &= \frac{6x_1}{\Phi_s \rho_p \bar{D}_{p1}} + \frac{6x_2}{\Phi_s \rho_p \bar{D}_{p2}} + \cdots + \frac{6x_n}{\Phi_s \rho_p \bar{D}_{pn}} \\
&= \frac{6}{\Phi_s \rho_p} \sum_{i=1}^{n} \frac{x_i}{\bar{D}_{pi}}
\end{aligned}
\tag{28.4}
$$

其中下標 = 單個增量

x_i = 已知增量中的質量分率

n = 增量數

$\bar{D}_{pi}$ = 平均粒徑，為增量中最小和最大粒徑的算術平均值

平均顆粒大小

顆粒混合物的平均顆粒大小以幾種不同的方式進行定義。**體積 - 面積平均直徑** (volume-surface mean diameter) $\bar{D}_s$ 與比表面積 A_w 有關 [見 (7.23) 式、(7.24) 式和 (9.39 式)]。可由下式定義

$$\bar{D}_s \equiv \frac{6}{\Phi_s A_w \rho_p} \tag{28.5}$$

將 (28.4) 式代入 (28.5) 式得

$$\bar{D}_s = \frac{1}{\sum_{i=1}^{n} (x_i / \bar{D}_{pi})} \tag{28.6}$$

這與 (7.24) 式相同。

如果每個分率中的顆粒數量 N_i 是已知而不是質量分率，則 $\bar{D}_s$ 可由 (7.23) 式得到。

其它平均值有時是有用的。**算術平均直徑** (arithmetic mean diameter) $\bar{D}_N$ 是

$$\bar{D}_N = \frac{\sum_{i=1}^{n} (N_i \bar{D}_{pi})}{\sum_{i=1}^{n} N_i} = \frac{\sum_{i=1}^{n} (N_i \bar{D}_{pi})}{N_T} \tag{28.7}$$

其中 N_T 是整個樣品中的顆粒數量。

質量平均直徑 (mass mean diameter) $\bar{D}_w$ 可由下式求出

$$\bar{D}_w = \sum_{i=1}^{n} x_i \bar{D}_{pi} \tag{28.8}$$

將樣品的總體積除以混合物中的顆粒數 (見下文)，可得顆粒的平均體積。這樣一個粒子的直徑是**體積平均直徑** (volume mean diameter) $\bar{D}_V$，它可以從下式求出

$$\bar{D}_V = \left[\frac{1}{\sum_{i=1}^{n} \left(x_i / \bar{D}_{pi}^3 \right)} \right]^{1/3} \tag{28.9}$$

對於由均勻顆粒組成的樣品，這些平均直徑當然是相同的。但是，對於包含不同粒徑的氣體混合物，則幾種平均直徑可能相差很大。

混合物中顆粒的數量

為了從微分分析中計算混合物中顆粒的數量，可用 (28.2) 式計算每個分率中的顆粒數量，N_w 是一個質量單位樣本中的總數，可由對所有分率求和得到。對於已知的顆粒形狀，任何顆粒的體積都與其「直徑」的立方成正比，或

$$v_p = aD_p^3 \tag{28.10}$$

其中 a 是**體積形狀因數** (volume shape factor)。與 Φ_s 不同，對於各種規則的固體 a 是不同的：球體為 0.5236，短圓柱體為 0.785 (高度 = 直徑)，立方體為 1.0。從 (28.2) 式，且假設 a 與大小無關，

$$N_w = \frac{1}{a\rho_p}\sum_{i=1}^{n}\frac{x_i}{\bar{D}_{pi}^3} = \frac{1}{a\rho_p\bar{D}_V^3} \tag{28.11}$$

比表面積、各種平均直徑和顆粒數量可以使用簡單的計算機程式從粒子的大小分析中很容易地計算出來。許多非常精細的顆粒測量儀器，都以電腦程式直接報告這些數量。

篩析；標準篩網系列

標準篩網用於測量尺寸範圍介於 3 到 0.0015 in. (76 mm 和 38 μm) 之間的顆粒尺寸 (和尺寸分布)。測試篩由編織金屬絲網製成，網目的尺寸和因次都經過了嚴格的標準化。網孔是方形的。每個篩網以每吋網目標識。然而，由於網線的厚度，實際的網孔小於與網目編號相對應的開口。泰勒 (Tyler) 標準篩網系列中的一個常見系列的特徵在附錄 5 中給出。這套篩網是基於 200 個網目的網孔，其孔距為 0.074 mm。系列中任何一個篩網的網孔面積都是下一個較小篩網網孔面積的兩倍。任何篩網的實際網目尺寸與下一個較小篩網的實際網目尺寸之比為 $\sqrt{2} = 1.41$。為了獲得更接近的尺寸，可以使用中間篩網，每個篩網的網目尺寸是下一個較小標準篩網的 $\sqrt[4]{2}$ 倍，或 1.189 倍。通常不使用這些中間篩網。

在進行分析時，將一組標準的篩網連續排列成一堆，最小的網目在最底部，最大的在頂部。將樣品放置在頂部篩網上，並且機械震動一定的時間，也許是 20 分鐘。將保留在每個篩網上的顆粒去除並稱重，再將個別篩網增量的質量轉

換成總樣品的質量分率或質量百分比。任何通過最細篩網的顆粒都會被捕獲在堆疊底部的平底盤中。

將篩網分析的結果製成表格，以顯示每個篩網增量的質量分率，作為增量的網目大小範圍的函數。由於任何一個篩網上的粒子都通過緊鄰篩網之前的篩網，所以需要兩個數字來指定增量的大小範圍，一個是通過篩網的分率，另一個是保留在篩網的分率。因此，符號 14/20 意味著「通過 14 網目而保留在 20 網目」。

典型的篩網分析顯示在表 28.1 中。前兩行為網目大小和篩網孔開口的寬度；第三行是保留在指定篩網上的總樣品的質量分率。這是 x_i，其中 i 是從堆疊底部開始的篩網的編號；因此 $i = 1$ 為平底盤，而篩網 $i + 1$ 是篩網 i 上方的篩網。符號 D_{pi} 表示等於篩網 i 的網孔開口的粒徑。

表 28.1 中的最後兩行顯示了每個增量的平均粒徑 $\bar{D}_{pi}$ 和小於 $\bar{D}_{pi}$ 的每個值的累積分率。在篩網分析中，累積分率有時會從堆疊頂部開始計算，並以**大於**給定大小的分率表示。

微細顆粒的尺寸量測

乾篩對於量測直徑大於 44 μm (325 網目) 的顆粒是有用的。濕篩分析可用於直徑小至 10 μm。比這更細的粒子可以用各種方法量測。光學顯微鏡和重力沈降用於粒徑為 1 至 100 μm 的顆粒，Coulter 計數器也是如此，這種裝置是一種可以量測電解質電阻變化的裝置，因為它可以通過一銳孔將顆粒逐個攜帶。

▼ 表 28.1 篩析

網目	篩網孔開口 D_{pi}, mm	保留質量分率 x_i	增量中的平均顆粒直徑 $\bar{D}_{pi}$, mm	小於 $\bar{D}_{pi}$ 的累積分率
4	4.699	0.0000	—	1.0000
6	3.327	0.0251	4.013	0.9749
8	2.362	0.1250	2.845	0.8499
10	1.651	0.3207	2.007	0.5292
14	1.168	0.2570	1.409	0.2722
20	0.833	0.1590	1.001	0.1132
28	0.589	0.0538	0.711	0.0594
35	0.417	0.0210	0.503	0.0384
48	0.295	0.0102	0.356	0.0282
65	0.208	0.0077	0.252	0.0205
100	0.147	0.0058	0.178	0.0147
150	0.104	0.0041	0.126	0.0106
200	0.074	0.0031	0.089	0.0075
平底盤	—	0.0075	0.037	0.0000

光散射技術、離心機或超速離心機中的沈降、光子相關光譜和電子顯微鏡可用於更精細的顆粒。[12b]

例題 28.1

表 28.1 所示的篩網分析適用於碎石英樣品。顆粒密度為 2,650 kg/m^3 (0.00265 g/mm^3)，形狀因數為 $a = 0.8$，$\Phi_s = 0.571$。對於顆粒大小為 4 網目和 200 網目之間的材料，計算 (a) 平方毫米每克的 A_w 和每克顆粒的 N_w，(b) $\bar{D}_V$，(c) $\bar{D}_s$，(d) $\bar{D}_w$，和 (e) 150/200 網目增量的 N_i。(f) 在 150/200 網目的增量下，顆粒總數的分率是多少？

解

欲求 A_w 和 N_w，(28.4) 式可以寫成

$$A_w = \frac{6}{0.571 \times 0.00265} \sum \frac{x_i}{\bar{D}_{pi}} = 3{,}965 \sum \frac{x_i}{\bar{D}_{pi}}$$

而由 (28.11) 式知

$$N_w = \frac{1}{0.8 \times 0.00265} \sum \frac{x_i}{\bar{D}_{pi}^3} = 471.7 \sum \frac{x_i}{\bar{D}_{pi}^3}$$

(a) 對於 4/6 網目增量，$\bar{D}_{pi}$ 是一定篩網的網目孔開口的算術平均值；或從表 28.1，(4.699 + 3.327)/2 = 4.013 mm。對於這個增量 $x_i = 0.0251$；因此 $x_i/\bar{D}_{pi} = 0.0251/4.013 = 0.0063$ 並且 $x_i = \bar{D}_{pi}^3 = 0.0004$。計算其它 11 個增量的相應數量並相加可得 $\sum x_i/\bar{D}_{pi} = 0.8284$ 和 $\sum x_i/\bar{D}^3_{pi} = 8.8296$。由於排除了平底盤的分率，則比表面積和 200 網目或更大網目每單位質量的顆粒數，可以將 (28.4) 式和 (28.11) 式所得的結果除以 $1 - x_1$ (因為 $i = 1$)，或 $1 - 0.0075 = 0.9925$。則

$$A_w = \frac{3{,}965 \times 0.8284}{0.9925} = 3{,}309 \text{ mm}^2/\text{g}$$

$$N_w = \frac{471.7 \times 8.8296}{0.9925} = 4{,}196 \text{ 顆粒/g}$$

(b) 從 (28.9) 式，

$$\bar{D}_V = \frac{1}{8.8296^{1/3}} = 0.4838 \text{ mm}$$

(c) 體積 - 表面平均直徑可由 (28.6) 式求得：

$$\bar{D}_s = \frac{1}{0.8284} = 1.207\ \text{mm}$$

(d) 質量平均直徑 $\bar{D}_w$ 由 (28.8) 式得到。為此，根據表 28.1 中的數據，

$$\sum x_i \bar{D}_{pi} = \bar{D}_w = 1.677\ \text{mm}$$

(e) 150/200 網目增量的顆粒數可以從 (28.11) 式求出：

$$N_2 = \frac{x_2}{a\rho_p \bar{D}_{p2}^3} = \frac{0.0031}{0.8 \times 0.00265 \times 0.089^3}$$
$$= 2{,}074\ \text{顆粒/g}$$

這是 2,074/4,196 = 0.494，或 49.4% 的顆粒在前 12 個增量。對於平底盤部分的材料，其顆粒數和比表面積比粗糙的材料大很多，但是不能從表 28.1 的數據中準確地估算。

顆粒物質的性質

固體顆粒的物質，特別是當顆粒乾燥而不黏時，具有流體的許多特性。它們對容器的側壁和壁面施加壓力；它們通過開口或下滑道流動。然而，它們與液體和氣體在幾個方面不同，因為顆粒在壓力下互相牽連，並且不相互滑動，直到施加的力達到可觀的量級。與大多數流體不同，顆粒狀固體和固體塊在受到適度的變形力時會永久抵抗變形。當力足夠大時，抵抗變形會發生失效，一層顆粒滑過另一層；但在失效的每一側的層之間，存在可觀的摩擦。

固體物質具有以下獨特性質：

1. 各個方向的壓力都不一樣。一般而言，施加在一個方向上的壓力會在其它方向上產生一定的壓力，但小於施加的壓力。在與施加的壓力成直角的方向上是最小的。在均勻質量中，法向壓力與施加壓力的比率 p_L/p_V 是常數 K'，這是材料的特徵。它取決於顆粒的形狀和互相牽連傾向、顆粒表面的黏性以及材料充填的緊密程度。它幾乎與顆粒大小無關，直到顆粒變得非常小並且材料不再自由流動。
2. 除非抵抗變形失效，否則施加在物質表面的剪應力會傳遞到整個靜態質量的顆粒中。
3. 質量的密度可能會有所不同，這取決於顆粒的充填程度。流體的密度是溫度和壓力的函數，就像每個單獨的固體顆粒一樣；但物質的整體密度則不是。

當物質「鬆散」時整體密度是最小的。當物質藉由振動或搗實 (tamping) 充填時，整體密度上升到最大。

4. 在大量密集充填顆粒可以流動之前，必須增加體積以允許互相牽連的顆粒相互移動。沒有這種擴張，流動是不可能的。
5. 當粒狀固體堆積在平面上時，堆積的側面與水平面的角度可以重現。這個角度 α_r 稱為物質的**靜止角** (angle of repose)。對於自由流動的顆粒固體，α_r 通常在 15° 和 30° 之間。

根據其流動特性，顆粒固體分為兩類，即**黏著性** (cohesive) 和**非黏著性** (noncohesive)。穀物、乾砂和塑膠碎片等非黏性材料可以自由流出儲料倉或筒倉。對於這些固體的 K' 值通常在 0.35 和 0.6 之間。黏著性固體，如濕黏土，其特點是勉強流過開口。對於這種固體，K' 值接近零。

固體的儲存和輸送

大容量儲存

碎石和煤等粗固體以大堆的形式存放在外面，不受天氣影響。當涉及數百或數千噸的材料時，這是最經濟的方法。藉由吊斗鏟 (dragline) 或拖拉機鏟 (tractor shovel) 將固體從物料堆中移出並輸送到輸送機或程序中。戶外儲存可能會導致環境問題，例如從物料堆中除去或瀝濾可溶性物質。除塵可能需要一些類型的保護蓋來保護儲存的固體；瀝濾可以藉由將物料堆覆蓋或將其放置在具有不透水層的淺盆中進行控制，從中可以安全地取出徑流 (runoff)。

倉儲

固體太貴或太易溶解而不能曝露在室外的固體堆中，應存放在儲料箱 (bin)、儲料槽 (hopper) 或筒倉 (silo) 中，這些是混凝土或金屬的圓柱形或矩形容器。筒倉高而直徑相對較小；儲料箱不是很高，通常相當寬。儲料槽是一個斜底的小容器，用於在將固體送入過程之前臨時儲存。所有這些容器都由某種升降機從頂部裝載；通常從底部完成排放。如後面所討論的，儲料箱設計中的主要問題是提供滿意的排放。

儲料箱和筒倉中的壓力　當粒狀固體放置在儲料箱或筒倉中時，在任何點施加在壁上的側向壓力比在該點之上的材料頂部預測的要小。此外，通常在壁和固體顆粒之間存在摩擦，並且由於顆粒的互相牽連，在整個質量中感覺到這種摩擦的影響。壁上的摩擦力傾向於抵消固體的重量並且降低了顆粒堆施加在容器底部的壓力。

容器底部或填料支撐上的垂直壓力遠小於相同密度和高度的液柱所施加的壓力。來自固體的實際壓力取決於固體的 K' 值、固體和容器壁之間的摩擦係數以及固體放置在容器中的方式。通常，當固體柱的高度大於容器直徑約 3 倍時，再增加的固體對底部的壓力沒有影響。當然，如果添加更多的固體，總質量就會增加，但是額外的質量是由器壁和基礎承載，而不是由容器的地板承載。

在顆粒狀固體中，高壓並不是增加物質流動的趨勢，就像在液體中那樣；相反的，增加的壓力將顆粒更緊密地充填在一起，使流動更加困難。在極端的情況下，容器中某一點的重力和摩擦力的結合使得固體拱起或橋接，使得即使當它們下面的物質被移除時它們也不會掉落。幾乎所有的大型儲箱都具有一個**弧形切斷機** (archbreaker)，其為設置在底部的一個向上指向的淺金屬錐體，以防止排放口處的固體變得緊密堆積。顆粒狀固體，特別是有角的顆粒，必須是鬆散的才能流動。

流出儲料箱

固體傾向於從儲料箱底部附近的任何開口流出，但最好通過地板上的開口排出。通過側面開口的流動往往是不確定的，並且在固體流動時增加了儲料箱的另一側的側向壓力。底部出口不太可能堵塞，並且不會在任何時候在壁上引起異常高的壓力。

Jenike 等人[7] 已經研究了流出的固體流動的因素。當含有自由流動固體的儲料箱底部的出口被打開時，開口正上方的物料開始流動。根據儲料箱底部壁面的陡度以及固體與儲料箱壁之間的摩擦係數，將會形成兩種流動模式之一。[12k] **質量流動** (mass flow) 發生在一個高度陡峭錐體的錐底儲料箱中，所有的物料從箱子頂部均勻地向下移動，因而形成一個淺錐角或直立壁和在地板中央開放的**通道流動** (tunnel flow)。這裡開口上方的固體直立柱向下移動而不會干擾側面的物料。最終側向流動首先從最頂層的固體開始。顆粒堆的表面形成一個圓錐形凹陷。儲料箱底部或箱壁附近的固體最後離開。物料以接近固體的內摩擦角的角度側向滑入中心塔。如果在儲料箱頂部以與物料從底部流出相同的速率添加其它物料，那麼箱壁附近的固體無論流量持續多久均保持停滯並且不會排出。

粒狀固體在重力作用下通過箱底部的圓形開口的流率取決於開口的直徑和固體的性質。在很大範圍內，它與固體床的高度無關。對於自由流動的顆粒，固體流動的速率隨著 D_o^3 的變化而變化，其中 D_o 是排放口的直徑。[9,15]

黏性固體通常很難開始流動。然而，一旦流動開始，則緊鄰排放口上方的物料也開始流動。排放口上方的固體柱通常以柱狀的形式移出，留下幾乎垂直於側面的「鼠孔」。黏性固體和甚至一些乾粉強烈地黏附在直立面上，並具有足夠的剪切強度以支撐在排放口之上具有相當大直徑的栓塞。因此，為了使流動開始並保持物料流動，通常需要在儲料箱壁上加裝振動器、靠近儲料箱底部加裝內部鏟子或排放口內加裝空氣噴射流。

當固體流動時，排放口應該足夠小以便容易關閉，但不能太小以至於堵塞。當半開放時，最好使開放足夠大以通過全部期望的流動。然後可以進一步打開以清除部分阻塞。然而，如果開口太大，截止閥 (shutoff valve) 可能難以關閉，流量控制將很差。

輸送機

第 7 章介紹了固體氣流輸送機 (pneumatic conveyor)。其它常用輸送設備包括輸送帶和斗式升降機、帶拉鍊式緊固件的閉式輸送帶、以及各種拖曳和飛行輸送機。這些都包括一個回程 (return leg)，從排放點到裝載點運載空的皮帶或鏈條。振動輸送機和螺旋輸送機沒有回程，但只能在相對較短的距離上操作。氣流輸送機也沒有回程，並且不限於行程距離。參考文獻 12j 中討論了固體輸送機。

固體的混合

固體的混合，無論是自由流動的還是附著性的，在某種程度上類似於低黏度液體的混合。這兩個過程是將兩個或多個單獨的成分混合形成一個或多或少均勻的產品。通常用於混合液體的一些設備有時可用於混合固體。

然而，這兩個過程之間存在顯著的差異。液體混合取決於流體流的形成，其將未混合的物質輸送到靠近葉輪的混合區。在稠糊狀物或大量顆粒狀固體中，不可能有這樣的流動，必須以其它方式來完成混合。因此，混合糊劑和乾燥固體通常需要比混合液體有更多的功率。

另一個差異是，在混合液體中，「充分混合」的產品通常意味著真正均勻的液相，即使是非常小的隨機樣品都具有相同的組成。在混合糊劑和粉末時，產品通常由兩個或多個易於識別的相組成，每個相可能含有相當大的單個顆粒。從這種「充分混合」的產品來看，少量隨機樣本的組成差異明顯；事實上，如果結果是顯著的，任何給定的這種混合物的樣品必須大於某個臨界尺寸 (幾倍於混合物中最大的單個顆粒的尺寸)。

混合器性能的量測

與液體相比，固體和糊劑的混合更難以確定。基於統計程序的混合的定量量測有時用於評估混合器的性能。這些程序是基於在不同時間從混合物中採集的現場樣品的分析。混合物的一種成分隨機分布在另一成分中稱為完全混合。

對於粒狀非黏性固體，使用含有大約相同數量顆粒的多個小樣品。考慮成分 A 和成分 B 的混合物，從其中取 N 個現貨樣本，每個樣本含有 n 個顆粒，並進行分析。由分析結果可依下列方程式估算標準差 s

$$s = \sqrt{\frac{\sum_{i=1}^{N}(x_i - \bar{x})^2}{N-1}} = \sqrt{\frac{\sum_{i=1}^{N} x_i^2 - \bar{x}\sum_{i=1}^{N} x_i}{N-1}} \tag{28.12}$$

其中 x_i = 每個樣品中 A 的數量分率

$\bar{x}$ = 量測的數量分率的平均值

即使混合物完全混合，各個點樣本中 x_i 的值也不會相同；從隨機混合物中抽取的樣本，總有一些機會從一個隨機的混合物抽取的樣本中，含有比從其中獲取的群體顆粒更大 (或更小) 比例的一種顆粒。完全隨機混合物的理論標準差 σ_e 可由下式得到：

$$\sigma_e = \sqrt{\frac{\mu_p(1-\mu_p)}{n}} \tag{28.13}$$

對於黏性固體，使用質量分率代替數量分率。現貨分析的標準差使用如前所述的 (28.12) 式。在混合開始之前，混合物的標準差為

$$\sigma_0 = \sqrt{\mu(1-\mu)} \tag{28.14}$$

其中 μ 是混合物中成分 A 的總質量分率。

有時 s 直接用來量測混合程度，但更常將標準差 (或其平方，變異數) 與 (28.13) 式和 (28.14) 式中的理論標準差或變異數進行比較。[5,10,14]

在實際操作中，混合器的驗證是在它生產的混合材料的性質。充分混合的產品是所要求的並且具有必要的性能——視覺均勻性、高強度、均勻燃燒速率或其它所需特性的產品。一個好的混合器是以最低的總成本生產這種充分混合的產品。

混合稠狀物、塑膠固體和橡膠更像是一門藝術而不是科學。要混合的物料的性質從一個過程至另一過程變化很大。即使在單一物料中，它們在混合操作

過程中的不同時間也可能有很大差異。如批次操作，可能開始時是一種乾燥的、自由流動的粉末，加入液體時變成糊狀，隨著反應的進行，成為僵硬和膠黏，然後可能再次乾燥、粒狀和自由流動。物料的不確定性如剛性、黏性和潤濕性在這些混合問題中與黏度和密度一樣重要。首先，用於糊狀和塑膠塊物料的混合器必須是多功能的。在給定的問題中，選擇的混合器必須能處理處於最差狀態的物料，而在混合循環的其他部分可能不如其他設計那樣有效。與其它設備一樣，重型物料的混合器的選擇往往是一種折衷。Perry[12a] 討論了混合器的類型和影響固體混合的性能。這裡討論幾種有代表性的固體混合器。

非黏性固體混合器

用於乾粉的混合器也包括一些用於重型糊狀物的機器和一些侷限於自由流動粉末的機器。混合是用葉輪慢速攪拌物料，用翻滾，或用離心塗抹和撞擊。

內部螺旋式混合器 (internal screw mixer) 由一個含有螺旋輸送帶的立式罐組成，該輸送帶提升和循環物料。在圖 28.2a 所示的**絲帶摻合和器** (ribbon blender) 中，兩根反作用的絲帶安裝在同一軸上，一個將固體緩慢地向一方向移動，另一個在另一方向上快速移動。絲帶可能連續或中斷。有些單元分批操作；其它則連續混合，固體一端進料，另一端排出。一些帶式攪拌機非常大，可容納 34 m^3 (9,000 gal) 的物料。

轉鼓式摻合器 (tumbling mixer) 包括球磨機和滾筒，兩者都可以處理濃漿和重固體。圖 28.2b 所示的雙錐倒轉摻合器限於輕質自由流動固體。將物料從上面輸入直到充滿 50% 到 60%，然後繞水平軸旋轉 5 到 20 min。它可能含有用於將少量液體引入混合物的內部噴霧或用於破碎固體附聚物的機械驅動裝置。Wang 和 Fan 討論了轉鼓式摻合器的規模放大程序。[17]

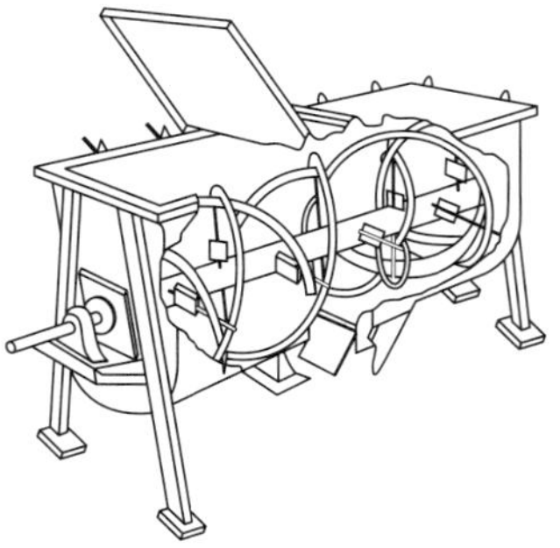

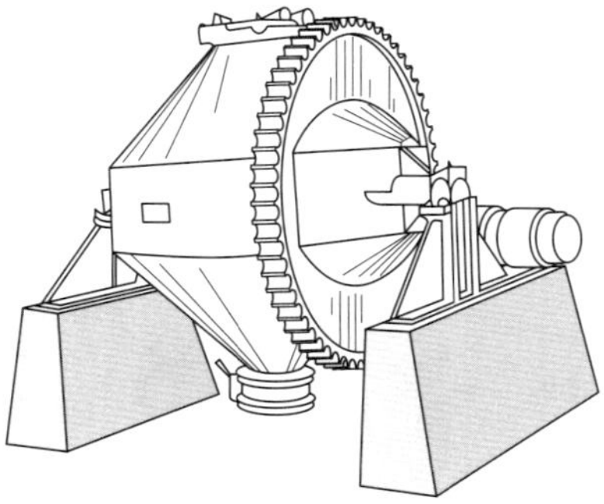

(a)　　(b)

▲ 圖 28.2　自由流動固體的摻合器。(a) 絲帶摻合器；(b) 轉鼓式摻合器

在轉鼓式摻合器中攪拌最初很快，但並不完全。在這種類型的摻合器中，成分不會以完全隨機的方式摻合。一段時間之後，摻合物的品質會下降，波動，甚至可能減低。非摻合力，通常是靜電的，其在乾燥的固體摻合器中工作，而效果在這裡特別顯著。這些力往往阻止混合達到完全的摻合；當摻合時間較長時，可能導致相當程度的未摻合和隔離 (segregation)。[18]

離心塗抹和衝擊在**衝擊輪** (impact wheel) 中起作用，其中乾成分的預摻合物連續地輸入直徑為 250 至 700 mm (10 至 27 in.) 的高速旋轉的圓盤中心附近，而圓盤又將其向外拋入固定的外殼中。作用在粉末上的強烈的剪切力在盤表面上通過，徹底地將物料摻合。衝擊輪可摻合 1 至 25 tons/h 質輕、自由流動的粉末，如殺蟲劑 (insecticides)。如圖 28.8 所示的磨耗機是這種類型的有效摻合器。

黏性固體混合器

所有混合問題中最困難的一些涉及黏性固體 (cohesive solid)，例如糊狀物，塑料材料和橡膠。在某些方面，這些物質類似於液體，但是其極高的黏度意味著混合設備必須與第 9 章所描述的混合器不同，並且要更強大。黏性固體的混合單元不能產生流動；而是剪切、折疊、拉伸和壓縮待混合的材料。機械能由移動元件直接施加於大量的材料上。這些混合器產生的力量很大，功率消耗很高。

換罐混合器 (change-can mixer) 將黏性液體或輕質糊狀物 (如在食品加工或油漆製造中) 摻合在可移動攪拌罐或尺寸為 5 至 100 gal 的容器中。在圖 28.3a 所示的小型混合器中，旋轉式攪拌器帶有幾個位於容器壁附近的直立葉片。該罐由轉盤 (turntable) 沿著與攪拌器相反的方向驅動。在圖 28.3b 的打漿混合器 (beater mixer) 中，罐是固定的，攪拌器作行星式的運轉，當它旋轉時，就會旋進 (precesses)，重複和容器的所有部分接觸。

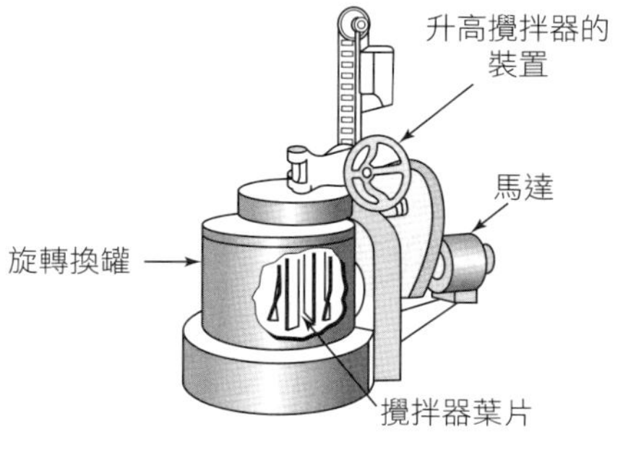

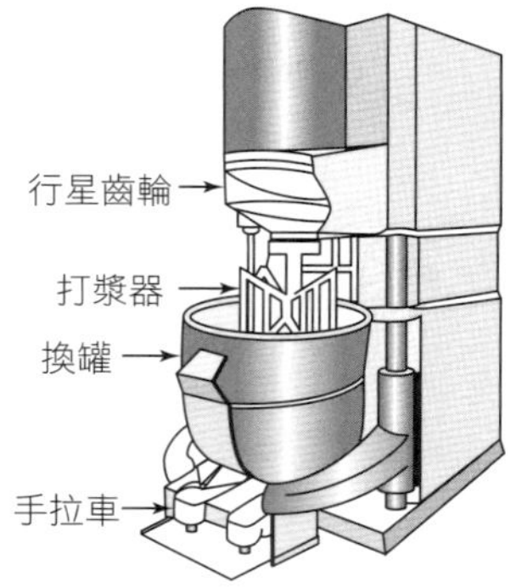

▲ 圖 28.3　雙動糊狀物混合器：(a) 小型混合器；(b) 打漿混合器

捏合機 (kneading machine) 以擠壓塊狀物質，將其折疊並再次擠壓，從而混合可變形或塑性固體。大多數捏合機也將物料撕開，並將物料在移動葉片和靜止表面之間剪切。即使是相當薄的物料也需要相當大的能量，並且隨著物質變得僵硬和橡膠狀，功率需求變得非常大。

雙臂捏合機 (two-arm kneader) 可處理懸浮液、糊狀物和輕質塑膠塊。典型的應用是從顏料和載體中混合漆基 (lacquer bases)，並將棉短絨浸於醋酸和醋酸酐中撕碎以形成醋酸纖維素。**分散機** (disperser) 在結構上比較重，所需的功率比捏合機大。它將添加劑和著色劑加工成硬質材料。**割碎機** (masticator) 也是較重的，所需的功率更大。它可以分解廢橡膠，並將可以加工的最堅硬的塑膠塊複合在一起。割碎機通常稱為**強力混合器** (intensive mixer)。

在所有這些機器中，混合是由平行水平軸上的兩個重型葉片在具有馬鞍形底部的短槽中轉動來完成。葉片在頂部相互轉向，將物料向下拖到鞍點上，然後在葉片和槽壁之間剪切。葉片的旋轉圓通常是沿著切線方向，使得葉片可以用任何期望的比例以不同的速率旋轉。最佳比例約為 3/2：1。在一些機器中，葉片重疊並以相同的速率或以 2：1 的速率比轉動。

圖 28.4 顯示了供各種用途而設計的混合葉片。左邊所示的普通 sigma 葉片用於通用捏合。它的邊緣可能是鋸齒狀的，以便切碎。中間的雙面葉片或魚尾式葉片對於重型塑膠材料特別有效。右邊的分散式葉片可產生將粉末或液體分散到塑膠或橡膠狀物質中所需的高剪切力。割碎機葉片比上述的各葉片更重，有時直徑稍大於驅動它們的軸。使用的割碎機葉片係設計為螺旋形、扁平和橢圓形。

將待捏合或加工的物料倒入槽中並混合 5 至 20 分鐘或更長時間。有時物料在機器中被加熱，但更常見的是必須將它冷卻以去除由混合作用產生的熱量。槽通常以傾斜來卸載，使其內的物料溢出。

在一些稱為**內部混合器** (internal mixer) 的捏合機中，混合室在操作循環期間用蓋子封閉，底部與葉片掃出的體積一致。這種混合器不會傾斜。它們用於溶解橡膠和製造液體中的橡膠分散體。最常見的內部混合器是**班伯里混合器** (Banbury mixer)。這是一種重型雙臂式混合器，其攪拌器呈中斷螺旋式，軸轉

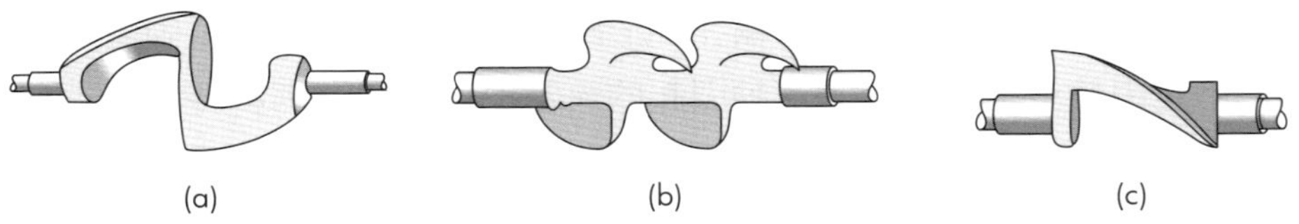

▲ 圖 28.4　捏合機與分散葉片：(a)sigma 葉片；(b) 雙刃葉片；(c) 分散式葉片

速在 30 到 40 rpm。從上方裝入固體，在 1 至 10 atm 的壓力下以氣動活塞 (air-operated piston) 進行混合時將固體保持在槽內。混合後的物料通過槽底部的滑動門排出。班伯里混合器複合橡膠和塑膠固體、割碎原油橡膠、脫硫橡膠廢料，並製成水分散體和橡膠溶液。

批式捏合機可以處理非常堅硬的材料，但材料混合愈困難，所用的批量愈小。**連續捏合機** (continuous kneader) 混合由輕到相當重的膠黏物質中，並且可以結合到連續的工業過程。在典型的設計中，在混合室中緩慢轉動的單個水平軸 (shaft) 承載排成螺旋形布置的齒排，以使物料通過混合室。轉子 (rotor) 上的齒通過設置在殼體壁上的固定齒之間的密封間隙。軸轉動並且也在軸向往復運動。嚙合齒 (meshing teeth) 之間的物料因此沿軸向或縱向方向塗抹以及受到徑向剪切。固體在轉子的驅動端附近進入機器，並通過圍繞混合室另一端的軸承的開口排出。若為輕質固體，則混合室採開放式槽，若為塑膠塊，則採密閉圓柱。這些機器每小時可以混合重的、堅硬的、或膠黏的物料達數噸重。

混合器 - 擠壓機

如果用擠壓模具 (extrusion die) 覆蓋連續捏合機的出料口，轉子的傾斜葉片會在物料中產生相當大的壓力。混合物在混合室中被切割和折疊，並在流經模具時受到額外的剪切。其它的混合擠出機的功能也是一樣的。它們包含一個或兩個水平軸，旋轉而不是往復運動，帶有螺旋形的螺旋片或葉片。藉由減少排放口附近的螺旋片的螺距，減小混合室的直徑或者減小兩者來建立壓力。混合器 - 擠壓機可連續混合、複合、加工熱塑性塑膠、麵團、黏土和其它難混合的物料。有些還帶有加熱套層和蒸汽排出連接件，以便在處理過程從物料中除去水或溶劑。

Muller 混合器

研磨機給出了與其它機器完全不同的混合動作。研磨是一種類似於研缽和杵中的塗抹或摩擦動作。在大規模的加工過程中，這個動作是由圖 28.5 所示的混合器的寬重輪子產生的。在這種特殊的研磨機設計中，底盤是固定的，並且中心垂直立軸被驅動，使得研磨輪在圓形路徑上在圓盤上的一層固體上滾動。摩擦作用是由輪子在固體上的滑動引起的。當攪拌機正在卸料時，犁頭在攪拌器輪子下方引導固體或者在循環結束時引導到盤子上的開口。在另一種設計中，輪子的軸線保持固定，並且盤子旋轉；另一方面，輪子不在盤子的中心而是偏移，並且盤子和輪子都被驅動。攪拌犁可以代替研磨輪來提供所謂的**盤式混合**

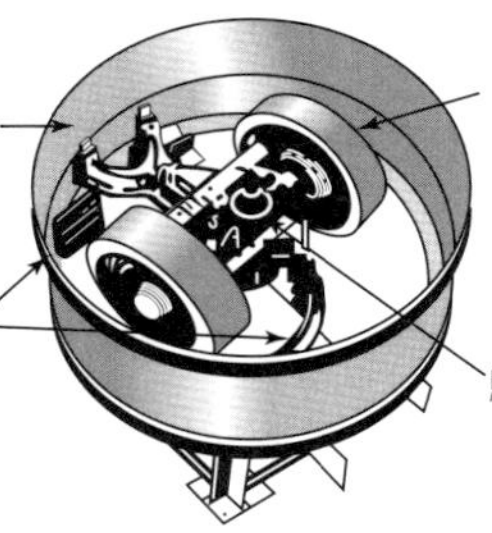

▲ 圖 28.5　Muller 混合器

器 (pan mixer)。批次 Muller 混合器是很好的的重型固體和糊狀物混合器；尤其以少量液體均勻地塗覆在顆粒狀固體方面特別有效。帶有兩個串聯混合盤的連續 Muller 混合器也可以使用。

混合效率

凝聚性固體 (cohesive solid) 混合器的性能由所需時間、功率負載和產品性能來判斷。這些標準在一問題到另一問題上差別很大：有時需要非常高的一致性，有時需要快速混合，而有時需要最小的功率。

如前所述，可以藉由分析點樣本並將估計的標準差 s 與零混合的標準差 σ_0 進行比較來量測混合度。研究顯示，[10] 雙臂捏合器和 Muller 混合器的混合度首先迅速上升，然後根據材料的特徵值進行平衡，最好是混合矽質顆粒狀固體，而重黏稠膏體則很差。相比之下，一些連續捏合器對於混合塑性材料遠較混合顆粒自由流動的固體更為有效。

軸向混合

在第 9 章描述的螺旋元件混合器中。在任何給定的橫截面上，兩種流體都徑向混合，但是在軸向或縱向方向幾乎沒有混合。流體的行為近似於柱狀流，其中沒有任何軸向混合。在一些連續的糊狀物混合器中，也幾乎沒有軸向混合，這在某些混合操作或化學反應中是理想的特性；在其它情況下軸向混合可能是顯著的。

在糊狀混合器中，軸向混合的程度可由在很短時間內將追蹤劑注入進料中，然後監測出口物流中追蹤劑的濃度來測量。典型地，在出口所出現的追蹤劑，比混合器內容物的平均滯留時間稍微早些。它的出口濃度上升到最大值，隨著時間的推移衰減到零。所有 (或幾乎所有) 追蹤劑排出所需的最大高度和時間長度是軸向混合程度的量度。

這種追踪劑試驗的結果，通常用擴散係數 E 表示。低擴散係數意味著很少軸向混合；高擴散係數意味著有很大的軸向混合。顯然，如果在化學反應器中要避免進料和產物混合，那麼當柱狀流最佳時，所需要的 E 值很小。當需要軸向混合以摻合混合器進料的連續部分時，例如，抑制進料組成物或進料成分比中的較小波動時，需要較大的 E 值。有方程式[16] 提供我們可從混合器出口處的追踪劑時間數據來預測 E。對於雙軸槳葉式混合器，E 通常等於 $0.02UL$ 至 $0.2UL$，其中 U 是混合器中物料的軸向速度，L 是混合器長度。

比率 UL/E 稱為 **Peclet 數** (Peclet number) Pe。因此槳葉式混合器 Pe 的範圍從 5 到 50。有些攪拌器設計的 Pe 值很大，Pe 隨著轉子速度的增加而下降；對於其它的設計，Pe 則較小，幾乎與轉子的速率無關。[16]

減小尺寸

術語**尺寸減小** (size reduction) 適用於固體顆粒被切割或粉碎成小塊的所有方式。在整個加工工業中，為了不同的目的，可採用不同的方法減小固體。粗礦塊被壓碎成可用的大小；合成化學品被磨成粉末；塑料片被切成小立方體或菱形體。商業產品通常必須滿足嚴格的規格要求，包括顆粒的大小，有時甚至是顆粒的形狀。減小粒徑還會增加固體的反應性；它允許以機械方法分離不需要的成分；它減少了大量的纖維材料，使其容易處理和廢棄物處置。

固體可以用許多不同的方式破壞，但是在尺寸減小機器中通常只使用四種：(1) 壓縮，(2) 衝擊，(3) 磨損或摩擦，以及 (4) 切割。胡桃鉗、錘子、銼刀和剪刀是說明這四種類型功用的例子。有時，尺寸減小是由一個或多個其它顆粒或支撐流體中的強烈剪切造成的顆粒磨損。一般來說，壓縮用於硬質固體的粗碎，產生少量微粒；衝擊產生粗糙的、中等的或微粒的產品；磨損可由軟質、非磨蝕性材料產生極微粒的產品。切割可得確定的顆粒尺寸，有時可得確定的形狀，可能會有很少微粒或無微粒。

粉碎產品的特點

粉碎和磨碎的目的是從較大的顆粒中產生小顆粒。較小的顆粒由於它們的大表面或由於它們的形狀、尺寸和數量而被我們所期望。對操作效率的一種衡量是基於創造新表面所需的能量，因為隨著顆粒尺寸的減小，單位質量的顆粒表面積將大大增加。

與理想的粉碎機或研磨機不同的是，無論進料是否均匀，實際的單元不會產生均匀的產品。該產品是由顆粒的混合物組成，範圍從最大尺寸到非常小的顆粒。有些機器，尤其是研磨機類的機器，是為了控制產品中最大顆粒的大小而設計的，但是細小尺寸並不受控制。在某些類型的研磨機中，微細顆粒被最小化，但是它們並沒有被消除。如果進料是均匀的，無論是顆粒形狀還是化學和物理結構，產品中各個單元的形狀可能是相當均匀的；否則，單個產品的各種尺寸的顆粒在形狀上可能會有很大差異。

粉碎產品中，最大和最小顆粒直徑的比約為 10^4。由於單一顆粒的尺寸變化極廣，當應用於這種混合物時，適當均匀尺寸的關係必須進行修改。例如，術語「**平均大小**」(average size) 在定義平均方法之前是毫無意義的，正如本章前面所討論的，可以計算出幾種不同的平均大小。

除非將粉碎的顆粒磨損平滑，否則就像是多面體，幾乎呈平面狀，尖銳的邊緣和角。顆粒可以是緊緻的，長度、寬度和厚度幾乎相等；或者它們可以是板狀或針狀。

粉碎所需的能量和功率 [4]

功率的成本是粉碎和研磨的一項重大開支，因此控制成本的因素非常重要。在減小尺寸的過程中，進料顆粒首先扭曲並變形。將它們扭曲所需的功暫時作為應力的機械能儲存在固體中，就像機械能儲存在螺旋彈簧中一樣。由於對受應力的顆粒施加了額外的力，它們會扭曲超出它們的極限強度並突然破裂成碎片，而生成新的表面。由於固體的單位面積具有確定的表面能量，所以新表面的形成需要功，這是由顆粒破裂時釋放應力能量來提供的。由能量守恆，超過產生新表面能的所有應力能，必須以熱量形式出現。

效率　減小尺寸是所有單元操作中能源效率最低的方法之一。粉碎的實驗室研究顯示，輸送到固體的能量不到 1% 用於創造新的表面；其餘的就像熱量一樣消散。在操作機器時，還必須提供能量來克服軸承和其它活動元件中的摩擦。機械效率的定義為輸送到固體的能量與輸入到機器的總能量之比，範圍從 25% 到 60%。[12c]

壓碎定律和功指數

許多年前由 Rittinger 和 Kick 提出的壓碎定律已被證明僅適用於一個非常有限的條件範圍。邦德 (Bond) 提出了一種更實際的方法來估算破碎和研磨所需的功率。[3] 邦德假定，由非常大的進料形成尺寸為 D_p 的顆粒所需的功與產物的表面積對體積比 s_p/v_p 的平方根成正比。由 (28.1) 式，$s_p/v_p = 6/\Phi_s D_p$，由此得出

$$\frac{P}{\dot{m}} = \frac{K_b}{\sqrt{D_p}} \tag{28.15}$$

其中 K_b 是一個常數，取決於機器的類型和被壓碎的材料。為了使用 (28.15) 式，**功指數** (work index) W_i 定義為每噸 (2,000 lb) 進料所需的千瓦小時的總能量，以將超大進料減小至 80% 產品能通過 100-μm 篩網。這個定義導致了 K_b 和 W_i 之間的關係。如果 D_p 以毫米為單位，P 以千瓦為單位，m 以每小時噸為單位，則

$$K_b = \sqrt{100 \times 10^{-3}}\, W_i = 0.3162 W_i \tag{28.16}$$

如果 80% 的進料通過 D_{pa} mm 的網目大小，而 80% 的產品通過 D_{pb} mm 的網目，則可從 (28.15) 和 (28.16) 式可知，

$$\frac{P}{\dot{m}} = 0.3162 W_i \left(\frac{1}{\sqrt{D_{pb}}} - \frac{1}{\sqrt{D_{pa}}} \right) \tag{28.17}$$

因為功指數包括壓碎機中的摩擦力，所以 (28.17) 式中的功率是總功率。

表 28.2 給出了一些常見礦物的典型功指數。這些數據在相同類型的不同機器之間差別不大，適用於乾式粉碎或濕式研磨。對於乾式研磨，由 (28.17) 式所計算的功率要乘以 $\frac{4}{3}$。

▼ **表 28.2　乾式壓碎[†] 或濕式研磨[‡] 的功指數**

物質	比重	功指數 W_i
鐵鋁礦石	2.20	8.78
水泥熔塊	3.15	13.45
水泥原料	2.67	10.51
黏土	2.51	6.30
煤炭	1.4	13.00
焦炭	1.31	15.13
花崗石	2.66	15.13
石塊	2.66	16.06
石膏石	2.69	6.73
鐵礦 (赤鐵礦)	3.53	12.84
石灰石	2.66	12.74
磷酸岩石	2.74	9.92
石英	2.65	13.57
頁岩	2.63	15.87
石板岩	2.57	14.30
火成岩	2.87	19.32

[†] 乾式研磨，乘以 $\frac{4}{3}$.

[‡] 經許可，摘自 *Allis-Chalmers. Solids Processing Equipment Div., Appleton, Wisconsin.*

例題 28.2

如果 80% 的進料通過 2in. 的篩網，而 80% 的產品通過 $\frac{1}{8}$ in. 的篩網，則粉碎 100 噸 / 小時石灰石所需的功率是多少？

解

從表 28.2 可知，石灰石的功指數是 12.74。其它要代入 (28.17) 式的量為：

$$\dot{m} = 100 \text{ ton/h}$$

$$D_{pa} = 2 \times 25.4 = 50.8 \text{ mm} \qquad D_{pb} = 0.125 \times 25.4 = 3.175 \text{ mm}$$

所需的功率為

$$P = 100 \times 0.3162 \times 12.74\left(\frac{1}{\sqrt{3.175}} - \frac{1}{\sqrt{50.8}}\right)$$
$$= 169.6 \text{ kW (227 hp)}$$

研磨操作的計算機模擬

藉由粉碎過程的計算機模擬，預測各類型的尺寸減小設備產生的產品尺寸分布。[12d, 13] 這使用了兩個基本概念，即**研磨速率函數** (grinding rate function) S_u 和**碎裂函數** (breakage function) $\Delta B_{n,u}$。任何時候研磨機或壓碎機中的材料都是由許多不同尺寸的顆粒組成，並且在尺寸減小的過程中它們都相互作用；但為了計算機模擬的目的，材料被設想分成許多不連續的部分 (例如保留在各種標準篩網上的部分)，並且每個部分中發生顆粒破碎或多或少與其它部分無關。

考慮一堆 n_T 標準篩網，並令 n 為疊堆中特定篩網的編號。在這裡，從最粗糙的篩網開始，從上到下編號篩網比較方便。(在討論表 28.1 時，編號從疊堆底部開始。) 對於任何給定的值 n，令上部篩網比篩網 n 粗糙，並由下標 u 表示。(請注意，$u < n$。) 研磨速率函數 S_u 是給定尺寸的材料中，比在給定時間內破裂的篩網 n 粗糙的分率。如果 x_u 是保留在其中一個上部篩網上的質量分率，則其由破碎到較小尺寸的變化率為

$$\frac{dx_u}{dt} = -S_u x_u \qquad (28.18)$$

例如，假設，輸入研磨機的最粗材料是 4/6 網目，這種材料 x_1 的質量分率是 0.05，並且每秒粉碎這種材料百分之一。則 S_u 為 0.01 s^{-1}，並且 x_1 將以 $0.01 \times 0.05 = 0.0005\ s^{-1}$ 的速率減少。

碎裂函數 $\Delta B_{n,u}$ 給出由於上部材料粉碎後而產生的尺寸分布。一些 4/6 網目的材料在碎裂後會相當粗糙，有些非常小，有些介於兩者之間。可能很少會有 6/8 網目的大小，只有少量達到 200 網目。我們會預期在中間範圍內的大小會受到青睞。因此 $\Delta B_{n,u}$ 隨 n 和 u 而變化。此外，它隨著研磨機中物料的組成而變，因為粗顆粒在有大量細粉存在及無細粉存在下的破裂方式不同。因此，在批次研磨中，$\Delta B_{n,u}$ (S_u 也是) 隨著時間以及所有其它的研磨變數而變。

如果 $\Delta B_{n,u}$ 和 S_u 是已知的或可以假設的，則可以如下找到任何給定分率的變化率。對於除最粗糙部分以外的任何部分，初始量由於破碎至較小尺寸而減小，並且同時由於破壞所有較粗部分而產生新顆粒。如果給定篩網的輸入和輸出速率相同，則篩網上保留的分率保持不變。然而，通常情況並非如此，並且篩網 n 上保留的質量分率根據下式而變

$$\frac{dx_n}{dt} = -S_n x_n + \sum_{u=1}^{n-1} x_u S_u \,\Delta B_{n,u} \tag{28.19}$$

如果假設 S_u 和 $\Delta B_{n,u}$ 是常數，並且分析和矩陣解可用於這種情況，則 (28.19) 式可以簡化，[12d] 但是這些假設是非常不切實際的。在粉碎煤炭時，對於大於約 28 網目的顆粒，已經發現 S_u 隨著顆粒尺寸的立方而變，[1] 而破碎函數取決於減小比 $\bar{D}_n/\bar{D}_u$，其關係式如下

$$B_{n,u} = \left(\frac{\bar{D}_n}{\bar{D}_u}\right)^{\beta} \tag{28.20}$$

其中指數 β 是常數或可隨著 B 的值而變。

在 (28.20) 式中，$B_{n,u}$ 是小於尺寸 $\bar{D}_n$ 的**總** (tatal) 質量分率。它是一個累積質量分率，與 $\Delta B_{n,u}$ 相對比，這是尺寸為 $\bar{D}_u$ 的粒子破裂所導致的尺寸為 $\bar{D}_n$ 的分率 (保留在篩網 n 和 $n+1$ 之間)。如果 (28.20) 式中 β 是常數，這個方程式說明粉碎材料的顆粒尺寸分布對於所有尺寸的初始材料是相同的。由於尺寸減小率相同，將 4/6 網目材料粉碎成 8/10 網目時，$\Delta B_{n,u}$ 的值與將 6/8 網目顆粒粉碎至 10/14 網目相同。

通常情況下，(28.19) 式以數值近似來求解，其中以 $dx_n/dt = \Delta x_n/\Delta t$ 近似計算在連續的短時間間隔 Δt (例如，30 s) 內的所有分率的變化。可以合併隨篩網尺寸和 (如果知道) 隨時間變化的 S_u 和 $\Delta B_{n,u}$。

減小尺寸的設備

減小尺寸的設備分為壓碎機、研磨機、超細磨研機和切割機。**壓碎機** (crushers) 將大塊固體材料分解成小塊。初級壓碎機對礦石材料進行操作，接受來自礦山的任何物質，並將其壓碎成 150 至 250 mm (6 至 10 in.) 的塊狀物。二次壓碎機可將這些塊體減小到 6 mm ($\frac{1}{4}$ in.) 的大小。**研磨機** (grinders) 將粉碎的進料研磨成粉末。來自中間研磨機的產品可通過 40 網目篩；大多數來自精磨機的產品都會通過一個帶有 74 μm 開口的 200 網目篩。**超細研磨機** (ultrafine grinder) 可接受不大於 6 mm ($\frac{1}{4}$ in.) 的進料顆粒；典型的產物尺寸為 1 至 50 μm。**切割機** (cutter) 產生約 2 至 10 mm 長的顆粒尺寸和一定的形狀。

這些機器以完全不同的方式工作。壓縮是壓碎機的特有的功能。研磨機採用衝擊和磨碎，有時與壓縮相結合；超細研磨主要以磨損操作為主。切割動作當然是切割機 (cutter)、切片機 (dicer) 和切剪機 (slitter) 的特徵。

壓碎機

壓碎機是用於粗減大量固體的慢速機器。主要類型有顎式壓碎機、旋轉式壓碎機、平滾式壓碎機和齒滾式壓碎機。前三者以壓縮操作，可以壓碎大塊非常堅硬的材料，如在岩石和礦石的初級和二級尺寸減小。這些機器的描述、應用和性能數據可由 Perry[12e] 得知。這些初級壓碎機主要用於採礦、水泥製造和類似的大規模操作。

在**顎式壓碎機** (jaw crusher) 中，進料在兩顎之間進入，在頂部形成一個 V 型開口。其中一顎是固定的；另一個由偏心輪驅動，在水平面上往復運動，並壓碎咬合在顎之間的塊狀物。在**迴轉式壓碎機** (gyratory crusher) 中，圓錐形壓碎頭在頂部開口的漏斗形殼體內迴轉。一個偏心輪驅動攜帶壓碎頭的軸承。夾在壓碎頭和外殼之間的固體被壓碎並重新壓碎，直到它們從底部流出。

如圖 28.6 所示，**平滾式壓碎機** (smooth-roll crusher) 是二級壓碎機，生產尺寸為 1 至 12 mm (0.04 至 0.5 in.) 的產品。它們受顆粒大小的限制，可以用滾筒夾住顆粒尺寸從 12 到 75 mm ($\frac{1}{2}$ 到 3 in.) 的進料。在**齒滾式壓碎機** (toothed-roll crusher) 中，滾面帶有波紋、破碎機棒或齒。它們可能包含兩個滾筒，或者只有一個滾筒對著一個固定彎曲的碎裂板工作。它們不受光滑滾所固有的壓區問題的限制，並且以壓縮、衝擊和剪切來操作，而不是單靠壓縮。它們處理較軟的材料，如煤炭、骨頭和軟質頁岩。

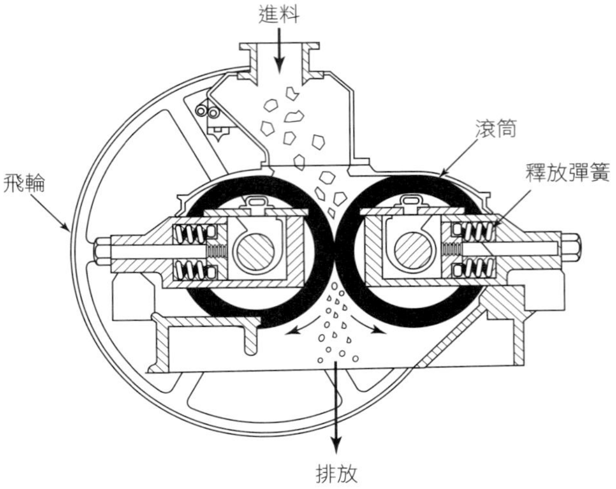

▲ 圖 28.6 平滑滾式壓碎機

研磨機

研磨機 (grinder) 是指用於中間任務的各種尺寸減小機器。通常將來自壓碎機的產品送入研磨機以進一步減小。這裡描述的商用研磨機是錘磨機和衝擊機、滾壓機、磨耗研磨機和翻滾研磨機。

錘磨機和衝擊機　這些研磨機都包含一個在圓柱形外殼內轉動的高速轉子。通常軸是水平的。掉入外殼頂部的進料被粉碎，並通過底部開口排出。在錘磨機中，顆粒由固定在轉子盤上的一組擺動錘擊碎。進入研磨區的進料顆粒無法逃脫被錘子擊中。當它被打碎成碎片，撞擊殼內的固定砧板，並碎裂成更小的碎片，這些碎片輪流又被錘子磨成粉末並推過覆蓋排放口的格柵或篩網。

幾個直徑為 150 至 450 mm (6 至 18 in.) 並且每個承載 4 至 8 個擺動錘的轉子盤通常安裝在同一根軸上。鐵錘可以是直金屬棒，其具有平坦或擴大的末端，或者末端削尖到切削刃。中級錘磨機產生 25 mm (1 in.) 至 20 網目粒徑的產品。在用於精細研磨的錘磨機中，鎚頭的圓周速度可能達到 110 m/s (360 ft/s)；它們將 0.1 至 15 tons/h 的顆粒研磨成尺寸小於 200 網目。錘磨機幾乎可以研磨任何東西——堅硬的纖維狀固體，如樹皮或皮革、鋼屑、軟濕漿糊、黏性黏土、堅硬的岩石。為了精細研磨，它們僅限於較軟的材料。

錘磨機的容量和功率要求隨著進料的性質而變化很大，並且不能從理論上考慮進行估算。可以從已發表的資訊中找到它們[12e] 或從研磨機的小規模或全規模試驗中取得更好的效果，並用實際待研磨材料的樣品進行試驗。商業研磨機典型能量消耗量為 60 至 240 kg/kW · h (100 至 400 lb/hp · h)。

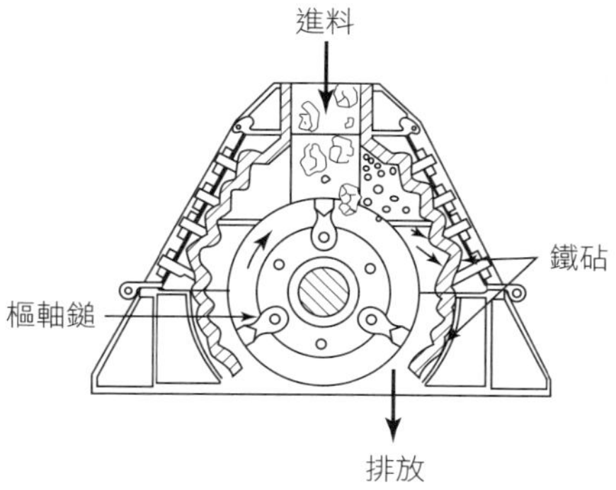

▲ 圖 28.7　衝擊機

如圖 28.7 所示，**衝擊機** (impactor) 類似於重型錘磨機，只是它不包含格柵或篩網。沒有錘磨機的磨損作用特性，顆粒僅憑衝擊粉碎。衝擊機通常是岩石和礦石的初級研磨機，加工速度可達 600 tons/h。衝擊機中的轉子，如在許多錘磨機中，可以在任一方向上運行以延長錘的壽命。

滾磨機　在滾磨機 (roller mill) 中，固體被捕獲並在立式圓柱滾子和固定砧圈或鬥圈之間被壓碎。滾子以中等速度在圓形路徑中被驅動。犁頭從機床上的地板抬起固體塊並將它們引導到環和滾筒之間，在那裡進行研磨。利用空氣流將產品從磨機中排出到分級分離器中，從中分離出特大顆粒返回研磨機進一步研磨。在碗式磨機和一些滾磨機中，碗或環被驅動；這些滾輪在固定的軸上旋轉，該軸可以是垂直的或水平的。這類研磨機在減小石灰石，水泥熟料和煤炭方面找到了最大的應用。它們粉碎率高達 50 tons/h。當使用分類時，通過 200 網目篩的產品可以達到 99%。

磨耗機　在磨耗機 (attrition mill) 中，軟質固體顆粒在旋轉圓盤的凹槽面之間摩擦。在單流道 (single-runner) 研磨機中，一個盤是固定的而另一盤旋轉；在雙流道 (double-runner) 機器中，兩個盤以相反的方向高速驅動。進料通過其中一個盤的輪轂中的開口進入；它由圓盤之間的狹窄間隙向外通過，並從周邊排出到靜止的殼體中。在限制範圍內的間隙寬度是可調整的。至少有一個研磨盤是彈簧安裝的，這樣如果難以粉碎的物料進入研磨機，研磨盤就可以分離。盤上具有不同形式的凹槽、波紋或鋸齒的研磨機執行包括研磨、碎裂、造粒、粉碎、摻合等各種操作。

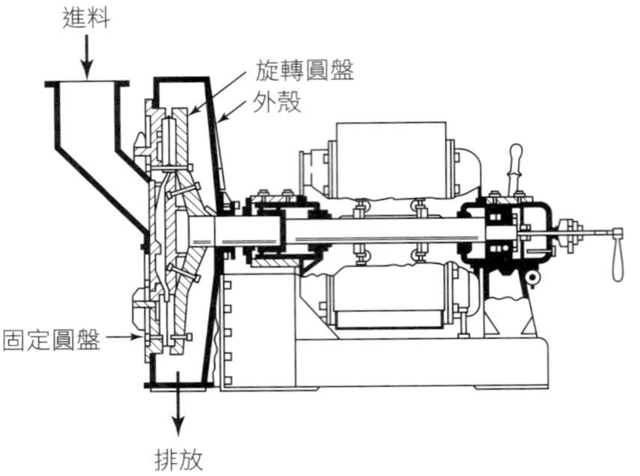

▲ 圖 28.8　磨耗機

圖 28.8 顯示了單流道磨耗機。單流道磨機含有用於研磨固體如黏土和滑石的布朗石或岩石砂金屬圓盤，或用於固體如木材、澱粉、殺蟲劑粉末和巴西棕櫚蠟的金屬圓盤。金屬盤通常是白鐵，但對於腐蝕性材料，有時需要不銹鋼盤。一般而言，除了處理較軟的進料外，雙流道磨耗機比單流道磨耗機可磨成更細的產品。常將空氣自研磨機抽出來移除產品並防止阻塞。盤可以用水或冷凍鹽水冷卻。

單流道研磨機的圓盤直徑為 250 至 1,400 mm (10 至 54 in.)，轉速為 350 至 700 r/min。雙流道研磨機的圓盤轉速較快，為 1,200 至 7,000 r/min。進料被預先粉碎至最大顆粒尺寸約為 12 mm ($\frac{1}{2}$ in.)，並且必須以均勻控制的速率進入。磨耗機從 $\frac{1}{2}$ 到 8 tons/h 磨成能通過 200 網目篩的產品。所需的能量很大程度上取決於進料的性質和完成的尺寸減小程度，並且遠高於目前描述的研磨機和壓碎機。每噸產品的典型值在 8 到 80 千瓦小時 (10 和 100 hp · h) 之間。

翻滾磨機　典型的翻滾磨機 (tumbling mills) 如圖 28.9 所示。一個圓柱形殼體繞著一個水平軸慢慢轉動，並用固體研磨介質填充到殼體積的一半左右，形成一個翻滾磨機。外殼通常是鋼，內襯高碳鋼板、瓷器、矽石或橡膠。在棒磨機中的研磨介質是金屬棒，在球磨機中的研磨介質是鏈條或金屬球、橡膠或木材，在卵石研磨機中的研磨介質是卵石或瓷或鋯石球。對於研磨材料的中級研磨和精細研磨，翻滾磨機是無與倫比的。

不像之前討論的研磨機都需要連續進料，翻滾磨機可以是連續的或批式的。在一台批式的機器中，一定量的待研磨的固體通過殼體的開口裝入研磨機，然後關閉開口，研磨機打開幾個小時；然後停止，產品排出。在連續研磨機中，固體穩定地流過旋轉外殼。

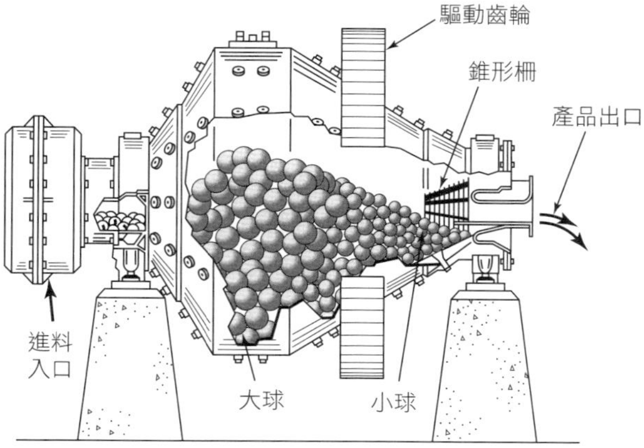

▲ 圖 28.9　錐形球磨機

在所有的翻滾磨機中，研磨單元都被裝在接近頂部的殼體的側面，從那裡落在下面的顆粒上。提升研磨單元所消耗的能量，用於減小顆粒的尺寸。在一些翻滾磨機中，如在**棒磨機** (rod mill) 中，大部分的研磨是以滾壓和磨耗來完成的，因為棒向下滑動並彼此滾動。研磨棒通常為鋼，直徑為 25 至 125 mm (1 至 5 in.)，在任何給定的研磨機中始終存在幾種尺寸。棒磨機是中級研磨機，可將 20 mm ($\frac{3}{4}$ in.) 的進料研磨到 10 網目，通常從破碎機製備產品，最終在球磨機中進行研磨。它們生產的產品幾乎沒有超大尺寸和極小的顆粒。

在**球磨機** (ball mill) 或**卵石磨機** (pebble mill) 中，球或卵石從殼頂部附近落下，大部分的研磨是用衝擊來完成的。在大型球磨機中，外殼可能直徑為 3 m (10 ft)，長度為 4.25 m (14 ft)。球直徑為 25 至 125 mm (1 至 5 in.)；卵石研磨中的卵石為 50 至 175 mm (2 至 7 in.)。**管磨機** (tube mill) 是一種帶有長圓柱形殼體的連續式研磨機，其中材料磨碎的時間比在較短的球磨機中長 2 至 5 倍。管磨機非常適合用於一次性粉碎非常細的粉末，其中消耗的能量不是最重要的。將開槽的橫隔板放入管磨機中，將其轉換成**隔室研磨機** (compartment mill)。一個隔室可裝大球，另一室裝小球而第三室裝卵石。將研磨介質分離成不同尺寸和重量的單元，可以大大避免工作上的浪費，因為大又重的球只能粉碎大顆粒，而不會受到細顆粒的干擾。

研磨單元在一個腔室內的分離是圖 28.9 所示的**錐形球磨機** (conical ball mill) 的一個特點。進料從左側通過 60° 錐體進入初級研磨區，其中殼的直徑最大，而產品通過 30° 錐體向右離開。這種類型的球磨機包含不同尺寸的球，當球磨機運行時，所有這些球磨損並變小，所以必須定期添加新的大球。隨著這種球磨機的外殼旋轉，大球向最大直徑點移動，小球向排出口移動。因此，進料顆粒的初始碎裂是由最大的球落在最遠處完成的；小顆粒被降落甚小距離的小球磨碎。耗費的能量適合於破碎操作的難度，提高了研磨機的效率。

在球磨機或管磨機中的球的負載通常是這樣的，當研磨機停止時，球占研磨機體積的一半左右。在靜止時，球體中的空隙率通常為 0.40。研磨可以用乾固體完成，但更常見的進料是水中的懸浮顆粒，這能增加研磨機的容量和效率。

當研磨機旋轉時，球被研磨機壁拾取並運送到靠近頂部的地方，在那裡它們與牆壁衝撞接觸並落到底部，然後球再被拾起。在向上運動期間，離心力保持球與牆壁接觸並使球彼此接觸。當球與壁接觸時，球因彼此滑動和滾動進行一些研磨，但大部分研磨發生在撞擊區，其中自由落體的球撞擊研磨機的底部。

球磨機旋轉得越快，球磨機內運送的球越遠，功率消耗和容量越大。然而，如果速度太快，則球被轉移並且研磨機被認為是離心分離。離心發生的速率稱為**臨界速率** (critical speed)。從重力和離心力之間的平衡，臨界速度 n_c 可以從下式求得

$$n_c = \frac{1}{2\pi}\sqrt{\frac{g}{R-r}} \tag{28.21}$$

其中 g 是重力加速度，R 是研磨機半徑，r 是研磨球的半徑。

運行速度 n 必須小於 n_c。翻滾磨機以臨界速率的 65% 至 80% 運行，而黏滯懸浮液中濕式研磨的速率較低。[12f]

超細研磨機

許多商用粉末必須含有平均粒徑為 1 至 20 μm 的顆粒，基本上所有顆粒均通過寬度為 44 μm 的標準 325 網目的篩網。將固體顆粒研磨至如此細的顆粒的研磨機稱為**超細研磨機** (ultrafine grinder)。乾粉的超細粉碎是由超細研磨機完成的，如高速錘磨機，此機提供內部或外部分級，以及流體能量或噴射研磨機。超細濕式研磨是在攪拌研磨機中完成的。

分類錘磨機　在具有內部分類的錘式粉碎機中，如同傳統機器一樣，一組擺動錘被夾持在兩個轉子盤之間，但除了錘子之外，轉子軸帶有兩個風扇，這兩個風扇將空氣通過研磨機向內吸向驅動軸，然後排入通向產品收集器的管道。轉子盤上有短的徑向葉片，用於將超大顆粒與可接受尺寸的顆粒分離。可接受的細顆粒通過徑向葉片傳送；將太大的顆粒投擲回來在研磨室中做進一步研磨。產品的最大顆粒尺寸可由改變轉子速度或分離器葉片的尺寸和數量而變。這類研磨機可研磨 1 或 2 tons/h 至平均粒徑為 1 至 20 μm，能耗約為 40 kWh/t (50 hp · h/ton)。

流體能量研磨機

在這些研磨機中，顆粒懸浮在高速氣流中。在一些設計中，氣體以圓形或橢圓形路徑流動；在另外一些地方有相互逆向的噴氣流或大力攪動流化床。當顆粒碰撞或摩擦腔室壁時會發生一些研磨，但大部分研磨被認為是由顆粒間磨損引起的。內部分類將較大的顆粒保留在研磨機中，直到它們被研磨到所需的尺寸為止。

懸浮氣體通常是壓縮的空氣或過熱的蒸汽，通過激勵噴嘴以 7 atm (100 $lb_f/in.^2$) 的壓力進入。在圖 28.10 所示的研磨機中，研磨室是一個直徑為 25 至 200 mm (1 至 8 in.)，高度為 1.2 至 2.4 m (4 至 8 ft) 的橢圓形迴路。進料通過文丘里 (venturi) 注射器進入迴路底部附近。研磨顆粒的分類發生在迴路的上部彎曲處。當氣流在這個彎曲處高速流動時，較粗的顆粒向外拋向外壁，而細粒在內壁處聚集。此時在內壁的卸料口，可將產品通向旋風分離器 (cyclone) 和袋式收集器。這種分類是在迴路彎曲處，氣流中產生的複雜的漩渦模式來輔助的。[2] 流體能量研磨機可以接受 12 mm ($\frac{1}{2}$ in.) 的進料顆粒，但當進料顆粒不大於 100 網目時更為有效。每千克產品使用 1 到 4 kg 蒸汽或 6 到 9 kg 的空氣，將非黏性固體 1 ton/h 研磨至顆粒的平均直徑為 $\frac{1}{2}$ 到 10 μm 的顆粒。迴路研磨可以處理的量高達 6,000 kg/h。

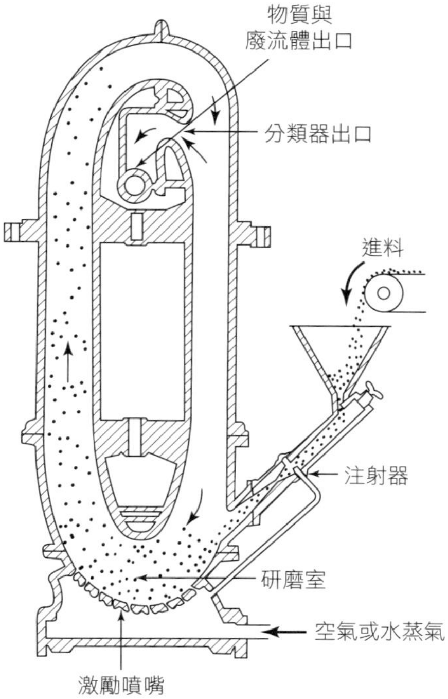

▲ 圖 28.10　流體 - 能量研磨機（經許可，摘自 *Fluid Energy Processing and Equipment Co.*）

攪拌研磨機　對於某些超細研磨操作，可以使用含有固體研磨介質的小型批式非旋轉研磨機。該介質包含硬質固體元素，如球、顆粒或沙粒。這些研磨機是容量為 4 至 1,200 L (1 至 300 gal) 的直立式容器，充滿懸浮研磨介質的液體。在某些設計中，充氣採用多臂式葉輪攪動；在其他設計中，尤其是用於研磨硬質物料 (例如二氧化矽或二氧化鈦) 時，往復式中心柱以約 20 Hz「振動」容器內物料。濃縮的進料漿料在頂部進入，產物 (帶有一些液體) 通過底部的篩網取出。攪拌研磨機特別適用於生產 1 μm 或更細的顆粒。[12g]

膠體研磨機[12h]　在膠體研磨機中，使用高速流中的強烈流體剪切力來分散顆粒或液滴以形成穩定的懸浮液或乳液。顆粒或液滴的最終尺寸通常小於 5 μm。此類型研磨機通常很少用於尺寸減小；主要的作用是輕微結合的團簇或附聚物的破壞。糖漿、牛奶、果泥、軟膏、油漆和油脂是以這種方式處理的典型產品。化學添加劑通常用於穩定分散體。

在大多數膠體研磨機中，進料液體在緊密間隔的表面之間泵送，其中一個以 50 m/s 或更高的速度相對於另一個移動。在一種設計中，液體通過盤形轉子與其殼體之間的狹窄空間。間隙可調至 25 μm。通常需要冷卻來除去產生的熱量。膠體研磨機的容量相對較低，對於小型研磨機而言，其範圍為 2 或 3 L/min (30 至 50 gal/h)，最大的研磨機則為 440 L/min (7,000 gal/h)。

切割機器

在一些減小尺寸的問題中，物料過於頑強或過於複雜，不能被壓縮、撞擊或磨損粉碎。在其它問題中，進料必須減小到固定尺寸的顆粒，這些要求可利用稱為**造粒機** (granulator) 的機器來實現，造粒機產生或多或少的不規則碎塊，而由**切割機** (cutter) 將其切割成立方體、長方體或菱形體。這些設備可用於許多製造程序，但特別適用於製造橡膠和塑膠的尺寸減小問題。它們在紙張和塑膠材料的回收方面有重要的應用。[8]

典型的旋轉刀切割機包含一個水平轉子，以 200 至 900 rpm 的轉速下在圓柱形室內中轉動。在轉子上有 2 到 12 個刀刃，邊緣是回火鋼或鎢鉻鈷合金刀片，在 1 到 7 個靜止床刀之上緊密通過。從上面進入的進料顆粒可能會被切割幾次，然後它們會小到可以通過 5 至 8 mm 開口的底部篩網。其它旋轉切割機和製粒機在設計上是相似的。

設備操作

在選擇和操作尺寸減小的機器時，必須注意程序和輔助設備的許多細節。不能期望破碎機、研磨機或切割機的性能令人滿意，除非 (1) 進料的尺寸合適並以均勻的速率進入，(2) 在顆粒達到所需尺寸後儘快取出產品，(3) 不易破碎的材料被排除在機器之外，以及 (4) 在研磨低熔點或熱敏感的產品時，應將研磨機產生的熱量去除。因此加熱器和冷卻器、金屬分離器、泵和鼓風機以及恆定流率進料器對於減小尺寸單元來說是重要的輔助手段。Kukla[8] 和 Hixon[6] 討論了在確定尺寸減小系統時要考慮的因素，包括能源效率和環境問題。

開路和閉路操作　在許多研磨機中，進料一旦通過研磨機就會粉碎成令人滿意的顆粒。當沒有試圖將超大顆粒返回到機器以進一步減小尺寸時，則稱該研磨機在**開路** (open circuit) 中操作。這可能需要過量的功率，因為重磨已經足夠細小的顆粒會浪費許多能量。因此，從研磨機中取出部分磨碎的材料並將其通過尺寸分離裝置通常是經濟的。尺寸過小的顆粒成為產品，超大尺寸的顆粒再送回機器中研磨。分離裝置有時安裝在研磨機內部，如超細研磨機；更常見的是安裝在研磨機外。**閉路操作** (closed-circuit operation) 是應用於研磨機和分離器連接作用的術語，以便過大的粒子返回研磨機再行研磨。必須提供能量來驅動閉路系統中的傳送帶和分離器，但儘管如此，開路研磨總能量需求的減少量通常會達到 25%。

能源消耗　在減小尺寸的操作中消耗大量的能源，特別是在製造水泥方面；而粉碎煤、岩石和頁岩；並準備用於製造鋼鐵和銅的礦石也是大量消耗能源。[6] 尺寸減小可能是所有單元操作中最為低效的：99% 以上的能源用於操作設備，產生不良的熱量和噪音，創造新表面的比例不到 1%。隨著程序的發展，需要細小和更細的顆粒作為窯或反應器的進料時，總能量需求增加了，因為研磨到非常細的顆粒的能量成本比只是壓碎到相對粗糙的產品要高得多。如圖 28.11 所示，其中還顯示了各種尺寸減小設備操作時，每單位質量產品的典型的能量消耗。

熱量移除　由於提供給固體的能量中只有很小部分用於創建新表面，所以大部分能量轉化為熱量，這可能會使固體的溫度上升很多度。除非將熱量除去，否則固體可能會熔化、分解或爆炸。由於這個原因，通常將冷卻水或冷凍鹽水通過研磨機中的盤管或夾套加以循環。有時將冷凍空氣吹入研磨機中，或固體二氧化碳 (乾冰) 與進料一起進入。使用液態氮可實現更劇烈的溫度降低，使研磨溫度低於 −75°C。這種低溫的目的是改變固體的碎裂特性，通常使其更易碎裂。

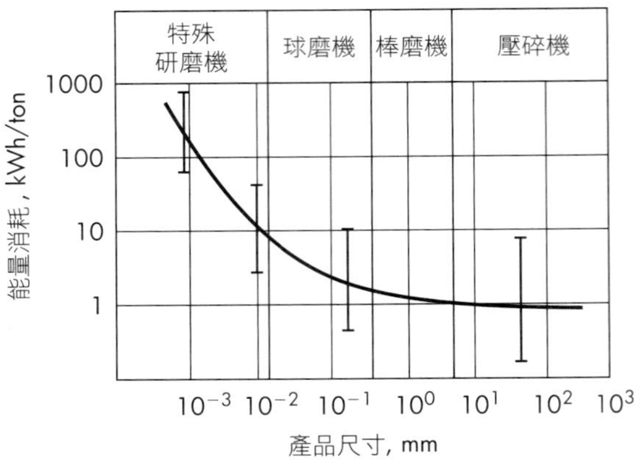

▲ 圖 28.11　在減小尺寸設備中，能量消耗對產品尺寸作圖 (經許可，摘自 *Comminution and Energy Consumption, NMAB-264,National Academy Press, 1981.*)

以這種方式，豬油和蜂蠟等物質變得足夠硬，而需在錘磨機中粉碎；堅韌的塑料在常溫下使研磨機失速，其脆性足以被磨碎而不會發生困難。

尺寸增大

為了改善處理性能，降低填充床的壓力降，提高沉降或乾燥速率，或防止粉塵，小顆粒通常黏合在一起形成所需尺寸的塊狀物。這可以藉由壓實形成小顆粒或較大的煤餅 (briquet) 來完成；在高壓下通過鑄模 (die) 射出；利用在噴霧乾燥器或造粒 (prilling) 塔中固化液滴；藉由稀釋漿液中的顆粒的絮凝 (flocculation) 和凝結 (coagulation)；或者利用在球化 (nodulization) 和燒結 (sintering) 過程中熱結合。如果沒有實際測試，很難預測給定材料的行為。當製造小球、煤餅或射出物時，通常會添加黏合劑，以使顆粒黏在一起。Perry[12i] 描述了這些尺寸擴大操作的設備。

■ 符號 ■

A　：面積，m^2 或 ft^2；粒子的總表面積

A_w　：粒子的比表面積，m^2/g 或 ft^2/lb

a　：體積形狀因數 [(28.10) 式]

$B_{n,u}$：由尺寸為 $\bar{D}_{pu}$ 的顆粒粉碎導致的小於 $\bar{D}_{pn}$ 的顆粒總質量分率

D_p　：粒多大小，mm 或 ft；D_{pa}，進料的粒子大小；D_{pb}，產物的粒子大小

D_{pn}：在篩網 n 的網目開口，mm 或 ft；$D_{p(n+1)}$，在篩網 $n+1$；D_{pu}，在篩網 u

D　：直徑，ft 或 mm；D_o，儲倉開口直徑；D_p，粒子的直徑；D_{pi}，篩網 i 的網目開口孔徑

$\bar{D}$：平均粒徑，mm，μm，或 ft；$\bar{D}_N$，算術平均直徑 [(28.7) 式]；$\bar{D}_V$，體積平均直徑 [(28.9) 式]；$\bar{D}_n$，D_{pn} 和 $D_{p(n+1)}$ 的算術平均；$\bar{D}_{pi}$，D_{pi} 和 $D_{p(i+1)}$ 的算術平均；$\bar{D}_s$，平均體積 - 表面直徑 [(28.6) 式]；$\bar{D}_w$，質量平均直徑 [(28.8) 式]

E：軸向混合擴散係數，m^2/s 或 ft^2/s

g：重力加速度，m/s^2 或 ft/s^2

i：分率或增量數；亦為，篩網數，自最小尺寸計算

K'：壓力比，p_V/p_L

L：長度，ft 或 m

m：樣品的質量，g 或 lb

$\dot{m}$：質量流率，lb/min

N：粒子數；N_T，總粒子數；N_i，分率 i 的粒子數；亦為，現貨樣品數

n：增量或篩網的數目，在現貨樣品中的粒子數；亦為球磨機的速率，r/s；n_c，臨界速率

P：功率，kW 或 hp

Pe：Peclet 數，UL/E

p：壓力，N/m^2 或 $lb_f/in.^2$；p_L，法向或側向壓力；p_V，應用或垂直壓力

R：球磨機的半徑，m 或 ft

r：在球磨機中球的半徑，m 或 ft

S：研磨速率函數，s^{-1}；S_n，篩網 n；S_u，篩網 u

u：比篩網 n 粗的篩網數

v_p：粒子的體積，m^3 或 ft^3

W_i：Bond 的功指數，kWh/ton

x：質量分率；亦為成分 A 在固定樣品中的分率；x_i，在增量 i；x_n，在篩網 n；x_u，在篩網 u；x_1，在最粗篩網；$\bar{x}$，成分 A 的平均量測分率

希臘字母

α_r：靜止角

β：在 (28.20) 式中的指數

$\Delta B_{n,u}$：碎裂函數，粒子大小 $\bar{D}_u$ 粉碎為大小 $\bar{D}_n$ 的分率

Δt：時間增量，s

Δx_n：x_n 在時間 Δ_t 內的變化

ρ_p：粒子的密度，kg/m^3 或 lb/ft^3

Φ_s：球形度 [(28.1) 式]

■ 習題 ■

28.1. 計算表 28.1 中分析材料的 −4 至 +200 網目分率的算術平均直徑 $\bar{D}_N$。$\bar{D}_N$ 與體積平均直徑 $\bar{D}_V$ 的定性差異為何？

28.2. 試將表 28.1 中的數據，於對數 - 概率座標紙上繪製累積分布。該圖在任何粒徑範圍內都是線性的嗎？微細材料的數量 (小於 20 網目) 與由粗糙材料的尺寸分布所預測的數量有何不同？

28.3. 一大型班伯里 (Banbury) 混合器，捏合 1,800 lb 的橡膠碎片，橡膠密度為 70 lb/ft^3。每 1,000 gal 的橡膠，功率負載為 6,000 hp。如果水溫升高不超過 15°F，每分鐘需要多少加侖的冷卻水來除去混合器中產生的熱量？

28.4. 表 28.3 列出在空氣流體化床中砂粒和鹽粒的混合速率的數據。每一現貨樣品中的顆粒數約為 100。(a) 對於每次操作，計算估計的標準差 s 和完全混合的理論標準差 σ_e。(b) 87s 後混合物接近完全混合的程度為何？

28.5. 火山岩石在迴轉式壓碎機中被壓碎。進料幾乎是 2 in. 均勻的球體。產品的微分篩選分析列於表 28.4 的第 (1) 行。壓碎這種材料所需的功率為 400 kW。需要 10 kW 才能操作空研磨機。減小壓碎頭與錐體之間的間隙，產品的微分篩選分析即為表 28.4 的第 (2) 行中列出的結果。進料率為 110 tons/h。使用 Bond 方法，估計第一次和第二次研磨每噸岩石所需的功。

28.6. 對於一個直徑為 1,200 mm，裝有 75 mm 球的球磨機，你建議的轉速是多少？(以 rpm 為單位)。

28.7. 證明在臨界速率下，球磨機上球的離心力等於重力。

▼ 表 28.3　35/48 網目的鹽與砂粒在 2 in. 的空氣 - 流體化混合器的混合數據 [11]

操作代號	混合時間	砂在點樣品中的數目分率									
1	45	0.64	0.68	0.74	0.63	0.73	0.81	0.59	0.65	0.62	0.70
		0.66	0.64	0.77	0.70	0.67	0.58	0.60	0.65	0.87	0.60
		0.49	0.52	0.49	0.54	0.64	0.38	0.32	0.34	0.49	0.52
		0.25	0.32	0.33	0.35	0.48	0.23	0.16	0.32	0.44	0.39
		0.26	0.26	0.21	0.32	0.38	0.22	0.24	0.22	0.15	0.36
2	87	0.53	0.54	0.60	0.60	0.60	0.55	0.56	0.60	0.69	0.63
		0.48	0.67	0.65	0.63	0.62	0.46	0.63	0.58	0.48	0.59
		0.49	0.53	0.46	0.49	0.58	0.34	0.52	0.45	0.50	0.47
		0.42	0.35	0.43	0.49	0.59	0.38	0.39	0.45	0.52	0.39
		0.35	0.36	0.37	0.49	0.48	0.37	0.49	0.32	0.32	0.36

▼ 表 28.4　習題 28.5 的數據

	產品	
網目	第一次研磨 (1)	第二次研磨 (2)
4/6	3.1	
6/8	10.3	3.3
8/10	20.0	8.2
10/14	18.6	11.2
14/20	15.2	12.3
20/28	12.0	13.0
28/35	9.5	19.5
35/48	6.5	13.5
48/65	4.3	8.5
−65	0.5	
65/100		6.2
100/150		4.0
−150		0.3

■ 參考文獻 ■

1. Arbiter, N., and C. C. Harris. *Br. Chem. Eng.* **10:**240 (1965).
2. Berry, C. E. *Ind. Eng. Chem.* **38:**672 (1946).
3. Bond, F. C. *Trans. AIME,* TP-3308B, and *Mining Eng.* May 1952.
4. Galanty, H. E. *Ind. Eng. Chem.* **55**(1):46 (1963).
5. Harnby, N., M. F. Edwards, and A. W. Nienow. *Mixing in the Process Industries.* London: Butterworths, 1985, pp. 24–38, 91–3.
6. Hixon, L. M. *Chem. Eng. Prog.* **87**(5):36 (1991).
7. Jenike, A. W., P. J. Elsey, and R. H. Wooley. *Proc. ASTM.* **60:**1168 (1960).
8. Kukla, R. J. *Chem. Eng. Prog.* **87**(5):23 (1991).
9. Laforge, R. M., and B. K. Boruff. *Ind. Eng. Chem.* **56**(2):42 (1964).
10. Michaels, A. S., and V. Puzinauskis. *Chem. Eng. Prog.* **50:**604 (1954).
11. Nicholson, W. J. "The Blending of Dissimilar Particles in a Gas-Fluidized Bed," Ph.D. thesis. Ithaca, NY: Cornell University, 1965.
12. Perry, R. H. and D. W. Green (eds.). *Perry's Chemical Engineers' Handbook,* 7th ed. New York: McGraw-Hill, 1997; (a) pp. **18**-25 to **18**-34, **19**-10 to **19**-16; (b) pp. **20**-7 to **20**-10; (c) p. **20**-14; (d) pp. **20**-18 to **20**-22; (e) pp. **20**-24 to **20**-48; (f) p. **20**-32; (g) p. **20**-38; (h) p. **20**-45; (i) pp. **20**-56 to **20**-89; (j) pp. **21**-4 to **21**-27; (k) pp. **21**-27 to **21**-29.
13. Reid, K. J. *Chem. Eng. Sci.* **20**(11):953 (1965).
14. Smith, J. C. *Ind. Eng. Chem.* **47:**2240 (1955).
15. Smith, J. C., and U. S. Hattiangadi. *Chem. Eng. Commun.* **6:**105 (1980).

16. Todd, D. B., and H. F. Irving. *Chem. Eng. Prog.* **56**(9):84 (1969).

17. Wang, R. H., and L. T. Fan. *Chem. Eng.* **81**(11):88 (1974).

18. Weidenbaum, S. S., and C. F. Bonilla. *Chem. Eng. Prog.* **51:**27-J (1955).

CHAPTER 29

機械分離

分離在化工製造中非常重要——事實上，很多加工設備致力於將一相或一物質從另一相分離。分離分為兩類，一類稱為擴散操作，涉及相之間的物質傳遞，正如在第 17 章至 27 章所討論的。另一類稱為機械分離的課程是本章的主題。

非均勻混合物的機械分離包括從氣體或液體中分離固體顆粒的方法，將液滴從氣體或其它液體中分離出來，以及從顆粒混合物中分離出一種類型或尺寸的固體。這些技術基於顆粒的物理性質，如尺寸、形狀、密度，以及流體的密度和黏度。兩種通用的方法是：(1) 使用篩網、隔膜或保留一成分而允許另一成分通過的多孔模和；(2) 當顆粒或液滴移動通過氣體或液體移動時，利用沉降速度的差異。膜分離也可以用於比膜中的孔大的大分子如蛋白質或聚合物的均勻相溶液。其它特殊方法或分離是利用物質的濕潤性或電或磁特性的差異，但這些不在這裡討論。

在這些分離中，熱力學不是一個因素，如同它在第 17 章中的擴散分離的方程式中一樣。

篩選

篩選 (screening) 是僅根據大小分離顆粒的方法。在工業篩選中，固體係滴落或投擲到篩網表面上。過小的顆粒或**細粒** (fines) 能通過篩孔；過大的粒子，或**尾渣** (tails) 則無法通過。一個篩網可以使單一分離成兩個部分。這些被稱為未分級部分，因為雖然它們所含顆粒大小的上限或下限是已知的，但是另一個極限是未知的。物料通過一系列不同大小的篩網被分成大小不等的部分，也就是說，在這些部分中，最大和最小粒徑都是已知。篩選偶爾用於濕物料的分離，但更常見的是乾燥物料的分離。

工業篩網由編織線、絲綢或塑膠布、金屬棒，穿孔或開槽的金屬板，或截面為楔形的導線所製成。使用各種金屬、鋼和不銹鋼是最常見的。標準篩網的網目尺寸從 4 in. 到 400 網目不等，市面上可買到篩孔小至 1 μm 的編織金屬篩網。[†]比 150 網目更細的篩網較不常用，因為非常細的顆粒用其它的分離方法通常較經濟。

篩選設備

許多種類的篩網可用於不同的目的，只有少數代表性類型在這裡討論。在大多數的篩網中，顆粒受重力，經過篩孔而落下；在一些設計中，利用刷子或離心力將顆粒穿過篩網。粗顆粒很容易通過固定表面上的大篩孔掉落，但對於精細顆粒，則篩網表面必須以某種方式攪動，例如利用搖動、迴轉或機械或電氣振動。典型篩網的動作如圖 29.1 所示。

固定篩和柵篩

柵篩 (grizzly) 是一個設置在傾斜的固定框架中的平行金屬棒的柵格 (grid)。該斜坡和物料的路徑通常平行於金屬棒的長度。從初級壓碎機出來的非常粗的

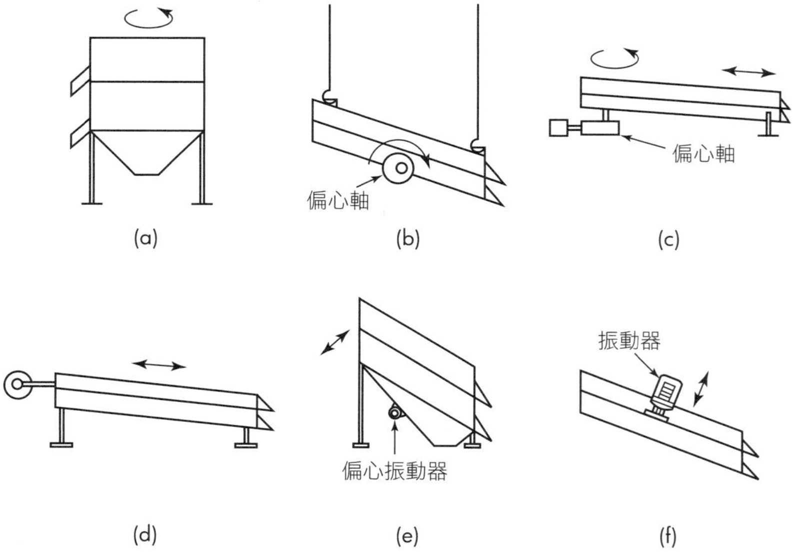

▲ 圖 29.1 篩的動作：(a) 水平面上迴轉；(b) 垂直面上迴轉；(c) 一端迴轉，另一端搖動；(d) 搖動；(e) 機械振動；(b) 電振動

† 標準篩網已於第 28 章中討論過；篩網尺寸列表於附錄 5。

進料落在柵格的上端。大塊則滾滑到末端排放；小塊落入一個單獨的收集器。金屬棒之間的間距為 2 至 8 in. (50 至 200 mm)。固定傾斜的金屬篩網以相同的方式操作，可分離 $\frac{1}{2}$ 至 4 in. (12 到 100 mm) 大小的顆粒。它們僅對含有少量細顆粒的非常粗糙、自由流動的固體有效。

旋轉篩

圖 29.2a 顯示一重型旋轉篩 (gyrating screen)。具有兩個篩網，一個在另一個之上，被夾在一個與水平成 16° 和 30° 之間傾斜的框架上。進料混合物從靠近最高處的上層篩網進入。套管和篩網以位於進料點和出料口之間的偏心輪在垂直平面繞水平軸旋轉。旋轉速率在 600 至 1,800 r/min 之間。篩網呈矩形且相當長，通常為 $1\frac{1}{2} \times 4$ ft (0.5×1.2 m) 至 5×14 ft (1.5×4.3 m)。超大顆粒從篩網的下端落入收集管道；細顆粒通過底部的篩網進入卸料槽。

較細的篩網通常在水平面上的進料端旋轉。排放端作往復運動，但不迴轉。這種運動的組合使進料分層，以便細顆粒向下行進到上層篩網表面，在那裡它

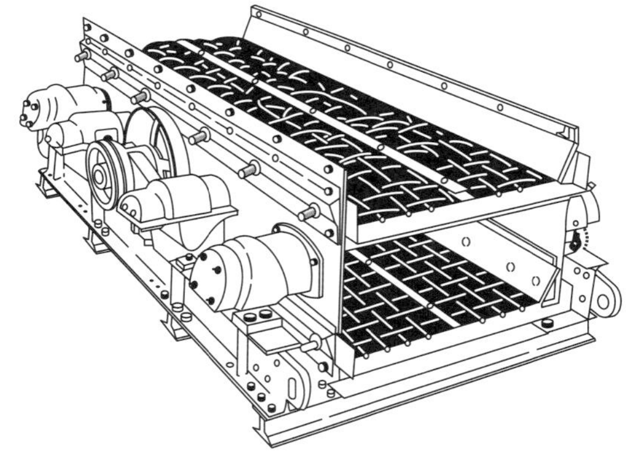

(a)

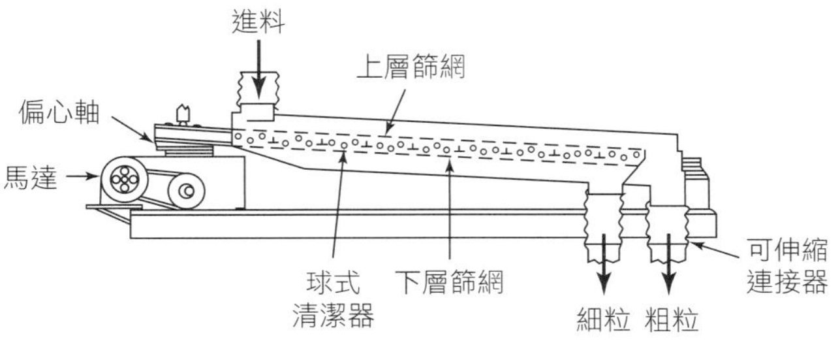

(b)

▲ 圖 29.2 (a) 強力直立旋轉篩；(b) 水平旋轉篩

們被頂部較大的顆粒擠壓推動而墜入下層篩網。通常篩網是雙層的；如圖 29.2b 所示，兩個篩網之間有橡皮球置於分離室中。當篩網運行時，球撞擊篩網表面並移除任何易於堵塞篩孔的物質。乾燥、堅硬、圓潤或立方體的顆粒通常無障礙地通過篩網，甚至通過微細的篩網；但是細長的、黏性的、片狀的或質軟的顆粒則不易通過。在這樣的篩選行動下顆粒可能會楔入開口並阻止其它顆粒通過。當固體顆粒堵塞篩網時稱為**閉塞** (blinded)。

振動篩

以小振幅快速振動的篩比旋轉篩不易閉塞。振動可由機械或電力產生。機械振動通常從高速偏心器傳輸到裝置的外殼並從外殼傳輸到陡峭的傾斜篩網。電力振動從重型螺線管傳輸到機殼或直接傳輸到篩網。使用的振動篩網通常不超過三層。通常每分鐘 1,800 至 3,600 次振動。一個 48 × 120 in. (1.2 至 3 m) 的篩網消耗約 4 hp (3 kW)。

理想篩和實際篩的比較

篩網的目的是接受含有各種大小顆粒混合物的進料，並分成兩個部分，一為可通過篩網的底流，另一為被篩網擋住的溢流。無論是其中之一還是兩者，這些股流可能是一個產品。

一個理想的篩網能準確地分離進料混合物，使溢流中的最小粒子恰好比底流中的最大粒子大。這樣一個理想的分隔定義了一個切割直徑 D_{pc}，標誌著二部分間的分離點。通常選擇 D_{pc} 等於篩網的網目開口。實際的篩網並沒有給出完美分離的切割直徑。在標準測試篩中用球形顆粒可獲得最接近的分離，但即使如此，溢流中最小的顆粒與底流中最大的顆粒之間也會有重疊。當顆粒是針狀或纖維狀，或顆粒傾向於聚集成形如大顆粒的團簇時，重疊特別明顯。相同混合物操作在相同網孔的篩網，商業篩網通常會比試驗用篩網導致較差的分離。

篩網上的質量均衡

可以對篩網寫出簡單的質量均衡，這對於來自三股流的篩網分析以及所需切割直徑的知識來計算進料、溢流和底流的比是有用的。令 F、D 和 B 分別為進料、溢流和底流的質量流率，而 x_F、x_D 和 x_B 分別為超大物質在這三個股流中的質量分率。過小物質在進料、溢流和底流的質量分率分別為 $1 - x_F$、$1 - x_D$ 和 $1 - x_B$。

由於供給篩網的全部物料必須從底流或溢流離開篩，因此

$$F = D + B \tag{29.1}$$

進料中的物質 A 也必須由這兩個股流中離開

$$Fx_F = Dx_D + Bx_B \tag{29.2}$$

從 (29.1) 式和 (29.2) 式消去 B，可得

$$\frac{D}{F} = \frac{x_F - x_B}{x_D - x_B} \tag{29.3}$$

消去 D 可得 †

$$\frac{B}{F} = \frac{x_D - x_F}{x_D - x_B} \tag{29.4}$$

篩選分離幾乎從來都不是完美的。一些尺寸過小的顆粒是通常保留在給定篩網上的物料中，有時過大的顆粒會通過篩網找到它們的方式進入尺寸過小的顆粒中。完整分離的成功量度是篩網效率，對此，各種公式已經提出。[32g] 但是計算總效率的統一方法，從來沒有建立過。

篩網容量

篩網的容量可以由單位面積篩網在每單位時間所能輸送的物料質量來衡量。容量和效率是相反的因素。為了獲得最大效率，容量必須小，大容量只有以降低效率為代價才能獲得。實際上，介於容量和效率之間合理的平衡是理想的。

篩網的容量僅由改變單元的進料速率來控制。給定容量的效率取決於篩網操作的性質。給定尺寸過小的顆粒通過篩網的整體機會是顆粒撞擊篩網表面的次數和在單次接觸過程中通過篩網的機率的函數。如果篩網過載，則其接觸的次數少，並且在接觸時由於其它顆粒的干擾而降低了通過的可能性。以降低容量為代價獲得的效率提高是由於每個顆粒與篩網更多接觸，且每次接觸通過機會更多的結果。

顆粒通過篩網的機率取決於總表面積中篩孔所占的分率、顆粒直徑對篩孔寬度的比，以及顆粒和篩網表面之間的接觸次數。篩網的最大容量，如 Perry [32h]

† 注意：(29.3) 和 (29.4) 式相等於蒸餾的 (21.8) 和 (21.9) 式。雖然它們在物理上並不相同，但兩種操作都是分離操作，並且相同的總質量均衡方程式適用於它們。

所示，大致與 $D_{pc}^{0.6}$ 成正比，其中 D_{pc} 是篩網孔徑，並與顆粒密度成正比。對於粗篩，篩孔大小為 $\frac{1}{4}$ 至 4 in. (6 至 100 mm)，容量範圍為 1 至 8 tons/h·ft^2 (2.7 至 22 kg/s·m^2)，取決於被篩物料的密度；對於篩孔大小為 0.05 到 0.25 in. (1 至 6 mm)，其容量為 0.1 至 1.0 ton/h·ft^2 (0.27 至 2.7 kg/s·m^2)。

隨著顆粒大小的減小，篩選愈來愈困難，一般而言，對於小於 150 網目 (0.1 mm) 的顆粒，其容量和效率都是低的。

過濾；一般考慮

過濾 (filtration) 是使流體通過過濾介質或**隔膜** (septum) 從流體中去除固體顆粒，而固體沉積在過濾介質或隔膜上。工業過濾從簡單的粗濾到高度複雜的分離。流體可能是液體或氣體；來自過濾器的有價值的股流可以是流體或固體，或兩者。有時候兩者均無價值，因為在處置之前廢固體必須從廢液中分離出來。在工業過濾中，進料的固體含量範圍從少量到非常高的百分比。進料經常透過某種方式進行修正，以預先處理提高過濾速率，如利用加熱、再結晶或添加「助濾劑」，如纖維素或矽藻土。由於要過濾的物料種類繁多並且處理條件差異很大，因此許多類型的過濾器已經開發出來了，[32d, 40a] 其中幾個在圖 29.3 中有描述。

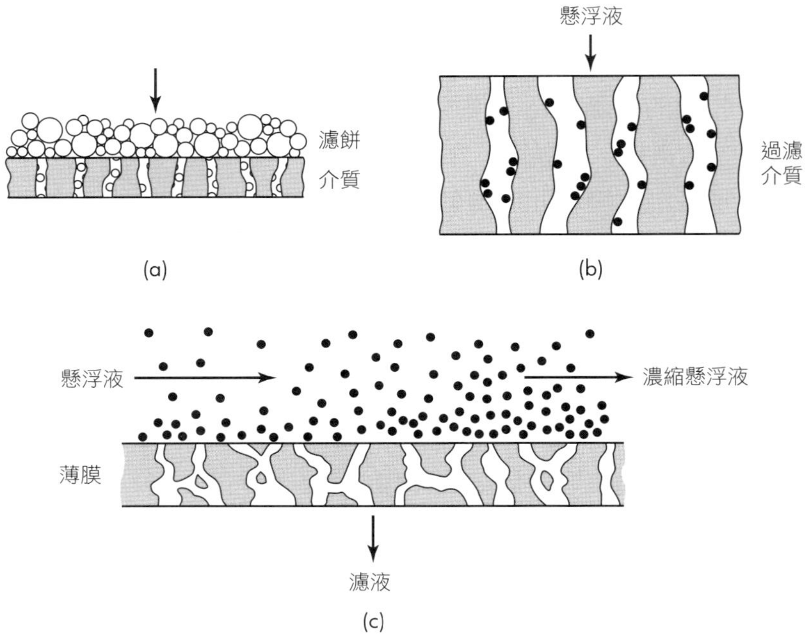

▲ 圖 29.3　過濾的機構：(a) 濾餅式過濾器；(b) 澄清過濾器；(c) 交叉流過濾器

流體藉由過濾介質上的壓力差流過過濾介質。因此，過濾器也被分類為：在過濾介質的上游側以高於大氣壓的壓力操作的過濾器、與在上游側以大氣壓力操作以及下游側以真空操作的過濾器。高於大氣壓的壓力可由作用在液柱上的重力、由泵或鼓風機、或由離心力而得。離心過濾器將在本章後面的章節中討論。在重力過濾器中，過濾介質可能不會比粗篩或像砂子這樣粗糙的顆粒床更細。因此，重力過濾器在工業應用中受限於從非常粗的晶體中排出液體，飲用水的淨化以及廢水的處理。

大多數工業過濾器是壓力過濾器、真空過濾器或離心分離器。它們可以是連續或不連續的，取決於是否過濾的固體的排放是穩定的或間歇的。對於不連續過濾器在大部分的操作循環過程中，流體通過裝置的流動是連續的，但是必須定期中斷以允許排出積聚的固體。在一個連續的過濾器，只要裝置正在操作，固體和流體的排放都不會中斷。

過濾器分為三大類：濾餅式過濾器、澄清過濾器和交叉流過濾器。濾餅式過濾器分離出相當大量的固體作為濾餅晶體或污泥，如圖 29.3a 所示。通常包括洗滌濾餅的設備並在排出之前從固體中除去一些液體。澄清過濾器可去除少量固體以產生清潔氣體或清澈的液體，如飲料類。澄清過濾時，固體顆粒陷入過濾介質的內部，如圖 29.3b 所示，或在其外表面上。澄清過濾器與篩網不同之處在於，過濾介質的孔隙直徑遠大於要去除的顆粒。在交叉流過濾器中，進料懸浮液在壓力下流動以相當高的速度越過過濾介質 (圖 29.3c)。在介質表面可能形成薄固體層，但液體流速很高使層不能建立。過濾介質是陶瓷、金屬或聚合物薄膜，而此薄膜具有小到足以排除大部分懸浮顆粒的孔。一些液體通過介質後成為清澈的濾液，留下的則為較濃的懸浮液體。如後面所討論的，超濾器是交叉流單元，含有非常小的開口薄膜，用於分離和濃縮膠體顆粒和大分子。

濾餅式過濾器

在濾餅式過濾器 (cake filter) 中，過濾開始時，一些固體顆粒進入介質的孔隙中並且被固定，但其它顆粒很快開始聚集在隔膜表面上。在這個短暫的初始階段之後，固體濾餅進行過濾，而不是隔膜；一個明顯厚度的可見濾餅積聚在表面上，必須是定期移除。除了用於氣體淨化的袋式過濾器之外，濾餅式過濾器幾乎完全用於液 - 固分離。和其它過濾器一樣，在過濾介質上游以高於大氣壓的壓力下操作或在下游抽真空。任何一種類型都可以是連續的或不連續的，但是因為對抗正壓力難以將固體排出，大多數加壓過濾器是不連續的。

不連續的壓力過濾器

壓力過濾器 (pressure filter) 可以在隔膜上施加大的壓力差，用黏性液體或細固體經濟快速過濾。最常見的壓力過濾器的類型是壓濾機和殼葉式過濾器。

壓濾機　壓濾機 (filter press) 包含一組濾板，經設計用於提供一系列可收集固體的腔室或隔室。板子用如帆布的過濾介質覆蓋。在加壓下使漿液進入每個隔室；液體通過帆布而由排放管流出，背後留下濕的固體餅。

壓濾機的板可以是正方形或圓形，垂直或水平的。通常固體的隔室由模製面聚丙烯板的凹槽形成。在其它的設計中，它們形成如圖 29.4 所示的**板 - 框壓濾機** (plate-and-frame press)，其中方形板邊長 6 至 78 in. (150 mm 至 2 m) 與開放框架交替排列。板子是 $\frac{1}{4}$ 至 2 in. (6 至 50 mm) 厚，框架 $\frac{1}{4}$ 至 8 in. (6 至 200 mm) 厚。板和框架垂直放置在金屬架上，用布覆蓋每塊板的表面，用螺絲或水力撞鎚使其緊密地擠壓在一起。漿液由板和框架組件的一端進入。它經過縱向穿過組件一角的通道。輔助通道將來自主入口通道的漿液輸送到每個框架中。在這裡固體沉積在覆蓋板面的布上。液體經過濾布，進入板面上的凹槽或波形槽，並從壓濾機中排出。

壓濾機組裝完成後，漿液通常在 3 到 10 atm 的壓力下從泵或加壓罐中進入。繼續過濾直至液體不再由排放口流出或過濾壓力突然升高為止。這些發生的時候框架充滿了固體，不再有漿液可以進入，此時稱壓濾機**被卡住** (jammed)。這時可利用清洗液從固體中清除可溶性雜質，之後可以用蒸汽或空氣吹入濾餅以盡可能地取代多的殘留液體。然後打開壓濾機，固體的濾餅是從過濾介質中取出並落到輸送機或儲存箱中。在許多壓濾機這些操作可以自動進行，如圖 29.4 所示。在壓濾機中徹底清洗可能需要幾個小時，因為清洗壓濾機的液體傾向於遵循最簡單的路徑並繞過濾餅中緊密堆積的部分。

殼葉式過濾器　為了在比板框式壓濾機更高的壓力下進行過濾，節省勞力，或更好地清洗濾餅是需要的，此時可以使用殼葉式過濾器 (shell-and-leaf filter)。如圖 29.5 所示的水平儲罐設計中，一組直立的葉片被固定在可伸縮的支架上。圖上所示的單元是為了排放而敞開的，在操作過程中，葉片裝在密閉槽的內部。進料從槽的側面進入；濾液通過葉片進入排放歧管。圖 29.5 所示的設計中，廣泛用於涉及助濾劑的過濾，正如本章後面所討論的。

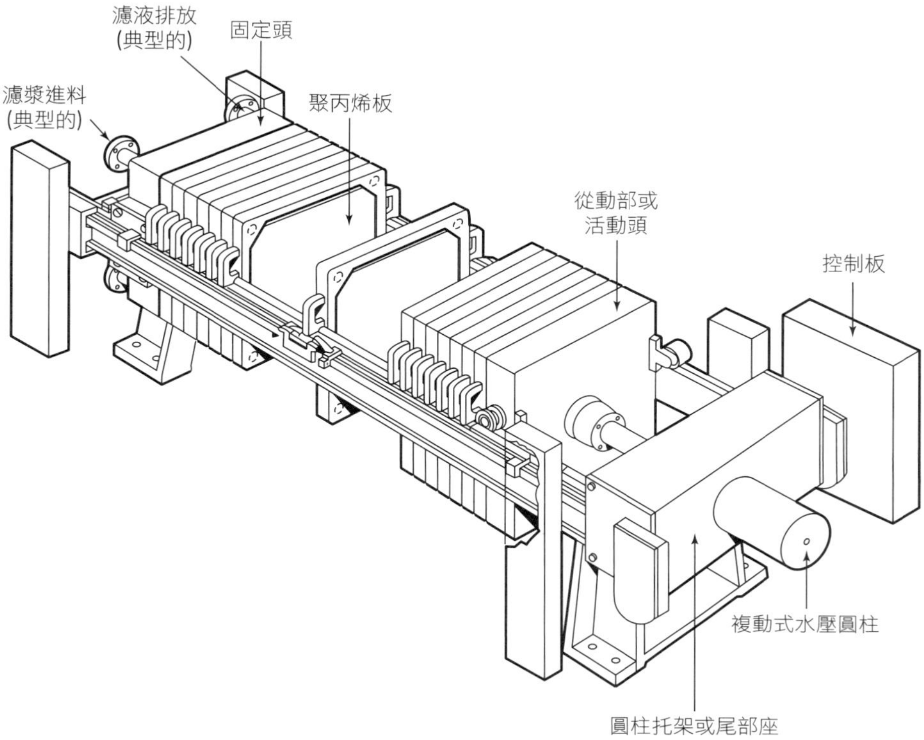

▲ 圖 29.4 自動操作壓濾設備 (*Shriver Filters, Eimco Process Equipment Co.*)

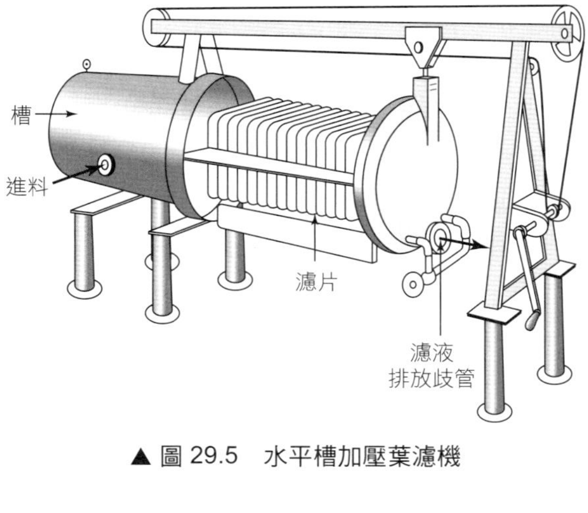

▲ 圖 29.5 水平槽加壓葉濾機

自動帶式過濾器

Larox 帶式過濾器 (Larox belt filter) 是一個不連續的壓力過濾器，其能分離、壓縮、洗滌、然後自動排出濾餅。過濾發生在 2 至 20 個水平的室，一個在另一個之上。濾帶依次穿過過濾室，當帶子保持固定時，在過濾循環中，每個室都充滿固體。然後高壓水被抽到室頂上的彈性隔膜後面，擠壓濾餅且機械化地快速移去一些液體。隨著隔膜的釋放，洗滌水可能會通過濾餅，且如果需要的話，可以藉隔膜重新壓縮濾餅。最後，將空氣吹入濾餅以去除額外的液體。

然後漿液室由水力打開，使濾帶可以移動稍大於一個室長度的距離。這個動作是由過濾器兩側卸除濾餅。同時，濾帶的一部分通過噴嘴而清洗。在所有的濾餅已經卸完之後，濾帶停止轉動，漿液槽關閉，重複過濾循環。所有的步驟可藉由控制面板的脈衝自動啟動。過濾器尺寸範圍從 0.8 m^2 (8.6 ft^2) 至 31.5 m^2 (339 ft^2)。整個循環週期相對較短，典型為 10 到 30 min，以便這些過濾器可以用於連續的過程。

不連續真空過濾器

壓力過濾器通常是不連續的；真空過濾器 (vacuum filter) 通常是連續的。然而，不連續的真空過濾器有時是有用的工具。真空**吸引過濾器** (nutsche) 比布氏漏斗 (Büchner funnel) 略大一點，直徑 1 至 3 m (3 至 10 ft)，並形成厚度為 100 至 300 mm (4 至 12 in.) 的固體層。由於其簡單性，真空吸引過濾器可以容易地由耐腐蝕材料製成，其中多種腐蝕性材料的批式實驗而需要過濾時是有價值的。由於挖出濾餅所涉及的勞動力，真空吸引過濾器在大規模生產過程中並不常見；然而，它們是有用的，在某些批次操作中作為壓力過濾器，在排放之前，濾餅必須在過濾器中乾燥。[31]

連續真空過濾器

在所有連續真空過濾器中，液體被吸入而通過移動的隔膜沉積固體濾餅。濾餅自過濾區移出、洗淨、吸乾，然後從隔膜中移出，重新進入漿液來拾取另一個固體負載。隔膜的一部分始終處於過濾區，部分位於洗滌區，部分正在卸除其固體負載，以便排放來自過濾器的固體和液體是不間斷的。在連續真空過濾器中，橫跨隔膜的壓力差並不高，通常在 250 和 500 mm Hg 之間。過濾器的各種設計在納入漿液的方法上、過濾器表面的形狀上，以及固體排放的方式上有所不同。然而，大多數情況下，從固定源經由旋轉閥使移動部分的單元處於真空。

旋轉鼓式過濾器　最常見的連續式真空過濾器的類型是旋轉鼓式過濾器 (rotary-drum filter)，如圖 29.6 所示。帶槽溝面的橫置鼓，在攪拌漿液槽中，以 0.1 至 2 r/min 的速率攪拌。過濾介質，如帆布，覆蓋鼓的表面，而鼓的另一部分浸沒在液體中。在主鼓的槽溝圓柱面下是第二個具有堅固表面的小鼓。兩個鼓之間是將環形空間分成隔室的徑向隔板，每個隔室利用內管連接到旋轉閥的旋轉板上的一個孔。當鼓旋轉時，真空和空氣交替施加到每個隔間。一條濾布覆蓋每個隔間的曝露面組成一連串的面板。

現在考慮圖 29.6 中 *A* 所示的面板。它正要進入槽中的漿液。當它浸在液體表面下時，經由旋轉閥抽真空。當抽取液體並通過濾布進入隔間、通過內管、通過閥，進入收集槽時，則面板的面上堆積一層固體。隨著面板離開漿液而進入洗滌區和乾燥區，從獨立系統對面板抽真空，通過固體濾餅吸取洗滌液和空氣。如圖 29.7 所示的流程圖中，洗滌液通過過濾器被吸入單獨的收集罐中。在

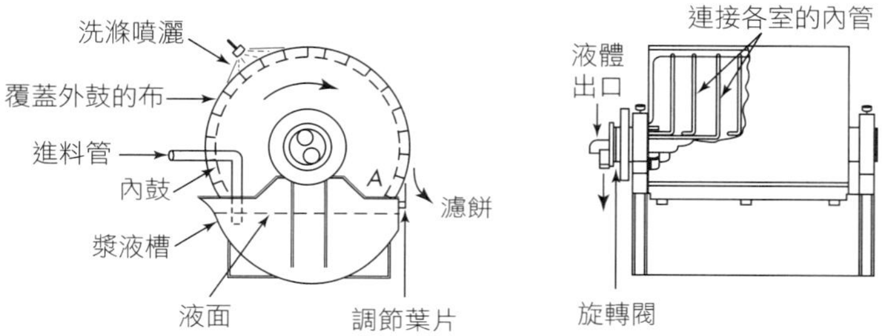

▲ 圖 29.6　連續旋轉真空過濾器

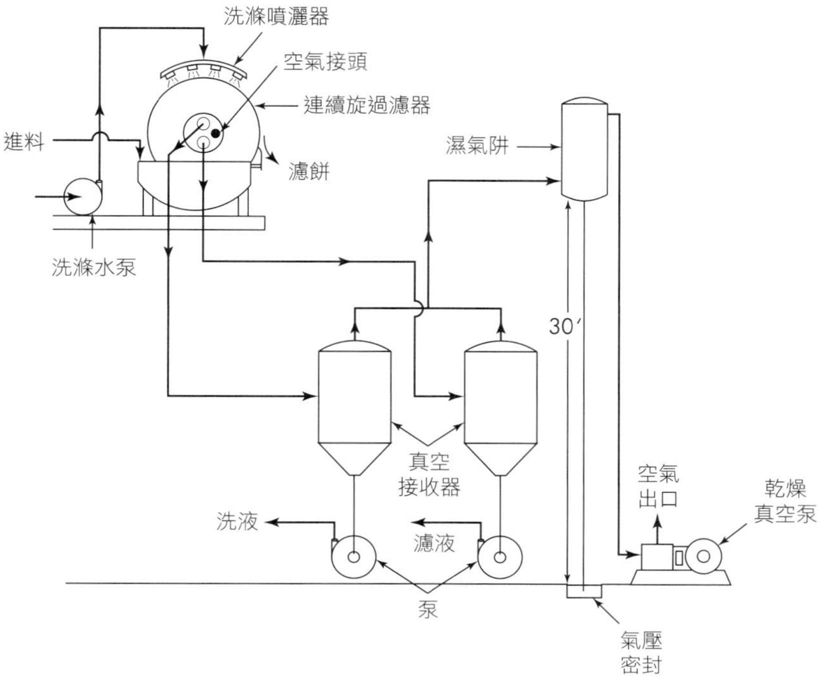

▲ 圖 29.7　連續真空過濾流程圖

面板表面上的固體濾餅盡可能地被吸乾之後，面板離開乾燥區，關掉真空，濾餅被稱為**刮刀** (doctor blade) 的水平刀刮掉而除去。少量空氣吹在濾餅下面使濾布鼓起。這將濾餅從濾布上撕下來而不需要使用小刀刮鼓面本身。一旦濾餅被移出，面板重新進入漿液並重複循環。因此，任何給定面板的操作都是循環的；但由於在循環的每個部分，在任何時間均有一些面板存在，因此整個過濾器的操作是連續的。

許多類型的旋轉鼓式過濾器都是市售的。在一些設計，鼓中沒有隔間；整個過濾介質的內表面抽真空。濾液和洗液一起通過浸漬管去除；固體藉由空氣流從鼓內的固定鞋經由濾布而被排出，空氣流使濾布鼓起並使濾餅破碎。在其它型式中，濾餅利用一組緊密間隔的平行線由過濾器表面提起或將濾布從鼓表面分離並圍繞小直徑滾筒。該滾筒的方向急劇變化而使固體移出。當濾布從滾筒返回鼓的下側時，濾布可能會被清洗。洗滌液可以直接噴灑在濾餅表面上；或者當空氣通過濾餅而被吸入時濾餅會裂開，它可能會噴在濾布上而濾布與濾餅一起經過洗滌區並緊緊地壓在其外表面。

鼓的浸入量也是可變的。大部分是底部 - 進料的過濾器，以約 30% 的過濾面積浸入在漿液中。當高過濾容量和不需要清洗時，可以使用高浸入的過濾器，其過濾面積的 60% 至 70% 被浸入。任何旋轉過濾器的容量在很大程度上取決於進料漿液的特性，特別是與實際操作中可能沉積的濾餅厚度有關。在工業旋轉式真空過濾器上形成的濾餅厚度大約是 3 到 40 mm ($\frac{1}{8}$ 至 $1\frac{1}{2}$ in.)。標準鼓的尺寸範圍從 0.3 m (1 ft) 直徑和 0.3 m (1 ft) 的表面到直徑為 3 m (10 ft)，而具有 4.3 m (14 ft) 面。

旋轉鼓式壓力過濾器

連續旋轉式真空過濾器有時適合高達約 15 atm 下的正壓操作，而在此情況下，不可行或不經濟。當固體非常細且過濾時，非常緩慢或當液體具有高蒸汽壓時，黏度大於 1 P，或者是飽和溶液，在冷卻時，將會產生結晶都是可能的情況。隨著緩慢過濾漿液，隔膜上的壓力差必須大於在真空過濾器中所能獲得的；液體減壓產生蒸發或結晶時，隔膜下游的壓力不能低於大氣壓。但是，從這些過濾器排放固體的機械問題，它們所需的成本和複雜性都很高，而且它們的尺寸很小，限制了它們在特殊問題上的應用。凡不能使用真空過濾的，其它分離手段，如連續離心過濾器，應予以考慮。

預塗過濾器

預塗過濾器 (precoat filter) 是經過改良的旋轉鼓式過濾器，用於過濾少量的細粒或通常堵塞濾布的凝膠狀固體。在這個機器的操作，首先將一層多孔助濾劑如矽藻土沉積在過濾介質上。然後通過助濾劑層將過程液體吸入，則沉積一層非常薄的固體。然後用緩慢推進的刀將該層和一些助濾劑刮離鼓面，而不斷曝露多孔物質的新鮮的表面用於隨後的液體通過。預塗過濾器也可以在加壓下操作。在加壓型的預塗過濾器中，排放的固體和助濾劑收集在殼內，在大氣壓下藥定期移除，而鼓面用助濾劑重新再塗。預塗過濾器只能用於固體應予以丟棄或混合物摻入大量助濾劑而沒有嚴重的問題。預塗濾鼓通常浸沒 50%。

水平帶式過濾器　當進料中含有粗的快速沉降固體顆粒時，旋轉鼓過濾器操作不良或根本不能操作。粗顆粒不能均勻地懸浮在漿液槽中，形成的濾餅通常不會黏在濾鼓的表面。在這種情況下，可使用頂饋水平過濾器。圖 29.8 所示的移動式帶式過濾器是幾種水平式過濾器之一；它類似於帶式輸送機，具有橫向脊狀支撐或攔有濾布的排水帶，也是環形帶的形式。排水帶上的中央開口在縱向真空箱上滑動，由此開口排出濾液。進料漿液從單元一端的分配器流到帶上；經過濾並且洗滌的濾餅從另一端排出。

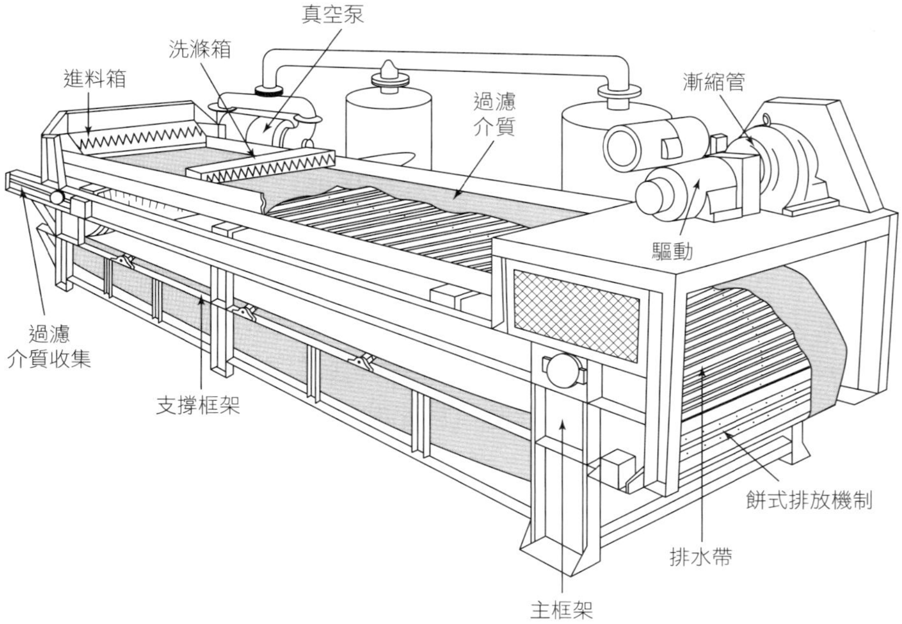

▲ 圖 29.8　水平帶式過濾器

帶式過濾器在廢物處理上特別有用，因為廢物經常含有一個非常廣泛的粒徑。[40a] 它們的尺寸寬度從 0.6 至 5.5 m (2 至 18 ft)，長度為 4.9 至 33.5 m (16 至 110 ft)，過濾面積達 110 m^2 (1,200 ft^2)。有些型號是「索引」帶式過濾器，與前面描述的 Larox 壓力過濾器類似，在這些過濾器中真空是間歇地切斷並重新施加。當真空關閉時，濾帶向前移動半，而在施加真空時濾帶保持固定。這避免了維護真空箱和移動濾帶之間良好真空密封的困難。

離心過濾器

形成多孔濾餅的固體可以在離心過濾器中從液體中分離出來。將漿液供給到具有溝槽或穿孔壁的旋轉籃中，此壁用如帆布或金屬布的過濾介質覆蓋。由於離心的作用產生的壓力迫使液體通過過濾介質，而留下固體。如果關閉籃子的進料，固體的濾餅短時間旋轉，則濾餅中的大部分殘餘液體從顆粒中被吸走，留下固體比壓濾機或真空過濾器所得的更「乾燥」。被過濾的物質必須隨後用加熱的方法進行乾燥，這可能會減低過濾器的負荷。

過濾離心器的主要類型是懸浮批式機器，其操作是不連續的；自動短週期批式機器；和連續輸送式離心機。在懸浮式離心機中，過濾介質是帆布或其它織物或編織金屬布。在自動機器中使用細金屬篩；在輸送帶離心機中，過濾介質通常是籃子本身的溝槽壁。

懸浮批式離心機

在工業加工中常見的一種批式離心機是頂部懸浮式離心機，如圖 29.9 所示。穿孔的籃子直徑範圍從 750 至 1,200 mm (30 至 48 in.)，深度由 450 至 750 mm (18 至 30 in.)，旋轉速度在 600 至 1800 r/min 之間。籃子從上面驅動的自由擺動垂直軸的下端所固定。過濾介質排列於籃子的穿孔壁。進料漿液通過入口管或斜槽進入旋轉籃。液體經由過濾介質排入外殼並由排放管排出；該固體在籃內形成 50 至 150 mm (2 至 6 in.) 厚的濾餅。洗液可能經由噴灑固體以去除可溶性物質。然後旋轉濾餅使其盡可能乾燥，有時使用比裝載和清洗期間更高的轉速。關掉馬達，使用制動器使籃子幾乎停止。當籃子慢慢轉動，大概在 30 至 50 r/min 時，用卸刀將固體切下然後排出，將濾餅從過濾介質上剝離下來，並通過籃框地板上的開口落下。過濾介質漂洗乾淨後，啟動馬達，循環操作。

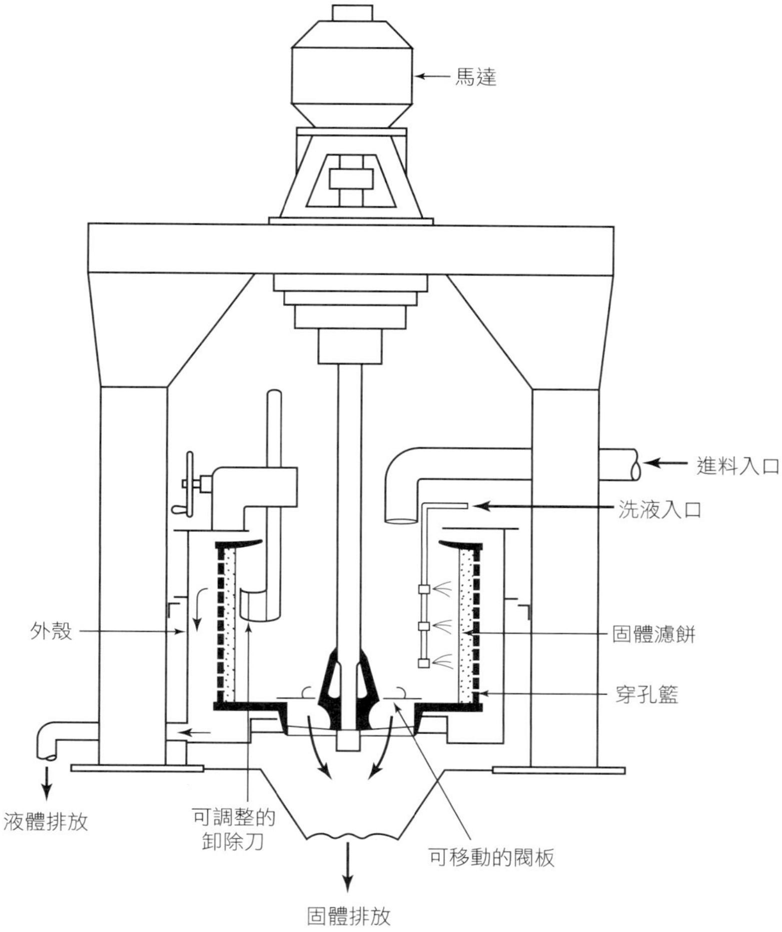

▲ 圖 29.9 頂部懸掛的籃式離心機

頂部懸浮式離心機廣泛用於精製糖，每個負載以 2 到 3 min 的短週期進行操作，每台機器可產生高達 5 tons/h 的晶體。自動控制通常提供循環中的一些或所有的步驟。然而，在大多數的程序中，使用其它自動或連續輸送離心機可分離大量晶體。

另一種類型的批式離心機是從底部驅動，其中馬達、籃子和外殼全部懸掛安裝在底板上的直立腳上。固體通過殼體的頂部手動卸載或如在頂部懸掛的機器中，通過籃子的底部開口卸除。除了用於糖的精製，懸浮式離心機通常以每次負載以 10 到 30 min 的週期操作，以 300 至 1,800 kg/h (700 至 4,000 lb/h) 的速率排出固體。

自動批式離心機

圖 29.10 顯示了一個短週期的自動批式離心機。在這機器中，籃子圍繞水平軸以恆定速度旋轉。進料漿液、洗滌液和篩網漂洗液以適當時間間隔控制時間的長度依次噴入噴入藍中。籃子的卸載是籃子以全速旋轉時，由定期升起的重型刀片施予相當可觀的力將固體切下，經排放斜槽排出。循環定時器和螺旋操作閥控制各個部分的操作：進料、洗滌、旋轉、漂洗和卸載。循環的任何部分可以根據需要延長或縮短。

這些機器中的籃子直徑在 500 至 1,100 mm (20 至 42 in.) 之間。自動離心機具有自由排放晶體的高生產容量。通常當進料中含有許多比 150 網目更細的顆粒時，它們並不適用。對於粗晶體，整個操作週期的範圍從 35 到 90 秒，所以每小時吞吐量很大。由於週期短，進料漿液、濾液和排出的固體所需的滯留量少，因此自動離心機很容易併入連續製造過程。小批次的固體可以用少量洗滌液有效地洗滌，就像在任何批次機器中一樣，如果有必要清洗量可以暫時增加，以清理掉品質不好的物質。自動離心機不能處理慢速脫水的固體，這會產生不經濟的長週期，或固體不能通過斜槽清潔地排出。也因為使用卸載刀會使晶體有相當多的破壞或劣化。

連續過濾離心機

用於粗晶體的連續離心分離器是往復式輸送離心機如圖 29.11 所示。提供帶

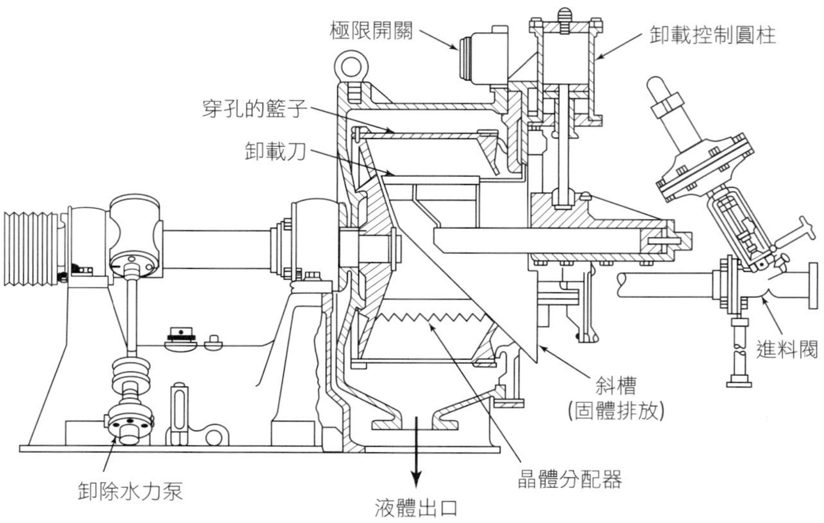

▲ 圖 29.10 自動批式離心機

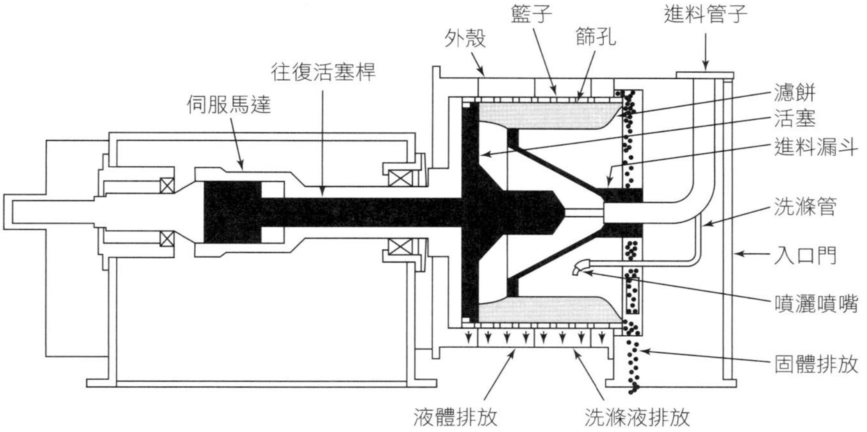

▲ 圖 29.11　往復式輸送連續離心機

有溝槽壁的轉籃係通過旋轉進料漏斗來進料。漏斗的目的是溫和而平滑地加速進料漿液。進料從籃子的旋轉軸上的固定管進入漏斗的小端。它朝漏斗的大端移動，當它移動時獲得速率，當它從漏斗溢出到籃壁時，它以與籃壁相同的方向以幾乎相同的速度移動。液體流過籃壁，籃壁可以用編織金屬布覆蓋。形成 25 至 75 mm (1 至 3 in.) 厚的晶體層。利用往復式推動器將此層推動使其在過濾表面上方移動。推動器的每一個衝程將晶體向籃子的邊緣移動數吋；在回程中有一個空間在過濾表面上打開，其中可以沉積更多的濾餅。當晶體到達籃的邊緣時，它們向外飛入大套管並落入收集器的斜槽中。濾液和任何噴灑在晶體上的洗滌，在它們的行程中，通過單獨的出口離開套管。進料漿液輕輕的加速而排出的固體減速以使晶體的破裂最小化。多階段單元，可減少晶體在每個階段的移動距離，對於單階段機器中不能適當地「傳送」固體濾餅時，可使用多階段單元。往復式離心機由直徑從 300 至 1,200 mm (12 至 48 in.) 的籃子製成。它們對含有重量不超過 10% 且比 100 網目更細的物質進行脫水和洗滌 0.3 至 25 tons/h。

過濾介質

任何過濾器中的隔膜必須符合以下要求：

1. 它必須能留住待過濾的固體，得到合理清澈的濾液。
2. 不能堵塞或閉塞。
3. 它必須具有足夠的耐化學性和足夠的物理強度來承受加工條件。
4. 它必須允許形成的濾餅乾淨完整地排出。
5. 一定不能過分昂貴。

在工業過濾中，常見的過濾介質是帆布，無論是平織還是斜紋編織。許多不同的重量和編織法模式可供選擇服務。腐蝕性液體需要使用其它過濾介質，如羊毛布、蒙乃爾 (monel) 或不銹鋼金屬布、玻璃布或紙。合成纖維織物如耐綸、聚丙烯和各種聚酯也具有很高的化學阻抗。[9, 21]

在給定的網目尺寸的濾布中，對於去除非常細小的顆粒，光滑的合成纖維或金屬纖維其效果比更粗糙的天然纖維差。然而，一般而言，這只是在過濾開始時的缺點，因為除了堅硬，不含細粒的粗顆粒以外，實際的過濾介質不是第一層沉積的固體。濾液可能首先出現雲狀，然後變得清晰。雲狀濾液返回到漿液槽進行重新過濾。

助濾劑

黏稠或非常細的固體形成緻密不滲透的濾餅，可快速堵塞任何夠細且足以截留它們的過濾介質。這種物質的實際過濾，要求增加濾餅的孔隙度以允許液體以合理的速率通過。這可以在過濾之前加入助濾劑如矽藻土、珍珠岩、純化的木質纖維素或其它惰性多孔固體來達成。可以藉由溶解固體或燒掉助濾劑，使助濾劑與濾餅分離。如果固體沒有價值，則它們可與助濾劑一起丟棄。

使用助濾劑的另一種方法是預塗，也就是在過濾之前在過濾介質上沈積一層助濾劑。在分批過濾器中，預塗層通常很薄；在連續的預塗過濾器中，如前所述，預塗層是厚的，並且以推進刀不斷刮掉層的頂部，以曝露新的過濾表面。預塗層防止凝膠狀固體堵塞過濾介質，而給出更清潔的濾液。預塗層實際上是過濾介質的一部分而不是濾餅的一部分。

濾餅過濾原理

過濾是通過多孔介質流動的一個特殊例子，這在第 7 章中有所討論，其中是對於流動阻力不變的情況。在過濾中，當過濾介質被堵塞或形成濾餅時，波動阻力隨時間而增加，則第 7 章所列的方程式必須修正，以適用此情況。我們感興趣的主要量是通過過濾器的流速和橫跨整個單元的壓力降。隨著時間的推移，在過濾過程中，流率會減少或壓力降上升。在所謂的**恆壓過濾** (constant-pressure filtration) 中，壓力降是保持恆定並允許流率隨時間下降；不太常見的是壓力降逐漸增加，流率保持恆定，亦即所謂的**恆速過濾** (constant-rate filtration)。

在濾餅過濾中，液體通過串聯的兩個阻力：濾餅阻力和過濾介質。過濾介質的阻力，是澄清過濾器中唯一的阻力，通常僅在濾餅過濾的早期階段是重要的。濾餅阻力在開始時為零，當過濾進行時阻力隨時間增加。如果過濾後清洗濾餅時，在洗滌期間濾餅和過濾介質的阻力都是恆定，而過濾介質的黏度通常可以忽略不計。

任何時候的總壓力降都是過濾介質與濾餅壓力降的總和。如果 p_a 是入口壓力，p_b 是出口壓力，p' 是濾餅和過濾介質間之界面處的壓力，則

$$\Delta p = p_a - p_b = (p_a - p') + (p' - p_b) = \Delta p_c + \Delta p_m \tag{29.5}$$

其中 $\Delta p =$ 總壓力降

$\Delta p_c =$ 濾餅上的壓力降

$\Delta p_m =$ 過濾介質上的壓力降

通過濾餅的壓力降

圖 29.12 顯示從濾液流動開始的某一時間 t，通過過濾器濾餅和過濾介質的截面的示意圖。這時從過濾介質量起的濾餅厚度是 L_c。垂直於流動方向測量的過濾面積為 A。考慮厚度為 dL 的薄層濾餅，其與過濾介質距離為 L。假設在這個點的壓力是 p。這層由固體顆粒的薄床組成，濾液由此層流過。在濾床中，濾液的速度足夠低以確保層流。因此，(7.17) 式可作為處理通過濾餅壓力降的起點，注意 $\Delta p/L = dp/dL$。如果濾液的表面速度以 u 表示，則 (7.17) 式變成

$$\frac{dp}{dL} = \frac{150\mu u(1-\varepsilon)^2}{(\Phi_s D_p)^2\varepsilon^3} \tag{29.6}$$

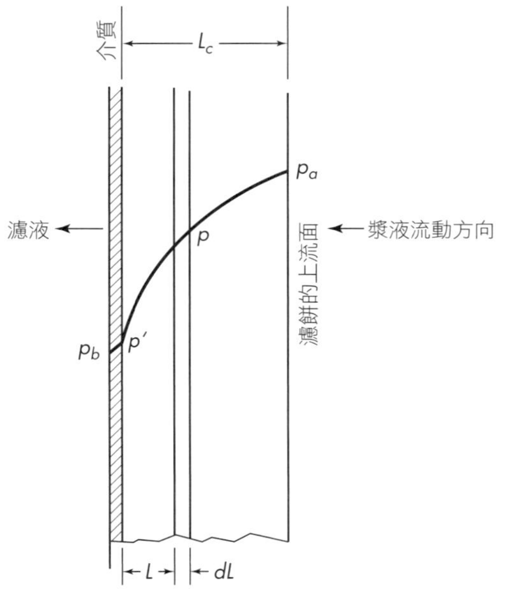

▲ 圖 29.12　流經過濾介質和濾餅截面所顯示的壓力梯度：P，流體壓力；L，與過濾介質的距離

圖 29.12 顯示了濾餅中的非線性壓力梯度，這是典型的因為過濾介質附近的濾餅孔隙度較低。通常壓力降是表示為表面積與體積之比的函數而不是粒徑的函數。以 $6(v_p/s_p)$ 替代 $\Phi_s D_p$ [(7.10) 式] 得到

$$\frac{dp}{dL} = \frac{4.17\mu u(1-\varepsilon)^2(s_p/v_p)^2}{\varepsilon^3} \tag{29.7}$$

其中 $\frac{dp}{dL}$ = 厚度 L 處的壓力梯度

μ = 濾液的黏度

u = 基於過濾面積的濾液的線性速度

s_p = 單一顆粒的表面積

v_p = 單一顆粒的體積

ε = 濾餅的孔隙度

線性速度 u 可由下式求得

$$u = \frac{dV/dt}{A} \tag{29.8}$$

其中 V 是從過濾開始到時間 t 收集的濾液體積。由於濾液必須通過整個濾餅，因此所有層的 V/A 都是相同的，而 u 與 L 無關。

層中的固體體積是 $A(1-\varepsilon)dL$，如果 ρ_p 是顆粒密度，層中的固體質量 dm 是

$$dm = \rho_p(1-\varepsilon)A\,dL \tag{29.9}$$

由 (29.7) 式和 (29.9) 式消去 dL 可得

$$dp = \frac{k_1\mu u(s_p/v_p)^2(1-\varepsilon)}{\rho_p A\varepsilon^3}\,dm \tag{29.10}$$

其中 k_1 被用來代替 (29.7) 式中的係數 4.17。如果使用 fps 單位，則牛頓定律的比例常數 g_c 必須包含在 (29.7) 式和 (29.10) 式的分母中。

可壓縮和不可壓縮的濾餅

在含有剛性均勻顆粒的漿液，在低壓力降的過濾中，(29.10) 式右邊的所有因子除 m 外均與 L 無關，並且方程式可以直接對濾餅厚度積分。如果 m_c 是濾餅中固體的總質量，結果是

$$\int_{p'}^{p_a} dp = \frac{k_1 \mu u (s_p/v_p)^2 (1-\varepsilon)}{\rho_p A \varepsilon^3} \int_0^{m_c} dm \tag{29.11}$$

$$p_a - p' = \frac{k_1 \mu u (s_p/v_p)^2 (1-\varepsilon) m_c}{\rho_p A \varepsilon^3} = \Delta p_c \tag{29.12}$$

這種類型的濾餅稱為**不可壓縮** (incompressible)。再者，如果使用 fps 單位，則 g_c 必須包含在 (29.12) 式的分母。

對於使用 (29.12) 式，**比濾餅阻力** (specific cake resistance) α 可由下式定義

$$\alpha \equiv \frac{\Delta p_c A}{\mu u m_c} \tag{29.13}$$

其中

$$\alpha = \frac{k_1 (s_p/v_p)^2 (1-\varepsilon)}{\varepsilon^3 \rho_p} \tag{29.14}$$

比濾餅阻力 α 也可以用粒徑 D_p 來表示，其中 k_2 為新係數：

$$\alpha = \frac{k_2 (1-\varepsilon)}{(\Phi_s D_p)^2 \varepsilon^3 \rho_p} \tag{29.15}$$

對於不可壓縮的濾餅，α 與壓力降和濾餅中的位置無關。α 的因次是 $\bar{L}\bar{M}^{-1}$。

從 (29.13) 式，當 μ、u 和 m_c/A 都等於 1.0 時，則 α 是單位壓力降的濾餅阻力。(29.15) 式表明 α 僅受到濾餅物理性質的影響，特別是粒徑 D_p 和孔隙度 ε。

工業上遇到的大多數濾餅不是由單個硬質顆粒組成的，通常的漿液是架凝物的混合物或由非常小顆粒的鬆散聚集體組成的附聚物，而濾餅的阻力取決於架凝物的性質而與單個顆粒的幾何形狀無關。[20] 架凝物從濾餅的上游面由漿液沈積並形成複雜的渠道，使得 (29.12) 式並不完全適用。這種濾餅的阻力對製備漿液所用的方法及材料的老化和溫度都很敏感。此外，架體扭曲和破碎由濾餅中存在的力量決定，而各層的因數 ε、k_2 和 s_p/v_p 均逐層變化。

這樣的濾餅稱為可壓縮。在可壓縮的濾餅中，α 隨著與隔膜的距離而變化，因為最接近隔膜的濾餅受到最大壓縮力和最低孔隙率的影響。這使得壓力梯度非線性，如圖 29.12 所示。α 的局部值也可以隨時間變化。結果，(29.12) 式並不嚴格適用。然而，在實際上，α 隨時間和位置的變化被忽略。對於待過濾的物料，平均值是由實驗獲得，可使用 (29.13) 式計算。

過濾介質的阻力

過濾介質的阻力 R_m 可以使用與濾餅阻力 $\alpha m_c / A$ 類比來定義，方程式為

$$R_m \equiv \frac{p' - p_b}{\mu u} = \frac{\Delta p_m}{\mu u} \tag{29.16}$$

在 SI 單位中，R_m 以 kPa/[kPa·s (m/s)] 或 m^{-1} 表示。典型的值其範圍從 10^{10} 到 10^{11} m^{-1}。

因為過濾介質的阻力 R_m 可能會隨壓力降而變化，由較大的壓力降引起的較高的液體速度可能會迫使額外的固體顆粒進入過濾介質。阻力 R_m 也隨著過濾介質的老化和清潔程度而變化；但是由於它僅在過濾的早期階段才是重要，所以可以滿意地假定在任何給定的過濾期間它是恆定，並可從實驗數據中確定其大小。當 R_m 被視為一個經驗常數，它還包括管道中可能存在進出過濾器的任何流動阻力。

從 (29.13) 式和 (29.16) 式，

$$\Delta p = \Delta p_c + \Delta p_m = \mu u\left(\frac{m_c\alpha}{A} + R_m\right) \tag{29.17}$$

嚴格來說，濾餅阻力 α 是 Δp_c 的函數而不是 Δp 的函數。在過濾的重要階段期間，當濾餅厚度相當可觀時，Δp_m 與 Δp_c 相比時較小，並且 Δp_m 對 α 大小的影響可以安全的忽略，可將 (29.12) 式在 Δp 的範圍積分而不是 Δp_c。在 (29.17) 式，α 被視為 Δp 的函數。

在使用 (29.17) 式時，可以很方便地用 t 時間所收集到濾液的總體積 V 的函數，取代濾液的線速度 u 及濾餅中固體的總質量 m_c。(29.8) 式表示 u 和 V 的關係，而由質量均衡可得 m_c 和 V 的關係。如果 c 是每單位體積濾液沉積在過濾器中的顆粒的質量，則在 t 時間，過濾器中固體的質量是 Vc，而

$$m_c = Vc \tag{29.18}$$

供給過濾器的漿液中的固體濃度略低於 c，因為濕濾餅含有足夠的液體來填充其孔隙，而 V 是濾液實際的體積略低於原始漿液中的總液體。如果有必要對留存於濾餅中的液體進行更正，可以利用質量均衡來實現。因此，設 m_F 為濕濾餅的質量，包括留在其空隙中的濾液，而 m_c 是由洗滌不含可溶性物質的濾餅並乾燥而獲得的乾濾餅的質量。另外，設 ρ 為濾液的密度。若 c_F 是固體在漿液中的濃度以進料到過濾器的液體 kg/m^3 表示，由質量均衡可得

$$c = \frac{c_F}{1 - (m_F/m_c - 1)c_s/\rho} \tag{29.19}$$

由 (29.8) 式的 u 和由 (29.18) 式的 m_c 代入 (29.17) 得到

$$\frac{dt}{dV} = \frac{\mu}{A\,\Delta p}\left(\frac{\alpha c V}{A} + R_m\right) \tag{29.20}$$

恆壓過濾

當 Δp 是常數時，(29.20) 式中的變數是 V 和 t。當 $t = 0$，$V = 0$ 且 $\Delta p = \Delta p_m$ 時；因此

$$\frac{\mu R_m}{A\,\Delta p} = \left(\frac{dt}{dV}\right)_0 = \frac{1}{q_0} \tag{29.21}$$

(29.20) 式因此可以寫成

$$\frac{dt}{dV} = \frac{1}{q} = K_c V + \frac{1}{q_0} \tag{29.22}$$

其中

$$K_c = \frac{\mu c \alpha}{A^2\,\Delta p} \tag{29.23}$$

將 (29.22) 式在極限 (0, 0) 和 (t, V) 之間積分，可得

$$\frac{t}{V} = \left(\frac{K_c}{2}\right)V + \frac{1}{q_0} \tag{29.24}$$

因此，t/V 對 V 的曲線將是線性的，斜率等於 $K_c/2$，截距為 $1/q_0$。由此作圖以及 (29.21) 式和 (29.23) 式，可求出 α 和 R_m 的值，如例題 29.1 所示。

濾餅阻力的經驗式

在各種壓降下進行恆壓實驗，可以求出 α 隨 Δp 的變化。如果 α 與 Δp 無關，則濾餅是不可壓縮。通常 α 隨著 Δp 增加，因為大部分濾餅至少在一定程度上可壓縮。對於高度可壓縮的濾餅，α 隨著 Δp 而迅速增加。

經驗方程式可能適用於 Δp 對 α 的觀測數據，最普遍的形式是

$$\alpha = \alpha_0(\Delta p)^s \tag{29.25}$$

其中 α_0 和 s 是經驗常數。常數 s 是濾餅的**壓縮係數** (compressibility coefficient)。

不可壓縮的濾餅 $s = 0$，可壓縮的濾餅 s 為正。它通常在 0.2 到 0.8 之間。(29.25) 式不能用在壓力降範圍，與求出 α_0 和 s 的實驗中使用的壓力有很大差異的情況。

例題 29.1

在恆定壓力降進行 $CaCO_3$ 在 H_2O 中的漿液的實驗室過濾，所得的數據如表 29.1 所示。過濾面積為 440 cm^2，每單位體積濾液的固體質量為 23.5 g/L，溫度為 25°C。求出 α 和 R_m 為壓力降的函數，及結果符合經驗式的 α 值。

解

第一步是準備繪圖，對於五個恆壓實驗中的每一個，給出 t/V 對 V 的圖形。數據列於表 29.1 中，圖 29.13 顯示所繪的圖形。每條線的斜率為 $K_c/2$，以 s/L^2 為單位。欲轉換為 s/ft^6，則換算因數為 $28.31^2 = 801$。每條線在縱座標軸上的截距為 $1/q_0$，單位為 s/L。要轉換這個單位到 s/ft^3 的因數是 28.31。斜率和截距以觀測和轉換單位表示，見表 29.2。

▼ 表 29.1　例題 29.1† 的體積 - 時間數據 [37]

濾液體積	試驗 I		試驗 II		試驗 III		試驗 IV		試驗 V	
V, L	t, s	t/V	t, s	t/V	t, s	t/V	t, s	t/V	t, s	t/V
0.5	17.3	34.6	6.8	13.6	6.3	12.6	5.0	10.0	4.4	8.8
1.0	41.3	41.3	19.0	19.0	14.0	14.0	11.5	11.5	9.5	9.5
1.5	72.0	48.0	34.6	23.1	24.2	16.13	19.8	13.2	16.3	10.87
2.0	108.3	54.15	53.4	26.7	37.0	18.5	30.1	15.05	24.6	12.3
2.5	152.1	60.84	76.0	30.4	51.7	20.68	42.5	17.0	34.7	13.88
3.0	201.7	67.23	102.0	34.0	69.0	23.0	56.8	18.7	46.1	15.0
3.5			131.2	34.49	88.8	25.37	73.0	20.87	59.0	16.86
4.0			163.0	40.75	110.0	27.5	91.2	22.8	73.6	18.4
4.5					134.0	29.78	111.0	24.67	89.4	19.87
5.0					160.0	32.0	133.0	26.6	107.3	21.46
5.5							156.8	28.51		
6.0							182.5	30.42		

† Δp, $lb_f/in.^2$: I, 6.7; II, 16.2; III, 28.2; IV, 36.3; V, 49.1.

▼ 表 29.2　例題 29.1 中 k_c、$1/q_0$、R_m 和 α 的值

試驗	壓力降 Δp $lb_f/in.^2$	壓力降 Δp lb_f/ft^2	斜率 $K_c/2$ s/L^2	斜率 $K_c/2$ s/ft^6	截距 $1/q_0$ s/L	截距 $1/q_0$ s/ft^3	R_m, $ft^{-1} \times 10^{-10}$	α, ft/lb $\times 10^{-11}$
I	6.7	965	13.02	10,440	28.21	800	1.98	1.66
II	16.2	2,330	7.24	5,800	12.11	343	2.05	2.23
III	28.2	4,060	4.51	3,620	9.43	267	2.78	2.43
IV	36.3	5,230	3.82	3,060	7.49	212	2.84	2.64
V	49.1	7,070	3.00	2,400	6.35	180	3.26	2.80

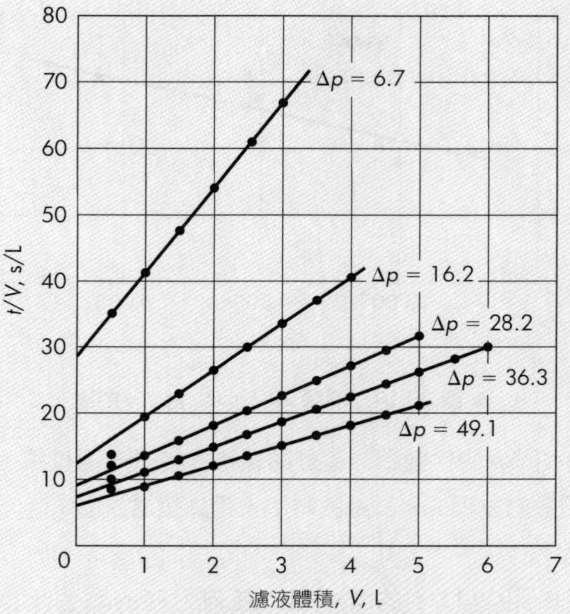

▲ 圖 29.13　例題 29.1 中 t/V 對 V 的圖

從附錄 6，水的黏度為 0.886 cP 或 $0.886 \times 6.72 \times 10^{-4} = 5.95 \times 10^{-4}$ lb/ft·s。過濾面積為 $440/30.48^2 = 0.474$ ft^2。濃度 c 是 $(23.5 \times 28.31)/454 = 1.47$ lb/ft^3。

從表 29.2 中 $K_c/2$ 和 $1/q_0$ 的值，由 (29.21) 式和 (29.23) 式可求出 R_m 和 α 的相應值。其中 g_c 包含在 (29.21) 式的分母中，

$$R_m = \frac{A\,\Delta p\,g_c(1/q_0)}{\mu} = \frac{0.474 \times 32.17\,\Delta p(1/q_0)}{5.95 \times 10^{-4}}$$
$$= 2.56 \times 10^4\,\Delta p\,\frac{1}{q_0}$$

$$\alpha = \frac{A^2\,\Delta p\,g_c K_c}{c\mu} = \frac{0.474^2 \times 32.17\,\Delta p K_c}{5.95 \times 10^{-4} \times 1.47}$$
$$= 8.26 \times 10^3\,\Delta p\,K_c$$

表 29.2 顯示了每種試驗的 $K_c/2$ 和 $1/q_0$ 的值，由最小平方法求出。除了試驗 I 的一點外，所有試驗的第一個點均不落在線性圖上，故可省略。表 29.2 中還有 α 和 R_m 的值。圖 29.14 是 R_m 對 Δp 的圖。過濾介質的阻力隨壓力降線性增加，但對於 Δp 增加 6 倍，壓力降只上升 50%。

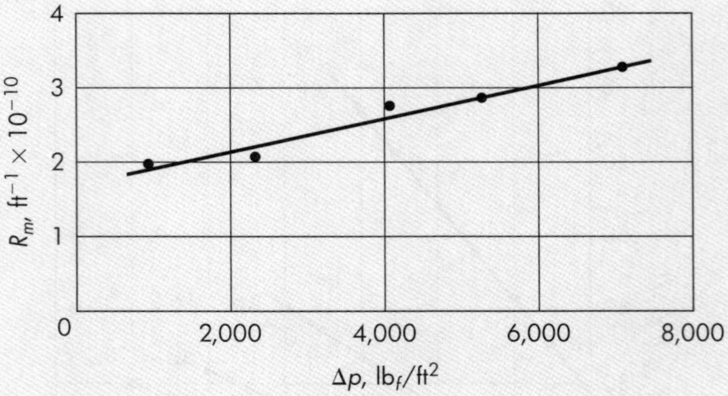

▲ 圖 29.14　例題 29.1，R_m 對 Δp 的圖

圖 29.15 是 α 對 Δp 的對數圖。這些點嚴格界定了一個直線，所以 (29.25) 式適用於 α 為 Δp 的函數的方程式。該線的斜率，是這個濾餅的 s 值，s 等於 0.26。此濾餅只是稍微可壓縮。

常數 α_0 可以由圖 29.15 中的線中讀取任何方便的點的坐標來計算，並且由 (29.25) 式求出 α_0。例如，當 $\Delta p = 1{,}000$，$\alpha = 1.75 \times 10^{11}$ 時，

$$\alpha_0 = \frac{1.75 \times 10^{11}}{1{,}000^{0.26}} = 2.90 \times 10^{10} \text{ ft/lb } (1.95 \times 10^{10} \text{ m/kg})$$

對於這個濾餅，(29.25) 式變成

$$\alpha = 2.90 \times 10^{10} \, \Delta p^{0.26}$$

其中 Δp 的單位是 lb_f/ft^2。

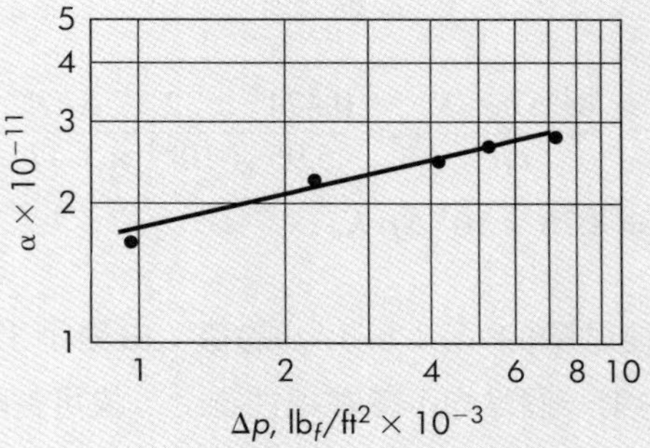

▲ 圖 29.15　例題 29.1，α 對 Δp 的對數圖

連續過濾

在一個連續的過濾器中，例如旋轉鼓式過濾器，進料、濾液和濾餅以穩定的恆定速率移動。然而，對於過濾表面的任何特定單元，其狀況不是穩態，而是暫態的。例如，對於濾布的一單元從進入漿液池開始，直到它再被刮清為止。很明顯，該過程由幾個步驟串聯組成——形成濾餅、洗滌、乾燥和排放——每一步都涉及到漸進並且連續變化的狀況。過濾器在形成濾餅期間的壓力降是不變的。因此上述方程式，適用於不連續恆壓過濾，經過一些修改，可以應用於連續過濾器。

如果 t 是實際的過濾時間 (即，任何過濾器元件浸入漿液的時間)，則由 (29.24) 式可得

$$t = \frac{K_c V^2}{2} + \frac{V}{q_0} \tag{29.26}$$

其中 V 是在 t 時間內收集的濾液體積。求解 (29.26) 式中的 V，它是二次方程式，可得

$$V = \frac{\left(1/q_0^2 + 2K_c t\right)^{1/2} - 1/q_0}{K_c} \tag{29.27}$$

將 (29.21) 式和 (29.23) 式的 $1/q_0$ 和 K_c 代入，然後除以 tA，導致下式

$$\frac{V}{tA} = \frac{[2\,\Delta p\, c\alpha/\mu t + (R_m/t)^2]^{1/2} - R_m/t}{c\alpha} \tag{29.28}$$

其中 $\dfrac{V}{t} =$ 濾液收集率

$A =$ 過濾器浸入的面積

(29.28) 式可以用固體生成速率 $\dot{m}_c$ 和過濾器特性：循環時間 t_c、轉鼓速率 n、總過濾面積 A_T 來表示。如果鼓浸入的部分率是 f，則

$$t = f t_c = \frac{f}{n} \tag{29.29}$$

從 (29.19) 式，固體生成速率為

$$\dot{m}_c = c\frac{V}{t} \tag{29.30}$$

由於 $A/A_T=f$，濾餅的生成速率除以過濾器的總面積為

$$\frac{\dot{m}_c}{A_T}=\frac{[2c\alpha\,\Delta p\,fn/\mu+(nR_m)^2]^{1/2}-nR_m}{\alpha} \tag{29.31}$$

過濾介質的阻力 R_m 包括沒有被卸除機制濾除的濾餅的阻力，並貫穿下一個循環。當濾餅卸下後洗淨過濾介質，R_m 通常可以忽略不計，(29.31) 式變成

$$\frac{\dot{m}_c}{A_T}=\left(\frac{2c\,\Delta p\,fn}{\alpha\mu}\right)^{1/2} \tag{29.32}$$

如果根據 (29.25) 式比濾餅阻力隨壓力降而變化，則 (29.32) 式可修正為

$$\frac{\dot{m}_c}{A_T}=\left(\frac{2c\,\Delta p^{1-s}fn}{\alpha_0\mu}\right)^{1/2} \tag{29.33}$$

(29.31) 式和 (29.32) 式適用於連續真空過濾器和連續加壓過濾器。當 R_m 可以忽略時，(29.32) 可預測的濾液流率與黏度和循環時間的平方根成反比。這已經由實驗觀察過濾餅和長循環時間。[30] 然而，對於短循環時間，這是不正確的，必須使用如 (29.31) 式所示的更複雜關係。[36] 一般來說，過濾速率會隨著鼓速率的增加和循環時間 t_c 的減小而增加，因為在鼓面上形成的濾餅比在低鼓速下更薄。但在速率高於某臨界值時，過濾速率不再隨鼓的速率增加而是保持不變，濾餅變得潮濕，難以卸下。

計算給定過濾速率所需的過濾面積，如例題 29.2 所示。

例題 29.2

用 30% 浸水的旋轉鼓過濾器進行過濾每 ft^3 的水含有 14.7 lb 固體 (236 kg/m^3) 的濃 $CaCO_3$ 漿液。壓力降為 20 in. Hg。如果濾餅含有 50% 水分 (濕基)，試計算當過濾器循環時間為 5 min 時，欲過濾 10 gal/min 漿液所需的過濾面積。假設比濾餅阻力與例題 29.1 相同，過濾介質的阻力 R_m 可以忽略不計。該溫度是 20°C。

解

使用 (29.33) 式。所需代入的量是

$$\Delta p=20\left(\frac{14.69}{29.92}\right)\times 144=1{,}414\ \mathrm{lb}_f/\mathrm{ft}^2$$

$$f=0.30\qquad t_c=5\times 60=300\ \mathrm{s}\qquad n=\tfrac{1}{300}\,\mathrm{s}^{-1}$$

由例題 29.1，

$$\alpha_0 = 2.90 \times 10^{10} \text{ ft/lb} \qquad s = 0.26$$

此外 $$\mu = 1 \text{ cP} = 6.72 \times 10^{-4} \text{ lb/ft} \cdot \text{s} \qquad \rho = 62.3 \text{ lb/ft}^3$$

c 可由 (29.18) 式求得。漿液濃度 c_F 為 14.7 lb/ft^3。由於濾餅含有 50% 的水分，$m_F/m_c = 2$。將這些值代入 (29.18) 式可得

$$c = \frac{14.7}{1 - (2-1)(14.7/62.3)} = 19.24 \text{ lb/ft}^3$$

解出 (29.33) 式的 A_T 其中包括 g_c，可得

$$A_T = \dot{m}_c \left(\frac{\alpha_0 \mu}{2c\, \Delta p^{1-s}\, g_c f n} \right)^{1/2} \tag{29.34}$$

固體生成速率 $\dot{m}_c$ 等於漿液流率乘以其濃度 c_F。由於 $CaCO_3$ 的密度是 168.8 lb/ft^3，所以

$$\dot{m}_c = \frac{10}{60}\frac{1}{7.48}\left(\frac{1}{14.7/168.8 + 1}\right) 14.7 = 0.302 \text{ lb/s}$$

代入 (29.34) 式得到

$$\begin{aligned} A_T &= 0.302 \left(\frac{2.90 \times 10^{10} \times 6.72 \times 10^{-4}}{2 \times 19.24 \times 1{,}414^{0.74} \times 32.17 \times 0.30 \times \frac{1}{300}} \right)^{1/2} \\ &= 81.7 \text{ ft}^2 \ (7.59 \text{ m}^2) \end{aligned}$$

恆速過濾

如果濾液以恆定速率流動，則線速度 u 是恆定的，

$$u = \frac{dV/dt}{A} = \frac{V}{At} \tag{29.35}$$

將 (29.18) 式的 m_c 及 (29.35) 式的 u 代入後，(29.13) 式可寫成

$$\frac{\Delta p_c}{\alpha} = \frac{\mu c}{t}\left(\frac{V}{A}\right)^2 \tag{29.36}$$

比濾餅阻力 α 保留在 (29.36) 式的左邊，因為對於可壓縮淤泥而言，它是 Δp 的函數。

濃度 c 也可能隨壓力降而有所變化。在操作中，c_s 是定值而不是 c，由 (29.19) 式，因為 m_F/m_c 隨壓力而變化，當 $(m_F/m_c - 1)(c_s/\rho)$ 與 1 相比很大時，c 也會變化。考慮到一般過濾理論中所作的其它近似假設，任何這種 c 隨壓力降的變化均可以忽略。

若已知 α 是 Δp_c 的函數並且如果通過過濾介質的壓力降 Δp_m 可以估計，則當濾液流速恆定時，(29.36) 式可以直接用於表示總壓力降與時間的關係。然而，若 (29.25) 式表示 α 和 Δp_c 的關係是可被接受時，則可直接使用 (29.36) 式。[27] 若將 (29.25) 式的 α 代入 (29.36) 式，並且若用 $\Delta p - \Delta p_m$ 代替 Δp_c，則結果是

$$\Delta p_c^{1-s} = \alpha_0 \mu c t \left(\frac{V}{At}\right)^2 = (\Delta p - \Delta p_m)^{1-s} \tag{29.37}$$

此外，對於通過過濾介質的壓力降，以校正總壓力降的最簡單方法是假定在給定的恆速過濾期間，過濾介質的阻力是恆定的。則由 (29.16) 式，Δp_m 在 (29.37) 式也是定值。由於 (29.37) 式中的變數是 Δp 和 t，因此可以寫成

$$(\Delta p - \Delta p_m)^{1-s} = K_r t \tag{29.38}$$

其中 K_r 定義為

$$K_r = \mu u^2 c \alpha_0 \tag{29.39}$$

離心過濾原理

恆壓過濾的基本原理可以修改以適用於離心機中的過濾。這種處理方法適用於濾餅沈積之後，以及澄清濾液或新鮮水流過濾餅時。圖 29.16 顯示這種濾餅。在此圖中，

$r_1 =$ 液體內表面的半徑
$r_i =$ 濾餅內面的半徑
$r_2 =$ 籃子的內側半徑

下面是簡化的假設：重力和液體動能變化的影響可忽略，離心作用產生的壓力降等於液體通過濾餅的拖曳阻力；濾餅充滿液體；液體的流動是層流；過濾介質的阻力是恆定；並且濾餅幾乎是不可壓縮，所以平均比阻力可以用作常數。

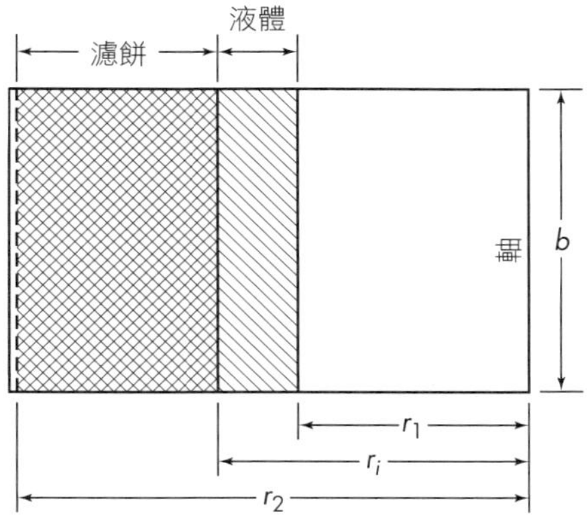

▲ 圖 29.16 離心過濾器

根據這些假設，液體通過濾餅的流率可預測如下。首先假定流動經過的面積 A 不隨半徑變化，這對於大直徑離心機中的薄濾餅幾乎正確。液體的線性速度可由下式得到

$$u = \frac{dV/dt}{A} = \frac{q}{A} \tag{29.40}$$

其中 q 是液體的體積流率。將 (29.40) 式代入 (29.17) 式可得

$$\Delta p = q\mu\left(\frac{m_c\alpha}{A^2} + \frac{R_m}{A}\right) \tag{29.41}$$

由 (2.8) 式，離心作用產生的壓力降為

$$\Delta p = \frac{\rho\omega^2\left(r_2^2 - r_1^2\right)}{2} \tag{29.42}$$

其中 $\omega =$ 角速度，rad/s

$\rho =$ 液體的密度

合併 (29.41) 式和 (29.42) 式，並解出 q 得到

$$q = \frac{\rho\omega^2\left(r_2^2 - r_1^2\right)}{2\mu(\alpha m_c/A^2 + R_m/A)} \tag{29.43}$$

當 A 隨半徑的變化很大而不能忽略時，可證明 (29.43) 式應寫成下式 [20]

$$q = \frac{\rho\omega^2\left(r_2^2 - r_1^2\right)}{2\mu(\alpha m_c/\bar{A}_L\bar{A}_a + R_m/A_2)} \tag{29.44}$$

其中 A_2 = 過濾介質的面積 (離心籃子的內側面積)

$\bar{A}_a$ = 濾餅面積的算術平均值

$\bar{A}_L$ = 濾餅面積的對數平均值

平均面積 $\bar{A}_a$ 和 $\bar{A}_L$ 定義如下

$$\bar{A}_a \equiv (r_i + r_2)\pi b \tag{29.45}$$

$$\bar{A}_L \equiv \frac{2\pi b(r_2 - r_i)}{\ln (r_2/r_i)} \tag{29.46}$$

其中 b = 籃子的高度

r_i = 濾餅的內半徑

請注意，(29.44) 適用於一定質量的濾餅，並**不**是從空的離心機開始至整個過濾的積分的方程式。在 (29.43) 式和 (29.44) 式中的濾餅阻力 α，在可比較的條件下，一般略大於加壓式過濾器或真空過濾器。特別是對於可壓縮的濾餅，α 隨著施加的離心力而增加。

洗滌濾餅

在過濾期結束時，濾餅像填充床，顆粒之間的空間被溶液填滿。濾餅可用水或有時用溶劑洗滌以除去在乾燥後會作為雜質殘留在固體產物上的溶質。如果固體是廢棄產品，則可能仍需要清洗以滿足處置規定或回收有價值的溶質以供再次使用。洗滌液的流率和將濾餅的溶質含量降低到所期望的程度所需的液體體積，對於設計和操作過濾器來說是重要的量。儘管以下原理適用於該問題，但如果沒有一些實驗數據，將無法選擇最佳操作條件。

幾乎完全去除溶質所需的洗液體積通常遠大於過濾後保留在濾餅中的溶液體積。濾餅中剩餘的體積是 $\bar{\varepsilon}AL_c$，其中 L_c 是濾餅厚度，$\bar{\varepsilon}$ 是濾餅的平均孔隙度。在洗滌階段的第一部分稱為置換洗滌 (displacement wash) 中，洗滌液體通過床層，將溶液推到其前面，並且出口流體中的溶質濃度等於 C_o，即過濾層中溶質的初始濃度。

如果床層具有均勻大小的孔和無軸向分散的理想塞狀流，置換洗滌可以用最小量的洗液除去所有溶質。流出物濃度將保持不變，直到所有溶液都被置換，然後突然下降到零。實際上，濾餅中的一些空隙空間位於很少流動或沒有流動的迷你 (pocket) 通道或側通道中，並且當溶液從主通道移出時這些空間仍然保有溶質。溶質緩慢地從迷你通道擴散到主通道中，而且流出物濃度迅速下降，類似於固定床分離過程中的貫穿曲線 (breakthrough curve)。(見第 25 章。) 當濾餅中溶液大約 $\frac{1}{2}$ 到 $\frac{2}{3}$ 被置換時，洗滌的擴散階段可能開始。對於多孔顆粒床而言，孔中的額外滯留和較低的有效擴散率延長了擴散階段，並且需要更多的洗滌量達到給定的百分比去除。

濾餅洗滌的數據可以顯示為相對濃度對時間或洗滌體積的曲線圖，或更有用地繪成剩餘溶質的分率 *R* 的圖，*R* 是藉由將濃度數據積分獲得總去除而得到的。圖 29.17 顯示了洗滌三水合鋁濾餅以除去 NaOH 和 Na_2CO_3 的典型結果。[8] 洗滌比 *n* 是洗滌液的體積除以濾餅中溶液的體積。在這個例子中，當 $n = 1.0$ 時獲得了 75% 的去除率，而理想置換洗滌的去除率為 100%，並且當 $n = 2.0$ 時需要去除 98%。請注意，置換洗滌線在這個半對數圖上是曲線——它在算術圖上是線性的。對數刻度是為了方便而使用的，並且數據通常幾乎落在一直線上，這可能表明一級去除過程，但擴散洗滌的數學模型要複雜得多。[22] 擴散階段的溶質去除率取決於顆粒大小、形狀、孔隙率以及擴散係數，但很少有實驗研究可用。

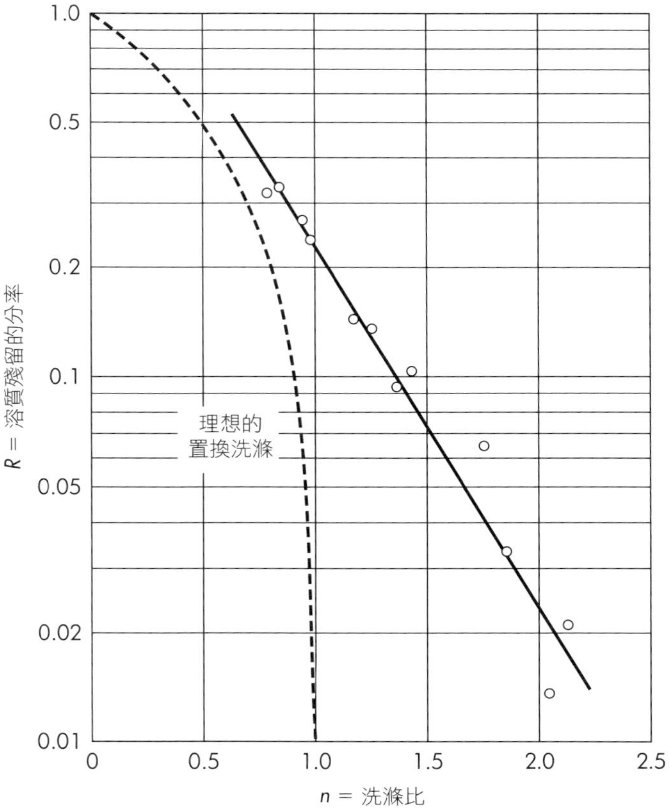

▲ 圖 29.17　洗滌濾餅 (*Data of Choudhury and Dahlstrom.*[8])

為了有效地清洗，應該將清洗液均勻地施加在濾餅的整個表面上。這可以用水平帶式過濾器和旋轉鼓式過濾器來完成，但對於壓濾器或葉片過濾器中的垂直濾餅則難以實現或無法實現。在通常的印刷機中，漿液從頂部角落進入每個框架，並在兩側形成濾餅，直到框架充滿固體。如果在進料點或對角處添加洗滌水，則只能清洗一小部分濾餅。

如果僅有一半的框架用於形成濾餅，則可以進行良好的清洗，用交替的開放框架通過濾餅送洗滌水。洗滌水然後流經整個濾餅厚度，並且給定壓力降的洗滌速率僅為最終過濾速率的一半。如果需要徹底清洗，可以打碎來自壓濾機的濾餅，並重新懸浮在大量洗滌水中並再次過濾。必要時重新懸浮和過濾可以重複多次；該操作變得非常像逆流瀝濾 (leaching)。(見第 23 章。)

在過濾式離心機中很容易清洗垂直濾餅，因為水可以噴灑在濾餅的整個曝露表面上。而且，在離心機中，濾餅中溶液的滯留量遠低於壓濾器中的溶液量，因為在離心作用下，當關閉進料時，更多的溶液從濾餅中排出。

澄清過濾器

澄清過濾器可從液體或氣體中除去少量固體或液滴。顆粒被捕獲在過濾介質內或其表面上。澄清與篩選不同之處在於過濾介質中的孔隙大於 (有時遠大於) 要去除的顆粒。顆粒被表面力捕獲並固定在表面上或流動通道內，在那裡它們減小通道的有效直徑，但通常不會完全阻塞它們。

液體澄清

澄清液體過濾器對於「拋光」材料尤其重要，例如飲料、藥品、燃料油、潤滑劑和電鍍液，對於在纖維紡織和薄膜擠出過程中清潔進料至關重要。[32e] 它們包括前面提到的用於水處理的重力床過濾器，以及各種盤式和盤式壓力機以及夾頭式澄清器。這些單元的進料通常含有不超過 0.10% 的固體。一些濾餅過濾器，特別是罐式過濾器和連續式預塗過濾器，被廣泛用於澄清，以及下一節中介紹的許多交叉流過濾器。

在批式處理單元中，過濾速率和固體去除效率在相當長的操作期間通常幾乎是恆定的，但最終濾液的固體含量上升到不可接受的「突破」值，反洗過濾元件變得必要。

圖 29.18 顯示一套用於澄清**盤式過濾器** (disk filter) 的濾盤。濾盤由石棉和纖維素製成。在操作中，圖中所示的組件被密封在一個壓力箱內，通常在錶壓低

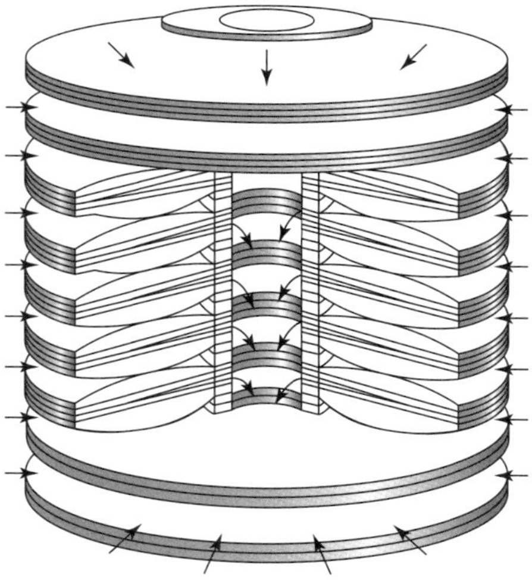

▲ 圖 29.18　用於澄清過濾器的濾盤

於 345 kPa (50 lb_f / in.^{2}) 的條件下操作。液體通過濾盤向內流動並進入中央歧管，而由中央或周邊排放。個別單元可處理高達 378 L/min (6,000 gal/h) 的低黏度液體。[32e]

氣體清潔

用於氣體清潔的過濾器包括用於大氣塵埃和顆粒床的墊式過濾器 (pad filter) 和用於過程粉塵的袋式過濾器 (bag filter)。空氣通過纖維素紙漿、棉花、毛氈、玻璃纖維或金屬篩網製的墊進行清潔；襯墊材料可以是乾燥的或塗有黏性油以充當防塵罩。對於輕型應用來說，襯墊是一次性的，但是在大規模的氣體清潔中，它們經常被沖洗並用油重新塗覆。

顆粒床過濾器包含固定床或移動床，在某些設計中顆粒大小從 30 網目到網 8 目，在其它設計中為 12 至 40 mm ($\frac{1}{2}$ 至 $\frac{3}{2}$ in.)。袋式過濾器包含一個或多個大袋氈或薄織物，安裝在金屬外殼 (metal housing) 內。含塵氣體通常從底部進入袋內並向外通過，留下灰塵，雖然有時流動是向內的。典型的效率通常是 99%，即使是極細的顆粒——比袋材料內的孔更細。定期地自動切斷流動，清潔氣體被吹回，或者機械地搖動袋子除去灰塵，以進行回收或處理。在大多數情況下，袋式過濾器可以作為澄清劑，顆粒被捕獲在袋子的織物中，但是如果裝載的是較重的灰塵，則會在排出之前形成一層薄而明確的灰塵餅。

在所有這些過濾器中，大部分分離都是藉由衝擊，如下所述。

澄清原理

如果被去除的固體顆粒完全堵塞過濾介質的孔隙，並且堵塞速率不隨時間而變，則該機制稱為**直接篩分** (direct sieving)。直接篩分很少遇到。更常見的是，顆粒部分阻塞了孔隙，使孔徑逐漸減小；這稱為**標準阻塞** (standard blocking)。Grace [21] 提出通過澄清過濾器的流率為時間的函數的方程式。

大多數情況下，特別是在清潔氣體中，分離是藉由將顆粒撞擊放置在流體股流中的固體表面而實現的。這些顆粒由於它們的慣性，預計會穿過流體的流線並撞擊且附著在固體上，隨後可以從中移除它們。衝擊分離的原理如圖 29.19 所示。實線是環繞球體的流線，虛線表示粒子遵循的路徑。最初沿著 A 和 B 之間的流線而移動的粒子，撞擊固體後，如果它們黏附在固體壁上並且不再被重新夾帶 (reentrained) 就可以被移除。最初跟隨 A 和 B 外側流線的顆粒，不會撞擊固體，而不能利用撞擊從氣流中去除。**靶效率** (target efficiency) η_t 被定義為氣流中的顆粒，直接接近分離器單元而撞擊固體的分率。在史托克定律範圍內，對於通過靜止流體沈降的顆粒，其對於帶狀物、球體和圓柱體的靶效率如圖 29.20 所示。橫座標是無因次群 N_s，稱為**分離數** (separation number) $u_t u_0/gD_b$，其中 u_t 是顆粒在靜止流體中的終端速度，u_0 是流體接近固體的速度，g 是重力加速度，D_b 是帶狀物寬度或球體或圓柱體的直徑。

在史托克定律範圍內沈降時，終端速度 u_t 與 D_p^2 成正比。因此，顆粒愈小，靶效率愈低。但是，藉由減小靶尺寸 D_b 可以提高靶效率，並且為了收集非常小的顆粒，過濾墊使用極其精細的玻璃、金屬或聚合物製成。整體收集效率取決於靶效率、過濾器的固體分率，以及過濾器的深度。即使當靶效率不是很高時，幾乎完全去除顆粒可以藉由使用深的纖維床體及顆粒重複攔截來實現。

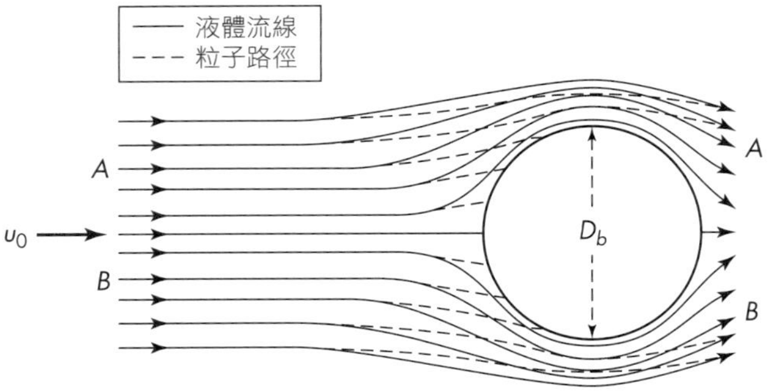

▲ 圖 29.19　衝擊原理 (摘自 *J. H. Perry (ed.), Chemical Engineers' Handbook, 6th ed., p. **20** – 81. Copyright 1984, McGraw-Hill Book Company, New York.*)

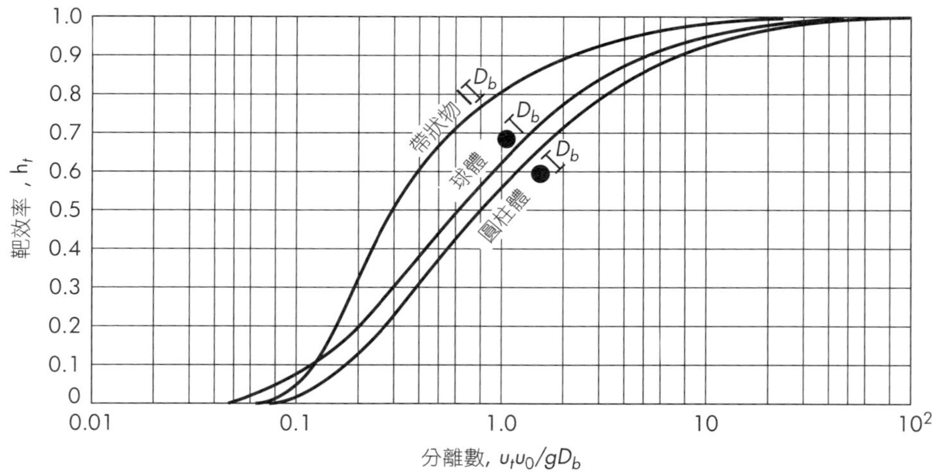

▲ 圖 29.20　球體、圓柱體和帶狀物的靶效率 (摘自 *J. H. Perry (ed.), Chemical Engineers' Handbook, 6th ed., p.* ***20****–83. Copyright 1984, McGraw-Hill Book Company, New York.*)

對於直徑為 0.1 μm 左右非常小的液滴 (如在 H_2SO_4 霧中)，靶效率隨著粒徑的減小而增加，與撞擊理論所預測的相反。微滴藉由擴散在流線上移動並固定在固體表面上。隨著顆粒變小，擴散愈來愈有效，靶效率也相應提高。

交叉流過濾；薄膜過濾器

交叉流過濾的原理可用於細粒或膠體物質的懸浮液或大分子分餾溶液的濃縮。「**微過濾**」(microfiltration) 通常用於尺寸範圍為 0.5 至 10 μm 的顆粒。濾餅過濾可以用於過濾這些材料，但 1 μm 顆粒的濾餅對流動具有高阻力，因此過濾的流率會很低。**超過濾** (Ultrafiltration, UF) 涵蓋更廣泛的尺寸範圍，從 0.5 μm 顆粒到大約 10^{-3} μm 的分子 ($M \cong 300$)。**超過濾** (hyperfiltration) 和**奈米過濾** (nanofiltration) 有時用於分離小分子或離子，但當滲透壓對通量有重大影響時，**反滲透** (reverse osmosis) 也適用於這種分離。一個顯著的特徵可能是所使用的薄膜的類型：反滲透純化鹽水可利用溶液擴散機制在緻密聚合物層中發生，但大分子的分離可以用具有非常小的孔的奈米過濾膜中的篩選作用來實現。

薄膜的類型

用於交叉流過濾的理想薄膜將具有高孔隙率和窄的孔徑分布，其中最大的孔徑比要保留的粒子或分子略小。不對稱薄膜較佳，其為一薄的選擇性皮層由一具有大孔的厚層支撐以降低水力阻力。一些商業膜具有連續的孔徑分級，如

圖 29.21 所示。幾種聚合物被用於超濾膜，包括乙酸纖維素、聚丙烯腈、聚碸、聚醯胺和聚醯亞胺。皮層厚度和平均孔徑可由改變鑄造條件或後期處理來改變。

超過濾薄膜在選擇層中具有一定範圍的孔徑，它們通常基於排除分率對分子量的測量，以分子量截斷值為特徵。[17] 大於截斷大小的分子幾乎完全被排除，但是存在發生部分排除的各種尺寸。圖 29.22 顯示了某些薄膜的排除曲線，但是

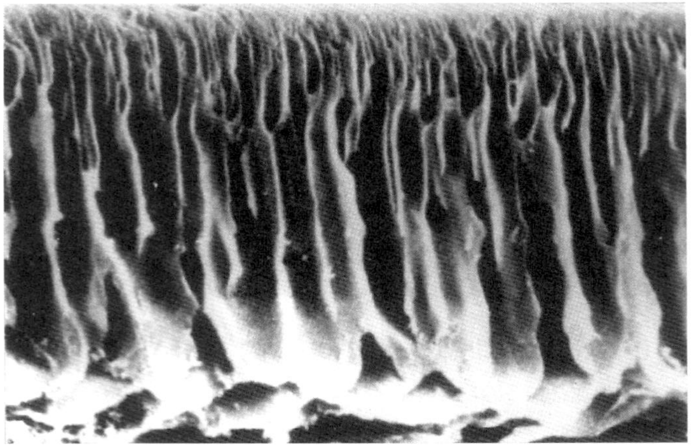

▲ 圖 29.21 異向超過濾薄膜的截面圖 (Courtesy of Millipore Corporation.)

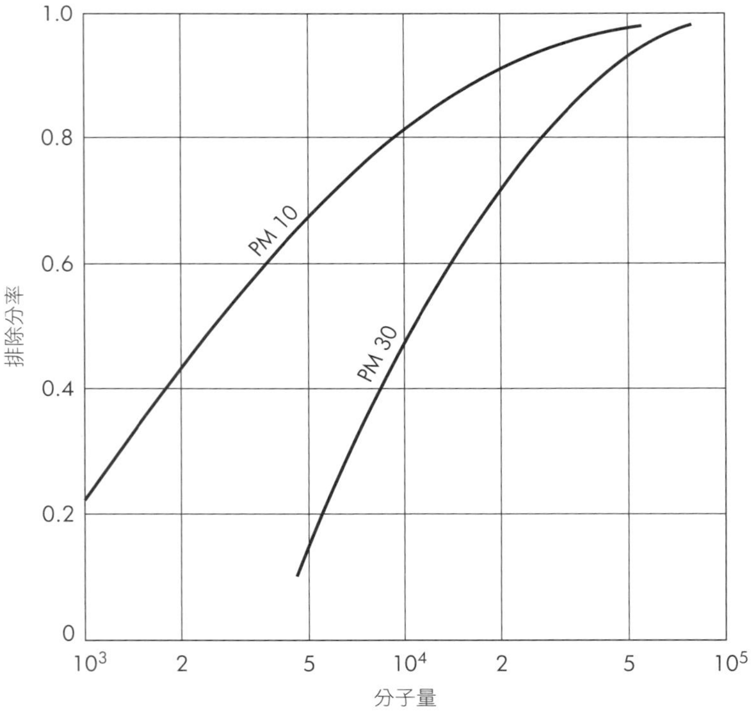

▲ 圖 29.22 Amicon UF 薄膜的溶質排除曲線 (摘自 *Porter*.[34])

這些數據應該謹慎使用，因為給定分子量的排除分率隨分子形狀、溶劑滲透速率、表面附近的剪切速率以及薄膜污染的程度而變化。

超過濾和微過濾薄膜也由燒結不銹鋼或其它金屬以及多孔碳或氧化鋁製成。通常的製備方法使得薄膜具有相當大的孔洞 (1 至 100 μm)，但是用氧化鋯或其它無機材料部分填充表面層可產生具有可控孔徑的不對稱膜。無機薄膜優於聚合物膜是它們可以在更高的溫度下操作，並且可以更好地進行化學清洗或滅菌處理。

有幾種類型的設備可用於實驗室和商業超過濾設備。[6a] 小型樣品可以在圓柱形槽中用多孔圓盤支撐的平板圓形薄膜處理。薄膜上方的磁力驅動攪拌器提供溶液的交叉流動。矩形槽也可以用於通過膜和槽頂部之間的小間隙再循環的溶液。這些設備對初步測試非常有用，但性能數據不能直接適用於大型設備。

對於工業應用而言，使用具有許多管狀或中空纖維薄膜的模組或利用壓濾機裝置或螺旋纏繞單元，使用大片濾媒來獲得大操作面積。管狀薄膜的內徑為 5 至 25 mm，長達 3 m，速度為 1 至 5 m/s，用於產生亂流和良好的質傳。聚合物薄膜由多孔金屬或陶瓷管支撐，並且幾根管聚集在圓柱形殼中。氧化鋁膜可作為單管或作為圖 29.23 所示類型的單片多通道元件。分離發生在與氧化鋁結合的氧化物顆粒薄層中，並且載體中的孔隙足夠大以至於幾乎不具有滲透流動的阻力。管狀膜具有容易薄膜置換和機械清潔的可行性，但表面積與體積的比相對較低。

中空纖維超過濾膜的直徑為 0.2 至 2.0 mm，每個圓柱模組中密封有數百或數千根纖維。流體流過纖維管通常是層流，但速度保持在高速以期在管壁產生高剪切力並改善通量。對於最小的纖維，每單位體積的面積最大，但這些纖維最容易被進料中的懸浮物質堵塞，所用的纖維通常大於逆滲透裝置中的纖維。

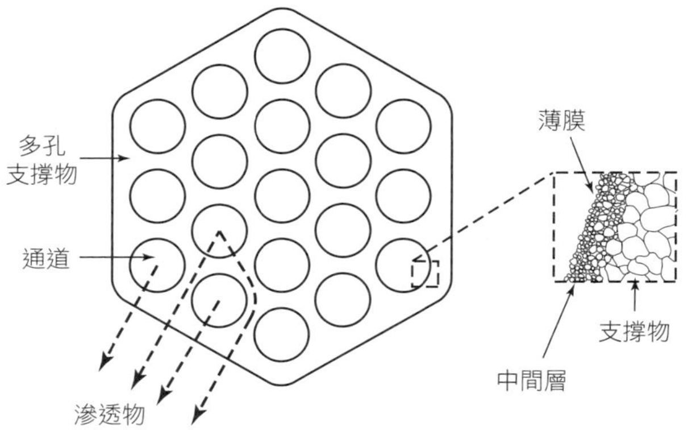

▲ 圖 29.23　單片多通道元件的截面示意圖 (摘自 *Hsieh.*[26])

用於逆滲透類型的螺旋纏繞模組 (見圖 26.20) 被廣泛用於 UF。它們不像中空纖維裝置那樣容易堵塞，因為入口是一個寬度約 1 mm 的狹縫，但建議預過濾 (prefiltration) 進料溶液。進料通道中的速度對應於層流，但由隔板所引起的流動擾動，使得壓力降和質傳大於真實層流。

超過濾的滲透通量

UF 薄膜的性能可以藉由滲透物通量、排除百分率和溶質在滯留股流中的濃度來描述。由於薄膜上的污垢，滲透物通量通常會隨著時間的增加而減少，但污垢可能會增加排除率。我們首先處理乾淨的薄膜和具有顯著滲透壓的溶液的性能。假定水以層流穿過選擇層的小孔，驅動力是壓力差 Δp 減去跨越薄膜的滲透壓 $\Delta\pi$。通量與空隙率 ε 和平均孔徑 D 的平方成正比。孔隙與表面成任意角度，活性層 L 的標稱厚度 (nominal thickness) 必須乘以彎曲因數 τ。修改後的 Hagen-Poiseuille 方程式給出了體積通量 v，它是垂直於表面的表面滲透速度：

$$v = \frac{(\Delta p - \Delta\pi)D^2\varepsilon}{32L\tau\mu} \tag{29.47}$$

其中 ε 是薄膜的孔隙率。在 SI 單位，通量單位為 m^3/s、m^2 或 m/s，但更常用的單位是 $L/m^2 \cdot h$ 或 $gal/ft^2 \cdot day$。轉換因數見表 29.3。

很難得到 ε、D、τ 和 L 的獨立測量值用於 (29.47) 式，但這些特性包含在薄膜滲透性 (permeability) Q_m 中，純水在室溫下每單位壓力降的通量為

$$v = Q_m \Delta p = \Delta p / R_m \tag{29.48}$$

當允許附加水力阻力在高通量下可能在表面上形成凝膠層時，使用 R_m 較佳。超過濾的一般方程式是

$$v = \frac{\Delta p - \Delta\pi}{R_m + R_{gel}} \tag{29.49}$$

對於高於室溫的操作，或對於不是純水的滲透物，薄膜阻力可以由改變滲透物黏度修正為

▼ 表 29.3 滲透通量的轉換因數

m/s	m/h	$L/m^2 \cdot h$	$gal/ft^2 \cdot day$
2.78×10^{-7}	10^{-3}	1	0.589
4.72×10^{-7}	1.698×10^{-3}	1.698	1

$$R'_m = R_m(\mu/\mu_o) \tag{29.50}$$

其中 R'_m 是修正後的阻力，μ_o 是室溫下水的黏度。

濃度極化

滲透壓差 $\Delta\pi$ 取決於薄膜表面的溶質濃度，這通常遠大於整體濃度，特別是在滲透通量高並且溶質擴散率低時。圖 29.24 顯示了部分排除溶質的超過濾系統的濃度梯度。孔隙內的濃度 c_m 比表面的濃度 c_s 低 K 因數，即平衡分配係數。在選擇層與大孔支撐物連接處，溶質濃度也有類似的不連續性。對於圓柱形孔和球形分子，$K = (1 - \lambda)^2$，其中 λ 是分子大小與孔徑的比值。低 K 值有助於高排除率，並且壁面摩擦對溶質擴散率有進一步的影響，即使分子小於孔徑的一半，排除率仍然很高 [見 (26.34) 式]。

聚合物、蛋白質和其它大分子的溶液的滲透壓隨著濃度而強烈增加，如圖 29.25 中的幾個例子所示。即使當進料溶液的滲透壓可以忽略不計，這也可以使 $\Delta\pi$ 成為 Δp 的一個重要分率。

在第 26 章，使用簡單的質傳方程式 (26.49) 來處理逆滲透的濃度極化，這在表面濃度僅略高於整體濃度的情況下是令人滿意的。對於 UF 來說，靠近表面的濃度變化很大需要積分以獲得濃度分布。基本方程式表明，由於對流加擴散引起的溶質通量在邊界層中是恆定的，並等於滲透物中溶質的通量 [5]

$$vc + D_v \frac{dc}{dx} = vc_2 \tag{29.51}$$

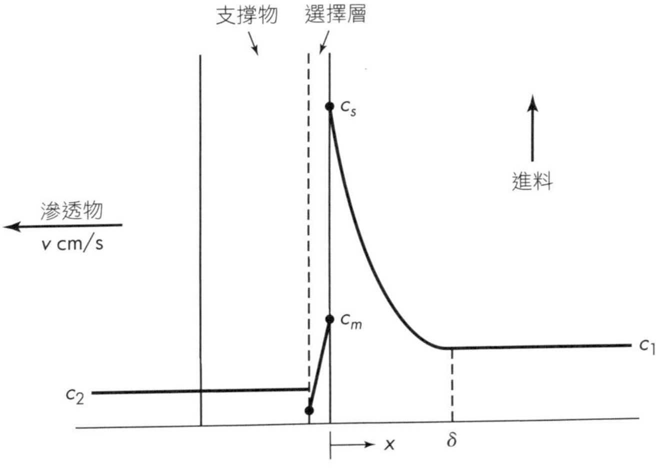

▲ 圖 29.24 UF 薄膜的濃度梯度

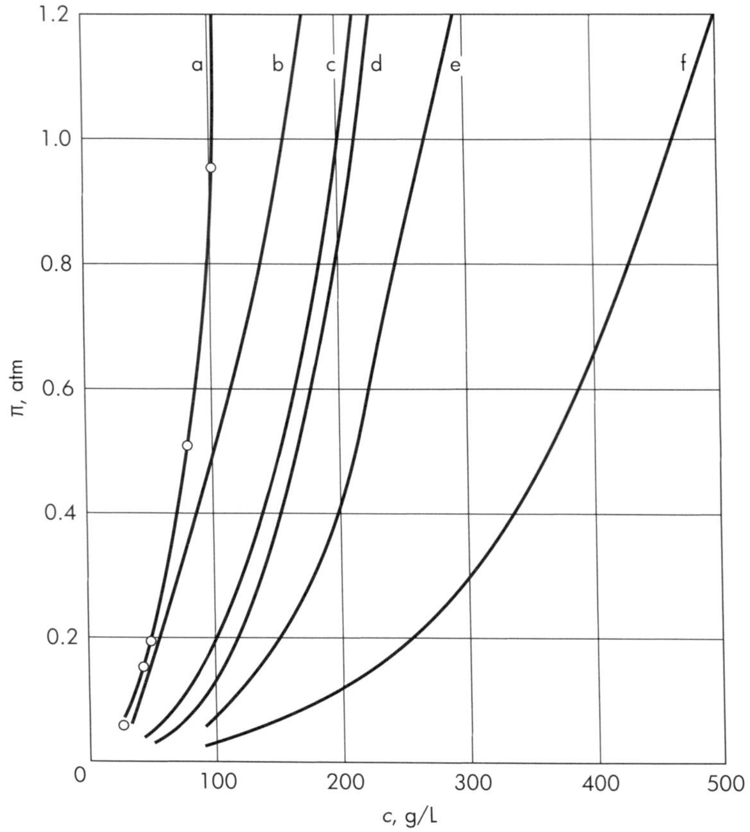

▲ 圖 29.25　蛋白質和聚合物溶液的滲透處：(a) 聚乙二醇 20 M；(b) 乳清蛋白；(c) 葡聚醣 T70；(d) 葡聚醣 T500；(e) 牛血清白蛋白 (BSA)，pH = 7.4; (f) BSA, pH = 4.5

(29.51) 式積分時，假定 D_v 為常數且邊界條件為在 $x = 0$ 時，$c = c_s$，在 $x = \delta$ 時，$c = c_1$，其中 δ 為濃度邊界層的厚度。D_v/δ 的單位為每單位時間的長度，並且定義為質傳係數 k_c：

$$\ln \frac{c_s - c_2}{c_1 - c_2} = \frac{v\delta}{D_v} = \frac{v}{k_c} \tag{29.52}$$

對於完全溶質排除的簡單情況，$c_2 = 0$，並且 (29.52) 式變成

$$v = k_c \ln \frac{c_s}{c_1} \tag{29.53}$$

由於濃差極化，滲透通量是 Δp 的非線性函數，在給定 Δp 下，需用試誤法來計算 v 值。但是，當完全排除溶質和沒有凝膠阻力時，可以使用 (29.53) 式直接獲得指定 v 的 Δp 得到 c_s 和使用滲透壓數據得到 $\Delta\pi$，將其加到 $(\Delta p - \Delta\pi)$ 項由 (29.49) 式得到 Δp。

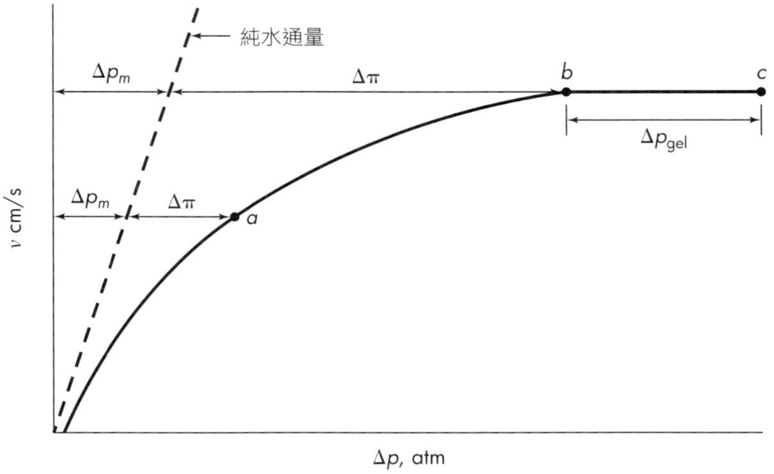

▲ 圖 29.26　適中滲透壓下的溶液的滲透通量

圖 29.26 顯示了 v 對 Δp 的典型曲線。純水進料的滲透通量與 Δp 成正比，但對於稀溶液，滲透通量為零，直到壓力降超過進料溶液的小滲透壓。隨著 Δp 增加，c_s 也增加，但 π 增加得更快，從而導致在高濃度下 $\Delta\pi$ 佔 Δp 的大部分的曲線圖。在某些情況下，當 c_s 等於溶解度並在表面形成沉澱或凝膠層時，達到最大通量。在其它情況下，最大通量下的 c_s 小於溶解度，因為被排除的分子形成了具有可觀的水力阻力的表面層。這可能發生在高分子量聚合物的溶液中，該聚合物僅具有適度的滲透壓，但可以在薄膜表面形成重疊分子的糾結團。即使沒有真正的凝膠存在，R_{gel} 和 Δp_{gel} 也可以應用於該層。

當達到最大通量時，通量受到回至整體溶液的質傳速率所限制。Δp 突然增加，比如說從 b 點到 c 點，會使滲透通量暫時增加，但是隨著凝膠層變厚，這會降低到最大穩態值。由於厚的凝膠層可能隨時間而壓縮，增加壓力降實際上可能會降低通量。

超過濾的應用

超過濾在食品加工和製藥行業被廣泛用於分離和濃縮蛋白質或藥物的溶液。它也用於回收紡織和造紙行業的化合物以及廢物處理和水的淨化。乳製品行業的一個例子是使用超過濾濃縮脫脂牛奶中的蛋白質。中空纖維 UF 模組的數據如圖 29.27 所示。極限通量隨進料速度而增加，在壓力差為 10 至 20 $lb_f/in.^2$ (69 至 138 kPa) 時達到極限。這些超過濾是在 60°C 下進行的，以利用由較低的黏度產生較好的質傳和較低的摩擦壓力降。較高的溫度會使蛋白質變質。

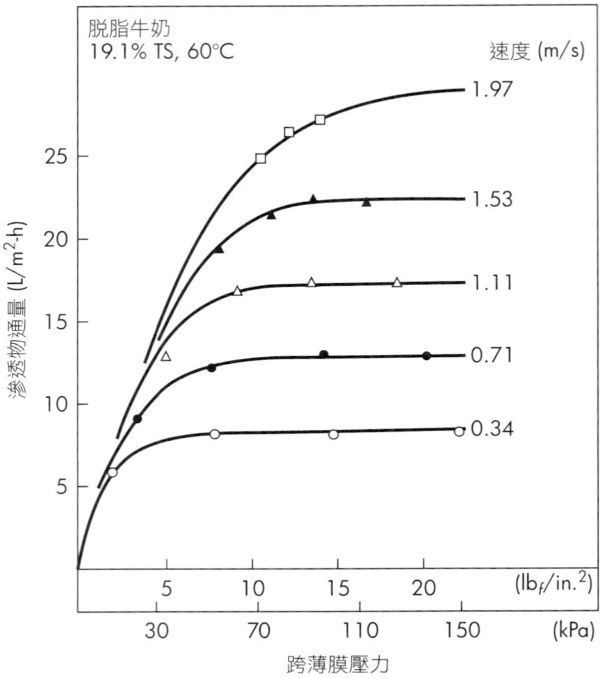

▲ 圖 29.27　脫脂牛奶在中空纖維 UF 模組 (Romicon HF 15 – 43 – PM50) 的超過濾 (摘自 Cheryan and Chiang.[7])

超過濾系統通常在略低於極限通量下操作，以避免凝膠形成。由於 k_c 的增加，通量隨著流體通過薄膜表面的速度增加，並且對於高整體濃度，其通量較低，如 (29.53) 式所示。圖 29.28 顯示了某些蛋白質和聚合物溶液通量隨濃度的變化。這些圖通常外插到零通量以獲得 c_g，但是當曲線是彎曲的或數據僅涵蓋很小的範圍時，外插可能不準確。在低濃度情況下，通量相對於 $\ln c$ 的曲線必須彎曲以接近純水通量作為極限。在中等濃度下，黏度和擴散係數的變化可能會影響 k_c 和曲線的斜率。

迴流批式操作通常用於以超過濾濃縮溶液，因為 UF 模組中的滲透流量通常遠小於進料流量，並且每次通過濃度只有很小的變化。來自進料槽的溶液以高速泵送通過模組，並且滯留物迴流到槽中。隨著溶液體積減少，槽內濃度逐漸升高，並繼續操作直至達到所需的濃度 (可能濃度增加 5 至 10 倍)。如果使用非常小的進料速率，則類似的濃度變化可以用單程來實現，但是質傳速率將很低，特別是在排出端附近，使操作不切實際。以分批操作和滯留物的迴流，可以在運行過程中調節流率和 Δp，以避免由於濃度和溶液黏度增加而導致凝膠形成。反饋控制系統可以將壁上的濃度保持在一個低於凝膠濃度的值。

對於大規模商業應用，推薦連續操作幾台串聯的進料和出料裝置。每個 UF 模組以較大的迴流率操作以保持高速度，並且將滯留物的小排出流送到下一個單元。[6b] 對於大的進料率，需要使用許多平行的 UF 裝置。

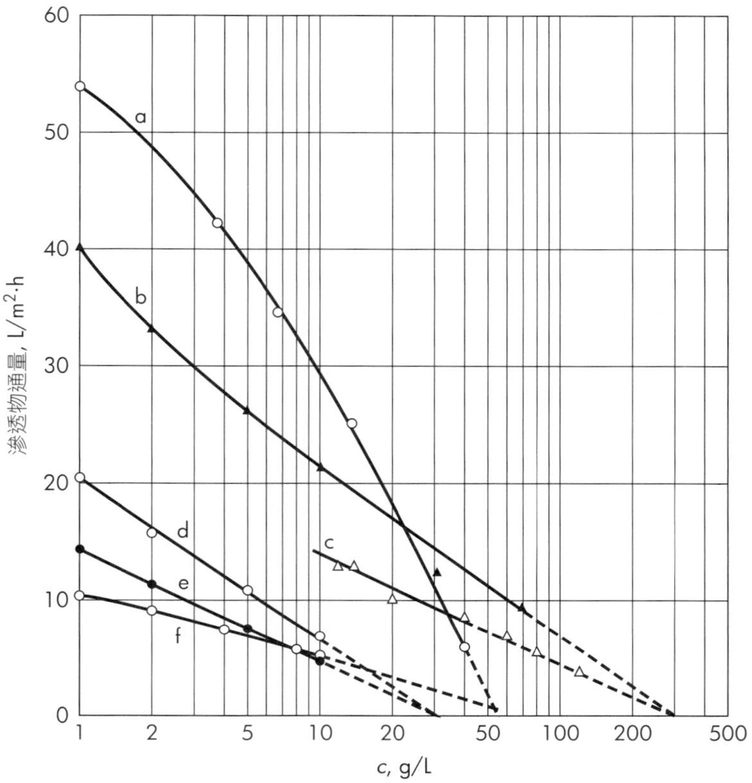

▲ 圖 29.28 用於超過濾蛋白質和聚合物溶液的極限通量：(a) 聚乙二醇 20M；(b) 卵清蛋白；(c) 乳清蛋白；(d) 聚乙烯醇 (PVA)，95 cm/s；(e) PVA，55 cm/s；(f) 葡聚醣，T500

與理論比較

超過濾理論可以藉由比較由 (29.53) 式計算的質傳係數與測量值來測試。對於中空纖維或薄通道中的層流，研究 [19,33,39] 顯示係數僅比使用 (29.54) 式預測的低 10% 至 30%，這是完全發展的層流理論。

$$\mathrm{Sh} = 1.76\left(\frac{\pi}{4}\,\mathrm{Re}\,\mathbf{Sc}\,\frac{D}{L}\right)^{1/3} \tag{29.54}$$

考慮到 c_s 和 D_v 的估計值的不確定性以及壁上高黏度的影響，這是相當好的一致性 [見 (12.27) 式]。

當數據不可用時，使用史托克 - 愛因斯坦方程式，(17.31) 式，可以預測大球形分子的擴散率。使用亞佛加厥數 $\mathbf{N}_a$，從分子量和密度估計球形蛋白的半徑。

$$r_0 = \left(\frac{3M}{4\pi\mathbf{N}_a\rho_p}\right)^{1/3} \tag{29.55}$$

對於密度為 1.4 g/cm^3 的蛋白質，

$$r_0 = 6.57 \times 10^{-9}\ M^{1/3} \tag{29.56}$$

對於任意捲曲的聚合物分子，應將 r_0 視為迴轉半徑，這通常是從莫耳體積計算的半徑的 2 至 3 倍。

在低雷諾數情況下，薄矩形通道中的超過濾速率可以藉由使用篩網間隔增加幾倍。[12, 42] 在考慮質傳性能和壓力降時，對幾種樣式和尺寸進行了測試，以幫助選擇最佳的間隔物。[12] 篩網上的纖維會中斷發展中的濃度邊界層，使得對於非常短的通道，通量大致與 (29.54) 式所預測的相同。

對於亂流中的蛋白質或聚合物溶液的超過濾，質傳係數一般小於標準相關的預測值。Carbowax 溶液 (聚乙二醇) 在 1 in. 管狀膜的數據如圖 29.29 所示。這個係數隨著 $\text{Re}^{0.92}$ 的增加而增加，與建議的高施密特數 (Schmidt number) 相關性一致，(17.71) 式，但係數約為預測值的 40%。數據落在接近 Dittus-Boelter 方程式的線，(12.32) 式，但對於高 Pr 或高 Sc，這個方程式並不成立。在亂流流動槽 [43] 中對葡聚醣 (Dextran) T70 進行超過濾也給出了由 (17.71) 式預測的大約一半的係數。對於蛋白質 BSA 在管狀膜中的超過濾，得到低於預期值 20% 至 60% 的係數。[19] 較低的係數可能是由於邊界層中黏度較高和擴散率較低造成的，但是沒有開發令人滿意的相關性。

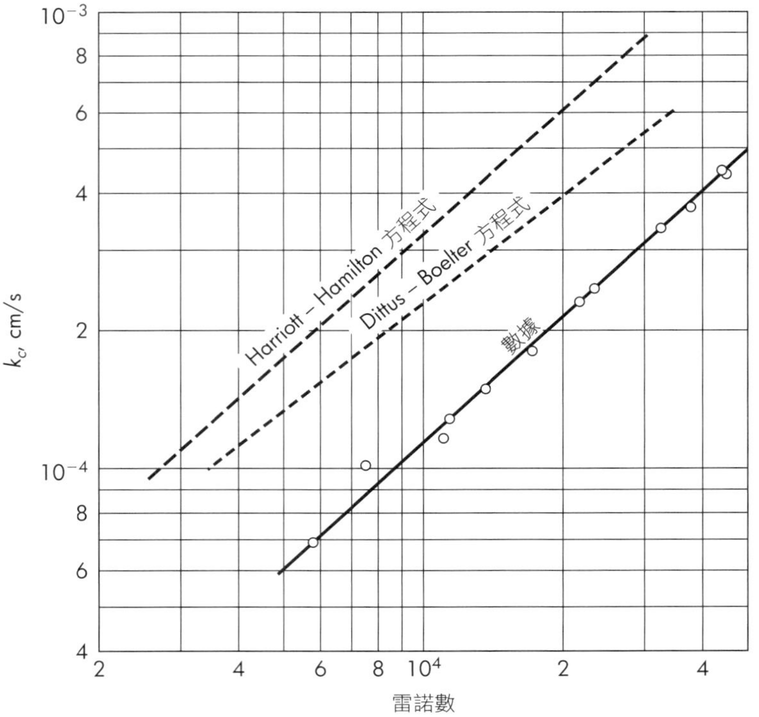

▲ 圖 29.29 用於超過濾聚乙二醇 20M (c_1 = 0.87%; 1 in. 管) 的質傳係數

例題 29.3

直徑為 2 cm，水滲透率為 250 L/m^2·h·atm 的管狀薄膜用於 50°C 的奶酪乳漿的 UF。乳漿蛋白的平均擴散係數為 4×10^{-7}cm^2/s，大氣壓下的滲透壓可由 Jonsson 方程式求得[24]

$$\pi = 4.4 \times 10^{-3}c - 1.7 \times 10^{-6}c^2 + 7.9 \times 10^{-8}c^3$$

其中 c 是蛋白質濃度 (g/L)。(a) 如果溶液速度為 1.5 m/s 且蛋白質濃度為 10、20 或 40 g/L，對於清潔膜，計算 Δp 對通量的影響，假設凝膠濃度為 300 g/L，排除率為 100%。(b) 如果藉由阻塞將薄膜的滲透性降低 5 倍，那麼對滲透通量有何影響？

解

(a) 假設整體溶液具有與水相同的密度和黏度 20°C，而 k_c 是由 (17.71) 式給出的值的一半。

$$D = 2 \text{ cm} \qquad \bar{V} = 150 \text{ cm/s} \qquad \rho = 1 \text{ g/cm}^3 \qquad \mu = 0.01 \text{ g/cm} \cdot \text{s}$$

$$\text{Re} = 2 \times 150 \times 1/0.01 = 30{,}000 \qquad \text{Sc} = \frac{0.01}{1 \times 4 \times 10^{-7}} = 25{,}000$$

從 (17.71) 式，

$$\text{Sh} = 0.5 \times 0.0096 \times 30{,}000^{0.913} \times 25{,}000^{0.346} = 1.95 \times 10^3$$

$$k_c = \frac{1.95 \times 10^3(4 \times 10^{-7})}{2} = 3.9 \times 10^{-4} \text{ cm/s}$$

對於 $c_1 = 10$ g/L，選擇 $v = 10^{-3}$ cm/s 或 36 L/m^2·h。由 (29.52) 式

$$\ln \frac{c_s}{c_1} = \frac{v}{k_c} = \frac{10^{-3}}{3.9 \times 10^{-4}} = 2.56$$

$$c_s = 12.9 c_1 = 129 \text{ g/L}$$

在 c_s，$\pi = 4.4 \times 10^{-3} \times 129 - 1.7 \times 10^{-6}(129)^2 + 7.9 \times 10^{-8}(129)^3 = 0.71$ atm。對於完全的蛋白質排除 $\Delta\pi = \pi = 0.71$ atm。

$$Q_m = \frac{250 \text{ L}}{\text{m}^2 \cdot \text{h} \cdot \text{atm}} \times \frac{1}{36{,}000} = 6.94 \times 10^{-3} \text{ cm/s} \cdot \text{atm}$$

由 (29.49) 式

$$\Delta p - \Delta\pi = \frac{10^{-3}}{6.94 \times 10^{-3}} = 0.144 \text{ atm}$$

$$\Delta p = 0.144 + 0.71 = 0.85 \text{ atm}$$

請注意，大部分驅動力需要克服由濃差極化引起的滲透壓差。

最大通量是由 (29.53) 式與 $c_s = 300$ 求得：

$$v_{\max} = 3.9 \times 10^{-4} \ln \frac{300}{10} = 1.33 \times 10^{-3} \text{ cm/s} = 48 \text{ L/m}^2 \cdot \text{h}$$

在此刻，

$$\Delta p - \Delta\pi = \frac{1.33 \times 10^{-3}}{6.94 \times 10^{-3}} = 0.19 \text{ atm}$$

對於 $c = 300$，$\pi = 3.3$ atm，

$$\Delta p = 3.3 + 0.19 = 3.49 \text{ atm}$$

對於從 10^{-4} 到 $v_{\max}$ 的其它 v 值進行類似的計算，並且將通量對壓力降繪於圖 29.30 中。預測對於 $\Delta p > 3.5$ 通量是恆定的，並且隨著壓力增加，推測形成厚度增加的凝膠層；但實際上，由於凝膠層的壓縮，通量可能會略微下降。

三種濃度的曲線形狀相似，但通量為零，直到壓力差超過溶液的滲透壓，並且截距在較高濃度下更明顯。

(b) 如果 $Q_m = 250/5 = 50 \text{ L/m}^2 \cdot \text{h} \cdot \text{atm}$，則 $v_{\max}$ 不變，但對於任何 v 值都需要較大的 Δp。例如，在 $v = 0.5 \times 10^{-3}$ cm/s 和 $c_1 = 40$ g/L，

$$Q_m = 50 \times \frac{1}{36{,}000} = 1.39 \times 10^{-3} \text{ cm/s} \cdot \text{atm}$$

$$\Delta p - \Delta\pi = \frac{0.5 \times 10^{-3}}{1.39 \times 10^{-3}} = 0.36 \text{ atm}$$

$$\ln c_s/c_1 = v/k_c = \frac{0.5 \times 10^{-3}}{3.9 \times 10^{-4}} = 1.282$$

$$\frac{c_s}{c_1} = 3.6$$

$$c_s = 3.6 \times 40 = 144$$

$$\pi = 0.83 = \Delta\pi$$

$$\Delta p = 0.36 + 0.83 = 1.19 \text{ atm}$$

圖 29.30 中的虛線顯示，較低薄膜滲透性的最大影響是在低壓力降時通量減少 30%。

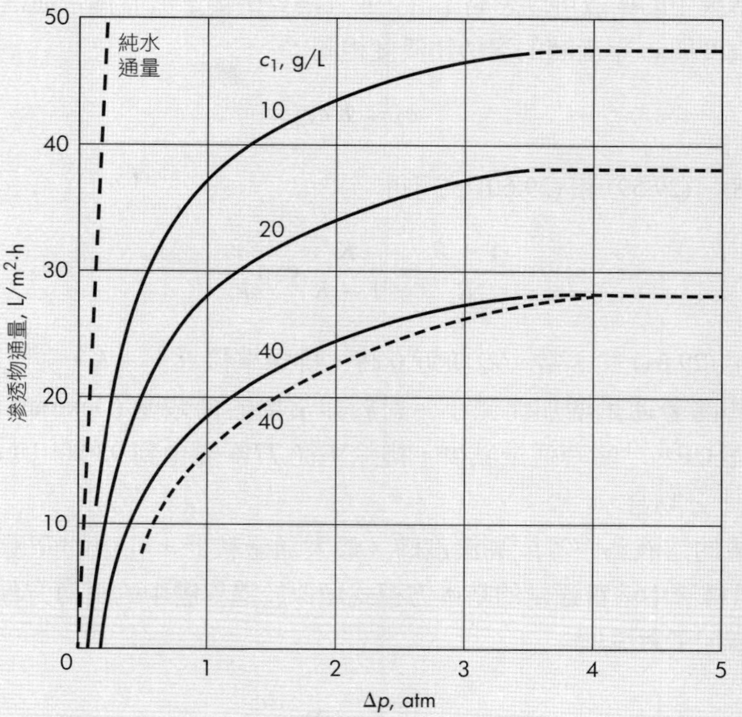

▲ 圖 29.30　例題 29.3，壓力降和濃度對通量的影響：(a) —— $Q_m = 250\ \text{L/m}^2 \cdot \text{h} \cdot \text{atm}$；(b) - - - - $Q_m = 50\ \text{L/m}^2 \cdot \text{h} \cdot \text{atm}$

溶質的部分排除　在 UF 的許多應用中，選擇的薄膜具有比溶質分子更大的孔，並且溶質僅部分被排除。排除分率 R，有時使用進料濃度和滲透物濃度來定義：

$$R_F \equiv 1 - \frac{c_P}{c_F} \tag{29.57}$$

由於濃度沿著分離器的長度變化，R 的更基本的定義是基於局部滯留物和滲透物組成 c_1 和 c_2（見圖 29.24)：

$$R \equiv 1 - \frac{c_2}{c_1} \tag{29.58}$$

排除率 R 主要取決於溶質大小與孔徑 λ 之比，其決定分配係數 K，並取決於比率 v/k_c，其決定濃度極化效應。從 (29.52) 式和 (29.58) 式

$$c_s = c_1\left(1 - R + R \exp \frac{v}{k_c}\right) \tag{29.59}$$

如果薄膜中的擴散可以忽略不計，並且溶質由滲透流體攜帶通過薄膜的孔，則滲透物濃度與 c_s 平衡時的滲透物濃度相同：

$$c_2 = K c_s \tag{29.60}$$

合併 (29.58)、(29.59) 和 (29.60) 式可得

$$\frac{1-R}{R} = \frac{K}{1-K} \exp \frac{v}{k_c} \tag{29.61}$$

當使用 (29.61) 式，當 v/k_c 接近 0 時，排除率接近 $1-K$，並且由於濃度極化，排除率隨著通量增加而減小。對於非常稀的葡聚醣 (Dextran) 溶液，使用管狀薄膜作 UF，[19] 隨著通量減少，排除率從 77% 變化到 93%，與 (29.61) 式和 $K = 0.044$ 十分吻合。

當過濾的溶液為中等或高濃度時，最大通量較低，孔中的分子擴散可能變得重要。選擇層中溶質通量的基本方程式類似於邊界層中的質傳方程式 (29.51)，但擴散項增加了對流項：

$$vc_2 = vc - D_e \frac{dc}{dy} \tag{29.62}$$

其中 $D_e = \dfrac{D_{\text{pore}}\varepsilon}{\tau}$ (29.63)

y = 與薄膜表面的距離

將 (29.62) 式積分，並假定選擇層的兩個邊界處的分配因子相同，可得

$$\frac{c_2}{c_s} = \frac{K \exp(vL/D_e)}{K - 1 + \exp(vL/D_e)} \tag{29.64}$$

其中 L 是選擇層的厚度。

當 vL/D_e 小於 2.0 時，溶質擴散對排除率有顯著影響。因為擴散降低了低滲透通量時的排除率，並且濃度極化在高通量情況下非常重要，所以排除率預計會在滲透通量上達到最大值。[23] 如果活性層非常薄，例如 0.1 至 0.2 μm，則擴散效應應該非常明顯，但沒有足夠的數據來證實這一點。

當處理溶質或膠體顆粒的混合物時，由一種材料形成的凝膠層可能會增加對較低分子量溶質的排除率。而且，在形成凝膠層之後，在高壓下操作可能會壓縮該層並且使其對較小的溶質以及溶劑的滲透性較差。

滲濾

滲濾 (diafiltration) 滲濾是從大分子溶液中去除鹽和低分子量溶質的過程。它不同於透析 (dialysis)(參見第 26 章)，因為使用壓力差迫使鹽溶液通過薄膜而留下大分子。在典型的應用中，一批稀釋的蛋白質溶液被濃縮在超過濾模組中，該模組不改變鹽濃度，但增加了蛋白質與鹽的比例。然後將去離子水連續加入進料槽，同時通過相同的 UF 模組泵送溶液直至達到所需的低鹽濃度，從而進行滲濾。[24] 有時需要最後的超過濾步驟來獲得更濃縮的蛋白質溶液。對於小批式，滲濾可以藉由向進料槽間歇添加水來進行，雖然這不如連續添加有效。

當保留溶液的體積保持不變時，鹽濃度的變化可以藉由簡單的質量均衡來計算。

$$V\frac{dc}{dt} = -Fc\,(1 - R) \tag{29.65}$$

其中 $V =$ 進料槽中溶液的體積

$F =$ 滲透流量 (如果 V 恆定，也是進料流量)

$R =$ 排除率

$c =$ 鹽濃度

當沒有鹽的排除時，$R = 0$，將 (29.65) 式積分得到

$$\ln\frac{c}{c_o} = -\frac{Ft}{V} \tag{29.66}$$

因此，對於 $c/c_o = 0.05$，要添加的水的體積是初始體積的 3.0 倍。滲濾時間由去除的水量和滲透速率計算，滲透速率應該恆定，因為蛋白質濃度不變。鹽濃度的變化不應影響滲透率。

如果藉由超過濾達到所需的蛋白質濃度後進行滲濾，則保留溶液的體積將會很低，並且所需的滲濾水體積將是最小的。然而滲透率會很低，總過濾時間會很長。如果從大量稀釋蛋白質溶液開始滲濾，滲透率會很高，但需要大量的水。如果通量與濃度關係為已知並且沒有漸進薄膜污垢，則可以確定最佳起始濃度。當應用 (29.53) 式時，最佳值為 [6a]

$$c_{\text{opt}} = c_g/e \tag{29.67}$$

薄膜污垢　超過濾單元的操作中的一個常見問題是由薄膜污垢 (membrane fouling) 導致的滲透通量逐漸減少。在啟動時，通常具有與純水滲透性相對應的

高初始通量，然後快速下降到一個非常低的值，其受限於濃度極化。這通常會在幾個小時內由於某種類型的薄膜污垢而導致滲透率的逐漸下降。比孔徑稍小的分子或顆粒可能會進入薄膜中，但會在孔中收縮處造成阻塞。進料中的一些分子可能會強烈吸附在孔壁上，從而減少通道的直徑並增加薄膜阻力。沉積物也可以利用沉澱或利用吸附在薄膜的表面形成。

如果通量下降是由表面結垢或凝膠層的壓實 (compaction) 引起的，則通常可以藉由逆轉流動來清潔薄膜，或者對於管狀薄膜，以機械方式清洗。對於內部結垢，需用化學溶液清洗。如果可以確定污垢的機制，則溶液化學的變化，薄膜表面的預先處理或仔細選擇操作條件，可能會大大延長合理的操作時間。例如，pH 值的變化可能會減少吸附量，或者在壓力降相對較低的情況下操作，可能會導致較小的初始通量，但由於孔隙堵塞較少，平均通量較大。

在商用 UF 模組中，使用高流率可獲得良好的質傳，並且進料側的摩擦壓力降可能是 1 至 2 atm。這使得入口附近的通量遠大於出口附近的通量，因為總體 Δp 只有幾個大氣壓，並且滲透側的摩擦壓力降非常小。為了獲得更均勻的通量並減少凝膠形成和結垢的可能性，滲透空間可以填充小珠粒，並且滲透液迴流與進料平行流動，以在單元長度上保持相同的 Δp。

例題 29.4

使用 1.5 cm 的管式薄膜進行超過濾試驗時，對於 5% 聚合物溶液於 Re = 25,000 時滲透通量為 40 L/m^2·h，排除率為 75%。該聚合物的平均分子量為 30,000，估計的擴散係數為 5×10^{-7} cm^2/s。(a) 忽略孔隙中分子擴散的影響，預估通量為 20 L/m^2·h 時的排除率，並預測最大排除率。(b) 估算 $M \cong 10{,}000$ 的聚合物低分子量分率的排除分率。(c) 如果選擇層厚度為 0.2 μm，則分子擴散對情況 (a) 的排除率是否有顯著影響？

解

(a) 基本情況：

$$v = 40 \times 2.78 \times 10^{-5} = 1.112 \times 10^{-3} \text{ cm/s}$$

$$\text{Sc} = \frac{0.01}{5 \times 10^{-7}} = 20{,}000$$

從 (17.71) 式，

$$\text{Sh} = 0.0096(25{,}000)^{0.913}(20{,}000)^{0.346} = 3{,}060$$

$$k_c = \frac{3{,}060(5 \times 10^{-7})}{1.5} = 1.02 \times 10^{-3} \text{ cm/s}$$

$$\frac{1-R}{R} = \frac{0.25}{0.75} = \frac{K}{1-K} \exp \frac{1.112 \times 10^{-3}}{1.02 \times 10^{-3}}$$

$$\frac{K}{1-K} = 0.112$$

$$K = \frac{0.112}{1.112} = 0.101$$

如果通量減少到 20 $\text{L/m}^2 \cdot \text{h}$ 或 0.556×10^{-3} cm/s，

$$\frac{1-R}{R} = \frac{0.101}{0.899} \exp \frac{0.556}{1.02} = 0.194$$

$$R = \frac{1}{1.194} = 0.84$$

當通量接近零時，R 接近 $1-K$：

$$R_{\max} = 1 - 0.101 = 0.90$$

(b) 使用圖 29.21 進行粗略估計。在圖上找到 $R_1 = 0.75$ 和 $M_1 = 30{,}000$ 的點，並畫出與 PM 30 類似的線。在 $M_2 = 10{,}000$ 時，$R_2 \cong 0.35$。對於獨立計算，預測 K 和 k_c。如果 $K_1 = 0.101 = (1-\lambda_1)^2$，

$$\lambda_1 = 0.682 = \frac{D_1}{D_{\text{pore}}}$$

$$D_2 \cong D_1 \left(\frac{10{,}000}{30{,}000}\right)^{1/3} = 0.694 D_1$$

$$\lambda_2 = 0.682(0.694) = 0.473$$

$$K_2 = (1 - 0.473)^2 = 0.278$$

大分子的擴散係數隨分子量的 $-\frac{1}{3}$ 次方變化，且 k_c 隨 $D_v^{0.65}$ 或 $M^{-0.22}$ 變化：

$$k_{c_2} = k_{c_1} \times 3^{0.22} = 1.02 \times 10^{-3} \times 1.27 = 1.29 \times 10^{-3} \text{ cm/s}$$

在 $v = 1.112 \times 10^{-3}$ cm/s 時，

$$\frac{1-R_2}{R_2} = \frac{0.278}{1-0.278} \exp \frac{1.112}{1.29} = 0.912$$

$$R_2 = \frac{1}{1.912} = 0.52$$

這顯然高於估計值 0.35，但是在任何情況下，對於分子量只相差三倍的分子而言，不可能有明顯的分離。

(c) 對於 $M = 30{,}000$，且 $D_v = 5 \times 10^{-7}\ \text{cm}^2/\text{s}$，估算

$$D_{\text{pore}} = 1 \times 10^{-7}\ \text{cm}^2/\text{s} \qquad \varepsilon = 0.5 \qquad \tau = 2$$

$$D_e = 2.5 \times 10^{-8}\ \text{cm}^2/\text{s}$$

$$L = 0.2\ \mu\text{m} = 2 \times 10^{-5}\ \text{cm}$$

$$\frac{vL}{D_e} = \frac{(5.56 \times 10^{-4})(2 \times 10^{-5})}{2.5 \times 10^{-8}} = 0.445$$

由 (29.64) 式，其中 $K = 0.101$，

$$\frac{c_2}{c_s} = \frac{0.101 \exp 0.445}{0.101 - 1 + \exp 0.445} = 0.24$$

如果 $c_2 = Kc_s = 0.101\ c_s$，則薄膜中的擴散會使滲透物濃度大約是其先前的兩倍。這表明分配係數低於 (a) 部分估算的分配係數。

微過濾

在處理小顆粒懸浮液的微過濾和通常處理大分子溶液的超過濾之間沒有明顯的分界線。對於非常小的顆粒，例如乳膠漆中 0.1 μm 的聚合物球體，兩者皆可使用。然而，對於這種尺寸或更大尺寸的顆粒，滲透壓可以忽略不計，且分子擴散係數太低，不足以解釋遠離薄膜表面有顯著的質傳。微過濾中的溶劑通量通常遠小於純水的通量，並且隨著濃度的增加而減小，如圖 29.31 所示。請注意，乳膠懸浮液的數據表明凝膠濃度約為 60%，這對密集堆積球體的床體來說是合理的。然而，儘管具有很低的擴散率，但具有約 0.1 μm 直徑顆粒的乳膠懸浮液的通量比白蛋白 (albumin) ($M = 170{,}000$，$D_p = 7 \times 10^{-3}\ \mu$m) 大 2 至 3 倍。用全血、牛奶和其它膠體懸浮液進行的測試給出類似的結果，基於分子擴散和標準質傳相關性，通量遠高於預期。這種現象被稱為**通量悖論** (flux paradox)。

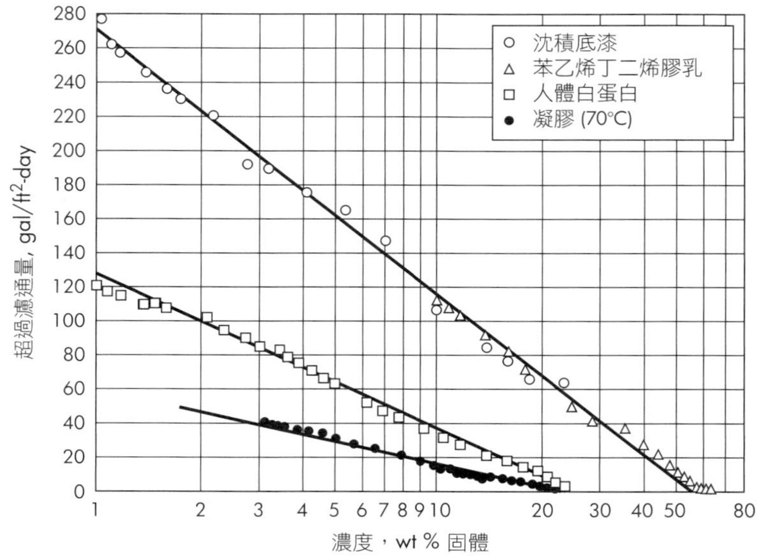

▲ 圖 29.31　通量的溶質濃度的影響 (摘自 Porter.[34])

分子擴散以外的其他因素必須負責將顆粒從薄膜表面或凝膠層轉移回主流。已經開發了均勻球形顆粒懸浮理論，以幫助理解通量悖論並指導操作條件的選擇。

運動中的粒子的基礎研究已經用於薄通道或管道中稀釋懸浮液的層流。無孔管中的中性浮力顆粒由於慣性提升力而傾向於遠離壁，從而在壁附近產生無顆粒區域，這稱為管狀收縮效應 (tubular-pinch effect)。當管壁是多孔的，如在微過濾過程中，流體流向管壁而對顆粒產生與提升力相反的拖曳力。對於尺寸為 10 μm 或更大的顆粒，慣性提升力通常足夠大以防止顆粒到達壁面。[1] 量測的孤立粒子的軌跡與預測一致，但該理論尚未擴展到濃縮懸浮液或亂流。[3]

對於 1 μm 顆粒，慣性力相對於拖曳力而言非常小，並且預計顆粒或凝膠層的快速形成會發生在距離通道入口很近的地方。[35] 當以滲透流進入凝膠層的顆粒數與從層頂部向外運動的顆粒達成平衡時，該層達到穩態厚度。表面附近的高剪切率引起顆粒的翻滾運動，使顆粒層膨脹並導致顆粒從壁移動離開。[13] 這種**剪力引起的分散** (shear-induced dispersion) 和顆粒向較低濃度區域的移動可用與剪切速率和顆粒尺寸平方成正比的顆粒擴散率 D_s 建模。藉由追踪 Couette 流裝置中的放射性粒子獲得了層流中粒子擴散的經驗式 [16]

$$D_s = 0.03\gamma r^2 \tag{29.68}$$

其中 D_s = 剪力引起的擴散率，cm^2/s

γ = 剪切率，s^{-1}

r = 粒子半徑，cm

這個方程式結合 (29.53) 式和層流質傳方程式 [(17.64) 式]，在一些微觀過濾研究中給出了限制通量數據的合理方法。[45] 需要做更多的工作來理解顆粒形狀和尺寸分布的影響，並將相關性擴展到亂流。

雖然滲透通量隨交叉流速度增加，但由於壓力降較大，速度大於每秒幾米通常不切實際。在薄膜表面提供高剪切力的另一種方式是使用非常靠近濾板的旋轉濾板或旋轉盤。這種類型的幾種設備已經測試過，並顯示出 [29] 通量為 100 至 300 $L/m^2 \cdot h$。

重力沈降過程

許多機械分離是基於固體顆粒或液滴通過流體的沈降，而此沈降是受到重力或離心力的驅使。本節介紹重力沈降 (gravity sedimentation)，下一節介紹離心沈降。流體可以是氣體或液體；它可能會流動或靜止。在某些情況下，該過程的目的是從股流中去除顆粒以便從流體中去除污染物或回收顆粒，如消除來自空氣或煙道氣的灰塵和煙霧，或從廢液中去除固體。在其它問題中，有意將顆粒懸浮在流體中，以獲得顆粒分離成不同尺寸或密度的部分。有時為了再利用，流體可從分級顆粒中回收。

第 7 章討論的粒子力學原理是這裡描述的分離的基礎。如果一個粒子相對於浸入其中的液體，由靜止開始，然後藉由外力移動通過流體，那麼它的運動可以分為兩個階段。第一階段是一個短暫的加速期，在此期間速度從零增加到終端速度。第二階段是顆粒處於其終端速度的時期。

由於初始加速時間短，通常在十分之一秒或更短，初始加速度效應是短程的。另一方面，只要顆粒在設備中處理，終端速度可以保持不變。(7.30) 和 (7.32) 式適用於加速期間，(7.40) 和 (7.43) 式適用於終端速度期間。一些分離方法，如簸析 (jigging) 和選礦 (tabling)，取決於加速期間顆粒行為的差異。然而，大多數常用的方法，包括這裡描述的所有分離法，僅利用終端速度期間的差異來分離。

比懸浮流體重的顆粒可以從大型沈降箱或沈降槽中的氣體或液體中去除，因為流體在沈降箱或沈降槽中流速低，顆粒有足夠的時間沈降析出。然而，這種簡單的裝置，由於分離的不完整性和從容器的底板上除去沈降固體所需的勞力，使其用途有限。

工業分離器幾乎全部用於連續去除沈降固體。分離可能部分或幾乎完成。可以從液體中去除所有粒子的沈降器稱為**澄清器** (clarifier)，而將固體分成兩部分的裝置被稱為**分類器** (classifier)。沈降的相同原理適用於這兩種設備。

重力分類器

大多數分類器在化學處理過程中根據粒子大小來分離粒子，在這種情況下細粒子的密度與大粒子的密度相同。圖 27.11 所示的結晶器淘析段 (elutriation leg) 就是一個例子。藉由調整液體的向上速度，使其小於可接受的大晶體之終端沈降速度，該裝置將不要的細晶體帶回結晶區以進一步生長。

機械分類器用於閉路研磨，特別是冶金操作。這裡相對較粗的顆粒稱為**砂** (sands)，細粒的漿液稱為**淤泥** (slimes)。提供足夠的時間讓沙子沈降到設備的底部；淤泥留在流出液中。

在典型的機械分類器中，沈降容器是一個與水平面成約 12° 角的半圓柱形槽，下端有液體溢流。漿液連續供應到槽的中間。調整流量以便細小顆粒沒有時間沈降，而隨溢流液攜出。較大的顆粒沈入槽的底部。旋轉的螺旋輸送器將沈降的固體沿著槽的底部向上移動，從液體池中移出，直至砂粒排出槽。這種分類器適用於不需要精確分割的粗顆粒。典型的應用是與球磨機或棒磨機相連，以使粒子大小降至 8 至 20 網目之間。

分選分類器

分離不同密度顆粒的設備稱為**分選分類器** (sorting classifiers)。它們使用兩種主要分離方法中的一種或另一種：沈 - 浮和微分沈降。

沈浮法　沈浮法 (sink-and-float methods) 使用液體分選介質，其密度介於輕質材料和重質材料之間。然後重顆粒通過介質沈降，較輕的顆粒浮起，從而獲得分離。這種方法的優點是，在原理上，分離僅取決於兩種物質的密度差異，並且與顆粒大小無關。這種方法也稱為**重 - 流體分離** (heavy-fluid separation)。

重流體過程用於處理相對較粗的顆粒，通常大於 10 網目。第一個問題是選擇適當密度的液體介質以使輕質材料浮起而重材料下沈。可以使用真液體，但由於介質的比重必須在 1.3 到 3.5 或更大的範圍內，因此只有少數液體符合足夠重、價格便宜、無毒且無腐蝕性，並且切實可行。鹵化烴和 $CaCl_2$ 溶液已用於此目的。一種更常見的介質選擇是一種假液體，它由含有重礦物微粒的水懸浮液組成。可使用磁鐵礦 (比重 5.17)、矽鐵 (比重 6.3 至 7.0) 和方鉛礦 (比重 7.5)。礦物質對水的比例可以變化，以提供廣泛的介質密度。必須提供將要分離的混合物進料，用於去除溢流和底流，並且用於回收分離流體，這些相對於待處理材料的價值可能是昂貴的。使用阻礙沈降。清理煤炭和濃縮礦石是浮沈法常見的應用。在適當的條件下，材料間比重只相差 0.1 的清淨分離已被提出。[41]

差分沈降法　差分沈降法 (differential settling methods) 利用不同密度物質之間可能存在的終端速度的差異。介質的密度小於任何一種物質的密度。此方法的缺點是，由於待分離物料的混合物，含有一定範圍的粒子大小，所以較大的輕粒子與較小的較重粒子以相同的速率沈降，而獲得混合部分。

在差分沈降中，輕質和重質材料都通過相同的介質沈降。這種方法引入了等沈 (equal-settling) 顆粒的概念。考慮兩種物料 A 和 B 的粒子，通過密度為 ρ 的介質沈降。令 A 為較重的物料；例如，成分 A 可能是方鉛礦 (比重 7.5) 而成分 B 為石英 (比重 2.65)。大小為 D_p 且密度為 ρ_p 的粒子，在重力作用下通過密度為 ρ 的介質，其在史托克定律 (Stokes' law) 的區域中沈降的終端速度可用 (7.40) 式表示。這個方程式，對於密度 ρ_{pA} 和直徑 D_{pA} 的方鉛礦顆粒，可以寫成

$$u_{tA} = \frac{g D_{pA}^2(\rho_{pA} - \rho)}{18\mu} \tag{29.69}$$

對於密度 ρ_{pB} 和直徑 D_{pB} 的石英顆粒，

$$u_{tB} = \frac{g D_{pB}^2(\rho_{pB} - \rho)}{18\mu} \tag{29.70}$$

因此，對於等沈降粒子 $u_{tA} = u_{tB}$，因此

$$\frac{D_{pA}}{D_{pB}} = \sqrt{\frac{\rho_{pB} - \rho}{\rho_{pA} - \rho}} \tag{29.71}$$

對於在牛頓定律範圍內的沈降，等沈降顆粒的直徑，由 (7.43) 式可知，其關係式為

$$\frac{D_{pA}}{D_{pB}} = \frac{\rho_{pB} - \rho}{\rho_{pA} - \rho} \tag{29.72}$$

分離過程中，圖 29.32 顯示了等沈降的直徑比的意義，其中 u_t 對 D_p 的曲線為成分 A 和 B 在 Stokes 定律和 Newton 定律之間的中間範圍沈降的曲線。假定兩種物質的直徑範圍位於尺寸軸上的點 D_{p1} 和 D_{p4} 之間。然後，直徑在 D_{p1} 和 D_{p2} 之間的輕成分 B 的所有顆粒，將比任何重物質 A 的顆粒沈降得更慢，理論上可以獲得純成分。同樣，直徑在 D_{p3} 和 D_{p4} 之間的物質 A 的任何顆粒的沈降速度都比物質 B 的任何顆粒快，並且也可獲得純成分。但是，直徑在 D_{p2} 和 D_{p4} 之間的任何輕顆粒與尺寸範圍介於 D_{p1} 和 D_{p3} 之間的物質 A 的顆粒以相同的速度沈降，並且在這些尺寸範圍內的所有顆粒形成混合部分。

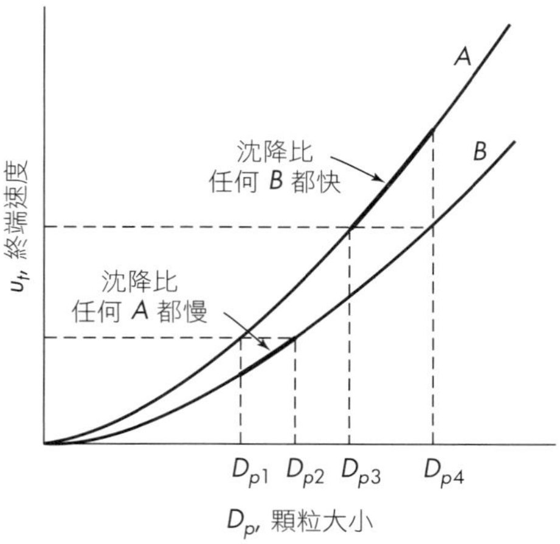

▲ 圖 29.32　相等 - 沈降顆粒

(29.71) 式和 (29.72) 式顯示，如果介質的密度增加，分離的清晰度會提高。從圖 29.32 中也可以清楚地看出，利用進一步調整進料的大小可以減少或消除混合部分。例如，如果進料的大小範圍是從圖 29.32 中的 D_{p3} 到 D_{p4}，則可以完全分離。

澄清器和增稠器

在受阻沈降 (hindered settling) 條件下的重力分離通常用於將稀釋的微粒漿液轉化為澄清液體和濃縮懸浮液。這個過程是在稱為增稠器 (thickener) 或澄清器 (clarifier) 的大型開放式槽中進行的。濃縮的懸浮物或污泥可能必須經過過濾以生產出更乾燥的產品，但是過濾的成本遠低於直接過濾原始漿液。經過澄清的液體不含或幾乎不含懸浮顆粒，可作為工業用水重複使用或作為廢水排放。

架凝　如果懸浮液中的固體主要是直徑僅為幾微米的單個顆粒，則重力沈降速率將非常慢，並且對實際操作而言可能太慢。幸運的是，在許多細小的懸浮液中，這些顆粒形成了以合理速率沈降的團塊或顆粒群。有時會藉由添加包括強電解質的架凝劑來促進團塊，其減少帶電粒子之間的排斥力，或者可以添加陽離子、陰離子或非離子性質的聚合物架凝劑。利用添加石灰、氧化鋁或矽酸鈉等廉價材料進行架凝 (flocculation) 處理，這些材料形成鬆散的團塊，而團塊可以將細微的顆粒帶走。

架凝顆粒與分散的緻密固體的懸浮液具有不同的沈降特性。這些聚集體具有很高的孔隙度，並保留了大量的水，它伴隨架凝物沈降。聚集體也鬆散地結合在一起，並且沈降器底部的淤泥受附加固體的重量下壓縮。由於架凝物的大小、形狀和有效密度不易確定，因此無法從理論或一般相關性預測沈降速率或淤泥密度。增稠器的設計通常是基於實驗室測量的批式測試沈降速率。

批次沈降　架凝懸浮液的沈降具有幾個階段，並且隨著沈降進行形成不同的區域。通常，固體濃度足夠高，以致其它固體阻礙單個顆粒或架凝物的沈降，使得在給定水平下的所有固體以相同的速度沈降。首先，固體均勻分布在液體中，如圖 29.33a 所示。懸浮液的總深度為 Z_0。在很短的時間後，固體已經沈降，形成清澈液體區，如圖 29.33b 中的區域 *A* 和沈降固體區域 *D*。在 *D* 區上方是一個過渡層，*C* 區，其中固體含量從原漿體中的含量變化到 *D* 區中的含量。在區域 *B* 中，濃度是均勻的並且等於原始濃度，因為整個區域的沈降速率是相同的。區域 *D* 和 *C* 之間以及 *C* 和 *B* 之間的邊界可能並不明顯，但是區域 *A* 和 *B* 之間的邊界通常很明顯。

隨著沈降的繼續，*D* 區和 *A* 區的深度增加。區域 *C* 的深度幾乎保持不變，區域 *B* 的深度減小。這顯示於圖 29.33c 中。最終 *B* 區消失，所有固體都在 *C* 區和 *D* 區 (見圖 29.33d)。同時，固體的逐漸累積並對槽底的物質施加壓力，這壓縮了 *D* 層中的固體。壓縮破壞架凝物或聚集體的結構，且液體排入上層區域。有時候，架凝物中的液體會像 *D* 層壓縮一樣噴出 *D* 區，形成小噴泉。最後，當固體的重量與架凝物的抗壓強度相平衡時，沈降過程停止，如圖 29.33e 所示。圖 29.33 所示的整個過程稱為沈降。

沈降率　界面高度 (區域 *A* 和 *B* 之間的邊界) 對時間的典型圖如圖 29.34 所示。在沈降的早期階段，速度是恆定的，如曲線的第一部分所示。當 *B* 區消失時，沈降速率開始下降並穩定下降，直到達到最終高度。對於所示的例子，界面高度在 20 小時仍然下降，並且僅估計極限高度。

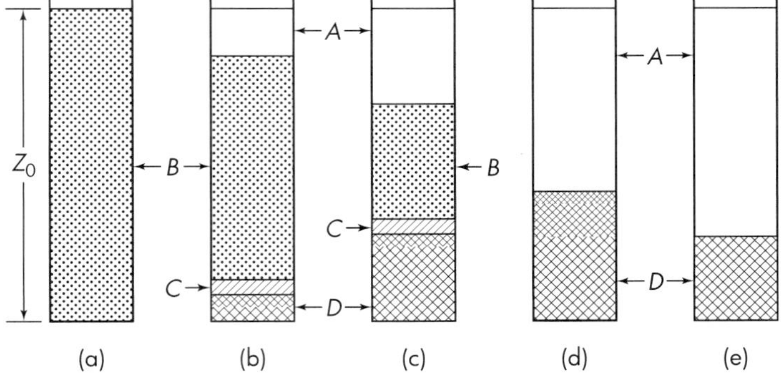

▲ 圖 29.33　批次沈降

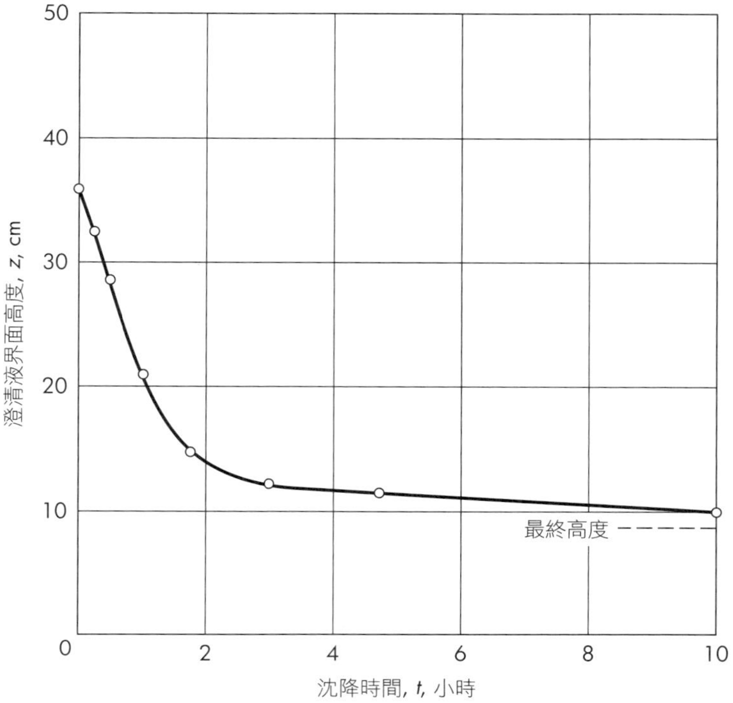

▲ 圖 29.34　石灰漿液的批式沈降，c_0 = 236 g/L.（摘自 *Foust et al., "Principles of Unit Operations," 2nd ed., Wiley, New York, 1980*. Copyright © *1980* by John Wiley & Sons, Inc. Reprinted by permission of John Wiley & Sons, Inc.）

在沈降過程中，漿液 (slurries) 的沈降速率和各個區域的相對高度差別很大。初始速率是進料濃度的函數，但在後期階段，沈降速率也取決於初始高度 Z_0，因為壓縮效應對於較厚的淤泥層 (sludge layers) 更重要。設計增稠器需要對不同初始高度和濃度的沈降速率進行實驗研究。

沈澱設備；增稠器

在工業上，上述過程在稱為**增稠器** (thickener) 的設備中大規模地進行。對於相對快速沈降的顆粒，可以使用分批沈降槽或連續沈降錐就足夠了。然而，對於許多任務，必須使用如圖 29.35 所示的機械攪拌增稠器。這是一個較大的，相當淺的儲槽，附有由中心軸驅動的緩慢移動的徑向耙。它的底部可能是扁平的或淺的錐體。將稀漿料從一個傾斜的槽或流槽 (launder) 流到增稠器的中心。進料漿比水更緻密，往往會向下流動，直至達到密度相等的區域。然後以不斷下降的速度徑向向外移動，並且流動逐漸分離向下移動的懸浮物和幾乎沒有固體的向上移動的流體。液體以定減速度徑向移動，使固體沈降到槽底。澄清的液體溢出槽的邊緣進入流槽。耙臂輕輕攪動淤泥並移動到槽的中心，在那裡它

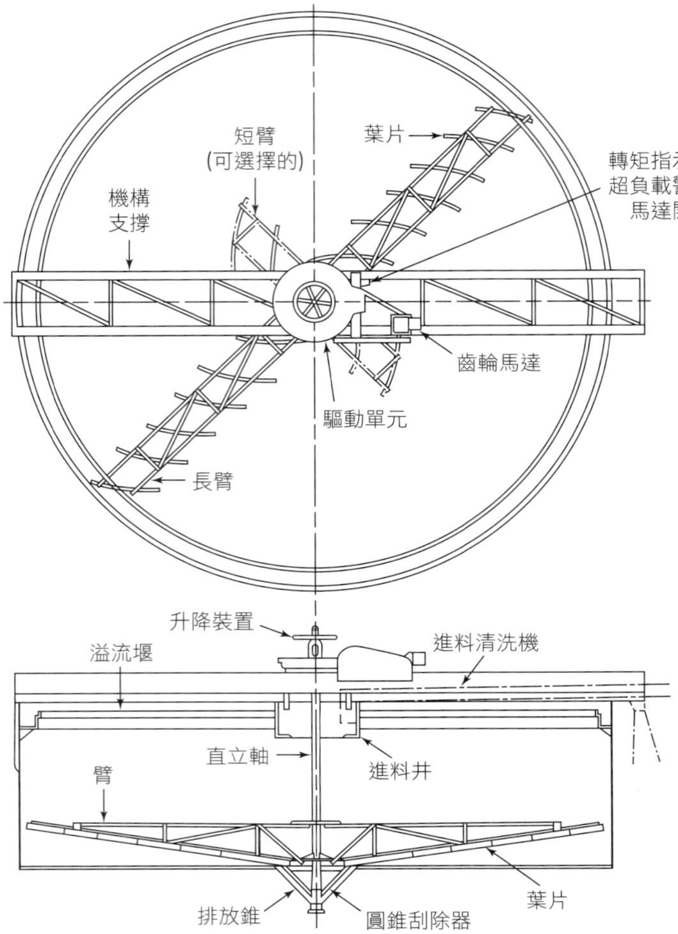

▲ 圖 29.35　重力增稠器 (*Eimco Corp.*)

通過一個大的開口流入淤泥泵的入口。在一些增稠器的設計中，耙臂被轉動，以便它們能夠越過槽板上的障礙物，例如硬泥塊。

機械攪拌增稠器通常較大，通常直徑為 10 至 100 m (30 至 300 ft)，深度為 2.5 至 3.5 m (8 至 12 ft)。在大型增稠器中，耙可以每 30 分鐘旋轉一次。當大量稀漿液必須增稠時，如水泥製造或從海水中生產鎂，這些增稠器特別有價值。它們也廣泛用於污水處理和水淨化。進料漿液在液體表面下 1 m 左右的深度處進入裝置的中心線。進料層以上是一個澄清區，液體幾乎不含固體。低於進料層的是受阻沈降區，並且在底部附近是固體濃度高的壓縮區。這些沈降區將在後面討論。

以連續增稠器在單位時間內產生的澄清液的體積主要取決於可用於沈降的橫截面積，而工業分離器幾乎與液體深度無關。單位面積的更高的容量因此可使用多盤式增稠器獲得，其中一個在另一個之上的淺沈降區在圓柱形槽中。耙式或刮板式攪拌器將沈降淤泥從一個塔盤向下移動到下一個塔盤。在這些設備中可以進行多級逆流置換清洗。然而，它們的直徑明顯小於單級增稠器。

Perry 給出了各種懸浮液的典型操作條件和設計標準。[32c]

澄清器和增稠器的設計　設計增稠器時需要指定的主要數量是橫截面積和深度。此面積通常基於批式沈降測試的數據，即使這樣的測試不能很好地模擬連續增稠器中的動作。在一個測試圓柱體中，沒有淨體積流量，並且當固體從一個區域中沉澱出來時，它們被等量的從底部流出的液體代替。測得的沈降速率對於沒有淨流量的參考框架有效。在連續增稠器中，層的深度通常是恆定的，至少在短時間內是這樣，但是一些液體隨著固體向下流動，其餘的在澄清區向上流動。該設計基於一維分析，假定澄清區內有流體向上流動，沈降區有流體向下流動。

在連續增稠器中，向下流動的總固體通量是由兩部分組成：向下流動的液體攜帶的固體通量和固體通過液體沈降產生的附加通量。第一個稱為輸送通量 G_t，它是固體濃度 c 和向下速度 u 的乘積。第二個是沈降通量 G_s，它是在批式測試中測得的固體濃度和沈降速率 dZ/dt 的乘積，

$$G = G_t + G_s = uc + \frac{dZ}{dt}c \tag{29.73}$$

沈降通量隨著濃度的增加達到最大值，由於沈降速率在非常低的濃度下幾乎恆定，但在高濃度下迅速降低。圖 29.36a 顯示了從圖 29.34 中的沈降曲線得出的石灰石漿液的數據。這些數據僅包含曲線下降的通量部分，虛線顯示低濃度曲線的近似形狀。通常情況下，增稠器在高底流濃度下操作，且其設計是基於曲線下降的通量部分。

已經提出了建立沈降通量曲線的不同方法，並且它們通常給出不同的結果。在 Coe 和 Clevenger 的方法中，[10] 對於幾個懸浮液的初始沈降速度進行測量，這些懸浮液的濃度在進料和所需的底流濃度之間，而沈降速度乘以初始濃度得到沈降通量。這假定沈降速率僅取決於濃度，但實際上，沈降速率也可能取決於懸浮液的濃度 - 時間歷程。Kynch 方法只需要一條批式沈降曲線，[28] 用於繪製圖 29.36。對於數次中的每一次，均將沈降曲線的切線繪出以獲得沈降速率，並且藉由以下程序估計相應的固體濃度。切線延伸至縱座標軸以得到截距 Z_i，初始濃度乘以 Z_0/Z_i 以得到沈降區頂端的濃度。雖然只需要進行一次實驗室測試，但由於壓縮效應，測得的沈降速率可能取決於懸浮液的初始濃度和高度。其它分析批次試驗的方法在文獻中有描述。[11, 14, 15, 18, 32b]

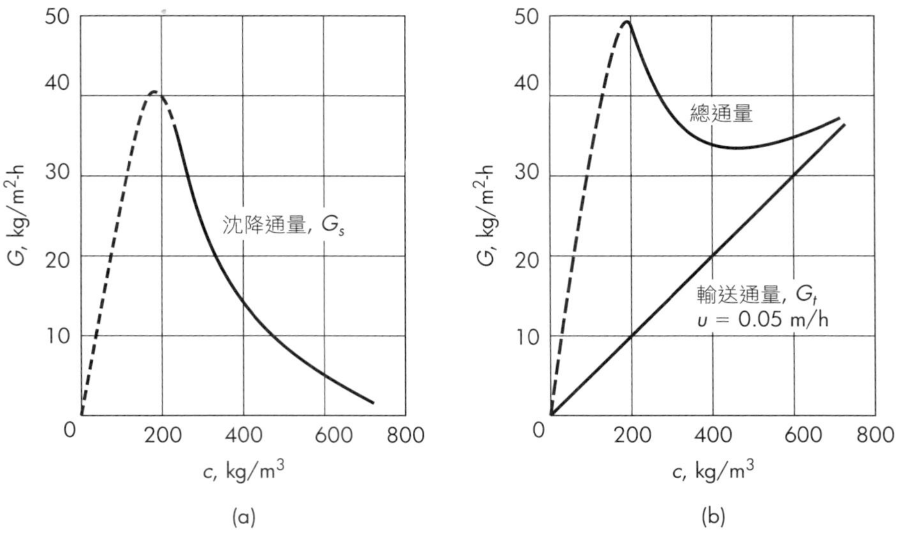

▲ 圖 29.36　用於連續增稠石灰石漿液的通量：(a) 沈降通量；(b) $u = 0.05$ m / h 時的輸送通量和總通量

輸送通量隨著濃度線性增加，並且在低濃度下遠低於沈降通量，但是它在高濃度時成為主要因素。由於這種趨勢和在最大的 G_s 值下，總通量會隨著濃度的增加而達到最大值，然後是最小值，如圖 29.36b 所示。增稠器的所需面積由總通量曲線中的最小值決定，因為該濃度的區域傾向於在設計容量下操作的連續增稠器中形成。如果溢流是清澈的液體，則所有固體都會在底流中被除去，並且所需面積由進料中引入的固體量 (Fc_0) 和最小向下固體流量決定：

$$A = \frac{Fc_0}{(G_t + G_s)_{\min}} \tag{29.74}$$

藉由增加向下的速度，增加固體通量可以減小所需面積，但是這也會降低底流濃度 c_u。

連續增稠器中的沉澱區

典型的垂直濃度分布如圖 29.37 所示。該圖顯示了增稠器頂端的固體濃度非常低的區域 (澄清區)；中間的受阻沈降區，其中固體濃度幾乎恆定；和靠近底部的高固體濃度區域 (壓縮區)，其中固體濃度隨著污泥緩慢被耙至排放而上升。這些區域的厚度不容易指定，因為濃度存在徑向和軸向梯度，並且進料速率或固體濃度的變化導致平均區域厚度的逐漸變化。取決於裝置的操作歷程，受阻沈降區可以從 0.3 至 2 或 3 m 厚。在穩定狀態下，增稠器的性能不取決於該層的厚度，只要它不超過進料水平。如果增稠器在高於設計值的進料速率下短時間

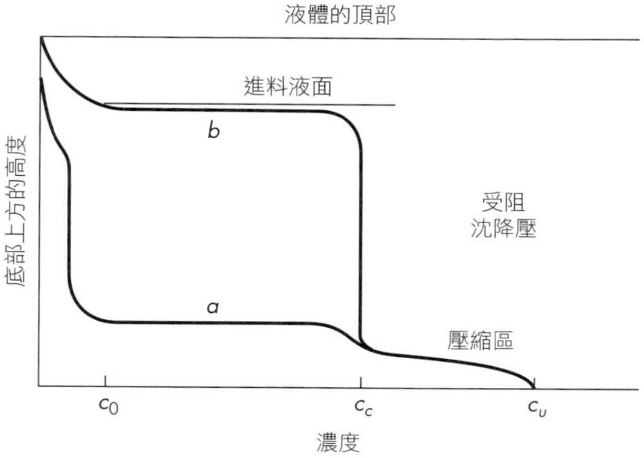

▲ 圖 29.37　連續增稠器中的濃度分布

操作，則沈降區的厚度逐漸增加，因為固體進料速率超過了極限固體通量。如果正常濃度分布與圖 29.37 中的曲線 *a* 相似，那麼隨著沈降區高度緩慢增加，令人滿意的操作可能會持續幾個小時。如果原始濃度分布與曲線 *b* 相似，則固體的累積將導致較差的澄清且從溢流中流失固體。

離心沈降過程

已知流體中的粒子以固定的最大速率在重力下沈降。為了提高沈降速率，作用在顆粒上的重力可以用更強的離心力來代替。離心式分離器在相當程度上取代了生產操作中的重力分離器，因為它們對於細小液滴和顆粒具有更大的有效性，並且對於給定的容量，只需更小的尺寸。

從氣體中分離固體；旋風分離器

大多數用於從氣流中去除顆粒的離心分離器不包含移動組件。它們是用圖 29.38 所示的旋風分離器為典型。它由一個錐形底的垂直圓筒，靠近頂部的切向入口和錐體底部的灰塵出口組成。入口通常是矩形的。出口管伸入圓筒內，以防止空氣從入口到出口短路。

進入的含塵空氣沿著旋風器內的圓柱體以螺旋路徑向下行進。漩渦中產生的離心力趨向於使顆粒徑向朝向壁移動，並且到達壁的顆粒向下滑入圓錐而被收集。旋風分離器基本上是一種沈降裝置，其中使用徑向作用的強大的離心力來代替垂直作用的較弱的重力。

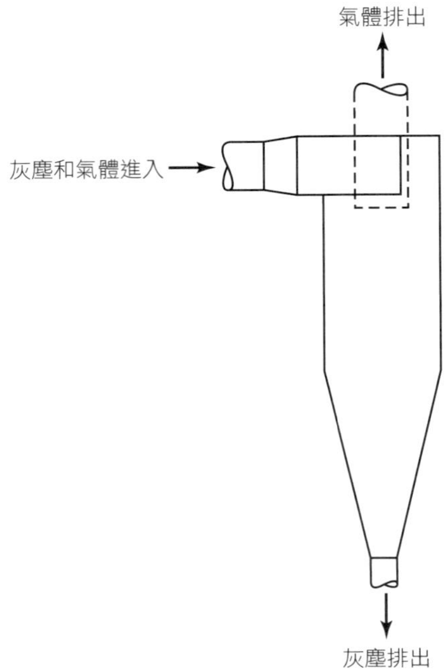

▲ 圖 29.38 旋風分離器

在半徑 r 處的離心力 F_c 等於 $mu_{\tan}^2/\mathrm{r}$，其中 m 是顆粒的質量並且 $u_{\tan}$ 是其切線速度。離心力對重力的比值為：

$$\frac{F_c}{F_g} = \frac{mu_{\tan}^2/r}{mg} = \frac{u_{\tan}^2}{rg} \tag{29.75}$$

對於直徑為 1 ft (0.3 m) 的旋風分離器，靠近器壁的切線速度為 50 ft/s (15 m/s)，比率 F_c/F_g 稱為**分離因數** (separation factor)，為 2,500/(0.5 × 32.2) = 155。在相同速度下，大直徑的旋風分離器具有較低的分離因數，而速度高於 50 至 70 ft/s (15 至 20 m/s) 通常是不切實際的，因為壓力降高，增加磨料磨損。小直徑旋風分離器的分離因數可高達 2,500。[32a] 為了處理大量的氣體流量，一些小直徑的旋風分離器可以集中在單一的外殼內，並且具有用於進料和產品氣體的共同集管，以及單一集塵漏斗。

進入旋風分離器的粉塵顆粒被徑向加速，但由於 r 的變化以及渦流中的切線速度隨著 r 和入口下方的距離而變化，因此顆粒上的力不是恆定的。顆粒軌跡的計算十分困難，而旋風分離器的效率一般是根據經驗相關性預測的。商用旋風分離器的典型數據見圖 29.39，其中顯示了顆粒大小和旋風分離器直徑對收集效率的強烈影響。

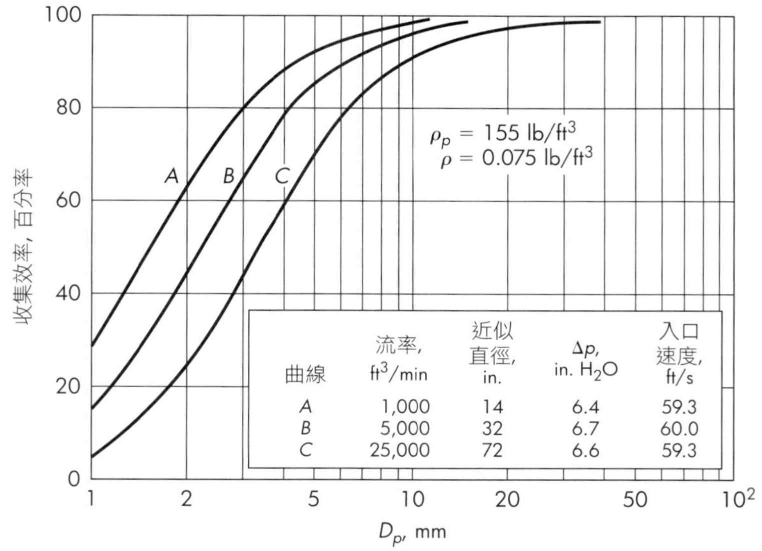

▲ 圖 29.39 典型旋風分離器的收集效率 (經許可，*Fisher-Klosterman Inc., Louisville, KY.*)

這三種旋風分離器的比例相似，直徑約為 14、32 和 72 in. (0.36、0.81 和 1.83 m)，而較大旋風分離器的低效率主要是離心力減小的結果。然而，對於給定的空氣流率和入口速度，旋風直徑和長度的適度增加會提高收集效率，因為表面積的增加抵消了離心力的降低。圖 29.39 的結果適用於中等尺寸的旋風分離器，在相同的流率和入口速度下，較高或較低的分離效率可能與較大或較小的分離單元有關。

隨著粒徑的減小，效率的下降實際上比簡單的理論所預測的更為緩慢。對於小顆粒，徑向速度和收集效率應該是 D_p^2 的函數，但是可能會發生細粒團聚，以提高這些顆粒的效率。由於顆粒尺寸的影響，與氣體一起離開的未收集的塵粒，其平均尺寸遠小於進入的塵粒，這對設定排放限值可能很重要。此外，整體效率是進料顆粒大小分布的函數，不能僅從平均大小來預測。

由於氣體黏度的增加，旋風分離器的收集效率隨著顆粒密度的增加而增加，並隨著氣體溫度的升高而減小。由於 (29.75) 式中的 $u_{\tan}^2$ 項，效率很大程度上取決於流率。旋風分離器是在滿負載比在部分負載工作效率更好的少數幾種分離裝置之一。有時將兩個相同的旋風分離器串聯使用，以獲得更完全的固體去除效果，但第二單元的效率低於第一單元，因為第二單元的進料具有較小的平均粒徑。

旋風分離器的壓力降與氣體密度和入口速度的平方成正比，而與固體顆粒的密度無關。令人驚訝的是，壓力降實際上有點隨著顆粒濃度的增加而降低。[25]

液 - 固分離；水力旋流器 32h，40b

旋風分離器 (cyclone) 也用於從液體中分離固體，有時用作增稠器但更常用作分類器。在這些操作中，它們被稱為水力旋風分離器 (hydrocyclone) 或水力旋流器 (hydroclone)。圖 29.40a 中顯示了水力旋流器的作用。進料在頂端附近以切線方向高速進入。液體沿著靠近容器壁的螺旋路徑，形成強烈的向下渦流。大的或沉重的固體顆粒分離到器壁上，被向下推出並作為泥漿或糊狀物從旋風分離器中排出。可變排放銳孔流量計 (orifice) 控制底流的一致性。大部分液體在內部渦流中向上返回，並通過中心排放管道排出，這被稱為**渦旋發生器** (vortex finder)。

在水力旋流器中，不可能同時去除良好的固體和高的底流濃度。在增稠操作中，幾乎所有的固體都從溢流中去除，底流濃度必須小於約 12 vol%。當使用水力旋流器進行分類時，底流可能更濃，對石灰石或煤炭漿液而言，底流濃度最高可達約為 50 vol %。圖 29.40b 顯示水力旋流器的形狀如何根據設備的功能進行修改。

水力旋流器中的壓力降 Δp 隨進料速率升高而變化幅度在 2.0 與 3.3 次方之間。對於稀釋進料，切割直徑隨著旋風分離器直徑的 1.5 次方而變化，因此對於給定的壓力降，小的直徑比大的直徑提供更好的分離。水力旋流器因此很小：

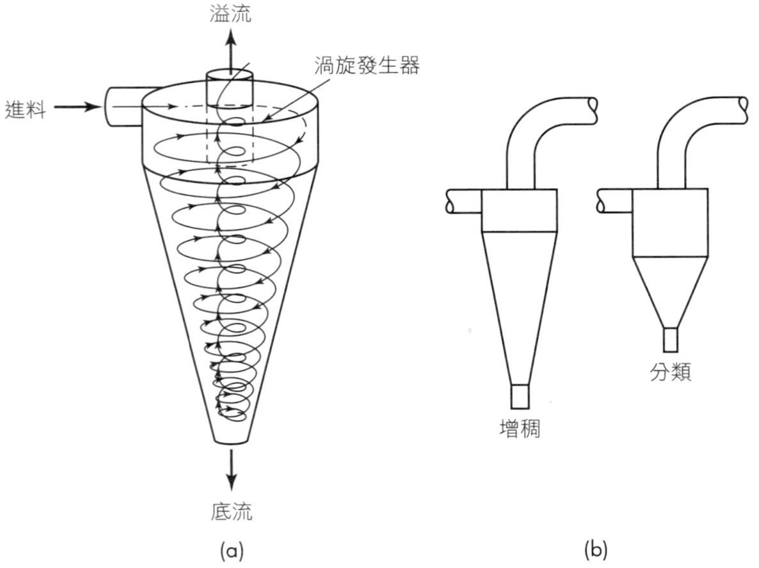

▲ 圖 29.40　水力旋流器：(a) 流動模式；(b) 配合不同功能的外形 (*From Walas, Chemical Process Equipment: Selection and Design, p. 329. Butterworths, Stoneham, MA, 1988.*)

它們的直徑範圍從 10 mm (0.4 in.) 到約 1.2 m (48 in.)。為了處理大流量，許多小型水力旋流器並聯連接，有多達 480 個 10 mm 單元歧管安裝在一個組件中。

切割尺寸是壓力降的一個弱函數；對於稀釋進料，它隨 $\Delta p^{-0.25}$ 變化。因此，大的壓力降是不經濟的。大型水力旋流器操作時 Δp 約為 1 atm；小型者的 Δp 是 4 到 5 atm。

水力旋流器可用於氧化鋁生產中的除砂操作，在升級石膏中去除磷，用於磷酸製造，分類顏料和晶體母液以及類似的程序步驟。它們已經在很大程度上取代了閉路研磨中的機械分類器。

離心式傾析器

不互溶的液體在工業上以離心式傾析器 (centrifugal decanter) 分離，如在第 2 章所述，分離力遠大於重力，並且它沿遠離旋轉軸的方向而不是朝向地球表面的方向作用。離心沈降器的主要類型是管式離心機和盤式離心機。

管式離心機　管式液 - 液離心機如圖 29.41 所示。該碗高而窄，直徑為 100 至 150 mm (4 至 6 in.)，並以約 15,000 r/min 的速度在固定的殼體中旋轉。進料從固

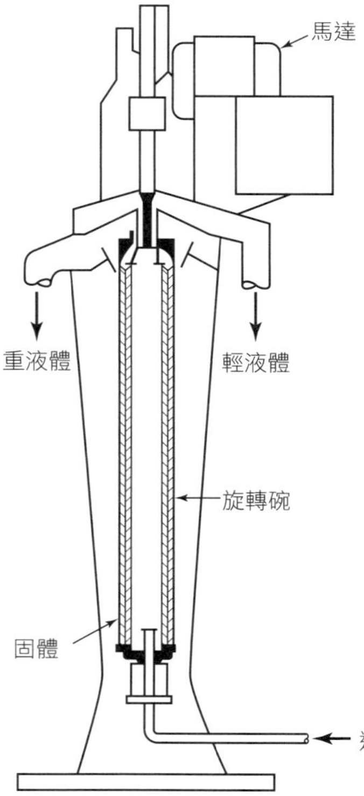

▲ 圖 29.41　管式離心機

定噴嘴進入，此噴嘴是通過碗底部的開口插入的。它在碗內分成兩個同心層的液體。內層或較輕的層溢出碗頂部的堰；它被向外拋入固定的排放蓋並從那裡到噴口。重液體流過另一個堰，進入單獨蓋和排放口。重液體流過的堰可移除，並且可以換成另一個具有不同尺寸的開口的堰。液 - 液界面 (中間區) 的位置由如圖 2.6 和 (2.17) 式所示的水力平衡來維持。在一些設計中，液體在壓力下排出，界面位置由調節排放管路中的外部閥來設定。

盤式離心機　對於一些液 - 液分離，使用圖 29.42 所示的圓盤式離心機 (disk centrifuge) 非常有效。一個直徑 200 至 500 mm (8 至 20 in.) 的短而寬的碗繞垂直軸轉動。碗有一個平底及圓錐形頂。進料從上方通過固定管進入碗的頸部。在管式離心機中形成兩個液體層；它們流過可調整的大壩進入單獨的排放噴口。在碗內並與之一起旋轉的是密集的「圓盤」，它們實際上是一個在另一個之上的金屬片的圓錐體。在盤的軸線和碗壁之間的中點附近有匹配孔，形成液體可通過的通道。在操作中，進料液體在底部進入碗並流入通道且向上通過盤。較重液體向外拋出，將較輕的液體移向碗的中心。在其行程中，重液很快撞擊圓盤的底面，並在其下方流到碗的周邊而不會遇到更多的輕液體。類似地，輕液體在盤的上表面上向內並向上流動。由於圓盤間隔很近，任何一種液體必須逸出另一相的距離很短，比管式離心機中較厚的液體層短很多。另外，在盤式機器中，在液 - 液界面處存在相當大的剪切力，因為一個相在一方向上流動，而另一相在相反方向上流動。這種剪切力有助於打破某些類型的乳液。盤式離心機在離心分離的目的不是完全分離的情況下特別有價值，而是一種流體相的濃縮，如奶油與牛奶的分離以及橡膠乳液的濃縮。

如果送入盤式或管式離心機的液體含有灰塵或其它沉重的固體顆粒，則固體會積聚在轉鼓內部並定期排出。這是利用停止機器，取出並打開碗，並刮掉固體的負載來實現的。如果固體含量超過百分之幾的進料，這將變得不經濟。

管式離心機和圓盤式離心機有利於從潤滑油、加工液體、油墨和飲料中去除微量的固體，這些飲料必須完全清潔。它們可以取出凝膠狀或黏稠的固體，這些固體很快會堵塞過濾器。通常它們只要使單一液體溢流，就可以澄清在一碗裡的單一液體。然而，它們在同時分離兩個液相時，也可能會拋棄固體。

噴嘴 - 排放式離心機

當進料液體含有超過百分之幾的固體時，必須提供自動排出固體的手段。圖 29.43 顯示了這種作法。這種分離器是一種帶有雙圓錐形碗的改良圓盤式離心機。在碗的最大直徑的外圍是一組直徑為 3 mm 的小孔或噴嘴。碗的中心部分與一般的盤式離心機以相同的方式操作，可使一兩種澄清液體溢流。固體被擲到碗的外圍並與相當多的液體連續地通過噴嘴逸出。在一些設計中，部分從噴嘴排出的漿液通過碗再循環以增加其固體濃度；洗滌液也可以被引入到碗中用於置換洗滌。在其它設計中，噴嘴大部分時間用塞子或閥關閉，此閥可定期打開以排出適當濃度的漿液。

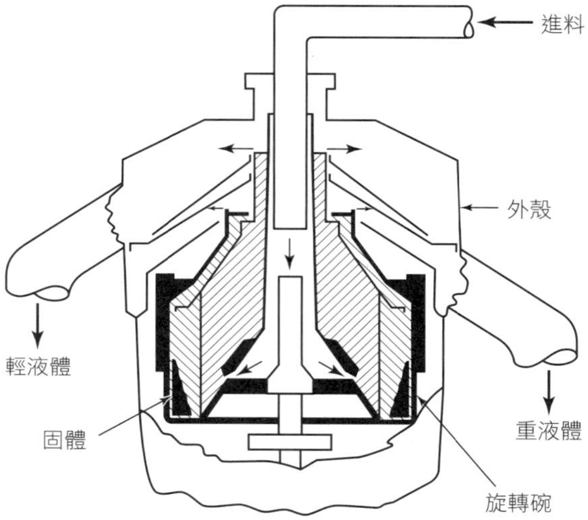

▲ 圖 29.42　盤式離心機

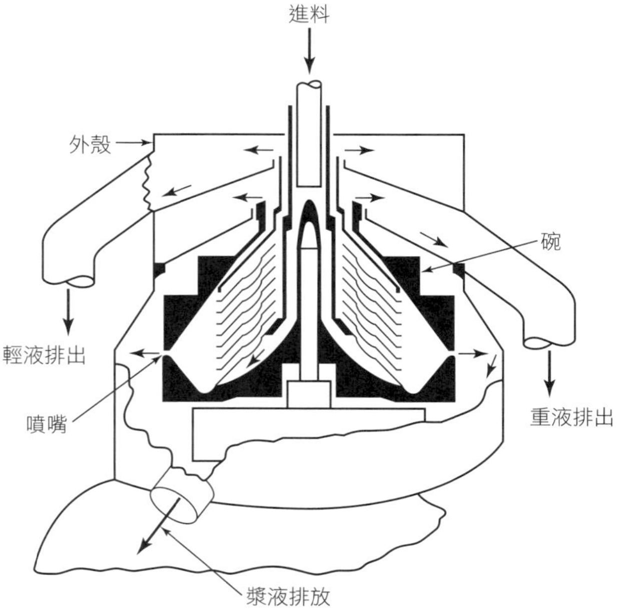

▲ 圖 29.43　噴嘴 - 排放式離心機

污泥分離器

在噴嘴排放式離心機中，固體從液面下方離開碗，因此攜帶相當數量的液體。為了將進料漿液分離成澄清的液體部分和沈重的「乾」污泥，沈降的固體必須用機械方法從液體中移除，並在離心力的作用下給予將水排乾的機會。這是在連續污泥分離器中完成的，圖 29.44 顯示了一個典型的例子。在此螺旋輸送機離心機中，具有錐形端的圓柱形碗圍繞水平軸旋轉。進料通過固定的軸向管進入，向外噴射到「池」中或圓柱形碗內液體的環形層中。被澄清的液體通過覆蓋在碗的非錐形端上的溢流端口流動。這些端口的徑向位置固定在碗中的液體環形層的厚度。固體通過液體沈降到碗的內表面；一螺旋輸送機的轉動速度比碗旋轉的稍慢，將固體從池中移出，並沿著「池邊」移動到小錐形端的排出口。清洗液可以在固體運送至池邊時噴灑在固體上，以去除可溶性雜質。洗滌液流入池中並與液體一起排出。排乾的污泥和澄清的液體從碗中扔出，進入外殼的不同部分，通過適當的開口從中排放。

螺旋輸送機離心機的製造其最大碗直徑從 100 至 1,400 mm (4 至 54 in.)。它們可分離大量的物料。例如，一台 450 mm 的機器每小時可處理 1 至 2 tons 固體；一台 1,400 mm 的機器為 50 tons/h。對於較厚的進料漿料，給定機器的容量受輸送機允許的轉矩限制。使用稀漿料時，碗和溢流口的液體處理能力會限制產量。

當然，污泥分離器的實際操作，要求固體比液體重，並且不能藉由輸送機的作用重新懸浮。一種稱為軸流式輸送機離心機 (稍後介紹) 的修改比圖 29.44 所示的全滾動式離心機在分離細微輕固體方面更有效。即便如此，來自這些機器的液體通常不會完全沒有固體，可能需要後續的澄清。在這些限制內，污泥分離器解決了各式各樣的問題。它們將細小顆粒與液體分開，脫水和清洗自由排乾的晶體，並且經常用作分類器。

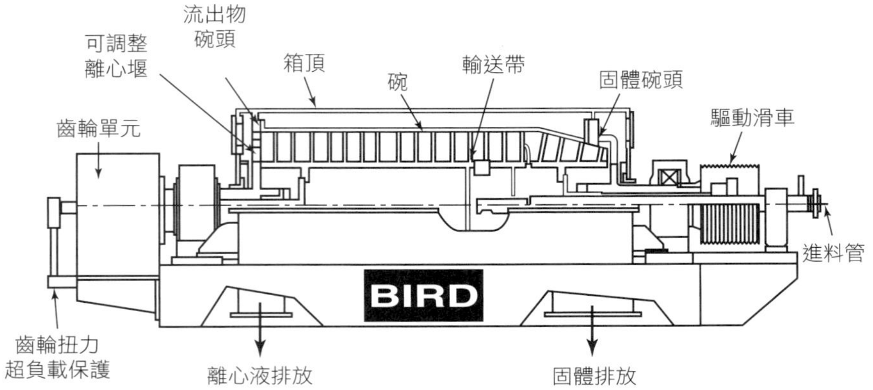

▲ 圖 29.44　螺旋 - 輸送式離心機 (*Bird Machine Co.*)

離心沈降原理

在沈降離心機中，如果粒子有足夠的時間到達分離器碗的壁，則可從液體中除去一定大小的顆粒。假設粒子總是以其終端速度徑向移動，那麼可以計算恰可被移除的最小粒子的直徑。

考慮圖 29.45 所示離心機碗中的液體體積。進料點在底部，液體排放在頂部。假設所有的液體以恆定的速度流經碗而向上移動，且攜帶固體顆粒。如圖中所示，給定的粒子開始在液體的某一位置處，例如距離旋轉軸的距離 r_A 處，開始沈降到碗的底部。它的沈降時間受液體在碗中滯留時間的限制；在這段時間結束時，令粒子與旋轉軸相距距離 r_B。如果 $r_B < r_2$，則顆粒隨同液體離開碗；如果 $r_B = r_2$，則顆粒會沉積在碗壁上並從液體中移出。如果顆粒在史托克定律範圍內沈降，則半徑 r 處的終端速度由 (7.40) 式可知，

$$u_t = \frac{\omega^2 r(\rho_p - \rho)D_p^2}{18\mu}$$

由於 $u_t = dr/dt$，

$$dt = \frac{18\mu}{\omega^2(\rho_p - \rho)D_p^2}\frac{dr}{r} \tag{29.76}$$

在 $t = 0$ 時 $r = r_A$ 和 $t = t_T$ 時 $r = r_B$ 的極限間積分 (29.76) 式，

$$t_T = \frac{18\mu}{\omega^2(\rho_p - \rho)D_p^2}\ln\frac{r_B}{r_A} \tag{29.77}$$

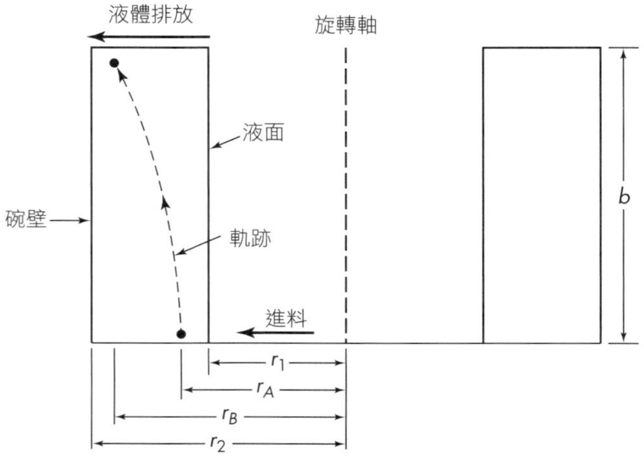

▲ 圖 29.45　粒子在沈降離心機中的軌跡

滯留時間 t_T 等於碗中的液體體積 V 除以體積流率 q。體積 V 等於 $\pi b\,(r_2^2 - r_1^2)$。代入 (29.77) 式並重排可得

$$q = \frac{\pi b \omega^2 (\rho_p - \rho) D_p^2}{18\mu} \frac{r_2^2 - r_1^2}{\ln (r_B / r_A)} \tag{29.78}$$

可以將**切割點** (cut point) 定義 [2] 為剛好達到 r_1 和 r_2 之間距離的一半的粒子直徑。如果 D_{pc} 是切割直徑，則在允許的沈降時間內，此尺寸的粒子會移動 $y = (r_2 - r_1)/2$ 的距離。如果要去除直徑 D_{pc} 的顆粒，它必須在可用的時間內到達碗壁。

因此 $r_B = r_2$ 而 $r_A = (r_1 + r_2)/2$。(29.78) 式就變成了

$$q_c = \frac{\pi b \omega^2 (\rho_p - \rho) D_{pc}^2}{18\mu} \frac{r_2^2 - r_1^2}{\ln [2r_2/(r_1 + r_2)]} \tag{29.79}$$

其中 q_c 是對應於切割直徑的體積流率。在此流率下，直徑大於 D_{pc} 的大多數顆粒將被離心機去除，而大部分具有較小直徑的顆粒將保留在液體中。

如果液體層的厚度與碗的半徑相比較小，則 $r_1 \approx r_2$，並且 (29.79) 式變成不確定。然而，在這些條件下，沈降速度可視為定值，並可由下式表示

$$u_t = \frac{D_p^2 (\rho_p - \rho) \omega^2 r_2}{18\mu} \tag{29.80}$$

令液層的厚度為 s，切割直徑 D_{pc} 的顆粒其沈降距離為 $s/2$。則

$$u_t = \frac{s}{2t_T} \tag{29.81}$$

其中 t_T 是滯留時間，由下式表示

$$t_T = \frac{V}{q_c} \tag{29.82}$$

合併 (29.78) 至 (29.80) 式，並解出 q_c 得到

$$q_c = \frac{2Vu_t}{s} = \frac{2V D_p^2 (\rho_p - \rho) \omega^2 r_2}{18\mu s} \tag{29.83}$$

西格瑪值；規模放大　為了應用於工業離心機，(29.83) 式可修正如下。半徑 r_2 和厚度 s 分別由 r_e 和 s_e 代替，它們是考慮中的離心機類型的 r 和 s 的適當平均值。(29.83) 式的右邊乘以除以 g (重力加速度)，而與離心機相關的所有因數被

收集在一組中，並且與另一組中的固體和液體相關。可得

$$
\begin{aligned}
q_c &= \frac{2V\omega^2 r_e}{gs}\frac{D_p^2(\rho_p-\rho)g}{18\mu} \\
&= 2\Sigma u_g
\end{aligned}
\tag{29.84}
$$

其中 Σ，**西格瑪值** (sigma value) 是離心機的一個特徵，u_g 是顆粒在重力沈降條件下的終端沈降速度。在物理上，Σ 是離心機具有相同分離能力時的重力沈降槽的截面積。典型的值列於表 29.4 中。例如，一個 19.5 in. (0.5 m) 的盤式離心機，相當於面積超過 10^6 ft^2 (10^5 m^2) 的重力沈降器。實際上，離心機的實際容量可能略低於由 Σ 值所指示者，這是因為旋轉離心機碗中的流動模式複雜，並且在某些設計中，藉由內部傳送帶重新懸浮顆粒。

軸流輸送式離心機

1970 年 Schnittger [38] 證明了在輸送式離心機中的實際滯留時間遠低於 (29.82) 式給出的值。他提出了一個模式，在這個模式中，液體在一個基本停滯的液體池上的薄「邊界層」中流動。臨界分離發生在此層中，因為一旦顆粒從邊界層移動到池中，除非後續的機械重新懸浮操作，否則它會被有效地去除。一個薄的邊界層比較厚的邊界層提供更好的分離。池的總體積並不重要；池不得超過必要的深度，以確保壓實固體遠低於表面。

在軸流輸送式離心機中，在進料和沈降部分將渦旋切掉，形成靠近碗壁操作的帶式輸送機，使液體表面不受干擾。邊界層然後可以在從進料點到液體排放的軸向方向上流動。藉由設計流動通道，可將進料區域和液體出口處的亂流最小化。沈降部分中的縱向葉片確保邊界層中的液體以全碗速度旋轉；這些葉

▼ 表 29.4　沈降式離心機的特性 [32f, 44]

類型	碗直徑, in.	轉速, r/min	Σ 值, ft^2 $\times$ 10^{-4}
管式	4.125	15,000	2.7
盤式	9.5	6,500	21.5
	13.7	4,650	39.3
	19.5	4,240	105
螺旋輸送機	14	4,000	1.34
	25	3,000	6.1
軸流輸送機			
無葉片	29	2,600	4.05
96 個葉片	29	2,600	12.7

片與徑向方向成一定角度，功能類似盤式離心機的盤，減少了粒子在撞擊固體表面之前必須沈降的距離。一旦發生這種情況，粒子不可能重新懸浮。

在全滾動式離心機 (圖 29.44) 中，液體以螺旋形的方式流動，抗拒輸送機的運動。在此狀況下，邊界層的厚度是當層僅沿軸向流動時的厚度的 10 倍。此外，螺旋流在邊界層引起渦流和亂流，阻礙沈降；軸向流動時邊界層處於層流狀態，沈降不受阻礙。Willis 和 Shapiro [44] 給出了軸流式離心機的 Σ 值。葉片的增加可以增加 Σ 值 3 到 4 倍。

離心式分類器

在液體通過離心機碗的過程中，較重且較大的固體顆粒從液體中排出。較細、更輕的顆粒可能無法在可用時間內沈降下來，可能會隨液體流出。如重力水力分類器一樣，固體顆粒可以根據尺寸、形狀或比重進行分類。在離心分類機中，分離力大約是重力的 600 倍，容許清楚分離直徑 1 μm 或更小的顆粒。然而，比這更粗糙的顆粒也在離心機中進行了分類。

離心機中的高沈降力意味著實際沈降速率可以利用比在重力分類器中更小的顆粒來獲得。儘管較高的力不會改變小顆粒的相對沈降速度，但它確實克服了重力分類器中自由對流和布朗運動造成的小但具有干擾的影響，並且它可以分離在某些情況下用重力單元無法分離者。對於粗顆粒，可以改變沈降範圍，以便根據史托克定律，受重力沈降的顆粒也可能會在離心機中處於中間或牛頓定律範圍沈降。因此來自重力單元的等沈降顆粒的混合物，有時可以在離心機中部分分離。另一方面，在重力增稠器中迅速沈降之鬆散的絮狀物或微弱的團塊，卻經常在離心式分類器中破碎而沈降緩慢，或儘管增加了沈降力，也根本不沈降。

符號

A ：面積，m^2 或 ft^2；A_T，連續過濾器的總面積；A_1，物料在離心機中的內表面積；A_2，物料在離心機中的外表面積；$\bar{A}_L$，A_1 和 A_2 的對數平均；$\bar{A}_a$，A_1 和 A_2 的算術平均

B ：篩網的底流，kg/h 或 lb/h

b ：離心機籃子的寬度，m 或 ft

C_o ：溶質在濾液的初濃度，kg/m^3、g/L 或 lb/ft^3

c ：在過濾器中每單位體積濾液固體沉積的質量，kg/m^3 或 lb/ft^3；亦為，固體在懸浮液中的濃度，kg/m^3、g/L 或 lb/ft^3；c_F，在進料；c_p，在透過物；c_c，在增稠器中的臨

界濃度；c_g，在超過濾中形成膠層的濃度；c_m，在濾媒孔洞中的濃度；c_{opt}，最佳值；c_s，在進料液漿中，亦為在超過濾表面的濃度；c_u，在增稠器底流；c_0，進料到沈降器中；c_1, c_2，局部希留物與透過物濃度

D ：篩網溢流，kg/h 或 m/h；亦為，直徑或孔徑，m、μm 或 ft

D_b ：衝擊靶的寬度或直徑，m 或 ft

D_p ：粒子直徑，m 或 ft；D_{pA}，重粒子直徑；D_{pB}，輕粒子直徑；D_{pc}，分割直徑

D_s ：剪切 - 誘發擴散係數，cm^2/s[見 (29.68) 式]

D_v ：體積擴散係數，m^2/h、cm^2/s 或 ft^2/h；D_e，由 (29.63) 式定義的有效擴散係數；D_{pore}，在孔洞中的擴散係數

e ：自然對數的基底，2.71828...

F ：進料率，kg/h 或 lb/h；亦為，力，N 或 lb_f；F_c，離心力；F_g，重力

f ：濾餅形成時，過濾器循環的有效分率

G ：沈降器中的質量通量，$kg/m^2 \cdot h$ 或 $lb/ft^2 \cdot h$；G_s，沈降通量；G_t，輸送通量

g ：重力加速度，m/s^2 或 ft/s^2

g_c ：牛頓定理比例因數，$32.174\ ft \cdot lb/lb_f \cdot s^2$

K ：超過濾中的平衡分配係數

K_c ：恆壓濾餅過濾方程式的常數，由 (29.23) 式定義

K_r ：恆速過濾方程式的常數，(29.38) 式

k ：波茲曼常數，1.380×10^{-23} J/K

k_c ：基於濃度的質傳係數，cm/s [(29.52) 式]

k_1, k_2 ： 分別為 (29.12) 和 (29.15b) 式中的常數

L ：由過濾介質測得濾餅中的距離，m 或 ft；亦為，超過濾選擇層的厚度；L_c，濾餅厚度

M ：分子量

m ：質量，kg 或 lb；m_F，濕濾餅的質量；m_c，濾餅中固體的質量

$\dot{m}$ ：質量流率，kg/h 或 lb/h；$\dot{m}_c$，連續過濾器中固體的質量流率

$\mathbf{N}_a$ ：亞佛加厥數，6.022×10^{23} 分子 / 克莫耳

N_s ：分離數，$u_t u_0/gD_b$

n ：連續過濾器的鼓轉速，r/s；亦為，洗滌比

p ：壓力，atm 或 lb_f/ft^2；距過濾介質 L 處濾餅中的壓力；p_a，過濾器入口處的壓力；p_b，過濾器排放處的壓力；p'，過濾器中，濾餅與介質間邊界的壓力

Q_m ：薄膜透過率，$v/\Delta p$ [(29.48) 式]

q ：體積流率，m^3/s 或 ft^3/s；q_c，對應於除去顆粒的切割直徑處的體積流率；q_0，開始過濾的體積流率

R ：溶質留在濾餅的分率；亦為，超過濾中溶質排除的分率，由 (29.58) 式定義；R_F，基於進料和透過物 [(29.57) 式]

R_m：過濾介質阻力，m^{-1} 或 ft^{-1}；R'_m，黏度改變的修正阻力；R_{gel}，膠層的阻力

Re：雷諾數，$Du\rho/\mu$

r：半徑，m 或 ft；r_A，粒子在沈降離心機的最初位置；r_B，最後位置；r_e，有效平均半徑；r_i，離心機中濾餅和液層間的界面半徑；r_o，粒子半徑；r_1，離心機中物料的內半徑；r_2，離心機中物料的外半徑

Sc：Schmidt 數，$\mu/\rho D_v$

Sh：Sherwood 數，$k_c D/D_v$

s：離心機中液層的厚度，m 或 ft；s_e，有效平均厚度；亦為，壓縮係數 [(29.25) 式]

s_p：單一粒子的表面積，m^2 或 ft^2

T：絕對溫度，K

t：時間，h 或 s；t_T，離心機中的滯留時間；t_c，連續過濾器中的循環時間

u：線性速度，m/s 或 ft/s；u_g，在重力場中的沈降速度；u_t，終端沈降速度；u_{tA}，重粒子的速度；u_{tB}，輕粒子的速度；$u_{\tan}$，旋風器中氣體的切線速度；u_o，接近固體時未被干擾的流體的速度

V：體積，m^3、L 或 ft^3；亦為，在 t 時間所收集的濾液體積

$\bar{V}$：平均溶解速度，m/s 或 ft/s

v：超濾中的體積通量 (表面滲透物速度)。m/s 或 ft/s；$v_{\max}$，最大體積通量

v_p：單一粒子的體積，m^3 或 ft^3

x：粒子混合物中的質量分率；x_B，篩網底流中的質量分率；x_D，篩網溢流中的質量分率；x_F，進料至篩網的質量分率；亦表示，距離，m 或 ft

y：與薄膜表面的距離，m、μm 或 ft

Z：在沈降試驗中液 - 固界面的高度，m 或 ft；Z_i，以 Kynch 法設計沈降槽的截距；Z_0，最初高度

■ 希臘字母 ■

α：比濾餅阻力，m/kg 或 ft/lb；α_0，(29.25) 式中的常數

Δp：經過過濾器的總壓力降，kPa、atm 或 lb_f/ft^2；經過濾餅的壓力降。$p_a - p'$；Δp_{gel}，經過膠層的壓力降；Δp_m，經過濾介質的壓力降，$p' - p_b$

$\Delta\pi$：滲透壓差，atm 或 lb_f/ft^2

δ：濃度邊界層的厚度，m、μm 或 ft

ε：孔隙度或固體床中空隙的體積分率，無因次；$\bar{\varepsilon}$，濾餅的平均孔隙度

η_t：靶效率，衝擊分離器

λ：分子大小與孔洞大小的比

μ：黏度，cP、Pa · s 或 lb/ft · s；μ_o，水在室溫的黏度

π ：滲透壓，atm 或 lb_f/ft^2

ρ ：密度，kg/m^3 或 lb/ft^3；流體或濾液的密度；ρ_p，粒子的密度；ρ_{pA}，重粒子的密度；ρ_{pB}，輕粒子的密度

Σ ：離心機放大的 Σ 值 [(29.84) 式]

τ ：彎曲度因數，無因次

Φ_s ：形狀因數或球度，由 (28.1) 式所定義

ω ：角速度，rad/s

習題

29.1. 欲將晶體混合物分成三部分，一部分是粗粒保留在 8 網目篩網上，中間部分為通過 8 網目但保留在 14 網目的篩網，以及通過 14 網目的細粒部分。使用兩個串聯篩網，一個 8 網目和一個 14 網目，符合泰勒 (Tyler) 標準。表 29.5 給出了進料、粗粒、中粒和細粒的篩選分析結果。假設分析是準確的，則實際獲得三部分的重量比為多少？

29.2. 習題 29.1 中使用的篩網為振動篩，其容量為 4 $ton/m^2 \cdot h \cdot mm$ 網目尺寸。如果第一個篩網的進料量是 100 tons/h，則在習題 29.1 中的每個篩網需要多少平方米的篩網？

29.3. 表 29.6 中的數據是 $CaCO_3$ 在 H_2O 中的漿液的恆壓過濾中獲得的。過濾器面積為 1.0 ft^2 的 6 in. 壓濾機。送入壓濾機的固體質量分率為 0.139。計算每個實驗的 α、R_m 和濾餅厚度的值。溫度是 70°F。

▼ 表 29.5　習題 29.1 的篩網分析

篩網	進料	粗粒部分	中間部分	細粒部分
3/4	3.5	14.0		
4/6	15.0	50.0	4.2	
6/8	27.5	24.0	35.8	
8/10	23.5	8.0	30.8	20.0
10/14	16.0	4.0	18.3	26.7
14/20	9.1		10.2	20.2
20/28	3.4		0.7	19.6
28/35	1.3			8.9
35/48	0.7			4.6
共計	100.0	100.0	100.0	100.0

▼ 表 29.6　由恆壓過濾所獲得的數據 †

5-lb_f/in.^{2} 壓力降 (1)		15-lb_f/in.^{2} 壓力降 (2)		30-lb_f/in.^{2} 壓力降 (3)		50-lb_f/in.^{2} 壓力降 (4)	
濾液, lb	時間, s	濾液, lb	時間, s	濾液, lb	時間, s	濾液, lb	時間, s
0	0	0	0	0	0	0	0
2	24	5	50	5	26	5	19
4	71	10	181	10	98	10	68
6	146	15	385	15	211	15	142
8	244	20	660	20	361	20	241
10	372	25	1,009	25	555	25	368
12	524	30	1,443	30	788	30	524
14	690	35	2,117	35	1,083	35	702
16	888						
18	1,188						

†濕濾餅對乾濾餅的質量化 ：(1) 1.59, 2–4), 1.47. 乾濾餅密度: (1) 63.5, (2, 3) 73.0,(4) 73.5 lb/ft^3.
取自 E. L. McMillen and H. A. Webber, *Trans, AIChE,* **34:**213 (1938).

29.4. 習題 29.3 的漿液在總面積 8 m^2 的壓濾機中過濾，並在 2 atm 的恆定壓力降下操作。框架厚度為 36 mm。假設大型壓濾機中的過濾介質阻力與實驗室中所用的過濾器相同。計算在一個循環中所需的過濾時間和所獲得濾液的體積。

29.5. 假設實際的洗滌速率是理論速率的 85%，若使用和濾液相同體積的洗滌水，則洗滌習題 29.4 的壓濾機的濾餅需要多少時間？

29.6. 以 0.7 atm 的壓力降操作的連續旋轉真空過濾器，用於處理習題 29.3 的進料漿液。鼓浸泡率為 25%。必須提供多少總過濾面積以匹配習題 29.4 中所述壓濾機的整體生產能力？其中鼓速為 2 r/min。

29.7. 對於超輕的 $CaCO_3$，其 α 與 Δp 之間的關係，已被確定為 [20]

$$\alpha = 8.8 \times 10^{10}[1 + 3.36 \times 10^{-4}(\Delta p)^{0.86}]$$

其中 Δp 是以每平方呎的磅力 (l b_f /ft^2)。這個關係在適用於 0 至 1,000 lb_f/in.^{2} 的壓力範圍內。這種材料的漿液每立方呎過濾液可得 3.0 lb 濾餅固體，過濾是在 70 lb_f/in.^{2} 的恆定壓力降和 70°F 的溫度下進行。對這種污泥和使用過濾布的實驗，得到 $R_m = 1.2 \times 10^{10}$ ft^{-1}。使用槽式壓濾機。需要多少平方呎的過濾表面才能在 1 小時過濾中得到 1,400 gal 的濾液？黏度是水在 70°F 的黏度。

29.8. 習題 29.7 的過濾器，在 70°F 和 70 lb_f/in.^{2} 下洗滌，使用的洗滌水體積等於濾液的三分之一。洗滌速率是理論值的 85%，則洗滌濾餅需要多長時間？

29.9. 習題 29.7 的過濾器，從操作開始直到壓力降達到 70 lb_f/in.^{2} 為止的期間，以 0.6 gal/ft^2 · min 的恆定速率操作，然後在 70 lb_f/in.^{2} 的恆定壓力降下繼續操作，直到獲得 1,400 gal 總濾液。若操作溫度為 70°F，則需要的總過濾時間是多少？

29.10. 一連續壓濾器，欲從習題 29.7 所描述的漿液中，產生 1,400 gal/h 的濾液。壓力降限制在最大為 50 $lb_f/in.^2$。如果循環時間為 3 min 且鼓浸泡率為 50%，則必須提供多少過濾器面積？

29.11. 空氣攜帶密度為 1,800 kg/m^3，平均直徑為 20 μm 的顆粒，以 18 m/s 的線性速度進入旋風分離器。旋風分離器的直徑為 600 mm。(a) 這個旋風分離器的近似分離因數是多少？(b) 氣流中顆粒被除去的分率是多少？

29.12. 習題 29.11 的含塵空氣，以 8 m/s 的線性速度通過衝擊分離器。分離器基本上由 25 mm 寬的帶狀物組成。第一排帶狀物可以去除的顆粒的最大分率是多少？其中有 50% 的管道截面積被覆蓋。

29.13. 在以下條件下操作的澄清離心機，每小時以立方米計的容量是多少？

碗的直徑，600 mm	液體的比重，1.2
液體層的厚度，75 mm	固體的比重，1.6
碗的深度，400 mm	液體的黏度，2 cP
速率，1,200 r/min	顆粒的切割尺寸，30μm

29.14. 一個批式離心過濾器，具有直徑為 750 mm 和高度為 450 mm 的碗，使用此離心過濾器來過濾具有以下性質的懸浮液：

液體，水	濾餅的最終厚度，150 mm
溫度，25°C	離心機轉速，2,000 r/min
進料中固體的濃度，60 g/L	比濾餅阻力，9.5×10^{10} ft/lb
濾餅孔隙度，0.435	濾材中等阻力，2.6×10^{10} ft^{-1}
濾餅中乾固體的密度，2,000 kg/m^3	

在液體內表面的半徑為 200 mm 的條件下，最後的濾餅用水洗滌。假設洗滌水的流率等於最終過濾流率，那麼以 m^3/h 為單位的洗滌率是多少？

29.15. (a) 根據圖 29.25 所示的超過濾結果，計算乳膠的表面質傳係數。(b) 用白蛋白的相應數據作為參考，估算乳膠球粒的剪切誘導擴散係數 D_s，並將其與正常擴散係數 D_v 進行比較。(c) 需要多少剪切速率來解釋 D_s 的值？

29.16. (a) 對奶酪乳清在直徑為 2 cm 的管式薄膜以 3 m/s 的溶液速度作超過濾時，預測壓力降對滲透通量的影響。假設薄膜的特性與例題 29.3 中的相同。(b) 如果管的長度為 1.5 m，計算摩擦壓力降。

29.17. 用於濃縮 0.8 μm 球形顆粒懸浮液的微過濾單元在 30°C 時的滲透通量為 150 $L/m^2 \cdot h$，壓力降為 2.1 atm。在相同的條件下，純水的通量為 280 $L/m^2 \cdot h$。如果 $\varepsilon = 0.40$，則需要多厚的顆粒層來解釋凝膠層阻力？

29.18. Belter、Cussler 和 Hu[4] 給出了洗滌含有抗生素林可黴素的濾餅的數據。回收原來在濾餅中的 95% 的抗生素需要多少洗滌比例？對於 99% 的回收？

n	0.34	0.47	0.63	0.95	2.05
R	0.70	0.63	0.60	0.40	0.14

29.19. 滲濾用於純化試驗工廠生產的 40 L 稀釋蛋白溶液。該溶液含 0.8% 蛋白質和 3.2% 鹽，滲濾後蛋白質 / 鹽的比例為 50:1。(a) 如果間歇添加純淨水，每次 40 L，需要的總水量是多少？(b) 連續添加和恆定滯留體積需要多少水？(c) 如果隨後的 UF 步驟將蛋白質濃度提高到 5%，那麼最終的鹽濃度是多少？

29.20. 微過濾用於濃縮 2.5 wt % 至 20 wt % 的膠乳顆粒懸浮液。顆粒是平均直徑為 0.2 μm 的球體。該薄膜具有 500 L/m^2·h·atm 的純水滲透性。在 Δp = 30 lb$_f$ /in.^{2} 或 40 lb$_f$ /in.^{2} 時，對於 c = 2.5% 的滲透通量為 300 L/m^2· h。(a) 對於 c = 2.5%，繪製通量對 Δp 的圖，並與中等大小分子的 UF 的典型圖比較。(b) 估算 c = 10% 和 c = 20% 的最大通量。

參考文獻

1. Altena, F. W., and G. Belfort. *Chem. Eng. Sci.* **39:**343 (1984).
2. Ambler, C. M. *Chem. Eng. Prog.* **48:**150 (1952).
3. Belfort, G. *J. Membrane Sci.* **40:**123 (1989).
4. Belter, P., E. L. Cussler, and W.-S. Hu. *Bioseparations; Downstream Processing for Biotechnology.* New York: Wiley, 1988; p. 33.
5. Blatt, W. F., A. David, A. S. Michaels, and L. Nelsen: in J. E. Flinn (ed.). *Membrane Science and Technology.* New York: Plenum Press, 1970.
6. Cheryan, M. *Ultrafiltration Handbook.* Lancaster, PA: Technomic Publishing Co., 1986; (a) p. 127; (b) p. 212.
7. Cheryan, M., and B. H. Chiang: in B. M. McKenna (ed.). *Engineering and Food.* London: Applied Science Publ., 1984.
8. Choudhury, A. P. R., and D. A. Dahlstrom. *AIChE J.* 3:433 (1957).
9. Clark, J. G. *Chem. Eng. Prog.* **86**(11):45 (1990).
10. Coe, F. S., and G. H. Clevenger. *Trans. AIME* **55:**356 (1916).
11. Concha, F. A. *AIChE J.* **37:**1425 (1991).
12. DaCosta, A. R., A. G. Fane, C. J. D. Fell, and A. C. M. Franken. *J. Membrane Sci.* **62:** 275 (1991).
13. Davis, R. S., and D. T. Leighton. *Chem. Eng. Sci.* **42:**279 (1987).
14. Dick, R. I. *Fluid/Particle Separation J.* **2**(2):77 (1989).
15. Dixon, D. C. *AIChE J.* **37:**1431 (1991).
16. Eckstein, E. C., D. G. Bailey, and A. H. Shapiro. *J. Fluid Mech.* **79:**191 (1974).

17. Fane, A. G., C. J. D. Fell, and A. G. Waters. *J. Membrane Sci.* **9:**245 (1981).

18. Fitch, B. *AIChE J.* **36:**1545 (1990).

19. Goldsmith, R. L. *Ind. Eng. Chem. Fund.* **10:**113 (1971).

20. Grace, H. P. *Chem. Eng. Prog.* **49:**303, 367, 427 (1953).

21. Grace, H. P. *AIChE J.* **2:**307, 316 (1956).

22. Han, C. D., and H. T. Bixler. *AIChE J.* **13:**1058 (1967).

23. Harriott, P. *Separation Sci.* **8**(3):291 (1973).

24. Harrison, R. G., P. Todd, S. R. Rudge, and D. P. Petrides. *Bioseparations Science and Engineering*. New York: Oxford Press, 2003, p. 134.

25. Hoffman, A. C., A. van Santen, R. W. K. Allen, and R. Clift. *Powder Technology* **70**:83 (1992).

26. Hsieh, H. P. *Chem. Eng. Prog. Symp. Ser.* **84**(261):1 (1988).

27. Hughes, O. D., R. W. Ver Hoeve, and C. D. Luke. Paper given at meeting of AIChE, Columbus, OH, December 1950.

28. Kynch, G. J. *Trans. Faraday Soc.* **48:**161 (1952).

29. Murkes, J., and C.-G. Carlsson. *Crossflow Filtration Theory and Practice.* New York: Wiley, 1988.

30. Nickolaus, N., and D. A. Dahlstrom. *Chem. Eng. Prog.* **52**(3):87M (1956).

31. Perlmutter, B. A. *Chem. Eng. Prog.* **87**(7):29 (1991).

32. Perry, R. H., and D. W. Green (eds.). *Perry's Chemical Engineers' Handbook,* 7th ed. New York: McGraw-Hill, 1997; (*a*) p. **17**-27, (*b*) p. **18**-61, (*c*) p. **18**-72, (*d*) pp. **18**-90 to **18**-103, (*e*) p. **18**-100, (*f*) p. **18**-116, (*g*) p. **19**-23, (*h*) p. **19**-24.

33. Porter, M. C. *Ind. Eng. Chem. Prod. Res. Devel.* **11:**234 (1972).

34. Porter, M. C.: in P. A. Schweitzer (ed.). *Handbook of Separation Techniques for Chemical Engineers.* New York: McGraw-Hill, 1979.

35. Romero, C. A., and R. H. Davis. *J. Membrane Sci.* **62:**249 (1991).

36. Rushton, A., and M. S. Hameed. *Filtr. Separation* **7:**25 (1970).

37. Ruth, B. F. Personal communication.

38. Schnittger, J. R. *Ind. Eng. Chem. Proc. Des. Dev.* **9**(3):407 (1970).

39. Shen, J. S., and R. F. Probstein. *Ind. Eng. Chem. Fundamen.* **16:**459 (1977).

40. Svarovsky, L. *Chem. Eng.* vol. 86, 1979; (*a*) no. 14, p. 62; (*b*) no. 15, p. 101.

41. Taggart, A. F. *Handbook of Mineral Dressing: Ores and Industrial Minerals.* New York: Wiley, 1945, p. **11**-123.

42. van Reis, R., E. M. Goodrich, C. L. Yson, L. N. Frautschy, R. Whitely, and A. L. Zydney. *J. Membrane Sci.* **130:**123 (1997).

43. Wijmans, J. G., S. Nakao, J. W. H. van den Berg, F. R. Troelstra, and C. A. S. Smolders. *J. Membrane Sci.* **22:**117 (1985).
44. Willis, F. F., and L. Shapiro. Technical Report No. 936. Warminster, PA: Alfa-Laval Separation, Inc., 1991.
45. Zydney, A. L., and C. K. Colton. *Chem. Eng. Commun.* **47:**1 (1987).

附錄

APPENDIX

附錄 1　轉換因數和自然常數

由此轉換	轉換成	乘以†
英畝 (acre)	ft^2	43,560*
	m^2	4,046.85
大氣壓 (atm)	N/m^2	$1.01325^* \times 10^5$
	$lb_f/in.^2$	14.696
亞佛加得羅數 (Avogadro's number)	個數 /g mol	6.022169×10^{23}
桶 (bbl) (石油)	ft^3	5.6146
	gal (U.S.)	42*
	m^3	0.15899
巴 (bar)	N/m^2	$1^* \times 10^5$
	$lb_f/in.^2$	14.504
波茲曼 (Boltzmann) 常數	J/K	1.380622×10^{-23}
Btu	cal_{IT}	251.996
	$ft \cdot lb_f$	778.17
	J	1,055.06
	kWh	2.9307×10^{-4}
Btu/lb	cal_{IT}/g	0.55556
Btu/lb · °F	$cal_{IT}/g \cdot °C$	1*
$Btu/ft^2 \cdot h$	W/m^2	3.1546
$Btu/ft^2 \cdot h \cdot °F$	$W/m^2 \cdot °C$	5.6783
	$kcal/m^2 \cdot h \cdot K$	4.882
$Btu \cdot ft/ft^2 \cdot h \cdot °F$	$W \cdot m/m^2 \cdot °C$	1.73073
	$kcal/m \cdot h \cdot K$	1.488
cal_{IT}	Btu	3.9683×10^{-3}
	$ft \cdot lb_f$	3.0873
	J	4.1868*
cal	J	4.184*
cm	in.	0.39370
	ft	0.0328084
cm^3	ft^3	3.531467×10^{-5}
	gal (U.S.)	2.64172×10^{-4}
cP (厘泊)	$kg/m \cdot s$	$1^* \times 10^{-3}$
	$lb/ft \cdot h$	2.4191
	$lb/ft \cdot s$	6.7197×10^{-4}
cSt (厘史托克)	m^2/s	$1^* \times 10^{-6}$
法拉第	C/g mol	9.648670×10^4

(續下頁)

由此轉換	轉換成	乘以†
ft	m	0.3048*
$ft \cdot lb_f$	Btu	1.2851×10^{-3}
	cal_{IT}	0.32383
	J	1.35582
$ft \cdot lb_f/s$	Btu/h	4.6262
	hp	1.81818×10^{-3}
ft^2/h	m^2/s	2.581×10^{-5}
	cm^2/s	0.2581
ft^3	m^3	0.0283168
	gal (U.S.)	7.48052
	L	28.31684
$ft^3 \cdot atm$	Btu	2.71948
	cal_{IT}	685.29
	J	2.8692×10^3
ft^3/s	gal (U.S.)/min	448.83
gal (U.S.)	ft^3	0.13368
	$in.^3$	231*
氣體常數，*R*，見表 1.2		
重力常數	$N \cdot m^2/kg^2$	6.673×10^{-11}
重力加速度，標準的	m/s^2	9.80665*
h	min	60*
	s	3,600*
hp	Btu/h	2,544.43
	kW	0.74624
hp/1,000 gal	kW/m^3	0.197
in.	cm	2.54*
$in.^3$	cm^3	16.3871
J	erg	$1^* \times 10^7$
	$ft \cdot lb_f$	0.73756
kg	lb	2.20462
kWh	Btu	3,412.1
L	m^3	$1^* \times 10^{-3}$
lb	kg	0.45359237*
lb/ft^3	kg/m^3	16.018
	g/cm^3	0.016018
$lb_f/in.^2$	N/m^2	6.89473×10^3
$lb\ mol/ft^2 \cdot h$	$kg\ mol/m^2 \cdot s$	1.3562×10^{-3}
	$g\ mol/cm^2 \cdot s$	1.3562×10^{-4}
光速	m/s	2.997925×10^8
m	ft	3.280840
	in.	39.3701
m^3	ft^3	35.3147
	gal (U.S.)	264.17
N	dyn	$1^* \times 10^5$
	lb_f	0.22481
N/m^2	$lb_f/in.^2$	1.4503×10^{-4}

(續下頁)

由此轉換	轉換成	乘以
Planck 常數	J·s	6.626196×10^{-34}
標準強度 (U.S.)	% 酒精	0.5
噸 (長)	kg	1,016
	lb	2,240*
噸 (短)	lb	2,000*
噸 (米制)	kg	1,000*
	lb	2,204.6
碼 (yd)	ft	3*
	m	0.9144*

† 依定義，值的尾端有 * 表示精確值。

附錄 2 無因次群

符號	名稱	定義	
Bi	畢特數 (Biot number)	$\frac{hs}{k}$	平板
		$\frac{hr_m}{k}$	圓柱或球形
C_D	拖曳係數	$\frac{2F_{Dc}}{\rho u_0^2 A_p}$	
Fo	傅立葉數 (Fourier number)	$\frac{\alpha t}{r^2}$	
Fr	福勞得數 (Froude number)	$\frac{u^2}{gL}$	
f	范寧摩擦係數	$\frac{\Delta p_{sc} D}{2L\rho \bar{V}^2}$	
Gr	葛拉修夫數 (Grashof number)	$\frac{L^3\rho^2\beta g\Delta T}{\mu^2}$	
Gz	葛瑞茲數 (Graetz number)	$\frac{\dot{m}c_p}{kL}$	
Gz′	葛瑞茲數 (Graetz number) (質傳)	$\frac{\dot{m}}{\rho D_v L}$	
j_H	熱傳因數	$\frac{h}{c_p G}\left(\frac{c_p\mu}{k}\right)^{2/3}\left(\frac{\mu_w}{\mu}\right)^{0.14}$	
j_M	質傳因數	$\frac{k\bar{M}}{G}\left(\frac{\mu}{D_v\rho}\right)^{2/3}$	
Ma	馬赫數 (Mach number)	$\frac{u}{a}$	
N_{Ae}	通氣數 (Aeration number)	$\frac{q_g}{nD_a^3}$	
N_P	功率數 (Power number)	$\frac{P_c}{\rho n^3 D^5}$	
N_Q	流動數 (Flow number)	$\frac{q}{nD_a^3}$	
Nu	納塞數 (Nusselt number)	$\frac{hD}{k}$	
Pe	皮克列數 (Peclet number)	$\frac{D\bar{V}}{\alpha}$ 或 $\frac{Du_o}{D_v}$	
Pr	普蘭特數 (Prandtl number)	$\frac{c_p\mu}{k}$	
Re	雷諾數 (Reynolds number)	$\frac{DG}{\mu}$	

(續下頁)

符號	名稱	定義
N_s	分離數 (Separation number)	$\frac{u_t u_0}{g D_p}$
Sc	史密特數 (Schmidt number)	$\frac{\mu}{D_v \rho}$
Sh	許伍德數 (Sherwood number)	$\frac{k_c D}{D_v}$
We	韋伯數 (Weber number)	$\frac{D\rho \bar{V}^2}{\sigma}$

附錄 3　標準鋼管的因次、流量和重量[†]

管子的大小，in.	外徑，in.	Schedule no.	管厚度，in.	內徑，in.	金屬的截面積，$in.^2$	內截面積，ft^2	周圍 ft，或單位長度的表面積 ft^2/ft		在 1 ft/s 的速度下的流量		管子重量，lb/ft
							外邊	內邊	U.S. gal /min	水，lb/h	
$\frac{1}{8}$	0.405	40	0.068	0.269	0.072	0.00040	0.106	0.0705	0.179	89.5	0.24
		80	0.095	0.215	0.093	0.00025	0.106	0.0563	0.113	56.5	0.31
$\frac{1}{4}$	0.540	40	0.088	0.364	0.125	0.00072	0.141	0.095	0.323	161.5	0.42
		80	0.119	0.302	0.157	0.00050	0.141	0.079	0.224	112.0	0.54
$\frac{3}{8}$	0.675	40	0.091	0.493	0.167	0.00133	0.177	0.129	0.596	298.0	0.57
		80	0.126	0.423	0.217	0.00098	0.177	0.111	0.440	220.0	0.74
$\frac{1}{2}$	0.840	40	0.109	0.622	0.250	0.00211	0.220	0.163	0.945	472.0	0.85
		80	0.147	0.546	0.320	0.00163	0.220	0.143	0.730	365.0	1.09
$\frac{3}{4}$	1.050	40	0.113	0.824	0.333	0.00371	0.275	0.216	1.665	832.5	1.13
		80	0.154	0.742	0.433	0.00300	0.275	0.194	1.345	672.5	1.47
1	1.315	40	0.133	1.049	0.494	0.00600	0.344	0.275	2.690	1,345	1.68
		80	0.179	0.957	0.639	0.00499	0.344	0.250	2.240	1,120	2.17
$1\frac{1}{4}$	1.660	40	0.140	1.380	0.668	0.01040	0.435	0.361	4.57	2,285	2.27
		80	0.191	1.278	0.881	0.00891	0.435	0.335	3.99	1,995	3.00
$1\frac{1}{2}$	1.900	40	0.145	1.610	0.800	0.01414	0.497	0.421	6.34	3,170	2.72
		80	0.200	1.500	1.069	0.01225	0.497	0.393	5.49	2,745	3.63
2	2.375	40	0.154	2.067	1.075	0.02330	0.622	0.541	10.45	5,225	3.65
		80	0.218	1.939	1.477	0.02050	0.622	0.508	9.20	4,600	5.02
$2\frac{1}{2}$	2.875	40	0.203	2.469	1.704	0.03322	0.753	0.647	14.92	7,460	5.79
		80	0.276	2.323	2.254	0.02942	0.753	0.608	13.20	6,600	7.66
3	3.500	40	0.216	3.068	2.228	0.05130	0.916	0.803	23.00	11,500	7.58
		80	0.300	2.900	3.016	0.04587	0.916	0.759	20.55	10,275	10.25
$3\frac{1}{2}$	4.000	40	0.226	3.548	2.680	0.06870	1.047	0.929	30.80	15,400	9.11
		80	0.318	3.364	3.678	0.06170	1.047	0.881	27.70	13,850	12.51
4	4.500	40	0.237	4.026	3.17	0.08840	1.178	1.054	39.6	19,800	10.79
		80	0.337	3.826	4.41	0.07986	1.178	1.002	35.8	17,900	14.98
5	5.563	40	0.258	5.047	4.30	0.1390	1.456	1.321	62.3	31,150	14.62
		80	0.375	4.813	6.11	0.1263	1.456	1.260	57.7	28,850	20.78
6	6.625	40	0.280	6.065	5.58	0.2006	1.734	1.588	90.0	45,000	18.97
		80	0.432	5.761	8.40	0.1810	1.734	1.508	81.1	40,550	28.57
8	8.625	40	0.322	7.981	8.396	0.3474	2.258	2.089	155.7	77,850	28.55
		80	0.500	7.625	12.76	0.3171	2.258	1.996	142.3	71,150	43.39
10	10.75	40	0.365	10.020	11.91	0.5475	2.814	2.620	246.0	123,000	40.48
		80	0.594	9.562	18.95	0.4987	2.814	2.503	223.4	111,700	64.40
12	12.75	40	0.406	11.938	15.74	0.7773	3.338	3.13	349.0	174,500	53.56
		80	0.688	11.374	26.07	0.7056	3.338	2.98	316.7	158,350	88.57

[†] 根據 ANSI B36.10-1959 經 ASME 許可。

附錄 4　冷凝器與熱交換器管的數據 †

外徑，in.	壁厚 BWG		內徑，in.	金屬的截面積，in.²	內截面積，ft²	周圍 ft，或單位長度的表面積 ft²/ft		速度 ft/s，對於 1 U.S. gal /min	在 1 ft/s 速度下的流率		重量，lb/ft ‡
	no.	in.				外邊	內邊		U.S. gal /min	水，lb/h	
$\frac{5}{8}$	12	0.109	0.407	0.177	0.000903	0.1636	0.1066	2.468	0.4053	202.7	0.602
	14	0.083	0.459	0.141	0.00115	0.1636	0.1202	1.938	0.5161	258.1	0.479
	16	0.065	0.495	0.114	0.00134	0.1636	0.1296	1.663	0.6014	300.7	0.388
	18	0.049	0.527	0.089	0.00151	0.1636	0.1380	1.476	0.6777	338.9	0.303
$\frac{3}{4}$	12	0.109	0.532	0.220	0.00154	0.1963	0.1393	1.447	0.6912	345.6	0.748
	14	0.083	0.584	0.174	0.00186	0.1963	0.1529	1.198	0.8348	417.4	0.592
	16	0.065	0.620	0.140	0.00210	0.1963	0.1623	1.061	0.9425	471.3	0.476
	18	0.049	0.652	0.108	0.00232	0.1963	0.1707	0.962	1.041	520.5	0.367
$\frac{7}{8}$	12	0.109	0.657	0.262	0.00235	0.2291	0.1720	0.948	1.055	527.5	0.891
	14	0.083	0.709	0.207	0.00274	0.2291	0.1856	0.813	1.230	615.0	0.704
	16	0.065	0.745	0.165	0.00303	0.2291	0.1950	0.735	1.350	680.0	0.561
	18	0.049	0.777	0.127	0.00329	0.2291	0.2034	0.678	1.477	738.5	0.432
1	10	0.134	0.732	0.364	0.00292	0.2618	0.1916	0.763	1.310	655.0	1.237
	12	0.109	0.782	0.305	0.00334	0.2618	0.2047	0.667	1.499	750.0	1.037
	14	0.083	0.834	0.239	0.00379	0.2618	0.2183	0.588	1.701	850.5	0.813
	16	0.065	0.870	0.191	0.00413	0.2618	0.2278	0.538	1.854	927.0	0.649
$1\frac{1}{4}$	10	0.134	0.982	0.470	0.00526	0.3272	0.2571	0.424	2.361	1,181	1.598
	12	0.109	1.032	0.391	0.00581	0.3272	0.2702	0.384	2.608	1,304	1.329
	14	0.083	1.084	0.304	0.00641	0.3272	0.2838	0.348	2.877	1,439	1.033
	16	0.065	1.120	0.242	0.00684	0.3272	0.2932	0.326	3.070	1,535	0.823
$1\frac{1}{2}$	10	0.134	1.232	0.575	0.00828	0.3927	0.3225	0.269	3.716	1,858	1.955
	12	0.109	1.282	0.476	0.00896	0.3927	0.3356	0.249	4.021	2,011	1.618
	14	0.083	1.334	0.370	0.00971	0.3927	0.3492	0.229	4.358	2,176	1.258
2	10	0.134	1.732	0.7855	0.0164	0.5236	0.4534	0.136	7.360	3,680	2.68
	12	0.109	1.782	0.6475	0.0173	0.5236	0.4665	0.129	7.764	3,882	2.22

† 摘自 J. H. Perry (ed.), *Chemical Engineers' Handbook*, 5th ed., p.**11**-12. Copyright © 1973, McGraw-Hill Book Company, New York.

‡ 對於鋼及銅，需乘以 1.14；對於黃銅，則乘以 1.06。

附錄 5　泰勒標準篩制

這些篩網刻度尺的底部開孔為 0.0029 in.，該開孔是由國家標準局採用的 200 篩孔 0.0021 in. 絲網的開孔，此為標準篩。

篩孔	精確開孔，in.	精確開孔，mm	近似開孔，in.	網線直徑，in.
	1.050	26.67	1	0.148
†	0.883	22.43	$\frac{7}{8}$	0.135
	0.742	18.85	$\frac{3}{4}$	0.135
†	0.624	15.85	$\frac{5}{8}$	0.120
	0.525	13.33	$\frac{1}{2}$	0.105
†	0.441	11.20	$\frac{7}{16}$	0.105
	0.371	9.423	$\frac{3}{8}$	0.092
$2\frac{1}{2}$†	0.312	7.925	$\frac{5}{16}$	0.088
3	0.263	6.680	$\frac{1}{4}$	0.070
$3\frac{1}{2}$†	0.221	5.613	$\frac{7}{32}$	0.065
4	0.185	4.699	$\frac{3}{16}$	0.065
5†	0.156	3.962	$\frac{5}{32}$	0.044
6	0.131	3.327	$\frac{1}{8}$	0.036
7†	0.110	2.794	$\frac{7}{64}$	0.0328
8	0.093	2.362	$\frac{3}{32}$	0.032
9†	0.078	1.981	$\frac{5}{64}$	0.033
10	0.065	1.651	$\frac{1}{16}$	0.035
12†	0.055	1.397		0.028
14	0.046	1.168	$\frac{3}{64}$	0.025
16†	0.0390	0.991		0.0235
20	0.0328	0.833	$\frac{1}{32}$	0.0172
24†	0.0276	0.701		0.0141
28	0.0232	0.589		0.0125
32†	0.0195	0.495		0.0118
35	0.0164	0.417	$\frac{1}{64}$ <無>	0.0122
42†	0.0138	0.351		0.0100
48	0.0116	0.295		0.0092
60†	0.0097	0.246		0.0070
65	0.0082	0.208		0.0072
80†	0.0069	0.175		0.0056
100	0.0058	0.147		0.0042
115†	0.0049	0.124		0.0038
150	0.0041	0.104		0.0026
170†	0.0035	0.088		0.0024
200	0.0029	0.074		0.0021
270	0.0021	0.053		
325	0.0017	0.044		

† 為了更緊密的尺寸，這些篩網係插入通常被認為是標準系列的尺寸之間。包括這些篩網，在兩個連續篩網中的開孔直徑比為$1:\sqrt[4]{2}$ 而不是$1:\sqrt{2}$。

附錄 6　液態水的性質

溫度 T，°F	黏度[†] μ，cP	導熱係數[‡] k，Btu/ft·h·°F	密度[§] ρ，lb/ft³	$\psi_f = \left(\frac{k^3\rho^2 g}{\mu^2}\right)^{1/3}$
32	1.794	0.320	62.42	1,410
40	1.546	0.326	62.43	1,590
50	1.310	0.333	62.42	1,810
60	1.129	0.340	62.37	2,050
70	0.982	0.346	62.30	2,290
80	0.862	0.352	62.22	2,530
90	0.764	0.358	62.11	2,780
100	0.682	0.362	62.00	3,020
120	0.559	0.371	61.71	3,530
140	0.470	0.378	61.38	4,030
160	0.401	0.384	61.00	4,530
180	0.347	0.388	60.58	5,020
200	0.305	0.392	60.13	5,500
220	0.270	0.394	59.63	5,960
240	0.242	0.396	59.10	6,420
260	0.218	0.396	58.53	6,830
280	0.199	0.396	57.94	7,210
300	0.185	0.396	57.31	7,510

† 摘自 *International Critical Tables*, vol. 5, McGraw-Hill Book Company, New York, 1929.

‡ 摘自 E. Schmidt and W. Sellschopp, *Forsch. Geb. Ingenieurw.*, **3**:277 (1932).

§ 由 J. H. Keenan and F. G. Keyes, *Thermodynamic Properties of Steam*, John Wiley & Sons., Inc.,New York, 1937 計算而得。

附錄 7 飽和水蒸氣和水的性質[†]

溫度 T，°F	蒸氣壓 p_A，$lb_f/in.^2$	比容，ft^3/lb 液體，v_x	比容，ft^3/lb 飽和蒸氣，v_y	焓，Btu/lb 液體，H_x	焓，Btu/lb 蒸發，λ	焓，Btu/lb 飽和蒸氣，H_y
32	0.08859	0.016022	3,305	0	1,075.4	1,075.4
35	0.09992	0.016021	2,948	3.00	1,073.7	1,076.7
40	0.12166	0.016020	2,445	8.02	1,070.9	1,078.9
45	0.14748	0.016021	2,037	13.04	1,068.1	1,081.1
50	0.17803	0.016024	1,704.2	18.06	1,065.2	1,083.3
55	0.2140	0.016029	1,431.4	23.07	1,062.4	1,085.5
60	0.2563	0.016035	1,206.9	28.08	1,059.6	1,087.7
65	0.3057	0.016042	1,021.5	33.09	1,056.8	1,089.9
70	0.3632	0.016051	867.7	38.09	1,054.0	1,092.0
75	0.4300	0.016061	739.7	43.09	1,051.1	1,094.2
80	0.5073	0.016073	632.8	48.09	1,048.3	1,096.4
85	0.5964	0.016085	543.1	53.08	1,045.5	1,098.6
90	0.6988	0.016099	467.7	58.07	1,042.7	1,100.7
95	0.8162	0.016114	404.0	63.06	1,039.8	1,102.9
100	0.9503	0.016130	350.0	68.05	1,037.0	1,105.0
110	1.2763	0.016166	265.1	78.02	1,031.4	1,109.3
120	1.6945	0.016205	203.0	88.00	1,025.5	1,113.5
130	2.225	0.016247	157.17	97.98	1,019.8	1,117.8
140	2.892	0.016293	122.88	107.96	1,014.0	1,121.9
150	3.722	0.016343	96.99	117.96	1,008.1	1,126.1
160	4.745	0.016395	77.23	127.96	1,002.2	1,130.1
170	5.996	0.016450	62.02	137.97	996.2	1,134.2
180	7.515	0.016509	50.20	147.99	990.2	1,138.2
190	9.343	0.016570	40.95	158.03	984.1	1,142.1
200	11.529	0.016634	33.63	168.07	977.9	1,145.9
210	14.125	0.016702	27.82	178.14	971.6	1,149.7
212	14.698	0.016716	26.80	180.16	970.3	1,150.5
220	17.188	0.016772	23.15	188.22	965.3	1,153.5
230	20.78	0.016845	19.386	198.32	958.8	1,157.1
240	24.97	0.016922	16.327	208.44	952.3	1,160.7
250	29.82	0.017001	13.826	218.59	945.6	1,164.2
260	35.42	0.017084	11.768	228.76	938.8	1,167.6
270	41.85	0.017170	10.066	238.95	932.0	1,170.9
280	49.18	0.017259	8.650	249.18	924.9	1,174.1
290	57.53	0.017352	7.467	259.44	917.8	1,177.2
300	66.98	0.017448	6.472	269.73	910.4	1,180.2
310	77.64	0.017548	5.632	280.06	903.0	1,183.0
320	89.60	0.017652	4.919	290.43	895.3	1,185.8
340	117.93	0.017872	3.792	311.30	879.5	1,190.8
350	134.53	0.017988	3.346	321.80	871.3	1,193.1
360	152.92	0.018108	2.961	332.35	862.9	1,195.2
370	173.23	0.018233	2.628	342.96	854.2	1,197.2
380	195.60	0.018363	2.339	353.62	845.4	1,199.0
390	220.2	0.018498	2.087	364.34	836.2	1,200.6
400	247.1	0.018638	1.8661	375.12	826.8	1,202.0
410	276.5	0.018784	1.6726	385.97	817.2	1,203.1
420	308.5	0.018936	1.5024	396.89	807.2	1,204.1
430	343.3	0.019094	1.3521	407.89	796.9	1,204.8
440	381.2	0.019260	1.2192	418.98	786.3	1,205.3
450	422.1	0.019433	1.1011	430.2	775.4	1,205.6

[†] 摘自 *Steam Tables*, by Joseph H. Keenan, Frederick G. Keyes, Philip G. Hill, and Joan G. Moore, John Wiley & Sons, New York, 1969, 經出版商許可。

附錄 8　氣體的黏度 †

號碼	氣體	X	Y	號碼	氣體	X	Y
1	醋酸 (Acetic acid)	7.7	14.3	29	Freon-113	11.3	14.0
2	丙酮 (Acetone)	8.9	13.0	30	氦 (Helium)	10.9	20.5
3	乙炔 (Acetylene)	9.8	14.9	31	己烷 (Hexane)	8.6	11.8
4	空氣 (Air)	11.0	20.0	32	氫 (Hydrogen)	11.2	12.4
5	氨 (Ammonia)	8.4	16.0	33	$3H_2 + N_2$	11.2	17.2
6	氬 (Argon)	10.5	22.4	34	溴化氫 (Hydrogen bromide)	8.8	20.9
7	苯 (Benzene)	8.5	13.2	35	氯化氫 (Hydrogen chloride)	8.8	18.7
8	溴 (Bromine)	8.9	19.2	36	氰化氫 (Hydrogen cyanide)	9.8	14.9
9	丁烯 (Butene)	9.2	13.7	37	碘化氫 (Hydrogen iodide)	9.0	21.3
10	1-丁烯或 2-丁烯 (Butylene)	8.9	13.0	38	硫化氫 (Hydrogen sulfide)	8.6	18.0
11	二氧化碳 (Carbon dioxide)	9.5	18.7	39	碘 (Iodine)	9.0	18.4
12	二硫化碳 (Carbon disulfide)	8.0	16.0	40	汞 (Mercury)	5.3	22.9
13	一氧化碳 (Carbon monoxide)	11.0	20.0	41	甲烷 (Methane)	9.9	15.5
14	氯 (Chlorine)	9.0	18.4	42	甲醇 (Methyl alcohol)	8.5	15.6
15	氯仿 (Chloroform)	8.9	15.7	43	氧化氮 (Nitric oxide)	10.9	20.5
16	氰 (Cyanogen)	9.2	15.2	44	氮 (Nitrogen)	10.6	20.0
17	環己烷 (Cyclohexane)	9.2	12.0	45	亞硝醯氮 (Nitrosyl chloride)	8.0	17.6
18	乙烷 (Ethane)	9.1	14.5	46	一氧化二氮 (Nitrous oxide)	8.8	19.0
19	乙酸乙酯 (Ethyl acetate)	8.5	13.2	47	氧 (Oxygen)	11.0	21.3
20	乙醇 (Ethyl alcohol)	9.2	14.2	48	戊烷 (Pentane)	7.0	12.8
21	氯乙烷 (Ethyl chloride)	8.5	15.6	49	丙烷 (Propane)	9.7	12.9
22	乙醚 (Ethyl ether)	8.9	13.0	50	丙醇 (Propyl alcohol)	8.4	13.4
23	乙烯 (Ethylene)	9.5	15.1	51	丙烯 (Propylene)	9.0	13.8
24	氟 (Fluorine)	7.3	23.8	52	二氧化硫 (Sulfur dioxide)	9.6	17.0
25	Freon-11	10.6	15.1	53	甲苯 (Toluene)	8.6	12.4
26	Freon-12	11.1	16.0	54	2,3,3,-三甲基丁烷 (2,3,3-Trimethylbutane)	9.5	10.5
27	Freon-21	10.8	15.3	55	水 (Water)	8.0	16.0
28	Freon-22	10.1	17.0	56	氙 (Xenon)	9.3	23.0

用於下一頁圖形的座標

† 摘自 J. H. Perry (ed.), *Chemical Engineers' Handbook*, 5th ed., pp.**3**-210 and 3-211. Copyright © 1973, McGraw-Hill Book Company, New York.

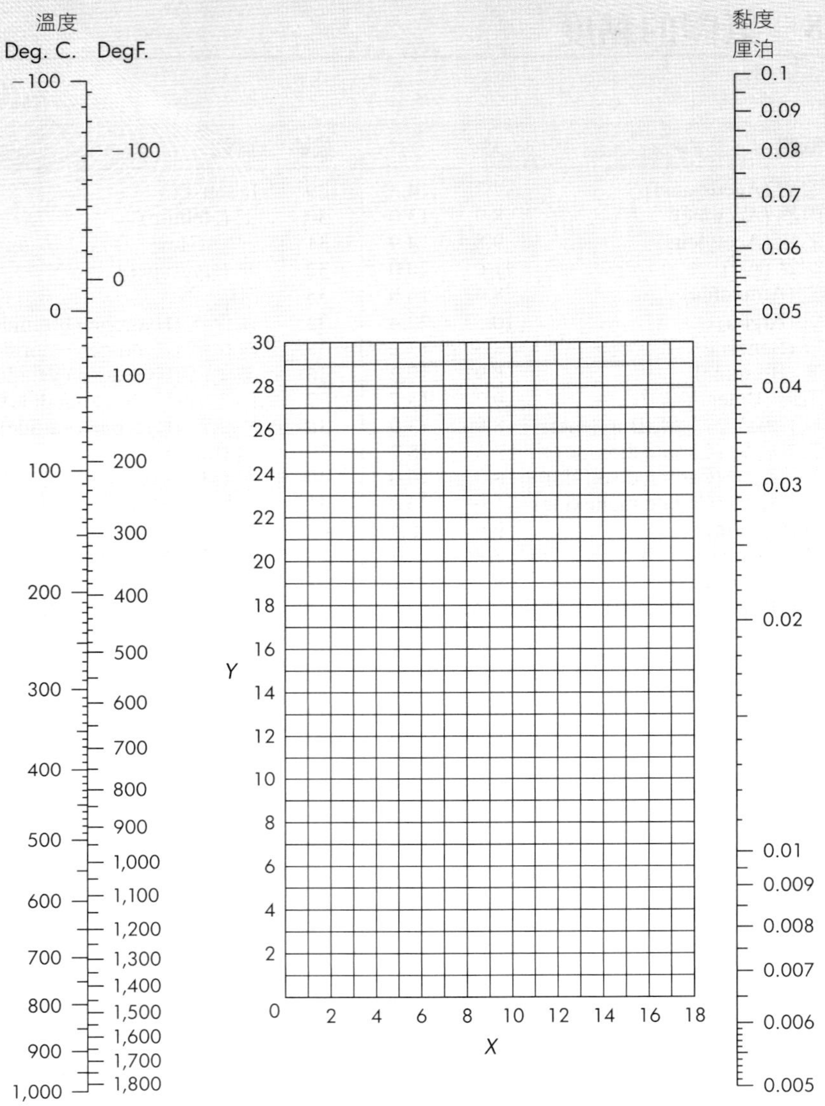

在 1 atm 下，氣體和蒸汽的黏度；座標，請參閱上一頁的表格。

附錄 9　液體的黏度

號碼	液體	X	Y	號碼	液體	X	Y
1	乙醛 (Acetaldehyde)	15.2	4.8	32	氯乙烷 (Ethyl chloride)	14.8	6.0
2	醋酸，100% (Acetic acid, 100%)	12.1	14.2	33	乙醚 (Ethyl ether)	14.5	5.3
3	醋酸酐 (Acetic anhydride)	12.7	12.8	34	甲酸乙酯 (Ethyl formate)	14.2	8.4
4	丙酮 (Acetone, 100%)	14.5	7.2	35	碘乙烷 (Ethyl iodide)	14.7	10.3
5	氨，100% (Ammonia, 100%)	12.6	2.0	36	乙二醇 (Ethylene glycol)	6.0	23.6
6	氨，26% (Ammonia, 26%)	10.1	13.9	37	甲酸 (Formic acid)	10.7	15.8
7	乙酸戊酯 (Amyl acetate)	11.8	12.5	38	Freon-12	16.8	5.6
8	戊醇 (Amyl alcohol)	7.5	18.4	39	甘油，100% (Glycerol, 100%)	2.0	30.0
9	苯胺 (Aniline)	8.1	18.7	40	甘油，50% (Glycerol, 50%)	6.9	19.6
10	苯甲醚 (Anisole)	12.3	13.5	41	庚烷 (Heptane)	14.1	8.4
11	苯 (Benzene)	12.5	10.9	42	己烷 (Hexane)	14.7	7.0
12	二苯 (Biphenyl)	12.0	18.3	43	氫氯酸，31.5% (Hydrochloric acid, 31.5%)	13.0	16.6
13	鹽 (Brine)，$CaCl_2$, 25%	6.6	15.9	44	異丁醇 (Isobutyl alcohol)	7.1	18.0
14	鹽 (Brine)，NaCl, 25%	10.2	16.6	45	異丙醇 (Isopropyl alcohol)	8.2	16.0
15	溴 (Bromine)	14.2	13.2	46	煤油 (Kerosene)	10.2	16.9
16	乙酸丁酯 (Butyl acetate)	12.3	11.0	47	亞麻仁油，生的 (Linseed oil, raw)	7.5	27.2
17	丁醇 (Butyl alcohol)	8.6	17.2	48	汞 (Mercury)	18.4	16.4
18	二氧化碳 (Carbon dioxide)	11.6	0.3	49	甲醇，100% (Methanol, 100%)	12.4	10.5
19	二硫化碳 (Carbon disulfide)	16.1	7.5	50	乙酸甲酯 (Methyl acetate)	14.2	8.2
20	四氯化碳 (Carbon tetrachloride)	12.7	13.1	51	氯甲烷 (Methyl chloride)	15.0	3.8
21	氯苯 (Chlorobenzene)	12.3	12.4	52	丁酮 (Methyl ethyl ketone)	13.9	8.6
22	氯仿 (Chloroform)	14.4	10.2	53	萘 (Napthalene)	7.9	18.1
23	間甲酚 (m-Cresol)	2.5	20.8	54	硝酸，95% (Nitric acid, 95%)	12.8	13.8
24	環己醇 (Cyclohexanol)	2.9	24.3	55	硝酸，60% (Nitric acid, 60%)	10.8	17.0
25	1,2-二氯乙烷 (Dichloroethane)	13.2	12.2	56	硝基苯 (Nitrobenzene)	10.6	16.2
26	二氯甲烷 (Dichloromethane)	14.6	8.9	57	硝基甲苯 (Nitrotoluene)	11.0	17.0
27	乙酸乙酯 (Ethyl acetate)	13.7	9.1	58	辛烷 (Octane)	13.7	10.0
28	乙醇，100% (Ethyl alcohol, 100%)	10.5	13.8	59	辛醇 (Octyl alcohol)	6.6	21.1
29	乙醇，95% (Ethyl alcohol, 95%)	9.8	14.3	60	戊烷 (Pentane)	14.9	5.2
30	乙醇，40% (Ethyl alcohol, 40%)	6.5	16.6	61	酚 (Phenol)	6.9	20.8
31	乙苯 (Ethyl benzene)	13.2	11.5	62	鈉 (Sodium)	16.4	13.9

(續下頁)

號碼	液體	*X*	*Y*	號碼	液體	*X*	*Y*
63	氫氧化鈉，50% (Sodium hydroxide, 50%)	3.2	25.8	70	甲苯 (Toluene)	13.7	10.4
64	二氧化硫 (Sulfur dioxide)	15.2	7.1	71	三氯乙烷 (Trichloroethylene)	14.8	10.5
65	硫酸，98% (Sulfuric acid, 98%)	7.0	24.8	72	乙酸乙烯酯 (Vinyl acetate)	14.0	8.8
66	硫酸，60% (Sulfuric acid, 60%)	10.2	21.3	73	水 (Water)	10.2	13.0
67	四氯乙烷 (Tetrachloroethane)	11.9	15.7	74	鄰二甲苯 (o-Xylene)	13.5	12.1
68	四氯乙烯 (Tetrachloroethylene)	14.2	12.7	75	間二甲苯 (m-Xylene)	13.9	10.6
69	四氯化鈦 (Titanium tetrachloride)	14.4	12.3	76	對二甲苯 (p-Xylene)	13.9	10.9

用於下一頁圖形的座標

† 摘自 J. H. Perry (ed.), *Chemical Engineers' Handbook*, 5th ed., **3**-212 and **3**-213. Copyright © 1973, McGraw-Hill Book Company, New York.

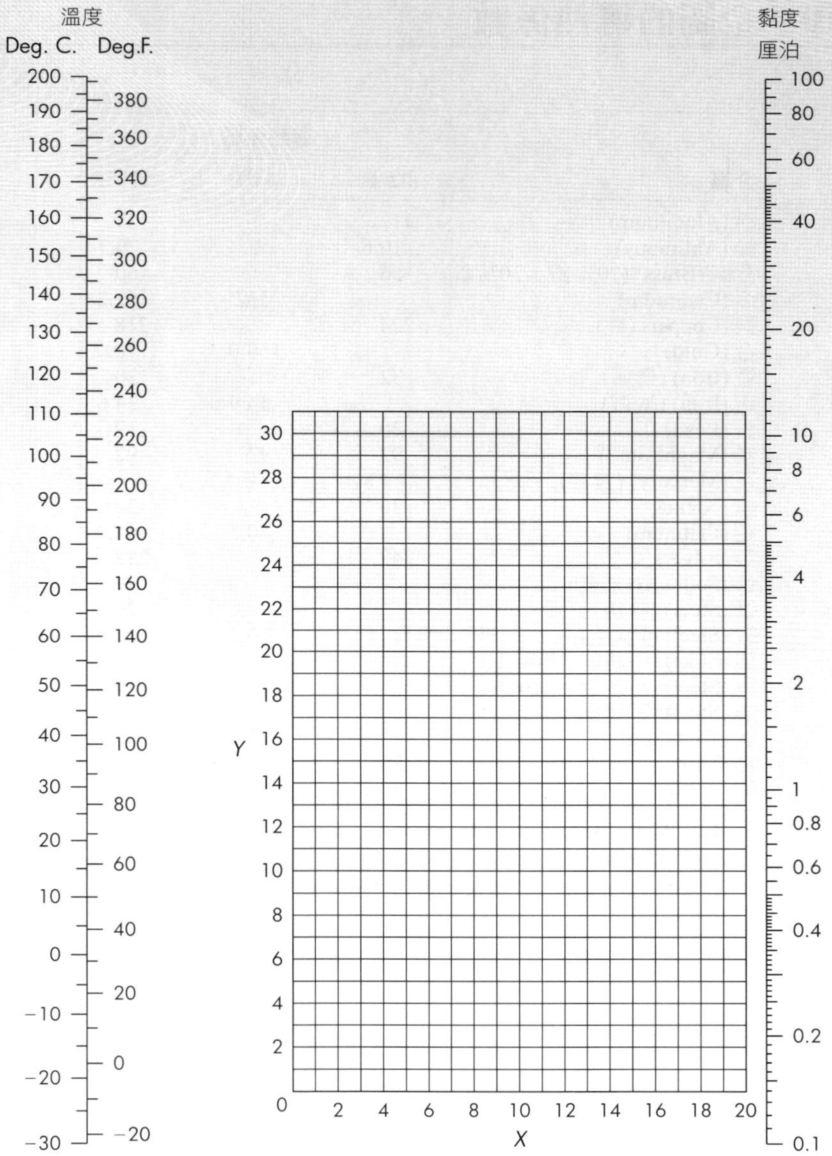

在 1 atm 下，液體的黏度；座標，請參閱上一頁的表格。

附錄 10 金屬的導熱係數

	導熱係數 k‡		
金屬	**32°F**	**64°F**	**212°F**
鋁 (Aluminum)	117		119
銻 (Antimony)	10.6		9.7
黃銅 (Brass) (70% 銅，30% 鋅)	56		60
鎘 (Cadmium)		53.7	52.2
銅 (Copper) (純)	224		218
金 (Gold)		169.0	170.0
鐵 (Iron) (鑄鐵)	32		30
鐵 (Iron) (鍛鐵)		34.9	34.6
鉛 (Lead)	20		19
鎂 (Magnesium)	92	92	92
汞 (Mercury) (液體)	4.8		
鎳 (Nickel)	36		34
鉑 (Platinum)		40.2	41.9
銀 (Silver)	242		238
鈉 (Sodium) (液體)			49
鋼 (Steel) (軟鋼)			26
鋼 (Steel) (1% 碳)		26.2	25.9
鋼 (Steel) (不銹鋼，304 型)			9.4
鋼 (Steel) (不銹鋼，316 型)			9.4
鋼 (Steel) (不銹鋼，347 型)			9.3
鉭 (Tantalum)		32	
錫 (Tin)	36		34
鋅 (Zinc)	65		64

† 摘自 W. H. McAdams, *Heat Transmission*, 3rd ed., McGraw-Hill Book Company, New York, 1954, pp. 445-447.

‡ k = Btu/ft · h · °F。欲轉換成 W/m · °C，需乘以1.73073。

附錄 11　各種固體與絕熱材料的導熱係數[†]

物質	視密度 ρ，lb/ft³	溫度 T，°C	導熱係數 k，Btu/h · ft² · (°F/ft)
石綿 (Asbestos)	29	−200	0.043
	36	0	0.087
	36	400	0.129
磚形物 (Bricks)			
鋁 (Alumina)	—	1,315	2.7
建築用 (Building brickwork)	—	20	0.4
碳 (Carbon)	96.7	—	3.0
耐火土 (Missouri)	—	200	0.58
	—	1,000	0.95
	—	1,400	1.02
高嶺絕熱耐火磚	19	200	0.050
	19	760	0.113
碳化矽，再結晶	129	600	10.7
	129	1,000	8.0
	129	1,400	6.3
卡紙板，瓦楞紙	—	—	0.37
混凝土 (Concrete)			
煤渣 (Clinker)	—	—	0.20
石塊 (Stone)	—	—	0.54
1：4 乾燥 (1:4 dry)	—	—	0.44
軟木，地板 (Cork, ground)	9.4	30	0.025
玻璃 (Glass)			
硼矽 (Borosilicate)	139	30-75	0.63
窗 (Window)	—	—	0.3-0.61
花崗石	—	—	1.0-2.3
冰	57.5	0	1.3
絕熱材料			
玻璃纖維棉[‡]	6	20	0.019
	6	150	0.027
	6	200	0.035
	9	20	0.018
	9	150	0.023
木絲棉	0.88	20	0.020
聚苯乙烯泡沫[§]	1	20	0.023
	2-5	20	0.020
聚氨脂泡沫[§]	1.3-3.0	—	0.014
(以碳氟氣體製造)	4-8	—	0.018
聚氨脂泡沫[§] (以 CO_2 製造)	1.3-3.0	—	0.018
牆板	14.8	21	0.028
氧化鎂，粉末	49.7	47	0.35
紙張	—	—	0.75
瓷	—	200	0.88
軟質橡膠	—	21	0.075-0.092
雪	34.7	0	0.27

(續下頁)

物質	視密度 ρ，lb/ft³	溫度 T，°C	導熱係數 k，Btu/h · ft² · (°F/ft)
木材（橫斷紋路）			
橡樹	51.5	15	0.12
楓樹	44.7	50	0.11
白松木	34.0	15	0.087
木材（平行紋路）			
松木	34.4	21	0.20

† 摘自 J. H. Perry (ed.), *Chemical Engineers' Handbook*, 6th ed., McGraw-Hill, New York, p.**3**-260, 除非另有說明。

‡ 摘自 *Heat Transfer and Fluid Data Book*, vol. 1, Genium Publishing Corp., Schenectady, NY, 1984, sect. 515.24, p. 1.

§ 摘自 *Modern Plastics Encyclopedia*, vol. 65, no. 11, McGraw-Hill Book Co., New York, 1988, p. 657.

附錄 12　氣體和蒸汽的導熱係數 †

物質	導熱係數 k ‡	
	32°F	212°F
丙酮 (Acetone)	0.0057	0.0099
乙炔 (Acetylene)	0.0108	0.0172
空氣 (Air)	0.0140	0.0184
氨 (Ammonia)	0.0126	0.0192
苯 (Benzene)		0.0103
二氧化碳 (Carbon dioxide)	0.0084	0.0128
一氧化碳 (Carbon monoxide)	0.0134	0.0176
四氯化碳 (Carbon tetrachloride)		0.0052
氯 (Chlorine)	0.0043	
乙烷 (Ethane)	0.0106	0.0175
乙醇 (Ethyl alcohol)		0.0124
乙醚 (Ethyl ether)	0.0077	0.0131
乙烯 (Ethylene)	0.0101	0.0161
氦 (Helium)	0.0818	0.0988
氫 (Hydrogen)	0.0966	0.1240
甲烷 (Methane)	0.0176	0.0255
甲醇 (Methyl alcohol)	0.0083	0.0128
氮 (Nitrogen)	0.0139	0.0181
一氧化二氮 (Nitrous oxide)	0.0088	0.0138
氧 (Oxygen)	0.0142	0.0188
丙烷 (Propane)	0.0087	0.0151
二氧化硫 (Sulfur dioxide)	0.0050	0.0069
水蒸氣 (Water vapor) (在 1 atm 絕對壓力)		0.0136

† 摘自 W. H. McAdams, *Heat Transmission*, 3rd ed., McGraw-Hill Book Company, New York, 1954, pp. 457-458.

‡ k = Btu/ft · h · °F。欲轉換成 W/m · °C，需乘以 1.73073。

附錄 13　水以外液體的導熱係數

液體	溫度，°F	k[‡]
醋酸 (Acetic acid)	68	0.099
丙酮 (Acetone)	86	0.102
氨 [(Ammonia) (無水)]	5–86	0.29
苯胺 (Aniline)	32–68	0.100
苯 (Benzene)	86	0.092
正丁醇 (*n*-Butyl alcohol)	86	0.097
二硫化碳 (Carbon bisulfide)	86	0.093
四氯化碳 (Carbon tetrachloride)	32	0.107
氨苯 (Chlorobenzene)	50	0.083
乙酸乙酯 (Ethyl acetate)	68	0.101
乙醇 (絕對的) [Ethyl alcohol (absolute)]	68	0.105
乙醚 (Ethyl ether)	86	0.080
乙二醇 (Ethylene glycol)	32	0.153
汽油 (Gasoline)	86	0.078
甘油 (Glycerine)	68	0.164
正庚烷 (*n*-Heptane)	86	0.081
煤油 (Kerosene)	68	0.086
甲醇 (Methyl alcohol)	68	0.124
硝基苯 (Nitrobenzene)	86	0.095
正辛烷 (*n*-Octane)	86	0.083
二氧化硫 (Sulfur dioxide)	5	0.128
硫酸 (Sulfuric acid) (90%)	86	0.21
甲苯 (Toluene)	86	0.086
三氯乙烷 (Trichloroethylene)	122	0.080
間二甲苯 (*o*-Xylene)	68	0.090

† 摘自 W. H. McAdams, *Heat Transmission*, 3rd ed., McGraw-Hill Book Company, New York, 1954, pp. 455-456.

‡ k = Btu/ft · h · °F。卻轉換成 W/m · °C，需乘以 1.73073。

附錄 14 氣體的比熱[†]

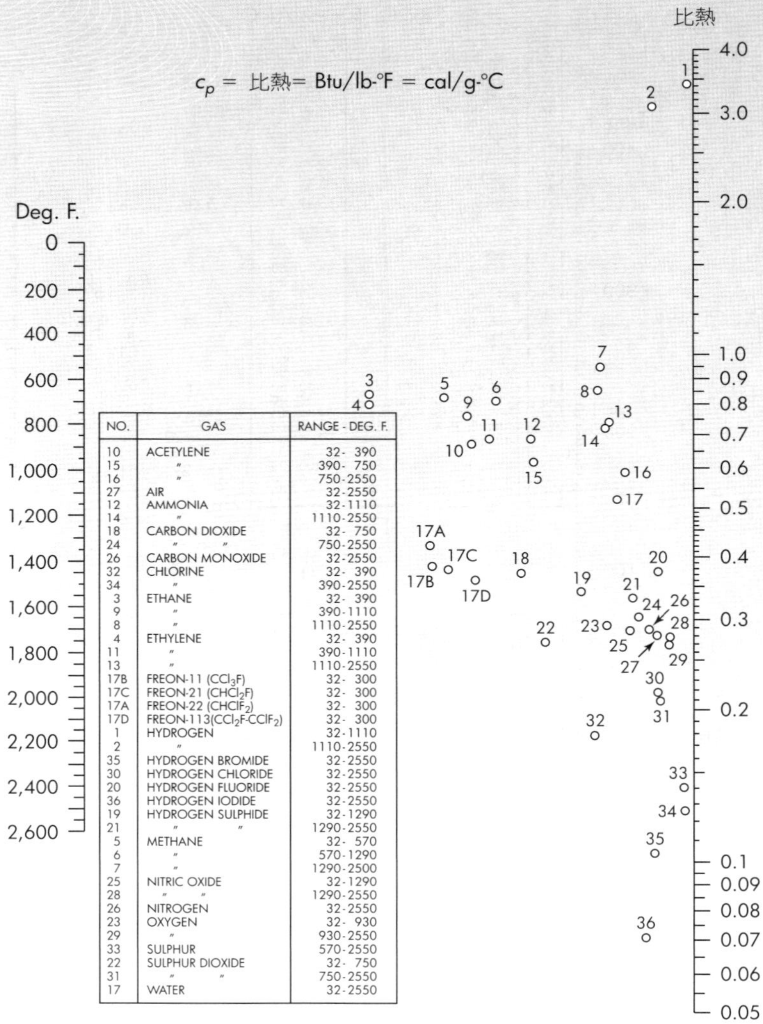

NO.	GAS	RANGE - DEG. F.
10	ACETYLENE	32- 390
15	〃	390- 750
16	〃	750-2550
27	AIR	32-2550
12	AMMONIA	32-1110
14	〃	1110-2550
18	CARBON DIOXIDE	32- 750
24	〃 〃	750-2550
26	CARBON MONOXIDE	32-2550
32	CHLORINE	32- 390
34	〃	390-2550
3	ETHANE	32- 390
9	〃	390-1110
8	〃	1110-2550
4	ETHYLENE	32- 390
11	〃	390-1110
13	〃	1110-2550
17B	FREON-11 (CCl_3F)	32- 300
17C	FREON-21 ($CHCl_2F$)	32- 300
17A	FREON-22 ($CHClF_2$)	32- 300
17D	FREON-113(CCl_2F-$CClF_2$)	32- 300
1	HYDROGEN	32-1110
2	〃	1110-2550
35	HYDROGEN BROMIDE	32-2550
30	HYDROGEN CHLORIDE	32-2550
20	HYDROGEN FLUORIDE	32-2550
36	HYDROGEN IODIDE	32-2550
19	HYDROGEN SULPHIDE	32-1290
21	〃 〃	1290-2550
5	METHANE	32- 570
6	〃	570-1290
7	〃	1290-2500
25	NITRIC OXIDE	32-1290
28	〃 〃	1290-2550
26	NITROGEN	32-2550
23	OXYGEN	32- 930
29	〃	930-2550
33	SULPHUR	570-2550
22	SULPHUR DIOXIDE	32- 750
31	〃 〃	750-2550
17	WATER	32-2550

在 1 atm 下，氣體和蒸汽的真實比熱 c_p

† 經 *T. H. Chilton* 許可。

附錄 15 液體的比熱†

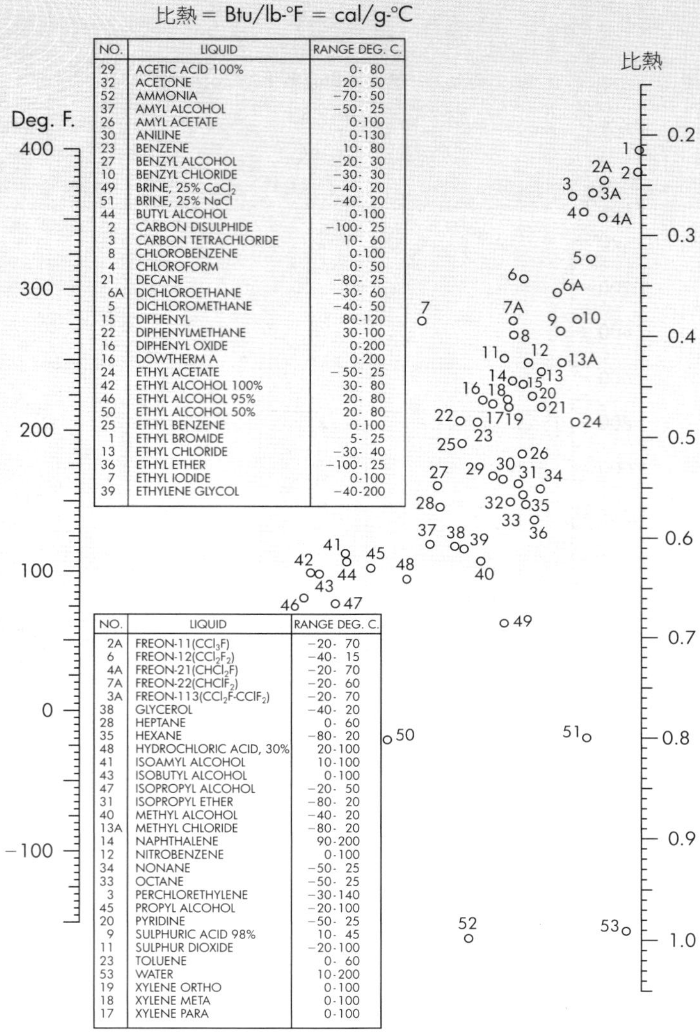

NO.	LIQUID	RANGE DEG. C.
29	ACETIC ACID 100%	0- 80
32	ACETONE	20- 50
52	AMMONIA	−70- 50
37	AMYL ALCOHOL	−50- 25
26	AMYL ACETATE	0-100
30	ANILINE	0-130
23	BENZENE	10- 80
27	BENZYL ALCOHOL	−20- 30
10	BENZYL CHLORIDE	−30- 30
49	BRINE, 25% $CaCl_2$	−40- 20
51	BRINE, 25% NaCl	−40- 20
44	BUTYL ALCOHOL	0-100
2	CARBON DISULPHIDE	−100- 25
3	CARBON TETRACHLORIDE	10- 60
8	CHLOROBENZENE	0-100
4	CHLOROFORM	0- 50
21	DECANE	−80- 25
6A	DICHLOROETHANE	−30- 60
5	DICHLOROMETHANE	−40- 50
15	DIPHENYL	80-120
22	DIPHENYLMETHANE	30-100
16	DIPHENYL OXIDE	0-200
16	DOWTHERM A	0-200
24	ETHYL ACETATE	− 50- 25
42	ETHYL ALCOHOL 100%	30- 80
46	ETHYL ALCOHOL 95%	20- 80
50	ETHYL ALCOHOL 50%	20- 80
25	ETHYL BENZENE	0-100
1	ETHYL BROMIDE	5- 25
13	ETHYL CHLORIDE	−30- 40
36	ETHYL ETHER	−100- 25
7	ETHYL IODIDE	0-100
39	ETHYLENE GLYCOL	−40-200

NO.	LIQUID	RANGE DEG. C.
2A	FREON-11(CCl_3F)	−20- 70
6	FREON-12(CCl_2F_2)	−40- 15
4A	FREON-21($CHCl_2F$)	−20- 70
7A	FREON-22($CHClF_2$)	−20- 60
3A	FREON-113(CCl_2F-$CClF_2$)	−20- 70
38	GLYCEROL	−40- 20
28	HEPTANE	0- 60
35	HEXANE	−80- 20
48	HYDROCHLORIC ACID, 30%	20-100
41	ISOAMYL ALCOHOL	10-100
43	ISOBUTYL ALCOHOL	0-100
47	ISOPROPYL ALCOHOL	−20- 50
31	ISOPROPYL ETHER	−80- 20
40	METHYL ALCOHOL	−40- 20
13A	METHYL CHLORIDE	−80- 20
14	NAPHTHALENE	90-200
12	NITROBENZENE	0-100
34	NONANE	−50- 25
33	OCTANE	−50- 25
3	PERCHLORETHYLENE	−30-140
45	PROPYL ALCOHOL	−20-100
20	PYRIDINE	−50- 25
9	SULPHURIC ACID 98%	10- 45
11	SULPHUR DIOXIDE	−20-100
23	TOLUENE	0- 60
53	WATER	10-200
19	XYLENE ORTHO	0-100
18	XYLENE META	0-100
17	XYLENE PARA	0-100

† 經 *T. H. Chilton* 許可。

附錄 16 在 1 atm 和 100°C 下，氣體的普蘭特 (Prandtl) 數 †

氣體	$Pr = \frac{c_p \mu}{k}$
空氣 (Air)	0.69
氨 (Ammonia)	0.86
氬 (Argon)	0.66
二氧化碳 (Carbon dioxide)	0.75
一氧化碳 (Carbon monoxide)	0.72
氦 (Helium)	0.71
氫 (Hydrogen)	0.69
甲烷 (Methane)	0.75
一氧化氮 (Nitric oxide)	0.72
氧化亞氮 (Nitrous oxide)	0.72
氮 (Nitrogen)	0.70
氧 (Oxygen)	0.70
水蒸氣 (Water vapor)	1.06

† 摘自 W. H. McAdams, *Heat Transmission*, 3rd ed., McGraw-Hill Book Company, New York, 1954, p. 471.

附錄 17 液體的普蘭特 (Prandtl) 數 †

液體	$Pr = \frac{c_p \mu}{k}$ 61°F	212°F
醋酸 (Acetic acid)	14.5	10.5
丙酮 (Acetone)	4.5	2.4
苯胺 (Aniline)	69	9.3
苯 (Benzene)	7.3	3.8
正丁醇 (*n*-Butyl alcohol)	43	11.5
四氯化碳 (Carbon tetrachloride)	7.5	4.2
氯苯 (Chlorobenzene)	9.3	7.0
乙酸乙酯 (Ethyl acetate)	6.8	5.6
乙醇 (Ethyl alcohol)	15.5	10.1
乙醚 (Ethyl ether)	4.0	2.3
乙二醇 (Ethylene glycol)	350	125
正庚烷 (*n*-Heptane)	6.0	4.2
甲醇 (Methyl alcohol)	7.2	3.4
硝基汞 (Nitrobenzene)	19.5	6.5
正辛烷 (*n*-Octane)	5.0	3.6
硫酸 (Sulfuric acid) (98%)	149	15.0
甲苯 (Toluene)	6.5	3.8
水 (Water)	7.7	1.5

† 摘自 W. H. McAdams, *Heat Transmission*, 3rd ed., McGraw-Hill Book Company, New York, 1954, p. 470.

附錄 18　在 0°C 和 1 大氣壓下，氣體在空氣中的擴散係數和史密特 (Schmidt) 數[†]

氣體	體積擴散係數 D_v, ft²/h[¶]	$Sc = \frac{\mu}{\rho D_v}$[‡]
醋酸 (Acetic acid)	0.413	1.24
丙酮 (Acetone)	0.32[§]	1.60
氨 (Ammonia)	0.836	0.61
苯 (Benzene)	0.299	1.71
正丁醇 (*n*-Butyl alcohol)	0.273	1.88
二氧化碳 (Carbon dioxide)	0.535	0.96
四氯化碳 (Carbon tetrachloride)	0.26[§]	1.97
氯 (Chlorine)	0.43[§]	1.19
氯苯 (Chlorobenzene)	0.24[§]	2.13
乙烷 (Ethane)	0.49[§]	1.04
乙酸乙酯 (Ethyl acetate)	0.278	1.84
乙醇 (Ethyl alcohol)	0.396	1.30
乙醚 (Ethyl ether)	0.302	1.70
氫 (Hydrogen)	2.37	0.22
甲烷 (Methane)	0.74[§]	0.69
甲醇 (Methyl alcohol)	0.515	1.00
萘 (Naphthalene)	0.199	2.57
氮 (Nitrogen)	0.70[§]	0.73
正辛烷 (*n*-Octane)	0.196	2.62
氧 (Oxygen)	0.690	0.74
光氣 (Phosgene)	0.31[§]	1.65
丙烷 (Propane)	0.36[§]	1.42
二氧化硫 (Sulfur dioxide)	0.44[§]	1.16
甲苯 (Toluene)	0.275	1.86
水蒸氣 (Water vapor)	0.853	0.60

† 經許可摘自 T. K. Sherwood and R. L. Pigford, *Absorption and Extraction*, 2nd ed., p. 20. Copyright 1952, McGraw-Hill Book Company, New York.

‡ 對於純空氣，μ/ρ 的值為 0.512 ft²/h。

§ 利用 (17.28) 式求得。

¶ 將 ft²/h 轉換成 cm²/s，需乘以 0.2581。

附錄 19 碰撞積分與 Lennard-Jones 作用力常數[†]

碰撞積分 Ω_D

$\frac{kT}{\varepsilon_{12}}$	Ω_D	$\frac{kT}{\varepsilon_{12}}$	Ω_D	$\frac{kT}{\varepsilon_{12}}$	Ω_D
0.30	2.662	1.65	1.153	4.0	0.8836
0.35	2.476	1.70	1.140	4.1	0.8788
0.40	2.318	1.75	1.128	4.2	0.8740
0.45	2.184	1.80	1.116	4.3	0.8694
0.50	2.066	1.85	1.105	4.4	0.8652
0.55	1.966	1.90	1.094	4.5	0.8610
0.60	1.877	1.95	1.084	4.6	0.8568
0.65	1.798	2.00	1.075	4.7	0.8530
0.70	1.729	2.1	1.057	4.8	0.8492
0.75	1.667	2.2	1.041	4.9	0.8456
0.80	1.612	2.3	1.026	5.0	0.8422
0.85	1.562	2.4	1.012	6	0.8124
0.90	1.517	2.5	0.9996	7	0.7896
0.95	1.476	2.6	0.9878	8	0.7712
1.00	1.439	2.7	0.9770	9	0.7556
1.05	1.406	2.8	0.9672	10	0.7424
1.10	1.375	2.9	0.9576	20	0.6640
1.15	1.346	3.0	0.9490	30	0.6232
1.20	1.320	3.1	0.9406	40	0.5960
1.25	1.296	3.2	0.9328	50	0.5756
1.30	1.273	3.3	0.9256	60	0.5596
1.35	1.253	3.4	0.9186	70	0.5464
1.40	1.233	3.5	0.9120	80	0.5352
1.45	1.215	3.6	0.9058	90	0.5256
1.50	1.198	3.7	0.8998	100	0.5130
1.55	1.182	3.8	0.8942	200	0.4644
1.60	1.167	3.9	0.8888	400	0.4170

Lennard-Jones 作用力常數

化合物	ε/k (K)	σ (Å)
丙酮 (Acetone)	560.2	4.600
乙炔 (Acetylene)	231.8	4.033
空氣 (Air)	78.6	3.711
氨氣 (Ammonia)	558.3	2.900
氬氣 (Argon)	93.3	3.542
苯 (Benzene)	412.3	5.349
溴 (Bromine)	507.9	4.296
正丁烷 (n-butane)	310	5.339
異丁烷 (*i*-butane)	313	5.341
二氧化碳 (Carbon dioxide)	195.2	3.941
二硫化碳 (Carbon disulfide)	467	4.483
一氧化碳 (Carbon monoxide)	91.7	3.690
四氯化碳 (Carbon tetrachloride)	322.7	5.947
硫化羰 (Carbonyl sulfide)	336	4.130
氯氣 (Chlorine)	316	4.217
三氯甲烷 (Chloroform)	340.2	5.389
氰 (Cyanogen)	348.6	4.361
環己烷 (Cyclohexane)	297.1	6.182
環丙烷 (Cyclopropane)	248.9	4.807
乙烷 (Ethane)	215.7	4.443
乙醇 (Ethanol)	362.6	4.530
乙炔 (Ethylene)	224.7	4.163
氟氣 (Fluorine	112.6	3.357
氦氣 (Helium)	10.22	2.551
正己烷 (*n*-Hexane)	339.3	5.949
氫氣 (Hydrogen)	59.7	2.827
氰化氫 (Hydrogen cyanide)	569.1	3.630
氯化氫 (Hydrogen chloride)	344.7	3.339
碘化氫 (Hydrogen iodide)	288.7	4.211
硫化氫 (Hydrogen sulfide)	301.1	3.623
碘 (Iodine)	474.2	5.160
氪氣 (Krypton)	178.9	3.655
甲烷 (Methane)	148.6	3.758
甲醇 (Methanol)	481.8	3.626
二氯甲烷 (Methylene chloride)	356.3	4.898
氯甲烷 (Methyl chloride)	350	4.182
汞 (水銀) (Mercury)	750	2.969
氖 (Neon)	32.8	2.820
氧化氮 (Nitric oxide)	116.7	3.492
氮氣 (Nitrogen)	71.4	3.798
一氧化二氮 (氧化亞氮) (Nitrous oxide)	232.4	3.828
氧氣 (Oxygen)	106.7	3.467
正戊烷 (*n*-Pentane)	341.1	5.784
丙烷 (Propane)	237.1	5.118
正丙醇 (*n*-Propyl alcohol)	576.7	4.549
丙烯 (Propylene)	298.9	4.678
二氧化硫 (Sulfur dioxide)	335.4	4.112
水 (Water)	809.1	2.641

† 資料來源：J. O. Hirschfelder, C. F. Curtiss, and R. B. Bird, *Molecular Theory of Gases and Liquids*, New York: Wiley, 1954.

索引

INDEX

Fenske 方程式　Fenske equation　178
K 因數　K factor　229
Knudsen 擴散　knu dsen diffusion　17
Kremser 方程式　Kremser equation　143
Lennard-Jones (6-12) 勢能　Lennard-Jones 6-12) potential　17
Lewis-Matheson 方法　Lewis-Matheson method　245
Murphree 效率　Murphree efficiency　204
Ostwald 熟化　Ostwald ripening　439
Peclet 數　Peclet number　484
Rayleigh 方程式　Rayleigh equation　217
Shanks 過程　Shanks process　258
Stokes-Einstein 方程式　Stokes-Einstein equation　19
Wilke-Chang 方程式　Wilke-Chang equation　19
ΔL 定律　ΔL law　447

二劃

二次成核　secondary nucleation　442

三劃

大小　size　467
大小 - 相關　size-dependent　447

四劃

不可逆吸附　irreversible adsorption　335
不可壓縮　incompressible　523
不變　invariant　428
不變區　invariant zone　181
內部混合器　internal mixer　481
內部螺旋式混合器　internal screw mixer　479
分布　distributed　239
分布係數　distribution coefficients　229
分散機　disperser　481
分選分類器　sorting classifiers　559
分離因數　separation factor　568
分離數　separation number　538
分類器　classifier　558
切割　stage cut　387
切割機　cutter　489, 496
切割點　cut point　576
反向溶解度曲線　inverted solubility curve　429
反滲透　reverse osmosis　539
尺寸減小　size reduction　484
比表面積　specific surface　469
比濕度　percentage humidity　108
比濾餅阻力　specific cake resistance　523

五劃

功指數　work index　486
半混雜液　half miscella　258
布羅迪純化器　Brodie purifier　457
平均大小　average size　485
平滾式壓碎機　smooth-roll crusher　489
平衡水分　equilibrium moisture　297
平衡曲線　equilibrium curves　5
未結合水　unbound water　297
母漿　magma　427

六劃

全回流　total reflux　177
全混雜液　full miscella　258
共沸蒸餾　azeotropic distillation　253
劣性吸附　unfavorable adsorption　335
回流　reflux　131, 159
回流分流器　reflux splitter　159
回流比　reflux ratio　163
在凝膠滲透層析　gel permeation chromatography, GPC　367
尖銳的分離　sharp separation　236
成核　nucleation　434, 436
百分比濕度　percentage humidity　104
自銳性　self-sharpening　340
色層分析　chromatography　366
色層分析儀　chromatograph　366
西格瑪值　sigma value　577

七劃

卵石磨機 pebble mill 493
吸引過濾器 nutsche 512
吸附 adsorption 2
均勻成核 homogeneous nucleation 438
夾帶溢流點 entrainment flooding point 199
夾帶劑 entrainer 253
夾點 pinch point 181
完美板 perfect plate 138
尾渣 tails 503
局部效率 local efficiency 204
形狀 shape 467
汽提 stripping 1, 49, 133
良性吸附 favorable 335

八劃

初始繁殖 initial breeding 437
刮刀 doctor blade 514
固體萃取 solid extraction 257
奈米過濾 nanofiltration 539
底部 bottoms 133
底部產物 bottom product 133
弧形切斷機 archbreaker 476
板 - 框壓濾機 plate-and-frame press 510
板效率 plate efficiency 138
的團簇 cluster 439
直接乾燥器 direct dryer 290
直接篩分 direct sieving 538
直通循環乾燥 throughcirculation drying 290
表面硬化 case hardening 298
非分布 undistributed 239
非絕熱 nonadiabatic 290
非對稱的薄膜 asymmetric membranes 383
非黏著性 noncohesive 475

九劃

垂直 perpendicular 8
恆定乾燥條件 constant drying condition 298
恆定莫耳溢流 constant molal overflow 163
恆定溶液底流 constant solution underflow 262
恆速 constant rate 308
恆速過濾 constant-rate filtration 520
恆壓過濾 constantpressure filtration 520
施密特數 Schmidt number 20
柱狀流乾燥器 plug flow dryers 317
段效率 stage efficiency 138
為 Chapman-Enskog 方程式 Chapman-Enskog equation 17
為臨界含水量 critical moisture content 301
相對揮發度 relative volatility 154
相對濕度 relative humidity 104
砂 sands 559
研磨速率函數 grinding rate function 487
研磨機 grinder 489, 490
重 - 流體分離 heavy-fluid separation 559
重鍵 heavy key 235
重疊原理 overlapping principle 429
降流管溢流 downcomer flooding 199

十劃

原胚 embryo 439
弱液 weak liquor 49
捏合機 kneading machine 481
氣體 gas 103
氣體吸收 gas absorption 1, 49
班伯里混合器 Banbury mixer 481
能斯特方程式 Nernst equation 20
迴轉式壓碎機 gyratory crusher 489
逆分餾 reverse fractionation 245
逆向流 countercurrentflow 3
逆滲透 reverse osmosis 412
針狀繁殖 needle breeding 437
除濕 dehumidification 1
高效液相層析 high-performance liquid chromatography, HPLC 367

十一劃

乾球溫度 dry-bulb temperature 112
乾透 bone-dry 289
乾燥 drying 1
剪力引起的分散 shear-induced dispersion 557
動態滯留 dynamic holdup 88
強力混合器 intensive mixer 481
強制循環 forced circulation 448
強制擴散 forced diffusion 7
強液 strong liquor 50

控制阻力 controlling resistance 64
液體萃取 liquid extraction 2, 257
液體進料 saturated liquid feed 238
淤泥 slimes 559
淨流率 net flow rate 160
混合懸浮混合產物去除 mixed suspension–mixed product removal 454
混合懸浮混合產物去除模式 [mixed suspension–mixed product removal, MSMPR 453
球磨機 ball mill 493
理想 ideal 163
產物冷卻器 product cooler 159
異質成核 heterogeneous nucleation 438
第二 second 468
第二臨界點 second critical point 304
累積分析 cumulative analysis 468
細粒 fines 503
脫除 desorption 1, 49
脫溶劑器 desolventizer 317
被卡住 jammed 510
許伍德數 Sherwood number 33
通量悖論 flux paradox 556
通道流動 tunnel flow 476
速度 velocity 10
造粒機 granulator 496
連續捏合機 continuous kneader 482
部分再沸器 partial reboiler 166
閉塞 blinded 506
閉路操作 closed-circuit operation 497

十二劃

割碎機 masticator 481
循環 - 母漿法 circulating-magma method 448
循環液體法 circulating-liquid method 448
換罐混合器 change-can mixer 480
晶核 nucleus 439
晶體大小分布 crystal size distribution, CSD 428
最小回流比 minimum reflux ratio 179
最適回流比 optimum reflux ratio 181
棒磨機 rod mill 493
減速 falling rate 308
減速率乾燥期 fallingrate period 298
渦流擴散 eddy diffusion 7
渦旋發生器 vortex finder 570
渦輪乾燥器 turbodryer 312
稀釋劑 diluent 2
等速率乾燥期 constant-rate period 298
結合水 bound water 297
結合參數 association parameter 20
結晶 crystallization 2
絕熱 adiabatic 290
絕熱冷卻線 adiabatic cooling line 108
絕熱飽和溫度 adiabatic saturation temperature 106
絲帶摻合和器 ribbon blender 479
萃取液 extract 2
萃取蒸餾 extractive distillation 252
萃取槽組 extraction battery 258
萃剩液 raffinate 2
超細研磨機 ultrafine grinder 489, 494
超過濾 hyperfiltration 539
超過濾 Ultrafiltration, UF 539
進料板 feed plate 158
進料線 feed line 170
開路 open circuit 497
間接乾燥器 indirect dryer 290

十三劃

傳遞單位的高度 height of a transfer unit, HTU 65
傳遞單位數 number of transfer units, NTU 65
塔填料 tower packing 49
微分分析 differential analysis 468
微混合時間 micromixing time 457
微過濾 microfiltration 539
溝流 channeling 53
溫度範圍 range 118
溫距 approach 118
溶液擴散 solution-diffusion 381
溶質 solute 2
溶劑萃取 solvent extraction 2
碎裂函數 breakage function 487
路易士關係 Lewis relation 115
隔室研磨機 compartment mill 493
隔膜 septum 508
電透析 electrodialysis 403
靶效率 target efficiency 538
飽和比容 saturated volume)105
飽和氣體 saturated gas 104

十四劃

滯留時間 retention fime 368
滯留體積 retention volume 369
滲透係數 permeability coefficient 382
滲透率 permeability 382
滲透壓 osmotic pressure 412
滲漏 weeping 198
熔點 eutectic 430
算術平均直徑 arithmetic mean diameter 470
管磨機 tube mill 493
精餾段 rectifying section 132
蒸汽 vapor 103
蒸發器 - 結晶器 evaporator-crystallizers 448
蒸餾 distillation 1
輕鍵 light key 235

十五劃

增稠器 thickener 563
增濃 enriching 133
層析圖 chromatogram 366
標準阻塞 standard blocking 538
澄清液再循環 clear liquor recycle 451
熱擴散 thermal diffusion 7
盤式混合器 pan mixer 482
盤式過濾器 disk filter 536
線性等溫線 linear isotherm 335
衝擊輪 impact wheel 480
衝擊機 impactor 491
調節比 turndown ratio 203
質量平均直徑 mass mean diameter 470
質量流動 mass flow 476
質量傳遞係數 mass-transfer coefficient 24
質量傳遞操作 mass-transfer operations 1
齒滾式壓碎機 toothed-roll crusher 489

十六劃

操作線 operating line 137
濃差極化 concentration polarization 414
錐形球磨機 conical ball mill 493
錯位 dislocation 446
靜止角 angle of repose 475
靜態滯留 static holdup 88

十七劃

壓碎機 crushers 489
壓縮係數 compressibility coefficient 525
濕度 humidity 103
濕度線 psychrometric line 115
濕氣比容 humid volume 104
濕氣比熱 humid heat 104
濕球溫度 wet-bulb temperature 111
總 tatal 488
總焓 total enthalpy 105
臨界速率 critical speed 494
薄膜分離 membrane separation 2
薄膜選擇度 membrane selectivity 382
隱蔽成長 veiled growth 437
黏著性 cohesive 475

十八劃

擴散槽組 diffusion battery 258
斷點 break point 340
轉鼓式摻合器 tumbling mixer 479
雙重脫除 double drawoff, DDO 455
雙臂捏合機 two-arm kneader 481
離開的液體 liquid leaving 204
顎式壓碎機 jaw crusher 489

十九劃

瀝濾 leaching 2. 257

二十一劃

露點 dew point 105

二十三劃

體積 - 面積平均直徑 volume-surface mean diameter 470
體積平均直徑 volume mean diameter 470
體積形狀因數 volume shape factor 471